Koepf

Computeralgebra

Wolfram Koepf

Computeralgebra

Eine algorithmisch orientierte Einführung

Prof. Dr. Wolfram Koepf
Fachbereich 17 Mathematik/Informatik
Universität Kassel
Heinrich-Plett-Straße 40
34132 Kassel, Deutschland
e-mail: koepf@mathematik.uni-kassel.de
Internet: http://www.mathematik.uni-kassel.de/~koepf

Bibliografische Information der Deutschen Bibliothek

Die Deutsche Bibliothek verzeichnet diese Publikation in der Deutschen Nationalbibliografie; detaillierte bibliografische Daten sind im Internet über http://dnb.ddb.de abrufbar.

Mathematics Subject Classification (2000): 68W30, 11Y05, 11Y11, 11Y16, 11R04, 12D05, 12Y05, 13F20, 13F25, 33F10

ISBN-10 3-540-29894-0 Springer Berlin Heidelberg New York
ISBN-13 978-3-540-29894-6 Springer Berlin Heidelberg New York

Springer ist ein Unternehmen von Springer Science+Business Media

springer.de

Umschlaggestaltung: *design & production* GmbH, Heidelberg
Herstellung: LE-TEX Jelonek, Schmidt & Vöckler GbR, Leipzig
Satz: Datenerstellung durch den Autor unter Verwendung eines Springer TEX-Makropakets
Gedruckt auf säurefreiem Papier 44/3100YL - 5 4 3 2 1 0

Vorwort

Das vorliegende Lehrbuch über Computeralgebra gibt eine Einführung in dieses moderne Gebiet der Mathematik. Es entstand im Laufe der letzten fünf Jahre und umfaßt den Stoff zweier vierstündiger Vorlesungen, die ich mehrfach an der Universität Kassel durchgeführt habe. Als ich im Jahr 2000 an die Universität Kassel kam und im Sommersemester 2000 zum ersten Mal die Vorlesung Computeralgebra und im darauffolgenden Wintersemester die Vorlesung Computeralgebra 2 abhalten durfte, begann ich mit der Niederschrift. Ich habe diese Vorlesungen dann mehrfach an der Universität Kassel für Studenten der Studiengänge Diplom-Mathematik, gymnasiales Lehramt Mathematik, Bachelor Computational Mathematics sowie Bachelor Informatik ab dem dritten Studiensemester abgehalten.

Vorausgesetzt werden also lediglich einige Kenntnisse aus der linearen Algebra sowie der elementaren Analysis. Daher ist das Buch auch für interessierte Gymnasiallehrer als Quelle zum Verständnis für Algorithmen der Computeralgebra oder als Vertiefung in Leistungskursen sehr gut geeignet. Ich habe mich bemüht, die wichtigsten Prinzipien und Algorithmen der Computeralgebra aufzunehmen, deren Beweise ich allerdings so elementar wie möglich führe. Da ich den Besuch einer Algebra-Vorlesung nicht voraussetzen konnte, habe ich auf tiefliegende algebraische Argumente verzichtet. Die Präsentation ist mehr algorithmisch als algebraisch orientiert. Beispielsweise wird der Chinesische Restsatz (lediglich) als Algorithmus und nicht als Isomorphiesatz formuliert. Die vorliegende Vorlesung ersetzt keine Algebra-Vorlesung, sie wirbt vielmehr für eine algebraische Vertiefung.

In der einführenden Computeralgebra-Vorlesung habe ich in etwa den Stoff der ersten neun Kapitel durchgenommen. Dieser Kanon scheint mir die unverzichtbare Grundlage der Computeralgebra darzustellen. Jeder Dozent wird allerdings sicher eigene Akzente setzen. Ich habe beispielsweise aus Zeitmangel die Beweise einiger Sätze über endliche Körper weggelassen und auf den Beweis im Text verwiesen, ein anderer Dozent wird vielleicht lieber auf das Kapitel über Codierungstheorie und Kryptographie verzichten, obwohl nach meiner Erfahrung die Studierenden gerade dieses Kapitel sehr gerne annehmen. Eine weitere Variante besteht darin, die Algorithmen für ganze Zahlen und für Polynome (wie beispielsweise den euklidischen Algorithmus und seine Erweiterung) parallel anstatt hintereinander zu behandeln. Kann man höhere Algebrakenntnisse voraussetzen, werden einige Beweise kürzer. Dem jeweiligen Dozenten bleiben also genügend Auswahlmöglichkeiten, um seinen eigenen Stil zu bewahren.

In den ersten beiden Kapiteln wird vorgestellt, was ein Computeralgebrasystem kann und wie man in einem solchen System programmiert. Danach wird die Ganzzahlarithmetik behandelt, die die Grundlage jedes Computeralgebrasystems darstellt. Nach dem modularen Rechnen mit dem chinesischen Restsatz, dem kleinen Satz von Fermat und der Betrachtung von Primzahltests folgt dann zunächst ein Kapitel über Codierungstheorie und Kryptographie, in welchem die behandelten zahlentheoretischen Grundlagen angewandt werden. Hier wird u.a. das RSA-Verfahren behandelt.

Als nächstes werden Polynome betrachtet, wobei hier die Algorithmen der Ganzzahlarithmetik erneut ins Spiel kommen. Es folgt der Kronecker-Algorithmus zur Faktorisierung von Polynomen mit ganzzahligen Koeffizienten. Im Kapitel über algebraische Zahlen wir dann die modulare Arithmetik von einem neuen Standpunkt aus betrachtet. Nun können auch endliche Körper und Resultanten eingeführt werden. Im folgenden Kapitel über Polynomfaktorisierung werden moderne effizientere Algorithmen behandelt und implementiert. Es folgt ein Kapitel über Vereinfachung und Normalformen, welches den Kanon der ersten Vorlesung abschließt.

Die Kapitel 10-12 stellen die Themen der von mir durchgeführten weiterführenden Vorlesung bereit und sind naturgemäß stärker von meinen eigenen Interessen geprägt. Diese Auswahl ist nach meiner Überzeugung für eine weiterführende Vorlesung besonders gut geeignet, denn die Kapitel wenden das in der ersten Vorlesung erarbeitete Wissen auf Themen an, die jedem Mathematikstudenten während seines Studiums begegnen und die auch viele Mathematik-Anwender benötigen und interessieren: Potenzreihen, Summationsformeln und Integration. Während man Potenzreihen bereits in der Analysis kennenlernt und beispielsweise in der Physik und in der Wahrscheinlichkeitstheorie benötigt, treten Summationsformeln überall in Mathematik und in Anwendungen auf. Unbestimmte Integration schließlich wird im allgemeinen als ein schwieriges Problem der Analysis betrachtet, und es ist nicht unmittelbar klar, daß man dieses Problem mit Methoden der Algebra anpacken kann.

Naturgemäß konnte ich nicht alle relevanten Themen der Computeralgebra aufnehmen, auch weil das Buch eine direkte Vorlage zu zwei Vorlesungen liefern und daher nicht zu umfangreich sein sollte. Beispielsweise habe ich mich entschieden, die Theorie der Gröbnerbasen wegzulassen, obwohl diese eine sehr bedeutende Rolle in Computeralgebrasystemen spielen, insbesondere bei der Lösung polynomialer Gleichungssysteme, wo Gröbnerbasen inzwischen Resultanten den Rang abgelaufen haben. Will man dieses Thema allerdings gründlich behandeln, so muß man hierfür entweder höhere Algebrakenntnisse voraussetzen oder es wird daraus leicht ein eigenes Buch. Hier verweise ich also lieber auf die bereits vorhandene Literatur, beispielsweise das für eine Vorlesung oder ein Seminar sehr gut geeignete Buch von Cox, Little und O'Shea [CLO1997]. Ebenfalls hätte ich gerne den für viele Anwendungen wichtigen LLL-Algorithmus von Lenstra, Lenstra und Lovász [LLL1982] behandelt, mußte diesen aus Platzgründen aber ebenfalls weglassen. Bei einer weiteren Vertiefung ist eine Behandlung dieser beiden Themenkreise allerdings zwingend.

Alle betrachteten Algorithmen des Buchs werden in Sitzungen mit dem Computeralgebrasystem *Mathematica* programmiert und getestet. Dies geht auf eine persönliche

Präferenz des Autors zurück.[1] Dennoch ist der jeweilige Dozent keineswegs an dieses System gebunden, denn die Definitionen und Sätze des Buchs sind selbstverständlich völlig unabhängig von einem speziellen Computeralgebrasystem.

Um das Buch vollends systemunabhängig zu gestalten, habe ich im Internet auf der Webseite `http://www.mathematik.uni-kassel.de/~koepf/CA` alle Computeralgebra-Sitzungen des Buchs auch als *Maple*-Worksheets und *MuPAD*-Notebooks bereitgestellt. Die drei verwendeten Systeme sind allesamt sogenannte General Purpose-Systeme und beherrschen die Mathematik in einer Breite, die dem Themenumfang des Buchs entspricht. Sie besitzen ferner die Möglichkeit, Sitzungen in einem internen Format (*Mathematica*: Notebooks `.nb`; *Maple*: Worksheets `.mws` und `.mw`; *MuPAD*: Notebooks `.mnb` und `.mn`) abzuspeichern.

Die in einem derartigen Notebook oder Worksheet abgespeicherten Befehle können jederzeit erneut vom System berechnet werden, was eine Vorführung durch den Dozenten ermöglicht. Ich habe die Computeralgebra-Sitzungen in meinen Veranstaltungen mit Laptop und Beamer vorgeführt und die Rechenergebnisse jeweils während der Vorlesung erzeugt. Dies gibt den Studenten die Möglichkeit, die Algorithmen direkt nachzuvollziehen, und es können auch immer sofort weitere Beispiele betrachtet werden, die von den Studierenden vorgeschlagen werden. Ferner können die Algorithmen im Sinne experimenteller Mathematik ohne Umweg zum Testen benutzt werden.

Aus diesem Grund war mir auch wichtig, die Algorithmen nicht – wie in vielen anderen Büchern zum Thema – in Pseudocode darzustellen, sondern als lauffähige Programme. Im Rahmen dieses Buchs bzw. der im Internet verfügbaren *Maple*- und *MuPAD*-Quellen liegen alle betrachteten Algorithmen in den drei Systemen *Mathematica*, *Maple* und *MuPAD* vor. Ich denke, daß dies für viele Leser nützlich sein dürfte. Was den Übungsbetrieb betrifft: Mit allen drei Systemen können die Studenten sehr einfach ihre bearbeiteten Übungsblätter als Notebooks oder Worksheets digital zum Korrigieren einreichen, und der Übungsleiter kann diese Dateien dann korrigiert zurückgeben.

Als Sprecher der Fachgruppe Computeralgebra habe ich einige Tagungen zum Thema *Computeralgebra in Lehre, Ausbildung und Weiterbildung* organisiert. Auf diesen Tagungen bin ich des öfteren von Gymnasiallehrern nach Literatur zu den Algorithmen der Computeralgebra gefragt worden. Mit diesem Buch liegt auch für diesen Leserkreis eine leicht verständliche Beschreibung der algorithmischen Grundlagen von Computeralgebrasystemen vor. Bislang gibt es – bis auf das kürzlich ebenfalls beim

---

[1]Ich halte *Mathematica* für die Lehre am besten geeignet, denn die Oberfläche ist ausgereifter als die der Konkurrenz, sie ist schneller, leichter zu bedienen und hat mehr Eingabemöglichkeiten. Für die Forschung allerdings ist *Mathematica* nur sehr begrenzt geeignet, da sich Ergebnisse in der Regel nicht verifizieren lassen, denn *Mathematica* verfügt über keine Möglichkeit, den Rechenablauf und die verwendeten Algorithmen zu hinterfragen. Hier haben *Maple* und *MuPAD* deutliche Vorteile.

Springer-Verlag erschienene Buch von Michael Kaplan [Kap2004], welches allerdings höhere Algebrakenntnisse voraussetzt – keine derartige Quelle in deutscher Sprache. Da das Buch elementar gehalten ist, ist es auch als Nachschlagewerk über Algorithmen der Computeralgebra gut geeignet, denn es besitzt einen sehr ausführlichen Index.

Als Grundlage für die ersten 9 Kapitel des vorliegenden Buchs konnte ich auf die englischsprachigen Bücher [Chi2000], [GCL1992] und [GG1999] zurückgreifen. Das Buch von Lindsay Childs entstand bereits 1979 und war sicher eines der ersten Bücher über Algorithmen der Computeralgebra, obwohl dies der Titel *A Concrete Introduction to Higher Algebra* nicht unbedingt suggeriert. Ebenfalls eine sehr wertvolle Quelle ist das Buch von Geddes, Czapor und Labahn aus dem Jahr 1992, das im wesentlichen eine sehr ausführliche und gut lesbare Beschreibung der Fähigkeiten von *Maple* darstellt. Schließlich erschien 1999 das Buch der beiden Autoren von zur Gathen und Gerhard, das man durchaus als Computeralgebra-Bibel bezeichnen kann. Aufgrund seiner Fülle und seiner höheren Algebra-Voraussetzungen scheint dieses Buch als Grundlage für eine einführende Vorlesung allerdings nicht direkt geeignet zu sein.

Das vorliegende Buch wäre nicht entstanden ohne die Hilfe zahlreicher Kollegen, Mitarbeiter und Studenten, die mir mit Rat und Tat zur Seite standen, den Text an etlichen Stellen abrunden und viele große und kleine Fehler der Erstfassung korrigieren halfen. Ganz besonders bedanken möche ich mich bei meinem langjährigen Forschungskollegen Dr. Dieter Schmersau, mit dem ich unzählige Gespräche über das gesamte Material geführt habe sowie bei Dr. Reinhard Oldenburg, der ebenfalls sehr ausführlich Korrektur gelesen hat. Schließlich geht mein Dank an meine Mitarbeiter, Studenten und Freunde Imran Hafeez, Peter Horn, Detlef Müller, Torsten Sprenger und Jonas Wolf. Jeder der Genannten hat mir wertvolle Hinweise zum Text gegeben und jedem Einzelnen ist zu verdanken, die Anzahl schlecht verständlicher Textteile, Druckfehler etc. deutlich vermindern zu helfen. Eine besonders unangenehme Fehlerquelle war die mehrfache Anpassung des Textes auf neue *Mathematica*-Versionen im Laufe der Jahre. Ich hoffe und bin einigermaßen zuversichtlich, daß das nun veröffentlichte Buch keine sinnentstellenden Fehler mehr enthält. Ich kann allerdings selbstverständlich nicht dafür garantieren, ob sich neue Versionen von *Mathematica* – bzw. in den ausgearbeiteten Sitzungen *Maple* und *MuPAD* – wie beschrieben verhalten werden.

Ein herzlicher Dank geht auch an die Universität Kassel für die Genehmigung zweier Forschungssemester im Zeitraum des Entstehens dieses Buchs, ohne die eine Fertigstellung nicht möglich gewesen wäre. Ebenfalls bedanke ich mich beim Konrad-Zuse-Zentrum Berlin für die Möglichkeit, dort in den letzten 5 Jahren an meinem Buch arbeiten zu können. Schließlich möchte ich mich beim Springer-Verlag bedanken, der mein Projekt von Anfang an begleitet und unterstützt hat.

Kassel, 20. November 2005 Wolfram Koepf

Inhaltsverzeichnis

1

Kapitel 1
Einführung in die Computeralgebra

1

1 Einführung in die Computeralgebra

1 Einführung in die Computeralgebra

1.1 Was können Computeralgebrasysteme? 1.1

Bevor wir uns mit mathematischen Algorithmen und ihrer Programmierung beschäftigen, wollen wir anhand einiger Beispiele *Mathematicas* Fähigkeiten vorstellen.[1]

Man kann mit *Mathematica* wie mit einem *Taschenrechner* arbeiten. Gibt man die Eingabezeile[2]

In[1]:= $\dfrac{\mathtt{1.23 + 2.25}}{\mathtt{3.67}}$

ein, so liefert *Mathematica* wie gewünscht die Ausgabe

Out[1]= 0.948229

Das Rechnen mit Dezimalzahlen geht aber in *Mathematica* weit über die Fähigkeiten eines Taschenrechners hinaus. Mit der Funktion `N` werden Zahlen in Dezimalform dargestellt. Hierbei kann mit einem (optionalen) zweiten Argument eine prinzipiell beliebig große Stellenanzahl angegeben werden. Der Rechenumfang wird hierbei nur vom vorhandenen Speicherplatz bzw. der Rechenzeit beschränkt. Beispielsweise liefert[3]

In[2]:= **N[π, 500]**

die ersten 500 Dezimalstellen der Kreiszahl π:

Out[2]= 3.14159265358979323846264338327950288419716939937510582097494459230781640628620899862803482534211706798214808651328230664709384460955058223172535940812848111745028410270193852110555964462294895493038196442881097566593344612847564823378678316527120190914564856692346034861045432664821339360726024914127372458700660631558817488152092096282925409171536436789259036001133053054882046652138414695194151160943305727036575959195309218611738193261179310511854807446237996274956735188575272489122793818301194912

[1]Dieselben Fragestellungen können problemlos auch mit den im Internet bereitgestellten Sitzungen in *Maple* oder *MuPAD* betrachtet werden.

[2]Diesen Text gibt man in eine leere Zeile ein und schickt die Zeile mit der Tastenkombination `<SHIFT><RETURN>` ab. Zum Editieren können die Paletten – insbesondere die Palette `Basic Input` – verwendet werden, welche man mit Hilfe von **File, Palettes** laden kann, falls sie nicht auf dem Bildschirm erscheinen. Dann ist die Eingabe des Bruchs in Bruchform möglich. Andernfalls können Brüche auch mit `/` eingegeben werden.

[3]Beachten Sie die *eckigen Klammern*. Die Eingabe von π kann entweder durch `Pi`, durch `<ESC>p<ESC>` oder mit einer der Paletten geschehen.

Charakteristisch für Computeralgebrasysteme ist aber nicht in erster Linie das Rechnen mit Dezimalzahlen, sondern die *rational exakte Arithmetik. Mathematica* kann mit beliebig großen ganzen Zahlen rechnen, beispielsweise liefert

```
In[3]:= 100!
Out[3]= 9332621544394415268169923885626670049071596826438162146859296389
        5217599993229915608941463976156518286253697920827223758251185 2
        1091686400000000000000000000000000
```

die *Fakultät* $100! = 100 \cdot 99 \cdots 1$.

Ebenso erhalten wir[4]

```
In[4]:= 2^32 - 1
Out[4]= 4294967295

In[5]:= N[%]
Out[5]= 4.29497 × 10^9
```

Hierbei bezieht sich `%` auf die letzte Ausgabe. Die soeben berechnete Zahl stellt in numerisch orientierten Programmiersprachen wie Pascal oder C häufig die *größte ganze Zahl* dar (`maxint`). In derartigen Programmiersprachen wird für jede verwendete Variable ein *fester* Speicherplatz reserviert. Zu diesem Zweck müssen auch alle Variablen zu Programmbeginn *deklariert* werden. Dies ist in Computeralgebrasystemen anders. Hier wird der Speicherbedarf jeder verwendeten Variablen zur Laufzeit *dynamisch* bestimmt. Auch ihr *Typ* ist in der Regel völlig frei und kann nach Belieben verändert werden.

Beim Beispiel

In[6]:= $\frac{100!}{2^{100}}$

Out[6]= 5889712223676876513716278463468078882884723828833125742532498042564405856034063741761006103020409333040832764576077461242675781 25/8

sieht man, daß *Mathematica* automatisch *gekürzt* hat.

Die Summe

In[7]:= $\sum_{k=1}^{100} \frac{1}{k}$

Out[7]= $\frac{14466636279520351160221518043104131447711}{2788815009188499086581352357412492142272}$

liefert ebenfalls einen gekürzten Bruch, nämlich die Summe der Kehrwerte der ersten 100 natürlichen Zahlen. Hierbei ist die Funktion `Sum`, die hinter dem Zeichen $\sum$ steckt, eine Hochsprachenprozedur, welche das Programmieren einer Schleife erspart.

[4]Potenzen können über die Paletten oder mit dem Zeichen ^ eingegeben werden.

Mathematica besitzt viele solcher Hochsprachenkonstrukte. Der numerische Wert der berechneten Summe ist[5]

```
In[8]:= % //N
Out[8]= 5.18738
```

Die Rechnung zeigt, wie langsam diese Reihe wächst.

Welche Teiler hat 100!? Dies erfahren wir durch den Befehl

```
In[9]:= FactorInteger[100!]
```

mit dem Ergebnis[6]

$$\text{Out[9]=}\begin{pmatrix} 2 & 97 \\ 3 & 48 \\ 5 & 24 \\ 7 & 16 \\ 11 & 9 \\ 13 & 7 \\ 17 & 5 \\ 19 & 5 \\ 23 & 4 \\ 29 & 3 \\ 31 & 3 \\ 37 & 2 \\ 41 & 2 \\ 43 & 2 \\ 47 & 2 \\ 53 & 1 \\ 59 & 1 \\ 61 & 1 \\ 67 & 1 \\ 71 & 1 \\ 73 & 1 \\ 79 & 1 \\ 83 & 1 \\ 89 & 1 \\ 97 & 1 \end{pmatrix}$$

[5]Alle *Mathematica*-Funktionen können in *Standardform* (`N[%]`) mit eckigen Klammern oder in *Postfixform* (`% // N`) mit Hilfe des Operators `//` aufgerufen werden.

[6]Die Ausgabe ist eine Liste von Listen, welche in der angegebenen *Matrixform* ausgegeben wird, falls **Cell, Default Output Format Type, TraditionalForm** ausgewählt ist. Diese Einstellung wird im vorliegenden Buch generell verwendet. Listen werden mit geschweiften Klammern, z. B. `{a,b}`, eingegeben.

Der Teiler 2 tritt also 97 mal auf, der Teiler 3 48 mal usw. Natürlich treten genau die *Primzahlen* bis 100 als Teiler von 100! auf.

Die Frage

```
In[10]:= PrimeQ[1234567]
Out[10]= False
```

liefert den Wert `False`, also ist 1234567 keine Primzahl.[7] Hier sind die Teiler:

```
In[11]:= FactorInteger[1234567]
```

Out[11]= $\begin{pmatrix} 127 & 1 \\ 9721 & 1 \end{pmatrix}$

Wir *programmieren* nun eine *Mathematica*-Funktion `NextPrime[n]`, welche n ausgibt, falls n Primzahl ist, oder andernfalls die nächstgrößte Primzahl bestimmt.[8]

```
In[12]:= NextPrime[n_] := n + 1/; PrimeQ[n + 1]
         NextPrime[n_] := NextPrime[n + 1]
```

Diese Definition liest sich folgendermaßen: `NextPrime[n]` ist definitionsgemäß gleich $n+1$, falls $n+1$ eine Primzahl ist. Andernfalls erklären wir die nächste Primzahl von n als die nächste Primzahl von $n+1$. Ist also n keine Primzahl, dann wird n (gemäß der zweiten Regel) so lange um 1 vergrößert, bis die erste Bedingung zutrifft, bis also eine Primzahl gefunden wird. Bei dieser Form des *rekursiven* Programmierens ruft sich die definierte Funktion solange selbst auf, bis eine *Abbruchbedingung* erfüllt ist, welche in unserem Fall durch die erste Zeile gegeben ist. Mehr zum Programmieren mit *Mathematica* in Kapitel 2.

Wir berechnen nun

```
In[13]:= NextPrime[1234567]
Out[13]= 1234577
```

Die nächstgrößte Primzahl nach 1234567 ist also 1234577. Probe:

```
In[14]:= PrimeQ[%]
```

[7]Liefert `PrimeQ[n]` den Wert `False`, so ist n auf jeden Fall zusammengesetzt; ist `PrimeQ[n]` hingegen `True`, so ist n eine *Pseudoprimzahl*, d. h., mit sehr großer Wahrscheinlichkeit eine Primzahl, s. auch Abschnitt 4.6. *Mathematicas* Hilfestellung sagt hierzu: `PrimeQ` first tests for divisibility using small primes, then uses the Miller-Rabin strong pseudoprime test base 2 and base 3, and then uses a Lucas test.

[8]Funktionen erklärt man i. a. mit der *verzögerten Zuweisung* `:=`. Solche Zuweisungen werden erst beim Aufruf der Funktion vollzogen, weshalb bei der Definition auch keine Ausgabezeile erzeugt wird. Hierbei sind mehrere solcher Zuweisungen zur Definition derselben Funktion zulässig. Dies führt zu übersichtlichen Fallunterscheidungen, was wir uns häufig zu Nutze machen werden. Das Zeichen _ gibt an, daß n variabel ist.

Out[14]= True

Mathematica kann symbolisch mit Wurzeln und anderen algebraischen Zahlen rechnen, s. Kapitel 7. Die Eingabe

In[15]:= **x = $\sqrt{2}+\sqrt{3}$**
Out[15]= $\sqrt{2}+\sqrt{3}$

liefert die Summe zweier Quadratwurzeln und weist das Ergebnis der Variablen x zu. Eine Vereinfachung wird, auch wenn dies möglich wäre, nicht automatisch durchgeführt. Wir berechnen den Kehrwert

In[16]:= $\frac{1}{x}$
Out[16]= $\frac{1}{\sqrt{2}+\sqrt{3}}$

und vereinfachen diesen

In[17]:= $\frac{1}{x}$**//Simplify**
Out[17]= $\frac{1}{\sqrt{2}+\sqrt{3}}$

Mathematicas Vereinfachungsbefehl `Simplify` ist im vorliegenden Fall nicht erfolgreich, und selbst `FullSimplify`, welches sehr viele Vereinfachungen vornimmt und daher i. a. ziemlich lange benötigt, kann diese Zahl nicht vereinfachen:

In[18]:= $\frac{1}{x}$**//FullSimplify**
Out[18]= $\frac{1}{\sqrt{2}+\sqrt{3}}$

Wir werden in Abschnitt 7.3 sehen, wie eine Vereinfachung dennoch möglich ist.

Erklärt man weiter

In[19]:= **y = $\sqrt{3}-\sqrt{2}$**
Out[19]= $-\sqrt{2}+\sqrt{3}$

so wird z. B. folgende Vereinfachung durchgeführt:

In[20]:= **x * y//Simplify**
Out[20]= 1

welche natürlich zeigt, daß $\frac{1}{x}=y$ ist.

Mathematica kennt ebenfalls spezielle algebraische Werte der *transzendenten Funktionen*:

In[21]:= **Sin[$\frac{\pi}{5}$]**
Out[21]= $\frac{1}{2}\sqrt{\frac{1}{2}\left(5-\sqrt{5}\right)}$

In[22]:= **Sin[$\frac{\pi}{5}$] Cos[$\frac{\pi}{5}$] //Simplify**

Out[22]= $\frac{1}{8}\sqrt{\frac{1}{2}(5-\sqrt{5})(1+\sqrt{5})}$

Bei diesem Beispiel ist `FullSimplify` erfolgreicher.

In[23]:= **Sin[$\frac{\pi}{5}$] Cos[$\frac{\pi}{5}$] //FullSimplify**

Out[23]= $\frac{1}{4}\sqrt{\frac{1}{2}(5+\sqrt{5})}$

In manchen Fällen wird eine automatische Vereinfachung vorgenommen:

In[24]:= **Sin[π]**

Out[24]= 0

Mathematica kann mit *komplexen Zahlen und Funktionen* rechnen:

In[25]:= $\frac{\mathbf{1 + i}}{\mathbf{1 - i}}$

Out[25]= i

In[26]:= **Re[2 Exp[3x + i y]]**

Out[26]= $2\,e^{3\left(\sqrt{2}+\sqrt{3}\right)}\cos\left(\sqrt{2}-\sqrt{3}\right)$

In[27]:= **Clear[x, y]**

In[28]:= **Re[2 Exp[3x + i y]]**

Out[28]= $2\,e^{3\,\mathrm{Re}(x)-\mathrm{Im}(y)}\cos(3\,\mathrm{Im}(x)+\mathrm{Re}(y))$

In[29]:= **ComplexExpand[%]**

Out[29]= `2 e^(3 x) Cos(y)`

Mit `Clear[x,y]` haben wir die zugewiesenen Werte der Variablen x und y wieder gelöscht. Die speziellen Symbole i und e stellen die imaginäre Einheit i bzw. die Eulersche Zahl e dar.[9] Die wichtigste Unterscheidung zwischen numerischen Programmiersprachen und Computeralgebraystemen ist das Rechnen mit Symbolen wie bei den letzten beiden Beispielen. `ComplexExpand` vereinfacht unter der Annahme, daß die auftretenden Variablen reell sind.

Mathematica kann mit *Polynomen und rationalen Funktionen* umgehen:

In[30]:= **pol = (x + y)^{10} - (x - y)^{10}**

Out[30]= $(x+y)^{10}-(x-y)^{10}$

In[31]:= **Expand[pol]**

Out[31]= $20\,y\,x^9+240\,y^3\,x^7+504\,y^5\,x^5+240\,y^7\,x^3+20\,y^9\,x$

---

[9]Die Eingabe von i bzw. e kann entweder durch `I` bzw. `E`, durch `<ESC>ii<ESC>` bzw. `<ESC>ee<ESC>` oder durch die Paletten geschehen.

Mit `Expand` werden Polynome ausmultipliziert, während `Factor` Faktorisierungen vornimmt.

```
In[32]:= Factor[pol]
```
Out[32]= $4\,x\,y\,(5\,x^4 + 10\,y^2\,x^2 + y^4)\,(x^4 + 10\,y^2\,x^2 + 5\,y^4)$

Polynomfaktorisierung ist ein Highlight von Computeralgebrasystemen, da man derartige Faktorisierungen von Hand praktisch nicht durchführen kann. Hier gehen viele algebraische Konzepte ein. Wir behandeln dieses Thema in Abschnitt 6.7 sowie in Kapitel 8.

Gibt man eine rationale Funktion ein

In[33]:= **rat =** $\mathbf{\dfrac{1 - x^{10}}{1 - x^4}}$

Out[33]= $\dfrac{1 - x^{10}}{1 - x^4}$

so wird diese nicht automatisch vereinfacht, d. h., gekürzt. Hierfür ist der Befehl `Together` zuständig:

```
In[34]:= Together[rat]
```
Out[34]= $\dfrac{x^8 + x^6 + x^4 + x^2 + 1}{x^2 + 1}$

Man kann rationale Funktionen auch faktorisieren:

```
In[35]:= Factor[rat]
```
Out[35]= $\dfrac{(x^4 - x^3 + x^2 - x + 1)\,(x^4 + x^3 + x^2 + x + 1)}{x^2 + 1}$

Faktorisierungen hängen vom betrachteten Ring ab. Die Rechnung

In[36]:= **Factor[$\mathbf{x^6 + x^2 + 1}$]**

Out[36]= $x^6 + x^2 + 1$

zeigt, daß das Polynom $x^6 + x^2 + 1$, aufgefaßt als Element des Polynomrings $\mathbb{Z}[x]$, also der Polynome in x mit ganzzahligen Koeffizienten, nicht zerlegbar ist. Betrachtet man „dasselbe Polynom" allerdings modulo 13, so gibt es eine nichttriviale Faktorisierung:[10]

In[37]:= **pol = Factor[$\mathbf{x^6 + x^2 + 1}$, Modulus → 13]**

Out[37]= $(x^2 + 6)\,(x^4 + 7\,x^2 + 11)$

Daß dieses Produkt modulo 13 mit dem Originalpolynom übereinstimmt, sieht man daran, daß die Differenz

In[38]:= **Expand[pol - ($\mathbf{x^6 + x^2 + 1}$)]**

Out[38]= $13\,x^4 + 52\,x^2 + 65$

---

[10]Das Zeichen → wird mit der Palette oder mittels -> eingegeben.

ein Polynom ist, dessen Koeffizienten durch 13 teilbar sind.

Das Polynom $x^4 + 1 \in \mathbb{Z}[x]$ ist irreduzibel:

```
In[39]:= Factor[x^4 + 1]
```

Out[39]= $x^4 + 1$

aber über dem algebraischen Erweiterungsring $\mathbb{Z}[i]$ von $\mathbb{Z}$ existiert eine Faktorisierung:

```
In[40]:= Factor[x^4 + 1, GaussianIntegers → True]
```

Out[40]= $(x^2 - i)(x^2 + i)$

Eine andere Faktorisierung findet man über dem Erweiterungskörper $\mathbb{Q}(\sqrt{2})$:

```
In[41]:= Factor[x^4 + 1, Extension → {√2}]
```

Out[41]= $-(-x^2 + \sqrt{2}\,x - 1)(x^2 + \sqrt{2}\,x + 1)$

Leider hilft uns *Mathematica* also nicht, einen für die Faktorisierung geeigneten Erweiterungskörper von $\mathbb{Q}$ zu finden.

Das Rechnen in Restklassenringen wie $\mathbb{Z}_{13}$ wird in Abschnitt 4.1, $\mathbb{Z}[i]$ in Beispiel 6.1 betrachtet, während algebraische Erweiterungskörper in Abschnitt 7.1 behandelt werden.

Mit *Mathematica* kann man *lineare Algebra* betreiben. Wir erklären die *Hilbertmatrix*

In[42]:= **HilbertMatrix[n_] := Table**$\left[\dfrac{1}{j+k-1}, \{j, n\}, \{k, n\}\right]$

und berechnen sie für $n = 7$:

```
In[43]:= H = HilbertMatrix[7]
```

Out[43]= $\begin{pmatrix} 1 & \frac{1}{2} & \frac{1}{3} & \frac{1}{4} & \frac{1}{5} & \frac{1}{6} & \frac{1}{7} \\ \frac{1}{2} & \frac{1}{3} & \frac{1}{4} & \frac{1}{5} & \frac{1}{6} & \frac{1}{7} & \frac{1}{8} \\ \frac{1}{3} & \frac{1}{4} & \frac{1}{5} & \frac{1}{6} & \frac{1}{7} & \frac{1}{8} & \frac{1}{9} \\ \frac{1}{4} & \frac{1}{5} & \frac{1}{6} & \frac{1}{7} & \frac{1}{8} & \frac{1}{9} & \frac{1}{10} \\ \frac{1}{5} & \frac{1}{6} & \frac{1}{7} & \frac{1}{8} & \frac{1}{9} & \frac{1}{10} & \frac{1}{11} \\ \frac{1}{6} & \frac{1}{7} & \frac{1}{8} & \frac{1}{9} & \frac{1}{10} & \frac{1}{11} & \frac{1}{12} \\ \frac{1}{7} & \frac{1}{8} & \frac{1}{9} & \frac{1}{10} & \frac{1}{11} & \frac{1}{12} & \frac{1}{13} \end{pmatrix}$

Die Hilbertmatrix für große n ist berüchtigt für ihre schlechte *Kondition*, d. h., *Inverse* und *Determinante* lassen sich numerisch mit Dezimalarithmetik nur schwer bzw. ungenau bestimmen. Ihre Inverse hat ganzzahlige Koeffizienten:

In[44]:= **Inverse[H]**

Out[44]=
$$\begin{pmatrix} 49 & -1176 & 8820 & -29400 & 48510 & -38808 & 12012 \\ -1176 & 37632 & -317520 & 1128960 & -1940400 & 1596672 & -504504 \\ 8820 & -317520 & 2857680 & -10584000 & 18711000 & -15717240 & 5045040 \\ -29400 & 1128960 & -10584000 & 40320000 & -72765000 & 62092800 & -20180160 \\ 48510 & -1940400 & 18711000 & -72765000 & 133402500 & -115259760 & 37837800 \\ -38808 & 1596672 & -15717240 & 62092800 & -115259760 & 100590336 & -33297264 \\ 12012 & -504504 & 5045040 & -20180160 & 37837800 & -33297264 & 11099088 \end{pmatrix}$$

und die Determinante ist eine sehr kleine rationale Zahl, welche wir mit rationaler Arithmetik exakt bestimmen können:

In[45]:= **Det[H]**

Out[45]=
$$\frac{1}{2067909047925770649600000}$$

Die folgende Funktion erklärt die *Vandermonde-Matrix*

In[46]:= **Vandermonde[n_] := Table[x_j^{k-1}, {j, n}, {k, n}]**

Die Vandermonde-Matrix mit 5 Variablen $x_1, \ldots, x_5$ ist gegeben durch

In[47]:= **V = Vandermonde[5]**

Out[47]=
$$\begin{pmatrix} 1 & x_1 & x_1^2 & x_1^3 & x_1^4 \\ 1 & x_2 & x_2^2 & x_2^3 & x_2^4 \\ 1 & x_3 & x_3^2 & x_3^3 & x_3^4 \\ 1 & x_4 & x_4^2 & x_4^3 & x_4^4 \\ 1 & x_5 & x_5^2 & x_5^3 & x_5^4 \end{pmatrix}$$

und ihre Determinante ist ein kompliziertes multivariates Polynom:

In[48]:= **Det[V]**

Out[48]=
$$\begin{aligned}
&-x_2 x_3^2 x_4^3 x_1^4 + x_2^2 x_3 x_4^3 x_1^4 + x_2 x_3^2 x_5^3 x_1^4 - x_2 x_4^2 x_5^3 x_1^4 + x_3 x_4^2 x_5^3 x_1^4 - x_2^2 x_3 x_5^3 x_1^4 + \\
&x_2^2 x_4 x_5^3 x_1^4 - x_3^2 x_4 x_5^3 x_1^4 + x_2 x_3^3 x_4^2 x_1^4 - x_2^3 x_3 x_4^2 x_1^4 - x_2 x_3^3 x_5^2 x_1^4 + x_2 x_4^3 x_5^2 x_1^4 - \\
&x_3 x_4^3 x_5^2 x_1^4 + x_2^3 x_3 x_5^2 x_1^4 - x_2^3 x_4 x_5^2 x_1^4 + x_3^3 x_4 x_5^2 x_1^4 - x_2^2 x_3^3 x_4 x_1^4 + x_2^3 x_3^2 x_4 x_1^4 + \\
&x_2^2 x_3^3 x_5 x_1^4 - x_2^2 x_4^3 x_5 x_1^4 + x_3^2 x_4^3 x_5 x_1^4 - x_2^3 x_3^2 x_5 x_1^4 + x_2^3 x_4^2 x_5 x_1^4 - x_3^3 x_4^2 x_5 x_1^4 + \\
&x_2 x_3^2 x_4^4 x_1^3 - x_2^2 x_3 x_4^4 x_1^3 - x_2 x_3^2 x_5^4 x_1^3 + x_2 x_4^2 x_5^4 x_1^3 - x_3 x_4^2 x_5^4 x_1^3 + x_2^2 x_3 x_5^4 x_1^3 - \\
&x_2^2 x_4 x_5^4 x_1^3 + x_3^2 x_4 x_5^4 x_1^3 - x_2 x_3^4 x_4^2 x_1^3 + x_2^4 x_3 x_4^2 x_1^3 + x_2 x_3^4 x_5^2 x_1^3 - x_2 x_4^4 x_5^2 x_1^3 + \\
&x_3 x_4^4 x_5^2 x_1^3 - x_2^4 x_3 x_5^2 x_1^3 + x_2^4 x_4 x_5^2 x_1^3 - x_3^4 x_4 x_5^2 x_1^3 + x_2^2 x_3^4 x_4 x_1^3 - \\
&x_2^4 x_3^2 x_4 x_1^3 - x_2^2 x_3^4 x_5 x_1^3 + x_2^2 x_4^4 x_5 x_1^3 - x_3^2 x_4^4 x_5 x_1^3 + x_2^4 x_3^2 x_5 x_1^3 - x_2^4 x_4^2 x_5 x_1^3 + \\
&x_3^4 x_4^2 x_5 x_1^3 - x_2 x_3^3 x_4^4 x_1^2 + x_2^3 x_3 x_4^4 x_1^2 + x_2 x_3^3 x_5^4 x_1^2 - x_2 x_4^3 x_5^4 x_1^2 + x_3 x_4^3 x_5^4 x_1^2 - \\
&x_2^3 x_3 x_5^4 x_1^2 + x_2^3 x_4 x_5^4 x_1^2 - x_3^3 x_4 x_5^4 x_1^2 + x_2 x_3^4 x_4^3 x_1^2 - x_2^4 x_3 x_4^3 x_1^2 - x_2 x_3^4 x_5^3 x_1^2 + \\
&x_2 x_4^4 x_5^3 x_1^2 - x_3 x_4^4 x_5^3 x_1^2 + x_2^4 x_3 x_5^3 x_1^2 - x_2^4 x_4 x_5^3 x_1^2 + x_3^4 x_4 x_5^3 x_1^2 - x_2^3 x_3^4 x_4 x_1^2 +
\end{aligned}$$

Out[48]= $x_2^4 x_3^3 x_4 x_1^2 + x_2^3 x_3^4 x_5 x_1^2 - x_2^3 x_4^4 x_5 x_1^2 + x_3^3 x_4^4 x_5 x_1^2 - x_2^4 x_3^3 x_5 x_1^2 + x_2^4 x_4^3 x_5 x_1^2 -$
$x_3^4 x_4^3 x_5 x_1^2 + x_2^2 x_3^3 x_4^4 x_1 - x_2^3 x_3^2 x_4^4 x_1 - x_2^2 x_3^3 x_5^4 x_1 + x_2^2 x_4^3 x_5^4 x_1 -$
$x_3^2 x_4^3 x_5^4 x_1 + x_2^3 x_3^2 x_5^4 x_1 - x_2^3 x_4^2 x_5^4 x_1 + x_3^3 x_4^2 x_5^4 x_1 - x_2^2 x_3^4 x_4^3 x_1 + x_2^4 x_3^2 x_4^3 x_1 +$
$x_2^2 x_3^4 x_5^3 x_1 - x_2^2 x_4^4 x_5^3 x_1 + x_3^2 x_4^4 x_5^3 x_1 - x_2^4 x_3^2 x_5^3 x_1 + x_2^4 x_4^2 x_5^3 x_1 - x_3^4 x_4^2 x_5^3 x_1 +$
$x_2^3 x_3^4 x_4^2 x_1 - x_2^4 x_3^3 x_4^2 x_1 - x_2^3 x_3^4 x_5^2 x_1 + x_2^3 x_4^4 x_5^2 x_1 - x_3^3 x_4^4 x_5^2 x_1 +$
$x_2^4 x_3^3 x_5^2 x_1 - x_2^4 x_4^3 x_5^2 x_1 + x_3^4 x_4^3 x_5^2 x_1 + x_2 x_3^2 x_4^3 x_5^4 - x_2^2 x_3 x_4^3 x_5^4 -$
$x_2 x_3^3 x_4^2 x_5^4 + x_2^3 x_3 x_4^2 x_5^4 + x_2^2 x_3^3 x_4 x_5^4 - x_2^3 x_3^2 x_4 x_5^4 - x_2 x_3^2 x_4^4 x_5^3 + x_2^2 x_3 x_4^4 x_5^3 +$
$x_2 x_3^4 x_4^2 x_5^3 - x_2^4 x_3 x_4^2 x_5^3 - x_2^2 x_3^4 x_4 x_5^3 + x_2^4 x_3^2 x_4 x_5^3 + x_2 x_3^3 x_4^4 x_5^2 -$
$x_2^3 x_3 x_4^4 x_5^2 - x_2 x_3^4 x_4^3 x_5^2 + x_2^4 x_3 x_4^3 x_5^2 + x_2^3 x_3^4 x_4 x_5^2 - x_2^4 x_3^3 x_4 x_5^2 -$
$x_2^2 x_3^3 x_4^4 x_5 + x_2^3 x_3^2 x_4^4 x_5 + x_2^2 x_3^4 x_4^3 x_5 - x_2^4 x_3^2 x_4^3 x_5 - x_2^3 x_3^4 x_4^2 x_5 + x_2^4 x_3^3 x_4^2 x_5$

welches in faktorisierter Form allerdings ganz einfache Gestalt hat:[11]

In[49]:= **Factor[Det[V]]**
Out[49]= $(x_1 - x_2)(x_1 - x_3)(x_2 - x_3)(x_1 - x_4)(x_2 - x_4)(x_3 - x_4)(x_1 - x_5)(x_2 - x_5)(x_3 - x_5)(x_4 - x_5)$

Mit *Mathematica* kann man *Gleichungen* und *Gleichungssysteme* lösen. Lösung einer quadratischen Gleichung:[12]

In[50]:= **s = Solve[x² - 3x - 1 == 0, x]**
Out[50]= $\{\{x \to \frac{1}{2}(3 - \sqrt{13})\}, \{x \to \frac{1}{2}(3 + \sqrt{13})\}\}$

Die Lösungen von Gleichungen werden als Liste ausgegeben. In unserem Fall gibt es zwei Lösungen, also enthält die Lösungsliste zwei Elemente, welche wiederum aus Listen der Form {x → a} bestehen, wobei x die Variable bezeichnet und a die zugehörige Lösung ist. Solche Ausgabelisten werden – unter Verwendung des Einsetzungsbefehls `/.` – zum Einsetzen verwendet:

In[51]:= **x/.s**
Out[51]= $\{\frac{1}{2}(3 - \sqrt{13}), \frac{1}{2}(3 + \sqrt{13})\}$

Wir lösen eine Gleichung dritten Grades:

In[52]:= **s = Solve[x³ - 3x - 1 == 0, x]**
Out[52]= $\{\{x \to \frac{1}{\sqrt[3]{\frac{1}{2}(1 + i\sqrt{3})}} + \sqrt[3]{\frac{1}{2}(1 + i\sqrt{3})}\},$

$\{x \to -\frac{1}{2}(1 - i\sqrt{3})\sqrt[3]{\frac{1}{2}(1 + i\sqrt{3})} - \left(\frac{1}{2}(1 + i\sqrt{3})\right)^{2/3}\},$

$\{x \to -\frac{1 - i\sqrt{3}}{2^{2/3}\sqrt[3]{1 + i\sqrt{3}}} - \frac{(1 + i\sqrt{3})^{4/3}}{2\sqrt[3]{2}}\}\}$

---

[11] Man überlege sich, warum die Determinante die berechneten Faktoren enthalten *muß*!
[12] Eine Gleichung wird mit dem Zeichen == eingegeben.

deren Lösung ziemlich verschachtelte Wurzeln enthält. Die Dezimalwerte der Lösungen sind gegeben durch:

```
In[53]:= s//N
```

Out[53]= $\{\{x \to 1.87939 + 0.\,i\}, \{x \to -1.53209 + 1.11022 \times 10^{-16}\,i\}, \{x \to -0.347296 + 2.22045 \times 10^{-16}\,i\}\}$

Die drei Nullstellen sind möglicherweise alle reell, wie durch numerisches Lösen mit

```
In[54]:= NSolve[x^3 - 3x - 1 == 0, x]
```

Out[54]= $\{\{x \to -1.53209\}, \{x \to -0.347296\}, \{x \to 1.87939\}\}$

bestätigt wird, obwohl die Darstellung durch die *Cardanischen Formeln* explizit komplexe Zahlen verwendet.[13] Daß das Polynom drei reelle Nullstellen hat, wird auch von der graphischen Darstellung

```
In[55]:= Plot[x^3 - 3x - 1, {x, -3, 3}]
```

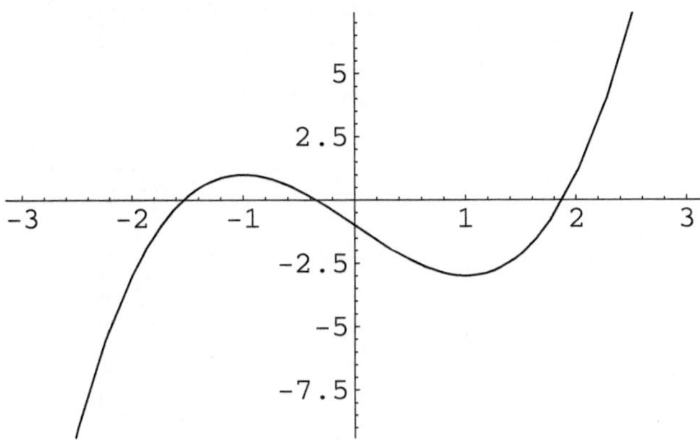


```
Out[55]= -Graphics-
```

bestätigt.

Die Lösungen von Polynomgleichungen können bekanntlich bis zum vierten Grad durch Wurzeln ausgedrückt werden. Diese Lösungen sind auf Grund ihrer Kompliziertheit aber häufig praktisch wertlos:

```
In[56]:= s = Solve[x^4 - 3x - 1 == 0, x]
```

[13] In dem vorliegenden Fall, dem *casus irreducibilis*, können die Lösungen unter Zuhilfenahme von trigonometrischen Funktionen auch reell dargestellt werden. Diese Darstellung wird von *Mathematica* aber nicht unterstützt.

Out[56]= $\left\{\left\{x \to -\frac{1}{2}\sqrt{-4\sqrt[3]{\frac{2}{3\left(81+\sqrt{7329}\right)}}+\frac{\sqrt[3]{\frac{1}{2}\left(81+\sqrt{7329}\right)}}{3^{2/3}}}-\frac{1}{2}\sqrt{\left(4\sqrt[3]{\frac{2}{3\left(81+\sqrt{7329}\right)}}-\frac{\sqrt[3]{\frac{1}{2}\left(81+\sqrt{7329}\right)}}{3^{2/3}}-\frac{6}{\sqrt{-4\sqrt[3]{\frac{2}{3\left(81+\sqrt{7329}\right)}}+\frac{\sqrt[3]{\frac{1}{2}\left(81+\sqrt{7329}\right)}}{3^{2/3}}}}\right)}\right\},\right.$

$\left\{x \to -\frac{1}{2}\sqrt{-4\sqrt[3]{\frac{2}{3\left(81+\sqrt{7329}\right)}}+\frac{\sqrt[3]{\frac{1}{2}\left(81+\sqrt{7329}\right)}}{3^{2/3}}}+\frac{1}{2}\sqrt{\left(4\sqrt[3]{\frac{2}{3\left(81+\sqrt{7329}\right)}}-\frac{\sqrt[3]{\frac{1}{2}\left(81+\sqrt{7329}\right)}}{3^{2/3}}-\frac{6}{\sqrt{-4\sqrt[3]{\frac{2}{3\left(81+\sqrt{7329}\right)}}+\frac{\sqrt[3]{\frac{1}{2}\left(81+\sqrt{7329}\right)}}{3^{2/3}}}}\right)}\right\},$

$\left\{x \to \frac{1}{2}\sqrt{-4\sqrt[3]{\frac{2}{3\left(81+\sqrt{7329}\right)}}+\frac{\sqrt[3]{\frac{1}{2}\left(81+\sqrt{7329}\right)}}{3^{2/3}}}-\frac{1}{2}\sqrt{\left(4\sqrt[3]{\frac{2}{3\left(81+\sqrt{7329}\right)}}-\frac{\sqrt[3]{\frac{1}{2}\left(81+\sqrt{7329}\right)}}{3^{2/3}}+\frac{6}{\sqrt{-4\sqrt[3]{\frac{2}{3\left(81+\sqrt{7329}\right)}}+\frac{\sqrt[3]{\frac{1}{2}\left(81+\sqrt{7329}\right)}}{3^{2/3}}}}\right)}\right\},$

$\left.\left\{x \to \frac{1}{2}\sqrt{-4\sqrt[3]{\frac{2}{3\left(81+\sqrt{7329}\right)}}+\frac{\sqrt[3]{\frac{1}{2}\left(81+\sqrt{7329}\right)}}{3^{2/3}}}+\frac{1}{2}\sqrt{\left(4\sqrt[3]{\frac{2}{3\left(81+\sqrt{7329}\right)}}-\frac{\sqrt[3]{\frac{1}{2}\left(81+\sqrt{7329}\right)}}{3^{2/3}}+\frac{6}{\sqrt{-4\sqrt[3]{\frac{2}{3\left(81+\sqrt{7329}\right)}}+\frac{\sqrt[3]{\frac{1}{2}\left(81+\sqrt{7329}\right)}}{3^{2/3}}}}\right)}\right\}\right\}$

Die Lösung hat die numerische Darstellung

```
In[57]:= s//N
Out[57]= {{x → -0.605102 - 1.26713 i},
         {x → -0.605102 + 1.26713 i}, {x → -0.329409}, {x → 1.53961}}
```

mit 2 reellen Lösungen.

Lösungen von Polynomgleichungen vom Grad größer als vier werden i. a. als algebraische Objekte ausgegeben:

```
In[58]:= s = Solve[x^5 - 3x - 1 == 0, x]
Out[58]= {{x → Root[#1^5 - 3 #1 - 1&, 1]},
         {x → Root[#1^5 - 3 #1 - 1&, 2]}, {x → Root[#1^5 - 3 #1 - 1&, 3]},
         {x → Root[#1^5 - 3 #1 - 1&, 4]}, {x → Root[#1^5 - 3 #1 - 1&, 5]}}
```

Diese Antwort scheint über unsere Frage nicht hinauszugehen.[14] Mit den ausgegebenen `Root`-Objekten kann allerdings gerechnet werden: numerisch[15]

```
In[59]:= s//N
Out[59]= {{x → -1.21465}, {x → -0.334734}, {x → 1.38879},
         {x → 0.0802951 - 1.32836 i}, {x → 0.0802951 + 1.32836 i}}
```

und symbolisch

```
In[60]:= Product[(x/.s[[k]]), {k, 1, 5}]//RootReduce
Out[60]= 1
```

$$\prod_{k=1}^{5}(x/.s[[k]])//\text{RootReduce}$$

Im letzten Beispiel haben wir das Produkt der 5 verschiedenen Lösungen berechnet.

`Solve` kann auch polynomiale Gleichungssysteme lösen:

```
In[61]:= Solve[{x^2 + y^2 == 1, -x^2 + 2y^2 + 1 == 0}, {x, y}]
Out[61]= {{x → -1, y → 0}, {x → -1, y → 0}, {x → 1, y → 0}, {x → 1, y → 0}}
```

Wir laden das Package `ImplicitPlot`

```
In[62]:= Needs["Graphics`ImplicitPlot`"]
```

mit welchem wir die implizit gegebenen Funktionen graphisch darstellen können:

```
In[63]:= ImplicitPlot[{x^2 + y^2 == 1, -x^2 + 2y^2 + 1 == 0},
           {x, -3, 3}, {y, -3, 3}]
```

---

[14]Die Lösung besagt nichst anderes als: erste Nullstelle, zweite Nullstelle, … , fünfte Nullstelle des Polynoms $x^5 - x - 1$.

[15]Mit `s[[k]]` wird das k-te Element der Liste s angesprochen.

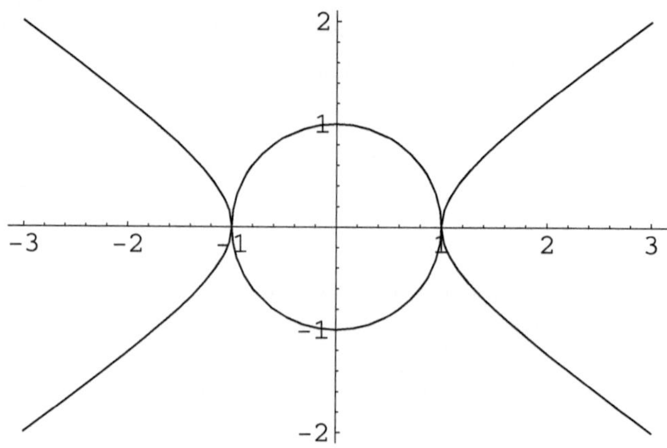

Out[63]= -Graphics-

Der Kreis und die Hyperbel haben – wie berechnet – zwei (doppelte) Schnittpunkte, während folgende Ellipse und Hyperbel vier verschiedene Schnittpunkte besitzen:

In[64]:= $\textbf{Solve}\left[\left\{\frac{\mathbf{x}^2}{4} + \mathbf{y}^2 == 1, -\mathbf{x}^2 + 2\mathbf{y}^2 + 1 == 0\right\}, \{\mathbf{x}, \mathbf{y}\}\right]$

Out[64]= $\{\{x \to -\sqrt{2}, y \to -\frac{1}{\sqrt{2}}\}, \{x \to -\sqrt{2}, y \to \frac{1}{\sqrt{2}}\}, \{x \to \sqrt{2}, y \to -\frac{1}{\sqrt{2}}\}, \{x \to \sqrt{2}, y \to \frac{1}{\sqrt{2}}\}\}$

In[65]:= $\textbf{ImplicitPlot}\left[\left\{\frac{\mathbf{x}^2}{4} + \mathbf{y}^2 == 1, -\mathbf{x}^2 + 2\mathbf{y}^2 + 1 == 0\right\}, \{\mathbf{x}, -3, 3\}, \{\mathbf{y}, -3, 3\}\right]$

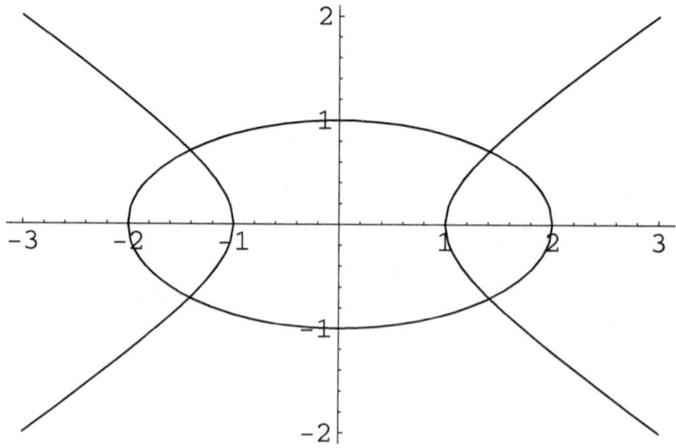

Out[65]= -Graphics-

Das Lösen polynomialer Gleichungssysteme wird in Abschnitt 7.6 behandelt.

Graphische Darstellungen sind ein weiteres Highlight von *Mathematica*. Hier sind die Graphen der trigonometrischen Funktionen:

```
In[66]:= Plot[{Sin[x], Cos[x], Tan[x]}, {x, -5, 5},
           PlotStyle → {RGBColor[1, 0, 0], RGBColor[0, 1, 0],
           RGBColor[0, 0, 1]}, PlotRange → {-2, 2}]
```

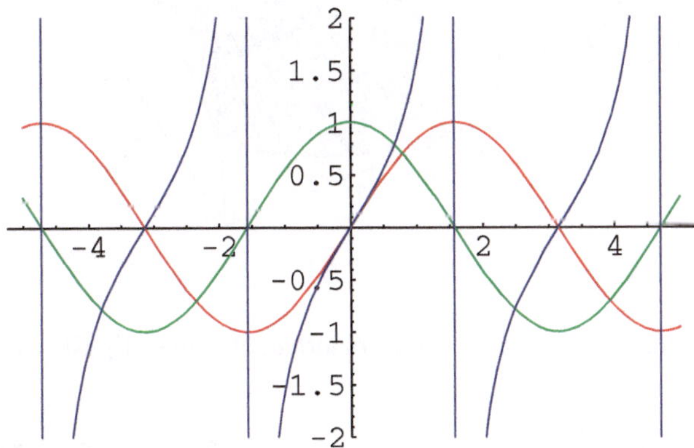

Out[66]= -Graphics-

Die `Plot`-Funktion hat viele Optionen, mit welchen die Darstellung angepaßt werden kann:

```
In[67]:= Options[Plot]
```

Out[67]= $\{$AspectRatio → $\frac{1}{\phi}$, Axes → Automatic, AxesLabel → None, AxesOrigin → Automatic, AxesStyle → Automatic, Background → Automatic, ColorOutput → Automatic, Compiled → True, DefaultColor → Automatic, DefaultFont :→ *\$DefaultFont*, DisplayFunction :→ *\$DisplayFunction*, Epilog → {}, FormatType :→ *\$FormatType*, Frame → False, FrameLabel → None, FrameStyle → Automatic, FrameTicks → Automatic, GridLines → None, ImageSize → Automatic, MaxBend → 10., PlotDivision → 30., PlotLabel → None, PlotPoints → 25, PlotRange → Automatic, PlotRegion → Automatic, PlotStyle → Automatic, Prolog → {}, RotateLabel → True, TextStyle :→ *\$TextStyle*, Ticks → Automatic$\}$

Schließlich sehen wir uns einige dreidimensionale Graphiken an: Einen *Sattelpunkt*:

In[68]:= **Plot3D[x^2 - y^2, {x, -2, 2}, {y, -2, 2}]**

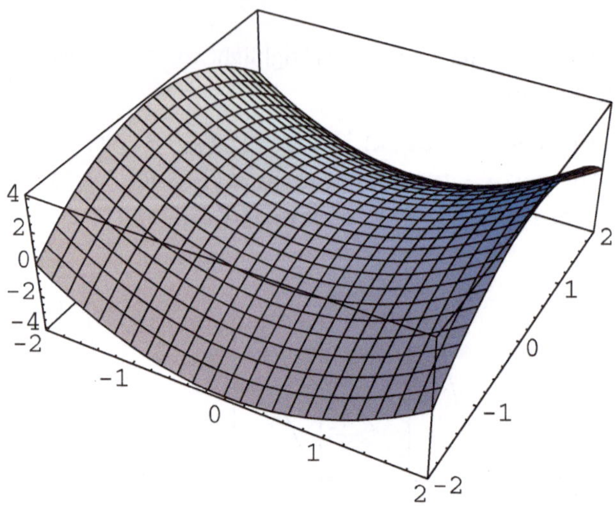

Out[68]= -SurfaceGraphics-

sowie eine Funktion, welche partiell differenzierbar, aber unstetig ist, s. z. B. [Koe1994]:

In[69]:= $\texttt{Plot3D}\left[\frac{\texttt{x y}}{\texttt{x}^2+\texttt{y}^2}, \{\texttt{x}, -2, 2\}, \{\texttt{y}, -2, 2\}, \texttt{PlotPoints} \to 50\right]$

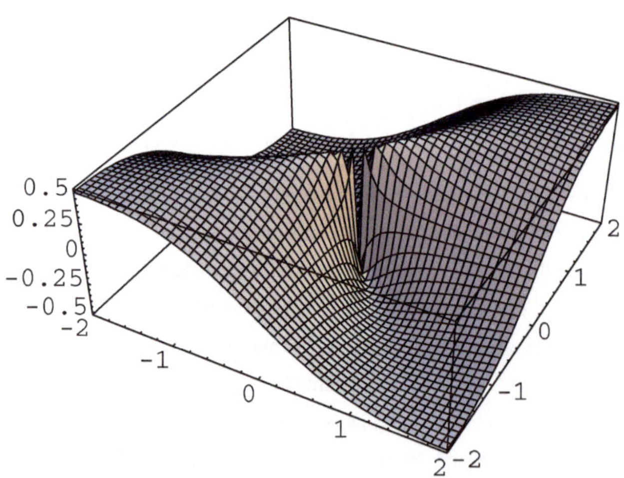

Out[69]= -SurfaceGraphics-

und schließlich ein *Höhenliniendiagramm*:

```
In[70]:= ContourPlot[Sin[x] Sin[y], {x, -3, 3},
           {y, -3, 3}, ColorFunction → Hue, PlotPoints → 100]
```

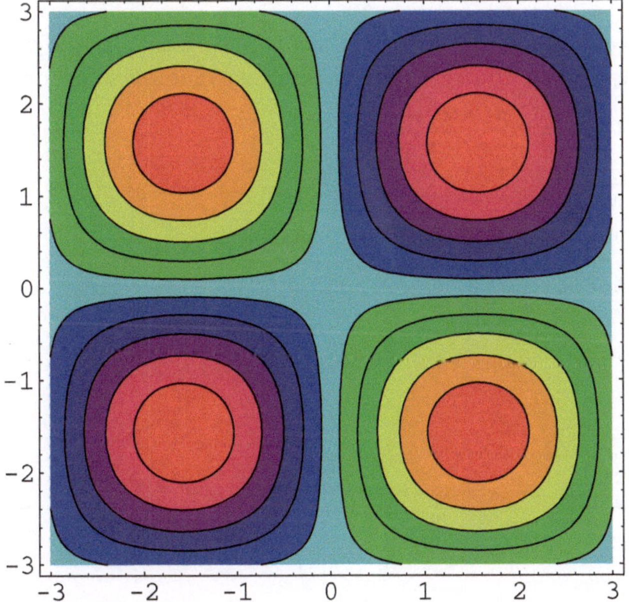

`Out[70]=` -ContourGraphics-

Mathematica kann auch Fragen aus der *Analysis* lösen, z. B. *Grenzwerte*:

`In[71]:=` **Limit**$\left[\frac{\mathbf{Exp[x] - 1}}{\mathbf{x}}, \mathbf{x \to 0}\right]$

`Out[71]=` 1

Taylorpolynome:

`In[72]:=` **Series**$\left[\frac{\mathbf{Exp[x] - 1}}{\mathbf{x}}, \{\mathbf{x, 0, 10}\}\right]$

`Out[72]=` $1 + \frac{x}{2} + \frac{x^2}{6} + \frac{x^3}{24} + \frac{x^4}{120} + \frac{x^5}{720} + \frac{x^6}{5040} + \frac{x^7}{40320} + \frac{x^8}{362880} + \frac{x^9}{3628800} + \frac{x^{10}}{39916800} + O(x^{11})$

Ableitungen:[16]

`In[73]:=` **ableitung** = $\partial_{\mathbf{x}} \frac{\mathbf{Exp[x] - 1}}{\mathbf{x}}$

`Out[73]=` $\frac{e^x}{x} - \frac{-1 + e^x}{x^2}$

und *Integrale* bestimmen:

`In[74]:=` $\int$ **ableitung** dx

`Out[74]=` $\frac{e^x}{x} - \frac{1}{x}$

[16]Ableitung ∂_x und Integration $\int dx$ können mittels der Funktionen `D` bzw. `Integrate` oder über die Palette eingegeben werden.

Nicht immer ist es allerdings so einfach, durch Integrieren und Differenzieren einer Funktion diese zu rekonstruieren. Wir betrachten die rationale Funktion

In[75]:= **eingabe =** $\dfrac{\mathbf{x^3 + x^2 + x - 1}}{\mathbf{x^4 + x^2 + 1}}$

Out[75]= $\dfrac{x^3 + x^2 + x - 1}{x^4 + x^2 + 1}$

Zunächst erzeugen wir eine graphische Darstellung:

In[76]:= **Plot[eingabe, {x, -5, 5}]**

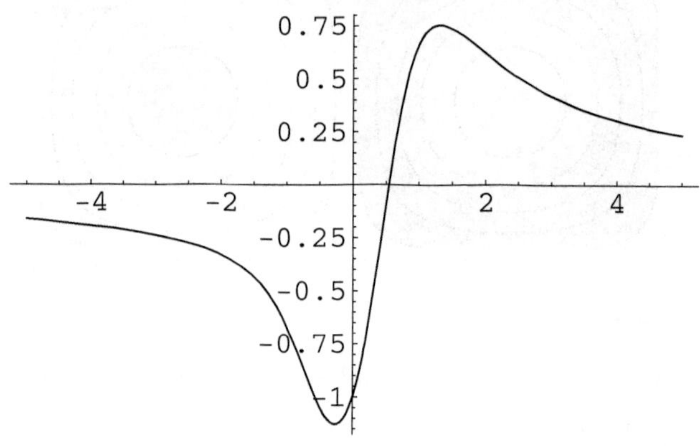

Out[76]= -Graphics-

Nun integrieren wir das Resultat:[17]

In[77]:= **integral =** $\int$ **eingabe dx**

Out[77]= $\dfrac{1}{24}$

$$\left((6+6i)\left(1+i\sqrt{3}\right)\sqrt{-i+\sqrt{3}}\tan^{-1}\left(\frac{(1+i)\,x}{\sqrt{i+\sqrt{3}}}\right)-4\sqrt{3}\tan^{-1}\left(\frac{\sqrt{3}}{2x^2+1}\right)-\right.$$

$$\left.(6-6i)\left(i+\sqrt{3}\right)^{3/2}\tanh^{-1}\left(\frac{(1+i)\,x}{\sqrt{-i+\sqrt{3}}}\right)+6\log\left(x^4+x^2+1\right)\right)$$

und leiten schließlich ab:

In[78]:= **resultat =** ∂_x **integral**

[17] Im **TraditionalForm** -Modus werden alle Umkehrfunktionen der trigonometrischen und hyperbolischen Funktionen mit der $^{-1}$-Notation ausgegeben, z. B. $\tan^{-1} = \arctan$. Man beachte: Obwohl der Integrand reell ist, gibt *Mathematica* eine *komplexe* Lösung aus!

Out[78]= $\frac{1}{24}\left(\frac{48\,x}{(2\,x^2+1)^2\left(1+\frac{3}{(2\,x^2+1)^2}\right)}-\frac{12\,(i+\sqrt{3})^{3/2}}{\sqrt{-i+\sqrt{3}}\left(1-\frac{2\,i\,x^2}{-i+\sqrt{3}}\right)}+\frac{12\,i\,(1+i\,\sqrt{3})\,\sqrt{-i+\sqrt{3}}}{\sqrt{i+\sqrt{3}}\left(\frac{2\,i\,x^2}{i+\sqrt{3}}+1\right)}+\frac{6\,(4\,x^3+2\,x)}{x^4+x^2+1}\right)$

Dies sieht nicht aus wie die Eingabefunktion, obwohl das Resultat nach dem Hauptsatz der Differential- und Integralrechung mit dieser übereinstimmen muß.[18] Hierzu müssen wir eine *Vereinfachung* vornehmen. `FullSimplify` ist erfolgreich:

In[79]:= **resultat//FullSimplify**

Out[79]= $\frac{x^3+x^2+x-1}{x^4+x^2+1}$

Die Vereinfachung rationaler Funktionen wird in Abschnitt 6.9 behandelt. Taylorpolynome und -reihen sind Thema von Kapitel 10, ferner wird in Abschnitt 2.7 ein Differentiations-Algorithmus betrachtet, und Kapitel 12 ist der rationalen Integration gewidmet.

Natürlich ist *Mathematica* auch eine sehr reichhaltige Programmiersprache. Das Programmieren betrachten wir im nächsten Kapitel genauer.

1.2 Ergänzende Bemerkungen

1.2

Mathematica kam 1988 auf den Markt und liegt zur Zeit in der Version 5.2 vor. *Mathematica* verband als erstes Computeralgebrasystem Symbolik, Numerik und Graphik unter einer Oberfläche und wurde schnell Marktführer. Inzwischen wurde die Oberfläche weiterentwickelt und ist mit Abstand besser als die der Konkurrenz. Beim mathematischen Kern hängt es von der Fragestellung ab, welches Computeralgebrasystem das Beste ist, s. z.B. [Wes1999]. Wenn *Mathematica* Ihre Fragestellungen nicht beantworten kann, so hilft vielleicht Axiom, Derive, Macsyma, Maple, MuPAD, Reduce oder eines der vielen Spezialsysteme weiter.

Ich möchte einen wesentlichen Nachteil *Mathematicas* nicht verschweigen: Während einige andere Computeralgebrasysteme die Möglichkeit bieten, den Ablauf der Algorithmen, welche hinter einer Berechnung stecken, nachzuvollziehen, ist dies bei *Mathematica* in der Regel unmöglich: Was hinter den Berechnungen von *Mathematica* steckt, ist letztlich oft Betriebsgeheimnis. Das ist offenbar der Preis der Kommerzialisierung des Systems.

[18] In Kapitel 12 werden wir zeigen, wie man beim Integrieren die Erzeugung unnötiger Wurzeln vermeiden kann. Dann kann man allerdings zeigen, daß bei unserem Beispiel die Verwendung von $\sqrt{3}$ *unvermeidbar* ist.

Im nächsten Abschnitt werden wir *Mathematicas* Programmierfähigkeiten kennenlernen, welche Konstruktionen zuläßt, die sich direkt an mathematischen Definitionen orientieren und zum Teil weit über die Möglichkeiten anderer Systeme hinausgehen.

1.3

1.3 Übungsaufgaben

1.1 (Mersennesche Zahlen)
Ist p eine Primzahl, so nennt man die Zahlen

$$M_p := 2^p - 1 \qquad (p \text{ Primzahl})$$

die *Mersenneschen Zahlen.*

Mersenne vermutete, daß diese lediglich für die Werte $p = 2, 3, 5, 7, 13, 17, 19, 31, 67, 127, 257$ Primzahlen sind. Diese Vermutung ist falsch. Zur Zeit sind 42 Mersenne-Primzahlen bekannt. Die größte davon ist die Mersennesche Zahl $M_{25.964.951}$, welche 7.816.230 Dezimalstellen hat und überhaupt die größte momentan bekannte Primzahl darstellt.[19]

(a) Bestätigen Sie die Anzahl der Dezimalstellen von $M_{25.964.951}$. *Hinweis:* Verwenden Sie `N`.

Zu Mersennes Vermutung:

(b) M_{61}, M_{89} und M_{107} sind Primzahlen, die nicht in Mersennes Liste stehen.

(c) M_{67} ist zusammengesetzt, tatsächlich ist

$$M_{67} = 147\,573\,952\,589\,676\,412\,927 = 193\,707\,721 \cdot 761\,838\,257\,287\,.$$

(d) M_{257} ist zusammengesetzt.

Weisen Sie unter Verwendung von `PrimeQ` und `FactorInteger` mit *Mathematica* (b), (c) und (d) nach. Beachten Sie, wie lange die Faktorisierung von M_{67} braucht.[20]

[19] Derartige Aussagen gelten im Zeitalter der Computeralgebrasysteme allerdings nur für kurze Zeit. Daher übernehme ich hierfür keine Garantie. Neues über die Mersenneschen Zahlen finden Sie auf der Internetseite `http://www.mersenne.org`. Zur Geschichte der Mersenneschen Zahlen s. `http://www.utm.edu/research/primes/mersenne`.

[20] Zuerst wurde diese Zahl 1903 von F. N. Cole faktorisiert. Auf die Frage, wie lange er gebraucht habe, M_{67} zu knacken, sagte er „three years of Sundays". Mit *Mathematica* oder einem anderen Computeralgebrasystem hätte er 3 Jahre gespart…

Die Faktorisierung (d) ist zu schwierig und benötigt zu lange mit *Mathematica*. Ohne Faktorisierung können Sie aber zeigen, daß

(e) $M_{257} = 535\,006\,138\,814\,359 \cdot 1\,155\,685\,395\,246\,619\,182\,673\,033 \cdot$
$374\,550\,598\,501\,810\,936\,581\,776\,630\,096\,313\,181\,393$.

1.2 (Primzahlzwillinge)
Zwei Primzahlen p_1 und $p_2 = p_1 + 2$ heißen *Primzahlzwillinge*. Finden Sie jeweils die ersten Primzahlzwillinge, die größer als 1000, 10^{10} bzw. 10^{100} sind.

1.3 (Robertson-Vermutung)

(a) Der Mathematiker Robertson vermutete im Jahre 1989 [Rob1989][21], daß die Koeffizienten a_k der Taylorreihe der Funktion

$$f(x) = \sqrt{\frac{e^x - 1}{x}} = 1 + a_1\,x + a_2\,x^2 + \cdots = \sum_{k=0}^{\infty} a_k\,x^k$$

alle positiv sind. Überprüfen Sie diese Vermutung!

(b) Die Koeffizienten $B_k(x)$ der Taylorreihe (bei $z_0 = 0$)

$$F(z) = \sqrt{\frac{\left(\frac{1+z}{1-z}\right)^x - 1}{2xz}} = \sum_{k=0}^{\infty} B_k(x)\,z^k$$

sind Polynome in x vom Grad k (dies muß nicht bewiesen werden.) Berechnen Sie $B_k(x)$ für $k = 0, \ldots, 5$.

Für jeden Koeffizienten $a_k > 0$ aus (a) stellt sich heraus, daß alle Koeffizienten des Polynoms $B_k(x)$ nichtnegativ sind. Ist aber $a_k < 0$ in (a) für ein $k \in \mathbb{N} := \{1, 2, 3, \ldots\}$, dann muß auch (mindestens) ein Koeffizient des Polynoms $B_k(x)$ negativ sein (siehe [Rob1978]–[Rob1989]). Gibt es einen solchen Fall? Falls ja, für welches k tritt dies zum ersten Mal auf? Berechnen Sie $B_k(x)$ in diesem Fall.

1.4 (Kinetische Energie) In der klassischen Mechanik hat ein Körper der Ruhemasse m_0 und der Geschwindigkeit v eine kinetische Energie

$$E_{\text{kin}} = \frac{1}{2} m_0\, v^2 \,.$$

[21] Es gibt eine andere berühmte Robertson-Vermutung [Rob1936], welche zusammen mit der Bieberbach- und der Milin-Vermutung 1984 von de Branges [DeB1984] bewiesen wurde.

In der speziellen Relativitätstheorie wird gezeigt, daß bei großen Geschwindigkeiten eine Masseänderung eintritt. Die Masse berechnet sich aus der Formel $m = m_0 \frac{1}{\sqrt{1-\frac{v^2}{c^2}}}$, wobei c die Lichtgeschwindigkeit ist.

Die Einsteinsche Formel für die Energie

$$E = m\,c^2 = E_{\text{Ruhe}} + E_{\text{kin}} = m_0\,c^2 + E_{\text{kin}}$$

liefert also die relativistische Formel

$$E_{\text{kin}} = m_0\,c^2 \left(\frac{1}{\sqrt{1-\frac{v^2}{c^2}}} - 1 \right)$$

für die kinetische Energie.

Zeigen Sie durch eine Taylorentwicklung der Abbruchordnung 5, daß im Grenzfall $v \to 0$ sich wieder der klassische Fall ergibt. Wie groß ist der Fehler bis zur fünften Ordnung?

1.5 (Faktorisierung) Finden Sie heraus, für welche $a \in \mathbb{N}$, $a \leqq 1000$ das Polynom $x^4 + a \in \mathbb{Z}[x]$ eine echte ganzzahlige Faktorisierung besitzt.

Kapitel 2

Programmieren in Computeralgebrasystemen

2

2

2 Programmieren in Computeralgebrasystemen

2 Programmieren in Computeralgebrasystemen

2.1 Interne Darstellung von Ausdrücken

2.1

Die interne Darstellung jedes Ausdrucks in *Mathematica*[1] hat eine Listenstruktur der Form *Kopf*[*Argument1*, *Argument2*, ... , *Argument n*] mit endlich vielen Argumenten. Folgende Tabelle gibt einige einfache Beispiele für interne Darstellungen.[2]

InputForm	FullForm (interne Darstellung)	Head
2	Integer[2]	Integer
2.0	Real[2.0]	Real
2/3	Rational[2,3]	Rational
2+I/3	Complex[2,Rational[1,3]]	Complex
x	Symbol[x]	Symbol
x+y	Plus[x,y]	Plus
2*x*y	Times[2,x,y]	Times
{1,x,z}	List[1,x,z]	List
Sin[x]	Sin[x]	Sin
E^x	Power[E,x]	Power
Sqrt[x]	Power[x,Rational[1,2]]	Power

Durch Verschachteln kann man natürlich beliebig komplizierte Ausdrücke zusammensetzen. Ein einfacher zusammengesetzter Ausdruck ist z. B.[3]

InputForm	FullForm (interne Darstellung)
{x,x y,3+2 z}	List[x,Times[x,y],Plus[3,Times[2,z]]]

Jeder Ausdruck *expr* hat also einen Kopf, auf welchen man mit `Head[`*expr*`]` zugreifen kann. Mit `FullForm[`*expr*`]` erhält man die interne Darstellung, und `InputForm[`*expr*`]` liefert den jeweiligen Ausdruck im Eingabeformat. In einem *Mathematica*-Notebook können, wenn gewünscht, alle Ausdrücke außerdem mit Hilfe vorhandener Paletten eingegeben werden.

Man beachte, daß die Exponentialfunktion `Exp[x]` intern genau wie `E^x` als `Power[E,x]` dargestellt wird. Einige Vereinfachungen laufen also vollkommen automatisch ab und können auch nicht verhindert werden. Dies trifft ebenfalls auf die

[1]Auch die Programmierung kann natürlich mit *Maple* oder *MuPAD* erarbeitet werden.

[2]Bei Zahlen verschleiert die `FullForm`. Sonst wäre jeder mathematische Ausdruck kompliziert. Kopf und damit die interne Form kann aber mit `Head` abgefragt werden.

[3]Malpunkte können auch durch Leerzeichen ersetzt werden.

Darstellung rationaler Zahlen zu, welche immer in *gekürzte Form* gebracht werden. Letzteres erfordert eine Berechnung des größten gemeinsamen Teilers von Zähler und Nenner; hierauf kommen wir später zurück. Die automatische Vereinfachung betrachten wir im nächsten Abschnitt näher.

2.2

2.2 Mustererkennung

Die Arbeitsweise von *Mathematica* beruht im wesentlichen auf dem Prinzip der Mustererkennung. Gibt man einen Ausdruck ein, so wird dieser so lange mit Hilfe eingebauter Umformungsregeln umgeformt, bis keine Veränderung mehr eintritt. Beispielsweise wird `Sin[Pi]` zu 0 vereinfacht, da diese Regel eingebaut ist, während für den Ausdruck `Sin[x]` keine Umformungsregel vorhanden ist, so daß dieser Ausdruck unverändert bleibt. Gleiches trifft auf die Beispiele folgender Tabelle zu, welche exemplarisch zeigen, wie *Mathematicas* automatische Vereinfachung funktioniert.

Eingabe	*Mathematicas* Ausgabe
`12/4`	3
`5!^3/10!`	$\frac{10}{21}$
`Exp[x]`	e^x
`Exp[0]`	1
`Exp[1]`	e
`Sqrt[9]`	3
`Sqrt[10]`	$\sqrt{10}$
`Sqrt[10]^2`	10
`(1+I)*(1-I)`	2
`(x+y)*(x-y)`	$(x-y)(x+y)$
`Product[k,{k,1,5}]`	120
`Product[k,{k,1,n}]`	$n!$
`Sum[k,{k,1,5}]`	15
`Sum[k,{k,1,n}]`	$\frac{n(1+n)}{2}$
`Sum[a[k],{k,1,n}]`	$\sum_{k=1}^{n} a_k$
`Integrate[Sin[x],x]`	$-\cos x$
`Integrate[Sin[x]/Log[x],x]`	$\int \frac{\sin x}{\log x}\,dx$

Man kann auf die Mustererkennung aber auch direkt zugreifen. Dazu sollte man sich allerdings über die intern verwendeten Formate im Klaren sein. Beispielsweise kann der Benutzer auf das Muster `Exp[x]` gemäß der obigen Tabelle in *Mathematica* gar nicht zugreifen!

Ein beliebiges Muster kann man durch *Mathematicas* Variablensymbol _, den Unterstrich, erzeugen. Beispielsweise bezeichnet der Ausdruck `Sin[_]` jeden Ausdruck der Form „Sinus von irgendetwas“. Hierbei kann für „irgendetwas“ (also für den Unterstrich) jeder beliebige andere Teilausdruck stehen. Benötigt man noch einen Namen für „irgendetwas“, schreibt man diesen vor den Unterstrich, z. B. `Sin[x_]`: „Sinus von irgendetwas mit dem Namen *x*“. Diese Vorgehensweise wird beispielsweise dann bedeutsam, wenn wir das „irgendetwas“ durch etwas anderes ersetzen wollen wie bei der Funktionsdefinition `f[x_]:=...`

Die *Mathematica*-Prozedur `Position` bestimmt die Position bestimmter Muster in Ausdrücken. Die Ausgabe {{2}, {3, 2}} des Befehls `Position[1+Sin[3]-Sin[x]+Sin[Pi],Sin[_]]` versteht man allerdings nur, wenn man sich die automatische Vereinfachung des Ausdrucks `1+Sin[3]-Sin[x]+Sin[Pi]` zu $1 + \sin 3 - \sin x$, also zu `Plus[1,Sin[3],Times[-1,Sin[x]]]`, vergegenwärtigt.

Weitere wichtige *Mathematica*-Prozeduren im Zusammenhang mit der Mustererkennung sind `Cases` und `Select`.

Will man beispielsweise aus einer Liste ganzer Zahlen die Quadratzahlen aussortieren, so kann man folgendermaßen vorgehen. Zunächst erzeugen wir eine Liste 100 zufälliger ganzer Zahlen des Intervalls 1, ..., 100:

```
In[1]:= liste = Table[Random[Integer, {1, 100}], {100}]
Out[1]= {8, 50, 25, 14, 35, 77, 65, 35, 74, 10, 15, 48, 54, 44, 44, 86, 100, 39, 59, 27, 34, 26,
        66, 58, 7, 55, 94, 64, 61, 63, 73, 52, 83, 80, 51, 26, 9, 12, 1, 66, 32, 40, 31, 38,
        42, 70, 18, 52, 89, 10, 89, 67, 53, 7, 35, 8, 84, 67, 83, 51, 81, 71, 54, 91, 97, 75,
        18, 37, 100, 54, 15, 93, 67, 32, 15, 37, 20, 19, 36, 27, 19, 45, 91, 64, 59, 1, 37,
        59, 4, 83, 81, 47, 95, 25, 89, 86, 95, 82, 32, 39}
```

Wir wenden nun auf jedes Element der Liste die Quadratwurzelfunktion an und selektieren diejenigen Elemente, welche ganzzahlig sind:

```
In[2]:= Select[√liste, IntegerQ]^2
Out[2]= {25, 100, 64, 9, 1, 81, 100, 36, 64, 1, 4, 81, 25}
```

Dies liefert die Quadratzahlen aus der Liste von Zufallszahlen. Nun weiß man aber nicht mehr, an welcher Position diese Zahlen in der Liste ursprünglich standen. Dies erfahren wir durch

```
In[3]:= Flatten[Position[liste, x_/; IntegerQ[√x]]]
Out[3]= {3, 17, 28, 37, 39, 61, 69, 79, 84, 86, 89, 91, 94}
```

Denselben Effekt erzielt man ohne Verwendung eines Namens (hier *x*) für den variablen Teilausdruck mit Hilfe einer *reinen Funktion*

```
In[4]:= Flatten[Position[liste, _?(IntegerQ[√#]&)]]
```

```
Out[4]= {3, 17, 28, 37, 39, 61, 69, 79, 84, 86, 89, 91, 94}
```

Eine reine Funktion ist hierbei eine Funktion, deren formale Definition mittels := man sich erspart und welche daher keinen Funktionsnamen benötigt. Solche Funktionen konstruiert man mittels `Function` bzw. meist mit der Postfix-Kurzform `&`. Die Variable einer reinen Funktion wird generell mit # bezeichnet. Hat die reine Funktion mehrere Variablen, so lauten diese der Reihe nach `#1`, `#2`, ...

Analog kann man die Quadratzahlen auch mittels `Cases` selektieren:

```
In[5]:= Cases[liste, _?(IntegerQ[√#]&)]
Out[5]= {25, 100, 64, 9, 1, 81, 100, 36, 64, 1, 4, 81, 25}
```

Mathematicas Möglichkeiten der Mustererkennung sind sehr vielfältig. Man sollte die Syntax der Befehle `Cases`, `Count`, `DeleteCases`, `Position`, `Select` etc. sorgfältig studieren.

2.3

2.3 Kontrollstrukturen

Obwohl in vielen Situationen durch bessere Programmierkonstrukte obsolet, sind alle pascal- bzw. C-artigen Konstruktionen auch in *Mathematica* möglich.

Natürlich gibt es ein `if-then-else`-Konstrukt: Die Abfrage `If[`*Bedingung*, *term1*, *term2*, *term3*`]` funktioniert gemäß der Vorschrift `wenn` *Bedingung*, `dann` *term1*, `wenn nicht` *Bedingung*, `dann` *term2*, `sonst` *term3*, wobei drittes und viertes Argument optional sind. Das `If`-Konstrukt hat als Ausgabewert den Wert von *termj* für das jeweils zutreffende $j \in \{1, 2, 3\}$.

Beispielsweise hat die Funktion

```
In[1]:= f[x_] := If[x > 0,
          "positiv", "nichtpositiv", "unentscheidbar"]
```

die Werte

```
In[2]:= f[2]
Out[2]= positiv
```

```
In[3]:= f[-3]
Out[3]= nichtpositiv
```

und

```
In[4]:= f[x]
Out[4]= unentscheidbar
```

Eine derartige *dreiwertige Logik* beim `If`-Befehl ist auf Grund der symbolischen Möglichkeiten in Computeralgebrasystemen üblich. An diesem Beispiel erkennt man gut, warum man in einem symbolischen System eine dritte Möglichkeit benötigt. Eine Funktion, die ohne Verschachtelung kompliziertere Fallunterscheidungen ermöglicht, ist `Which`.

Wir betrachten nun *Schleifen* in *Mathematica*. Die übliche *Zählschleife* (in Pascal: `for`-Schleife) heißt in *Mathematica* `Do[`*expr*, *Iterator*`]`,[4] wobei *expr* eine Anweisung oder eine Folge von Anweisungen ist, welche durch *Semikola* voneinander getrennt sind. Man beachte, daß die verschiedenen Argumente einer Funktion immer durch *Kommata* voneinander getrennt werden, während *Semikola* mehrere Anweisungen voneinander trennt. Hier liegt eine typische Fehlerquelle bei der Eingabe!

Man beachte ferner, daß Schleifenkonstrukte in *Mathematica* selbst *kein* Ergebnis besitzen![5] Will man mit einer Schleife also etwas bewirken, muß man mit Zuweisungen arbeiten.

Wir betrachten das Beispiel

```
In[5]:= x = 1; Do[x = k * x, {k, 100}]; x
```

mit dem Ergebnis

```
Out[5]= 9332621544394415268169923885626670049071596826438162146859296389
        52175999932299156089414639761565182862536979208272237582511852
        1091686400000000000000000000000
```

Hiermit haben wir 100! berechnet. Solche Konstruktionen sind aber häufig durch Hochsprachen-Iterationsfunktionen wie `Table`, `Sum` oder `Product` einfacher und übersichtlicher zu realisieren: `Table` erzeugt die Liste der zu multiplizierenden Zahlen und `Apply` ersetzt den Listenkopf durch die Multiplikation:

```
In[6]:= Apply[Times, Table[k, {k, 100}]]
Out[6]= 9332621544394415268169923885626670049071596826438162146859296389
        52175999932299156089414639761565182862536979208272237582511852
        1091686400000000000000000000000
```

und `Product` erzeugt das Produkt direkt:

In[7]:= $\prod_{k=1}^{100} k$

---

[4]Ein Iterator ist eine Liste `{k,k1,k2}` mit einer Variablen k, welche von k_1 bis k_2 läuft. Falls $k_1 = 1$ ist, kann diese Angabe wegfallen. Falls der Name der Variablen k nicht benötigt wird, kann der Iterator auf `{k2}` reduziert werden. In der Langform `{k,k1,k2,k3}` bedeutet k_3 die Schrittweite.

[5]Genauer hat die Schleife das Ergebnis `Null`.

Out[7]= 9332621544394415268169923885626670049071596826438162146859296389 5217599993229915608941463976156518286253697920827223758251185 2109168640000000000000000000000

In unserem Fall können wir sogar eine eingebaute Funktion verwenden

```
In[8]:= 100!
```

Out[8]= 9332621544394415268169923885626670049071596826438162146859296389 5217599993229915608941463976156518286253697920827223758251185 2109168640000000000000000000000

Sich die Hilfestellungen der weiteren Schleifentypen `While` und `For` anzusehen, überlassen wir den Leserinnen und Lesern.

Interessanter sind die Iterationskonstrukte `Nest`, `NestList`, `NestWhile`, `NestWhileList`, `Fold`, `FoldList`, `ComposeList`, `FixedPoint` und `FixedPointList`. Einige dieser Konstrukte betrachten wir im nächsten Abschnitt.

2.4

2.4 Rekursion und Iteration

Im letzten Abschnitt hatten wir die Fakultätsfunktion *iterativ* berechnet. Die angegebene Schleife kann zu einem vollständigen Programm zusammengefügt werden:

```
In[1]:= Fak1[n_] := Module[{x, k},
          x = 1;
          Do[x = k * x, {k, n}];
          x]
```

Das `Module`-Konstrukt hat zwei Argumente: das erste Argument ist eine Liste der *lokalen Variablen*, das zweite Argument ist i. a. eine Folge von Anweisungen, welche durch Semikola voneinander getrennt sind. Hierbei ist die letzte Anweisung das *Resultat* des Moduls. Als Ergebnis des Aufrufs `Fak1[`n`]` wird also das berechnete x ausgegeben, und `Fak1[100]` liefert dann wieder 100!.[6]

Bei obigem Programm ist die Angabe der lokalen Variablen x wichtig, da es sonst Konflikte geben könnte mit einer im Notebook bereits vorhandenen (globalen) Variablen desselben Namens. Diese würde (als Seiteneffekt) beim Aufruf des Programms verändert werden, falls x nicht als lokal deklariert ist.

Natürlich können auch die betrachteten Hochsprachenversionen programmiert werden:

---

[6]Man gewöhne sich ab, das Programm – wie evtl. in Pascal – vor der schließenden Klammer mit einem Semikolon abzuschließen. Dann ist das Ergebnis der Prozedur immer `Null`.

```
In[2]:= Fak2[n_] := Apply[Times, Table[k, {k, n}]]
```

$$In[3] := \texttt{Fak3[n\_]} := \prod_{k=1}^{n} k$$

Da k lokal bzgl. des `Table`- bzw. des `Product`-Konstrukts ist und derartige Iteratoren in *Mathematica* generell lokale Variablen bzgl. des jeweiligen Iterationskonstrukts sind, erübrigen sich hier Module.

Dies waren nun Beispiele für *iterative* Programme zur Fakultätsberechnung. Bei einer Iteration wird die zugrundegelegte Rekursionsvorschrift – in unserem Fall

$$n! = n \cdot (n-1)! \tag{2.1}$$

– vom Programmierer durch eine Schleife umgesetzt, nämlich $n! = n \cdot (n-1) \cdots 1$. Ganz anders geht man beim rekursiven Programmieren vor. Hier wird die Rekursionsvorschrift direkt als Handlungsanweisung an das Programm übergeben. Man beachte, daß das Erkennungszeichen rekursiver Programme ist, *daß sie sich selbst aufrufen*. Jedes rekursive Programm benötigt ferner eine *Abbruchbedingung* (bzw. *Anfangsbedingung*), da es sonst in eine *Endlosschleife* gerät.

Bei der Fakultät sieht das in *Mathematica* am einfachsten wie folgt aus

```
In[4]:= Fak4[0] = 1;
        Fak4[n_] := n * Fak4[n - 1]
```

Die erste Funktionsdefinition ist die Abbruchbedingung, während die zweite Funktionsdefinition eine direkte Übertragung der Rekursionsvorschrift (2.1) darstellt. Während die Abarbeitung beim iterativen Programm bis hin zur Verwaltung der lokalen Variablen Sache des Programmierers ist, spielt sich die Abarbeitung beim rekursiven Programm hauptsächlich im Programmspeicher ab, und zwar zur Ablaufzeit des Programmaufrufs: Bis die Anfangsbedingung erreicht ist, sind alle Zwischenergebnisse noch nicht (endgültig) evaluierbar und müssen zur weiteren Auswertung im Speicher verbleiben.

Man beachte, daß unsere Funktion prinzipiell auch mit einer Zahl $n < 0$ oder mit einem Symbol aufgerufen werden kann, in welchem Fall die Berechnung allerdings in die erwähnte Endlosschleife gerät, da die Anfangsbedingung niemals erreicht wird. Um dies zu vermeiden, ist die Angabe einer Bedingung sinnvoll:

```
In[5]:= Fak4[0] = 1;
        Fak4[n_] := n * Fak4[n - 1] /; IntegerQ[n]&&n > 0
```

Wie die Abarbeitung im jeweiligen Fall vonstatten geht, sieht man schön mit Hilfe des `Trace`-Befehls:

```
In[6]:= Trace[Fak1[5], x]
```

Out[6]= $\left(\begin{pmatrix} (\text{x\$218}\ \ 1) \\ (\text{x\$218}\ \ 1) \\ (\text{x\$218}\ \ 2) \\ (\text{x\$218}\ \ 6) \\ (\text{x\$218}\ \ 24) \end{pmatrix} \{\text{x\$218}, 120\}\right)$

Mit $x\$n$ werden lokale Variablen des Namens x durchnumeriert.

```
In[7]:= Trace[Fak4[5], Fak4]
```

Out[7]= {Fak4(5), 5 Fak4(5 − 1), {Fak4(4), 4 Fak4(4 − 1),
{Fak4(3), 3 Fak4(3 − 1), {Fak4(2), 2 Fak4(2 − 1), {Fak4(1), 1 Fak4(1 − 1),
{Fak4(0), 1}}}}}}

Der letzte Befehl informiert über alle rekursiven Aufrufe von `Fak4`.

Schließlich wollen wir die Fakultät nun noch mit den Hochsprachenkonstrukten `Fold` und `Nest` programmieren. Bei `Nest[`*f*`,`*x*`,`*n*`]` wird die Funktion f (Achtung: dies muß eine *Funktion* und darf kein *Ausdruck* sein!) n mal angewandt, beginnend mit dem Anfangswert x; z. B. liefert

```
In[8]:= Nest[Sin, x, 5]
```

Out[8]= sin(sin(sin(sin(sin(x)))))

Wenn man ein und dieselbe Funktion eine feste Anzahl mal anwenden will, ist `Nest` genau das richtige Hilfsmittel. Das trifft auf die Fakultätsfunktion allerdings nicht zu: Hier findet zwar in jedem Schritt eine Multiplikation statt, aber jedesmal wird mit einer anderen Zahl multipliziert. Für derartige Situationen ist `Fold` zuständig. Bei `Fold[`*f*`,`*x*`,`*liste*`]` wird die Funktion f, welche diesmal eine Funktion von zwei Variablen sein muß, iterativ angewandt, wobei das zweite Argument von f die Liste *liste* durchläuft. Somit ist

```
In[9]:= Fak5[n_] := Fold[#1 * #2&, 1, Table[k, {k, n}]]
```

oder kürzer

```
In[10]:= Fak6[n_] := Fold[Times, 1, Range[n]]
```

eine weitere iterative Möglichkeit, die Fakultät zu programmieren. `Fold` erwartet als erstes Argument eine Funktion von zwei Variablen, welche wir (im ersten Anlauf) mit einer reinen Funktion realisiert haben.

Will man zur Berechnung der Fakultät `Nest` verwenden, so muß man sich klarmachen, daß man außer den Zwischenergebnissen für die Fakultät auch jeweils die Laufvariable benötigt. Daher merkt man sich im k-ten Schritt jeweils das Paar $\{k, k!\}$. Dies kann leicht mit `Nest` verwirklicht werden, und nach n Schritten wird das zweite Element des Paars, also $n!$, ausgegeben:

```
In[11]:= Fak7[n_] :=
            Nest[{#[[1]] + 1, #[[2]] * #[[1]]}&, {1, 1}, n][[2]]
```

Das Konstrukt `FixedPoint` entspricht `Nest`, nur daß man bei dieser Funktion die Anzahl der Iterationen offenlassen darf. Dann bricht `FixedPoint` ab, falls sich bei der Berechnung das letzte Element wiederholt. Hiermit kann man z. B. den Fixpunkt der Kosinusfunktion berechnen:

```
In[12]:= FixedPoint[Cos, 1.]
Out[12]= 0.739085
```

Dies entspricht dem Schnittpunkt des Graphs der Kosinusfunktion mit der ersten Winkelhalbierenden:[7]

```
In[13]:= Plot[{x, Cos[x]}, {x, 0, 1}, AspectRatio → Automatic]
```

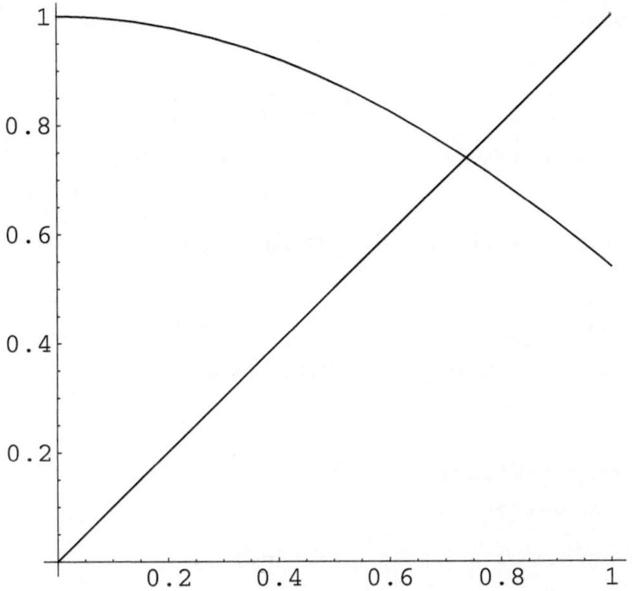


```
Out[13]= -Graphics-
```

`FixedPoint` kann z. B. zur Programmierung des *Newtonverfahrens* angewandt werden. Eine kurze Programmierung dieses Verfahrens ergibt sich durch[8]

In[14]:= **NewtonVerfahren[f_, init_] := FixedPoint**$\left[\# - \frac{f[\#]}{f'[\#]}\&, init\right]$

Nun kann man (in Dezimalarithmetik) eine Nullstelle der Sinusfunktion berechnen:

[7]Mit der Option `AspectRatio → Automatic` stellen wir sicher, daß beide Achsen dieselbe Skalierung haben.

[8]Beachten Sie, daß die Funktion `NewtonVerfahren` – gemäß unserer Definition! – als erstes Argument eine *Funktion* und keinen Ausdruck erwartet!

```
In[15]:= NewtonVerfahren[Sin, 3.]
Out[15]= 3.14159
```

Aber auch für nichtnumerische Fragestellungen kann `FixedPoint` nützlich sein, wie wir später sehen werden.

2.5

2.5 Rememberprogrammierung

In diesem Abschnitt wollen wir am Beispiel der *Fibonaccizahlen* zeigen, wie man durch die *Rememberprogrammierung* die *Komplexität* (mehrfach) rekursiver Programme stark verringern kann.[9]

Die Fibonaccizahlen F_n $(n \in \mathbb{N}_{\geqq 0} := \{0, 1, 2, \ldots\})$ sind bekanntlich erklärt durch die Rekursion

$$F_n = F_{n-1} + F_{n-2}$$

mit den Anfangsbedingungen $F_0 = 0$ und $F_1 = 1$. Man erhält $F_2 = 1$, $F_3 = 2$, $F_4 = 3$, $F_5 = 5, \ldots$

In *Mathematica* kann man dies direkt programmieren als

```
In[1]:= Fib1[0] = 0;
        Fib1[1] = 1;
        Fib1[n_] := Fib1[n - 1] + Fib1[n - 2]
```

Man erhält problemlos

```
In[2]:= Timing[Fib1[10]]
Out[2]= {0.01 Second, 55}
```

aber es dauert schon etwas länger, F_{30} zu berechnen:

```
In[3]:= Timing[Fib1[30]]
Out[3]= {17.045 Second, 832040}
```

Woran liegt dies? Nun: Zur Berechnung von F_{30} benötigen wir F_{29} und F_{28}. Zur Berechnung von F_{29} benötigen wir aber nochmals F_{28}. Man rechnet leicht nach, daß F_{28} zweimal, F_{27} dreimal, F_{26} fünfmal berechnet werden muß und schließlich die Abbruchbedingung F_1 genau F_{30} mal aufgerufen wird. Da die Fibonaccizahlen exponentiell

[9] Im vorliegenden Zusammenhang bezeichnen wir die Anzahl der rekursiven Aufrufe als die Komplexität des rekursiven Programms. Mehr zu Komplexität und Laufzeit von Algorithmen in Abschnitt 3.2.

wachsen, s. Übungsaufgabe 2.8, benötigt man zur Berechnung von F_n also exponentiell viele Funktionsaufrufe $O((\frac{1+\sqrt{5}}{2})^n)$.[10] Mit linear vielen Funktionsaufrufen $O(n)$ kommt man hingegen aus, wenn man sich jedes berechnete Ergebnis *merkt*.[11] Genau dies geschieht bei der nun verwendeten *Rememberprogrammierung*:

```
In[4]:= $RecursionLimit = ∞;
        Fib2[0] = 0;
        Fib2[1] = 1;
        Fib2[n_] := Fib2[n] = Fib2[n - 1] + Fib2[n - 2]
```

Zunächst setzen wir die globale Variable `$RecursionLimit` hoch. Da hohe Rekursionstiefen oft auf eine fehlende Abbruchbedingung und damit auf einen Programmierfehler hindeuten, hat die Variable `$RecursionLimit` standardmäßig den Wert 256. Überschreitet eine Rekursion diese Tiefe, dann wird sie mit einer Fehlermeldung beendet. Dies wollen wir vermeiden. Die obige Definition legt durch die zusätzliche *unverzögerte Zuweisung* mittels = bereits berechnete Werte im Speicher zum sofortigen Abruf ab. Daher geht die Rechnung nun sehr schnell:

```
In[5]:= Timing[Fib2[30]]
Out[5]= {0. Second, 832040}
```

aber man mache sich klar, daß diese Methode u. U. einen hohen Speicherbedarf mit sich bringt. In unserem Beispiel hat sich *Mathematica* inzwischen folgende Werte gemerkt:

```
In[6]:= ?Fib2

Global`Fib2
Fib2[22] = 17711
Fib2[5] = 5
Fib2[24] = 46368
Fib2[7] = 13
Fib2[26] = 121393
Fib2[9] = 34
Fib2[28] = 317811
```

[10] Mit $f(n) = O(g(n))$ bezeichen wir – wie üblich – die Landausche Notation mit der Eigenschaft $\left|\frac{f(n)}{g(n)}\right| < \infty$ $(n \to \infty)$. Aus Übungsaufgabe 2.12 folgt: Für jedes $k = 0, \ldots, n$ benötigen wir $O((\frac{1+\sqrt{5}}{2})^k)$ Operationen, und $\sum_{k=0}^{n}(\frac{1+\sqrt{5}}{2})^k = O((\frac{1+\sqrt{5}}{2})^n)$.

[11] In unserem Fall benötigt man dann genau $2n$ Funktionsaufrufe. Man kann die lineare Komplexität ebenfalls erreichen, indem man die Rekursion iterativ programmiert, s. Übungsaufgabe 2.7. Bei diesem Ansatz merkt man sich Zwischenergebnisse in lokalen Variablen. Folgt auf die iterative Berechnung von F_{1000} die von F_{1001}, so benötigt diese Rechnung allerdings wieder die volle Rechenzeit, während beim Remember-Programm die zweite Rechnung nur einen einzigen Rekursionsschritt benötigt.

```
Fib2[11] = 89
Fib2[13] = 233
Fib2[15] = 610
Fib2[17] = 1597
Fib2[0] = 0
Fib2[19] = 4181
Fib2[2] = 1
Fib2[30] = 832040
Fib2[4] = 3
Fib2[6] = 8
Fib2[8] = 21
Fib2[10] = 55
Fib2[21] = 10946
Fib2[23] = 28657
Fib2[25] = 75025
Fib2[27] = 196418
Fib2[1] = 1
Fib2[29] = 514229
Fib2[12] = 144
Fib2[14] = 377
Fib2[16] = 987
Fib2[18] = 2584
Fib2[20] = 6765
Fib2[3] = 2
Fib2[n_] := Fib2[n] = Fib2[n - 1] + Fib2[n - 2]
```

Nun können wir die Fibonaccifunktion in vernünftiger Zeit auch für größere n berechnen:

```
In[7]:= Timing[res1 = Fib2[10000];]
Out[7]= {0.25 Second, Null}

In[8]:= Timing[res2 = Fibonacci[10000];]
Out[8]= {0. Second, Null}

In[9]:= res2 - res1
Out[9]= 0
```

Wir sehen allerdings, daß die eingebaute Funktion `Fibonacci` noch wesentlich schneller ist, was bei größerem n noch deutlicher wird. Dies liegt daran, daß ein *effizienterer Algorithmus* verwendet wird. Mit der definierenden Rekursion können wir die Berechnung nicht weiter beschleunigen. Wie es schneller geht, betrachten wir im nächsten Abschnitt.

2.6 Divide-and-Conquer-Programmierung

Um die Fibonaccizahlen effizienter berechnen zu können, bedienen wir uns des *Divide-and-Conquer-Paradigmas*, bei welchem ein Problem der Größenordnung n auf ein Problem der Größenordnung $n/2$ zurückgeführt wird. Derartige Verfahren liefern i. a. effiziente Algorithmen. Wir versuchen also, die $n$te Fibonaccizahl F_n mit Hilfe von Fibonaccizahlen mit einem Index der Größenordnung $n/2$ zu bestimmen. Hierzu ist offenbar eine andere Art von Rekursion nötig.

Für die Fibonaccizahlen gelten nun tatsächlich folgende Rekursionen:

$$F_{2n} = F_n \cdot (F_n + 2\,F_{n-1}) \qquad \text{und} \qquad F_{2n+1} = F_{n+1}^2 + F_n^2 \qquad (n \in \mathbb{N}_{\geqq 0}), \tag{2.2}$$

mit welchen man sie sehr effizient berechnen kann:[12]

```
In[1]:= $RecursionLimit = ∞;
        Fib3[0] = 0;
        Fib3[1] = 1;
        Fib3[n_] :=
          (Fib3[n] = Module[{fib = Fib3[n/2]},
        fib * (fib + 2 * Fib3[n/2 - 1])]) /; EvenQ[n]

        Fib3[n_] := (Fib3[n] = Fib3[(n + 1)/2]^2 + Fib3[(n - 1)/2]^2) /; OddQ[n]
```

Hierbei wurden die Rekursionen aus (2.2) so umgeschrieben, daß links jeweils F_n steht, und die erste Rekursion wird für gerade n (`EvenQ`) und die zweite für ungerade n (`OddQ`) verwendet.

Mit dieser Implementierung erhalten wir natürlich ein erheblich besseres Laufzeitverhalten:

```
In[2]:= Timing[res1 = Fib3[1000000];]
Out[2]= {0.15 Second, Null}

In[3]:= Timing[res2 = Fibonacci[1000000];]
Out[3]= {0.121 Second, Null}

In[4]:= res2 - res1
Out[4]= 0
```

[12] Man beachte die Klammerung!

da ja längst nicht mehr alle Vorgänger von F_n berechnet werden müssen. Die Anzahl der Funktionsaufrufe zur Bestimmung von F_{2^m} ist nun $2m$, daher hat dieser Algorithmus zur Berechnung der Fibonaccizahlen eine Komplexität $O(\log_2 n)$, während die definierende Rekursion nur eine Laufzeit von $O(n)$ ermöglichte.[13]

Als Faustregel sollte man sich merken, daß man dasselbe Problem oft auf verschiedene Arten lösen kann, die unterschiedlich effizient sein können.

2.7

2.7 Programmierung durch Mustererkennung

In diesem Abschnitt wird gezeigt, daß die Differentiation als rein algebraischer Prozeß aufgefaßt werden kann und daß dieser mit *Mathematicas* Mustererkennung in wenigen Zeilen programmiert werden kann.

Wir möchten eine Funktion `Diff[`*f*`,`*x*`]` erklären, welche einen Ausdruck *f* nach der Variablen *x* differenziert. Nicht, daß dies nötig wäre, natürlich kann *Mathematicas* Ableitungsfunktion `D`sehr gut differenzieren.

Zur Berechnung von Ableitungen kommen wir vollständig ohne Grenzwerte aus, wenn wir genau so vorgehen, wie in der Praxis differenziert wird, nämlich durch sukzessive Anwendung der *Differentiationsregeln.*

Wir beginnen mit der Differentiation der Potenzen (Potenzregel):

```
In[1]:= Diff[c_, x_] := 0/; FreeQ[c, x]
        Diff[x_^n_., x_] := n x^(n-1) /; FreeQ[n, x]
```

In der ersten Zeile wird erklärt, wie Konstanten differenziert werden. Hierbei wird *c* als konstant erkannt, wenn es das Symbol *x* nicht enthält (`FreeQ`).

Das Muster `x_^n_.` unter Verwendung des Punktes schließt die erste Potenz *x* ein, obwohl hier das Muster „irgendetwas hoch irgendetwas" eigentlich nicht zu erkennen ist.

Nun können wir also Potenzen differenzieren:

```
In[2]:= Diff[x^3, x]
Out[2]= 3 x^2
```

sogar gebrochene:

```
In[3]:= Diff[Sqrt[x], x]
```

[13]Den Rechenzeiten entnehmen wir, daß zur Berechnung der Funktion `Fibonacci` ein ähnlicher Algorithmus verwendet wird.

Out[3]= $\frac{1}{2\sqrt{x}}$

Aber *Mathematica* weiß z.B. noch nicht, wie $3x^2$ abgeleitet wird:

```
In[4]:= Diff[3 x², x]
```

Out[4]= $\text{Diff}(3\,x^2, x)$

Dies bringen wir *Mathematica* nun bei. Die Differentiation ist linear, also gilt generell (Linearität):

```
In[5]:= Diff[c_ * f_, x_] := c * Diff[f, x] /; FreeQ[c, x]
        Diff[f_ + g_, x_] := Diff[f, x] + Diff[g, x]
```

und nun kann *Mathematica* $3x^2$ ableiten:

```
In[6]:= Diff[3 x^2, x]
```

Out[6]= $6\,x$

Jede Linearkombination kann nun abgeleitet werden:

In[7]:= **Diff**$\left[\sum_{k=0}^{10} k\, x^k, x\right]$

Out[7]= $100\,x^9 + 81\,x^8 + 64\,x^7 + 49\,x^6 + 36\,x^5 + 25\,x^4 + 16\,x^3 + 9\,x^2 + 4\,x + 1$

da *Mathematica* weiß, daß die Addition assoziativ (`Flat`) und kommutativ (`Orderless`) ist:

```
In[8]:= ??Plus

x + y + z represents a sum of terms.

Attributes[Plus] =
    {Flat, Listable, NumericFunction, OneIdentity, Orderless, Protected}

Default[Plus] := 0
```

Aber das folgende Polynom ist keine Summe, sondern ein Produkt.

```
In[9]:= Diff[(x^2 + 3) (3x + 2), x]
```

Out[9]= $\text{Diff}((3\,x + 2)\,(x^2 + 3), x)$

Also erklären wir die Produktregel:

```
In[10]:= Diff[f_ * g_, x_] := g * Diff[f, x] + f * Diff[g, x]
```

und können nun das obige Problem lösen

```
In[11]:= Diff[(x^2 + 3) (3x + 2), x]
```

Out[11]= $2\,x\,(3\,x + 2) + 3\,(x^2 + 3)$

Wollen wir auch transzendente Funktionen differenzieren, muß *Mathematica* die Ableitungen der elementaren Funktionen kennen:

```
In[12]:= Diff[Log[x_], x_] := 1/x
         Diff[Sin[x_], x_] := Cos[x]
         Diff[Cos[x_], x_] := - Sin[x]
         Diff[Tan[x_], x_] := 1 + Tan[x]^2
         Diff[ArcSin[x_], x_] := 1/Sqrt[1 - x^2]
         Diff[ArcTan[x_], x_] := 1/(1 + x^2)
```

Bei Bedarf können die Ableitungen weiterer Funktionen erklärt werden.

Wir können aber immer noch nicht verkettete Funktionen ableiten:

```
In[13]:= Diff[Sin[x^2], x]
```
Out[13]= $\mathrm{Diff}(\sin(x^2), x)$

da wir die Kettenregel noch nicht erklärt haben:[14]

```
In[14]:= Diff[g_[f_], x_] := Diff[f, x] * Diff[g[f], f]
```

Nun läßt sich obiges Beispiel abhandeln:

```
In[15]:= Diff[Sin[x^2], x]
```
Out[15]= $2\,x\,\cos(x^2)$

Ist die Verkettung aber als Potenz verkleidet, so entspricht dies nicht dem erforderlichen Muster $g(f)$:[15]

```
In[16]:= Diff[(1 + x^2)^Sin[x], x]
```
Out[16]= $\mathrm{Diff}\left((x^2+1)^{\sin(x)}, x\right)$

Daher benötigen wir zum Schluß noch die Kettenregel für Potenzen

```
In[17]:= Diff[f_^g_, x_] := f^g * Diff[g * Log[f], x]
```

mit dem Resultat

```
In[18]:= Diff[(1 + x^2)^Sin[x], x]
```
Out[18]= $(x^2+1)^{\sin(x)}\left(\cos(x)\,\log(x^2+1)+\frac{2\,x\,\sin(x)}{x^2+1}\right)$

---

[14]Diese Definition wird nicht von jedem Studierenden auf den ersten Blick verstanden. Man sehe sich diese Definition also besonders genau an, um die Wirkungsweise der Mustererkennung zu verstehen!

[15]Warum?

Nun können wir ferner die Exponentialfunktion ableiten (warum?)

```
In[19]:= Diff[Exp[x], x]
```

Out[19]= e^x

und auch Quotienten können nun behandelt werden:

In[20]:= Diff$\left[\frac{x^2+3}{3x+2}, x\right]$

Out[20]= $\frac{2x}{3x+2} - \frac{3(x^2+3)}{(3x+2)^2}$

Wir leiten zum Schluß eine Phantasiefunktion ab:

In[21]:= Diff$\left[\frac{\text{Log[Sin[x]]}}{\text{ArcSin[x]}} + \frac{\text{ArcTan}\left[\frac{1}{x}\right] * \text{Tan[x]}}{\text{Log[x]}}, x\right]$

Out[21]= $\frac{\cot(x)}{\sin^{-1}(x)} - \frac{\log(\sin(x))}{\sqrt{1-x^2}\,\sin^{-1}(x)^2} - \frac{\tan(x)}{\left(1+\frac{1}{x^2}\right)x^2\,\log(x)} + \tan^{-1}\left(\frac{1}{x}\right)\left(\frac{\tan^2(x)+1}{\log(x)} - \frac{\tan(x)}{x\log^2(x)}\right)$

Man teste die Prozedur `Diff` an einigen komplizierten Eingabefunktionen, s. auch Übungsaufgaben 2.14–2.15!

2.8 Ergänzende Bemerkungen

Empfehlenswerte Bücher zur Programmierung mit *Mathematica* sind [Mae1997], [Tro2004b] und natürlich das Handbuch [Wol2003]. Michael Trott, einer der besten Insider von *Mathematica*, hat einige weitere umfangreiche Bücher über *Mathematica* veröffentlicht [Tro2004a]–[Tro2005].

Die Divide-and-Conquer-Formel (2.2) für die Fibonaccizahlen stammt aus [GKP1994], Formel (6.109). Die Einführung der Differentiation wurde in dieser Form in [Koe1993b] betrachtet.

2.9 Übungsaufgaben

2.1 (Interne Darstellung und Vereinfachung)

(a) Wie ist die interne Darstellung der Ausdrücke `10`, `10/3`, `10.5`, `x`, `1+x`, `2*x`, `x^2`, `{1,2,3}`, `f[x]`, `a->b`, `a:>b`, `a==b`, `a=b`, `a:=b`? Was ist das jeweilige `Head` der Ausdrücke? Achtung: Um die volle Form der letzten beiden Ausdrücke herauszufinden, benötigen Sie die `Hold`-Prozedur. Warum?

(b) Was ist das jeweilige `Head` der Ausdrücke `1*y`, `Sqrt[x]`, `x+x`, `Sum[x^k,{k,0,5}]`, `Sum[x^k,{k,0,n}]`, `Product[k,{k,1,3}]`, `Product[k,{k,1,n}]`, `Nest[f,x,5]`, `1/Cos[x]`, `1/Tan[x]`? Erklären Sie!

(c) Erklären Sie `x=1; y=x; x=2; y`. Welchen Wert hat `y`? Löschen Sie `x` und `y` mit `Clear[x,y]`.
Erklären Sie nun `x:=1; y:=x; x:=2; y`. Welchen Wert hat `y` dann? Warum? Warum werden die Eingabezeilen von Mathematica mit `In[`*n*`]:=`... und die Ausgabezeilen mit `Out[`*n*`]=`... durchnumeriert?

2.2 Erklären Sie die Matrix `M={{1,2,3},{4,5,6},{7,8,9}}`. Bestimmen Sie die zehnte und die tausendste Potenz von M mit `Nest` und vergleichen Sie mit `MatrixPower`.

2.3 Schreiben Sie eine Liste von Regeln, welche den Logarithmusregeln

$$\ln x + \ln y \to \ln(xy)\,, \qquad n\,\ln x \to \ln(x^n)$$

entspricht. Wenden Sie die Regeln auf den Ausdruck

$$2\ln x + 3\ln y - 4\ln z$$

an. Achtung: Die Logarithmus-Funktion ln heißt in *Mathematica* `Log`. Zum Einsetzen benötigt man die `//.`Funktion. Warum?

2.4 Führen Sie Rechenzeitmessungen (`Timing`) für die eingebaute Funktion $n!$ sowie für unsere Funktionen `Fak1` bis `Fak7` durch und versuchen Sie, die Rechenzeiten zu erklären. Verwenden Sie $n = 100.000$ und unterdrücken Sie die Ausgabe mit `;`, um die reine Rechenzeit zu bestimmen. Setzen Sie `$RecursionLimit` geeignet fest.

2.5 Zeigen Sie (2.2) mit Induktion.

2.6 Programmieren Sie die Fibonaccizahlen iterativ mit der definierenden Rekursion und `Nest`.

2.7 Programmieren Sie die Fibonaccizahlen iterativ mit dem Divide-and-Conquer-Verfahren.

2.8 Zeigen Sie durch Induktion: Für die Fibonaccizahlen F_n gilt die Beziehung

$$F_n = \frac{1}{\sqrt{5}}\left(\left(\frac{1+\sqrt{5}}{2}\right)^n - \left(\frac{1-\sqrt{5}}{2}\right)^n\right).$$

Also gilt insbesondere

$$F_n = \text{round}\left(\frac{1}{\sqrt{5}}\left(\frac{1+\sqrt{5}}{2}\right)^n\right),$$

wobei die reelle Zahl $x \in \mathbb{R}$ durch round(x) (`Round[x]`) zur nächsten ganzen Zahl gerundet wird.

Zur *numerischen* Berechnung (als Dezimalzahl) ist dies (für große n) besonders effizient, denn für große n ist nicht einmal mehr die Rundung nötig. Machen Sie einen Zeitvergleich bei der Berechnung des numerischen Werts von F_{10^9} zwischen dieser Methode, der (numerisch modifizierten!) aus Abschnitt 2.6 und der eingebauten Funktion `Fibonacci`.

2.9 (Fibonaccipolynome) Die *Fibonaccipolynome* sind erklärt durch

$$F_n(x) = x\,F_{n-1}(x) + F_{n-2}(x)\,, \qquad F_0(x) = 0, F_1(x) = 1\,.$$

(a) Erweitern Sie die Programme zur Berechnung der Fibonaccizahlen aus Abschnitt 2.5 und berechnen Sie jeweils $F_{100}(x)$. Achtung: Benutzen Sie bei Ihrem ersten Implementierungsversuch zunächst nicht die `Expand`-Funktion, aber erhöhen Sie n nur langsam. Woran scheitert diese Implementierung?

(b) Testen Sie anhand der ersten 10 Koeffizienten, daß die Fibonaccipolynome die *erzeugende Funktion*

$$\sum_{k=0}^{\infty} F_n(x)\,t^n = \frac{t}{1-xt-t^2}$$

haben.

2.10 (`Map` **und** `Apply`) Die Variable `liste` sei eine Liste ganzer Zahlen. Erklären Sie, was die folgenden Befehle bewirken und testen Sie die Befehle an `liste=Table[Random[Integer,{1,100}],{k,1,100}]`:

(a) `Map[PrimeQ,liste]`

(b) `Count[Map[PrimeQ,liste],True]`

(c) `Count[Map[EvenQ,liste],True]`

(d) `Map[(#^2)&,liste]`

(e) `Apply[Plus,liste]/Length[liste]`

(f) `Sqrt[Apply[Plus,Map[(#^2)&,liste]]]`
(g) `N[Sqrt[Apply[Plus,Map[(#^2)&,liste]]]]`

Versuchen Sie, zwei weitere interessante Beispiele für die Anwendung von `Map` und von `Apply` zu finden und beschreiben Sie genau, was diese bewirken.

2.11 (Verkettete Ausdrücke) Mit reinen Funktionen und `Nest` kann man verkettete Ausdrücke erzeugen.

(a) Erzeugen Sie den *Kettenbruch*

$$\frac{1}{1+\frac{1}{1+\frac{1}{1+\frac{1}{1+\frac{1}{1+\frac{1}{1+x}}}}}}\,.$$

(b) Erzeugen Sie die verkettete Wurzel

$$\sqrt{1+\sqrt{1+\sqrt{1+\sqrt{1+\sqrt{1+\sqrt{1+\sqrt{2}}}}}}}\,.$$

2.12 Zeigen Sie, daß für $x > 0$ und $n \to \infty$

$$\sum_{k=0}^{n} x^k = O(x^n)\,.$$

2.13 (Zahlkonversion)

(a) Testen Sie die Funktion
`digitstonumber[digits_]:=Fold[(10 #1+#2)&,0,digits]`
am Beispiel `digitstonumber[1,2,3,4,5,6,7,8,9]` und erklären Sie, wie die Funktion funktioniert.
(b) Implementieren Sie die Umkehrfunktion `numbertodigits` der Prozedur `digitstonumber` rekursiv. Hierzu benötigen Sie einige der Funktionen `Append`, `Prepend`, `First`, `Rest` und `Mod`.
(c) Wandeln Sie 100! in die zugehörige Ziffernfolge um.
(d) Welcher eingebauten *Mathematica*-Funktion entspricht `numbertodigits`?

2.14 Testen Sie die Berechnung der Ableitung der Tangensfunktion in Sitzung 2.7 mit der Produktregel:

```
Diff[Tan[x_],x_]:=Diff[Sin[x]/Cos[x],x]
```

Woran scheitert diese?

2.15 *Mathematica* betrachtet die trigonometrischen Funktionen $\sin x$, $\cos x$, $\tan x$, $\cot x$, $\sec x := \frac{1}{\cos x}$ und $\csc x := \frac{1}{\sin x}$ alle als eigenständige Funktionen[16] und „vereinfacht" beispielsweise $\frac{1}{\cos x}$ automatisch zu $\sec x$. Daher müssen die Differentiationsregeln in Sitzung 2.7 vervollständigt werden. Führen Sie dies durch und testen Sie die erhaltene Prozedur. Vergleichen Sie mit der eingebauten Funktion `D`.

2.16 Bestimmen Sie unter Benutzung der Funktion `Cases` den Grad eines Polynoms $p(x)$ in x. Schreiben Sie hierfür eine Funktion `Grad[p,x]`.

2.17 Benutzen Sie Mustererkennung, um eine *Mathematica*-Funktion `DEOrder[`*DE*`,` *f*`[`*x*`]]` zu definieren, die die Ordnung einer Differentialgleichung `DE` bzgl. der Funktion $f(x)$ bestimmt. Um zu erfahren, wie Mathematica Ableitungen intern darstellt, bestimmen Sie vorher `FullForm[f'[x]]`!

Testen Sie die Prozedur an den Differentialgleichungen

(a) $f'(x) = 1 + f(x)^2$;
(b) $y''(x) + x^2\, y'(x) - y(x) = \sin x$;
(c) $(1 - t^2)\, f'''(t) + 2t\, f''(t) - f'(t) = 0$;
(d) $\sin y''(t) + e^{y'(t)^2} = \cos \sqrt{y(t)}$.

Hinweis: Benutzen Sie gegebenenfalls die Maximum-Funktion `Max`.

2.18 Schreiben Sie eine rekursive oder iterative Prozedur `reverse`, die eine Liste (wie die eingebaute Funktion `Reverse`) umkehrt.

2.19 Schreiben Sie eine (vermutlich rekursive) Prozedur `Potenzmenge[liste]`, die die *Potenzmenge* einer Menge `liste` berechnet und ausgibt. Wenden Sie die Prozedur auf $\{1, 2, 3, 4, 5\}$ an. Wie lange benötigt Ihre Prozedur zur Berechnung von `Potenzmenge[Range[10]]`?

---

[16] Die Sekans- und Kosekansfunktion werden im deutschsprachigen Bereich i. a. nicht verwendet.

Hinweis: Konstruieren Sie die Potenzmenge einer n-elementigen Menge `liste` aus der Potenzmenge der $n-1$-elementigen Menge `Rest[liste]`. Verwenden Sie gegebenenfalls die Funktionen `First`, `Rest`, `Append`, `Prepend`, `Map`, `Union`.

2.20 Schreiben Sie eine (vermutlich rekursive) Prozedur `Teilmengen[liste,k]`, die die k-elementigen *Teilmengen* der Menge `liste` berechnet und ausgibt. Berechnen Sie die 2-elementigen Teilmengen der Menge $\{1, 2, 3, 4, 5\}$.

Hinweis: Vereinigen Sie diejenigen k-elementigen Teilmengen der Menge `liste`, welche das Element `First[liste]` enthalten mit denjenigen k-elementigen Teilmengen, die dieses Element nicht enthalten.

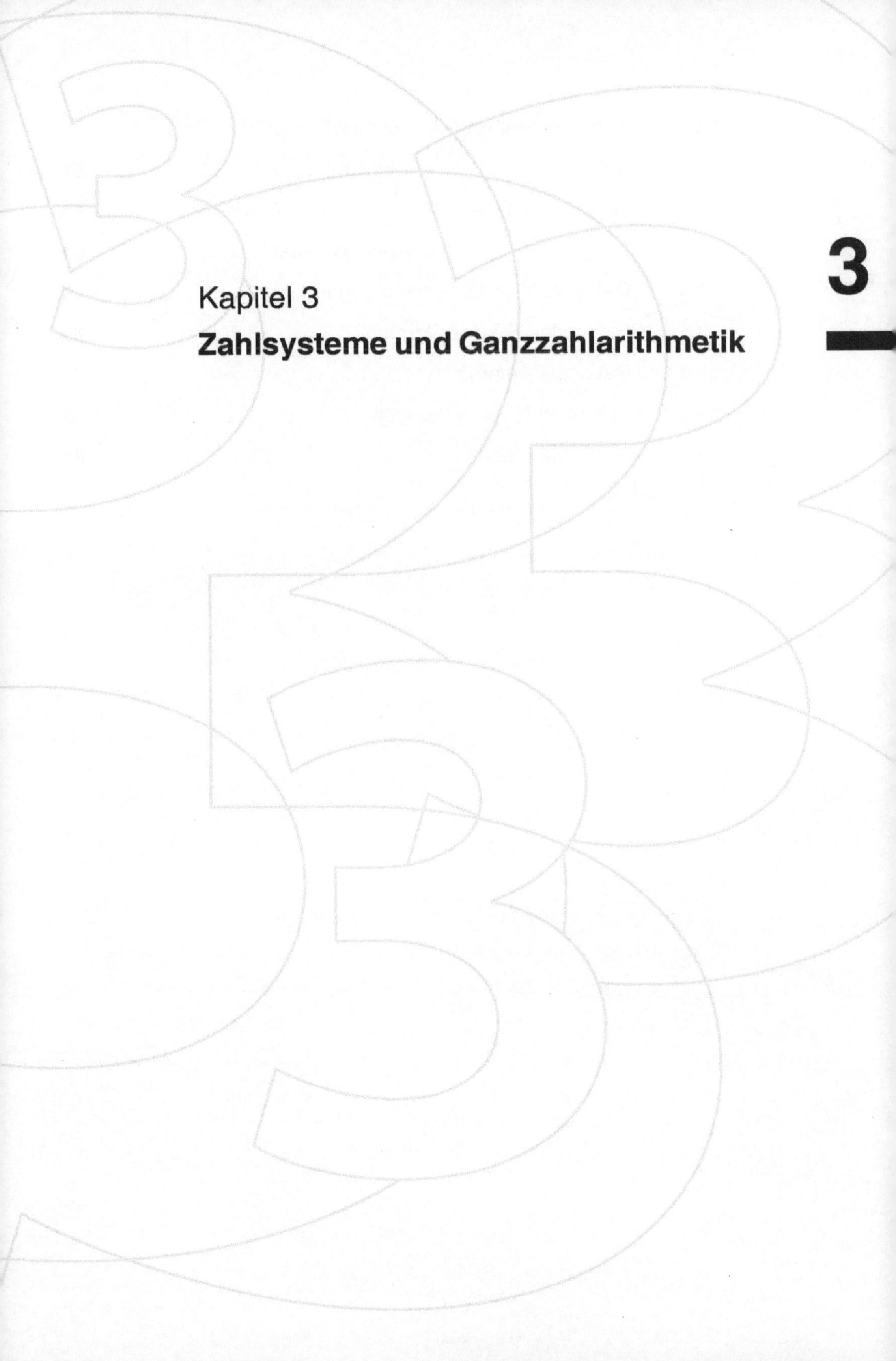

Kapitel 3

Zahlsysteme und Ganzzahlarithmetik

3

3

3 Zahlsysteme und Ganzzahlarithmetik

3 Zahlsysteme und Ganzzahlarithmetik

3.1 Zahlsysteme

3.1

In diesem Kapitel betrachten wir das Rechnen mit beliebig großen ganzen Zahlen, sogenannten *Langzahlen*. Das Rechnen mit diesen Zahlen bildet das arithmetische Gerüst jedes Computeralgebrasystems, daher wollen wir dies etwas genauer untersuchen. Um mit Langzahlen rechnen zu können, benötigen wir zunächst eine Zahldarstellung. Im Laufe der Geschichte der Mathematik sind verschiedene Zahldarstellungen entwickelt worden, von denen heute noch zwei gebräuchlich sind: die römischen und die arabischen Zahlsysteme.[1] Während das römische Zahlsystem einen gewissen ästhetischen Reiz besitzt,[2] sich aber als ungünstig für das *algorithmische Rechnen*, d. h. das Rechnen nach vorgegebenen Schemata, erweist, ist hierfür das arabische Positionssystem sehr gut geeignet.

Bei diesem werden positive ganze Zahlen als Linearkombinationen von Potenzen einer vorgegebenen *Basis* $B \in \{2, 3, \ldots\}$ dargestellt. Eine positive ganze Zahl z hat also die *B-adische Darstellung*

$$z = z_{n-1}\,B^{n-1} + z_{n-2}\,B^{n-2} + \cdots + z_1\,B + z_0 = \sum_{k=0}^{n-1} z_k\,B^k \qquad (z_k \in \{0, 1, \ldots, B-1\}) \quad (3.1)$$

und wird meist einfach durch $z = z_{n-1}z_{n-2}\cdots z_1 z_0$ oder – wenn die Basis unklar ist – mit $z = z_{n-1}z_{n-2}\cdots z_1 {z_0}_B$ bezeichnet. Die *Ziffern* z_k ($k = 0, \ldots, n-1$) sind ganze Zahlen aus der Ziffernmenge $\{0, 1, \ldots, B-1\}$.[3] Die Anzahl n der Ziffern einer natürlichen Zahl wird auch die *Länge der Zahl* genannt.

Besonders einfach ist also das *binäre Zahlsystem* ($B = 2$). Hier benötigt man nur die beiden Ziffern 0 und 1. Dafür sind die Darstellungen der Zahlen relativ lang. Beispielsweise hat die römische Zahl MM die Binärdarstellung MM $= 11111010000_2$. In Computern werden häufig auch noch das *Oktalsystem* mit $B = 8$ bzw. das *Hexadezimalsystem* mit $B = 16$ verwendet, wobei MM $= 3720_8 = 7D0_{16}$. Beim Hexadezimalsystem verwendet man die Ziffernmenge $\{0, 1, 2, 3, 4, 5, 6, 7, 8, 9, A, B, C, D, E, F\}$, wobei A, B, C, D, E und F für $10, \ldots, 15$ stehen.

[1] Die einfachste Darstellung positiver ganzer Zahlen besteht aus einer Strichliste. Diese ist aber offensichtlich zu umständlich, um sich zum *effizienten* Rechnen zu eignen.

[2] Das mystische Jahr MM hat eine schöne einfache Darstellung im Gegensatz zum Vorvorjahr MCMXCVIII.

[3] Benötigt man mehr als 10 Ziffern, werden auch andere Symbole verwendet.

Bei der Realisierung einer Langzahlarithmetik in einem Computer verwendet man als Basis eine Speichereinheit, welche *word* genannt wird[4] und welche bei 32-Bit-Prozessoren aus 2^{32} verschiedenen Zuständen besteht. Dann ist also beispielsweise $B = 2^{32} = 4294967296$.

Am vertrautesten ist uns das *Dezimalsystem* mit $B = 10$. Natürlich ist $\text{MM} = 2000_{10}$.

Sitzung 3.1 *Mathematica* kann mit verschiedenen Basen rechnen. Die Konversion dezimaler Zahlen in andere Basen wird von der Funktion `BaseForm` vorgenommen:

```
In[1]:= BaseForm[2000, 2]
Out[1]= 11111010000₂
```

```
In[2]:= BaseForm[2000, 8]
Out[2]= 3720₈
```

```
In[3]:= BaseForm[2000, 16]
Out[3]= 7d0₁₆
```

Die Eingabe ganzer Zahlen bzgl. beliebiger Basen $2 \leqq B \leqq 36$ erfolgt mittels `^^`:[5]

```
In[4]:= 16^^7D0
Out[4]= 2000
```

Wir konvertieren nach Basis 7:

```
In[5]:= BaseForm[16^^7D0, 7]
Out[5]= 5555₇
```

Eine Ziffernliste erhält man mit `IntegerDigits`:

```
In[6]:= IntegerDigits[16^^7D0, 7]
Out[6]= {5, 5, 5, 5}
```

Der nächste Befehl liefert die Anzahl der Ziffern:

```
In[7]:= Length[IntegerDigits[16^^7D0, 7]]
Out[7]= 4
```

also n in (3.1). □

Negative Zahlen erhalten eine entsprechende Markierung (Vorzeichen), ihre Addition wird auf Addition bzw. Subtraktion positiver Zahlen zurückgeführt ($x + (-y) = x - y$ und $(-x) + (-y) = -(x + y)$ für $x, y > 0$) und die Multiplikation wird ebenfalls auf die Multiplikation positiver Zahlen zurückgeführt ($x \cdot (-y) = -(x \cdot y)$ und $(-x) \cdot (-y) = x \cdot y$ für

[4] oder die Hälfte davon wegen der Vorzeichenverwaltung

[5] Warum gerade bis $B = 36$?

$x, y > 0$). Damit reicht es, Addition, Subtraktion und Multiplikation positiver ganzer Zahlen zu betrachten. Dies ist der Inhalt des nächsten Abschnitts.

3.2 Langzahlarithmetik: Addition und Multiplikation

3.2

Wie funktioniert die Langzahlarithmetik? Die in der Folge beschriebenen Algorithmen kann man im Prinzip in jeder Basis anwenden und sind am einfachsten im binären System. Beispielhaft wenden wir uns allerdings dem Dezimalsystem zu, das wir gewohnt sind. In der Schule haben wir Algorithmen zur Addition, Subtraktion und Multiplikation (positiver) ganzer Zahlen kennengelernt.

Bei der Addition zweier positiver ganzer Zahlen werden hierbei die einzelnen Positionen gemäß der Additionstabelle des „kleinen Einspluseins"

+	0	1	2	3	4	5	6	7	8	9
0	0	1	2	3	4	5	6	7	8	9
1	1	2	3	4	5	6	7	8	9	10
2	2	3	4	5	6	7	8	9	10	11
3	3	4	5	6	7	8	9	10	11	12
4	4	5	6	7	8	9	10	11	12	13
5	5	6	7	8	9	10	11	12	13	14
6	6	7	8	9	10	11	12	13	14	15
7	7	8	9	10	11	12	13	14	15	16
8	8	9	10	11	12	13	14	15	16	17
9	9	10	11	12	13	14	15	16	17	18

der Summanden addiert, wobei bei der letzten Position begonnen wird. Kürzere Summanden werden durch führende Nullen ergänzt, und eventuelle *Überträge* werden auf die nächste Position übertragen. Die Subtraktion positiver ganzer Zahlen funktioniert analog mit einer Subtraktionstabelle.

Offensichtlich benötigt eine Addition zweier Dezimalzahlen der Länge n genau n elementare Additionen des kleinen Einpluseins. Hinzu kommen noch höchstens n Übertragsadditionen. Insgesamt benötigt der Additionsalgorithmus also $\leqq 2n$ oder $O(n)$ elementare Operationen. Im allgemeinen genügt uns eine asymptotische Analyse und daher ein derartiger Ordnungsterm.

Die Multiplikation kann ebenfalls wie in der Schule durchgeführt werden. Diese Methode ergibt bekanntlich ein iteratives Schema unter Verwendung des „kleinen Einmaleins"

$\cdot$	0	1	2	3	4	5	6	7	8	9
0	0	0	0	0	0	0	0	0	0	0
1	0	1	2	3	4	5	6	7	8	9
2	0	2	4	6	8	10	12	14	16	18
3	0	3	6	9	12	15	18	21	24	27
4	0	4	8	12	16	20	24	28	32	36
5	0	5	10	15	20	25	30	35	40	45
6	0	6	12	18	24	30	36	42	48	54
7	0	7	14	21	28	35	42	49	56	63
8	0	8	16	24	32	40	48	56	64	72
9	0	9	18	27	36	45	54	63	72	81

mit entsprechenden Überträgen.

3.2 **Beispiel 3.2 (Schulmultiplikation)** Hier ist eine exemplarische Multiplikation $x \cdot y$ für $x = 1234$ und $y = 5678$ mit dem Schulalgorithmus:

$$\begin{array}{r} \underline{1234 \cdot 5678} \\ 6170 \\ 7404 \\ 8638 \\ \underline{9872} \\ 7006652 \end{array}$$

welche das Gesamtproblem (mit Hilfe des Distributivgesetzes) in die Teilprobleme $1234 \cdot 5$, $1234 \cdot 6$, $1234 \cdot 7$ und $1234 \cdot 8$ und diese Teilprobleme schließlich in Probleme des kleinen Einmaleins zerlegt.

Eine Überprüfung ergibt, daß zur Berechnung des Resultats insgesamt $4 \cdot 4 = 16$ Multiplikationen des kleinen Einmaleins sowie einige Additionen benötigt werden. Zählen wir für den Moment nur die Multiplikationen, so stellen wir fest, daß zur Multiplikation zweier Dezimalzahlen mit n Dezimalstellen insgesamt $O(n^2)$ elementare Multiplikationen des kleinen Einmaleins nötig sind. Man rechne nach, daß hierzu ebenfalls höchstens $O(n^2)$ elementare Additionen kommen.[6] Insgesamt hat die Schulmultiplikation also $O(n^2)$ elementare Operationen, wobei wir Operationen des kleinen Einspluseins und des kleinen Einmaleins zusammenfassen.[7] △

[6] Wir beweisen dies demnächst auf andere Weise.

[7] Genauer gesagt besteht eine elementare Operation in unserem Fall aus einem *Zugriff* auf die in den Speicher des Computers geladenen Additions- und Multiplikationstabellen des kleinen Einspluseins sowie Einmaleins. Jeder derartige Zugriff dauert eine bestimmte Zeit, egal ob die betreffende elementare Rechnung einmal oder mehrfach vorkommt.

Diese Ausführungen zeigen zunächst, daß es Algorithmen zur Durchführung der elementaren Operationen gibt. Während der Schulalgorithmus für die Addition zweier Summanden im wesentlichen bestmöglich ist, kann die Effizienz des Multiplikationsalgorithmus noch verbessert werden.

Um zu einem effizienteren Verfahren zu gelangen, geben wir zunächst eine andere, *rekursive*, Beschreibung der Schulmultiplikation an. Hierzu nehmen wir an, es seien zwei positive Langzahlen $x \in \mathbb{N} := \{1, 2, 3, \ldots\}$ und $y \in \mathbb{N}$ der Länge n, also mit n Dezimalstellen, gegeben. Ist eine der beiden Zahlen kürzer, so wird sie wieder durch führende Nullen ergänzt. Ohne Beschränkung der Allgemeinheit nehmen wir weiter an, daß n eine Zweierpotenz ist.[8]

Man zerlegt nun

$$x = a \cdot 10^{n/2} + b \qquad \text{und} \qquad y = c \cdot 10^{n/2} + d$$

jeweils in zwei gleich lange Teile und berechnet das Produkt $x \cdot y$ gemäß der Formel

$$x \cdot y = a \cdot c \cdot 10^n + (a \cdot d + b \cdot c) \cdot 10^{n/2} + b \cdot d \,. \tag{3.2}$$

Dieses Verfahren wird dann rekursiv weitergeführt. Dies ergibt wieder einen typischen *Divide-and-Conquer-Algorithmus.*

Beispiel 3.3 **(Karatsuba-Algorithmus)** Wir führen die Methode am selben Beispiel wie oben vor. Zur Berechnung von $1234 \cdot 5678$ zerlegt man diesmal 3.3

$$1234 = 12 \cdot 100 + 34 \qquad \text{und} \qquad 5678 = 56 \cdot 100 + 78 \,,$$

also $a = 12$, $b = 34$, $c = 56$ und $d = 78$. Zur Berechnung des Produkts $x \cdot y$ werden im ersten Schritt gemäß (3.2) also die 4 Multiplikationen $a \cdot c = 12 \cdot 56$, $a \cdot d = 12 \cdot 78$, $b \cdot c = 34 \cdot 56$ und $b \cdot d = 34 \cdot 78$ benötigt. Für jede dieser 4 Multiplikationen sind durch Anwendung desselben Verfahrens dann wieder 4 elementare Multiplikationen erforderlich. Dies liefert also insgesamt wieder *dieselben* 16 elementaren Multiplikationen der gegebenen Ziffern, welche diesmal allerdings in einer anderen Reihenfolge berechnet werden. △

Wir werden nun zeigen, daß dieses Verfahren im Falle zweier Faktoren der Länge n wieder $O(n^2)$ elementare Operationen benötigt.

Sei $K(n)$ die Anzahl der benötigten elementaren Operationen. $K(n)$ nennt man auch die *Komplexität* oder die *Laufzeit* des Verfahrens. Auf Grund der rekursiven Struktur

---

[8] Andernfalls erhöhen wir n durch Ergänzen führender Nullen entsprechend.

des Verfahrens können wir eine Rekursionsgleichung für $K(n)$ aufstellen. Formel (3.2) zeigt, daß die Berechnung eines Produkts zweier n-stelliger ganzer Zahlen durch 4 Multiplikationen von Zahlen mit $n/2$ Stellen plus einer Addition n-stelliger Zahlen realisiert werden kann.[9] Also gilt $K(1) = 1$ (zur Multiplikation zweier einstelliger Zahlen benötigen wir eine elementare Multiplikation) sowie $K(n) = 4 \cdot K(n/2) + C \cdot n$ für eine Konstante C, welche die Anzahl der im jeweiligen Rekursionsschritt nötigen Additionen angibt. Für $n = 2^m$ liefert dies

$$\begin{aligned}
K(n) = K(2^m) &= 4 \cdot K(2^{m-1}) + C \cdot 2^m \\
&= 4 \cdot (4 \cdot K(2^{m-2}) + C \cdot 2^{m-1}) + C \cdot 2^m \\
&= 4^2 \cdot K(2^{m-2}) + C \cdot 2^m (1 + 2) = \cdots \\
&= 4^m \cdot K(1) + C \cdot 2^m \cdot (1 + 2 + \cdots + 2^{m-1}) \\
&\leqq 4^m \cdot K(1) + C \cdot 4^m \\
&= D \cdot 4^m = D \cdot n^2
\end{aligned}$$

für eine Konstante D. Die Pünktchen $\cdots$ kann man wie üblich mit vollständiger Induktion verifizieren: Der Induktionsbeginn ist klar und der Induktionsschritt folgt aus der Rechnung

$$\begin{aligned}
&4^j \cdot K(2^{m-j}) + C \cdot 2^m (1 + 2 + \cdots + 2^{j-1}) \\
&= 4^j \cdot (4 \cdot K(2^{m-j-1}) + C \cdot 2^{m-j}) + C \cdot 2^m (1 + 2 + \cdots + 2^{j-1}) \\
&= 4^{j+1} \cdot K(2^{m-j-1}) + C \cdot 2^{m+j} + C \cdot 2^m (1 + 2 + \cdots + 2^{j-1}) \,.
\end{aligned}$$

Somit haben wir gezeigt, daß dieses Verfahren – wie das Schulverfahren – ebenfalls $O(n^2)$ Operationen benötigt.

Sitzung 3.4 In *Mathematica* ist eine sehr schnelle Langzahlarithmetik eingebaut. Dennoch wollen wir einmal testen, *wie* der gegebene Algorithmus abläuft. Wir erklären [10]

---

[9] Man beachte, daß nur die mittlere Addition in (3.2) eine Addition darstellt, die beiden anderen Additionen stellen eigentlich nur Verschiebungen im Positionssystem dar, welche lediglich Überträge benötigen. Aber bei der Berechung eines asymptotischen O-Terms kommt es auf die Anzahl der nötigen Additionen gar nicht an.

[10] Es ist guter Programmierstil in *Mathematica*, alle Definitionen einer zu erklärenden Funktion in *eine Zelle* zu schreiben, welche mit einem `Clear`-Befehl beginnt. Bei jeder Änderung des Programms – beispielsweise nach Beheben eines Programmierfehlers – wird so die Funktion zunächst wieder gelöscht, damit die neuen Definitionen wirksam werden können und nicht durch fehlerhafte bzw. nicht mehr gültige überlagert werden.

```
In[1]:= Clear[Multiply]

        Multiply[x_, y_] :=
          Module[{a, b, c, d, n, m},
              n = Length[IntegerDigits[x]];
              m = Length[IntegerDigits[y]];
              m = Max[n, m];
              n = 1;
              While[n < m, n = 2 * n];
              b = Mod[x, 10^(n/2)];
              a = (x - b)/10^(n/2);
              d = Mod[y, 10^(n/2)];
              c = (y - d)/10^(n/2);
              Multiply[a, c] * 10^n +
                (Multiply[a, d] + Multiply[b, c]) * 10^(n/2)
                + Multiply[b, d]] /;
            Min[Length[IntegerDigits[x]],
                Length[IntegerDigits[y]]] > 1

        Multiply[x_, y_] := x * y
```

Hierbei wird die zweite Definition `Multiply[x_,y_]:=x*y`, bei welcher *Mathematicas* eingebaute Multiplikation eingesetzt wird, nur angewandt, falls die Bedingung `Min[Length[IntegerDigits[x]],Length[IntegerDigits[y]]]> 1` verletzt ist, falls also beide Zahlen x und y einstellig sind und somit das kleine Einmaleins gefragt ist.

Der Aufruf

```
In[2]:= Multiply[1234, 5678]
Out[2]= 7006652
```

liefert das gewünsche Ergebnis 7006652. Aber wie wurde dieses Resultat erzielt? Oder mit anderen Worten: Welche Zwischenresultate mußten berechnet werden? Dies beantwortet uns *Mathematica* mit Hilfe des `Trace`-Befehls:

```
In[3]:= Flatten[
          Trace[Multiply[1234, 5678], Multiply[n_, m_] → {n, m}]
          ]//MatrixForm
```

Die Antwort

$$\text{Out[3]=}\begin{pmatrix} \{1234, 5678\} \\ \{12, 56\} \\ \{1, 5\} \\ \{1, 6\} \\ \{2, 5\} \\ \{2, 6\} \\ \{12, 78\} \\ \{1, 7\} \\ \{1, 8\} \\ \{2, 7\} \\ \{2, 8\} \\ \{34, 56\} \\ \{3, 5\} \\ \{3, 6\} \\ \{4, 5\} \\ \{4, 6\} \\ \{34, 78\} \\ \{3, 7\} \\ \{3, 8\} \\ \{4, 7\} \\ \{4, 8\} \end{pmatrix}$$

gibt uns eine Liste von Argumentpaaren der Funktion `Multiply` in ihrer Abarbeitungsreihenfolge. Man sieht wieder schön, daß insgesamt $4 \cdot 4 = 16$ elementare Multiplikationen ausgeführt werden, und welche dies sind. □

Unter Verwendung dieses rekursiven Verfahrens findet man nun aber ein noch effizienteres Verfahren, den *Karatsuba-Algorithmus* [Kar1962]. Dieser benutzt die Identität

$$a \cdot d + b \cdot c = a \cdot c + b \cdot d + (a - b) \cdot (d - c)$$

(oder eine ähnliche). Damit ergibt sich für die Multiplikation

$$x \cdot y = a \cdot c \cdot 10^n + \Big(a \cdot c + b \cdot d + (a - b) \cdot (d - c)\Big) \cdot 10^{n/2} + b \cdot d\,. \tag{3.3}$$

Der offensichtliche Vorteil dieses nicht sofort ersichtlichen Verfahrens besteht darin, daß man nun in jedem Rekursionsschritt statt vier nur noch drei Multiplikationen benötigt, nämlich $a \cdot c$, $b \cdot d$ und $(a - b) \cdot (d - c)$.[11] Daher bekommen wir für die Komplexität die Rekursion

$$K(1) = 1 \qquad \text{mit} \qquad K(n) = 3 \cdot K(n/2) + C \cdot n\,,$$

[11]Im Gegensatz zum Schulverfahren sind hier allerdings auch negative Zahlen im Spiel, d. h., wir brauchen auch eine Subtraktionstabelle. Außerdem benötigen wir nun vier Additionen statt einer Addition von Zahlen der Länge n.

für die wir erhalten

$$\begin{aligned}
K(n) = K(2^m) &= 3 \cdot K(2^{m-1}) + C \cdot 2^m \\
&= 3 \cdot (3 \cdot K(2^{m-2}) + C \cdot 2^{m-1}) + C \cdot 2^m \\
&= 3^2 \cdot K(2^{m-2}) + C \cdot 2^m \left(1 + \frac{3}{2}\right) = \cdots \\
&= 3^m \cdot K(1) + C \cdot 2^m \cdot \left(1 + \frac{3}{2} + \cdots + \left(\frac{3}{2}\right)^{m-1}\right) \\
&= 3^m + C \cdot 2^m \frac{\left(\frac{3}{2}\right)^m - 1}{\frac{3}{2} - 1} \\
&\leqq D \cdot 3^m = D \cdot n^{\log_2 3} \approx D \cdot n^{1.585} .
\end{aligned}$$

Man muß allerdings zugeben, daß die Konstante beim Karatsuba-Algorithmus wesentlich höher ist als die bei der Schulmultiplikation, so daß sich dieses Verfahren in der Praxis erst für recht große Langzahlen lohnt. Unsere Rechnung hat aber gezeigt: Asymptotisch betrachtet (also für *sehr* große n) ist das Verfahren *viel besser*!

Wir haben den

Satz 3.5 (**Komplexität der Grundrechenarten**) Während die Schuladdition von Langzahlen $O(n)$ elementare Operationen benötigt, braucht die Schulmultiplikation $O(n^2)$ elementare Operationen. Der Karatsuba-Algorithmus hat hingegen eine Komplexität von $O(n^{\log_2 3})$. Die Komplexität der Algorithmen ist unabhängig von der verwendeten Basis B. **3.5**

Beweis: Für $B = 10$ hatten wir die Behauptungen bereits bewiesen. Wir zeigen nun, daß die Komplexität nicht von der Basis abhängt. Hat $z \in \mathbb{N}$ eine Darstellung bzgl. der Basis B, so ist die Anzahl n der Ziffern gegeben durch[12]

$$n \approx \log_B z = \frac{\log z}{\log B} .$$

Für die Anzahl n' der Stellen bzgl. einer anderen Basis B' gilt also

$$n' \approx \log_{B'} z = \frac{\log z}{\log B'} = \frac{\log z}{\log B} \cdot \frac{\log B}{\log B'} = \frac{\log B}{\log B'} n = \log_{B'} B \cdot n .$$

Folglich gelten die hergeleiteten Komplexitätsaussagen bzgl. jeder Basis, nur mit verschiedenen Konstanten. □

---

[12]Genau ist $n = \lfloor \log_B z + 1 \rfloor$. Zur Floor-funktion $\lfloor x \rfloor$ s. S. 65. Verwenden wir log ohne Angabe einer Basis, so ist die Basis beliebig. In der diskreten Mathematik wird meist die Basis 2 verwendet.

Bei obigen Rechnungen ist n die Anzahl der Ziffern einer ganzen Zahl z. Wollen wir die Komplexität durch z selbst ausdrücken, so erhalten wir also beispielsweise beim Karatsuba-Algorithmus $K(z) = O(\log z^{\log_2 3})$). Die übliche Bezugsgröße bei der Angabe der Komplexität ist aber die Länge n der Darstellung einer ganzen Zahl.

Sitzung 3.6 Der Karatsuba-Algorithmus wird implementiert durch

```
In[1]:= Clear[Karatsuba]

        Karatsuba[x_, y_] :=
          Module[{a, b, c, d, n, m, amalc, bmald},
              n = Length[IntegerDigits[x]];
              m = Length[IntegerDigits[y]];
              m = Max[n, m];
              n = 1;
              While[n < m, n = 2 * n];
              b = Mod[x, 10^(n/2)];
              a = (x - b)/10^(n/2);
              d = Mod[y, 10^(n/2)];
              c = (y - d)/10^(n/2);
              amalc = Karatsuba[a, c];
              bmald = Karatsuba[b, d];
              amalc * 10^n +
                (amalc + bmald + Karatsuba[a - b, d - c]) * 10^(n/2)
                + bmald] /;
            Min[Length[IntegerDigits[x]],
                Length[IntegerDigits[y]]] > 1

        Karatsuba[x_, y_] := x * y
```

Wir sehen uns wieder an, welche Zwischenergebnisse berechnet werden:

```
In[2]:= Flatten[
          Trace[Karatsuba[1234, 5678], Karatsuba[n_, m_] → {n, m}]
          ]//MatrixForm
```

mit dem Ergebnis der Abarbeitungsreihenfolge

Out[2]= $\begin{pmatrix} \{1234, 5678\} \\ \{12, 56\} \\ \{1, 5\} \\ \{2, 6\} \\ \{-1, 1\} \\ \{34, 78\} \\ \{3, 7\} \\ \{4, 8\} \\ \{-1, 1\} \\ \{-22, 22\} \\ \{-3, 2\} \\ \{8, 2\} \\ \{-11, 0\} \end{pmatrix}$

Man sieht, daß dieser rekursive Algorithmus auch negative Zwischenergebnisse erzeugt, aber nur 9 elementare Multiplikationen benötigt.

In der vorliegenden Form ist das Programm noch nicht effizient, da jeder Aufruf von `Karatsuba` drei weitere Aufrufe dieser Funktion veranlaßt, welche alle – ohne Kenntnis der Ergebnisse der parallelen Aufrufe – ausgeführt werden müssen. Das führt dazu, daß jede elementare Addition und Multiplikation vielfach ausgeführt wird. Diese Situation hatten wir ja in Abschnitt 2.5 betrachtet.

Die leicht abgeänderten Programme lauten

```
In[3]:= $RecursionLimit = ∞;
        Clear[Karatsuba]
        Karatsuba[x_, y_] :=
          (Karatsuba[x, y] = Module[{a, b, c, d, n, m, amalc, bmald},
                n = Length[IntegerDigits[x]];
                m = Length[IntegerDigits[y]];
                m = Max[n, m];
                n = 1; While[n < m, n = 2 * n];
                b = Mod[x, 10^(n/2)];
                a = (x - b)/10^(n/2);
                d = Mod[y, 10^(n/2)];
                c = (y - d)/10^(n/2);
                amalc = Karatsuba[a, c];
                bmald = Karatsuba[b, d];
                amalc * 10^n + (amalc + bmald
                  + Karatsuba[a - b, d - c]) * 10^(n/2) + bmald]) /;
                  Min[Length[IntegerDigits[x]],
                  Length[IntegerDigits[y]]] > 1
        Karatsuba[x_, y_] := x * y
```

```
In[4]:= Clear[Multiply]
        Multiply[x_, y_] :=
          (Multiply[x, y] =
              Module[{a, b, c, d, n, m},
                n = Length[IntegerDigits[x]];
                m = Length[IntegerDigits[y]];
                m = Max[n, m];
                n = 1; While[n < m, n = 2 * n];
                b = Mod[x, 10^(n/2)];
                a = (x - b)/10^(n/2);
                d = Mod[y, 10^(n/2)];
                c = (y - d)/10^(n/2);
                Multiply[a, c] * 10^n+
                  (Multiply[a, d] + Multiply[b, c]) *
                   10^(n/2) + Multiply[b, d]])/;
          Min[Length[IntegerDigits[x]],
              Length[IntegerDigits[y]]] > 1
        Multiply[x_, y_] := x * y
```

Nun können wir die Effizienz der beiden betrachteten Algorithmen vergleichen. Wir multiplizieren zwei (mit `Random`) *zufällig ausgewählte* 100-stellige Ganzzahlen

```
In[5]:= x = Random[Integer, {10^99, 10^100}];
        y = Random[Integer, {10^99, 10^100}];
```

zuerst mit der eingebauten Multiplikationsroutine

```
In[6]:= Timing[z1 = x * y; ]
Out[6]= {0. Second, Null}
```

und dann mit unserer Implementierung[13]

```
In[7]:= Timing[z2 = Karatsuba[x, y]; ]
Out[7]= {0.351 Second, Null}

In[8]:= z2 - z1
Out[8]= 0
```

[13]Wesentlich größere Argumente verträgt unsere Funktion `Karatsuba` in *Mathematica* 5 leider nicht, sondern führen zum Zusammenbruch des *Mathematica*-Kerns. In Einzelfällen kann dies auch bei den vorliegenden Daten bereits geschehen. Offenbar gibt es Probleme mit dem rekursiven Aufwand. Dem könnte man durch eine iterative Implementierung abhelfen, s. Abschnitt 2.4. Version 3 von *Mathematica* war diesbezüglich stabiler.

Man sieht, daß die eingebaute Funktion um Klassen besser ist: Die Ganzzahlarithmetik als wichtigster Baustein der Computeralgebra ist vollständig in der Programmiersprache C programmiert und residiert im sogenannten *Kern* von *Mathematica*. Programme, welche in der *Mathematica*-Hochsprache geschrieben sind, können die Effizienz von Kernfunktionen nicht erreichen. Immerhin liefert unser Programm das richtige Ergebnis.[14]

Wir können unsere Implementierung aber mit dem Schulalgorithmus vergleichen:

```
In[9]:= Timing[z3 = Multiply[x, y]; ]
Out[9]= {0.721 Second, Null}
```

und sehen, daß in der *Mathematica*-Hochsprache der Karatsuba-Algorithmus bereits für 100-stellige Dezimalzahlen schneller ist.

Zum Abschluß zeigen wir die Effizienz der eingebauten Multiplikation: *Mathematica* kann mühelos zwei Ganzzahlen mit jeweils einer Million Stellen multiplizieren:

```
In[10]:= x = Random[Integer, {10^999999, 10^1000000}];
         y = Random[Integer, {10^999999, 10^1000000}];
In[11]:= Timing[x * y; ]
Out[11]= {1.032 Second, Null}
```

Diese Effizienz ist mit keinem Aufwand durch eine Programmierung in der *Mathematica*-Sprache erreichbar. □

Beispiel 3.7 (Karatsuba-Algorithmus) Wir betrachten die Anwendung des Karatsuba-Algorithmus auf das Beispiel $1234 \cdot 5678$ noch etwas genauer. Es ist $x = 1234$, $y = 5678$ und somit $n = 4$, $a_0 = 12$, $b_0 = 34$, $c_0 = 56$ und $d_0 = 78$. Die Berechnung von $x \cdot y$ erfolgt also gemäß 3.7

$$x \cdot y = a_0 \cdot c_0 \cdot 10^4 + \Big(a_0 \cdot c_0 + b_0 \cdot d_0 + (a_0 - b_0) \cdot (d_0 - c_0)\Big) \cdot 10^2 + b_0 \cdot d_0 \,, \qquad (3.4)$$

und es werden somit die Teilrechnungen $a_0 \cdot c_0$, $b_0 \cdot d_0$ sowie $(a_0 - b_0) \cdot (d_0 - c_0)$ benötigt. Diese können bei erneuter Anwendung der Formel (3.3) mit elementaren Operationen ermittelt werden und liefern $a_0 \cdot c_0 = 12 \cdot 56 = 672$, $b_0 \cdot d_0 = 34 \cdot 78 = 2652$ sowie $(a_0 - b_0) \cdot (d_0 - c_0) = (12 - 34) \cdot (56 - 78) = -484$. Also bleibt schließlich die Rechnung

$$x \cdot y = 672 \cdot 10\,000 + \Big(672 + 2652 - 484\Big) \cdot 100 + 2652 \,.$$

Man beachte, daß die mittleren Additionen und Subtraktionen *nicht* elementar sind, sondern Operationen von Zahlen der Länge n darstellen. Hat man sie ausgeführt, kann

---

[14] Das wollen wir doch hoffen!

mit elementaren Additionen und Überträgen das Endresultat ermittelt werden:

$$\begin{array}{r|c|c} 672 & 00 & 00 \\ +\quad 28 & 40 & 00 \\ + \qquad & 26 & 52 \\ \hline 700 & 66 & 52 \end{array}.$$

Dies schließt die Rechnung ab. △

3.3

3.3 Langzahlarithmetik: Division mit Rest

Gegeben seien zwei Langzahlen x und y, welche wir dividieren wollen. Dies liefert natürlich im allgemeinen keine ganze Zahl, sondern die rationale Zahl $\frac{x}{y} \in \mathbb{Q}$. Damit ist das Problem im Prinzip gelöst. Im Rahmen der Ganzzahlarithmetik ist aber etwas anderes interessant: Wir wollen den Bruch $\frac{x}{y}$ „weitestgehend kürzen“, ohne den Rechenbereich $\mathbb{Z} := \{\ldots, -2, -1, 0, 1, 2, \ldots\}$ zu verlassen.

Dies wird von dem von der Schule her bekannten *Divisionsalgorithmus* erledigt, welcher bekanntlich eine *ganzzahlige Division mit Rest* liefert. Es gilt der Satz

3.8 **Satz 3.8 (Division mit Rest)** Es seien $x \in \mathbb{N}_{\geqq 0}$ und $y \in \mathbb{N}$. Dann gibt es *genau ein Paar* (q, r) mit $q \in \mathbb{N}_{\geqq 0}$, $r \in \mathbb{N}_{\geqq 0}$ und $0 \leqq r < y$ derart, daß

$$x = qy + r \qquad \text{bzw.} \qquad \frac{x}{y} = q + \frac{r}{y}$$

gilt. q heißt der *ganzzahlige Quotient* von x und y bzw. der *ganzzahlige Anteil* von $\frac{x}{y}$ und wird auch mit $\lfloor \frac{x}{y} \rfloor$ bezeichnet, und r heißt der *Divisionsrest* bei der Division von x durch y.

Beweis: Wir beweisen zunächst die Existenz. Sei hierzu $y \in \mathbb{N}$ gegeben. Für $0 \leqq x < y$ nehmen wir $(q, r) = (0, x)$, also können wir in der Folge annehmen, daß $x \geqq y$ ist. Wir zeigen nun durch Induktion nach x, daß zu jedem $x \geqq y$ Zahlen q und r wie behauptet existieren. Induktionsanfang $x = y$: $(q, r) = (1, 0)$. Wir nehmen nun an, ein Paar (q, r) wie behauptet existiere für alle $z < x$. Wir wählen dann $z = x - y \in \mathbb{N}_{\geqq 0}$. Offenbar ist $z < x$, und nach Induktionsvoraussetzung gibt es (q_0, r_0) mit $z = q_0 y + r_0$. Dann ist aber

$$x = z + y = (q_0 + 1)\,y + r_0$$

eine Darstellung der behaupteten Art.

Eindeutigkeit: Angenommen, wir haben zwei Darstellungen

$$x = q_1 y + r_1 = q_2 y + r_2 ,$$

so gilt also

$$(q_2 - q_1) y = r_1 - r_2 .$$

Sei o. B. d. A.[15] $r_1 \geqq r_2$. Dann folgt $q_2 - q_1 \geqq 0$, da ja $y > 0$ ist. Wegen $r_1 < y$ folgt weiter

$$(q_2 - q_1) y = r_1 - r_2 < y ,$$

also $q_2 - q_1 < 1$.

Nun ist also $q_2 - q_1$ ganzzahlig mit $0 \leqq q_2 - q_1 < 1$, also $q_2 - q_1 = 0$. Hieraus folgt schließlich auch $r_1 - r_2 = (q_2 - q_1) y = 0$. □

Im Gegensatz zur „richtigen Division" führt uns die ganzzahlige Division mit Rest also nicht aus $\mathbb{Z}$ heraus.

Wir führen folgende Schreibweisen ein:

$$q = \text{quotient}(x, y) \qquad \text{und} \qquad r = \text{rest}(x, y) \quad \text{bzw.} \quad r = \text{mod}(x, y) .$$

Sitzung 3.9 In *Mathematica* berechnet man den ganzzahligen Quotienten q zweier ganzer Zahlen x und y mit `Quotient` und den Divisionsrest r mit `Mod`:

```
In[1]:= x = 1000; y = 9;
```

```
In[2]:= q = Quotient[x, y]
Out[2]= 111
```

```
In[3]:= r = Mod[x, y]
Out[3]= 1
```

Es gilt also

```
In[4]:= q * y + r
Out[4]= 1000
```

Die Funktion `Floor`[16] berechnet den ganzzahligen Anteil einer rationalen Zahl:

```
In[5]:= Floor[x/y]
Out[5]= 111
```

Die Funktionen `Quotient`, `Mod` und `Floor`

sind auch für negative Argumente erklärt:

---

[15]ohne Beschränkung der Allgemeinheit

[16]Engl: floor = Boden. Die `Floor`-Funktion rundet ab.

```
In[6]:= q = Quotient[x = -1000, y = 9]
Out[6]= -112

In[7]:= r = Mod[x, y]
Out[7]= 8

In[8]:= q * y + r
Out[8]= -1000

In[9]:= Floor[x/y]
Out[9]= -112
```

Hierbei gilt für $r =$ `Mod[x,y]` immer $0 \leqq r < y$,[17] und daher ist stets $\lfloor \frac{x}{y} \rfloor \leqq \frac{x}{y}$. □

Um die Komplexität der Division mit Rest zu untersuchen, führen wir den Schulalgorithmus an einem Beispiel vor:

$$\begin{array}{l}
123456:789 = 156 \;\; \text{Rest} \;\; 372 \\
\;789 \\
\hline
\;4455 \\
\;3945 \\
\hline
\;\;\;5106 \\
\;\;\;4734 \\
\hline
\;\;\;\;\;372
\end{array}$$

Dividiert man eine Zahl der Länge n durch eine Zahl der Länge m, so benötigt man hierfür offenbar $m(n-m)$ elementare Multiplikationen,[18] es muß nämlich jede Ziffer von y mit jeder Ziffer des Resultats multipliziert werden. Hierzu kommen $O(m)$ Additionen. Der Divisionsalgorithmus hat also eine Komplexität $O(m(n-m))$. Ist insbesondere x doppelt so lang wie y, dann ist die Komplexität $O(n^2) = O(m^2)$.

Wie gesehen, läßt sich der Divisionsalgorithmus ausdehnen auf $x, y \in \mathbb{Z}, y \neq 0$, s. auch Übungsaufgabe 3.4. Der Divisionsalgorithmus hat interessante Konsequenzen. Diese betrachten wir im nächsten Abschnitt.

Wir wollen nun Fragen der Teilbarkeit untersuchen. Hierzu benötigen wir einige Definitionen.

---

[17] sowie `Mod[x,y]` $= x - y$ `Quotient[x,y]`

[18] Bevor man diese Multiplikationen durchführen kann, muß man manchmal den richtigen Divisor „raten“. In jedem Fall kommt man allerdings mit $Bm(n-m)$ elementaren Multiplikationen aus.

Definition 3.10 Ist bei der Division von $x \in \mathbb{Z}$ durch $y \in \mathbb{Z}$ der Rest $r = 0$, so nennen wir x durch y *teilbar* oder ein *Vielfaches* von y bzw. y einen Teiler von x: $\frac{x}{y} = q \in \mathbb{Z}$. Falls x durch y teilbar ist, schreiben wir $y \mid x$ (in Worten: y teilt x). 3.10

Sei nun allgemein R ein kommutativer Ring mit 1. Dann nennen wir $a \in R$ einen Teiler von $b \in R$, in Zeichen $a \mid b$, falls $c \in R$ existiert mit $b = c \cdot a$. Insbesondere ist jedes Element von R Teiler von 0. Wir nennen $b = c \cdot a$ auch *zusammengesetzt*.

Ein Element $u \in R$, welches einen Kehrwert $v \in R$ besitzt, d. h., $u \cdot v = 1$, heißt *Einheit*.[19] Die einzigen Einheiten in $\mathbb{Z}$ sind ± 1. Einheiten sind automatisch Teiler jedes Elementes von R.[20] Daher macht eine Theorie der Teilbarkeit nur Sinn, wenn es nicht zu viele Einheiten gibt. In einem *Körper* wie $\mathbb{Q}$ sind alle Elemente außer 0 Einheiten und somit ist dort der Begriff der Teilbarkeit ohne Bedeutung.

Sind $a \in R$ und $b \in R$, dann heißt $c \in R$ ein *gemeinsamer Teiler* von a und b, falls $c \mid a$ und $c \mid b$. Haben a und b nur Einheiten als gemeinsame Teiler, so nennen wir sie *teilerfremd* oder *relativ prim zueinander*.

Eine Zahl $c \in R$ heißt ein *größter gemeinsamer Teiler* von a und b, falls c gemeinsamer Teiler von a und b ist und falls außerdem für alle gemeinsamen Teiler $d \in R$ von a und b folgt, daß $d \mid c$ ist. Wir schreiben $c = \gcd(a, b)$.[21] Insbesondere ist $\gcd(a, 0) = a$. Man beachte, daß im allgemeinen ein größter gemeinsamer Teiler *nicht* existieren muß, s. Übungsaufgabe 3.5. Der größte gemeinsame Teiler von drei Zahlen ist gegeben durch $\gcd(a, b, c) = \gcd(\gcd(a, b), c)$, und entsprechend wird $\gcd(a_1, a_2, \ldots, a_n)$ rekursiv erklärt.

Gilt für $a, b \in R$ sowohl $a \mid b$ als auch $b \mid a$, so nennen wir a und b *assoziiert* und schreiben $a \sim b$. Die Relation $\sim$ bildet eine *Äquivalenzrelation*, Zwei Zahlen a und b sind genau dann assoziiert, falls es eine Einheit u gibt mit $b = u \cdot a$, s. Übungsaufgabe 3.7.

Wenn er existiert, ist der größte gemeinsame Teiler $g = \gcd(a, b)$ also nicht eindeutig bestimmt, und mit g sind auch alle zu g assoziierten Elemente größte gemeinsame Teiler von a und b.[22] In $\mathbb{Z}$ machen wir den größten gemeinsamen Teiler durch die Bedingung $\gcd(a, b) > 0$ eindeutig.

Genauso nennen wir $c \in R$ ein *kleinstes gemeinsames Vielfaches* von $a \in R$ und $b \in R$, falls $a \mid c$ und $b \mid c$, und falls für alle $d \in R$ aus $a \mid d$ und $b \mid d$ folgt, daß $c \mid d$

[19] Engl.: *unit*

[20] $a = a \cdot 1 = a \cdot (u \cdot v) = u \cdot (a \cdot v)$

[21] gcd = greatest common divisor

[22] $\gcd(a, b)$ ist also eine Äquivalenzklasse.

ist. Wir schreiben $c = \operatorname{lcm}(a, b)$ und machen das kleinste gemeinsame Vielfache in $\mathbb{Z}$ wieder durch die Bedingung $\operatorname{lcm}(a, b) > 0$ eindeutig.[23] △

3.4

3.4 Der erweiterte Euklidische Algorithmus

Die Division mit Rest liefert eine Möglichkeit, den größten gemeinsamen Teiler zweier (und induktiv: endlich vieler) ganzer Zahlen zu bestimmen, nämlich durch den *Euklidischen Algorithmus.*

3.11

Beispiel 3.11 Wir bestimmen den größten gemeinsamen Teiler von $x = 123$ und $y = 27$ durch sukzessive Division mit Rest gemäß dem Schema:

$$\begin{aligned} 123 &= 4 \cdot 27 + 15 \\ 27 &= 1 \cdot 15 + 12 \\ 15 &= 1 \cdot 12 + \mathbf{3} \\ 12 &= 4 \cdot \mathbf{3} + 0\,. \end{aligned}$$

Dieses Schema nennt man den Euklidischen Algorithmus. Hierbei bestimmt man in der ersten Zeile beispielsweise $4 = \operatorname{quotient}(123, 27)$ und $15 = \operatorname{rest}(123, 27)$ mittels Division mit Rest und verfährt analog in den weiteren Zeilen. Der Algorithmus bricht ab, wenn ein Nullrest auftritt. Der letzte nichtverschwindende Rest, den wir fett dargestellt haben, liefert dann den größten gemeinsamen Teiler $\gcd(x, y)$ von $x \in \mathbb{Z}$ und $y \in \mathbb{Z}$. Die Anzahl der Iterationen bezeichnen wir als *Euklidische Länge* von x und y, in Zeichen $\operatorname{eukl}(x, y)$. In unserem Beispiel ist $\operatorname{eukl}(x, y) = 4$.

Man kann das Iterationsschema durch die Formel

$$x_{k-1} = q_k\, x_k + r_k$$

ausdrücken, wobei die Anfangsbedingungen durch $x_0 = x$ und $x_1 = y$ gegeben sind und in jedem Schritt

$$q_k = \operatorname{quotient}(x_{k-1}, x_k)\,, \qquad r_k = \operatorname{rest}(x_{k-1}, x_k) \qquad \text{sowie} \qquad x_{k+1} = r_k$$

berechnet werden. △

---

[23] lcm = least common multiple

Wir beweisen nun den

Satz 3.12 (Euklidischer Algorithmus) Der Euklidische Algorithmus, angewandt auf das Zahlenpaar $x, y \in \mathbb{Z}$, berechnet einen größten gemeinsamen Teiler $\gcd(x, y)$. 3.12

Beweis: Daß der Euklidische Algorithmus wirklich einen größten gemeinsamen Teiler berechnet, liegt im wesentlichen an der Beziehung[24]

$$\gcd(x, y) = \gcd(y, r)\,, \tag{3.5}$$

welche für die Divisionsgleichung $x = q\,y + r$ gültig ist.

Um diese Beziehung zu beweisen, setzen wir $g := \gcd(x, y)$ und $h := \gcd(y, r)$. Wegen $r = x - q\,y$ ist g ein Teiler von r. Also ist g ein gemeinsamer Teiler von r und von y, und es folgt $g \mid h$. Auf der anderen Seite ist wegen $x = q\,y + r$ die Zahl h ein Teiler von x, somit ein gemeinsamer Teiler von x und y, also $h \mid g$. Daraus folgt aber, daß g und h assoziiert sind und damit (3.5).

Der Euklidische Algorithmus führt nun die Berechnung von $\gcd(x, y)$ durch Iteration der fundamentalen Identität (3.5) wegen der Eigenschaft $0 \leqq r < y$ der Division mit Rest auf immer kleiner werdende Zahlenpaare zurück, bis zum Abbruch des Verfahrens (Induktion nach der Anzahl der Schritte $\text{eukl}(x, y)$ beim Euklidischen Algorithmus). □

Da ein größter gemeinsamer Teiler gar nicht in allen Ringen existiert, s. Übungsaufgabe 3.5, ist schon die Existenzaussage von $\gcd(x, y)$ für $x, y \in \mathbb{Z}$, welche der Satz postuliert, interessant.

Manchmal benötigt man eine weitere Information über den größten gemeinsamen Teiler. Diese wird durch folgende Erweiterung des Euklidischen Algorithmus gefunden: In den berechneten Wert $\gcd(x, y)$ werden die Zwischenergebnisse des Euklidischen Algorithmus sukzessive rücksubstituiert, und das Ergebnis wird als Linearkombination der beiden Ausgangszahlen x und y geschrieben:

$$\begin{aligned} 3 &= 15 - 1 \cdot 12 \\ &= 15 - 1 \cdot (27 - 1 \cdot 15) \\ &= -27 + 2 \cdot 15 \\ &= -27 + 2 \cdot (123 - 4 \cdot 27) \\ &= -9 \cdot 27 + 2 \cdot 123\,. \end{aligned}$$

Dieses Verfahren liefert offenbar immer eine Darstellung der Form

$$\gcd(x, y) = s \cdot x + t \cdot y \qquad \text{mit } s, t \in \mathbb{Z}\,. \tag{3.6}$$

[24]Diese ist zu verstehen als Gleichheit im Sinne von $\sim$.

3.13 **Satz 3.13 (Erweiterter Euklidischer Algorithmus)** Seien $x, y \in \mathbb{Z}$. Dann gibt es eine Darstellung der Form (3.6) mit sogenannten *Bézoutkoeffizienten* $s, t \in \mathbb{Z}$, welche mit dem beschriebenen Algorithmus bestimmt werden können. Dieser wird der *erweiterte Euklidische Algorithmus* genannt. □

Sitzung 3.14 Es folgt eine *Mathematica*-Implementierung des erweiterten Euklidischen Algorithmus, welche bei der Rücksubstitution *Mathematicas* Mustererkennungsmöglichkeiten benutzt.[25]

```
In[1]:= Clear[extendedgcd]
        extendedgcd[xx_, y_] := Module[{x, k, rule, r, q, X},
              x[0] = xx; x[1] = y; k = 0; rule = {};
              gcdmatrix = {};
              While[Not[x[k + 1] == 0],
                k = k + 1;
                r[k] = Mod[x[k - 1], x[k]];
                q[k] = Quotient[x[k - 1], x[k]];
                x[k + 1] = r[k];
                AppendTo[rule, X[k + 1] →
                    Collect[X[k - 1] - q[k] * X[k] /.
                        rule, {X[0], X[1]}]];
                AppendTo[gcdmatrix,
                  {k, "|", x[k - 1], " = ", q[k],
                    " * ", x[k], " + ", r[k]}];
              ]; {x[k], Coefficient[
                  X[k - 2] - q[k - 1] * X[k - 1] /.rule,
                  {X[0], X[1]}]}
            ] /; IntegerQ[xx]&&IntegerQ[y]

General :: "spell1": Possible spelling error: new symbol name
"rule" is similar to existing symbol "Rule"
```

[25] In *Mathematica* dürfen übergebene Variablen einer Funktion im Funktionsmodul nicht verändert werden. Da x als lokale Variable verwendet wird, wird der Argumentname xx benutzt.
Die Warnung, welche von `General::"spell1"` erzeugt wird, ist eine typische Meldung, wenn *Mathematica* feststellt, daß ein Variablenname verwendet wird, welcher dem einer bereits erklärten Variablen ähnlich ist. Man kann die Warnung ignorieren, es sei denn, man hat sich wirklich verschrieben! In Zukunft werden wir derartige Warnungen nicht mehr abdrucken.

Die lokale Variable `rule` sammelt hierbei die Ersetzungsregeln (mit `AppendTo`), welche x_k als Linearkombination von $x_0 = x$ und $x_1 = y$ ausdrücken – dies geschieht durch jeweiliges Einsetzen von `rule` – und vereinfacht diese (mit `Collect`). Die Ersetzungsregeln werden dann nach Abschluß des Verfahrens in $x_{k-2} - q_{k-1}\,x_{k-1} = r_{k-1}$ eingesetzt. Man mache sich klar, daß zum Zeitpunkt des Abbruchs $r_{k-1} = \mathrm{gcd}(x, y)$ gilt.

Die Funktion `extendedgcd` resultiert in einer Liste, deren erstes Element der größte gemeinsame Teiler $\mathrm{gcd}(x, y)$ von x und y und deren zweites Element die Liste der beiden ganzzahligen Koeffizienten $\{s, t\}$ der Darstellung (3.6) des erweiterten Euklidischen Algorithmus ist. Die eingebaute *Mathematica*-Funktion `ExtendedGCD[x,y]` hat dieselbe Funktionalität.

Als Seiteneffekt eines Aufrufs unserer Funktion `extendedgcd` wird in der globalen Variablen `gcdmatrix`[26] die Abarbeitung des Euklidischen Algorithmus vollständig protokolliert und als Matrix abgespeichert. Wir betrachten ein Beispiel.

```
In[2]:= ext = extendedgcd[x = 1526757668, y = 7835626735736]
Out[2]= {4, {845922341123, -164826435}}
```

liefert die gesuchte Darstellung

$$4 = s\,x + t\,y = 845922341123 \cdot 1526757668 - 164826435 \cdot 7835626735736\,.$$

Der gesamte Ablauf des Euklidischen Algorithmus bei diesem Beispiel wird dokumentiert durch die Matrix

```
In[3]:= gcdmatrix
```

Out[3]=

$$\begin{pmatrix}
1 & | & 1526757668 & = & 0 & * & 7835626735736 & + & 1526757668 \\
2 & | & 7835626735736 & = & 5132 & * & 1526757668 & + & 306383560 \\
3 & | & 1526757668 & = & 4 & * & 306383560 & + & 301223428 \\
4 & | & 306383560 & = & 1 & * & 301223428 & + & 5160132 \\
5 & | & 301223428 & = & 58 & * & 5160132 & + & 1935772 \\
6 & | & 5160132 & = & 2 & * & 1935772 & + & 1288588 \\
7 & | & 1935772 & = & 1 & * & 1288588 & + & 647184 \\
8 & | & 1288588 & = & 1 & * & 647184 & + & 641404 \\
9 & | & 647184 & = & 1 & * & 641404 & + & 5780 \\
10 & | & 641404 & = & 110 & * & 5780 & + & 5604 \\
11 & | & 5780 & = & 1 & * & 5604 & + & 176 \\
12 & | & 5604 & = & 31 & * & 176 & + & 148 \\
13 & | & 176 & = & 1 & * & 148 & + & 28 \\
14 & | & 148 & = & 5 & * & 28 & + & 8 \\
15 & | & 28 & = & 3 & * & 8 & + & 4 \\
16 & | & 8 & = & 2 & * & 4 & + & 0
\end{pmatrix}$$

Die Berechnung von $\mathrm{gcd}(x, y)$ erfolgte also in $\mathrm{eukl}(x, y) = 16$ Schritten.

[26] welche global gültig ist, da sie nicht in der Liste der lokalen Variablen verzeichnet ist. Andernfalls wäre die Variable nach dem Aufruf nicht verfügbar.

Wegen der definierenden Gleichung $F_{n+1} = F_n + F_{n-1}$ der Fibonaccizahlen bilden diese für $n \in \mathbb{N}$ eine wachsende Folge natürlicher Zahlen, für welche weiter

$$1 < \frac{F_{n+1}}{F_n} = 1 + \frac{F_{n-1}}{F_n} < 2$$

gilt. Damit ist quotient$(F_{n+1}, F_n) = 1$ und rest$(F_{n+1}, F_n) = F_{n-1}$. Startet man den Euklidischen Algorithmus also mit zwei aufeinanderfolgenden Fibonaccizahlen, so werden sukzessive alle kleineren Fibonaccizahlen als Reste erzeugt.

Wir erhalten beispielsweise[27]

```
In[4]:= extendedgcd[Fibonacci[21], Fibonacci[20]]
Out[4]= {1, {-2584, 4181}}
```

und die Berechnungsmatrix

```
In[5]:= gcdmatrix
```

Out[5]=

$$\begin{pmatrix}
1 & | & 10946 & = & 1 & * & 6765 & + & 4181 \\
2 & | & 6765 & = & 1 & * & 4181 & + & 2584 \\
3 & | & 4181 & = & 1 & * & 2584 & + & 1597 \\
4 & | & 2584 & = & 1 & * & 1597 & + & 987 \\
5 & | & 1597 & = & 1 & * & 987 & + & 610 \\
6 & | & 987 & = & 1 & * & 610 & + & 377 \\
7 & | & 610 & = & 1 & * & 377 & + & 233 \\
8 & | & 377 & = & 1 & * & 233 & + & 144 \\
9 & | & 233 & = & 1 & * & 144 & + & 89 \\
10 & | & 144 & = & 1 & * & 89 & + & 55 \\
11 & | & 89 & = & 1 & * & 55 & + & 34 \\
12 & | & 55 & = & 1 & * & 34 & + & 21 \\
13 & | & 34 & = & 1 & * & 21 & + & 13 \\
14 & | & 21 & = & 1 & * & 13 & + & 8 \\
15 & | & 13 & = & 1 & * & 8 & + & 5 \\
16 & | & 8 & = & 1 & * & 5 & + & 3 \\
17 & | & 5 & = & 1 & * & 3 & + & 2 \\
18 & | & 3 & = & 1 & * & 2 & + & 1 \\
19 & | & 2 & = & 2 & * & 1 & + & 0
\end{pmatrix}$$

enthält ausschließlich Fibonaccizahlen, und man sieht, daß eukl$(F_{n+1}, F_n) = n - 1$ ist. □

Für die Fibonaccizahlen ist eukl(x, y) also besonders groß. Mit Induktion kann man zeigen, daß eukl(x, y) maximal wird, wenn die betragsmäßig kleinere Eingabe die Fibonaccizahl F_n und $\gcd(x, y) = 1$ ist, s. Übungsaufgabe 3.10. Wegen $F_n = O((\frac{1+\sqrt{5}}{2})^n)$

[27] Man mache sich klar, daß auch die Beträge der Bézoutkoeffizienten $|s|$ und $|t|$ Fibonaccizahlen sind, s. Übungsaufgabe 3.10!

liefert dies durch Summation der Einzelschritte eine Komplexitätsaussage für den Euklidischen Algorithmus, s. [GG1999], Kapitel 3. Es stellt sich heraus: Sind x und y ganze Zahlen der Länge n und m, dann hat der erweiterte Euklidische Algorithmus eine Komplexität von $O(n \cdot m)$.

3.5 Eindeutige Faktorzerlegung

3.5

Eine Konsequenz des Euklidischen Algorithmus ist die eindeutige Zerlegung in Primfaktoren. Wir erklären zunächst:

Definition 3.15 Sei R ein kommutativer Ring mit 1. Dann heißt ein Element $a \in R$, welches keine Einheit ist, *reduzibel* oder *zerlegbar* (*faktorisierbar*) falls es $b, c \in R$ gibt, welche keine Einheiten sind, für die $a = b \cdot c$ gilt. Ist a nicht zerlegbar, so nennen wir a *irreduzibel*. Irreduzible Elemente in $R = \mathbb{Z}$ nennen wir *Primzahlen*.[28] Die Menge der positiven Primzahlen bezeichnen wir mit $\mathbb{P}$. Offenbar ist $\mathbb{P} = \{2, 3, 5, 7, 11, \ldots\}$. △ 3.15

Wir behaupten nun, jede ganze Zahl $x \in \mathbb{Z} \setminus \{0\}$ hat (bis auf Einheiten) eine eindeutige Primfaktorzerlegung. Es genügt hierfür offenbar, natürliche Zahlen $x \in \mathbb{N}_{\geq 2}$ zu betrachten.

Was aber soll Eindeutigkeit bedeuten? Seien $p_k \in \mathbb{Z}$ $(k = 1, \ldots, n)$. Hierbei sei nicht ausgeschlossen, daß einige der p_k gleich sind. Mit $\text{sort}(p_1, \ldots, p_n)$ bezeichnen wir die *sortierte Liste* (bzgl. <) der Elemente p_k $(k = 1, \ldots, n)$. Sind nun $x = p_1 \cdot p_2 \cdots p_n = q_1 \cdot q_2 \cdots q_m$ zwei Primfaktorzerlegungen von x mit $p_j \in \mathbb{P}$ $(j = 1, \ldots, n)$ sowie $q_j \in \mathbb{P}$ $(j = 1, \ldots, m)$, dann sagen wir, die Faktorisierungen *stimmen überein*, wenn die sortierten Listen $\text{sort}(p_1, p_2, \ldots, p_n)$ und $\text{sort}(q_1, q_2, \ldots, q_m)$ identisch sind, wenn also die Produkte *bis auf die Reihenfolge der Faktoren* übereinstimmen. Insbesondere ist dann $n = m$. Die Faktorisierung von x nennen wir *eindeutig*, falls alle Primfaktorzerlegungen übereinstimmen.

Sitzung 3.16 *Mathematica* unterscheidet nicht zwischen Mengen und Listen. Nimmt man eine zufällige Liste

```
In[1]:= liste = Table[Random[Integer, {1, 10}], {20}]
Out[1]= {6, 9, 10, 10, 9, 8, 5, 2, 1, 10, 7, 2, 1, 4, 1, 1, 7, 4, 1, 10}
```

so kann man diese mit `Sort` sortieren:

[28] In allgemeinen Ringen werden Primelemente durch die Eigenschaft von Hilfssatz 3.18 erklärt, in $\mathbb{Z}$ treffen diese Eigenschaften zusammen.

```
In[2]:= Sort[liste]
Out[2]= {1, 1, 1, 1, 1, 2, 2, 4, 4, 5, 6, 7, 7, 8, 9, 9, 10, 10, 10, 10}
```

`Union` faßt die Liste als Menge auf und streicht mehrfach auftretende Elemente:

```
In[3]:= Union[liste]
Out[3]= {1, 2, 4, 5, 6, 7, 8, 9, 10}
```

Man sieht, daß `Union` außerdem ebenfalls die Elemente sortiert. □

Es gilt der

3.17 **Satz 3.17 (Fundamentalsatz der Zahlentheorie)** Jedes $x \in \mathbb{N}_{\geq 2}$ besitzt eine eindeutige Primfaktorzerlegung.

Beweis: Zum Beweis benötigen wir folgenden

3.18 **Hilfssatz 3.18** Sei $p \in \mathbb{P}$ ein Teiler von $a \cdot b$ $(a, b \in \mathbb{Z})$. Dann ist $p \mid a$ oder $p \mid b$.

Beweis: Sei $g := \gcd(p, a)$. Ist $g \neq 1$, dann ist $g = p$, da p irreduzibel ist, und folglich $p \mid a$.

Ist aber $g = 1$, dann folgt mit dem erweiterten Euklidischen Algorithmus

$$1 = a \cdot s + p \cdot t \qquad (s, t \in \mathbb{Z}) ,$$

und folglich ist

$$b = a \cdot b \cdot s + b \cdot p \cdot t . \tag{3.7}$$

Nach Voraussetzung ist p sowohl ein Teiler von $a \cdot b$ als auch von p. Gemäß (3.7) ist p dann ein Teiler von b. □

Nun kommen wir zum Beweis von Satz 3.17. Wir beweisen zunächst die Existenz einer Primfaktorzerlegung durch Induktion. Der Induktionsanfang für $x = 2$ ist erfüllt, da $x = 2$ eine Primzahl ist und diese folglich die Faktorisierung $x = 2$ hat. Sei nun $x > 2$. Wir nehmen an (Induktionsvoraussetzung), eine Primfaktorzerlegung existiere für alle $z < x$. Nun ist x entweder prim und stellt sich selbst dar. Dies liefert die gesuchte Primfaktorzerlegung. Oder aber x ist zusammengesetzt $x = a \cdot b$ $(a, b \in \mathbb{N}_{\geq 2})$. Dann ist aber sowohl $a < x$ als auch $b < x$. Folglich haben a und b Primfaktorzerlegungen, welche via $x = a \cdot b$ eine Primfaktorzerlegung von x liefern.

Eindeutigkeit: Wir führen wieder einen Induktionsbeweis. Der Induktionsanfang für $x = 2$ ist trivialerweise erfüllt.

Sei also die Aussage richtig für alle natürlichen Zahlen kleiner als x. Seien weiter $x = p_1 \cdot p_2 \cdots p_n = q_1 \cdot q_2 \cdots q_m$ zwei Primfaktorzerlegungen von x mit $p_j \in \mathbb{P}$ $(j = 1, \ldots, n)$ sowie $q_j \in \mathbb{P}$ $(j = 1, \ldots, m)$.

Da $p_1 \mid x = q_1 \cdot q_2 \cdots q_m$, folgt (ebenfalls mittels Induktion) aus Hilfssatz 3.18, daß $p_1 \mid q_j$ für ein $j = 1, \ldots, m$. Da q_j prim ist, folgt weiter $p_1 = q_j$. Also ist $x/p_1 \in \mathbb{N}$ mit

$$x > \frac{x}{p_1} = p_2 \cdots p_n = q_1 \cdots q_{j-1} \cdot q_{j+1} \cdots q_m \tag{3.8}$$

Die Induktionsvoraussetzung besagt, daß die beiden Faktorisierungen von x/p_1 in (3.8) übereinstimmen, d. h., die Primzahllisten sort$(p_2, \ldots, p_n)$ und sort$(q_1, \ldots, q_{j-1}, q_{j+1}, \ldots q_m)$ sind gleich. Wegen $p_1 = q_j$ ist dann aber auch sort$(p_1, p_2, \ldots, p_n)$ = sort$(q_1, q_2, \ldots q_m)$. □

Sitzung 3.19 Im Prinzip kann man natürlich größte gemeinsame Teiler und kleinste gemeinsame Vielfache aus den jeweiligen Primfaktorzerlegungen ablesen, s. Übungsaufgabe 3.18. So geht man meist in der Schule vor, wo man mit kleinen Zahlen rechnet. Während aber die Berechnung von gcd und lcm auch für große Eingaben sehr schnell vonstatten gehen, trifft dies auf die Primfaktorzerlegung keineswegs zu.

Wir wählen zwei zufällige fünfzigstellige Zahlen x und y:

```
In[1]:= x = Random[Integer, {10^49, 10^50}]
        y = Random[Integer, {10^49, 10^50}]
Out[1]= 45544862426996555607305440176170977169560383139238
Out[1]= 15113006361079932385968684190669953275917455941345
```

Die Berechnung des größten gemeinsamen Teilers geht sehr schnell:

```
In[2]:= GCD[x, y] //Timing
Out[2]= {0. Second, 1}
```

während die Faktorisierung von x und y viel länger dauert:[29]

```
In[3]:= FactorInteger[x] //Timing
```

$$\text{Out[3]= } \left\{1.452 \text{ Second}, \begin{pmatrix} 2 & 1 \\ 1471 & 1 \\ 34487 & 1 \\ 427483447160275881113 & 1 \\ 1050079079805534727219 & 1 \end{pmatrix}\right\}$$

```
In[4]:= FactorInteger[y] //Timing
```

[29] Je nach Faktorzerlegung kann dies auch recht schnell gehen. Dann wähle man neue Zufallszahlen.

Out[4]= $\left\{0.521\ \text{Second}, \begin{pmatrix} 5 & 1 \\ 37 & 1 \\ 601189 & 1 \\ 721387 & 1 \\ 6159073366609753 & 1 \\ 3058330542898964530 3 & 1 \end{pmatrix}\right\}$

und zwar je nachdem, wie groß die Primfaktoren sind. Im kompliziertesten Fall sind die Primfaktoren ungefähr gleich lang. Wir testen nun diesen Fall. Hierzu erklären wir erneut die Funktion `NextPrime` zur Bestimmung von Primzahlen.

```
In[5]:= NextPrime[n_] := n + 1/; PrimeQ[n + 1]
        NextPrime[n_] := NextPrime[n + 1]
```

und bestimmen eine fünfzigstellige Zahl z mit zwei zufälligen fünfzwanzigstelligen Primfaktoren:

```
In[6]:= z = NextPrime[Random[Integer, {10^24, 10^25}]] *
            NextPrime[Random[Integer, {10^24, 10^25}]]
```

Out[6]= 43028807319531365717186637087457764481003814344247

Die Faktorisierung von z dauert nun schon eine halbe Minute:

```
In[7]:= FactorInteger[z] //Timing
```

Out[7]= $\left\{33.889\ \text{Second}, \begin{pmatrix} 4984639671982245203622649 & 1 \\ 8632280395589771749078703 & 1 \end{pmatrix}\right\}$

Wie steht es um die Komplexität des Faktorisierens? Beim einfachsten Algorithmus zur Zerlegung einer natürlichen Zahl x der Länge n teilt man x der Reihe nach durch die Primzahlen 2, 3, 5, … , bis man alle Teiler gefunden hat. Man nennt diese Methode *Faktorisierung durch Probedivision.* Dies ist implementiert durch

```
In[8]:= Clear[factorinteger]
        factorinteger[x_] :=
          Module[{z = x, teiler = 2, liste = {}, z1},
              While[z > 1,
                While[IntegerQ[z1 = z/teiler],
                  AppendTo[liste, teiler]; z = z1];
                If[teiler == 2, teiler = 3,
                  teiler = NextPrime[teiler]]];
              liste
            ]/; IntegerQ[x]&&x > 1
```

Wir wählen eine 20-stellige Zahl

```
In[9]:= x = 65176314651398250790
```

Out[9]= 65176314651398250790

und faktorisieren mit *Mathematicas* eingebauter Funktion.

```
In[10]:= FactorInteger[x]//Timing
```

$$\text{Out[10]= } \left\{0.01 \text{ Second}, \begin{pmatrix} 2 & 1 \\ 5 & 1 \\ 7 & 1 \\ 23 & 1 \\ 29 & 1 \\ 439 & 1 \\ 3179811720469 & 1 \end{pmatrix}\right\}$$

Unsere Implementierung

```
In[11]:= factorinteger[x]//Timing
Out[11]= $Aborted
```

muß hingegen mit **Kernel, Abort Evaluation** abgebrochen werden, da die Rechnung zu lange dauert.[30] Die Komplexität unseres Algorithmus für eine ganze Zahl x der Länge n ist offenbar $O(x{\cdot}n^2) = O(n^2{\cdot}2^n)$, da die Schleife (potentiell) jede ungerade Zahl bis x durchläuft und in jedem Schritt einige Divisionen durchgeführt werden. Dies ist exponentiell in der Länge n von x. Exponentielle Komplexität bedeutet, daß jede Verdopplung der Rechenkapazität nur eine additive Verbesserung der Rechenleistung mit sich bringt.

Wir können unseren Algorithmus verbessern, wenn wir in jedem Schritt überprüfen, ob der noch verbleibende Faktor eine Primzahl ist. Dann müssen wir nämlich nicht nach weiteren Faktoren suchen. In unserem Fall bedeutet dies, daß die Faktorisierung bereits nach der Division durch 439 beendet ist. Daß es tatsächlich effizienter ist, die Irreduzibilität zu überprüfen, als eine Faktorisierung zu finden, betrachten wir in Abschnitt 4.6.

Wir bauen die angesprochene Änderung mit Hilfe der eingebauten Funktion `PrimeQ` in unsere Implementierung ein:

```
In[12]:= Clear[factorinteger]
         factorinteger[x_] :=
          Module[{z = x, teiler = 2, liste = {},
              z1},
            While[z > 1&&Not[PrimeQ[z]],
              While[IntegerQ[z1 = z/teiler],
                AppendTo[liste, teiler]; z = z1];
              If[teiler == 2, teiler = 3,
                teiler = NextPrime[teiler]]];
            If[PrimeQ[z], AppendTo[liste, z]];
            liste
           ]/; IntegerQ[x]&&x > 1
```

Nun ist unsere Implementierung erfolgreich:

[30] Sie funktioniert natürlich für einfachere Beispiele.

```
In[13]:= factorinteger[x]//Timing
Out[13]= {0.01 Second, {2, 5, 7, 23, 29, 439, 3179811720469}}
```

Im Prinzip bleibt die Komplexität exponentiell in der Länge von x: Sie ist nun $O(\sqrt{x}\cdot(\log x)^2) = O(n^2 \cdot 2^{n/2})$, da x im schlimmsten Fall zwei Primfaktoren der Größenordnung $\sqrt{x}$ hat.

Mathematica kann siebzig- bis achtzigstellige Zahlen mit großen Primfaktoren nicht mehr in vernünftiger Zeit faktorisieren. Verwendet man aber schnellere Software und bessere Methoden, können auch größere Zahlen faktorisiert werden.

Der momentane Weltrekord liegt bei der Faktorisierung der 200-stelligen Dezimalzahl RSA-200 [Wei2005b] durch die Arbeitsgruppe von Jens Franke von der Universität Bonn, welche am 10. Mai 2005 veröffentlicht wurde.[31] Hierzu wurden viele Computer und die beste momentan bekannte Methode zum Faktorisieren (das General Number Field Sieve) eingesetzt. Natürlich kann *Mathematica* diese Faktorisierung nicht durchführen, wir können aber das Ergebnis sehr leicht überprüfen:

```
In[14]:= RSA200 =
          27997833911221327870829467638722601621070446786955
           428537560009929326128400107609345671052955360856
           061822351910951365788637105954482006576775098580
           557613579098734950144178863178946295187237869221
           823983
Out[14]= 27997833911221327870829467638722601621070446786955428537569929
          326128400107609345671052955360856061822351910951365788637105
          954482006576775098580557613579098734950144178863178946295187
          237869221823983

In[15]:= RSA200-
          3532461934402770121272604978198464368671197400197
             625023649303468776121253679423200058547956528 0
             88349*
          7925869954478333033347085841480059687737975857 36
             421996073433034145576787281815213538140934740 1
             85467
Out[15]= 0
```

In der modernen Kryptographie wird wesentlich von der Schwierigkeit des Faktorisierens Gebrauch gemacht. Hierzu kommen wir in Abschnitt 5.5. □

[31] Am 8. November 2005 gab dieselbe Arbeitsgruppe die Faktorisierung der 193-stelligen Zahl RSA-640 bekannt [Wei2005c]. Hierfür war von der Firma RSA Security ein Preisgeld von 10.000 US-$ ausgelobt. Mehr zu den RSA-Zahlen kann man in [Wei2005a] nachlesen.

3.6 Rationale Arithmetik

Die arithmetischen Operationen von Brüchen sind ja erklärt durch

$$\frac{a}{b}+\frac{c}{d}=\frac{a\cdot d+b\cdot c}{b\cdot d}$$

sowie

$$\frac{a}{b}\cdot\frac{c}{d}=\frac{a\cdot c}{b\cdot d},$$

wobei wir annehmen, daß $p=\frac{a}{b}$ und $q=\frac{c}{d}$ in gekürzter Form vorliegen. Wie findet man dann die gekürzte Form von Summe und Produkt?

Bei der Addition können wir dies durch eine Berechnung von $\gcd(ad+bc, bd)$ erreichen, während wir bei der Multiplikation die beiden Werte $\gcd(a,d)$ und $\gcd(b,c)$ (oder alternativ den $\gcd(a\cdot c, b\cdot d)$) bestimmen müssen.

Wir nehmen nun an, alle vier Eingabezahlen haben die Länge n. Insgesamt benötigt man dann zur Bestimmung der Summe eine Addition und drei Multiplikationen von Zahlen der Länge n in $\mathbb{Z}$, eine gcd-Bestimmung zweier ganzer Zahlen der Länge $2n$ sowie zwei Divisionen. Dies hat eine Komplexität von $O(n^2)$.[32]

Für die Multiplikation benötigen wir zwei gcds von Zahlen der Länge n (oder einen gcd zweier ganzer Zahlen der Länge $2n$) sowie zwei Multiplikationen. Auch dies geht mit den Standardalgorithmen in $O(n^2)$ Schritten.

Sitzung 3.20 Wir testen die Effizienz *Mathematicas* rationaler Arithmetik. Hierzu erklären wir vier 100000-stellige natürliche Zahlen a, b, c und d sowie ihre Quotienten $p=\frac{a}{b}$ und $q=\frac{c}{d}$:

```
In[1]:= a = Random[Integer, {10^99999, 10^100000}];
        b = Random[Integer, {10^99999, 10^100000}];
        p = a/b;

        c = Random[Integer, {10^99999, 10^100000}];
        d = Random[Integer, {10^99999, 10^100000}];
        q = c/d;
```

Mathematica stellt alle rationalen Zahlen automatisch in gekürzter Form dar und führt die erforderlichen gcd-Berechungen durch. Für die Addition von p und q

```
In[2]:= Timing[p + q; ]
```

[32] bzw. $O(n^{\log_2 3})$ bei Verwendung des Karatsuba-Algoritmus

```
Out[2]= {2.303 Second, Null}
```

benötigt *Mathematica* weniger Zeit als für die Berechnung von gcd($ad + bc, bd$):

```
In[3]:= Timing[GCD[a * d + b * c, b * d]; ]
Out[3]= {6.059 Second, Null}
```

Mathematica verwendet also einen besseren Algorithmus zur Bestimmung der Summe. Anders beim Produkt. Die Berechnung des Produkts $p \cdot q$:

```
In[4]:= Timing[p * q; ]
Out[4]= {4.366 Second, Null}
```

ist gleich schnell wie die Bestimmung der beiden notwendigen größten gemeinsamen Teiler:

```
In[5]:= Timing[GCD[a, d]; ]
Out[5]= {2.123 Second, Null}
```

```
In[6]:= Timing[GCD[b, c]; ]
Out[6]= {2.123 Second, Null}
```

Die nötigen ganzzahligen Multiplikationen fallen nicht ins Gewicht. □

3.7

3.7 Ergänzende Bemerkungen

Der Karatsuba-Algorithmus wurde in [Kar1962] veröffentlicht.

Iterative Anwendung der Division mit Rest führt zu den Dezimalentwicklungen reeller Zahlen, s. [SK2000], Kapitel 4.

Eine ausführliche Komplexitätsbetrachtung des Euklidischen Algorithmus findet man in [GG1999], Kapitel 3, s. auch [Mig1992], Theorem 1.6. In [GG1999], Kapitel II 11, finden sich effizientere Algorithmen zur Bestimmung des größten gemeinsamen Teilers. Der Zusammenhang mit den Fibonaccizahlen stammt ursprünglich aus [Lam1844].

3.8

3.8 Übungsaufgaben

3.1 Zeigen Sie, daß die Multiplikation zweier Zahlen der Länge n bzw. m nach dem Schulalgorithmus eine Komplexität von $O(n \cdot m)$ besitzt.

3.2 Finden Sie eine Variante des Karatsuba-Algorithmus, bei welcher die Zahlen in drei oder vier gleich lange Teile aufgeteilt werden und welche eine bessere asymptotische Komplexität besitzt als der Karatsuba-Algorithmus. Programmieren Sie diesen Algorithmus.

3.3 Vervollständigen Sie die Implementierung des Karatsuba-Algorithmus aus Sitzung 3.6 um eine Implementierung der Langzahladdition `Add`.

3.4 Zeigen Sie Satz 3.8 für $x, y \in \mathbb{Z}$, $y \neq 0$, wobei nun $q \in \mathbb{Z}$ und $0 \leqq r < |y|$ sind.

3.5 Zeigen Sie: Die Menge

$$R := \{a + b\sqrt{-5} \mid a, b \in \mathbb{Z}\}$$

mit der natürlichen Addition und Multiplikation bildet einen kommutativen Ring mit Einselement. In diesem Ring existieren größte gemeinsame Teiler wegen

$$6 = 2 \cdot 3 = (1 + \sqrt{-5})(1 - \sqrt{-5})$$

i. a. nicht.

3.6 Zeigen Sie, daß für $x, y \in \mathbb{N}$ gilt

$$\gcd(x, y) \cdot \operatorname{lcm}(x, y) = x \cdot y\,. \tag{3.9}$$

3.7 Sei R ein kommutativer Ring mit 1. Zeigen Sie, daß zwei Zahlen $a, b \in R$ genau dann assoziiert sind, $a \sim b$, falls es eine Einheit $u \in R$ gibt mit $b = u \cdot a$. Zeigen Sie, daß $\sim$ eine Äquivalenzrelation ist.

Zeigen Sie ferner, daß die Menge der Einheiten von R eine Gruppe bzgl. der Multiplikation ist, die sog. *Einheitengruppe*.

3.8 Führen Sie die Induktion bei Satz 3.12 explizit durch.

3.9 Führen Sie die Details des Beweises von Satz 3.13 aus.

3.10 Sei eukl(x, y) die Anzahl der Iterationen beim Euklidischen Algorithmus zur Berechnung von gcd(x, y), $x > y > 0$.

(a) Berechnen Sie gcd(F_{n+1}, F_n) und eukl(F_{n+1}, F_n).
(b) Sei $y < F_{n+1}$. Dann gilt für jedes $x > y$ die Beziehung eukl$(x, y) \leqq$ eukl(F_{n+1}, F_n).
(c) Bestimmen Sie s und t im erweiterten Euklidischen Algorithmus für F_{n+1} und F_n. Dies liefert eine Identität für die Fibonaccizahlen.

3.11 (Euklidischer Algorithmus)

(a) Programmieren Sie den Euklidischen Algorithmus `gcd[x,y]` *rekursiv* und testen Sie Ihre Implementierung mit gcd$(2^{40}+3, 3^{30}+8)$. Eine effiziente Implementierung benötigt für diese Rechnung weit weniger als eine Sekunde Rechenzeit. Vergleichen Sie mit der eingebauten Funktion `GCD`.
(b) Definieren Sie die in Sitzung 3.14 besprochene Funktion `extendedgcd` und wenden Sie sie wieder auf $x = 2^{40} + 3$ und $y = 3^{30} + 8$ an. Geben Sie die Berechnungsmatrix aus.

3.12 (Kettenbrüche) Ein (einfacher) *Kettenbruch* ist ein Bruch der Form

$$a_1 + \cfrac{1}{a_2 + \cfrac{1}{a_3 + \cfrac{\ddots}{\cfrac{1}{a_{n-1} + \cfrac{1}{a_n}}}}} . \tag{3.10}$$

Mathematicas Funktion `ContinuedFraction` erzeugt den Kettenbruch einer rationalen Zahl, während `FromContinuedFraction` eine Kettenbruchentwicklung in die zugehörige rationale Zahl umwandelt.[33] Das rationale Äquivalent des Kettenbruchs (3.10) erhält man also mittels `FromContinuedFraction[`$\{a_1, a_2, \ldots, a_n\}$`]`.

(a) Geben Sie für `ContinuedFraction` und für `FromContinuedFraction` jeweils einen Algorithmus an.
(b) Begründen Sie, warum bei `FromContinuedFraction[Table[1,`$\{n\}$`]]` für $n \in \mathbb{N}$ in Zähler und Nenner nur Fibonaccizahlen auftreten!

[33] Man kann auch unendliche Kettenbrüche betrachten. Dies wird ebenso von den Funktionen `ContinuedFraction` und `FromContinuedFraction` unterstützt.

3.13 Zeigen Sie: $a \in \mathbb{Z}$ und $b \in \mathbb{Z}$ seien Teiler von $c \in \mathbb{Z}$ mit $\gcd(a, b) = 1$. Dann ist $a \cdot b \mid c$.

3.14 Finden Sie durch eine geeignete gcd-Berechnung einen echten Teiler der *Fermatschen Zahl* $F_5 = 2^{2^5} + 1$.

3.15 **(Hornerverfahren)** Sei R ein kommutativer Ring mit 1. Zeigen Sie, daß die direkte Auswertung des Polynoms

$$p(x) = a_0 + a_1 x + a_2 x^2 + \cdots + a_n x^n$$

an einer Stelle $x \in R$ eine Laufzeit von $\mathcal{O}(n^2)$ Ringoperationen hat. Effizienter ist die Berechnung gemäß der Hornerformel

$$p(x) = a_0 + x(a_1 + x(a_2 + \cdots x(a_{n-1} + x a_n))) . \tag{3.11}$$

Beweisen Sie die Korrektheit des Hornerverfahrens und geben Sie die Komplexität des Verfahrens an.

3.16 Schreiben Sie eine *Mathematica*-Funktion `Horner[p,x]`, welche ein Polynom $p(x)$ in die Hornerform (3.11) bringt. Vergleichen Sie mit der eingebauten Funktion `Horner` des Packages `Algebra`Horner``.

3.17 Eine Langzahl a_B sei in Basis B gegeben und soll nach Basis C konvertiert werden. Geben Sie hierfür einen Algorithmus an, welcher auf Division mit Rest beruht, und programmieren Sie diesen Algorithmus.

3.18 Seien $x = p_1^{e_1} \cdots p_r^{e_r}$ und $y = p_1^{f_1} \cdots p_r^{f_r}$ die Primfaktorzerlegungen von x und y, wobei $p_1, \ldots, p_r$ alle Primfaktoren von x und y sind. Für die Exponenten e_i, f_i ($i = 1, \ldots, r$) gilt $e_i, f_i \in \mathbb{N}_{\geqq 0}$.

Dann ist $\gcd(x, y) = p_1^{\min(e_1, f_1)} \cdots p_r^{\min(e_r, f_r)}$ und $\operatorname{lcm}(x, y) = p_1^{\max(e_1, f_1)} \cdots p_r^{\max(e_r, f_r)}$.

3.19 **(Sieb des Eratosthenes)** Das *Sieb des Eratosthenes* erzeugt alle Primzahlen bis zu einer vorgegebenen Zahl $n \in \mathbb{N}_{\geq 2}$ durch Herausstreichen aller Vielfachen der Zahlen $2, \ldots, \lfloor \sqrt{n} \rfloor$ aus der Liste $\{2, 3, \ldots, n\}$. Man mache sich klar, daß dieses Verfahren alle Primzahlen zwischen 2 und n erzeugt.

Schreiben Sie eine *Mathematica*-Funktion `Eratosthenes`, welche diesen Algorithmus umsetzt, mit einer Ausgabe der Form

```
In[1]:= Eratosthenes[400]
```

Out[1]=

$$\left(\begin{array}{cccccccccccccccccccc}
. & . & . & . & . & . & . & . & . & . & . & . & . & . & . & . & . & . & . & . \\
. & . & 23 & . & . & . & . & . & 29 & . & 31 & . & . & . & . & . & 37 & . & . & . \\
41 & . & 43 & . & . & . & 47 & . & . & . & . & . & 53 & . & . & . & . & . & 59 & . \\
61 & . & . & . & . & . & 67 & . & . & . & 71 & . & 73 & . & . & . & . & . & 79 & . \\
. & . & 83 & . & . & . & . & . & 89 & . & . & . & . & . & . & . & 97 & . & . & . \\
101 & . & 103 & . & . & . & 107 & . & 109 & . & . & . & 113 & . & . & . & . & . & . & . \\
. & . & . & . & . & . & 127 & . & . & . & 131 & . & . & . & . & . & 137 & . & 139 & . \\
. & . & . & . & . & . & . & . & 149 & . & 151 & . & . & . & . & . & 157 & . & . & . \\
. & . & 163 & . & . & . & 167 & . & . & . & . & . & 173 & . & . & . & . & . & 179 & . \\
181 & . & . & . & . & . & . & . & . & . & 191 & . & 193 & . & . & . & 197 & . & 199 & . \\
. & . & . & . & . & . & . & . & . & . & 211 & . & . & . & . & . & . & . & . & . \\
. & . & 223 & . & . & . & 227 & . & 229 & . & . & . & 233 & . & . & . & . & . & 239 & . \\
241 & . & . & . & . & . & . & . & . & . & 251 & . & . & . & . & . & 257 & . & . & . \\
. & . & 263 & . & . & . & . & . & 269 & . & 271 & . & . & . & . & . & 277 & . & . & . \\
281 & . & 283 & . & . & . & . & . & . & . & . & . & 293 & . & . & . & . & . & . & . \\
. & . & . & . & . & . & 307 & . & . & . & 311 & . & 313 & . & . & . & 317 & . & . & . \\
. & . & . & . & . & . & . & . & . & . & 331 & . & . & . & . & . & 337 & . & . & . \\
. & . & . & . & . & . & 347 & . & 349 & . & . & . & 353 & . & . & . & . & . & 359 & . \\
. & . & . & . & . & . & 367 & . & . & . & . & . & 373 & . & . & . & . & . & 379 & . \\
. & . & 383 & . & . & . & . & . & 389 & . & . & . & . & . & . & . & 397 & . & . & .
\end{array}\right)$$

Für die Ausgabe können Sie die Funktion `Partition` verwenden.

3.20 Testen Sie die Funktion `factorinteger` aus Sitzung 3.19, die dort abgebrochen werden mußte, für kleinere x.

3.21 Rationale Zahlen haben bekanntlich *periodische Dezimaldarstellungen*, s. z. B. [SK2000]. Diese lassen sich mit `RealDigits` bestimmen, und `FromDigits` wandelt periodische Dezimaldarstellungen in rationale Zahlen um. Testen Sie diese Funktionen an geeigneten Beispielen und erklären Sie die Wirkungsweise dieser Funktionen.

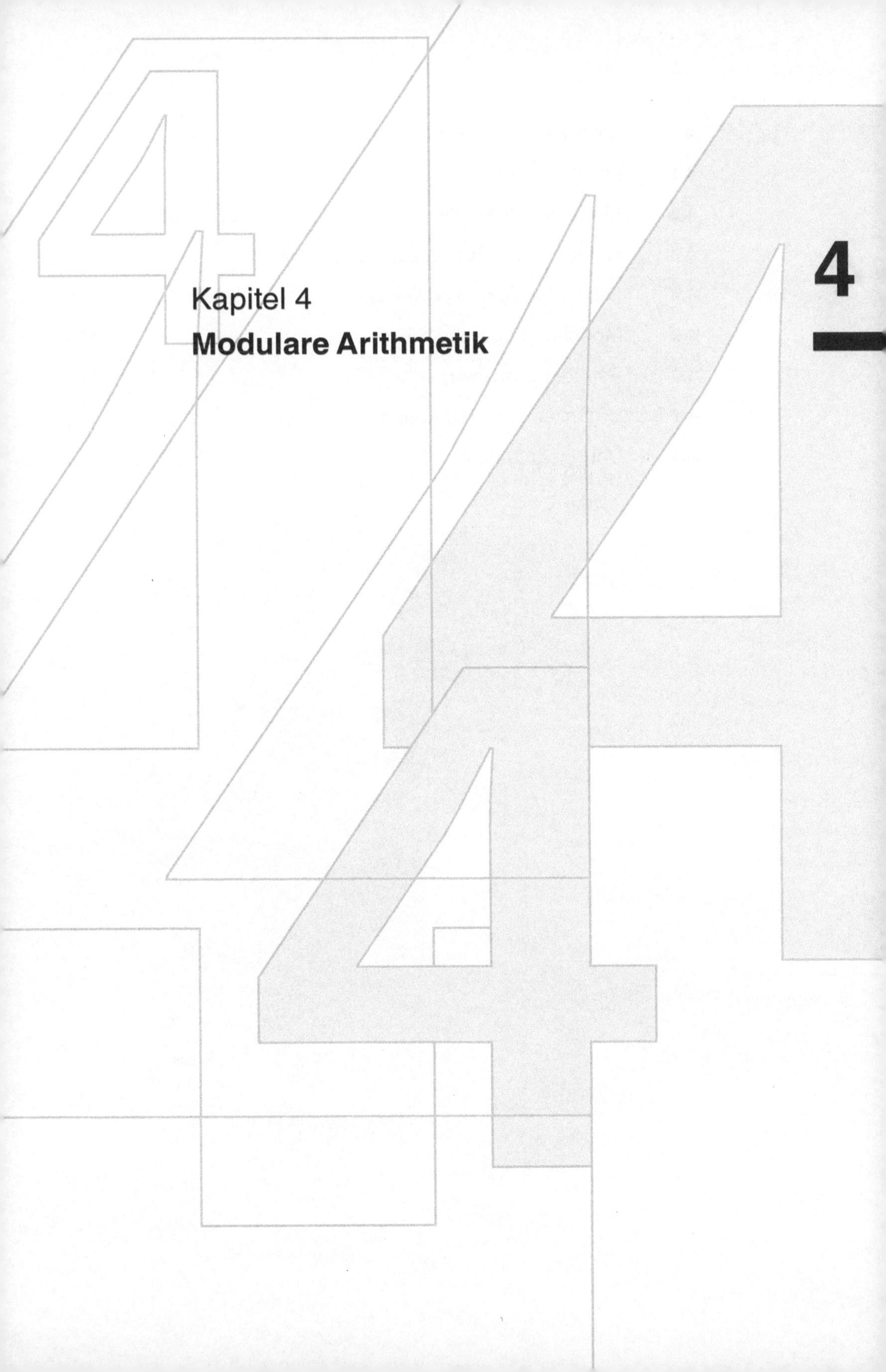

Kapitel 4

Modulare Arithmetik

4

4

4 Modulare Arithmetik

4 Modulare Arithmetik

4.1 Restklassenringe 4.1

Die ganzen Zahlen zusammen mit den Operationen Addition und Multiplikation $(\mathbb{Z}, +, \cdot)$ bilden bekanntlich einen kommutativen Ring mit 1. Wir wollen nun diese algebraische Struktur auf endliche Teilmengen von $\mathbb{Z}$ übertragen. Dies geschieht durch Identifikation von Elementen in $\mathbb{Z}$, die in einer gemeinsamen arithmetischen Folge liegen.

Definition 4.1 Sei $p \in \mathbb{N}_{\geq 2}$. Zwei ganze Zahlen $a, b \in \mathbb{Z}$ heißen *kongruent modulo* 4.1
p, in Zeichen $a \equiv b \pmod{p}$, falls $p \mid b - a$ ist. Daher ist $a \equiv b \pmod{p}$ genau dann, wenn a und b bei der Division durch p denselben Rest haben:

$$\operatorname{rest}(a, p) = \operatorname{rest}(b, p)\,. \tag{4.1}$$

Kongruenz ist eine *Äquivalenzrelation* (s. Hilfssatz 4.2), welche eine *Klasseneinteilung* in $\mathbb{Z}$ liefert. Die Klassen von zueinander kongruenten Zahlen sind die *arithmetischen Mengen* $[a]_p := \{a + k \cdot p \mid k \in \mathbb{Z}\}$. Jede Äquivalenzklasse besitzt folglich genau einen Vertreter im *Segment* $0, 1, \ldots, p-1$, nämlich $\operatorname{rest}(a, p)$. Daher werden die Äquivalenzklassen $[a]_p$ *Restklassen* genannt. Es gibt genau p verschiedene Restklassen zum *Modul* p, welche in eindeutiger Weise durch die Reste (4.1) beschrieben werden. Somit kann man die Menge der Restklassen $\mathbb{Z}_p := \{[0]_p, [1]_p, \ldots, [p-1]_p\}$ mit der Menge $\{0, 1, 2, \ldots, p-1\} \subset \mathbb{Z}$ der entsprechenden Reste identifizieren. △

Wir beweisen folgende Eigenschaften der modularen Kongruenz:

Hilfssatz 4.2 (Rechenregeln des modularen Rechnens) Seien $a, b, c, a', b', n \in \mathbb{Z}$. 4.2
Dann gelten

(a) **(Reflexivität)** $a \equiv a \pmod{p}$;
(b) **(Symmetrie)** $a \equiv b \pmod{p} \;\Rightarrow\; b \equiv a \pmod{p}$;
(c) **(Transitivität)** $a \equiv b \pmod{p}$ und $b \equiv c \pmod{p} \;\Rightarrow\; a \equiv c \pmod{p}$;
(d) **(Verträglichkeit mit der Skalarmultiplikation)** $a \equiv b \pmod{p}$ und $n \in \mathbb{Z} \;\Rightarrow\; n \cdot a \equiv n \cdot b \pmod{p}$;
(e) **(Verträglichkeit mit der Addition)** $a \equiv a' \pmod{p}$ und $b \equiv b' \pmod{p} \;\Rightarrow\; a + b \equiv a' + b' \pmod{p}$;

(f) **(Verträglichkeit mit der Multiplikation)** $a \equiv a' \pmod{p}$ und $b \equiv b' \pmod{p} \Rightarrow a \cdot b \equiv a' \cdot b' \pmod{p}$.

Beweis: (a) $p \mid a - a = 0$.
(b) $p \mid b - a \Rightarrow b - a = k \cdot p$ für $k \in \mathbb{Z}$. Also ist $a - b = -k \cdot p \Rightarrow p \mid a - b$.
(c) Nach Voraussetzung haben wir $b - a = k \cdot p$ und $c - b = k' \cdot p$ für $k, k' \in \mathbb{Z}$. Daraus folgt aber $c - a = (c - b) + (b - a) = (k + k') \cdot p$.
(a)–(c) zeigen, daß $\equiv$ eine Äquivalenzrelation ist.
(d) Wir haben $b - a = k \cdot p$. Also ist $n \cdot b - n \cdot a = n \cdot (b - a) = n \cdot k \cdot p$.
(e) Aus den Voraussetzungen folgt $a' - a = k \cdot p$ und $b' - b = k' \cdot p$ für $k, k' \in \mathbb{Z}$. Daraus folgt $(a' + b') - (a + b) = (a' - a) + (b' - b) = (k + k') \cdot p$.
(f) Mit denselben Bezeichnungen wie in (e) folgt nun $a' = a + k \cdot p$ und $b' = b + k' \cdot p$ und folglich $a' \cdot b' = (a + k \cdot p) \cdot (b + k' \cdot p) = a \cdot b + p \cdot (a k' + b k + k k' p)$. Also ist die Differenz $a' \cdot b' - a \cdot b$ ein Vielfaches von p, und der Beweis ist erbracht. □

Sitzung 4.3 Wählt man bei den Verträglichkeitsaussagen (e) und (f) aus Satz 4.2 $a' = \text{mod}(a, p)$ und $b' = \text{mod}(b, p)$, so ergeben sich die Gleichungen

$$\text{mod}(a + b, p) = \text{mod}(\text{mod}(a, p) + \text{mod}(b, p), p) \tag{4.2}$$

und

$$\text{mod}(a \cdot b, p) = \text{mod}(\text{mod}(a, p) \cdot \text{mod}(b, p), p)\,. \tag{4.3}$$

Wir testen diese Beziehungen mit *Mathematica*. Hierzu wählen wir zufällige Zahlen a, b und p:

```
In[1]:= a = Random[Integer, {10^19, 10^20}]
        b = Random[Integer, {10^19, 10^20}]
        p = Random[Integer, {10^19, 10^20}]
Out[1]= 44251207166530105528
Out[1]= 72611214833606290892
Out[1]= 80806524462193213837
```

und berechnen den Divisionsrest der Summe $a + b$:

```
In[2]:= Mod[a + b, p]
Out[2]= 36055897537943182583
```

und die Summe der Divisionsreste von a und b:

```
In[3]:= Mod[a, p] + Mod[b, p]
Out[3]= 116862422000136396420
```

Diese ist i.a. zu groß und muß nochmals modulo p reduziert werden:

```
In[4]:= Mod[Mod[a, p] + Mod[b, p], p]
Out[4]= 36055897537943182583
```

Eine ähnliche Rechnung ergibt sich für das Produkt:

```
In[5]:= Mod[a * b, p]
Out[5]= 52837063221688787555
```

```
In[6]:= Mod[a, p] * Mod[b, p]
Out[6]= 3213133910215335803520841227049425250976
```

Dies ist viel zu groß, aber:

```
In[7]:= Mod[Mod[a, p] * Mod[b, p], p]
Out[7]= 52837063221688787555
```

Wir werden diese Eigenschaften immer wieder benutzen. □

Sei $p \in \mathbb{N}_{\geq 2}$ gegeben. Die Abbildung

$$\begin{array}{rcl} \varphi: \mathbb{Z} & \to & \mathbb{Z}_p \\ a & \mapsto & \varphi(a) := [a]_p \end{array}$$

erklärt auf naheliegende Weise eine Addition $\oplus$ und eine Multiplikation $\otimes$ in $\mathbb{Z}_p$:[1]

$$\begin{array}{c} [a]_p \oplus [b]_p := \varphi(a+b) = [a+b]_p \\ \text{und} \\ [a]_p \otimes [b]_p := \varphi(a \cdot b) = [a \cdot b]_p \,. \end{array} \tag{4.4}$$

Dadurch wird $(\mathbb{Z}_p, \oplus, \otimes)$ wieder eine algebraische Struktur. Es zeigt sich nämlich, daß diese von $\mathbb{Z}$ die Ringstruktur erbt.

Satz 4.4 $(\mathbb{Z}_p, \oplus, \otimes)$ ist ein kommutativer Ring mit 1. **4.4**

Beweis: Wir zeigen zunächst, daß die Operationen $\oplus$ und $\otimes$ *wohldefiniert* sind, d. h., daß das Ergebnis von $\oplus$ und $\otimes$ *unabhängig* von der Wahl der Repräsentanten der Restklasse ist.

Seien also zwei verschiedene Vertreter a und a' der Restklasse $[a]_p$ sowie zwei verschiedene Vertreter b und b' der Restklasse $[b]_p$ gegeben. Dann gelten aber auf Grund der Verträglichkeitsbedingungen (Hilfssatz 4.2 (e)–(f)) die Beziehungen

$$[a+b]_p = [a'+b']_p \qquad \text{und} \qquad [a \cdot b]_p = [a' \cdot b']_p \,.$$

Dies zeigt die Unabhängigkeit von den Repräsentanten.

[1] und liefert somit einen Ringhomomorphismus.

Daß sich die Ringeigenschaften von $\mathbb{Z}$ auf $\mathbb{Z}_p$ übertragen, sieht man nun leicht ein. Hierbei entspricht dem neutralen Element $0 \in \mathbb{Z}$ bzgl. der Addition die Nullklasse $[0]_p \in \mathbb{Z}_p$ und dem neutralen Element $1 \in \mathbb{Z}$ bzgl. der Multiplikation die Einsklasse $[1]_p \in \mathbb{Z}_p$. Für das Inverse bzgl. der Addition gilt

$$-[a]_p := [-a]_p = [p-a]_p ,$$

und dies ist unabhängig vom Repräsentanten wegen Hilfssatz 4.2 (d), $n = -1$. □

Aus Bequemlichkeit[2] schreiben wir in Zukunft die Restklassen kurz als $a = [a]_p$, d. h. $\mathbb{Z}_p = \{0, 1, \ldots, p-1\} \subset \mathbb{Z}$. Weiterhin schreiben wir wieder + und · für die Operationen $\oplus$ und $\otimes$ in $\mathbb{Z}_p$.[3]

Wir sehen uns nun die Additions- und Multiplikationstafeln in $\mathbb{Z}_p$ etwas genauer an. Für $p = 6$ und $p = 7$ sehen diese wie folgt aus:

$(\mathbb{Z}_6, +)$	0	1	2	3	4	5
0	0	1	2	3	4	5
1	1	2	3	4	5	0
2	2	3	4	5	0	1
3	3	4	5	0	1	2
4	4	5	0	1	2	3
5	5	0	1	2	3	4

$(\mathbb{Z}_6, \cdot)$	0	1	2	3	4	5
0	0	0	0	0	0	0
1	0	1	2	3	4	5
2	0	2	4	0	2	4
3	0	3	0	3	0	3
4	0	4	2	0	4	2
5	0	5	4	3	2	1

bzw.

$(\mathbb{Z}_7, +)$	0	1	2	3	4	5	6
0	0	1	2	3	4	5	6
1	1	2	3	4	5	6	0
2	2	3	4	5	6	0	1
3	3	4	5	6	0	1	2
4	4	5	6	0	1	2	3
5	5	6	0	1	2	3	4
6	6	0	1	2	3	4	5

$(\mathbb{Z}_7, \cdot)$	0	1	2	3	4	5	6
0	0	0	0	0	0	0	0
1	0	1	2	3	4	5	6
2	0	2	4	6	1	3	5
3	0	3	6	2	5	1	4
4	0	4	1	5	2	6	3
5	0	5	3	1	6	4	2
6	0	6	5	4	3	2	1

Es stellt sich nun die Frage, unter welchen Bedingungen ein Element $a \in \mathbb{Z}_p$ eine Einheit ist, d. h., unter welchen Umständen man die Existenz eines multiplikativen Inversen garantieren kann. Findet man für alle $a \in \mathbb{Z}_p$ ein Inverses, so wird $\mathbb{Z}_p$ ein *Körper*. Aus den obigen Operationstafeln sieht man sofort, daß $\mathbb{Z}_6$ *kein* Körper ist. Bei der Multiplikation mit 2 (Zeile 2) kommen nämlich nur die Elemente 0, 2 bzw. 4 als Ergebnisse vor, so daß 2 kein Inverses haben kann, denn dazu müßten wir ja ein

[2] und weil es so üblich ist

[3] In diesem Zusammenhang ist dann eine Gleichung wie $-3 = 4$ keineswegs falsch, wenn sie sich auf $\mathbb{Z}_7$ bezieht.

$a \in \mathbb{Z}_p$ finden mit $2 \cdot a = 1$. Dasselbe Argument gilt für jeden Teiler von p, wenn p zusammengesetzt ist. Weiterhin beweist die Gleichung $2 \cdot 3 = 0$ in $\mathbb{Z}_6$, daß es in diesem Ring *Nullteiler* gibt.

Es zeigt sich aber, daß für Primzahlen p immer ein Körper vorliegt. Es gilt nämlich

Satz 4.5 Ein Element $a \in \mathbb{Z}_p$ ist genau dann eine Einheit, falls $\gcd(a, p) = 1$ ist. Insbesondere: $(\mathbb{Z}_p, \oplus, \otimes)$ ist genau dann ein Körper, falls p eine Primzahl ist. **4.5**

Beweis: Sei $p \in \mathbb{N}_{\geq 2}$ und $a \in \mathbb{Z}_p$. Falls a eine Einheit ist, gibt es also ein $b \in \mathbb{Z}$ mit $a \cdot b \equiv 1 \pmod{p}$. Dies bedeutet, daß es ein $k \in \mathbb{Z}$ gibt mit $a \cdot b = 1 + k \cdot p$. Aus dieser Gleichung folgt aber, daß der größte gemeinsame Teiler von a und p gleich 1 ist.

Ist nun aber $\gcd(a, p) = 1$, so gibt es nach dem erweiterten Euklidischen Algorithmus $s, t \in \mathbb{Z}$ mit $s \cdot a + t \cdot p = 1$. Modulo p liest sich dies $s \cdot a \equiv 1 \pmod{p}$, und folglich ist s ein Inverses von a in $\mathbb{Z}_p$.

Ist nun $p \in \mathbb{P}$, dann gilt für alle $a \in \mathbb{Z}_p$ die Beziehung $\gcd(a, p) = 1$, da ja $a < p$ ist und p keine Teiler hat. Folglich sind alle Elemente von $\mathbb{Z}_p \setminus \{0\}$ Einheiten, und $\mathbb{Z}_p$ ist ein Körper.

Ist aber p zusammengesetzt, dann gibt es ein $a \in \mathbb{Z}_p$ mit $\gcd(a, p) \neq 1$, welches folglich keine Einheit ist. □

Definition 4.6 Das Inverse $b = a^{-1} \pmod{p}$ von a modulo p bezeichnen wir als *modulares Inverses*. Es existiert immer – wie gezeigt – falls p prim ist. Ist jedoch p zusammengesetzt, so existiert $a^{-1} \pmod{p}$ nur, falls a kein Teiler von p ist. **4.6**

Die *Charakteristik* eines kommutativen Rings R mit 1 ist die kleinste natürliche Zahl c, so daß die c-fache Addition des Einselements das Nullelement liefert:

$$\underbrace{1 + 1 + \cdots + 1}_{c \text{ Summanden}} = 0\,.$$

Wir schreiben $c = \operatorname{char}(R)$. $\mathbb{Z}_p$ hat wegen $p \cdot 1 \equiv 0 \pmod{p}$ die Charakteristik p. Gibt es kein solches $c \in \mathbb{N}$, so sagen wir, R habe die Charakteristik 0. $\mathbb{Z}$ ist ein Ring der Charakteristik 0.

Für $p \in \mathbb{P}$ bezeichnen wir mit $\mathbb{Z}_p^* := \mathbb{Z}_p \setminus \{0\}$ die multiplikative Gruppe in $\mathbb{Z}_p$.[4] Ist $p \in \mathbb{P}$ eine Primzahl, so wird der Körper $\mathbb{Z}_p$ auch mit $\mathbb{F}_p$ oder mit $GF(p)$ (*Galoisfeld*) bezeichnet,[5] s. auch Abschnitt 7.4. △

[4] Ist p keine Primzahl, so erklärt man $\mathbb{Z}_p^*$ als die Menge der invertierbaren Elemente von $\mathbb{Z}_p$. Dies liefert ebenfalls eine Gruppe. Diesen Fall werden wir aber nicht weiter betrachten.

[5] Das Symbol $\mathbb{F}$ steht für das englische Wort field (Körper), GF steht für Galois field; eigentlich sollte es im Deutschen also Galoiskörper heißen.

Sitzung 4.7 In *Mathematica* können wir mittels der Funktion Mod die modularen Grundrechenarten ausführen. Beispielsweise erzeugen die Funktionen[6]

```
In[1]:= AddZ[k_] :=
        Table[Mod[i + j, k], {i, 0, k - 1}, {j, 0, k - 1}]//MatrixForm
        MultZ0[k_] :=
        Table[Mod[i * j, k], {i, 0, k - 1}, {j, 0, k - 1}]//MatrixForm
        MultZ[k_] :=
        Table[Mod[i * j, k], {i, k - 1}, {j, k - 1}]//MatrixForm
```

die Additions- bzw. Multiplikationstabellen von $\mathbb{Z}_p$ bzw. $\mathbb{Z}_p^*$ in Matrizenform. Die auf S. 90 gezeigten Tabellen lassen sich hiermit leicht erzeugen. In Wirklichkeit gibt es in *Mathematica* keinen eigenen Datentyp für Zahlen modulo p, weswegen wir mittels Mod und den Rechengesetzen (4.4) auf die Langzahlarithmetik in $\mathbb{Z}$ zurückgreifen müssen.

Modulare Inverse können auf folgende drei Arten bestimmt werden. Eine direkte Implementierung ist gegeben durch die Funktion PowerMod mittels

$$a^{-1} \pmod p = \texttt{PowerMod}[a, -1, p] \ .$$

Wir bekommen z. B.

```
In[2]:= PowerMod[a = 12345678, -1, p = 1234567891]
Out[2]= 908967567
```

Auf indirektem Wege können wir $a^{-1} \pmod p$ mit Hilfe des erweiterten Euklidischen Algorithmus bestimmen (s. Beweis von Satz 4.5)

```
In[3]:= {g, {s, t}} = ExtendedGCD[a, p]
Out[3]= {1, {-325600324, 3256003}}
```

Wir prüfen den erweiterten Euklidischen Algorithmus

```
In[4]:= s * a + t * p
Out[4]= 1
```

und berechnen das modulare Inverse:

```
In[5]:= inv = Mod[s, p]
Out[5]= 908967567
```

Schließlich kann man Solve verwenden:

```
In[6]:= Solve[{12345678 * x == 1, Modulus == 1234567891}, x]
Out[6]= {{Modulus → 1234567891, x → 908967567}}
```

Mit der Gleichung Modulus==n wird der zugrundeliegende Modul übergeben. □

[6]Mit MatrixForm liefert auch das Paar {AddZ[6], MultZ0[6]} Matrizen.

4.2 Modulare Quadratwurzeln

Während lineare Gleichungen

$$a \cdot x + b = c$$

in $\mathbb{Z}_p$ – welche also der Gleichung

$$a \cdot x + b \equiv c \pmod{p}$$

entsprechen – auf Grund der Ringstruktur (für gcd(a, p) = 1) eine eindeutige Lösung

$$x = a^{-1} \pmod{p} \cdot (c - b)$$

besitzen, ist es bereits recht schwierig, die quadratische Gleichung

$$x^2 = a$$

zu lösen. Eine Lösung x dieser Gleichung

$$x^2 \equiv a \pmod{p}$$

nennen wir eine *modulare Quadratwurzel* und bezeichnen sie mit $x = \sqrt{a} \pmod{p}$.

Sitzung 4.8 Mit

```
In[1]:= Table[Mod[x^2, 11], {x, 0, 10}]
Out[1]= {0, 1, 4, 9, 5, 3, 3, 5, 9, 4, 1}
```

bestimmen wir die modularen Quadrate modulo 11. Hieraus können wir ablesen, daß beispielsweise $1 \equiv \sqrt{1} \pmod{11}$, $2 \equiv \sqrt{4} \pmod{11}$, $3 \equiv \sqrt{9} \pmod{11}$, $4 \equiv \sqrt{5} \pmod{11}$, … ist.

Es zeigt sich insbesondere, daß nicht alle $a \in \mathbb{Z}_{11}$ ein modulares Quadrat darstellen, sondern nur die Zahlen 0, 1, 3, 4, 5, 9. Folglich gibt es nicht für alle $x \in \mathbb{Z}_p$ eine modulare Quadratwurzel. Falls es aber eine modulare Quadratwurzel gibt, dann sogar mindestens zwei, denn es ist[7]

$$(p - x)^2 \equiv p^2 - 2xp + x^2 \equiv x^2 \pmod{p}\,. \tag{4.5}$$

Ist also x eine modulare Quadratwurzel von a, dann auch $p - x$. Zahlen, welche eine modulare Quadratwurzel besitzen, nennt man auch *quadratische Reste*.

Die folgende Liste liefert beispielsweise die quadratischen Reste modulo 123:

```
In[2]:= Union[Table[Mod[x^2, 123], {x, 0, 122}]]
```

---

[7]Daher ist $\sqrt{a} \pmod{p}$ mehrdeutig.

Out[2]= {0, 1, 4, 9, 10, 16, 18, 21, 25, 31, 33, 36, 37, 39, 40, 42, 43, 45, 46, 49, 51, 57, 61, 64, 66, 72, 73, 78, 81, 82, 84, 87, 90, 91, 100, 102, 103, 105, 114, 115, 118, 121}

Nun stellen wir die modulare Quadratfunktion graphisch dar, zunächst modulo 667:

In[3]:= **ListPlot[Table[Mod[x², 667], {x, 0, 666}]]**

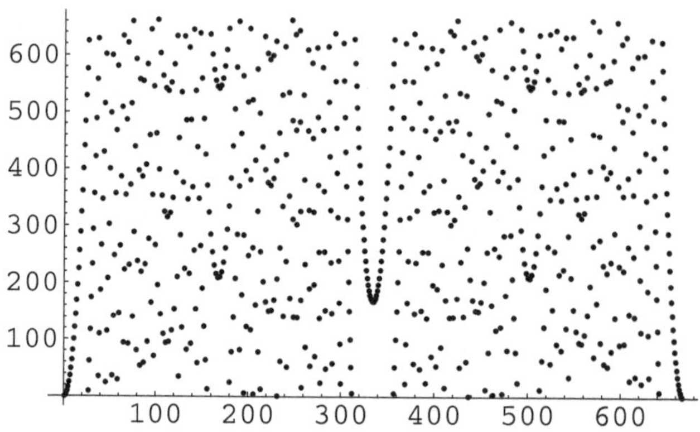

Out[3]= -Graphics-

und dann modulo 10007:

In[4]:= **ListPlot[Table[Mod[x², 10007], {x, 0, 10006}]]**

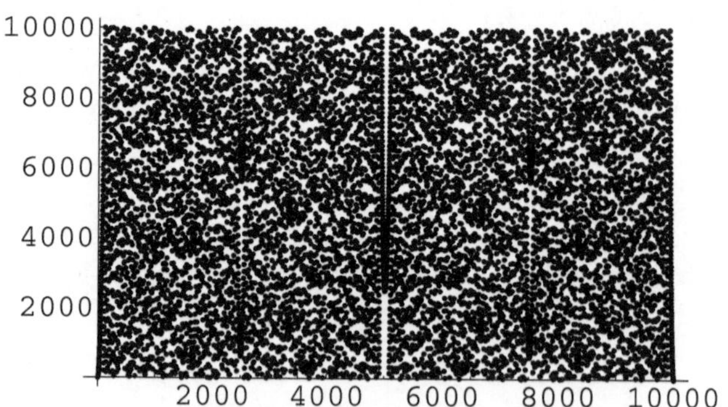

Out[4]= -Graphics-

Man sieht sehr schön die aus (4.5) resultierende Symmetrie bzgl. $p/2$. Vor allem aber machen die Graphen plausibel, daß es – ganz im Gegensatz zu der regelmäßigen Situation in $\mathbb{Z}$ – auf Grund der Unregelmäßigkeit des Graphen recht schwierig sein kann, die modulare Quadratwurzel zu bestimmen.

Wir bestimmen die modularen Quadratwurzeln $\sqrt{a}$ (mod 667) für $a = 500, \ldots, 510$ mit *Mathematicas* `Solve`-Kommando:

```
In[5]:= Table[Solve[{x^2 == a, Modulus == 667}, x], {a, 500, 510}]
Out[5]= {{}, {}, {}, {}, {}, {}, {{Modulus → 667, x → 184}, {Modulus → 667, x → 483}},
        {}, {}, {{Modulus → 667, x → 62}, {Modulus → 667, x → 315},
        {Modulus → 667, x → 352}, {Modulus → 667, x → 605}}, {}}
```

Es liegen also nur für $a = 506$ und $a = 509$ quadratische Reste vor. Man beachte, daß es allerdings vier modulare Quadratwurzeln $\sqrt{509}$ (mod 667) gibt.

Schließlich programmieren wir selbst die Bestimmung der modularen Quadratwurzel. Hat man die Liste *aller* modularen Quadrate, fällt die Bestimmung der Quadratwurzel – als Inverser – nicht schwer:

```
In[6]:= ModularSqrt[a_, p_] := Module[{liste, x},
          liste = Table[Mod[x^2, p], {x, 0, p - 1}];
          Flatten[Position[liste, a] - 1]
        ]
In[7]:= ModularSqrt[506, 667]
Out[7]= {184, 483}

In[8]:= ModularSqrt[509, 667]
Out[8]= {62, 315, 352, 605}
```

Hierfür benötigt man aber p Multiplikationen, welche – mit dem Schulalgorithmus – die Komplexität $O((\log p)^2))$ haben, was einen Aufwand von $O(p \cdot (\log p)^2)$ liefert. Dies ist wieder exponentiell in der Länge $\log p$ von p,[8] während das modulare Quadrieren einer Zahl x der Länge n eine Komplexität von höchstens $O(n^2)$, also $O((\log x)^2) \leqq O((\log p)^2)$ hat.[9] □

Wir haben mit der modularen Quadratwurzel eine Funktion kennengelernt, welche nur sehr zeitaufwendig auszuwerten ist, obwohl ihre Umkehrfunktion – das modulare Quadrieren – sehr einfach durchgeführt werden kann. Es ist praktisch unmöglich, eine modulare Quadratwurzel zu bestimmen, falls nur p groß genug ist. Derartige Funktionen spielen in der modernen Kryptographie eine sehr wichtige Rolle, s. Abschnitt 5.5. Bis dato sind keine wirklich effizienten Algorithmen zur Bestimmung der modularen Quadratwurzel bekannt.

---

[8] Dies wird durch beschleunigte Ausführung der Multiplikation auch nicht erheblich besser.
[9] wenn man nicht bessere Multiplikationsalgorithmen verwendet

4.3

4.3 Chinesischer Restsatz

Kennt man die Werte eines Polynoms vom Grad $n-1$ an n Stellen, so kann man das Polynom durch *Interpolation* eindeutig rekonstruieren. Wir betrachten dies genauer in Abschnitt 6.5.

Eine ähnliche Situation ist die folgende. Eine ganze Zahl $x \in \mathbb{Z}$ sei modulo einiger Primzahlen $p_1, \ldots, p_n \in \mathbb{P}$ bekannt. Wie kann man x rekonstruieren? Wir werden sehen, daß dies in eindeutiger Weise möglich ist, falls $0 \leqq x < p_1 \cdots p_n$ ist.[10] Wir betrachten zunächst den Fall $n = 2$. Der allgemeine Fall geht dann rekursiv aus diesem hervor.

4.9 **Satz 4.9 (Chinesischer Restsatz für 2 Gleichungen)** Seien p und q zwei ganze Zahlen mit $\gcd(p, q) = 1$. Dann hat das Gleichungssystem

$$x \equiv a \pmod{p} \qquad \text{und}$$
$$x \equiv b \pmod{q}$$

eine ganzzahlige Lösung $x \in \mathbb{Z}$, welche bis auf ein additives Vielfaches von $p \cdot q$ eindeutig bestimmt ist.

Beweis: Wir konstruieren die Lösung. Wegen $\gcd(p, q) = 1$ liefert der erweiterte Euklidische Algorithmus ganze Zahlen $s, t \in \mathbb{Z}$ mit

$$s\,p + t\,q = 1 .$$

Dann erfüllt also die ganze Zahl

$$x := b\,s\,p + a\,t\,q$$

die Gleichungen

$$x \equiv a\,t\,q \equiv a \cdot (1 - s\,p) \equiv a \pmod{p}$$

sowie

$$x \equiv b\,s\,p \equiv b \cdot (1 - t\,q) \equiv b \pmod{q}$$

und ist damit eine Lösung des Problems.

Eindeutigkeit: Seien x und $\hat{x}$ zwei Lösungen des Gleichungssystems, dann folgt also $x - \hat{x} \equiv 0 \pmod{p}$ und $x - \hat{x} \equiv 0 \pmod{q}$. Wegen $\gcd(p, q) = 1$ folgt hieraus aber $x - \hat{x} \equiv 0 \pmod{p \cdot q}$, s. Übungsaufgabe 4.5. □

[10] oder x in einem anderen Segment von $\mathbb{Z}$ der Länge $p_1 \cdots p_n$ liegt

Es ist einfach, hieraus rekursiv Lösungen von Gleichungssystemen

$$\begin{aligned} x &\equiv a_1 \pmod{p_1} \\ x &\equiv a_2 \pmod{p_2} \\ &\vdots \\ x &\equiv a_n \pmod{p_n} \end{aligned} \tag{4.6}$$

mit Moduli p_k $(k = 1, \ldots, n)$ zu bestimmen, welche paarweise relativ prim sind: Ist l die Lösung des Problems für die ersten beiden Gleichungen, so gilt offenbar

$$x \equiv l \pmod{p_1 \cdot p_2},$$

und wir können die ersten beiden Gleichungen durch diese eine ersetzen. Wir haben also den

Satz 4.10 (Chinesischer Restsatz) Seien $p_1, \ldots p_n$ ganze Zahlen mit $\gcd(p_j, p_k) = 1$ für $j \neq k$. Dann hat das Gleichungssystem (4.6) eine ganzzahlige Lösung $x \in \mathbb{Z}$, welche bis auf ein additives Vielfaches von $p_1 \cdots p_n$ eindeutig bestimmt ist. **4.10**

Beweis: Es bleibt nur zu zeigen, daß $\gcd(p_1 \cdot p_2, p_k) = 1$ ist für $k = 3, \ldots, n$. Da aber weder p_1 noch p_2 einen gemeinsamen Teiler mit p_k besitzt, so offenbar auch nicht das Produkt $p_1 \cdot p_2$, wie man leicht mit dem Fundamentalsatz der Zahlentheorie (Satz 3.17) sieht. □

Sitzung 4.11 Die *Mathematica*-Funktion `ChineseRemainder[`$\{a_1, \ldots, a_n\}, \{p_1, \ldots, p_n\}$`]` aus dem Package `NumberTheory`NumberTheoryFunctions`` berechnet die Lösung des Resteproblems (4.6) modulo $\prod_{k=1}^{n} p_k$.

```
In[1]:= Needs["NumberTheory`NumberTheoryFunctions`"]
```

Wir lösen die Gleichungen

$$\begin{aligned} x &\equiv 17 \pmod{101} \qquad \text{und} \\ x &\equiv 4 \pmod{97} \end{aligned}$$

durch

```
In[2]:= ChineseRemainder[{17, 4}, {101, 97}]
Out[2]= 2138
```

und die Gleichungen

$$\begin{aligned} x &\equiv 0 \pmod{2}, \quad \text{d. h., } x \text{ ist gerade,} \\ x &\equiv 0 \pmod{3}, \quad \text{d. h., } x \text{ ist Dreierzahl,} \end{aligned}$$

$$x \equiv 0 \pmod 5, \quad \text{d. h., } x \text{ ist Fünferzahl,}$$
$$x \equiv 1 \pmod 7$$

mit dem Aufruf

```
In[3]:= ChineseRemainder[{0, 0, 0, 1}, {2, 3, 5, 7}]
Out[3]= 120
```

Nun programmieren wir den Algorithmus aus dem Beweis von Satz 4.9:

```
In[4]:= CR[{a_, b_}, {p_, q_}] := Module[{g, s, t},
            {g, {s, t}} = ExtendedGCD[p, q];
            Mod[b * s * p + a * t * q, p * q]
        ]
```

mit welchem wir das erste Problem ebenfalls direkt lösen können:

```
In[5]:= CR[{17, 4}, {101, 97}]
Out[5]= 2138
```

Das zweite Problem erfordert drei Schritte:

```
In[6]:= CR[{0, 0}, {2, 3}]
Out[6]= 0

In[7]:= CR[{0, 0}, {2 * 3, 5}]
Out[7]= 0

In[8]:= CR[{0, 1}, {2 * 3 * 5, 7}]
Out[8]= 120
```

Eine Implementierung der Lösung des chinesischen Resteproblems aus Satz 4.10 soll in Übungsaufgabe 4.4 durchgeführt werden.

Wir lösen ein etwas schwierigeres Problem:[11]

```
In[9]:= a = Random[Integer, {10^99, 10^100}];
        b = Random[Integer, {10^99, 10^100}];
        p = NextPrime[a];
        q = NextPrime[b];
In[10]:= CR[{a, b}, {p, q}]//Timing
Out[10]= {0.01 Second,
          16214413192615404144582410238336437969175578825910737647984 71
            87994307280410100064280160210451625620636115977510357995217
            80311416865604075129348709993910085716811796654235817688195
            869110350867360085271}
```

[11]Im Package `NumberTheory'NumberTheoryFunctions'` ist eine Funktion `NextPrime` mit der Funktionalität unserer selbstprogrammierten Funktion von S. 6 erklärt.

Die Anwendung des erweiterten Euklidischen Algorithmus ist also auch bei größeren Zahlen noch völlig rechenzeitunkritisch. □

4.4 Der kleine Satz von Fermat 4.4

Ein wichtiger Satz der elementaren Zahlentheorie, welcher sich bei Anwendungen aus der Kryptographie als besonders erfolgreich erweist, ist der *kleine Satz von Fermat*. Er besagt

Satz 4.12 (Kleiner Satz von Fermat) Für jede Primzahl $p \in \mathbb{P}$ und $x \in \mathbb{N}_{\geqq 0}$ gilt 4.12

$$x^p \equiv x \pmod{p}\,.$$

Beweis: Wir benutzen die *binomische Formel*

$$(x+1)^p = x^p + \binom{p}{1}x^{p-1} + \binom{p}{2}x^{p-2} + \cdots + \binom{p}{p-1}x^1 + 1,$$

welche für $x \in \mathbb{Z}$, $p \in \mathbb{N}$ gültig ist, wobei

$$\binom{p}{k} = \frac{p \cdot (p-1) \cdot (p-2) \cdots (p-k+1)}{k \cdot (k-1) \cdot (k-2) \cdots 1} \in \mathbb{N}$$

die ganzzahligen *Binomialkoeffizienten* sind.

Wegen $\binom{p}{k} \in \mathbb{N}$ ist für jede Primzahl $p \in \mathbb{P}$ und $0 < k < p$ der Binomialkoeffizient $\binom{p}{k}$ ein Vielfaches von p. Wir führen nun eine Induktion bzgl. x durch.

Der kleine Fermatsche Satz ist offenbar richtig für $x = 0$ und jede Primzahl $p \in \mathbb{P}$. Als Induktionsannahme nehmen wir nun an, er gilt für ein $x \in \mathbb{N}_{\geqq 0}$, d. h., $x^p \equiv x \pmod{p}$. Dann folgt

$$(x+1)^p \equiv x^p + \binom{p}{1}x^{p-1} + \cdots + \binom{p}{p-1}x^1 + 1 \equiv x^p + 1 \equiv x + 1 \pmod{p}\,. \tag{4.7}$$

Wir schließen, daß die Behauptung auch für $x + 1$ richtig ist. Damit ist der Induktionsbeweis vollständig. □

Genauso, wie wir im obigen Beweis die Gleichung

$$(x+1)^p \equiv x^p + 1 \pmod{p}$$

gezeigt haben, folgt auch die Gleichung

$$(a + b)^p \equiv a^p + b^p \pmod{p} .$$

Diese Rechenregel in $\mathbb{Z}_p$ wird uns immer wieder begegnen.

Sitzung 4.13 *Mathematica* hat eine effiziente Implementierung von modularen Potenzen. `PowerMod[a,n,p]` berechnet $a^n \pmod{p}$. Will man beispielsweise

$$y := 123456789^{123456789} \mod 987654321$$

auf konventionelle Art berechnen, so muß man zuerst die *riesige Zahl* $123456789^{123456789}$ (diese hat fast 10^9 Dezimalstellen!)[12] in $\mathbb{Z}$ berechnen, um das Resultat danach dann modulo 987654321 zu reduzieren. Das ist natürlich höchst ineffizient.[13] Erheblich besser ist es, vor jeder Multiplikation modulo 987654321 zu reduzieren.

Noch besser ist es allerdings, die Potenz gemäß folgender Rekursion[14]

$$\operatorname{mod}(a^n, p) = \begin{cases} \operatorname{mod}(\operatorname{mod}(a^{\frac{n}{2}}, p)^2, p) & \text{falls } n \text{ gerade} \\ \operatorname{mod}(\operatorname{mod}(a^{n-1}, p) \cdot a, p) & \text{falls } n \text{ ungerade} \end{cases} \tag{4.8}$$

zu bestimmen. Dies ist offenbar wieder ein Divide-and-Conquer-Algorithmus, welcher auch von `PowerMod` verwendet wird.

Wir bekommen z. B. sehr schnell die Antwort

```
In[1]:= PowerMod[123456789, 123456789, 987654321]
Out[1]= 598987215
```

Dieser Algorithmus zur Berechnung der modularen Potenz läßt sich gemäß (4.8) leicht auch selbst programmieren:

```
In[2]:= $RecursionLimit = ∞;
        powermod[a_, 0, p_] := 1
        powermod[a_, n_, p_] := Mod[powermod[a, n/2, p]^2, p] /; EvenQ[n]
        powermod[a_, n_, p_] := Mod[powermod[a, n - 1, p] * a, p] /;
          OddQ[n]
```

Dann liefert

```
In[3]:= powermod[123456789, 123456789, 987654321]
```

---

[12] Daher liefert eine Rechnung wie `Mod[123456789^123456789,987654321]` beispielsweise das Ergebnis `Overflow[]`.

[13] In Wirklichkeit geht dies gar nicht, da hierfür Ihr Computer vermutlich nicht genug Speicher besitzt.

[14] Wir benutzen hier wieder die Gleichungen (4.2)–(4.3).

```
Out[3]= 598987215
```

das obige Resultat in ebenso kurzer Zeit. Mit

```
In[4]:= x = Random[Integer, {10^199, 10^200}];
        n = Random[Integer, {10^199, 10^200}];
        p = NextPrime[x];
In[5]:= powermod[x, n, p]//Timing
Out[5]= {0.06 Second,
          3532174365474810481600821826177575794087422026076928441602188893
           7248578405053721416266572107431219524836777571230590335188569
           2101374426797027902585458630935436890050415814496745498606102
           4548104902967}
```

sieht man, daß dieser Algorithmus auch für 200-stellige Zahlen noch Rechenzeiten weit unter einer Sekunde hat.[15]

Wir testen nun den kleinen Satz von Fermat: Die Rechnung

```
In[6]:= Mod[powermod[x, p, p] - x, p]
Out[6]= 0
```

bestätigt, daß $x^p \equiv x \pmod{p}$ ist, während die Rechnung

```
In[7]:= Mod[powermod[x, p - 1, p], p]
Out[7]= 1
```

die durch x gekürze Gleichung $x^{p-1} \equiv 1 \pmod{p}$ liefert. □

Als Folgerung des Fermatschen Satzes erhält man durch Division durch x für teilerfremde x und p (es muß ja $x \not\equiv 0 \pmod{p}$ sein!) also eine zweite Formulierung des kleinen Satzes von Fermat:

$$x^{p-1} \equiv 1 \pmod{p} .$$

Insbesondere gilt für $a \in \mathbb{Z}_p^*$ die Beziehung $a^{p-1} = 1$. Da $\mathbb{Z}_p^*$ ja nur endlich viele Elemente hat, ist es nicht überraschend, daß sukzessives Potenzieren irgendwann einmal wieder die multiplikative Einheit 1 liefert. Der kleine Satz von Fermat zeigt, bei welchem Exponenten dieser Fall spätestens eintritt.

Weiter bekommt man die

---

[15]Hat man in einer kompilierenden Programmiersprache eine gute Langzahlarithmetik zur Verfügung, können die Rechenzeiten gegebenenfalls noch weit besser sein als bei *Mathematica*.

4.14 **Folgerung 4.14** Sei $p \in \mathbb{P}$ eine Primzahl. Dann gilt: Für jedes $a \in \mathbb{Z}_p^*$ ist die Folge $(a^k \pmod{p})_{k \in \mathbb{N}_{\geqq 0}}$ periodisch. Es gibt eine kleinste Periode. Diese ist ein Teiler von $p-1$.

Beweis: Aus dem kleinen Satz von Fermat folgt $a^{p-1} \equiv 1 \pmod{p}$, so daß die Folge $(a^0, a^1, a^2, \ldots) = (1, a, a^2, \ldots) \pmod{p}$ ganz offenbar die Periode $p-1$ hat, da nach $p-1$ Schritten der Wert 1 zum wiederholten Male auftritt. Jede weitere Periode ist ein Teiler oder ein Vielfaches von $p-1$. Denn gäbe es zwei teilerfremde Perioden q und r, dann würde der erweiterte Euklidische Algorithmus $s, t \in \mathbb{Z}$ liefern mit $1 = sq + tr$ und somit

$$a \equiv a^1 \equiv a^{sq+tr} \equiv (a^q)^s \cdot (a^r)^t \equiv 1 \pmod{p},$$

also $a \equiv 1 \pmod{p}$. In diesem Fall aber wäre die Periode gleich 1. □

4.15 **Definition 4.15 (Ordnung, Erzeuger und primitives Element)** Sei $p \in \mathbb{P}$ und $a \in \mathbb{Z}_p^*$. Dann heißt die kleinste Periode aus Folgerung 4.14 die (multiplikative) *Ordnung* von a in $\mathbb{Z}_p^*$ und wird mit $\operatorname{ord}(a)$ bezeichnet. Sie ist also die kleinste Zahl $m \in \mathbb{N}$ derart, daß $a^m = 1$ ist. Die Ordnung jedes Elements $a \in \mathbb{Z}_p^*$ ist ein Teiler von $p-1$.

In vielen Fällen wünscht man sich, daß die Ordnung möglichst groß ist. Daher nennen wir ein Element $a \in \mathbb{Z}_p^*$ mit $\operatorname{ord}(a) = p-1$ einen *Erzeuger* oder ein *primitives Element* von $\mathbb{Z}_p^*$. △

Der folgende Satz begründet diese Begriffsbildung:

4.16 **Satz 4.16** Ist a ein Erzeuger von $\mathbb{Z}_p^*$, so erzeugen die Potenzen von a die ganze multiplikative Gruppe $\mathbb{Z}_p^*$:

$$\{a^0, a^1, \ldots, a^{p-2}\} = \mathbb{Z}_p^*.$$

Beweis: Wegen der Periodizität gibt es genau $p-1$ Potenzen $a^0, \ldots, a^{p-2}$. Wir werden zeigen, daß diese Potenzen alle verschiedene Werte haben. Da aber $\mathbb{Z}_p^*$ nur $p-1$ Elemente hat, kommt jedes Element von $\mathbb{Z}_p^*$ in der Liste $\{a^0, a^1, \ldots, a^{p-2}\}$ vor.

Nehmen wir nämlich an, es gäbe ein Element, welches doppelt erzeugt wird: $a^q \equiv a^r \pmod{p}$ mit $0 \leqq q < r < p-1$. Dann folgt aber $a^{r-q} \equiv 1 \pmod{p}$. Somit liefert $k := r - q$ einen Widerspruch zur Voraussetzung. □

Beispiel 4.17 Für $a = 2$ gilt in $\mathbb{Z}_5$ 4.17

$$a^1 = 2\,, \quad a^2 = 4\,, \quad a^3 = 3 \quad \text{sowie} \quad a^4 = 1\,.$$

Also ist ord(2) = 4 = $p - 1$, und 2 ist ein Erzeuger von $\mathbb{Z}_5^*$.

Ebenso ist für $a = 2 \in \mathbb{Z}_{11}$

$$a^1 = 2\,, \quad a^2 = 4\,, \quad a^3 = 8\,, \quad a^4 = 5\,, \quad a^5 = 10\,,$$

$$a^6 = 9\,, \quad a^7 = 7\,, \quad a^8 = 3\,, \quad a^9 = 6\,, \quad a^{10} = 1\,.$$

Wieder ist also 2 ein Erzeuger von $\mathbb{Z}_{11}^*$. Auf der anderen Seite gilt für $a = 3$:

$$a^1 = 3\,, \quad a^2 = 9\,, \quad a^3 = 5\,, \quad a^4 = 4 \quad \text{sowie} \quad a^5 = 1\,.$$

Also ist ord(3) = 5 | 10 = $p - 1$. △

Sitzung 4.18 *Mathematica* kann erzeugende Elemente finden. Die Funktion

```
In[1]:= MinErzeuger[p_] := Module[{a = 2},
            While[Not[MultiplicativeOrder[a, p] == p - 1], a = a + 1];
            a
        ]
```

benutzt `MultiplicativeOrder` zur Bestimmung der multiplikativen Ordnung des Elementes $a \in \mathbb{Z}_p^*$ und bestimmt den *kleinsten Erzeuger* von $\mathbb{Z}_p^*$.

Wir erhalten beispielsweise für $p = 10007$

```
In[2]:= MinErzeuger[p = 10007]
Out[2]= 5
```

den kleinsten Erzeuger $a = 5$, und die Rechnung

```
In[3]:= Length[Union[Table[PowerMod[5, n, p], {n, p - 1}]]]
Out[3]= 10006
```

bestätigt, daß die Menge der Potenzen von a mit $\mathbb{Z}_p^*$ übereinstimmt. □

Der folgende Satz, den wir allerdings erst in Abschnitt 7.4 beweisen werden, liefert die Existenz erzeugender Elemente.

4.19 **Satz 4.19** Sei $p \in \mathbb{P}$ eine Primzahl. Dann besitzt $\mathbb{Z}_p^*$ ein erzeugendes Element. □

4.5

4.5 Modulare Logarithmen

In diesem Abschnitt betrachten wir die Aufgabe, aus der modularen Gleichung

$$a^x \equiv b \pmod p$$

einen Lösungsexponenten x zu bestimmen. Dieser wird ein *modularer Logarithmus* von b zur Basis a modulo p, in Zeichen $x = \log_a b \pmod p$, genannt. Die Umkehrfunktion der modularen Exponentialfunktion wird häufig auch der *diskrete Logarithmus* genannt. Um einer Verwechslung mit der diskreten Logarithmusfunktion in $\mathbb{Z}$ vorzubeugen, sprechen wir in diesem Buch lieber von der modularen Logarithmusfunktion.

Es stellt sich (wie bei der modularen Quadratwurzel) wieder heraus, daß die Bestimmung von modularen Logarithmen – nach dem heutigen Kenntnisstand – ein *sehr* schwieriges mathematisches Problem darstellt.

Sitzung 4.20 Wir betrachten zunächst die Exponentialfunktion 2^x über $\mathbb{Z}$. Diese hat den wohlbekannten regelmäßigen (monoton wachsenden) Graphen:

```
In[1]:= ListPlot[Table[2^x, {x, 0, 20}]]
```

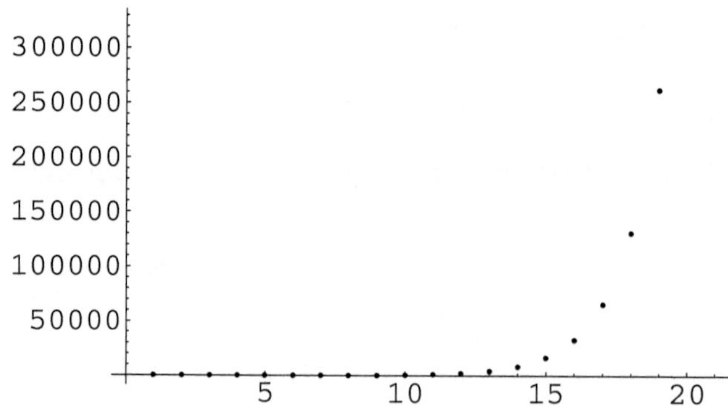

Out[1]= -Graphics-

Daher ist es sehr leicht und effizient, die Umkehrfunktion zu bestimmen:

```
In[2]:= Clear[DiskreterLogarithmus]
        DiskreterLogarithmus[y_, a_] := Module[{z, zähler},
          z = y; zähler = 0;
          While[IntegerQ[z]&&z > 1,
            z = z/a; zähler = zähler + 1];
          If[Not[IntegerQ[z]],
            Return["diskreter Logarithmus existiert nicht"]];
          zähler
        ]
```

Wir rechnen zwei Beispiele:

```
In[3]:= DiskreterLogarithmus[5^1000, 5]
Out[3]= 1000
```

```
In[4]:= DiskreterLogarithmus[5^1000 + 1, 5]
Out[4]= diskreter Logarithmus existiert nicht
```

Eine ganz andere Situation liegt bei der modularen Exponentialfunktion (z. B. zur Basis 2) vor, wie man wieder dem Graphen entnehmen kann. Modulo $p = 1009$:

```
In[5]:= ListPlot[Table[Mod[2^x, 1009], {x, 0, 1008}]]
```

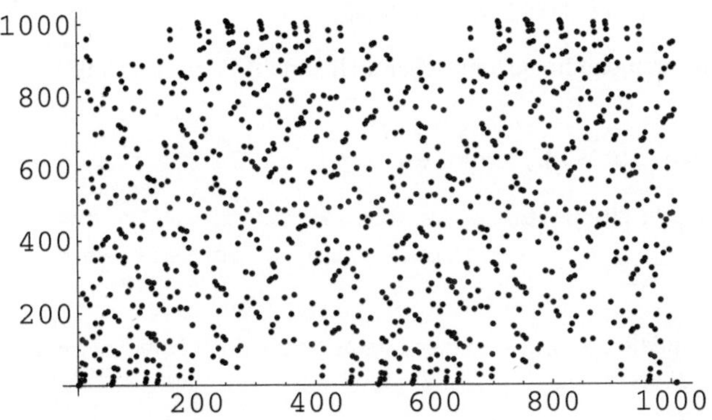


```
Out[5]= -Graphics-
```

bzw. modulo $p = 10007$:

```
In[6]:= ListPlot[Table[Mod[2^x, 10007], {x, 0, 10006}]]
```

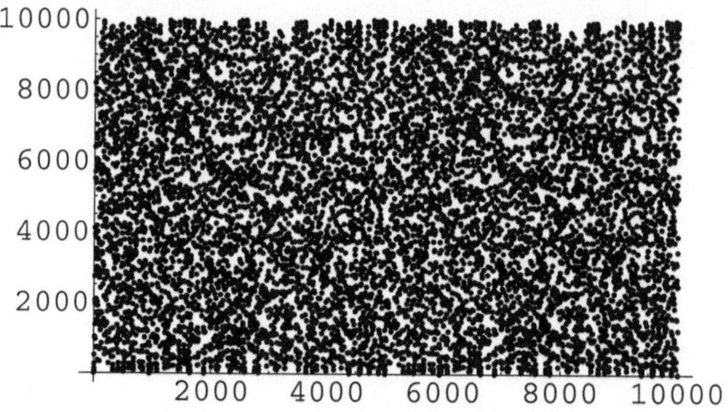

Out[6]= -Graphics-

Gemäß Folgerung 4.14 ist der Graph periodisch mit einer Periode P, welche ein Teiler von $p-1$ ist. Im Fall $p = 1009$ sieht man, daß die Periode $P = \frac{p-1}{2} = 504$ ist. Daher muß man i. a. zur Berechnung eines modularen Logarithmus $O(p)$ Werte berechnen. Als Beispiel erklären wir eine 20-stellige Primzahl p:

```
In[7]:= p = NextPrime[10^20]
Out[7]= 100000000000000000039
```

Sehr schnell läßt sich die modulare Potenz $b = \text{mod}(2^{12345678}, p)$ bestimmen:

```
In[8]:= (b = PowerMod[2, 12345678, p])//Timing
Out[8]= {0. Second, 11341822793028139686}
```

Anders als im linearen und im quadratischen Fall kann `Solve` das Umkehrproblem diesmal nicht lösen:

```
In[9]:= Solve[{2^x == b, Modulus == p}, x]

Solve::"tdep":The equations appear to involve the variables to
be solved for in an essentially non-algebraic way.
Out[9]= {}
```

Die eingebaute Funktion `MultiplicativeOrder` jedoch berechnet modulare Logarithmen:[16]

```
In[10]:= MultiplicativeOrder[2, p, b]//Timing
Out[10]= {28.3 Second, 12345678}
```

In unserem Fall ist die Rechenzeit noch akzeptabel, da das Ergebnis nur 8-stellig ist. Ist dies aber beispielsweise 15-stellig, so werden die Rechenzeiten bereits unerträglich groß. Es ist jedoch völlig ausgeschlossen, mit *Mathematica* den modularen Logarithmus 100-stelliger Eingaben zu bestimmen. □

[16]Man beachte jedoch, daß modulare Logarithmen i. a. wieder nicht eindeutig bestimmt sind. `MultiplicativeOrder` berechnet die *kleinste* Lösung.

Auch die Komplexität des modularen Logarithmus ist exponentiell in der Eingabelänge, und es sind bis dato keine wirklich effizienten Algorithmen bekannt.

4.6 Pseudoprimzahlen

4.6

In Abschnitt 3.5 hatten wir die Faktorisierung ganzer Zahlen betrachtet und festgestellt, daß hierfür keine effizienten Algorithmen bekannt sind.

Auf der anderen Seite kann man aber u. U. sehr einfach feststellen, ob eine Zahl zusammengesetzt ist.

Sitzung 4.21 Wir wollen testen, ob $p = 12345678910111213141516171819$ zusammengesetzt ist. Hierfür erklären wir

```
In[1]:= p = 12345678910111213141516171819
Out[1]= 12345678910111213141516171819
```

Wir bestimmen eine zufällige Zahl $a \in \mathbb{Z}_p^*$:

```
In[2]:= a = Random[Integer, {1, p - 1}]
Out[2]= 2035253908132820737013604096
```

und berechnen a^{p-1} (mod p)

```
In[3]:= Mod[PowerMod[a, p - 1, p], p]
Out[3]= 2562953206146000451682827930
```

Da das Resultat ungleich 1 ist, wissen wir, daß p nicht prim sein kann, da sonst der kleine Satz von Fermat verletzt wäre. Also ist p zusammengesetzt.

Meist reicht es sogar aus, mit $a = 2$ zu arbeiten:

```
In[4]:= Mod[PowerMod[2, p - 1, p], p]
Out[4]= 4413983494588387734611294008
```

Wir wissen nun zwar, daß p zusammengesetzt ist, haben aber keinerlei Informationen über mögliche Teiler von p gewonnen, denn es wurde nicht eine einzige Probedivision durchgeführt.

Um wie bei

```
In[5]:= FactorInteger[p]
```

$$\text{Out[5]=} \begin{pmatrix} 13 & 1 \\ 43 & 1 \\ 79 & 1 \\ 281 & 1 \\ 1193 & 1 \\ 833929457045867563 & 1 \end{pmatrix}$$

die Faktoren zu finden, benötigt man völlig andere Algorithmen. Dies ist daher i. a. sehr viel langsamer. □

Wir haben also mit Hilfe des kleinen Satzes von Fermat herausgefunden, daß p zusammengesetzt ist, ohne hierbei auch nur eine Idee von möglichen Teilern von p erhalten zu haben. Die Berechnung ging schnell, da die modulare Exponentiation schnell durchführbar ist. Die vorgestellte Methode nennen wir den *Fermattest.*

Wir erklären nun:

4.22 **Definition 4.22 (Fermattest)** Die Zahl $a \in \mathbb{N}_{\geq 2}$ heißt *(Fermatscher) Zeuge* für die Zerlegbarkeit von $p \in \mathbb{N}_{\geq 2}$, falls $a^p \not\equiv a \pmod{p}$ ist. Eine Zahl $p \in \mathbb{N}_{\geq 2} \setminus \mathbb{P}$ heißt *(Fermatsche) Pseudoprimzahl* zur Basis a, wenn $a^p \equiv a \pmod{p}$ gilt. Eine zusammengesetzte Zahl $p \in \mathbb{N}_{\geq 2}$ heißt *Carmichaelzahl*, sofern $a^p \equiv a \pmod{p}$ für alle $a \in \mathbb{Z}_p$ gilt. △

Findet der Fermattest einen Zeugen für die Zerlegbarkeit von p, so ist p zweifellos zusammengesetzt. Es stellt sich also die Frage, ob es solche Zeugen immer gibt oder aber ob es Carmichaelzahlen gibt.

Sitzung 4.23 (Carmichaelzahlen) Die folgende *Mathematica*-Funktion sucht nach der kleinsten Carmichaelzahl $\geqq n$ (sofern es sie gibt). Hierzu testen wir also für $p = n,\ n+1, \ldots,$ ob jeweils alle $a \leqq p$ das Fermatkriterium erfüllen.

```
In[1]:= Clear[NextCarmichael]
        NextCarmichael[n_] := Module[{fertig = False, p = n, a},
          While[Not[fertig],
            If[Not[PrimeQ[p]],
              liste = Table[PowerMod[a, p, p] - a, {a, p - 1}];
              liste = Union[liste];
              If[liste == {0}, fertig = True, p = p + 1], p = p + 1]];
          p]
```

Wir suchen zunächst nach der kleinsten Carmichaelzahl:

```
In[2]:= (c = NextCarmichael[4])//Timing
Out[2]= {0.952 Second, 561}
```

561 ist also die kleinste Carmichaelzahl. Sie hat die Zerlegung

```
In[3]:= FactorInteger[c]
```

$$Out[3]= \begin{pmatrix} 3 & 1 \\ 11 & 1 \\ 17 & 1 \end{pmatrix}$$

Die nächsten drei Carmichaelzahlen ergeben sich wie folgt:

```
In[4]:= (c = NextCarmichael[c + 1]) //Timing
Out[4]= {2.794 Second, 1105}
```

```
In[5]:= FactorInteger[c]
```

$$Out[5]= \begin{pmatrix} 5 & 1 \\ 13 & 1 \\ 17 & 1 \end{pmatrix}$$

```
In[6]:= (c = NextCarmichael[c + 1]) //Timing
Out[6]= {5.718 Second, 1729}
```

```
In[7]:= FactorInteger[c]
```

$$Out[7]= \begin{pmatrix} 7 & 1 \\ 13 & 1 \\ 19 & 1 \end{pmatrix}$$

```
In[8]:= (c = NextCarmichael[c + 1]) //Timing
Out[8]= {10.545 Second, 2465}
```

```
In[9]:= FactorInteger[c]
```

$$Out[9]= \begin{pmatrix} 5 & 1 \\ 17 & 1 \\ 29 & 1 \end{pmatrix}$$

Eine Fortführung der Berechnungen liefert weitere Carmichaelzahlen, aber die Rechenzeiten werden immer größer. Es ist bekannt, daß es unendlich viele Carmichaelzahlen gibt [AGP1994]. □

Der Fermattest ist sehr einfach und schnell durchführbar, man führt ihn meist nur mit einem einzigen a durch und erfährt bereits, daß p zusammengesetzt ist. Im negativen Fall wiederholt man den Versuch mit einem anderen zufällig ausgewählten a. Ist p allerdings eine Carmichaelzahl, so scheitert der Fermattest. Es zeigt sich aber, daß die Carmichaelzahlen eine ganz bestimmte Struktur besitzen, welche man gut im Griff hat.

Satz 4.24 (Struktur von Carmichaelzahlen) Eine Zahl $p \in \mathbb{N}_{\geqq 4}$ ist genau dann eine Carmichaelzahl, wenn[17] **4.24**

(a) $p = p_1 \cdots p_n$ mit lauter paarweise verschiedenen Primzahlen $p_k \in \mathbb{P}$;
(b) $p_k - 1 \mid p - 1$ für alle $k = 1, \ldots, n$.

[17] Man kann ferner beweisen, daß alle p_k $(k = 1, \ldots, n)$ ungerade sind und daß $n \geqq 3$ ist.

Beweis: Wir nehmen zunächst an, p sei eine Carmichaelzahl. Es gilt also $a^p \equiv a \pmod p$ für alle $a = 0, \ldots, p-1$.
(a) Wir müssen zeigen, daß p *quadratfrei* ist, d. h. kein Quadrat enthält. Nehmen wir an, q sei ein Primfaktor von p mit $q^2 \mid p$. Dann folgt aus der Voraussetzung $p \mid a^p - a = a \cdot (a^{p-1} - 1)$, und die Wahl $a = q$ führt zu $q^2 \mid p \mid q \cdot (q^{p-1} - 1)$ und wegen $q \in \mathbb{P}$ zu $q \mid q^{p-1} - 1$, einem Widerspruch. Also ist p quadratfrei und somit sind alle Primteiler paarweise verschieden voneinander.
(b) Da $p_k \in \mathbb{P}$ prim ist, gibt es nach Satz 4.19 ein erzeugendes Element $a_k \in \mathbb{Z}_{p_k}^*$, für welches also $a_k^{p_k-1} \equiv 1 \pmod{p_k}$, aber $a_k^r \not\equiv 1 \pmod{p_k}$ für $0 < r < p_k - 1$.

Da p ein Vielfaches von p_k ist, folgt aus der Voraussetzung $a_k^p \equiv a_k \pmod p$ zunächst $a_k^p \equiv a_k \pmod{p_k}$ und schließlich durch Kürzen von a_k (s. auch Übungsaufgabe 4.3) $a_k^{p-1} \equiv 1 \pmod{p_k}$, da p_k prim ist. Eine Division mit Rest liefert für den Exponenten $p - 1 = q \cdot (p_k - 1) + r$ mit $0 \leqq r < p_k - 1$, und wir erhalten

$$1 \equiv a_k^{p-1} \equiv a_k^{q\cdot(p_k-1)+r} \equiv (a_k^{p_k-1})^q \cdot a_k^r \equiv a_k^r \pmod{p_k}$$

im Widerspruch zur Wahl von a_k, falls $r \neq 0$ ist. Also folgt $r = 0$ und somit $p_k - 1 \mid p - 1$.

Wir beweisen nun die Umkehrung, daß also aus (a)–(b) folgt, daß p Carmichaelzahl ist. Sei also $p = p_1 \cdots p_n$ mit paarweise verschiedenen Primzahlen $p_k \in \mathbb{P}$ und sei weiter $p_k - 1 \mid p - 1$ für alle $k = 1, \ldots, n$. Dann gilt wieder mit dem Satz von Fermat für jedes $a \in \mathbb{Z}_p^*$ und alle $k = 1, \ldots, n$

$$a^{p-1} \equiv a^{(p_k-1)\cdot q_k} \equiv (a^{p_k-1})^{q_k} \equiv 1 \pmod{p_k}\,.$$

Aus diesen Gleichungen folgt aber $a^{p-1} \equiv 1 \pmod p$,[18] da die Faktoren p_k von p keine gemeinsamen Teiler besitzen (s. Übungsaufgabe 4.5). Somit erhalten wir schließlich $a^p \equiv a \pmod p$. □

Sitzung 4.25 Mit Hilfe von Satz 4.24 können wir die ersten Carmichaelzahlen nun viel schneller finden:

[18] Dies folgt auch mit dem chinesischen Restsatz (Satz 4.10), den man aber hier nicht unbedingt benötigt, da alle rechten Seiten gleich sind.

```
In[1]:= Clear[FastNextCarmichael]

        FastNextCarmichael[n_] :=
          Module[{fertig = False, p = n},
            While[Not[fertig],
              If[PrimeQ[p], p = p + 1,
                factors = Transpose[FactorInteger[p]];
                If[Not[Union[factors[[2]]] == {1}] ||
                   Not[IntegerQ[
                       (p - 1)/Apply[LCM, factors[[1]] - 1]]],
                  p = p + 1, fertig = True]]
            ];
            p
          ]

In[2]:= (c = FastNextCarmichael[4])//Timing
Out[2]= {0.04 Second, 561}

In[3]:= (c = FastNextCarmichael[c + 1])//Timing
Out[3]= {0.04 Second, 1105}

In[4]:= (c = FastNextCarmichael[c + 1])//Timing
Out[4]= {0.05 Second, 1729}

In[5]:= (c = FastNextCarmichael[c + 1])//Timing
Out[5]= {0.05 Second, 2465}
```

In Übungsaufgaben 4.15–4.16 sollen größere Carmichaelzahlen bestimmt werden. □

In der Praxis wird bei der Primzahlsuche eine Verfeinerung des Fermattests angewandt, welcher die Carmichaelzahlen umgeht: der *Rabin-Miller-Test*. Dieser wird auch von *Mathematicas* `PrimeQ` verwendet.[19] Hierbei wird der Fermattest auf folgende Weise weiterentwickelt:

Definition 4.26 (Rabin-Miller-Test) Eine ungerade Zahl $p \in \mathbb{N}$ mit einer Zerlegung $p - 1 = 2^t \cdot u$, u ungerade, heißt *strenge Pseudoprimzahl* zur Basis a, falls $\gcd(a, p) = 1$ ist und falls $a^u \equiv 1 \pmod{p}$ oder ein $s \in \{0, 1, \ldots, t-1\}$ existiert, für welches **4.26**

[19] *Mathematicas* Hilfestellung sagt: `PrimeQ` first tests for divisibility using small primes, then uses the Miller-Rabin strong pseudoprime test base 2 and base 3, and then uses a Lucas test.

$a^{2^s \cdot u} \equiv -1 \pmod{p}$ ist.[20] Ist p keine strenge Pseudoprimzahl zur Basis a, so nennen wir a einen *Zeugen für die Zerlegbarkeit von p*. △

Wir zeigen zunächst, daß unsere Begriffsbildungen Sinn machen.

4.27 **Satz 4.27** Besitzt p einen Zeugen a für die Zerlegbarkeit, so ist p zusammengesetzt.

Beweis: Wir zeigen die gleichwertige Aussage, daß jedes $p \in \mathbb{P}$ eine strenge Pseudoprimzahl ist. Aus dem Fermatschen Satz $a^p \equiv a \pmod{p}$ folgt $a^{p-1} \equiv 1 \pmod{p}$ da $\gcd(a, p) = 1$ ist.

Seien u, s, t wie in Definition 4.26 erklärt. Ist nun $a^u \equiv 1 \pmod{p}$, so ist p eine strenge Pseudoprimzahl, und wir sind fertig. Sei also in der Folge $a^u \not\equiv 1 \pmod{p}$. Wegen $a^{p-1} \equiv a^{2^t \cdot u} \equiv 1 \pmod{p}$ gibt es also ein $s \in \{0, 1, \ldots, t-1\}$ mit[21]

$$x := a^{2^s \cdot u} \not\equiv 1 \pmod{p}\,, \qquad \text{aber} \qquad x^2 \equiv a^{2^{s+1} \cdot u} \equiv 1 \pmod{p}\,.$$

Für x gilt somit $x^2 \equiv 1 \pmod{p}$ sowie $x \not\equiv 1 \pmod{p}$ und daher $x \equiv -1 \pmod{p}$, s. Übungsaufgabe 4.6. □

4.28 **Beispiel 4.28** Der Beweis zeigt: Eine strenge Pseudoprimzahl erfüllt das Fermatkriterium $a^p \equiv a \pmod{p}$, besitzt aber zusätzlich noch weitere Eigenschaften. Diese sind wesentlich stärker, wie die folgenden Beispiele zeigen (s. [Rie1994]), welche man durch (mühsames) „Nachrechnen“ erhält:

- 2 ist Zeuge für die Zerlegbarkeit aller Nichtprimzahlen < 2 047;
- {2, 3} sind Zeugen (d. h., 2 oder 3 ist ein Zeuge) für die Zerlegbarkeit aller Nichtprimzahlen < 1 373 653;
- {2, 3, 5} sind Zeugen für die Zerlegbarkeit aller Nichtprimzahlen < 25 326 001;
- {2, 3, 5, 7} sind Zeugen für die Zerlegbarkeit aller Nichtprimzahlen < 3 215 031 751;
- {2, 3, 5, 7, 11} sind Zeugen für die Zerlegbarkeit aller Nichtprimzahlen < 2 152 302 898 747.

Sitzung 4.29 Wir programmieren den Rabin-Miller-Test:

[20] In $\mathbb{Z}_p$ ist natürlich $x \equiv -1 \pmod{p}$ gleichwertig zu $x \equiv p-1 \pmod{p}$. In unserem Vertretersystem ist also $p - 1 \in \mathbb{Z}_p$ der richtige Vertreter.

[21] Es ist natürlich $s = \max\{m \in \mathbb{N}_0 \mid a^{2^m \cdot u} \not\equiv 1 \pmod{p}\}$.

```
In[1]:= Clear[RabinMillerPrime]

        RabinMillerPrime::"pseudoprime" =
          "strenge Pseudoprimzahl zur Basis `1`";

        RabinMillerPrime::"zusammengesetzt" =
          "`1` ist Zeuge für Zerlegbarkeit";

        RabinMillerPrime[p_, a_] :=
          Module[{s, u, fertig, potenz},
            s = IntegerExponent[p - 1, 2];
            u = (p - 1)/2^s;
            potenz = PowerMod[a, u, p];
            If[potenz == 1,
              Message[RabinMillerPrime::"pseudoprime",
                a]; Return[True]];
            fertig = False;
            While[Not[fertig] && u < p - 1,
              If[potenz == p - 1, fertig = True,
                u = 2 * u; potenz = PowerMod[potenz, 2, p]]];
            If[fertig,
              Message[RabinMillerPrime::"pseudoprime",
                a],
              Message[
                RabinMillerPrime::"zusammengesetzt", a]
            ];
            fertig
          ]

        RabinMillerPrime[p_] := Module[{a},
            a = Random[Integer, {2, p - 1}];
            RabinMillerPrime[p, a]
          ]
```

Das Ergebnis von `RabinMillerPrime[p,a]` ist `False`, falls gezeigt wurde, daß a Zeuge für die Zerlegbarkeit von p und damit p zusammengesetzt ist, während `True` besagt, daß p strenge Pseudoprimzahl (zur Basis a) ist. Als Seiteneffekt wird eine Meldung ausgegeben, welche den Zeugen für die Zerlegbarkeit bzw. die Pseudoprimeigenschaft benennt.

Wir testen `RabinMillerPrime`:

```
In[2]:= RabinMillerPrime[1234567, 2]
```

RabinMillerPrime :: "*zusammengesetzt*": 2 ist Zeuge für Zerlegbarkeit
Out[2]= False

Die Funktion `Prime[n]` berechnet die n-te Primzahl. Die folgende Zahl ist natürlich zusammengesetzt:

```
In[3]:= RabinMillerPrime[Prime[10^9] * Prime[2^30], 2]
```

RabinMillerPrime :: "*zusammengesetzt*": 2 ist Zeuge für Zerlegbarkeit
Out[3]= False

Nun führen wir den Rabin-Miller-Test mit einigen Carmichaelzahlen durch:

```
In[4]:= RabinMillerPrime[2465, 2]
```

RabinMillerPrime :: "*zusammengesetzt*": 2 ist Zeuge für Zerlegbarkeit
Out[4]= False

```
In[5]:= RabinMillerPrime[41041, 2]
```

RabinMillerPrime :: "*zusammengesetzt*": 2 ist Zeuge für Zerlegbarkeit
Out[5]= False

```
In[6]:= RabinMillerPrime[825265, 2]
```

RabinMillerPrime :: "*zusammengesetzt*": 2 ist Zeuge für Zerlegbarkeit
Out[6]= False

und sehen, daß immer bereits $a = 2$ ein Zeuge für die Zerlegbarkeit ist.

Unter Zuhilfenahme der Funktion `NextPrime` erzeugen wir eine große Primzahl p:

```
In[7]:= p = NextPrime[10^100]
```

Out[7]= 1000000000000000000000000000000000000000000000000000000000000000000000000000000000000000000000000000267

und zeigen, daß kein Zeuge $a \in \{2, \ldots, 10\}$ für die Zerlegbarkeit von p existiert:

```
In[8]:= Union[Table[RabinMillerPrime[p, a], {a, 2, 10}]]
```

RabinMillerPrime :: "*pseudoprime*": strenge Pseudoprimzahl zur Basis 2

```
RabinMillerPrime :: "pseudoprime": strenge Pseudoprimzahl zur Basis 3

RabinMillerPrime :: "pseudoprime": strenge Pseudoprimzahl zur Basis 4

General :: "stop": Further output of RabinMillerPrime :: "pseudoprime" will be suppressed during this calculation
Out[8]= {True}
```

Schließlich bilden wir das Produkt p zweier großer Primzahlen:

```
In[9]:= p = NextPrime[10^100] * NextPrime[10^101]
Out[9]= 100000000000000000000000000000000000000000000000000000000000000000
        0000000000000002673000000000000000000000000000000000000000000000
        0000000000000801
```

Ruft man die Funktion `RabinMillerPrime[p]` nur mit einem Argument p auf, so wird eine Zufallszahl $a \in \{2, \ldots, p-1\}$ ausgesucht. Für unser p erhalten wir:

```
In[10]:= RabinMillerPrime[p]

RabinMillerPrime :: "zusammengesetzt":
7366556473303710557 7<<160>>6918566834176555414 3 ist Zeuge für Zerlegbarkeit
Out[10]= False
```

d. h., wir haben auf Anhieb einen Zeugen für die Zerlegbarkeit von p gefunden. □

Man kann zeigen, daß die Wahrscheinlichkeit, daß eine zusammengesetzte Zahl p den Rabin-Miller-Test mit zufällig ausgewählter Basis a besteht, höchstens 1/4 ist. Daher kann man durch mehrfache Anwendung des Tests die Fehlerwahrscheinlichkeit beliebig klein machen. Führt man beispielsweise den Rabin-Miller-Test hundert Mal durch, so beträgt die Fehlerwahrscheinlichkeit nur noch

```
In[11]:= 0.25^100
Out[11]= 6.22302 × 10^-61
```

Einen derartigen Algorithmus, der ein Ergebnis nicht mit Sicherheit, sondern mit (beliebig) großer Wahrscheinlichkeit erzielt, nennt man einen *probabilistischen Algorithmus.*

4.7

4.7 Ergänzende Bemerkungen

In der Algebra wird die Konstruktion, mit der wir $\mathbb{Z}_p$ aus $\mathbb{Z}$ konstruiert haben, allgemeiner betrachtet. Man nennt $\mathbb{Z}_p$ den *Quotientenring* $\mathbb{Z}_p = \mathbb{Z}/p\mathbb{Z}$. Ein weiterer Quotientenring wird in Abschnitt 7.1 betrachtet.

Der kleine Satz von Fermat ist eine Folge des *Satzes von Lagrange* aus der Gruppentheorie: Die multiplikative Gruppe $\mathbb{Z}_p^*$ hat die Ordnung $p - 1$, und die Ordnung jedes Elementes a ist ein Teiler von $p - 1$ (Folgerung 4.14). Satz 4.19 zeigt, daß $\mathbb{Z}_p^*$ eine zyklische Gruppe ist.

Algorithmen, deren Komplexität sich durch ein Polynom in der Eingabelänge ausdrücken lassen, heißen *polynomiale Algorithmen*. Es sind bis heute keine polynomialen Algorithmen für die Faktorisierung ganzer Zahlen, für die Bestimmung modularer Quadratwurzeln als auch für die Bestimmung modularer Logarithmen bekannt. Es gibt zwar gute Gründe anzunehmen, daß es solche Algorithmen gar nicht gibt, aber keinen Beweis hierfür. Diese Fragen werden in der Komplexitätstheorie ([BCS1997], [BDG1988]) untersucht.

Es gibt nicht nur probabilistische Algorithmen zur Entscheidung, ob eine natürliche Zahl prim ist, sondern auch *deterministische Algorithmen*, welche eine höhere Effizienz haben als der triviale Algorithmus durch Probedivision. Algorithmen dieser Art sowie weitere probabilistische Verfahren können beispielsweise in [Buc1999], [For1996], [GG1999] sowie in [Rie1994] nachgelesen werden.

Wer bei der Primzahlsuche ganz sicher gehen will, kann in *Mathematica* auf die wesentlich langsamere Funktion `ProvablePrimeQ[n]` im Package `NumberTheory`PrimeQ`` zurückgreifen, welche zum Nachweis der Primalität *elliptische Kurven* benutzt.

Im Jahr 2002 wurde von drei indischen Mathematikern ein lange Zeit ungelöstes Problem gelöst. Sie gaben in [AKS2004] einen deterministischen polynomialen Algorithmus an, welcher entscheidet, ob eine gegebene ganze Zahl $p \in \mathbb{Z}$ prim ist. Dieser Algorithmus ist allerdings in der Praxis noch nicht so schnell wie andere – nicht polynomiale – deterministische Algorithmen und in *Mathematica* nicht verfügbar.[22]

4.8

4.8 Übungsaufgaben

4.1 Führen Sie die Details der Übertragung der Ringeigenschaften in Satz 4.4 aus.

[22]Asymptotische Güte ist u. U. nicht hilfreich, wenn man nur mit „sehr kleinen Zahlen" hantiert.

4.2 Zeigen Sie, daß ein Ring mit einem Nullteiler kein Körper sein kann.

4.3 Zeigen Sie: In $\mathbb{Z}_p$ gilt die *Kürzungsregel*

$$a \cdot x \equiv a \cdot y \pmod{p} \quad \Rightarrow \quad x \equiv y \pmod{p}$$

genau dann, wenn $\gcd(a, p) = 1$ ist.

4.4 Programmieren Sie die Lösung des chinesischen Resteproblems aus Satz 4.10.

4.5 Zeigen Sie: Für $\gcd(p, q) = 1$ gilt

$$x \equiv a \pmod{p} \text{ und } x \equiv a \pmod{q} \quad \Leftrightarrow \quad x \equiv a \pmod{p \cdot q}\,.$$

Wir kann man dies durch Induktion verallgemeinern?

4.6 Zeigen Sie: Ein Polynom $p(x) = a_n x^n + a_{n-1} x^{n-1} + \cdots + a_0$ mit Koeffizienten $a_k \in \mathbb{K}$ eines Körpers $\mathbb{K}$ hat höchstens n Nullstellen in $\mathbb{K}$.

Insbesondere: Sei $p \in \mathbb{P}$. Die Gleichung $x^2 = 1$ hat in $\mathbb{Z}_p$ genau zwei Lösungen $x \equiv \pm 1 \pmod{p}$.

4.7 Programmieren Sie die Funktion `powermod` iterativ.

4.8 Programmieren Sie analog zu der Funktion `powermod` die schnelle Potenzierung `power[`z`,`n`]`$= z^n$ ganzer Zahlen $z, n \in \mathbb{Z}$.

4.9 Sei G eine kommutative Gruppe mit Einselement $e \in G$, und sei $a \in G$. Sei $S := \{m \geqq 1 \mid a^m = e\}$ und $\operatorname{ord}(a) = \min S$ die Ordnung von a. Zeigen Sie: Ist $a^m = e$, so ist $\operatorname{ord}(a) \mid m$.

4.10 Zeigen Sie: Sei $p \in \mathbb{P}$ und $a \in \mathbb{Z}_p^*$. Aus $\operatorname{ord}(a) = m$ folgt $\operatorname{ord}(a^r) = \frac{m}{\gcd(r,m)}$.

4.11 Sei $\mathrm{GF}(9) = \{a + ib \mid a, b \in \mathbb{Z}_3, i^2 = -1\}$. Dies ist eine Menge mit 9 Elementen. Zeigen Sie, daß GF(9) ein Körper ist. Finden Sie ein erzeugendes Element, d. h., ein Element $a \in \mathrm{GF}(9)$ mit $\mathrm{ord}(a) = 8$.

4.12 Setzen Sie p =`NextPrime[`10^k`]` für $k = 2, \ldots, 5$ und bestimmen Sie jeweils, wieviele Erzeuger $\mathbb{Z}_p^*$ hat. Die Anzahl der Erzeuger von $\mathbb{Z}_p^*$ wird in [Chi2000] genauer untersucht.

4.13 Die Fermatschen Pseudoprimzahlen bilden eine multiplikative Untergruppe von $\mathbb{Z}_p^\star$.

4.14 Implementieren Sie eine Funktion `ModularLog`, welche den modularen Logarithmus bestimmt, d. h., eine Lösung (bzw. die Lösungen) x der Gleichung $a^x \equiv y \pmod{p}$. Lösen Sie das Problem aus Sitzung 4.20. Vergleichen Sie mit der Funktion `MultiplicativeOrder`.

4.15 Bestimmen Sie jeweils die kleinste Carmichaelzahl mit 4 bzw. 5 verschiedenen Faktoren.

4.16

(a) Sei $k \in \mathbb{N}$. Betrachten Sie

$$N = (6k + 1)(12k + 1)(18k + 1). \tag{4.9}$$

Zeigen Sie: Ist jeder der drei Faktoren prim, so ist N eine Carmichaelzahl.

(b) Benutzen Sie (4.9), um eine Carmichaelzahl mit mindestens 120 Dezimalstellen zu finden.

(c) Vergleichen Sie die Laufzeit des Algorithmus aus (b) mit dem Algorithmus aus Sitzung 4.25. Wie erklären Sie sich die Laufzeitunterschiede?

4.17 Zeigen Sie die ersten beiden Aussagen aus Beispiel 4.28 mit *Mathematica*.

4.18 Untersuchen Sie die Fermatschen Zahlen $F_n = 2^{2^n} + 1$ für $n = 1, \ldots, 10$ mit dem Rabin-Miller-Test auf Teilbarkeit. *Mathematica* findet die Primfaktorzerlegungen bis $n = 7$ in vernünftiger Zeit. Bestimmen Sie diese.

Kapitel 5
Codierungstheorie und Kryptographie

5

5

5 Codierungstheorie und Kryptographie

5 Codierungstheorie und Kryptographie

5.1 Grundbegriffe der Codierungstheorie 5.1

Die *Codierungstheorie* beschäftigt sich mit der sicheren Übertragung von Nachrichten. Hierbei gehen wir davon aus, daß ein Sender (Quelle) eine Nachricht über einen Übertragungskanal an einen Empfänger schickt. Die Art der Codierung hängt hierbei i. a. von den realen Verhältnissen zwischen Quelle und Empfänger ab. Dabei kann der Kanal gegebenenfalls auch gestört sein. Beispiele für solche Übertragungen sind

- das Morsen.
- das Abspielen einer Musik-CD. Hierbei wird die „digitalisierte Musik" in ein analoges Signal umgewandelt und an ein Verstärkersystem weiterleitet.
- das Abspeichern einer Datei auf einem Computer. Hierbei wird der Inhalt der Datei vom Speicher auf die Festplatte übertragen.
- die Komprimierung von Dateien. Hierbei wird der Inhalt mit einem Komprimierungsverfahren umgewandelt. Dies geschieht z. B. beim MP3-Verfahren zur Codierung von Musik oder beim Programm WinZip zum Komprimieren von Dateien.
- das Senden von E-Mail.
- die Übertragung von der Tastatur eines Computers an den Bildschirm.
- Zu Beginn des elektronischen Zeitalters wurden Programme mittels Lochkarten an einen Computer geschickt.

Hierbei sind folgende Dinge von Bedeutung:

- Die Nachricht soll möglichst effizient übertragen werden.
- Ist der Kanal gestört, so sollen Übertragungsfehler gefunden oder gegebenenfalls sogar korrigiert werden.

Definition 5.1 (**Alphabete und Codierung**) Unter der *Codierung* einer Nachricht versteht man ihre Umwandlung von einem Alphabet in ein anderes Alphabet. Ein Verfahren, mit welchem diese Codierung durchgeführt wird, nennen wir einen *Code*. Unter einem *Alphabet* $\mathcal{A} = \{z_1, z_2, \ldots, z_m\}$ verstehen wir eine endliche Menge von *Zeichen* (oder *Buchstaben*) $z_1, z_2, \ldots, z_m$. Ein *Wort* bzw. eine Zeichenkette der *Länge* n ist dann ein n-tupel $W \in \mathcal{A}^n$. Wörter werden meist ohne Klammern und Kommata geschrieben: $W = w_1 w_2 \ldots w_n$. Die Menge aller Wörter über dem Alphabet $\mathcal{A}$ ist $\mathcal{W} = \bigcup\limits_{n=0}^{\infty} \mathcal{A}^n$. Hierbei enthält die Menge $\mathcal{A}^0$ das *leere Wort*. △ 5.1

5.2 **Beispiel 5.2** Positive Langzahlen bzgl. der Basis B sind Wörter über dem Alphabet $\mathbb{Z}_B = \{0, 1, \ldots, B - 1\}$. Wandelt man eine Dezimalzahl in eine binäre Zahl um oder umgekehrt, so ist dies eine Codierung.

Das binäre Alphabet besteht aus den zwei Zeichen $\{0, 1\}$. Diese Zeichen bezeichnen wir als *Bits*. Die *Bitlänge* eines Worts ist die Anzahl der erforderlichen Bits seiner binären Darstellung. Für ein Wort der Länge n über einem Alphabet $\mathcal{A}$ mit m Zeichen benötigt man $n \cdot \log_2 m$ Bits,[1] seine Bitlänge ist also $n \cdot \log_2 m$, s. Übungsaufgabe 5.1. Beispielsweise kann man jeden Buchstaben des Alphabets $\mathcal{A} = \{A, B, C, D, E, F, G, H\}$, welches aus 8 Zeichen besteht, mit $3 = \log_2 8$ Bits darstellen, z. B. durch

$$\begin{aligned} A &\mapsto 000 \\ B &\mapsto 001 \\ C &\mapsto 010 \\ D &\mapsto 011 \\ E &\mapsto 100 \\ F &\mapsto 101 \\ G &\mapsto 110 \\ H &\mapsto 111 \end{aligned}$$

und ein 15-buchstabiges Wort im Alphabet $\mathcal{A}$ benötigt dann $15 \cdot 3 = 15 \cdot \log_2 8 = 45$ Bits.

Für Schrifttexte verwenden wir normalerweise das Alphabet $\{A, B, \ldots, Y, Z\}$, welches i. a. durch die kleinen Buchstaben sowie weitere Zeichen wie Leerzeichen, Punkt, etc. ergänzt wird.

Zur Datenspeicherung in Computern wird der *ASCII-Zeichensatz* verwendet. Dieser besteht insgesamt aus 128 Zeichen und enthält alle „normalen Buchstaben“. Intern werden diese 128 Zeichen wieder binär dargestellt. Zur Darstellung eines von $128 = 2^7$ verschiedenen Zeichen benötigt man 7 Bits.

Da im Standard-ASCII-Zeichensatz keine internationalen Zeichen wie Umlaute enthalten sind, verwenden IBM-PCs einen *erweiterten ASCII-Zeichensatz*, welcher aus 256 Zeichen besteht. Zur Darstellung von $256 = 2^8$ verschiedenen Zeichen benötigt man 8 Bits. Diese Speichereinheit bezeichnet man als *Byte*.

[1] gegebenenfalls geeignet gerundet

Ein etwas anderes Beispiel ist das *Morsealphabet.* Es ist das Alphabet der Funkamateure. Jedem Buchstaben entspricht hierbei ein bestimmtes Kurz-Lang-Muster:[2]

$1 \mapsto \bullet - - - -$	$2 \mapsto \bullet \bullet - - -$	$3 \mapsto \bullet \bullet \bullet - -$	$4 \mapsto \bullet \bullet \bullet \bullet -$	$5 \mapsto \bullet \bullet \bullet \bullet \bullet$
$6 \mapsto - \bullet \bullet \bullet \bullet$	$7 \mapsto - - \bullet \bullet \bullet$	$8 \mapsto - - - \bullet \bullet$	$9 \mapsto - - - - \bullet$	$0 \mapsto - - - - -$
$A \mapsto \bullet -$	$B \mapsto - \bullet \bullet \bullet$	$C \mapsto - \bullet - \bullet$	$D \mapsto - \bullet \bullet$	$E \mapsto \bullet$
$F \mapsto \bullet \bullet - \bullet$	$G \mapsto - - \bullet$	$H \mapsto \bullet \bullet \bullet \bullet$	$I \mapsto \bullet \bullet$	$J \mapsto \bullet - - -$
$K \mapsto - \bullet -$	$L \mapsto \bullet - \bullet \bullet$	$M \mapsto - -$	$N \mapsto - \bullet$	$O \mapsto - - -$
$P \mapsto \bullet - - \bullet$	$Q \mapsto - - \bullet -$	$R \mapsto \bullet - \bullet$	$S \mapsto \bullet \bullet \bullet$	$T \mapsto -$
$U \mapsto \bullet \bullet -$	$V \mapsto \bullet \bullet \bullet -$	$W \mapsto \bullet - -$	$X \mapsto - \bullet \bullet -$	$Y \mapsto - \bullet - -$
$Z \mapsto - - \bullet \bullet$	$\ddot{A} \mapsto \bullet - \bullet -$	$\ddot{O} \mapsto - - - \bullet$	$\ddot{U} \mapsto \bullet \bullet - -$	$CH \mapsto - - - -$

Die Morsetelegrafie spielt auch heute noch eine Rolle. Die Kenntnis dieses Alphabets kann Leben retten: Auch nach Ausfall der Funkverbindung kann ein Schiff noch SOS rufen, z. B. durch den Einsatz von Scheinwerfern. $\triangle$

Sitzung 5.3 *Mathematica* hat einen noch viel größeren Zeichensatz. Die ersten 128 Zeichen des *Mathematica*-Zeichensatzes entsprechen allerdings dem normalen ASCII-Zeichensatz, dessen erste 32 Zeichen *Steuerzeichen* sind. Wir bekommen eine Tabelle dieser ersten 128 Zeichen durch[3]

```
In[1]:= Partition[Table[FromCharacterCode[k], {k, 0, 127}], 16]
```

Unser normales Alphabet findet man in dem Bereich:

```
In[2]:= Partition[Table[FromCharacterCode[k], {k, 65, 128}], 16]
```

Out[2]=

$$\begin{pmatrix} A & B & C & D & E & F & G & H & I & J & K & L & M & N & O & P \\ Q & R & S & T & U & V & W & X & Y & Z & [& \backslash &] & \hat{} & \_ & ` \\ a & b & c & d & e & f & g & h & i & j & k & l & m & n & o & p \\ q & r & s & t & u & v & w & x & y & z & \{ & | & \} & \tilde{} & & \end{pmatrix}$$

Andere Zeichensätze hat *Mathematica* mit größeren Nummern versehen. Beispielsweise erhalten wir die griechischen Buchstaben mit

```
In[3]:= Partition[Table[FromCharacterCode[k], {k, 913, 976}], 16]
```

Out[3]=

$$\begin{pmatrix} A & B & \Gamma & \Delta & E & Z & H & \Theta & I & K & \Lambda & M & N & \Xi & O & \Pi \\ P & & \Sigma & T & \Upsilon & \Phi & X & \Psi & \Omega & & & & & & & \\ \alpha & \beta & \gamma & \delta & \varepsilon & \zeta & \eta & \theta & \iota & \kappa & \lambda & \mu & \nu & \xi & o & \pi \\ \rho & \varsigma & \sigma & \tau & \upsilon & \phi & \chi & \psi & \omega & & & & & & & \end{pmatrix}$$

Die Codierung zwischen den ASCII-Zeichen und den dazugehörigen ASCII-Nummern geschieht mit Hilfe der *Mathematica*-Funktionen `FromCharacterCode` und `ToCharacterCode`. Wir erhalten beispielsweise[4]

---

[2] Der Punkt bedeutet kurz, der Bindestrich lang.

[3] Wir haben die Ausgabe unterdrückt.

[4] Die Eingabe von α kann entweder durch `<ESC>a<ESC>` oder mit einer der Paletten geschehen.

```
In[4]:= ToCharacterCode["α"]
Out[4]= {945}
```

Der griechische Buchstabe α hat in *Mathematica* also die Nummer 945. □

5.2

5.2 Präfixcodes

In diesem Abschnitt behandeln wir eine besonders wichtige Eigenschaft von Codes.

5.4 **Definition 5.4** (**Codewort**) Seien $\mathcal{A}$ und $\mathcal{B}$ zwei Alphabete und $\mathcal{W} = \bigcup_{n=0}^{\infty} \mathcal{A}^n$ sowie $\mathcal{W}' = \bigcup_{n=0}^{\infty} \mathcal{B}^n$ die zugehörigen Wortmengen. Dann kann eine injektive Abbildung $c : \mathcal{A} \to \mathcal{W}'$, welche also den verschiedenen Buchstaben aus $\mathcal{A}$ jeweils verschiedene Wörter aus $\mathcal{W}'$ zuordnet, zu einer Abbildung $C : \mathcal{W} \to \mathcal{W}'$ fortgesetzt werden, indem man sukzessive die Bilder der einzelnen Buchstaben zu einem neuen Wort zusammensetzt:

$$C(x_1 x_2 \ldots x_n) := c(x_1)c(x_2)\ldots c(x_n) .$$

C ist ein Code, und die Bilder unter c heißen *Codewörter*. △

Wird die Nachricht umgewandelt (codiert), so sollte eine einwandfreie Rückumwandlung (Decodierung) möglich sein. Wir betrachten folgendes

5.5 **Beispiel 5.5** Seien $\mathcal{A} = \{A, B, C\}$ und $\mathcal{B} = \{0, 1\}$ zwei Alphabete sowie $\mathcal{W} = \bigcup_{n=0}^{\infty} \mathcal{A}^n$ und $\mathcal{W}' = \bigcup_{n=0}^{\infty} \mathcal{B}^n$ die zugehörigen Wortmengen. Wir erklären einen Code $C : \mathcal{W} \to \mathcal{W}'$ gemäß Definition 5.4 durch $A \mapsto 1, B \mapsto 0, C \mapsto 01$. Das Wort

$$W = ABCAACCBAC$$

wird somit codiert durch

$$W' = 10011101010101 .$$

Gemäß der Abbildungsvorschrift ist diese Codierung natürlich eindeutig. Wir wollen nun allerdings umgekehrt aus W' wieder W gewinnen. Hierzu beginnen wir mit dem Wortanfang und interpretieren die Buchstaben sukzessive. Zunächst stellen wir fest, daß die erste 1 von W' nur durch ein A entstanden sein kann. Also ist das erste Zeichen von W ein A. Das zweite Zeichen von W' ist 0. Dies könnte von B oder von C stammen.

Da aber das dritte Zeichen von W' wieder 0 ist, kommt C nicht in Frage, und wir wissen, daß das zweite Zeichen von W ein B ist. Die nächste Zeichenkombination in W' ist 01. Dies ist nun ein Problem, da diese Kombination sowohl C als auch BA bedeuten kann. Damit ist eine eindeutige Decodierung unmöglich.

Ein besserer Code $C' : \mathcal{W} \to \mathcal{W}'$ ist gegeben durch $A \mapsto 0, B \mapsto 10, C \mapsto 11$. Dann wird W codiert durch

$$W' = 0101100111110011\ .$$

Man überzeuge sich, daß in diesem Fall W leicht aus W' wiedergewonnen werden kann. Welche Eigenschaft des Codes C' ist hierfür verantwortlich? △

Dies führt uns zu der

Definition 5.6 (Präfixcode) Ein Wort $x_1x_2\ldots x_k \in \mathcal{A}^k$ heißt *Präfix* eines Worts $W \in \mathcal{A}^m$, wenn es Anfangsstück von W ist, d. h. $W = x_1x_2\ldots x_kx_{k+1}\ldots x_m$. 5.6

Unter einem *Präfixcode* verstehen wir einen Code $C : \mathcal{W} \to \mathcal{W}'$ vom Typ der Definition 5.4, bei welchem kein Codewort Präfix eines anderen Codeworts ist. △

Es gilt der

Satz 5.7 Präfixcodes lassen sich eindeutig decodieren. Ist ein Code vom Typ der Definition 5.4 kein Präfixcode, so läßt er sich nicht eindeutig decodieren. 5.7

Beweis: Übungsaufgabe 5.2 □

Beispiel 5.8 Beispiele für Präfixcodes sind *Blockcodes*, bei welchen alle Bilder $c(x_k)$ dieselbe Länge haben. 5.8

Beispiel: Caesarcode:[5] $\mathcal{A} = \{A, B, \ldots, Z\}$. Der Code besteht in einer Verschiebung um drei Buchstaben: $A \mapsto D, B \mapsto E, \ldots, W \mapsto Z, X \mapsto A, Y \mapsto B$ und $Z \mapsto C$.

Beispiel eines Blockcodes mit *Blocklänge* 2: $c(A) = 00, c(B) = 01, c(C) = 11$.

Interessanter sind jedoch Präfixcodes, welche keine Blockcodes sind. Ein solcher Präfixcode war in Beispiel 5.5 betrachtet worden.

[5] Caesar hat diesen Code als *Geheimschrift* verwendet, s. Abschnitt 5.5. Der Code ist hierfür allerdings wenig geeignet. Warum?

Die Morsezeichen bilden, wie man leicht nachprüft, *keinen Präfixcode*. Um gemorste Texte dennoch entschlüsseln zu können, müssen die einzelnen Zeichen jeweils durch eine Pause voneinander getrennt übertragen werden. Nimmt man dieses Pausenzeichen mit ins Alphabet auf, so bilden die jeweils um das Pausenzeichen verlängerten Morsecodes dann einen Präfixcode. △

In der Praxis möchte man Codes u. a. so entwerfen, daß die Bildwörter möglichst klein sind, d. h., möglichst wenige Zeichen enthalten. Ein Blockcode der Länge m codiert ein Wort der Länge n durch ein Wort der Länge $m \cdot n$. Mit einem Blockcode kann keine Komprimierung erzeugt werden.

Weiß man allerdings etwas über die *Buchstabenhäufigkeit* der in der Praxis auftretenden Wörter aus $\mathcal{W}$, so kann man diese Information dazu benutzen, einen Präfixcode zu erzeugen, welcher Buchstaben mit großer Häufigkeit durch kleine Codewörter und Buchstaben mit kleiner Häufigkeit durch große Codewörter codiert. Dies kann zu einer Komprimierung, d. h. zu einer Reduktion der Bitlänge, führen.

Das Alphabet $\mathcal{A} = \{A_1, A_2, \ldots, A_m\}$ sei nun also zusammen mit einer *Häufigkeitsverteilung*

$$\begin{pmatrix} A_1 & p_1 \\ A_2 & p_2 \\ \vdots & \vdots \\ A_m & p_m \end{pmatrix}$$

gegeben, wobei $p_k \geqq 0$ $(k = 1, \ldots, m)$ und $\sum\limits_{k=1}^{m} p_k = 1$ ist. Die relativen Häufigkeiten $(p_k)_{k=1,\ldots,m}$ bilden somit ein *Wahrscheinlichkeitsmaß* auf dem Alphabet $\mathcal{A}$. Jede natürliche Sprache wie Deutsch, Englisch, Russisch etc. hat die ihr eigene Häufigkeitsverteilung, ja sogar jeder Autor hat seinen eigenen Wortschatz und somit seine eigene charakteristische Häufigkeitsverteilung, durch welche er gegebenenfalls sogar identifiziert werden kann.[6]

Die ungefähre Verteilung der Buchstaben in der deutschen Sprache (inklusive Leerzeichen und Umlauten) findet man in der nachfolgenden Tabelle.

[6]Für den Roman „Der stille Don“ hat der russische Schriftsteller Scholochow 1965 den Nobelpreis für Literatur erhalten. Seit 1928 kursierten in Rußland Gerüchte, daß das Werk nicht von ihm stamme. In einer anonymen Studie eines russischen Kritikers wird das Werk dem 1920 an Typhus gestorbenen Schriftsteller Krjukow zugeschrieben. Hieraus ergibt sich die Frage: War die Vergabe des Literaturnobelpreises an Scholochow möglicherweise ungerechtfertigt? Mit Methoden der Statistik kann man nachweisen, daß Krjukow als Autor von „Der stille Don“ mit sehr großer Wahrscheinlichkeit nicht in Frage kommt, wohingegen nichts gegen Scholochow als Autor spricht. [Erm1982]

Tabelle 5.1. Die Buchstabenhäufigkeiten der deutschen Sprache nach [BW1963].

LZ	15,1490 %	E	14,7004 %	N	8,8351 %	R	6,8577 %	I	6,3770 %
S	5,3881 %	T	4,7310 %	D	4,3854 %	H	4,3554 %	A	4,3309 %
U	3,1877 %	L	2,9312 %	C	2,6733 %	G	2,6672 %	M	2,1336 %
O	1,7717 %	B	1,5972 %	Z	1,4225 %	W	1,4201 %	F	1,3598 %
K	0,9558 %	V	0,7350 %	Ü	0,5799 %	P	0,4992 %	Ä	0,4907 %
Ö	0,2547 %	J	0,1645 %	Y	0,0173 %	Q	0,0142 %	X	0,0129 %

Ein auf Buchstabenhäufigkeiten basierender komprimierender Code ist der *Huffman-Code*, welcher als Bildalphabet die Menge {0, 1} besitzt. Den Huffman-Code erzeugt man in mehreren Schritten. Hierbei faßt man bei jedem Schritt die zwei Quellensymbole mit den kleinsten Häufigkeiten zusammen[7] und faßt das Buchstabenpaar mit seiner Gesamthäufigkeit als einen neuen Buchstaben auf. Diesen Prozeß iteriert man, bis nur noch zwei Buchstaben übrigbleiben. Bei der Vergabe der Bildbits verwendet man die Iteration rückwärts. Dabei wird jeweils dem häufigeren Buchstaben eine 1, dem selteneren Buchstaben eine 0 zugeordnet. Wir betrachten hierzu

Beispiel 5.9 (**Huffman-Code**) Es sei die Häufigkeitsverteilung 5.9

$$\begin{pmatrix} A & 0,1 \\ B & 0,12 \\ C & 0,18 \\ D & 0,2 \\ E & 0,4 \end{pmatrix}$$

gegeben. Sukzessive Abarbeitung gemäß der beschriebenen Vorschrift liefert die Iteration

$$\begin{pmatrix} A & 0,1 \\ B & 0,12 \\ C & 0,18 \\ D & 0,2 \\ E & 0,4 \end{pmatrix} \to \begin{pmatrix} C & 0,18 \\ D & 0,2 \\ AB & 0,22 \\ E & 0,4 \end{pmatrix} \to \begin{pmatrix} AB & 0,22 \\ CD & 0,38 \\ E & 0,4 \end{pmatrix} \to \begin{pmatrix} E & 0,4 \\ ABCD & 0,6 \end{pmatrix}$$

Gemäß der letzten Matrix gilt $E \mapsto 0$, und das Codewort jedes der Buchstaben A, B, C und D beginnt mit 1. Dem vorletzten Schritt entnimmt man, da die Häufigkeit von AB kleiner ist als die Häufigkeit von CD, daß der zweite Buchstabe des Codeworts von A und B jeweils 0 ist, während der zweite Buchstabe des Codeworts von C und D jeweils 1 ist. Die drittletzte Verteilung liefert $C \mapsto 110$ und $D \mapsto 111$, während

[7] Gibt es hierbei mehrere Möglichkeiten, so wählt man eine dieser Möglichkeiten aus.

die ursprüngliche Verteilung die beiden letzten Codewörter $A \mapsto 100$ sowie $B \mapsto 101$ vervollständigt.

Der gesamte Huffman-Code ist also gegeben durch die Codewörter

$$E \mapsto 0$$
$$A \mapsto 100$$
$$B \mapsto 101$$
$$C \mapsto 110$$
$$D \mapsto 111$$

und läßt sich weiterhin durch einen *Codebaum* darstellen, welchen man beispielsweise mit dem `DiscreteMath'Combinatorica'`-Package erstellen kann.[8] Bewegt man sich von der Wurzel aus nach rechts, so bedeutet nach oben jeweils 0 und nach unten 1. △

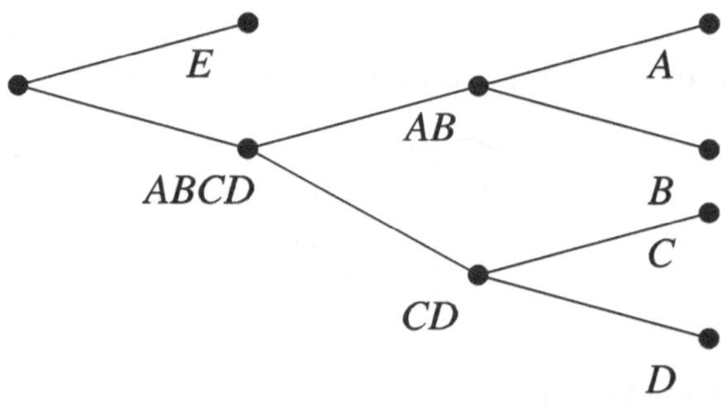

Sitzung 5.10 Den Huffman-Code berechnet man mit der Funktion `Huffman`, welche die Hilfsfunktion `HuffmanList` aufruft. Dies generiert die Huffman-Codewörter rekursiv.

```
In[1]:= Clear[Huffman, HuffmanList]

        Huffman[Alphabet_] := HuffmanList[Alphabet][[2]]
```

[8]Das Package wurde ab *Mathematica* Version 4.2 vollständig umgeschrieben und hat teilweise eine neue Syntax.

```
In[2]:= HuffmanList[Alphabet_] :=
         Module[{k, alphabet, createcode, erst, zweit},
           If[
             !Abs[Sum[Alphabet[[k, 2]], {k, Length[Alphabet]}]-
                   1.] < 0.01, Return[{, "falsche Eingabe"}]];
           alphabet = Alphabet;
           createcode = Table[{alphabet[[k, 1]], {}},
               {k, Length[alphabet]}];
           Do[alphabet = Sort[alphabet, #1[[2]] ≤ #2[[2]]&];
             erst = First[alphabet];
             alphabet = Rest[alphabet];
             zweit = First[alphabet];
             alphabet = Rest[alphabet];
             Do[If[!FreeQ[erst[[1]], createcode[[k, 1]]],
                   PrependTo[createcode[[k, 2]], 0]],
               {k, Length[createcode]}];
             Do[If[!FreeQ[zweit[[1]], createcode[[k, 1]]],
                   PrependTo[createcode[[k, 2]], 1]],
               {k, Length[createcode]}];
             PrependTo[alphabet,
               {{erst[[1]], zweit[[1]]}, erst[[2]] + zweit[[2]]}],
             {j, Length[alphabet] - 1}];
           {alphabet, createcode}]
```

Nach Eingabe unserer Häufigkeitsverteilung

```
In[3]:= Alphabet = {{"A", 0.1}, {"B", 0.12}, {"C", 0.18},
            {"D", 0.2}, {"E", 0.4}}
```

$$Out[3]= \begin{pmatrix} A & 0.1 \\ B & 0.12 \\ C & 0.18 \\ D & 0.2 \\ E & 0.4 \end{pmatrix}$$

läßt sich hieraus der Huffman-Code berechnen:

```
In[4]:= Huffman[Alphabet]
```

$$Out[4]= \begin{pmatrix} A & \{1,0,0\} \\ B & \{1,0,1\} \\ C & \{1,1,0\} \\ D & \{1,1,1\} \\ E & \{0\} \end{pmatrix}$$

Bei dieser Berechnung führt die Funktion `HuffmanList` über die entscheidenden Zwischenresultate Buch. □

Die Huffman-Codierung liefert gemäß Konstruktion immer einen Präfixcode. Man kann zeigen, daß der Huffman-Code in gewisser Weise sogar eine optimale Kompression vornimmt ([Sch2003], Satz 6.6, S. 44).

5.3

5.3 Prüfzeichenverfahren

Um Übertragungsfehler zu erkennen, werden häufig Daten mit zusätzlicher redundanter Information versehen.

Die einfachste Möglichkeit besteht darin, ein *Prüfzeichen* bzw. eine *Prüfziffer* zu verwenden. In UNIX-Systemen wird jedem ASCII-Zeichen z beispielsweise ein zusätzliches Bit angehängt. Als zusätzliches Zeichen wählt man 0, falls die Anzahl der Einsen der Binärdarstellung von z gerade ist (gerade *Parität*), andernfalls wird 1 angehängt. Das angehängte Bit heißt *Prüfbit*. Es entsteht somit aus jedem 7-Bit-ASCII-Zeichen ein Byte, dessen Parität gemäß Konstruktion gerade ist. Stimmt die Parität nach der Übertragung nicht mehr, so muß ein Übertragungsfehler geschehen sein. Dann hilft gegebenenfalls eine nochmalige Übertragung. Korrigieren kann man den Fehler mit einem solchen Verfahren nicht.

Ein ähnliches Verfahren wird auch beim *Einscannen* an der Supermarktkasse verwendet. Die EAN (Europäische Artikelnummer), welche eingescannt wird, stellt eine 13-stellige Dezimalzahl $a_1 a_2 \ldots a_{13}$ dar, deren letzte Ziffer ein Prüfzeichen ist, welches gemäß der Formel

$$1 \cdot a_1 + 3 \cdot a_2 + 1 \cdot a_3 + 3 \cdot a_4 + \cdots + 1 \cdot a_{11} + 3 \cdot a_{12} + 1 \cdot a_{13} \equiv 0 \pmod{10}$$

berechnet wird. Auflösen nach a_{13} liefert

$$a_{13} = \mathrm{mod}(-(1 \cdot a_1 + 3 \cdot a_2 + 1 \cdot a_3 + 3 \cdot a_4 + \cdots + 1 \cdot a_{11} + 3 \cdot a_{12}), 10)\,.$$

Gibt es beim Einscannen einen Fehler, so piept es nicht an der Kasse. Den Fehler beheben kann das Verfahren nicht, aber der Scanvorgang kann wiederholt werden. Wer Genaueres darüber wissen will, wie die verwendeten *Strichcodes* als Ziffern interpretiert werden, kann dies in [Sch2003] oder in [Jun1995] nachlesen.

Auf ähnliche Weise enthält die ISBN (Internationale Standard-Buchnummer) ein Prüfzeichen. Die ISBN stellt eine 9-stellige Dezimalzahl $a_1 a_2 \ldots a_9$ dar, gefolgt von einem

Prüfzeichen, welches gemäß der Formel

$$\sum_{k=1}^{10} k\,a_k \equiv 0 \pmod{11}$$

berechnet wird. Auflösen nach a_{10} liefert wegen $10 \equiv -1 \pmod{11}$ die Beziehung

$$a_{10} = \operatorname{mod}\Big(\sum_{k=1}^{9} k\,a_k, 11\Big).$$

Da modulo 11 gerechnet wird, kann die Prüfziffer den Wert 10 haben und wird dann als römische Zahl, d. h. als X, geschrieben.[9]

Wer sich für weitere Prüfziffernverfahren interessiert: Viele derartige Verfahren werden auf der Internetseite `http://www.pruefziffernberechnung.de` vorgestellt.

5.4 Fehlerkorrigierende Codes

In diesem Abschnitt stellen wir ein einfaches Beispiel eines fehlerkorrigierenden Codes vor, eine Variante des sogenannten *Reed-Solomon-Codes*.

Sitzung 5.11 Wir wollen ein Wort mit n Buchstaben so mit redundanter Information versehen, daß wir *einen* Übertragungsfehler korrigieren können. Als Beispiel wählen wir das Wort `"WORT"`.

Zunächst werden die Buchstaben durch ihre Nummern im Alphabet ersetzt, also $W \mapsto 23$, $O \mapsto 15$, $R \mapsto 18$ und $T \mapsto 20$. Diese Ersetzung lassen wir *Mathematica* durchführen:

```
In[1]:= Digitalisiere[wort_] := ToCharacterCode[wort] - 64
```

```
In[2]:= liste = Digitalisiere["WORT"]
Out[2]= {23, 15, 18, 20}
```

Die Rücktransformation wird von

```
In[3]:= Verbalisiere[liste_] := FromCharacterCode[liste + 64]
```

erledigt:

```
In[4]:= Verbalisiere[liste]
Out[4]= WORT
```

Die betrachtete Ersetzung liefert ein n-tupel von Zahlen a_k, deren Index wir bei $k = 2$ starten lassen:

[9] Testen Sie die ISBN des vorliegenden Buchs!

```
In[5]:= a[2] = 23; a[3] = 15; a[4] = 18; a[5] = 20;
```

Nun ergänzen wir die Zahlen a_k ($k = 2, \ldots, n+1$) durch die beiden Werte a_0 und a_1 derart, daß diese die Gleichungen

$$\sum_{k=0}^{n+1} a_k \equiv 0 \pmod{31} \tag{5.1}$$

und

$$\sum_{k=0}^{n+1} k \cdot a_k \equiv 0 \pmod{31} \tag{5.2}$$

erfüllen. Die Gleichung (5.2) liefert zunächst eine eindeutige Lösung $a_1 \in \mathbb{Z}_{31}$ und (5.1) liefert schließlich eine eindeutige Lösung $a_0 \in \mathbb{Z}_{31}$, denn $\mathbb{Z}_{31}$ ist eine additive Gruppe. Hierbei ist die Wahl von $p = 31$ willkürlich und nur von der Mindestanzahl von 26 Buchstaben geleitet.[10]

Die folgende Rechnung löst das angegebene Gleichungssystem:

```
In[6]:= Solve[{ Sum_{k=0}^{5} a[k] == 0, Sum_{k=0}^{5} k a[k] == 0, Modulus == 31},
          {a[0], a[1]}]
Out[6]= {{Modulus -> 31, a(0) -> 1, a(1) -> 16}}
```

Die gesamte Codierung wird (für eine beliebige Primzahl $p \in \mathbb{P}$) von der Funktion `ReedSolomon` durchgeführt:

```
In[7]:= Clear[ReedSolomon]
        ReedSolomon[wort_, p_] :=
          Module[{liste, n, a0, a1, k, sol},
            liste = Digitalisiere[wort];
            n = Length[liste];
            sol = Solve[{a0 + a1 + Apply[Plus, liste] == 0,
                  a1 + Sum[(k + 1) * liste[[k]], {k, n}] == 0,
                  Modulus == p}, {a0, a1}];
            liste = Prepend[Prepend[liste, a1], a0] /.
                sol[[1]];
            Verbalisiere[liste]
          ]
```

Für unser Beispiel erhalten wir:

[10] Zur Decodierung benötigen wir – wie wir sehen werden – einen Körper. Jede andere Primzahl könnte also ebenfalls Verwendung finden. In der Praxis werden Zweierpotenzen verwendet. Dies erfordert allerdings das Rechnen in einem Galoisfeld, s. Abschnitt 7.4.

```
In[8]:= ReedSolomon["WORT", 31]
Out[8]= APWORT
```

Nun nehmen wir an, bei der Übertragung habe es einen Fehler gegeben, d. h., ein Zeichen sei falsch übertragen worden. Konkret sei in unserem Beipiel `APWIRT` übertragen worden:

```
In[9]:= wort = "APWIRT"
Out[9]= APWIRT
```

Wir wollen nun untersuchen, ob sich hinter `APWIRT` wirklich der „Wirt" verbirgt. Hierzu konvertieren wir die Zeichenfolge wieder in die entsprechenden Buchstabennummern:

```
In[10]:= liste = Digitalisiere[wort]
Out[10]= {1, 16, 23, 9, 18, 20}
```

Nun überprüfen wir die Summen

$$e := \sum_{k=0}^{5} a_k \pmod{31} \qquad \text{und} \qquad s := \sum_{k=0}^{5} k\, a_k \pmod{31} : \tag{5.3}$$

```
In[11]:= e = Mod[Apply[Plus, liste], 31]
Out[11]= 25
```

```
In[12]:= s = Mod[∑_{k=1}^{6} (k - 1) liste[[k]], 31]
Out[12]= 13
```

In unserem Fall sind also $e = 25$ und $s = 13$. Wegen $e \neq 0$ ist mindestens ein Fehler bei der Übertragung aufgetreten. Wir nehmen nun in der Folge an, es sei *genau ein* Fehler gewesen. Nur in diesem Fall können wir den Fehler korrigieren.

Wir wollen herausfinden, an welcher Position x der Fehler eingetreten ist. Wir wissen, daß das Zeichen a_x ersetzt wurde durch $a_x + e \pmod{31}$. Dieser Fehler produziert in der Summe $\sum_{k=0}^{5} k\, a_k \pmod{31}$ den Fehler $x \cdot e \pmod{31}$. Also ist

$$s \equiv x \cdot e \pmod{31}$$

bzw.

$$x \equiv s \cdot e^{-1} \pmod{31}\,.$$

In unserem Fall ist also wegen

```
In[13]:= x = Mod[s * PowerMod[e, -1, 31], 31]
Out[13]= 3
```

der Fehler an der dritten Position, also bei a_3, dem zweiten Buchstaben des urprünglichen Worts, eingetreten. Nun können wir diesen rekonstruieren:

```
In[14]:= liste[[x + 1]] = Mod[liste[[x + 1]] - e, 31]
```

```
Out[14]= 15
```

und erhalten das korrigierte Wort

```
In[15]:= Verbalisiere[liste]
Out[15]= APWORT
```

Die folgende Funktion faßt diese Schritte zusammen:

```
In[16]:= Clear[InverseReedSolomon]
         InverseReedSolomon[wort_, p_] :=
           Module[{liste, n, e, s, x, k},
             liste = Digitalisiere[wort];
             n = Length[liste];
             e = Mod[Apply[Plus, liste], p];
             s = Mod[Sum[(k - 1) * liste[[k]], {k, 1, n}], p];
             x = Mod[s * PowerMod[e, -1, p], p];
             liste[[x + 1]] = Mod[liste[[x + 1]] - e, p];
             liste = Rest[Rest[liste]];
             Verbalisiere[liste]
           ]
```

Nun gelingt die Fehlerkorrektur in einem Schritt:

```
In[17]:= InverseReedSolomon["APWIRT", 31]
Out[17]= WORT
```

Schließlich betrachten wir ein weiteres Beispiel:

```
In[18]:= code = ReedSolomon["MATHEMATIK", 31]
Out[18]= JMMATHEMATIK
```

Wir bauen einen Fehler ein:

```
In[19]:= code = StringReplace[code, "H" → "S"]
Out[19]= JMMATSEMATIK
```

und reparieren diesen wieder:

```
In[20]:= InverseReedSolomon[code, 31]
Out[20]= MATHEMATIK
```

Bauen wir allerdings einen zweiten Fehler ein:

```
In[21]:= code = StringReplace[code, "K" → "J"]
Out[21]= JMMATSEMATIJ
```

```
In[22]:= InverseReedSolomon[code, 31]
```

```
Part :: "partw":Part 24 of {10,13,13,1,20,19,5,13,1,20,9,10}
does not exist

Set :: "partw": Part 24 of {10,13,13,1,20,19,5,13,1,20,9,10}
does not exist
Out[22]= MATSEMATIJ
```

so gelingt die Rekonstruktion erwartungsgemäß nicht. □

Wendet man den betrachteten Reed-Solomon-Code auf vierbuchstabige Blöcke an, so werden diese also mit einer Redundanz von 2 zusätzlichen Buchstaben versehen. Man sagt, dieser Code habe die *Informationsrate* 4/6. Wird ein 6-tupel fehlerfrei oder mit nur einem Fehler übertragen, so können wir diesen beheben und den Text als fehlerfrei betrachten.

Wir nehmen nun an, ein Text mit 1 Million Buchstaben sei gegeben. Sind in unserem Text 2 von Tausend Buchstaben fehlerhaft, so enthält dieser insgesamt also ca. 2000 Fehler. Wir codieren den Text nun mit unserem Reed-Solomon-Code. Danach hat dieser 1,5 Millionen Buchstaben. Unsere Buchstaben sind mit einer Wahrscheinlichkeit von $\frac{2}{1000} = 0{,}2\%$ fehlerhaft, also hat ein sechsbuchstabiges Wort *mehr als einen Fehler*[11] mit einer Wahrscheinlichkeit von 0,00006:

In[23]:= $\mathbf{w = \sum_{k=2}^{6} Binomial[6, k]\, 0.002^k\, 0.998^{6-k}}$

Out[23]= 0.0000596807

Wir müssen nun also nur noch ca.

In[24]:= $\mathbf{w * 1.5 * 10^6}$

Out[24]= 89.5211

Fehler in unserem Text erwarten.

Diese Quote kann aber noch weiter verbessert werden. Hierzu entwickeln wir beispielsweise einen Reed-Solomon-Code, bei welchem Blöcke $a_4 a_5 \ldots a_{11}$ der Länge 8 mit 4 redundanten Zeichen $a_0 a_1 a_2 a_3$ versehen werden, welche den Bedingungen

$$\begin{aligned}
a_0 + a_1 + a_2 + \cdots + a_{11} &\equiv 0 \pmod{31}\\
a_1 + 2a_2 + \cdots + 11a_{11} &\equiv 0 \pmod{31}\\
a_1 + 4a_2 + \cdots + 11^2 a_{11} &\equiv 0 \pmod{31}\\
a_1 + 8a_2 + \cdots + 11^3 a_{11} &\equiv 0 \pmod{31}
\end{aligned}$$

[11] also 2, 3, 4, 5 bzw. 6 Fehler. Wir bestimmen die gesuchte Wahrscheinlichkeit mit Hilfe der Binomialverteilung.

genügen. Dieser Code hat wieder eine Informationsrate von 4/6. Es zeigt sich aber, daß wir mit diesem Code bis zu 2 Fehler korrigieren können, s. Übungsaufgabe 5.10! Man nennt dies einen 2-fehlerkorrigierenden Code. Die Wahrscheinlichkeit, daß ein Wort der Länge 12 mehr als 2 Fehler besitzt, ist aber nur gleich

In[25]:= $\mathbf{w} = \sum_{k=3}^{12} \mathbf{Binomial[12, k]\,0.002^{k}\,0.998^{12-k}}$

Out[25]= 1.73639×10^{-6}

und der Erwartungwert beträgt bei diesem Verfahren nur noch

In[26]:= $\mathbf{w * 1.5 * 10^{6}}$

Out[26]= 2.60459

Fehler in unserem Dokument. Dies ist eine ziemlich beeindruckende Quote, wenn wir daran denken, daß unser Dokument ohne Fehlerkorrektur 2000 Fehler besaß.

Eine Musik-CD ist selten fehlerfrei. Die Anzahl der Fehler kann hier durchaus in den Hunderttausenden liegen. Damit die Musik dennoch in vernünftiger Qualität abgespielt werden kann, wird hier ebenfalls ein fehlerkorrigierender Code (mit einer Informationsrate von 3/4) verwendet. Da die Fehler bei einer CD nicht zufällig, sondern typischerweise in Clustern auftreten (z. B., wenn die CD zerkratzt ist), findet ein spezieller Cross-Interleaved Reed-Solomon-Code des Körpers GF(2^8) Verwendung.[12]

5.5

5.5 Asymmetrische Verschlüsselungsverfahren

Während wir im Rahmen der Codierungstheorie versucht haben, Übertragungsfehler zu erkennen bzw. auszubessern, nehmen wir nun an, daß die fehlerfreie Übertragung sichergestellt ist. Das Ziel dieses Abschnitts ist es, moderne Verfahren zur *Verschlüsselung* von Nachrichten vorzustellen.

Wir gehen wieder davon aus, daß ein Sender über einen Übertragungskanal eine Nachricht an einen Empfänger schickt. Da ein Unbefugter die Übertragung gegebenenfalls abhören kann, wird die Nachricht *verschlüsselt* (*chiffriert*) und muß dann vom Empfänger wieder *entschlüsselt* (*dechiffriert*) werden.

$$\text{Nachricht/Klartext} \quad \xrightarrow{\text{Verschlüsselung}} \quad \text{Geheimtext/Kryptogramm}\,.$$

[12] Die Galoisfelder GF(q) werden in Abschnitt 7.4 auf Seite 227 eingeführt.

Die *Kryptographie* ist die Lehre vom Verschlüsseln, während die *Kryptoanalyse* die Lehre vom erfolgreichen Brechen einer Verschlüsselungsmethode ist. Die *Kryptologie* verbindet diese beiden Disziplinen.

Wichtige Anwendungen moderner kryptographischer Verfahren sind

- die Übertragung von Telefongesprächen über Satellit;
- Pay-TV;
- elektronische Bankgeschäfte;
- E-Commerce;
- Paßwortverfahren, z. B. bei Computerbetriebssystemen für Multiuserbetrieb;
- abhörsicheres Anmelden auf einem entfernten Computer über eine Datenleitung (secure shell);
- sichere E-Mail [PGP].

Beispiel 5.12 (**Caesarcode**) Man kann einen Text mit dem Caesarverfahren verschlüsseln, s. Beispiel 5.8, bei welchem jeder Buchstabe um 3 Plätze verschoben wird. Das *Verfahren* wäre hier also Caesar, der *Schlüssel* des Verfahrens die Zahl 3. Die Verschlüsselung ist einfach und bei Kenntnis des Schlüssels ist auch die Entschlüsselung einfach: Man wendet das Caesarverfahren mit dem Schlüssel −3 an. **5.12**

Der Kryptoanalyst kann die verschlüsselte Nachricht aber auch ohne Kenntnis des Schlüssels entschlüsseln. Hat nämlich das zugrundeliegende Alphabet m Buchstaben, so gibt es bei dem Verfahren Caesar nur m verschiedene Schlüssel. Der Kryptoanalyst kann also *alle* Schlüssel durchprobieren und somit alle möglichen Klartexte erzeugen. Im allgemeinen macht dann nur einer davon Sinn. △

Sitzung 5.13 Die *Mathematica*-Funktion

```
In[1]:= CaesarV[" ",n_] := " "

        CaesarV[x_String,n_] :=
          FromCharacterCode[
            Mod[ToCharacterCode[x] + n - 65, 26] + 65] /;
          Length[ToCharacterCode[x]] === 1
```

```
In[2]:= CaesarV[x_String, n_] :=
          Module[{length, first, rest},
            length = StringLength[x];
            first = StringTake[x, 1];
            rest = StringDrop[x, 1];
            StringJoin[CaesarV[first, n],
              CaesarV[rest, n]]]/;
          Length[ToCharacterCode[x]] > 1

        CaesarE[x_String, n_] := CaesarV[x, -n]
```

programmiert das Caesarverfahren über dem Alphabet $\{A, B, \ldots, Z\}$ rekursiv, wobei gemäß der ersten Definition von `CaesarV` Leerzeichen erhalten bleiben. Wir versuchen nun, das Verfahren zu brechen. Angenommen, wir erhalten das Kryptogramm

```
In[3]:= test = "QXIIT TCIOXUUTGC"
Out[3]= QXIIT TCIOXUUTGC
```

dann bilden wir einfach die Liste *aller* möglicher Klartexte[13]

```
In[4]:= Do[Print[CaesarE[test, n]], {n, 1, 26}]
PWHHS SBHNWTTSFB
OVGGR RAGMVSSREA
NUFFQ QZFLURRQDZ
MTEEP PYEKTQQPCY
LSDDO OXDJSPPOBX
KRCCN NWCIROONAW
JQBBM MVBHQNNMZV
IPAAL LUAGPMMLYU
HOZZK KTZFOLLKXT
GNYYJ JSYENKKJWS
FMXXI IRXDMJJIVR
ELWWH HQWCLIIHUQ
DKVVG GPVBKHHGTP
CJUUF FOUAJGGFSO
BITTE ENTZIFFERN
AHSSD DMSYHEEDQM
ZGRRC CLRXGDDCPL
YFQQB BKQWFCCBOK
XEPPA AJPVEBBANJ
```

[13]Man beachte, daß das Druckkommando `Print` zwar eine Ausgabe auf dem Bildschirm erzeugt, aber genau wie `Do` das Resultat `Null` hat.

```
WDOOZ ZIOUDAAZMI
VCNNY YHNTCZZYLH
UBMMX XGMSBYYXKG
TALLW WFLRAXXWJF
SZKKV VEKQZWWVIE
RYJJU UDJPYVVUHD
QXIIT TCIOXUUTGC
```

Ein kurzer Blick auf die Ergebnisliste zeigt uns, welches der richtige Schlüssel ist:

```
In[5]:= CaesarE[test, 15]
Out[5]= BITTE ENTZIFFERN
```

Ganz offenbar gibt es bei diesem Verfahren zu wenige Schlüssel. □

Wir betrachten nun den allgemeinen Fall kryptographischer Verfahren. N sei die zu verschlüsselnde Nachricht. Ferner sei V das Verschlüsselungsverfahren und s der zugehörige Schlüssel. Wir verschlüsseln also gemäß $C = V_s(N)$ und erhalten das Kryptogramm C. Der Empfänger benötigt das Entschlüsselungsverfahren E und einen Schlüssel t. Mit diesem kann er dann das Kryptogramm wieder entschlüsseln: $N = E_t(C)$. Insgesamt gilt also die Gleichung

$$E_t(V_s(N)) = N .$$

Dies muß für alle Nachrichten gelten, mathematisch ist die Funktion E_t also auf dem Bild von V_s die Umkehrfunktion von V_s, $E_t = V_s^{-1}$, welche im Prinzip eindeutig bestimmt ist durch V_s. Bei vielen kryptographischen Verfahren ist dies nicht nur prinzipiell so, sondern man kann E_t auch ganz leicht aus V_s bestimmen. Beispielsweise ist beim Caesarverfahren V_n (Verschiebung um n Buchstaben) die Entschlüsselung gegeben durch $E_n = V_{-n}$. Zum Entschlüsseln ist also dasselbe Verfahren geeignet, und auch der Entschlüsselungsschlüssel t läßt sich einfach aus dem Verschlüsselungsschlüssel s bestimmen. Solche Verschlüsselungsverfahren werden *symmetrisch* genannt.

Während das Caesarverfahren offensichtlich ein unsicheres symmetrisches Verschlüsselungsverfahren ist, gibt es durchaus brauchbare und bewährte symmetrische Verschlüsselungsverfahren, welche allerdings erheblich komplizierter sind. Ein bewährtes, vollständig publiziertes symmetrisches Verschlüsselungsverfahren mit $E_t = V_s$, welches also (einschließlich des Schlüsselpaars) vollständig symmetrisch ist, ist das DES-Verfahren, s. z. B. [Buc1999], Kapitel 5. Das DES-Verfahren ist bislang noch nicht gebrochen worden, aber die Schlüssellänge muß vergrößert werden, um die zukünftige Sicherheit zu gewährleisten. Hierauf wollen wir aber hier nicht näher eingehen.

Wir wollen uns in der Folge mit *asymmetrischen Verschlüsselungsverfahren* beschäftigen. Natürlich erwarten wir von jedem guten Verschlüsselungsverfahren, daß Verschlüsselung V_s und Entschlüsselung E_t schnell vonstatten gehen. Das Verfahren soll also *effizient* sein. Ferner soll es möglichst nicht zu brechen sein (*Sicherheit*). Von einem asymmetrischen Verfahren fordern wir noch folgende zusätzliche Eigenschaften:

1. Verschlüsselungsverfahren V und Entschlüsselungsverfahren E sind allen Teilnehmern bekannt.
2. Ferner wird der Verschlüsselungsschlüssel s vom Empfänger *öffentlich* gemacht (z. B. im Internet oder in einem öffentlichen Schlüsselbuch) und kann von jedem potentiellen Sender zur Verschlüsselung verwendet werden. Den zugehörigen Entschlüsselungsschlüssel t hält der Empfänger aber geheim. s heißt der *öffentliche Schlüssel* (public key) und t heißt der *private Schlüssel* (private key) des Empfängers. Dies manifestiert die Asymmetrie des Verfahrens.
3. Die Kenntnis der Verschlüsselungsfunktion V_s läßt die Berechnung der Entschlüsselungsfunktion E_t nicht mit vertretbarem Aufwand zu. Insbesondere läßt sich also t nicht mit vertretbarem Aufwand aus s bestimmen.

Wegen (2) heißen asymmetrische Verfahren auch *Public-Key-Verfahren*. Die Bedingung (3) ist wegen (2) unbedingt nötig, damit das Verfahren sicher ist.

Eines der Hauptprobleme konventioneller Geheimschriften ist die *Schlüsselübergabe*. Bei der Übergabe des Schlüssels könnte ein Agent in den Besitz des Geheimschlüssels kommen. Jede Verschlüsselung wäre danach völlig nutzlos!

Anders beim Public-Key-Verfahren: Dadurch, daß die Verschlüsselungsschlüssel öffentlich gemacht werden, ist eine Schlüsselübergabe nicht erforderlich. Will nun Anna eine Nachricht an Barbara schicken, so verschlüsselt sie die Nachricht mit dem öffentlichen Schlüssel s_B von Barbara und schickt die Nachricht an Barbara. Barbara entschlüsselt die Nachricht mit ihrem privaten Schlüssel t_B. Sobald die Nachricht verschlüsselt wurde, kann sie nur noch mit dem privaten Schlüssel von Barbara entschlüsselt werden. Auch Anna selbst kann sie zu diesem Zeitpunkt nicht mehr entschlüsseln!

Falls bei einem Public-Key-Verfahren $E = V$ gilt, kann es auch zur *Benutzerauthentifikation* verwendet werden: Anna will Barbara eine Nachricht schicken, bei der Barbara sicher sein kann, daß sie von Anna stammt. Also erzeugt sie mit ihrem privaten Schlüssel t_A eine Unterschrift unter der Nachricht ($U = V_{t_A}(n)$) und schickt sie an Barbara. Dann kann Barbara mit dem öffentlichen Schlüssel s_A von Anna verifizieren (ist $E_{s_A}(U) = n$?), daß die Nachricht von Anna kam. Wenn diese *digitale Signatur* geschickt durchgeführt wird, indem die Unterschrift in geeigneter Weise an die Nachricht gekoppelt wird, kann man sogar erreichen, daß der Empfänger sicher sein kann, daß die Nachricht *unverfälscht* angekommen ist (*Nachrichtenintegrität*). Diese Kopplung wird dadurch realisiert, n in geeigneter Weise abhängig von N zu wählen. Hierfür verwendet man zusätzlich eine sogenannte *Hashfunktion*, s. [Buc1999], Kapitel 10.

Bevor wir mit dem RSA-Verfahren [RSA1978] ein asymmetrisches Verfahren vorstellen wollen, besprechen wir die *Diffie-Hellman-Schlüsselvereinbarung* [DH1976], welche es zwei Teilnehmern ermöglicht, einen gemeinsamen Schlüssel zu vereinbaren, ohne diesen über einen gegebenenfalls unsicheren Kanal senden zu müssen. Auf diese Weise kann man also die Schlüsselübergabe auf sichere Weise bewerkstelligen, ohne Gefahr zu laufen, daß der gemeinsame Schlüssel bekannt wird. Der gemeinsame Schlüssel bei der Diffie-Hellman-Schlüsselvereinbarung ist eine natürliche Zahl.

Beispiel 5.14 (**Diffie-Hellman-Schlüsselvereinbarung**) Anna und Barbara vereinbaren eine natürliche Zahl $g \in \mathbb{N}$ und eine Primzahl $p \in \mathbb{P}$. Diese sind nicht geheim und können (im Prinzip) der Allgemeinheit zugängig gemacht werden. Dann wählt Anna eine zufällige natürliche Zahl $a < p$ und berechnet $\alpha := \mathrm{mod}(g^a, p)$. Auch Barbara wählt eine zufällige natürliche Zahl $b < p$ und berechnet $\beta := \mathrm{mod}(g^b, p)$. Als nächstes werden die beiden Zahlen α und β ausgetauscht. Anna berechnet schließlich $s = \mathrm{mod}(\beta^a, p)$, und Barbara berechnet $t = \mathrm{mod}(\alpha^b, p)$. Wegen **5.14**

$$s \equiv \beta^a \equiv (g^b)^a \equiv g^{ab} \equiv (g^a)^b \equiv \alpha^b \equiv t \pmod p$$

ist $s = t$, d. h. die beiden berechneten Schlüssel stimmen überein. Das Verfahren ist also *durchführbar*. Wir müssen uns nun überlegen, warum ein Angreifer keine Chance hat, s zu bestimmen. Der Angriff könnte darin bestehen, beim Austausch von α und β diese beiden Zahlen abzuhören. Wir können ferner davon ausgehen, daß ein Angreifer g und p kennt. Auf der anderen Seite haben Anna und Barbara a und b geheim gehalten, so daß diese dem Angreifer unbekannt sind. Um nun beispielsweise $t \equiv \alpha^b \pmod p$ aus α zu bestimmen, müßte der Angreifer b bestimmen und somit die Gleichung

$$\beta \equiv g^b \pmod p$$

nach b auflösen. Dies ist aber, wie wir gesehen haben, praktisch unmöglich: Die Bestimmung des modularen Logarithmus ist in vernünftiger Zeit[14] unmöglich, falls man nur g und p groß genug gewählt hat. Dafür werden Anna und Barbara aber sorgen. △

Daß die Diffie-Hellman-Schlüsselvereinbarung gelingt, liegt also an der Tatsache, daß die modulare Exponentialfunktion eine *Einwegfunktion* ist: Die Berechnung von $y = g^x \pmod p$ ist effizient möglich, während die (mehrdeutige) Umkehrfunktion $x =$

---

[14]Falls man hierfür nach heutigen Stand der Technik 100 Jahre benötigt, wird man mit dem Verfahren zufrieden sein.

$\log_g y \pmod{p}$ praktisch unberechenbar ist. Einwegfunktionen spielen auch eine wichtige Rolle bei asymmetrischen kryptographischen Verfahren.

5.15 **Beispiel 5.15** (**RSA-Verfahren**) Das bekannteste asymmetrische kryptographische Verfahren ist das RSA-Verfahren, bei welchem ebenfalls die modulare Exponentialfunktion geschickt ausgenutzt wird. Es wird hierbei o. B. d. A. angenommen, daß die Nachricht N als natürliche Zahl vorliegt. Es folgt das *kryptographische Protokoll* des RSA-Verfahrens:

1. Barbara bestimmt
   (a) zwei mindestens (dezimal) 100-stellige zufällig ausgewählte Primzahlen p und q.[15]
   (b) $n = p \cdot q$.[16]
   (c) $\varphi = (p-1) \cdot (q-1)$.
   (d) eine zufällige natürliche Zahl $e < \varphi$ mit $\gcd(e, \varphi) = 1$. Das Paar $s_B = (e, n)$ ist Barbaras öffentlicher Schlüssel und wird publiziert.
   (e) $d = e^{-1} \pmod{\varphi}$. Die Zahl $t_B = d$ konstituiert Barbaras privaten Schlüssel.[17]
2. Barbara löscht (aus Sicherheitsgründen) p, q und φ.
3. Anna verschlüsselt ihre Nachricht $N \in \mathbb{Z}_n$ mit der Rechnung
   $$C = V_{s_B}(N) = \operatorname{mod}(N^e, n) \in \mathbb{Z}_n \, .$$
   Falls $N \geqq n$ ist, wird die Nachricht in Blöcke zerlegt und es werden die einzelnen Blöcke verschlüsselt.
4. Barbara entschlüsselt (gegebenenfalls die einzelnen Blöcke) gemäß
   $$E_{t_B}(C) = \operatorname{mod}(C^d, n) \, .$$

Zunächst wollen wir zeigen, daß das RSA-Verfahren durchführbar ist. Hierfür haben wir zu zeigen, daß (in $\mathbb{Z}_n$)

$$E_{t_B}(V_{s_B}(N)) = N$$

---

[15]Dies reicht für unsere Zwecke aus. Allerdings kann das Weltrekord-Team 200-stellige Dezimalzahlen faktorisieren, s. [Wei2005b]. Kann man dies, ist das Verfahren unsicher, und die Länge von p und q muß erhöht werden.

[16]Eine 200-stellige Dezimalzahl hat eine Bitlänge von $200 \log_2 10 \approx 665$. Man führt heute das RSA-Verfahren meist mit $2^{10} = 1024$ Bits durch.

[17]Die Buchstaben e und d stammen aus dem Englischen und stehen für encryption und decryption.

ist. Dies folgt aber mit dem kleinen Satz von Fermat: Wegen $d \cdot e \equiv 1 \pmod{\varphi}$ ist $d \cdot e = 1 + k\varphi$ für ein $k \in \mathbb{N}_{\geqq 0}$. Also folgt

$$E_{t_B}(V_{s_B}(N)) \equiv (N^e)^d \equiv N^{de} \equiv N^{1+k\varphi} \equiv N^{1+k\cdot(p-1)\cdot(q-1)} \pmod{n}.$$

Wir rechnen zunächst modulo p und zeigen mit Induktion:

$$N^{1+K(p-1)} \equiv N \pmod{p} \qquad (K \in \mathbb{N}_{\geqq 0}).$$

Für $K = 0$ ist dies klar, und der Induktionsschluß liefert mit dem Satz von Fermat[18]

$$N^{1+(K+1)(p-1)} \equiv N^p \cdot N^{K(p-1)} = N \cdot N^{K(p-1)} \equiv N^{1+K(p-1)} \equiv N \pmod{p}.$$

Ebenso ergibt sich modulo q:

$$N^{1+K(q-1)} \equiv N \pmod{q} \qquad (K \in \mathbb{N}_{\geqq 0}).$$

Folglich gilt wie behauptet:

$$N^{de} \equiv N^{1+k(p-1)(q-1)} \equiv N \pmod{pq}$$

und damit (in $\mathbb{Z}_n$)

$$E_{t_B}(V_{s_B}(N)) = N.$$

Das RSA-Verfahren entschlüsselt eine verschlüsselte Nachricht also wieder korrekt. Aber warum ist das RSA-Verfahren sicher? In Schritt (2) des Verfahrens hat Barbara die Zahlen p, q und φ vernichtet. Dies ist sinnvoll, da die Kenntnis einer dieser Zahlen die Berechnung des geheimen Schlüssels d ermöglicht, s. Übungsaufgabe 5.11.

Da n veröffentlicht wird, kann man das RSA-Verfahren brechen, wenn es einem gelingt, n in seine Primfaktoren $n = p \cdot q$ zu zerlegen. Während es relativ schnell möglich ist zu überprüfen, ob eine natürliche Zahl (mit hoher Wahrscheinlichkeit) prim ist oder nicht, s. Abschnitt 4.6, ist es mit heutigen Methoden völlig unmöglich, eine 200-stellige Dezimalzahl zu faktorisieren, s. Abschnitt 3.5. Dies klärt die Sicherheit des RSA-Verfahrens. Das Produkt $n = p \cdot q$ ist also die Einwegfunktion des RSA-Verfahrens.

Ist das RSA-Verfahren auch effizient? Dies ist offenbar gegeben, wenn man die modulare Exponentialfunktion mit dem in Abschnitt 4.4 auf S. 100 vorgestellten Divide-and-Conquer-Algorithmus oder einem ähnlichen Verfahren berechnet. △

Sitzung 5.16 Wir erklären folgende Hilfsfunktionen:

[18]Mittels $N^{p-1} = 1$ kann man auch einen direkten Beweis führen. Dann muß aber der Fall $p \mid N$ gesondert behandelt werden.

```
In[1]:= ListToNumber[liste_] := First[liste]/; Length[liste] == 1
        ListToNumber[liste_] :=
          1000 * ListToNumber[Reverse[Rest[Reverse[liste]]]]+
            Last[liste]

        TextToNumber[string_] :=
          ListToNumber[ToCharacterCode[string]]

        NumberToList[zahl_] := {zahl} /; zahl < 1000
        NumberToList[zahl_] :=
          Append[NumberToList[(zahl - Mod[zahl, 1000])/1000],
            Mod[zahl, 1000]]

        NumberToText[zahl_] :=
          FromCharacterCode[NumberToList[zahl]]
```

```
In[2]:= Verschlüssele[nachricht_] :=
          PowerMod[TextToNumber[nachricht], e, n]

        Entschlüssele[zahl_] :=
          NumberToText[PowerMod[zahl, d, n]]
```

und unter Verwendung von `NextPrime` führen wir die Initialisierung des RSA-Algorithmus wie folgt durch:

```
In[3]:= InitialisiereRSA := Module[{},
            p = NextPrime[Random[Integer, {10^100, 10^101}]];
            q = NextPrime[Random[Integer, {10^100, 10^101}]];
            n = p * q;
            φ = (p - 1) * (q - 1);
            e = φ;
            While[Not[GCD[φ, e] === 1],
              e = NextPrime[
                  Random[Integer, {10^50, 10^51}]]];
            d = PowerMod[e, -1, φ];
          ]
```

Wir rufen `InitialisiereRSA` auf

```
In[4]:= InitialisiereRSA
```

und erhalten folgenden öffentlichen Schlüssel:

```
In[5]:= {e, n}
Out[5]= {40998536436223191577023612301326813733991005886029,
         1770359561099732931082797331339072450465235564746457786835930237
         884010984391660908091056940820760046231720234715785544017920
         473106663650932399105198326946448449414799766291285737008913б
         44085536313658943}
```

Leserinnen und Leser sind nun eingeladen, hieraus den privaten Schlüssel d zu bestimmen! Nach dem heutigen Stand der Forschung und Technik sollte dies nur speziellen Forschungsteams möglich sein.

Wir erklären nun eine Nachricht:

```
In[6]:= nachricht = "Dies ist meine Nachricht"
Out[6]= Dies ist meine Nachricht
```

und verschlüsseln diese mit dem oben erklärten öffentlichen Schlüssel:

```
In[7]:= resultat = Verschlüssele[nachricht]
Out[7]= 24160272612134484489820088587582508709681010955869795833220655256
        957329813305233543796324135214577466147389148477052922001551494
        438914772615780284695515306869190083063931830977923511839452375
        3003654137
```

Die Nachricht läßt sich leicht mit unserem privaten Schlüssel rekonstruieren:

```
In[8]:= Entschlüssele[resultat]
Out[8]= Dies ist meine Nachricht
```

Dies funktioniert allerdings nur, falls kein Übertragungsfehler aufgetreten ist. Schon der kleinste Fehler macht die Rekonstruktion unmöglich:[19]

```
In[9]:= Entschlüssele[resultat + 1]
```

Ein letztes Beispiel:

```
In[10]:= resultat = Verschlüssele["Wie ist es mit dieser Meldung?"]
Out[10]= 94254498735273513030010478177938809074583014409510611159990046532
         389490464084373239001981994663109777426387862932065081602849981
         230637355639058707551538138066322493994776604716731385971852562
         2390908968
```

```
In[11]:= Entschlüssele[resultat]
Out[11]= Wie ist es mit dieser Meldung?
```

---

[19] Das Ergebnis ist i. a. keine darstellbare Nachricht. Auf die Ausgabe wurde daher verzichtet.

Unser RSA-Code funktioniert nur, falls $N < 10^{200}$ ist. Ist die Nachricht länger, so müssen wir sie in Blöcke dieser Länge unterteilen. □

Abschließend sollte ich darauf hinweisen, daß es bislang unbewiesen ist, daß es Einwegfunktionen überhaupt gibt. Dies ist genau dann der Fall, falls $P \neq NP$ gilt (s. z. B. [BCS1997], [BDG1988]), eine berühmte Vermutung aus der Komplexitätstheorie. Aber nach heutigem Wissensstand sind sowohl die modulare Exponentialfunktion als auch das Ausmultiplizieren natürlicher Zahlen Einwegfunktionen. In der Praxis haben sich das RSA-Verfahren wie auch andere asymmetrische kryptographische Verfahren bestens bewährt. Dieses Thema ist ein florierendes Forschungsgebiet der heutigen Mathematik.

5.6

5.6 Ergänzende Bemerkungen

Weiterführende Bücher zur Codierungstheorie sind [Jun1995] sowie [BFKWZ1998]. Die Darstellung der Reed-Solomon-Codes in Abschnitt 5.4 wurde aus [Lint2000] übernommen.

Eine schöne Einführung in die Kryptographie liefert [Kob2001], und ein elementares, sehr empfehlenswertes Textbuch ist [Buc1999]. Weitere asymmetrische Verfahren werden beispielsweise in [Sal1990] betrachtet. Kryptosysteme auf elliptischen Kurven scheinen besonders erfolgversprechend zu sein.

5.7

5.7 Übungsaufgaben

5.1 (Bitlänge) Zeigen Sie: Für ein Wort der Länge n über einem Alphabet $\mathcal{A}$ mit m Zeichen benötigt man $n \cdot \log_2 m$ Bits. Wie muß gerundet werden?

5.2 (Präfixcodes) Beweisen Sie konstruktiv: Präfixcodes lassen sich eindeutig decodieren. Ist ein Code vom Typ der Definition 5.4 kein Präfixcode, so läßt er sich nicht eindeutig decodieren.

5.3 (Präfixcodes) Programmieren Sie die Codierung und Decodierung des Präfixcodes $C : \bigcup\limits_{n\in\mathbb{N}} \{A, B, C\}^n \to \bigcup\limits_{n\in\mathbb{N}} \{0, 1\}$, welcher gegeben ist durch

$$A \mapsto 0\,, \quad B \mapsto 10\,, \quad C \mapsto 11\,.$$

Codieren und decodieren Sie `"ABCAACCBAB"` sowie ein zufällig erzeugtes Wort der Länge 1000. Überprüfen Sie die Ergebnisse.

5.4 Zeigen Sie, daß bei Einführung des Pausenzeichens | in das Morsealphabet {•, −}[20] der Morsecode ein Präfixcode ist. Decodieren Sie den folgenden Text:

• • | − • | − • • | • | • − • | • • − • | • − | − − − − | • − • • | • • | − − − − | • | − • |

• − − • | • − • | • • − − | • • − • | • • − | − • | − − • | • • − • | • • − − | • − • |

• • − • | • • − | − • | − • − | • − | − − | • − | − | • | • • − | • − • | • | • • • • | • − | − |

− • • | • | • − • | − • • • | • | • − − | • | • − • | − • • • | • | • − • | • − − • | • − • | • − | − • − |

− | • • | • • • | − − − − | • | • • − • | • | • − • | − | • • | − − • | − • − | • | • • | − | • | − • |

• • | − − | • • • • | − − − • | • − • | • | − • | • • − | − • | − • • | − − • | • | − • • • | • | − • |

• • • − | − − − | − • | − − | − − − | • − • | • • • | • | − − • • | • | • • | − − − − | • | − • |

− • | • − | − − − − | − − • • | • • − | • − − | • | • • | • • • | • | − •

5.5 (ISBN-Prüfziffer)

(a) Schreiben Sie eine Prozedur `ISBNPrüfziffer[n]`, welche die Prüfziffer, also das letzte Zeichen der ISBN-Nummer, aus den ersten 9 Ziffern n berechnet.

(b) Berechnen Sie die Prüfziffern meiner Bücher
   (i) *Mathematik mit DERIVE*: ISBN-Nummer beginnt mit 3-528-06549;
   (ii) *Höhere Analysis mit DERIVE*: ISBN-Nummer beginnt mit 3-528-06594;
   (iii) *DERIVE für den Mathematikunterricht*: ISBN-Nummer beginnt mit 3-528-06752;
   (iv) *Hypergeometric Summation*: ISBN-Nummer beginnt mit 3-528-06950;
   (v) *Die reellen Zahlen als Fundament und Baustein der Analysis*: ISBN-Nummer beginnt mit 3-486-24455;

   sowie dreier beliebiger anderer Bücher.

(c) Schreiben Sie eine Prozedur `CheckISBNPrüfziffer[n]`, welche testet, ob eine vollständige ISBN-Nummer n korrekt ist. Eine vollständige ISBN-Nummer

[20] Das Morsealphabet ist also die Menge {•, −, |}.

ist hierbei entweder eine 10-stellige Zahl oder eine 9-stellige Zahl zusammen mit dem Abschlußzeichen X.

(d) Testen Sie die Prozedur an obigen Beispielen sowie an 10 zufälligen 10-stelligen Dezimalzahlen.

5.6 (EAN-Prüfziffer) Schreiben Sie eine Prozedur `EANPrüfziffer[n]`, welche die Prüfziffer aus den ersten 12 Ziffern n berechnet. Berechnen Sie die Prüfziffer von 402570000102.

5.7 (Prüfverfahren bei Euro-Banknoten) Die Euroscheine haben eine Numerierung. Diese besteht aus einem Buchstaben am Anfang und einer Anzahl folgender Ziffern. Der Anfangsbuchstabe ist gemäß folgender Tabelle dem Herkunftsland zugeordnet:

J	Großbritannien
K	Schweden
L	Finnland
M	Portugal
N	Österreich
P	Niederlande
R	Luxemburg
S	Italien
T	Irland
U	Frankreich
V	Spanien
W	Dänemark
X	Deutschland
Y	Griechenland
Z	Belgien

Ersetzt man den Buchstaben durch die Nummer seiner Position im Alphabet und addiert zu dieser Nummer alle Ziffern, so muß, modulo 9 gerechnet, bei einem gültigen Euroschein 8 herauskommen.

(a) Warum kann man dieses Kriterium eigentlich nicht als ein Prüfzeichenverfahren bezeichnen?

(b) Schreiben sie eine *Mathematica*-Funktion `CheckEuro[n]`, der man eine Euronummer n als String übergibt, und die `True` bzw. `False` zurückgibt, je nachdem, ob das Kriterium erfüllt ist.

(c) Schreiben sie eine Routine, die von einer Startnummer (von einem Euroschein Ihrer Wahl) aus vierzig aufeinanderfolgende gültige Euroschein-Nummern ausgibt.

5.8 (Huffman-Code)

(a) Gegeben sei die Häufigkeitsverteilung

$$\begin{pmatrix} A & 0{,}4 \\ B & 0{,}12 \\ C & 0{,}2 \\ D & 0{,}18 \\ E & 0{,}1 \end{pmatrix}.$$

Bilden Sie den Huffman-Code dieser Verteilung.

(b) Bilden Sie nun die Menge der Paare der Verteilung aus (a) und wenden Sie den Huffman-Algorithmus hierauf an. Erläutern Sie das Ergebnis.

(c) Berechnen Sie die Huffman-Codierung für die Häufigkeitsverteilung

$$\begin{pmatrix} A & 0{,}08 \\ B & 0{,}13 \\ C & 0{,}08 \\ D & 0{,}06 \\ E & 0{,}1 \\ F & 0{,}06 \\ G & 0{,}06 \\ H & 0{,}05 \\ I & 0{,}12 \\ K & 0{,}03 \\ L & 0{,}01 \\ M & 0{,}02 \\ N & 0{,}06 \\ O & 0{,}03 \\ P & 0{,}03 \\ R & 0{,}01 \\ S & 0{,}02 \\ T & 0{,}04 \\ U & 0{,}01 \end{pmatrix}.$$

(d) Verwenden Sie den Code zur Codierung und Decodierung des Texts `HUFFMAN HAT IMMER RECHT`.[21]

[21] Ignorieren Sie hierbei Leerzeichen.

5.9 (Reed-Solomon-Code) Testen Sie die Funktionen `ReedSolomon` und `InverseReedSolomon` an 10 Beispielen, bei denen Sie jeweils an einer zufällig ausgewählten Stelle einen zufälligen Fehler eingebaut haben!

5.10 (2-fehlerkorrigierender Code) Programmieren Sie den am Ende des Abschnitts 5.4 erläuterten 2-fehlerkorrigierenden Code und testen Sie ihn auf geeignete Weise.

5.11 (RSA-Verfahren) Zeigen Sie, daß die Kenntnis einer der Zahlen p, q oder φ die unkomplizierte Berechnung des privaten Schlüssels d ermöglicht.

5.12 (RSA-Verfahren [Wie1999]–[Wie2000])

(a) Das RSA-Verfahren hat leider *Fixpunkte*, d. h., es gibt Texte, deren Kryptogramm mit dem Original übereinstimmt. Die Wahrscheinlichkeit hierfür ist allerdings bei genügend großem n sehr gering.
Zeigen Sie, daß bei der „ungeschickten" Wahl $e = 1 + \operatorname{lcm}(p-1, q-1)$ *jede Verschlüsselung* einen Fixpunkt liefert.

(b) Zeigen Sie, daß das RSA-Verfahren korrekt bleibt, wenn wir den Modul φ als $\varphi = \operatorname{lcm}(p-1, q-1)$ erklären. Begründen Sie, warum dies eine bessere Wahl ist als die im Text angegebene.

(c) Zeigen Sie, daß der Defekt aus (a) auch auftritt, falls man den Modul $\varphi = \operatorname{lcm}(p-1, q-1)$ gemäß (b) erklärt. Warum ist dies in diesem Fall dennoch nicht schlimm?

Kapitel 6

Polynomarithmetik: Rechnen mit Polynomen und rationalen Funktionen

6

6

6 Polynomarithmetik: Rechnen mit Polynomen und rationalen Funktionen

6 Polynomarithmetik: Rechnen mit Polynomen und rationalen Funktionen

6.1 Polynomringe

6.1

Wir nehmen in der Folge in der Regel an, R sei ein nullteilerfreier kommutativer Ring mit 1. Einen solchen Ring nennt man einen *Integritätsbereich.*[1]

Beispiel 6.1 (a) Offenbar ist jeder Körper ein Integritätsbereich, s. Übungsaufgabe 4.2. Insbesondere sind $\mathbb{Q}$, $\mathbb{R}$, $\mathbb{C}$ und $\mathbb{Z}_p$ für $p \in \mathbb{P}$ Integritätsbereiche. 6.1
(b) Die Menge der ganzen Zahlen $\mathbb{Z}$ ist ein Integritätsbereich.
(c) Auch die Menge

$$\mathbb{Z}[i] := \{a + i\,b \mid a, b \in \mathbb{Z}\} \subset \mathbb{C}$$

der *Gaußschen ganzen Zahlen* bildet einen Integritätsbereich. Dieser Ring ist nullteilerfrei, da aus $(a, b, c, d \in \mathbb{Z})$

$$0 = (a + i\,b)(c + i\,d) = (ac - bd) + i\,(ad + bc)$$

die beiden Gleichungen

$$ac - bd = 0 \qquad \text{und} \qquad ad + bc = 0 \tag{6.1}$$

folgen. Multipliziert man nun die erste Gleichung mit c, die zweite mit d, und addiert die beiden Gleichungen, so erhält man

$$a\,(c^2 + d^2) = 0\,,$$

also $a = 0$ oder $c = d = 0$, also $c + id = 0$. Im Fall $a = 0$, $c + id \neq 0$ sieht man durch Einsetzen in (6.1), daß dann auch $b = 0$, also $a + ib = 0$ sein muß. Folglich existieren keine Nullteiler.

Das bewiesene Ergebnis kann man auch unter Verwendung des Körpers $\mathbb{C}$ der komplexen Zahlen erhalten. Als Unterring $\mathbb{Z}[i] \subset \mathbb{C}$ des Körpers $\mathbb{C}$ kann $\mathbb{Z}[i]$ keine Nullteiler haben. $\triangle$

Sitzung 6.2 In Adaption des Beweises aus Abschnitt 3.5 kann man zeigen, daß in $\mathbb{Z}[i]$ jedes Element eine (bis auf Einheiten) eindeutige Faktorzerlegung besitzt. Die Einheiten von $\mathbb{Z}[i]$

[1] oder Integritätsring, engl: integral domain

sind $\{1, -1, i, -i\}$. Eine Primzahl $p \in \mathbb{Z} \subset \mathbb{Z}[i]$ muß dann als Element $p \in \mathbb{Z}[i]$ allerdings nicht mehr prim sein:

```
In[1]:= FactorInteger[5, GaussianIntegers → True]
```

Out[1]= $\begin{pmatrix} -i & 1 \\ 1+2i & 1 \\ 2+i & 1 \end{pmatrix}$

Durch Multiplikation der Faktoren mit geeigneten Einheiten aus $\mathbb{Z}[i]$ kann diese Faktorisierung auch geschrieben werden als $5 = (1 + 2i)(1 - 2i)$.

Entsprechend erhalten wir

```
In[2]:= PrimeQ[5, GaussianIntegers → True]
Out[2]= False
```

und

```
In[3]:= Divisors[5, GaussianIntegers → True]
```

Out[3]= $\{1, 1+2i, 2+i, 5\}$

liefert die (bis auf Einheiten eindeutig bestimmten) Teiler von 5 in $\mathbb{Z}[i]$. □

Wir betrachten nun *Polynome* über einem Integritätsbereich R. Die Menge der Polynome der Form

$$a(x) = a_n x^n + a_{n-1} x^{n-1} + \cdots + a_1 x + a_0 = \sum_{k=0}^{n} a_k x^k \tag{6.2}$$

mit *Koeffizienten* $a_k \in R$ $(k = 0, \ldots, n)$ bezeichnen wir mit $R[x]$.[2] Es ist leicht einzusehen, daß $R[x]$ mit der üblichen Addition und Multiplikation[3] wieder ein Ring ist. Das Nullelement bzgl. der Addition ist das *Nullpolynom* $a(x) = 0$, für welches $n = 0$ und $a_0 = 0$ ist, und das Einselement bzgl. der Multiplikation ist das *Einspolynom* $a(x) = 1$ mit $n = 0$ und $a_0 = 1$. Wir nennen den Ring $R[x]$ den *Polynomring* über R bzgl. der Variablen x. Wir werden gleich sehen, daß dieser wieder ein Integritätsbereich ist. Zunächst einige weitere Bezeichnungen.

Ist $a_n \neq 0$, so sagen wir, $a(x)$ habe den Grad n, und wir schreiben $\deg(a(x), x) = n$.[4] Den Grad des Nullpolynoms setzen wir $\deg(0, x) = -\infty$. Ist $a_n \neq 0$, dann heißt (6.2) die *Standarddarstellung* des Polynoms $a(x)$, und a_n heißt der *führende Koeffizient* von $a(x)$

[2] Die *eckigen Klammern* sind bei dieser Notation wesentlich.

[3] Damit das resultierende Polynom des Produkts in der Gestalt (6.2) vorliegt, muß dieses mit dem Distributivgesetz ausmultipliziert sowie umsortiert (Kommutativität) und zusammengefaßt werden.

[4] Engl.: degree = Grad

und wird mit lcoeff($a(x), x$) bezeichnet.[5] Das Produkt $a_n x^n$ heißt der *führende Term* von $a(x)$ und wird mit lterm($a(x), x$) bezeichnet. Zwei Polynome sind definitionsgemäß genau dann gleich, wenn die Koeffizienten aller Potenzen x^k jeweils übereinstimmen.

Ist lcoeff($a(x), x$) $= 1$, so nennen wir $a(x)$ *normiert*.[6] Ist der Grad eines Polynoms deg($a(x), x$) $\leqq 0$, so sprechen wir von einem *konstanten Polynom*. Null- und Einspolynom sind konstant. Die konstanten Polynome $a(x) = r \in R$ bilden eine isomorphe Kopie von R und damit einen Unterring von $R[x]$, m. a. W.: $R \subset R[x]$.

Liegt ein Polynom in Standarddarstellung vor, sagen wir, es sei *expandiert* bzw. *ausmultipliziert*. Die Koeffizienten des ausmultiplizierten Produktpolynoms liefert die Formel des *Cauchyprodukts*

$$\sum_{k=0}^{n} a_k x^k \cdot \sum_{k=0}^{m} b_k x^k = \sum_{k=0}^{m+n} c_k x^k \tag{6.3}$$

mit

$$c_k = \sum_{j=0}^{k} a_j b_{k-j} \, . \tag{6.4}$$

Hierbei setzen wir für $n < m$ und $j = n+1, \ldots, m$ die Koeffizienten $a_j = 0$, und entsprechend für $n > m$ und $j = m+1, \ldots, n$ die Koeffizienten $b_j = 0$.

Aus den Definitionen für Addition und Multiplikation ergibt sich

$$\deg(a(x) + b(x), x) \leqq \max(\deg(a(x), x), \deg(b(x), x)) \, , \tag{6.5}$$

wobei für $\deg(a(x), x) \neq \deg(b(x), x)$ Gleichheit gilt, und

$$\deg(a(x) \cdot b(x), x) = \deg(a(x), x) + \deg(b(x), x) \tag{6.6}$$

mit der Konvention $-\infty + n = -\infty$.

Wir haben nun den

Satz 6.3 (Polynomring) Der Polynomring $R[x]$ der Polynome über einem Integritätsbereich R ist ein Integritätsbereich. **6.3**

Beweis: Es bleibt die Nullteilerfreiheit zu zeigen. Habe $a(x)$ den Grad n und $b(x)$ den Grad m, und sei das Produkt $a(x) \cdot b(x) = 0$ das Nullpolynom. Der führende Term des Produkts ist $a_n b_m x^{m+n}$. Weil $a(x) \cdot b(x)$ das Nullpolynom ist, muß dieser gleich Null sein. Nun ist R ein Integritätsring, also folgt hieraus $a_n = 0$ oder $b_m = 0$. Aus $a_n = 0$ folgt aber weiter, daß $a(x)$

[5] lcoeff = leading coefficient

[6] Im Englischen werden solche Polynome monisch (*monic*) genannt.

das Nullpolynom sein muß, da der führende Koeffizient sonst nicht Null ist. Analog folgt aus $b_m = 0$, daß $b(x)$ das Nullpolynom ist. □

Wir wollen an dieser Stelle betonen, daß die Elemente eines Polynomrings algebraische Objekte sind. Statt $a(x) = a_n x^n + a_{n-1} x^{n-1} + \cdots + a_1 x + a_0$ hätten wir auch einfach die *Koeffizientenliste* $a := (a_0, a_1, \ldots, a_n)$ als unser Polynom erklären können. Addition und Multiplikation sind dann Operationen mit diesen Listen. Insbesondere ist x nur ein Symbol zur Darstellung eines Polynoms – und zwar als Abkürzung für die Koeffizientenliste (0, 1) – und ist nicht als Element des Integritätsbereichs R aufzufassen. Da das Symbol x in keiner algebraischen Relation zu den Elementen von R steht, nennt man x ein *transzendentes Element* über R und $R[x]$ eine *transzendente Ringerweiterung* von R durch *Adjunktion* des Symbols x.

Sitzung 6.4 Wir erklären ein Polynom $a(x)$ in *Mathematica*:

In[1]:= $\mathbf{a = \sum_{k=0}^{10} k\, x^k}$

Out[1]= $10x^{10} + 9x^9 + 8x^8 + 7x^7 + 6x^6 + 5x^5 + 4x^4 + 3x^3 + 2x^2 + x$

Die Koeffizientenliste erhält man durch:

In[2]:= **CoefficientList[a, x]**

Out[2]= {0, 1, 2, 3, 4, 5, 6, 7, 8, 9, 10}

Die Berechnung

In[3]:= **Coefficient[a, x, 5]**

Out[3]= 5

liefert den Koeffizienten von x^5. □

Auch wenn x nur als Symbol zu verstehen ist, hindert uns niemand daran, in die Standarddarstellung (6.2) von $a(x)$ für x ein Element aus R einzusetzen. Wegen der Ringeigenschaft von R ist für jedes $\alpha \in R$ und $a(x) \in R[x]$ der Wert $a(\alpha) \in R$. Unter dem *Wert eines Polynoms* $a(x) \in R[x]$ an der Stelle $\alpha \in R$ verstehen wir das Element $a(\alpha) \in R$. Eine *Nullstelle* eines Polynoms $a(x)$ ist ein Element $\alpha \in R$, für welches $a(\alpha) = 0$ ist.

Wir müssen allerdings sehr genau zwischen dem Wert $0 \in R$ und dem Nullpolynom $0 \in R[x]$ unterscheiden. Hierzu betrachten wir folgendes Beispiel:

6.5 **Beispiel 6.5** Sei $R = \mathbb{Z}_2$. Offenbar hat das Polynom $a(x) = x(x-1) = x^2 - x \in R[x]$ sowohl $x = 0$ als auch $x = 1$ als Nullstelle. Also ist $a(\alpha) = 0$ für alle $\alpha \in R$, aber dennoch ist $a(x)$ nicht das Nullpolynom.

Sei nun $p \in \mathbb{P}$. Aus dem kleinen Satz von Fermat folgt, daß für $R = \mathbb{Z}_p$ das Polynom $a(x) = x^p - x \in R[x]$ in R identisch verschwindet: Jedes $\alpha \in \mathbb{Z}_p$ ist eine Nullstelle von $a(x)$. Dennoch ist $a(x)$ nicht das Nullpolynom.

Wir werden in Satz 6.26 sehen, daß dieses Phänomen ein Charakteristikum endlicher Grundringe R ist. △

Als nächstes charakterisieren wir die Einheiten in $R[x]$.

Hilfssatz 6.6 (Einheiten im Polynomring) Sei R ein Integritätsbereich. Ein Element $u(x) \in R[x]$ ist genau dann eine Einheit in $R[x]$, wenn es konstant und eine Einheit in R ist. 6.6

Beweis: Natürlich ist jede Einheit $u \in R$, aufgefaßt als Konstante in $R[x]$, in diesem Polynomring ebenfalls eine Einheit, denn sie hat nach Voraussetzung ein Inverses v mit $u \cdot v = 1$. Dieses Inverse ist ebenfalls ein konstantes Polynom $v \in R[x]$.

Sei nun umgekehrt $u(x) \in R[x]$ eine Einheit des Polynomrings. Dann gibt es $v(x) \in R[x]$ mit $u(x) \cdot v(x) = 1$. Hieraus folgt aber mit der Gradformel (6.6) $\deg(u(x), x) + \deg(v(x), x) = 0$. Da andererseits der Grad eines Polynoms nicht negativ ist,[7] folgt hieraus $\deg(u(x), x) = \deg(v(x), x) = 0$. Also sind $u(x)$ und $v(x)$ konstante Polynome und wegen $u(x) \cdot v(x) = 1$ Einheiten in R. □

Wir haben bislang Polynomringe in einer Variablen betrachtet. Dieses Konzept läßt sich aber sofort auf mehrere Variablen ausdehnen. Je nachdem, wie ausführlich man hier vom Distributivgesetz Gebrauch macht, führt dies auf eine *rekursive* bzw. eine *distributive* Darstellung der Polynome mehrerer Variablen.

Mit $R[x, y]$ bezeichnen wir den Ring der Polynome

$$a(x, y) = \sum_{j=0}^{n} \sum_{k=0}^{m} a_{j,k} x^j y^k \tag{6.7}$$

der zwei Variablen x und y mit Koeffizienten $a_{j,k} \in R$. Wir nennen (6.7) die distributive (vollständig ausmultiplizierte) Darstellung eines Polynoms zweier Variablen. Diese ergibt sich nach Anwendung des Distributivgesetzes auf die rekursive Darstellung eines Polynoms $a(x, y) \in R[x][y]$

$$a(x, y) = \sum_{k=0}^{m} \left(\sum_{j=0}^{n} a_{j,k} x^j \right) y^k$$

[7] Die Gradformel läßt auch nicht zu, daß $u(x)$ oder $v(x)$ das Nullpolynom ist.

bzw. eines Polynoms $a(x, y) \in R[y][x]$

$$a(x, y) = \sum_{j=0}^{n} \left(\sum_{k=0}^{m} a_{j,k} y^k \right) x^j .$$

In diesem Sinne identifizieren wir $R[x, y]$ mit $R[x][y]$ als auch mit $R[y][x]$.

Iterativ kann man auf diese Weise Polynomringe mit beliebig, aber endlich, vielen Variablen erzeugen.

6.7 **Beispiel 6.7** Beispielsweise ist $\mathbb{Z}[x]$ der Ring der Polynome in x mit ganzzahligen Koeffizienten; $\mathbb{Q}[x, y, z]$ ist der Ring der Polynome in den drei Variablen x, y und z mit rationalen Koeffizienten; $\mathbb{Z}_p[z]$ ist der Polynomring in z mit Koeffizienten aus dem Körper $\mathbb{Z}_p$; schließlich ist $\mathbb{C}[x_1, x_2, \ldots, x_n]$ der Polynomring in den Variablen $x_1, x_2, \ldots, x_n$ über dem Körper $\mathbb{C}$. △

Sitzung 6.8 Wir erklären das Polynom $a(x, y)$ in den beiden Variablen x und y:

In[1]:= **a = (x + y + 1)^5**

Out[1]= $(x + y + 1)^5$

Mit `Expand` werden Polynome in mehreren Variablen vollständig ausmultipliziert. Somit liefert[8]

In[2]:= **Expand[a]**

Out[2]= $x^5 + 5\,y\,x^4 + 5\,x^4 + 10\,y^2\,x^3 + 20\,y\,x^3 + 10\,x^3 +$
$10\,y^3\,x^2 + 30\,y^2\,x^2 + 30\,y\,x^2 + 10\,x^2 + 5\,y^4\,x + 20\,y^3\,x +$
$30\,y^2\,x + 20\,y\,x + 5\,x + y^5 + 5\,y^4 + 10\,y^3 + 10\,y^2 + 5\,y + 1$

die distributive Form von $a(x, y) \in \mathbb{Z}[x, y]$. Die rekursive Form erhält man mit `Collect`. Der Aufruf

In[3]:= **Collect[a, x]**

Out[3]= $x^5 + (5\,y + 5)\,x^4 + \left(10\,y^2 + 20\,y + 10\right)x^3 + \left(10\,y^3 + 30\,y^2 + 30\,y + 10\right)x^2 +$
$\left(5\,y^4 + 20\,y^3 + 30\,y^2 + 20\,y + 5\right)x + y^5 + 5\,y^4 + 10\,y^3 + 10\,y^2 + 5\,y + 1$

liefert die rekursive Darstellung von $a(x, y)$ als Element von $\mathbb{Q}[y][x]$.

[8] Die angegebene Reihenfolge wird von der Ausgabe unter Verwendung der Einstellung **Cell, Default Output Format Type, TraditionalForm** geliefert; in `InputForm` bzw. `FullForm` werden die Potenzen hingegen aufsteigend sortiert.

Man kann auch Polynome über den Körpern $\mathbb{Z}_p$ ($p \in \mathbb{P}$) betrachten. Mit

```
In[4] := Expand[a, Modulus → 5]
Out[4]= x^5 + y^5 + 1
```

erhalten wir die distributive Standarddarstellung von $a(x, y)$ über dem Grundkörper $\mathbb{Z}_5$. □

6.2 Multiplikation: Der Karatsuba-Algorithmus

6.2

Alle Algorithmen zur Addition und Multiplikation von Zahlen, welche wir in Kapitel 3 betrachtet hatten, lassen sich direkt auf den Polynomfall übertragen. Sowohl die Schulalgorithmen als auch der Karatsuba-Algorithmus stellen sich bei Polynomen sogar etwas einfacher dar, da in diesem Fall *keine Überträge* notwendig sind. Während beim Übergang von einer Potenz B^n der Basis B zur nächsten Potenz B^{n+1} ein Übertrag notwendig wurde, wird beim Rechnen mit Polynomen niemals ein Ergebnis von x^n nach x^{n+1} übertragen. Dies erleichtert zwar die Implementierung, bringt aber auch einen Nachteil mit sich: Die Koeffizienten von Summen- und Produktpolynom können – im Gegensatz zu den Ziffern bei der Zahldarstellung – beliebig groß werden. Dies trifft insbesondere auf die Koeffizienten des Produkts zu, welche gemäß (6.4) berechnet werden. Beispielsweise hat das Polynom $1 + x$ sehr kleine Koeffizienten, aber der größte Koeffizient des mehrfachen Produkts $(1 + x)^{2n}$ ist nach der binomischen Formel $\binom{2n}{n}$, was gemäß der *Stirlingschen Formel*[9]

$$n! \sim \left(\frac{n}{e}\right)^n \sqrt{2\pi n}$$

für großes n wie $O(4^n/\sqrt{n})$ wächst:

$$\binom{2n}{n} = \frac{(2n)!}{n!^2} \sim \frac{(2n)^{2n}}{e^{2n}} \cdot \frac{e^{2n}}{n^{2n}} \cdot \frac{\sqrt{4\pi n}}{2\pi n} \sim \frac{4^n}{\sqrt{\pi n}} .$$

Mathematica bestätigt:[10]

```
In[1] := Limit[Binomial[2n, n] √n / 4^n, n → ∞]
Out[1]= 1/√π
```

[9]Die Notation $L(n) \sim R(n)$ bedeutet, daß beide Seiten für $n \to \infty$ *asymptotisch äquivalent* sind, d. h. $\lim\limits_{n\to\infty} \frac{L(n)}{R(n)} = 1$.

[10]Man beachte allerdings, daß man nach Laden des Packages `Calculus`Limit`` ein *falsches* Ergebnis erhält! Dieses Package gibt es ab *Mathematica* Version 5.1 nicht mehr.

Während also alle Koeffizienten einer Langzahl Elemente der Menge $\{0, \ldots, B-1\}$ sind, sind bei einem Polynom $a(x) \in \mathbb{Z}[x]$ die Koeffizienten beliebige Elemente des Grundrings $R = \mathbb{Z}$, und diese wiederum sind nicht beschränkt in ihrer Länge. Dies ist allerdings anders in $\mathbb{Z}_p[x]$: Hier sind alle Koeffizienten durch die Länge von p beschränkt.

Es gilt folgender Satz über die Komplexität von Addition und Multiplikation von Polynomen:

6.9 **Satz 6.9 (Komplexität der Grundrechenarten)** Seien $a(x), b(x) \in R[x]$ zwei Elemente des Polynomrings $R[x]$, und seien $n = \deg(a(x), x)$ und $m = \deg(b(x), x)$ ihre jeweiligen Grade. Dann benötigt die Addition $O(m+n)$ *Ringoperationen*, d. h. Rechenoperationen in R, und die Schulmultiplikation benötigt $O(m \cdot n)$ Ringoperationen. Ist insbesondere $m = n$, so haben Addition und Schulmultiplikation eine Komplexität von $O(n)$ bzw. $O(n^2)$ Ringoperationen.

Hingegen kommt der Karatsuba-Algorithmus zur Multiplikation zweier Polynome, deren Grad höchstens n ist, mit $O(n^{\log_2 3})$ Ringoperationen aus.

Beweis: Die Beweise aus Kapitel 3 können praktisch direkt übernommen werden. □

Man beachte allerdings, daß – wie oben ausgeführt – für einen Ring R mit unendlich vielen Elementen nicht alle Ringoperationen gleich aufwendig sind, sondern der Rechenaufwand i. a. von der Größe der Ringelemente abhängt.

Sitzung 6.10 Wir implementieren den Karatsuba-Algorithmus für Polynome. Die Funktion `ListKaratsuba` arbeitet hierbei mit den Koeffizientenlisten der Eingabepolynome, während in `PolynomialKaratsuba` direkt mit Polynomen gearbeitet und auf `ListKaratsuba` zugegriffen wird.

```
In[1]:= Clear[ListKaratsuba, PolynomialKaratsuba]

        PolynomialKaratsuba[pol1_, pol2_, x_] :=
          Module[{list1, list2, list3, l},
            list1 = Reverse[CoefficientList[pol1, x]];
            list2 = Reverse[CoefficientList[pol2, x]];
            list3 = ListKaratsuba[list1, list2];
            l = Length[list3];
            Sum[list3[[l - k]] * x^k, {k, 0, l - 1}]
          ]
```

```
In[2]:= ListKaratsuba[list1_, list2_] :=
          {list1[[1]] * list2[[1]]}/;
           Min[Length[list1], Length[list2]] == 1
        ListKaratsuba[list1_, list2_] :=
          ListKaratsuba[list1, list2] =
           Module[{a, b, c, d, n, m, list1neu, list2neu,
               amalc, bmald, mittelterm, tab},
             n = Length[list1];
             m = Length[list2];
             m = Max[n, m];
             n = 1; While[n < m, n = 2 * n];
             list1neu = PadLeft[list1, n];
             list2neu = PadLeft[list2, n];
             a = Take[list1neu, n/2];
             b = Take[list1neu, -n/2];
             c = Take[list2neu, n/2];
             d = Take[list2neu, -n/2];
             amalc = ListKaratsuba[a, c];
             bmald = ListKaratsuba[b, d];
             mittelterm =
               amalc + bmald + ListKaratsuba[a - b, d - c];
             tab = Table[0, {n/2}];
             mittelterm = Join[mittelterm, tab];
             amalc = Join[amalc, tab, tab];
             amalc = PadLeft[amalc, 2 * n];
             mittelterm = PadLeft[mittelterm, 2 * n];
             bmald = PadLeft[bmald, 2 * n];
             amalc + mittelterm + bmald
           ]
```

Wir multiplizieren $a(x) = 3x^2+2x-1$ und $b(x) = 5x^3+x+2$ mit dem Karatsuba-Algorithmus:

```
In[3]:= PolynomialKaratsuba[3x^2 + 2x - 1, 5x^3 + x + 2, x]
```

Out[3]= $15x^5 + 10x^4 - 2x^3 + 8x^2 + 3x - 2$

`Expand` liefert natürlich dasselbe Resultat:

```
In[4]:= Expand[(3x^2 + 2x - 1) (5x^3 + x + 2)]
```

Out[4]= $15x^5 + 10x^4 - 2x^3 + 8x^2 + 3x - 2$

Wie schon bei der Langzahlarithmetik können wir allerdings auf Hochsprachenebene die Effizienz der in *Mathematica* eingebauten Funktionalität bei weitem nicht erreichen. Wir multiplizieren zwei ganzzahlige Polynome vom Grad 100

```
In[5]:= pol1 = Sum[Random[Integer, {1, 10}] * x^k, {k, 0, 100}];
        pol2 = Sum[Random[Integer, {1, 10}] * x^k, {k, 0, 100}];
```

$$\texttt{pol1} = \sum_{k=0}^{100} \texttt{Random[Integer, \{1, 10\}]} * x^k;\qquad \texttt{pol2} = \sum_{k=0}^{100} \texttt{Random[Integer, \{1, 10\}]} * x^k;$$

mit *Mathematicas* `Expand`

```
In[6]:= Timing[prod1 = Expand[pol1 * pol2];]
Out[6]= {0.05 Second, Null}
```

und mit unserer Implementierung

```
In[7]:= Timing[prod2 = PolynomialKaratsuba[pol1, pol2, x];]
Out[7]= {0.661 Second, Null}
```

Natürlich liefern beide Rechnungen

```
In[8]:= prod2 - prod1
Out[8]= 0
```

dasselbe Resultat. □

6.3

6.3 Schnelle Multiplikation mit FFT

Der Karatsuba-Algorithmus ist asymptotisch effizienter als der definierende Algorithmus über das Cauchyprodukt, aber es stellt sich natürlich die Frage, ob man dessen Komplexität noch weiter verbessern kann. Die bestmögliche Komplexität, die für die Multiplikation zweier Polynome vom Grad n und m denkbar wäre, besteht aus $O(m+n)$ Ringoperationen bzw. für $m = n$ aus $O(2n) = O(n)$ Ringoperationen, denn allein das „Anfassen" der $m+n+2$ Koeffizienten der Eingabepolynome erfordert diesen Aufwand. Wir werden sehen, daß man an diese Komplexität sehr nahe herankommen kann.

Man kann den Karatsuba-Algorithmus tatsächlich verbessern, indem man immer kompliziertere Unterteilungen vornimmt: Zerlegt man die Eingabepolynome vom Grad n anstatt in 2 in r gleich lange Teile, so kann man einen Algorithmus begründen, dessen Komplexität $K(n)$ die Ungleichung $K(rn) \leqq (2r+1)K(n) + C \cdot n$ für eine Konstante

C erfüllt. Wählt man nun r groß genug, so kann man hiermit für jedes $\varepsilon > 0$ einen Algorithmus der Komplexität $O(n^{1+\varepsilon})$ finden.[11]

In diesem Abschnitt betrachten wir eine andere Methode, mit welcher es gelingt, sogar eine Komplexität $O(n \log_2 n)$ zu erreichen. Allerdings läßt sich diese Methode, wie wir sehen werden, nicht direkt auf Polynome mit ganzzahligen Koeffizienten anwenden, eignet sich aber beispielsweise für numerische Polynome mit Dezimalkoeffizienten. Hierfür allerdings liefert die betrachtete Methode einen ausgezeichneten Algorithmus.

Die Methode, welche wir betrachten werden, ist die sogenannte *schnelle Fouriertransformation*, kurz FFT genannt[12], welche eine effiziente Variante der *diskreten Fouriertransformation* ist. Die Idee der Fouriertransformation ist recht einfach: Anstatt die Koeffizienten des Produkts der betrachteten Polynome $a(x)$ und $b(x)$ direkt zu bestimmen, was relativ aufwendig ist, bestimmen wir an geeigneten Stellen x_k das Produkt $c(x_k) = a(x_k)b(x_k)$, was viel einfacher ist, und rekonstruieren aus den Funktionswerten $c(x_k)$ des Produkts $c(x) = a(x)b(x)$ das Polynom $c(x)$. Da sich ein Polynom $c(x)$ vom Grad g aus $g + 1$ Funktionswerten bestimmen läßt[13], benötigen wir also $g + 1$ Interpolationsstellen x_k.

Es stellen sich nun folgende Fragen:

1. Welches sind geeignete Stellen x_k $(k = 0, \ldots, g)$?
2. Wie bestimmen wir die Funktionswerte $a(x_k)$ und $b(x_k)$ so geschickt, daß dies besonders wenig Aufwand benötigt?
3. Wie erhalten wir aus den Funktionswerten $c(x_k)$ die Koeffizienten des Produkts $c(x)$ möglichst effizient zurück?

Es stellt sich heraus, daß die beste Wahl der Stützstellen (Frage 1) durch primitive Einheitswurzeln garantiert wird. Diese lassen sich nämlich durch ein einziges Ringelement darstellen.

Definition 6.11 (Primitive Einheitswurzel) Sei R ein kommutativer Ring mit Einselement 1, sei ferner $n \in \mathbb{N}_{\geq 2}$. Das Element $\zeta \in R$ heißt *primitive n-te Einheitswurzel* in R, falls $\zeta^n = 1$ ist, aber $\zeta^k \neq 1$ für $0 < k < n$. **6.11**

---

[11] Details finden sich in [Mig1992], Kapitel 1.6. Zur Komplexitätsberechnung muß der Beweis für die Komplexität des Karatsuba-Algorithmus aus Abschnitt 3.2 adaptiert werden.

[12] Engl.: Fast Fourier Transform

[13] Diese Situation betrachten wir im allgemeinen Fall im Rahmen der Polynominterpolation, s. Abschnitt 6.5.

6.12 **Beispiel 6.12** (a) Sei $R = \mathbb{C}$. Dann ist $\zeta = e^{\frac{2\pi i}{n}}$ eine primitive n-te Einheitswurzel, denn

$$\zeta^n = e^{\frac{2\pi i n}{n}} = e^{2\pi i} = 1$$

und $\zeta^k \neq 1$ für $0 < k < n$. Genauer bilden die Punkte ζ^k für $0 < k \leqq n$ ein regelmäßiges n-Eck auf dem Einheitskreis der Gaußschen Zahlenebene.

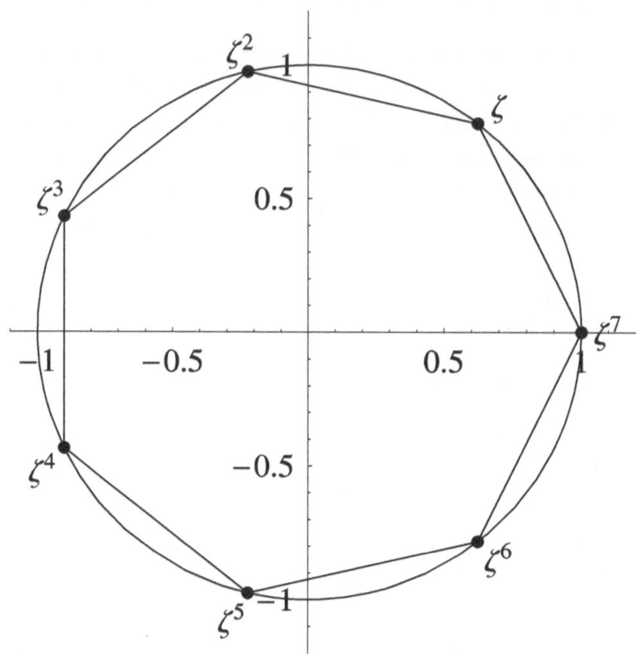

(b) Das Element $2 \in R = \mathbb{Z}_9$ ist primitive sechste Einheitswurzel in R, denn die Potenzen 2^k $(k = 0, \ldots, 6)$ lauten $(1, 2, 4, 8, 7, 5, 1)$. Die Tabelle

```
In[1]:= Table[Mod[j^k, 9], {j, 2, 8}, {k, 0, 6}]
```

$$Out[1]= \begin{pmatrix} 1 & 2 & 4 & 8 & 7 & 5 & 1 \\ 1 & 3 & 0 & 0 & 0 & 0 & 0 \\ 1 & 4 & 7 & 1 & 4 & 7 & 1 \\ 1 & 5 & 7 & 8 & 4 & 2 & 1 \\ 1 & 6 & 0 & 0 & 0 & 0 & 0 \\ 1 & 7 & 4 & 1 & 7 & 4 & 1 \\ 1 & 8 & 1 & 8 & 1 & 8 & 1 \end{pmatrix}$$

zeigt ferner, daß auch das Element $5 = 2^{-1} \pmod 9$ eine primitive sechste Einheitswurzel in R ist. Dagegen sind 4 und $7 = 4^{-1} \pmod 9$ primitive dritte Einheitswurzeln in R. Schließlich ist 8 eine zweite Einheitswurzel in R. Unsere Inversenberechnung wird bestätigt durch

```
In[2]:= PowerMod[{2, 4, 8}, -1, 9]
Out[2]= {5, 7, 8}
```

Definition 6.13 (Diskrete Fouriertransformation) Sei $a(x) = a_{n-1}x^{n-1} + \cdots + a_1 x + a_0 \in R[x]$ ein Polynom vom Grad $n-1$ mit Koeffizienten in einem Ring R mit einer primitiven n-ten Einheitswurzel ζ. Dann bezeichnen wir mit dem n-tupel der Funktionswerte **6.13**

$$\mathrm{DFT}(a(x), \zeta) = \mathrm{DFT}(a_0, \ldots, a_{n-1}, \zeta) := \left(a(1), a(\zeta), \ldots, a(\zeta^{n-1})\right)$$

die *diskrete Fouriertransformierte* von $a(x)$. Entsprechend wird mit

$$\mathrm{IDFT}(a(1), a(\zeta), \ldots, a(\zeta^{n-1}), \zeta) := (a_0, \ldots, a_{n-1})$$

die *inverse diskrete Fouriertransformierte* bezeichnet.

Sitzung 6.14 Wir können die diskrete Fouriertransformation eines Polynoms mit Koeffizienten in $\mathbb{C}$ mit *Mathematica* durchführen. Wir setzen $n = 8$ und somit

```
In[1]:= ζ = e^(2πi/8)
Out[1]= e^(iπ/4)
```

und erklären ein Polynom $a(x)$ durch

```
In[2]:= a = Sum_{k=0}^{7} (k + 1) x^k
Out[2]= 8 x^7 + 7 x^6 + 6 x^5 + 5 x^4 + 4 x^3 + 3 x^2 + 2 x + 1
```

Das Polynom hat die Koeffizienten

```
In[3]:= alist = CoefficientList[a, x]
Out[3]= {1, 2, 3, 4, 5, 6, 7, 8}
```

und die zugehörige diskrete Fouriertransformierte erhalten wir mit dem Befehl `Fourier`:[14]

```
In[4]:= φ = Chop[Fourier[alist, FourierParameters → {1, 1}]]
Out[4]= {36., -4. - 9.65685 i, -4. - 4. i, -4. - 1.65685 i,
         -4., -4. + 1.65685 i, -4. + 4. i, -4. + 9.65685 i}
```

[14]Es gibt einige geringfügig voneinander verschiedene Definitionen der diskreten Fourier-Transformation. `FourierParameters` normiert die `Fourier`-Funktion gemäß unserer Definition. Mit `Chop` werden sehr kleine Dezimalzahlen, z. B. kleine Imaginärteile ($< 10^{-10}$), die wegen der Ungenauigkeit der Dezimalarithmetik entstehen können, unterdrückt.

Gemäß der Definition der diskreten Fouriertransformation liefert dies die Wertetabelle

```
In[5]:= Table[a/.{x → ξ^k}, {k, 0, 7}]//N//Chop
Out[5]= {36., -4. - 9.65685 i, -4. - 4. i, -4. - 1.65685 i,
         -4., -4. + 1.65685 i, -4. + 4. i, -4. + 9.65685 i}
```

Der Befehl `InverseFourier` berechnet die inverse diskrete Fouriertransformierte und erzeugt daher wieder die Koeffizienten des Polynoms $a(x)$:

```
In[6]:= InverseFourier[φ, FourierParameters → {1, 1}]
Out[6]= {1., 2., 3., 4., 5., 6., 7., 8.}
```

Man beachte, daß die Routinen `Fourier` und `InverseFourier` numerische Dezimalzahlen und keine ganzzahligen Resultate liefern, da das symbolische Rechnen mit der komplexen Einheitswurzel relativ kompliziert ist. Wir kommen darauf bald zurück.

Wir verwenden nun die Routinen `Fourier` und `InverseFourier` als Black Box zur Berechnung der Koeffizienten des Produkts zweier Polynome $a(x)$ und $b(x)$. Wir geben $b(x)$ ein

In[7]:= $\mathbf{b} = \sum_{k=0}^{7} \mathbf{x}^k$

Out[7]= $x^7 + x^6 + x^5 + x^4 + x^3 + x^2 + x + 1$

und berechnen die Koeffizientenliste von $b(x)$

```
In[8]:= blist = CoefficientList[b, x]
Out[8]= {1, 1, 1, 1, 1, 1, 1, 1}
```

Da unser Endresultat $c(x) = a(x) \cdot b(x)$ ein Polynom mit fast doppelt so vielen von Null verschiedenen Koeffizienten ist,[15] müssen wir die Koeffizientenzahl verdoppeln.

```
In[9]:= alist = PadRight[alist, 16]
Out[9]= {1, 2, 3, 4, 5, 6, 7, 8, 0, 0, 0, 0, 0, 0, 0, 0}

In[10]:= blist = PadRight[blist, 16]
Out[10]= {1, 1, 1, 1, 1, 1, 1, 1, 0, 0, 0, 0, 0, 0, 0, 0}
```

Nun können wir die zugehörigen Fouriertransformierten berechnen

```
In[11]:= φ = Chop[Fourier[alist, FourierParameters → {1, 1}]]
Out[11]= {36., -8.13707 + 25.1367 i, -4. - 9.65685 i, 3.38009 + 7.48303 i,
          -4. - 4. i, 4.27677 + 3.34089 i, -4. - 1.65685 i,
          4.48022 + 0.994562 i, -4., 4.48022 - 0.994562 i,
          -4. + 1.65685 i, 4.27677 - 3.34089 i, -4. + 4. i,
          3.38009 - 7.48303 i, -4. + 9.65685 i, -8.13707 - 25.1367 i}
```

[15] Im allgemeinen Fall haben die Polynome den Grad $n - 1$ bzw. $m - 1$, also hat das Produkt den Grad $n + m - 2$, und wir benötigen $n + m - 1$ Koeffizienten.

```
In[12]:= ψ = Chop[Fourier[blist, FourierParameters → {1, 1}]]
Out[12]= {8., 1. + 5.02734 i, 0, 1. + 1.49661 i, 0,
          1. + 0.668179 i, 0, 1. + 0.198912 i, 0, 1. − 0.198912 i,
          0, 1. − 0.668179 i, 0, 1. − 1.49661 i, 0, 1. − 5.02734 i}
```

und das Produkt der Fouriertransformierten liefert für $k = 0, \ldots, 15$ die Funktionswerte $c(\zeta^k)$

```
In[13]:= φ * ψ
Out[13]= {288., −134.508 − 15.7711 i, 0, −7.81906 + 12.5417 i, 0,
          2.04446 + 6.19854 i, 0, 4.28239 + 1.88573 i, 0, 4.28239 − 1.88573 i, 0,
          2.04446 − 6.19854 i, 0, −7.81906 − 12.5417 i, 0, −134.508 + 15.7711 i}
```

Aus diesen lassen sich schließlich mit der inversen Fouriertransformation die Koeffizienten von $c(x)$ bestimmen:

```
In[14]:= inv =
           Chop[InverseFourier[φ * ψ, FourierParameters → {1, 1}]]
Out[14]= {1., 3., 6., 10., 15., 21., 28., 36., 35., 33., 30., 26., 21., 15., 8., 0}
```

Der Vergleich mit

```
In[15]:= CoefficientList[a * b, x]
Out[15]= {1, 3, 6, 10, 15, 21, 28, 36, 35, 33, 30, 26, 21, 15, 8}
```

zeigt die Korrektheit dieser Rechnung. □

Wir kommen nun zur Realisierung der schnellen Variante der Fouriertransformation. Hierzu benötigen wir einige Eigenschaften von Ringen mit Einheitswurzeln. Es gilt der folgende

---

Satz 6.15 Sei R ein kommutativer Ring mit 1, sei ferner $n \in \mathbb{N}_{\geq 2}$. Sei $\zeta \in R$ eine primitive n-te Einheitswurzel und bezeichne $x_k = \zeta^k$ $(k = 0, \ldots, n-1)$. Dann gilt: **6.15**

(a) Die Menge $\{x_k \mid k = 0, \ldots, n-1\}$ besteht aus n-ten Einheitswurzeln und ist bzgl. der Multiplikation eine Gruppe mit n Elementen.

(b) Ist ζ eine primitive n-te Einheitswurzel in R, so liegt auch $\zeta^{-1} \in R$ und ist eine primitive n-te Einheitswurzel.

(c) Ist n gerade, so ist ζ^2 eine primitive $\frac{n}{2}$-te Einheitswurzel in R.

(d) Sei n gerade, $\mathrm{char}(R) \neq 2$. Dann ist $x_{k+\frac{n}{2}} = -x_k$ $(k = 0, \ldots, \frac{n}{2} - 1)$.

Beweis: (a) Jede Potenz einer primitiven n-ten Einheitswurzel ist ebenfalls eine n-te Einheitswurzel: $(\zeta^k)^n = (\zeta^n)^k = 1^k = 1$. Produkte von Einheitswurzeln sind wegen $\zeta^j \cdot \zeta^k = \zeta^{j+k}$ wieder Einheitswurzeln. Das Einselement ist 1, die Assoziativität ist klar, das multiplikative Inverse von ζ^j ist wegen $\zeta^j \cdot \zeta^{n-j} = \zeta^n = 1$ die Zahl ζ^{n-j}.

(b) Wie soeben gezeigt, liegt $\zeta^{-1} = \zeta^{n-1} \in R$. Wäre ζ^{-1} nicht primitiv, so wäre also $\zeta^{-k} = 1$ für $0 < k < n$ und folglich $\zeta^{n-k} = 1$ im Widerspruch zur Primitivität von ζ.
(c) Es ist offenbar $(\zeta^2)^{\frac{n}{2}} = \zeta^n$. Man sieht leicht ein, daß diese $\frac{n}{2}$-te Einheitswurzel auch primitiv ist.
(d) Es ist wegen $\zeta^n = 1$

$$x_{k+\frac{n}{2}} = \zeta^{k+\frac{n}{2}} = \zeta^k \cdot \zeta^{\frac{n}{2}} = \pm\zeta^k = \pm x_k \,,$$

da 1 die beiden Quadratwurzeln ± 1 besitzt. Gälte das Pluszeichen, hätten wir $\zeta^{\frac{n}{2}} = 1$, somit wäre die Einheitswurzel nicht primitiv. Da bei $\mathrm{char}(R) = 2$ immer $1 = -1$ ist, müssen wir $\mathrm{char}(R) \neq 2$ voraussetzen. □

Die Idee der schnellen Fouriertransformation (FFT) ist wieder ein typisches Divide-and-Conquer-Konzept. Wir nehmen o. B. d. A. an, unser Eingabepolynom $a(x)$ habe n Koeffizienten und $n = 2^m$ sei eine Zweierpotenz. Das Polynom $a(x) = a_0 + a_1 x + \cdots + a_{n-1}x^{n-1}$ entspricht der Koeffizientenfolge $(a_0, a_1, \ldots, a_{n-1})$. Wir zerlegen nun die Koeffizientenfolge in zwei gleich lange Teile. Die gerade Koeffizientenfolge $(a_0, a_2, \ldots, a_{n-2})$ steht für das Polynom $a_g(x) = a_0 + a_2 x + \cdots + a_{n-2}x^{n/2-1}$ und die ungerade Koeffizientenfolge $(a_1, a_3, \ldots, a_{n-1})$ steht für das Polynom $a_u(x) = a_1 + a_3 x + \cdots + a_{n-1}x^{n/2-1}$. Offenbar läßt sich $a(x)$ hiermit darstellen in der Form

$$a(x) = a_g(x^2) + x\, a_u(x^2)\,.$$

Wir setzen nun in $a(x)$ für x die Potenzen von ζ ein. Dies können wir wegen $\zeta^{k-n} = \zeta^k$ auf folgende Weise tun:

$$a(\zeta^k) = \begin{cases} a_g(\zeta^{2k}) + \zeta^k\, a_u(\zeta^{2k}) & \text{falls } k = 0, \ldots \frac{n}{2} - 1 \\ a_g(\zeta^{2k-n}) + \zeta^k\, a_u(\zeta^{2k-n}) & \text{falls } k = \frac{n}{2}, \ldots n-1 \end{cases} . \tag{6.8}$$

Nun besteht die Fouriertransformierte $\mathrm{DFT}(a_g(x), \zeta^2)$ genau aus den Werten

$$\mathrm{DFT}(a_g(x), \zeta^2) = (a_g(1), a_g(\zeta^2), \ldots, a_g(\zeta^{2(n/2-1)}))$$

und entsprechend

$$\mathrm{DFT}(a_u(x), \zeta^2) = (a_u(1), a_u(\zeta^2), \ldots, a_u(\zeta^{2(n/2-1)}))\,.$$

Daher kann die Fouriertransformierte $\mathrm{DFT}(a(x), \zeta)$ wegen (6.8) aus diesen beiden Vektoren zusammengesetzt werden. Dies führt zu folgendem rekursiven Verfahren:

6.16 **Satz 6.16** **(FFT)** Sei R ein Ring mit primitiver n-ter Einheitswurzel ζ und n eine Zweierpotenz.

Der folgende rekursive Algorithmus berechnet die diskrete Fouriertransformierte $\mathrm{FFT}(a(x), \zeta) = \mathrm{DFT}(a(x), \zeta)$ des Polynoms $a(x) = a_0 + a_1 x + \cdots + a_{n-1}x^{n-1}$ bzw. des Vektors $(a_0, a_1, \ldots, a_{n-1})$:

(a) Abbruchbedingung: Ist $n = 1$, so ist $\mathrm{FFT}(a(x), \zeta) := (a_0)$.
(b) Man bestimme $a_g(x)$ und $a_u(x)$.
(c) Man setze $(\varphi_0, \ldots, \varphi_{\frac{n}{2}-1}) := \mathrm{FFT}(a_g(x), \zeta^2)$ und $(\psi_0, \ldots, \psi_{\frac{n}{2}-1}) := \mathrm{FFT}(a_u(x), \zeta^2)$.
(d) Für $k = 0, \ldots, \frac{n}{2} - 1$ setze man $f_k := \varphi_k + \zeta^k \psi_k$ sowie $f_{\frac{n}{2}+k} := \varphi_k + \zeta^{\frac{n}{2}+k} \psi_k$
(e) Ausgabe: $(f_0, \ldots, f_{n-1})$.

Beweis: Die Ausführungen von oben und Satz 6.15 ergeben das Resultat. □

Damit ist unsere Frage 2 beantwortet.

Bevor wir das Verfahren programmieren, lösen wir noch unsere dritte Frage: Wie läßt sich das Verfahren möglichst effizient invertieren? Es stellt sich heraus, daß die Umkehrung auf praktisch dieselbe Art und Weise durchgeführt werden kann.

Satz 6.17 **(IFFT)** Sei R ein Integritätsbereich mit primitiver n-ter Einheitswurzel ζ und $n \in \mathbb{N}_{\geq 2}$. Für die inverse diskrete Fouriertransformation gilt $n \cdot \mathrm{IDFT}(a(x), \zeta) = \mathrm{DFT}(a(x), \zeta^{-1})$. **6.17**

Beweis: Sei IDFT durch $n \cdot \mathrm{IDFT}(a(x), \zeta) := \mathrm{DFT}(a(x), \zeta^{-1})$ erklärt. Wir müssen dann zeigen, daß es sich bei IDFT um die inverse Fouriertransformation handelt, daß also für ein beliebiges Polynom $a(x) = a_0 + a_1 x + \cdots + a_{n-1}x^{n-1}$ tatsächlich $n \cdot \mathrm{IDFT}(\mathrm{DFT}(a(x), \zeta), \zeta) = n(a_0, \ldots, a_{n-1})$ ist.

Wir berechnen zunächst

$$\mathrm{DFT}(a(x), \zeta) = (a(1), a(\zeta), \ldots, a(\zeta^{n-1}))\,.$$

Fassen wir diese Liste wieder als die Koeffizientenliste eines Bildpolynoms $A(t) \in R[t]$ auf, so erhalten wir offenbar

$$A(t) = \sum_{k=0}^{n-1} a(\zeta^k)\, t^k = \sum_{k=0}^{n-1} \sum_{j=0}^{n-1} a_j\, \zeta^{kj}\, t^k\,.$$

Anwendung von $n \cdot \mathrm{IDFT}$ liefert dann

$$\begin{aligned} n \cdot \mathrm{IDFT}(\mathrm{DFT}(a(x), \zeta), \zeta) &= \mathrm{DFT}(\mathrm{DFT}(a(x), \zeta), \zeta^{-1}) = \\ &= \big(A(1), A(\zeta^{-1}), \ldots, A(\zeta^{-n+1})\big) \\ &= \left(\sum_{k=0}^{n-1} \sum_{j=0}^{n-1} a_j\, \zeta^{kj}\, \zeta^{-kl} \right)_{l=0,\ldots,n-1}\,. \end{aligned}$$

Vertauscht man die Summationsreihenfolge, dann sieht man, daß dieser Vektor offenbar dann gleich $n(a_0, \ldots, a_{n-1})$ ist, wenn

$$\sum_{k=0}^{n-1} \zeta^{k(j-l)} = \begin{cases} n & \text{falls } j = l \\ 0 & \text{sonst} \end{cases}$$

ist. Dies ist aber für $j = l$ klar und folgt für $j \neq l$ aus der divisionsfreien geometrischen Summenformel

$$(1-\zeta) \sum_{k=0}^{n-1} \zeta^{k(j-l)} = (1-\zeta) \sum_{k=0}^{n-1} (\zeta^{j-l})^k = 1 - \zeta^{n(j-l)} = 0$$

wegen $\zeta^n = 1$ und $\zeta \neq 1$. □

Nun sind wir soweit, das Verfahren aus Satz 6.16 zu implementieren.

Sitzung 6.18 Wir programmieren die Prozeduren `FFT` zur schnellen Fouriertransformation

```
In[1]:= Clear[FFT]
        FFT[liste_] := liste/; Length[liste] === 1;
        FFT[liste_] :=
          Module[{n = Length[liste], ξ, fulliste, even,
              odd, φ, ψ, tab1, tab2, i},
            ξ = e^(2π i/n);
            fulliste = PadRight[liste, n];
            fulliste = Transpose[Partition[fulliste, 2]];
            even = fulliste[[1]];
            odd = fulliste[[2]];
            φ = FFT[even];
            ψ = FFT[odd];
            tab1 = Table[φ[[i]] + ξ^(i-1) * ψ[[i]], {i, n/2}];
            tab2 = Table[φ[[i]] + ξ^(n/2+i-1) * ψ[[i]], {i, n/2}];
            Join[tab1, tab2]
          ]
```

sowie `IFFT` zur schnellen inversen Fouriertransformation

```
In[2]:= Clear[IFFT, ifft]

        IFFT[liste_] := ifft[liste] / Length[liste];
```

```
In[3]:= ifft[liste_] := liste/; Length[liste] === 1;
        ifft[liste_] :=
          Module[{n = Length[liste], ζ, fulliste, even,
              odd, φ, ψ, tab1, tab2, i},
            ζ = e^(-2πi/n);
            fulliste = PadRight[liste, n];
            fulliste = Transpose[Partition[fulliste, 2]];
            even = fulliste[[1]];
            odd = fulliste[[2]];
            φ = ifft[even];
            ψ = ifft[odd];
            tab1 = Table[φ[[i]] + ζ^(i-1) * ψ[[i]], {i, n/2}];
            tab2 = Table[φ[[i]] + ζ^(n/2+i-1) * ψ[[i]], {i, n/2}];
            Join[tab1, tab2]
          ]
```

Wir setzen diesmal

```
In[4]:= alist = Table[k, {k, 16}]
Out[4]= {1, 2, 3, 4, 5, 6, 7, 8, 9, 10, 11, 12, 13, 14, 15, 16}
```

und erhalten die diskrete Fouriertransformierte

```
In[5]:= fft = FFT[alist] //N
Out[5]= {136., -8. - 40.2187 i, -8. - 19.3137 i, -8. - 11.9728 i,
         -8. - 8. i, -8. - 5.34543 i, -8. - 3.31371 i, -8. - 1.5913 i,
         -8., -8. + 1.5913 i, -8. + 3.31371 i, -8. + 5.34543 i,
         -8. + 8. i, -8. + 11.9728 i, -8. + 19.3137 i, -8. + 40.2187 i}
```

welche wir mit der von *Mathematica* berechneten vergleichen können:

```
In[6]:= Chop[Fourier[alist, FourierParameters → {1, 1}]]
Out[6]= {136., -8. - 40.2187 i, -8. - 19.3137 i, -8. - 11.9728 i,
         -8. - 8. i, -8. - 5.34543 i, -8. - 3.31371 i, -8. - 1.5913 i,
         -8., -8. + 1.5913 i, -8. + 3.31371 i, -8. + 5.34543 i,
         -8. + 8. i, -8. + 11.9728 i, -8. + 19.3137 i, -8. + 40.2187 i}
```

Anwendung der inversen Fouriertransformation liefert wieder die Eingabe zurück:

```
In[7]:= IFFT[fft] //Chop
Out[7]= {1., 2., 3., 4., 5., 6., 7., 8., 9., 10., 11., 12., 13., 14., 15., 16.}
```

Nun wollen wir uns einmal ansehen, wie die symbolische Rechnung aussieht, und berechnen also die Fouriertransformation diesmal nicht numerisch, sondern symbolisch. Wir starten mit unserer ganzzahligen Liste und erhalten die Fouriertransformierte

In[8]:= **fft = FFT[alist]**

Out[8]= $\Big\{136, (-8-8\,i)-(8+8\,i)\,e^{\frac{i\pi}{4}}+e^{\frac{i\pi}{8}}\left((-8-8\,i)-(8+8\,i)\,e^{\frac{i\pi}{4}}\right),$
$(-8-8\,i)-(8+8\,i)\,e^{\frac{i\pi}{4}},$
$(-8+8\,i)-(8-8\,i)\,e^{\frac{3i\pi}{4}}+e^{\frac{3i\pi}{8}}\left((-8+8\,i)-(8-8\,i)\,e^{\frac{3i\pi}{4}}\right), -8-8\,i,$
$(-8-8\,i)-(8+8\,i)\,e^{-\frac{3i\pi}{4}}+e^{\frac{5i\pi}{8}}\left((-8-8\,i)-(8+8\,i)\,e^{-\frac{3i\pi}{4}}\right),$
$(-8+8\,i)-(8-8\,i)\,e^{\frac{3i\pi}{4}},$
$(-8+8\,i)-(8-8\,i)\,e^{-\frac{i\pi}{4}}+e^{\frac{7i\pi}{8}}\left((-8+8\,i)-(8-8\,i)\,e^{-\frac{i\pi}{4}}\right),$
$-8, (-8-8\,i)-(8+8\,i)\,e^{\frac{i\pi}{4}}+e^{-\frac{7i\pi}{8}}\left((-8-8\,i)-(8+8\,i)\,e^{\frac{i\pi}{4}}\right),$
$(-8-8\,i)-(8+8\,i)\,e^{-\frac{3i\pi}{4}},$
$(-8+8\,i)-(8-8\,i)\,e^{\frac{3i\pi}{4}}+e^{-\frac{5i\pi}{8}}\left((-8+8\,i)-(8-8\,i)\,e^{\frac{3i\pi}{4}}\right), -8+8\,i,$
$(-8-8\,i)-(8+8\,i)\,e^{-\frac{3i\pi}{4}}+e^{-\frac{3i\pi}{8}}\left((-8-8\,i)-(8+8\,i)\,e^{-\frac{3i\pi}{4}}\right),$
$(-8+8\,i)-(8-8\,i)\,e^{-\frac{i\pi}{4}},$
$(-8+8\,i)-(8-8\,i)\,e^{-\frac{i\pi}{4}}+e^{-\frac{i\pi}{8}}\left((-8+8\,i)-(8-8\,i)\,e^{-\frac{i\pi}{4}}\right)\Big\}$

welche eine komplizierte Liste komplexer Zahlen unter Verwendung achter Einheitswurzeln darstellt. Auch die inverse Fouriertransformierte ist nun sehr kompliziert[16], läßt sich aber mit `Simplify` vereinfachen:

In[9]:= **IFFT[fft] //Simplify//Timing**

Out[9]= {0.22 Second, {1, 2, 3, 4, 5, 6, 7, 8, 9, 10, 11, 12, 13, 14, 15, 16}}

Die notwendige Vereinfachung macht allerdings in diesem Fall die „schnelle“ Fouriertransformation – in dieser Form – dann doch eher langsam. □

Fassen wir obige Ausführungen zusammen, erhalten wir schließlich folgenden Algorithmus zur Polynommultiplikation. Da bei IFFT gemäß Satz 6.17 durch n dividiert wird, setzen wir der Einfachheit halber einen Körper der Charakteristik 0 voraus.

6.19 **Satz 6.19 (Produkt durch FFT)** Gegeben seien zwei Polynome $a(x), b(x) \in \mathbb{K}[x]$ vom Grad $n-1, m-1 \leqq N/2$, wobei $\mathbb{K}$ ein Körper der Charakteristik 0, $N \in \mathbb{N}$ eine Zweierpotenz und $\zeta \in \mathbb{K}$ eine primitive N-te Einheitswurzel sei. Dann bestimmt der folgende Algorithmus die Koeffizienten $(c_0, \ldots, c_{N-1})$ des Produkts $c(x) = a(x) \cdot b(x)$:[17]

[16]Die Ausgabe benötigt mehrere Seiten!

[17]Nur die ersten $n+m-1$ Koeffizienten sind (möglicherweise) von Null verschieden.

(a) Berechne $\varphi := \text{DFT}(a_0, \ldots, a_{N-1}, \zeta)$ und $\psi := \text{DFT}(b_0, \ldots, b_{N-1}, \zeta)$.
(b) Bestimme $(c_0, \ldots, c_{N-1}) := \text{IDFT}(\varphi \cdot \psi, \zeta)$.
(c) Ausgabe: $(c_0, \ldots, c_{N-1})$ bzw. $c(x) = \sum\limits_{k=0}^{N-1} c_k x^k$.

Wir bemerken, daß man in der Praxis die Zahl $N \in \mathbb{N}$ natürlich als die kleinste Zweierpotenz mit $N \geqq n + m - 1$ bestimmen kann. □

Schließlich wollen wir die behauptete Laufzeitaussage beweisen.

Satz 6.20 **(Komplexität von FFT)** Sei $\deg(a(x), x) = n$. Dann hat der FFT-Algorithmus eine Komplexität von $K(n) = O(n \log_2 n)$. Ebenso wird die Multiplikation zweier Polynome vom Grad n mittels Satz 6.19 mit dieser Komplexität durchgeführt. 6.20

Beweis: Bezeichnen wir die Komplexität für einen Vektor der Länge n mit $K(n)$, so erhalten wir bei der rekursiven Anwendung des Algorithmus

$$K(n) = 2 \cdot K(n/2) + C \cdot n\,, \qquad K(1) = 1$$

für eine Konstante $C > 0$. Sei o. B. d. A. n eine Zweierpotenz, also $n = 2^m$. Wir beweisen die Aussage

$$K(n) \leqq D \cdot n \cdot \log_2 n$$

für eine Konstante $D > 0$ durch Induktion nach m: Sie ist offenbar richtig für $m = 0$. Gelte sie nun für m, dann folgt

$$K(2n) = K(2^{m+1}) = 2 \cdot K(n) + 2C \cdot n \leqq 2D \cdot n \cdot \log_2 n + 2C \cdot n \leqq D \cdot (2n) \cdot \log_2(2n)\,.$$

Daß auch die FFT-basierte Multiplikation die Komplexität $O(n \log_2 n)$ besitzt, liegt daran, daß die beiden aufwendigsten Schritte aus FFT und IFFT bestehen, welche beide diese Komplexität haben. □

6.4 Division mit Rest

6.4

Wir bleiben zunächst bei Polynomen in einer Variablen. Da wir nun dividieren wollen, müssen insbesondere die Koeffizienten der Polynome durcheinander dividiert werden, und wir nehmen daher der Einfachheit halber zusätzlich an, R sei ein Körper $\mathbb{K}$. Genau wie im Ring $\mathbb{Z}$ gibt es in $\mathbb{K}[x]$ eine Division mit Rest (*Polynomdivision*), welche die

Division zweier Polynome $a(x) \in \mathbb{K}[x]$ und $b(x) \in \mathbb{K}[x]$ in der Form

$$a(x) = q(x)\,b(x) + r(x)$$

vornimmt, wobei $q(x)$ den polynomialen Anteil bzw. *Polynomquotienten* und $r(x)$ den *Divisionsrest* bezeichnen. Hierbei ist die wesentliche Eigenschaft des Divisionsrests $\deg(r(x), x) < \deg(b(x), x)$.

Es gilt also der

6.21 **Satz 6.21 (Polynomdivision)** Sei $\mathbb{K}$ ein Körper und seien $a(x), b(x) \in \mathbb{K}[x]$. Dann gibt es genau ein Paar $q(x), r(x) \in \mathbb{K}[x]$, so daß die Beziehung

$$a(x) = q(x)\,b(x) + r(x) \qquad \text{mit} \qquad \deg(r(x), x) < \deg(b(x), x)$$

gilt.

Beweis: Der Induktionsbeweis von Satz 3.8 kann direkt übertragen werden, wobei die Induktion nun nach dem Grad n von $a(x)$ durchgeführt wird. □

Wir schreiben wieder, in Analogie zur Situation in $\mathbb{Z}$, $q(x) = \text{quotient}(a(x), b(x), x)$ und $r(x) = \text{rest}(a(x), b(x), x)$.

6.22 **Beispiel 6.22 (Polynomdivision)** Zur Durchführung der Polynomdivision kann der Schulalgorithmus verwendet werden. Ist beispielsweise $a(x) = x^3 - 2x^2 - 5x + 6$ und $b(x) = x - 1$, so liefert Polynomdivision

$$\begin{array}{rl}
(x^3 - 2x^2 - 5x + 6) : (x-1) = x^2 - x - 6\,, & \\
-(x^3 - x^2) & \\
\hline
-x^2 - 5x + 6 & \\
-\;(-x^2 + x) & \\
\hline
-6x + 6 & \\
-\;(-6x + 6) & \\
\hline
0 &
\end{array}$$

also $q(x) = x^2 - x - 6$ und $r(x) = 0$. Folglich ist $a(x)$ durch $b(x)$ teilbar, m. a. W. $b(x) \mid a(x)$, mit

$$\frac{x^3 - 2x^2 - 5x + 6}{x - 1} = x^2 - x - 6\,.$$

Analog liefert die Rechnung

$$\frac{x^3 - 2x^2 - 5x + 7}{x - 1} = x^2 - x - 6 + \frac{1}{x - 1},$$

also $q(x) = x^2 - x - 6$ sowie $r(x) = 1$ für $a(x) = x^3 - 2x^2 - 5x + 7$ und $b(x) = x - 1$. △

Sitzung 6.23 In *Mathematica* gibt es zur Durchführung der Polynomdivision mit Rest die korrespondierenden Funktionen `PolynomialQuotient[a,b,x]` und `PolynomialRemainder[a,b,x]`.

Beispielsweise bekommen wir die Resultate

In[1]:= **q = PolynomialQuotient[a = x³ - 2x² - 5x + 7, b = x - 1, x]**
Out[1]= $x^2 - x - 6$

In[2]:= **r = PolynomialRemainder[a, b, x]**
Out[2]= 1

Wir kontrollieren dies durch die Rechnung

In[3]:= **res = q * b + r**
Out[3]= $(x-1)\left(x^2 - x - 6\right) + 1$

was – nach Ausmultiplizieren – wieder

In[4]:= **res//Expand**
Out[4]= $x^3 - 2\,x^2 - 5\,x + 7$

$a(x)$ liefert. Hierbei wird in *Mathematica* standardmäßig vom Körper $\mathbb{Q}$ ausgegangen. Die betrachteten Polynome sind also als Elemente von $\mathbb{Q}[x]$ aufzufassen.

Wir rechnen noch ein weiteres Beispiel mit Polynomen $a(x, y), b(x, y) \in \mathbb{Q}[y][x]$ in zwei Variablen:[18]

In[5]:= **q = PolynomialQuotient**$\left[\mathbf{a} = \sum_{k=1}^{5} x^k y^{6-k},\ \mathbf{b} = \sum_{k=1}^{3} 2\,k\,x^k y^{3-k},\ x\right]$
Out[5]= $\frac{2\,y^3}{27} + \frac{x\,y^2}{18} + \frac{x^2\,y}{6}$
In[6]:= **r = PolynomialRemainder[a, b, x]**
Out[6]= $\frac{23\,x\,y^5}{27} + \frac{16\,x^2\,y^4}{27}$
Test:

In[7]:= **res = q * b + r**

---

[18]Der Grundring ist hier $\mathbb{Q}[y]$, dies ist kein Körper. Sollten Divisionen nötig sein, so wird gegebenenfalls der Körper der rationalen Funktionen $\mathbb{Q}(y)$ als Grundkörper verwendet, s. Abschnitt 6.9.

Out[7]= $\frac{23\,x\,y^5}{27} + \frac{16\,x^2\,y^4}{27} + (6\,x^3 + 4\,y\,x^2 + 2\,y^2\,x)\left(\frac{2\,y^3}{27} + \frac{x\,y^2}{18} + \frac{x^2\,y}{6}\right)$

liefert wieder

In[8]:= **res//Expand**

Out[8]= $y\,x^5 + y^2\,x^4 + y^3\,x^3 + y^4\,x^2 + y^5\,x$

das ursprüngliche Polynom $a(x, y)$. □

Die Komplexität der Division mit Rest beträgt wieder $O(\deg(b(x), x) \cdot (\deg(a(x), x) - \deg(b(x), x))$ Körperoperationen.

Die Division mit Rest hat einige interessante Konsequenzen, welche wir nun betrachten werden. Wir beginnen mit dem

6.24 **Hilfssatz 6.24** Sei $\mathbb{K}$ ein Körper und $a(x) \in \mathbb{K}[x]$ ein nicht-konstantes Polynom. Ist α eine Nullstelle von $a(x)$, so ist $x - \alpha$ ein Teiler von $a(x)$.

Beweis: Der Divisionsalgorithmus liefert eine Darstellung $a(x) = q(x) \cdot (x - \alpha) + r(x)$ mit $\deg(r(x), x) < 1$. Also ist $r(x)$ konstant, sagen wir $r(x) = r \in \mathbb{K}$ und folglich

$$a(x) = q(x) \cdot (x - \alpha) + r\,.$$

Wir setzen in dieser Gleichung nun $x = \alpha$ ein und erhalten wegen $a(\alpha) = 0$ schließlich $r = 0$. Also ist $x - \alpha \mid a(x)$. □

Hilfssatz 6.24 zeigt, daß lineare Faktoren von $a(x)$ mit Nullstellen einhergehen. Lineare Faktoren sind vom Grad 1 und damit automatisch irreduzibel, da jeder Teiler den Grad 0 oder 1 haben muß. Ein konstanter Teiler (Grad 0) ist eine Einheit und ein Teiler vom Grad 1 ist selbst linear und somit assoziiert zu $a(x)$.

Aus Hilfssatz 6.24 erhalten wir die

6.25 **Folgerung 6.25** Sei $\mathbb{K}$ ein Körper und $a(x) \in \mathbb{K}[x]$ ein Polynom vom Grad $n > 0$. Dann hat $a(x)$ höchstens n Nullstellen in $\mathbb{K}$.

Beweis: Wegen $n > 0$ ist $a(x)$ nicht das Nullpolynom, daher können wir mit Hilfssatz 6.24 – unter Reduktion des Grades um 1 – für jede Nullstelle α_k den Faktor $x - \alpha_k$ aus $a(x)$ *ausdividieren.* Ein Induktionsbeweis nach dem Grad von $a(x)$ liefert daher das Resultat. □

Hieraus erhalten wir schließlich den bereits in Abschnitt 6.1 angekündigten

---

Satz 6.26 Sei $\mathbb{K}$ ein Körper mit unendlich vielen Elementen. Dann ist $a(x)$ das Nullpolynom genau dann, wenn $a(\alpha) = 0$ ist für alle $\alpha \in \mathbb{K}$. **6.26**

Beweis: Ist $a(x)$ das Nullpolynom, so ist natürlich $a(\alpha) = 0$ für alle $\alpha \in \mathbb{K}$.

Sei nun umgekehrt $a(\alpha) = 0$ für alle $\alpha \in \mathbb{K}$. Da $\mathbb{K}$ unendlich viele Elemente hat, hat $a(x)$ also unendlich viele Nullstellen. Nach Folgerung 6.25 ist $a(x)$ also das Nullpolynom. □

Folgerung 6.25 liefert auch einen Identitätssatz für Polynome. Definitionsgemäß stimmen zwei Polynome genau dann überein, wenn sie dieselben Koeffizienten haben. Der Identitätssatz gibt nun an, unter welchen Bedingungen zwei Polynome übereinstimmen, wenn genügend viele ihrer Werte übereinstimmen.

Satz 6.27 (Identitätssatz für Polynome) Sei $\mathbb{K}$ ein Körper, seien $a(x), b(x) \in \mathbb{K}[x]$ mit $\deg(a(x), x) = n$ und $\deg(b(x), x) = m$, und habe $\mathbb{K}$ mindestens $\max\{m, n\} + 1$ Elemente.[19] Dann ist $a(x) = b(x)$ genau dann, wenn $m = n$ ist und wenn die Werte von $a(x)$ und $b(x)$ an $n + 1$ verschiedenen Stellen übereinstimmen. **6.27**

Beweis: Zunächst ist unmittelbar klar, daß $a(x)$ und $b(x)$ nicht übereinstimmen, falls $m \neq n$ ist. Sei also nun $m = n$.

Ist $a(x) = b(x)$, so stimmen die Werte überall überein. Da $\mathbb{K}$ genügend viele Elemente hat, stimmt die Behauptung.

Stimme nun umgekehrt $a(x)$ an $n + 1$ Stellen mit $b(x)$ überein. Wir betrachten das Polynom $c(x) := a(x) - b(x) \in \mathbb{K}[x]$. Dieses hat an $n + 1$ verschiedenen Stellen den Wert 0. Da der Grad von $c(x)$ aber höchstens n ist, zeigt Folgerung 6.25, daß $c(x)$ das Nullpolynom ist. □

Um nachzuweisen, daß zwei Polynome übereinstimmen, genügt es also, endlich viele Werte zu testen.

Beispiel 6.28 Die Polynome **6.28**

In[1]:= $\mathbf{p} = \prod_{k=1}^{5} (\mathbf{x} - \mathbf{k})$

Out[1]= $(x - 5)(x - 4)(x - 3)(x - 2)(x - 1)$

und

---

[19]damit die triviale Richtung des Satzes noch stimmt!

```
In[2]:= q = Expand[p]
```
Out[2]= $x^5 - 15x^4 + 85x^3 - 225x^2 + 274x - 120$

stimmen überein, da $p(0) = q(0) = -120$ und $p(k) = q(k) = 0$ für $k = 1, \ldots, 5$:

```
In[3]:= p/.x → 0
```
Out[3]= -120

```
In[4]:= Table[q, {x, 5}]
```
Out[4]= $\{0, 0, 0, 0, 0\}$

Die anderen Gleichungen sind offensichtlich. △

6.5

6.5 Polynominterpolation

$\mathbb{K}$ sei ein Körper. Kennt man $n + 1$ Werte eines Polynoms $a(x) \in \mathbb{K}[x]$ vom Grad $\leqq n$, dann kann man $a(x)$ also rekonstruieren. Diesen Prozeß nennt man *Polynominterpolation.*

Gegeben seien nun also die Werte y_k von $a(x)$ an den $n+1$ Stellen $x_k \in \mathbb{K}$ $(k = 0, \ldots, n)$, welche wir paarweise verschieden voraussetzen. Man kann dann das Interpolationspolynom mit Hilfe der *Lagrangeschen Polynome*direkt angeben.[20]

Wir sehen nämlich, daß die Lagrangeschen Polynome

$$L_k(x) := \frac{(x - x_0)(x - x_1)\cdots(x - x_{k-1})}{(x_k - x_0)(x_k - x_1)\cdots(x_k - x_{k-1})} \frac{(x - x_{k+1})(x - x_{k+2})\cdots(x - x_n)}{(x_k - x_{k+1})(x_k - x_{k+2})\cdots(x_k - x_n)}$$

den Grad n haben und die Werte

$$L_k(x_j) = \begin{cases} 1 & \text{falls } j = k \\ 0 & \text{falls } j \neq k \end{cases}$$

an den *Stützstellen* x_j $(j = 0, \ldots, n)$ annehmen. Also löst das Polynom

$$L(x) := y_0 L_0(x) + y_1 L_1(x) + \cdots + y_n L_n(x) = \sum_{k=0}^{n} y_k L_k(x) \tag{6.9}$$

das gegebene Problem, da ein direkter Vergleich zeigt, daß

$$L(x_j) = y_0 L_0(x_j) + y_1 L_1(x_j) + \cdots + y_n L_n(x_j) = y_j$$

[20]Man kann das Interpolationspolynom auch in *Newtonscher Form* angeben. Dies ist zwar numerisch stabiler, aber für unsere Zwecke umständlicher, s. Übungsaufgabe 6.2.

für alle $j = 0, \ldots, n$ gilt. Diese nach Satz 6.27 eindeutige Lösung des gegebenen Interpolationsproblems heißt *Lagrangesches Interpolationspolynom.*

Wir fassen die Ergebnisse zusammen in dem

Satz 6.29 (Polynominterpolation) Der Körper $\mathbb{K}$ habe unendlich viele Elemente. Das Polynom $a(x) \in \mathbb{K}[x]$ habe einen Grad $\leqq n$ und habe die Werte y_k an den $n+1$ Stellen $x_k \in \mathbb{K}$ $(k = 0, \ldots, n)$. **6.29**

Dann ist $a(x)$ durch diese Werte eindeutig bestimmt und es gilt mit (6.9) die Gleichung $a(x) = L(x)$. □

Sitzung 6.30 Das Polynom $a(x) \in \mathbb{Q}[x]$

In[1]:= $\mathbf{a = \frac{4x^2}{3} - \frac{x^4}{3}}$

Out[1]= $\frac{4\,x^2}{3} - \frac{x^4}{3}$

ist vierten Grades und kann also durch 5 Punkte seines Graphen rekonstruiert werden. Das Polynom hat die graphische Darstellung

In[2]:= **Plot[a, {x, -2, 2}]**

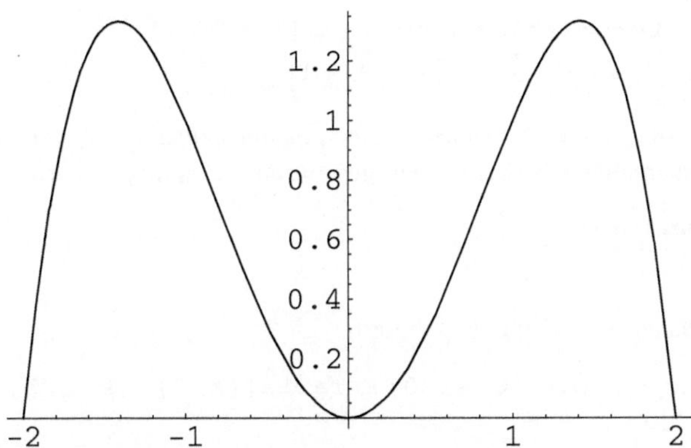

Out[2]= -Graphics-

Wir bestimmen die Werte von $a(x)$ an den Stellen $x = -2, -1, 0, 1, 2$ und erhalten die Punkteliste

In[3]:= **liste = Table[{x, a}, {x, -2, 2}]**

Out[3]= $\begin{pmatrix} -2 & 0 \\ -1 & 1 \\ 0 & 0 \\ 1 & 1 \\ 2 & 0 \end{pmatrix}$

Man kann das Lagrangepolynom gemäß (6.9) bestimmen durch

```
In[4]:= Lagrange[liste_, x_] := Sum[liste[[k, 2]]*
            Product[x - liste[[j, 1]], {j, 1, k - 1}]*
            Product[x - liste[[j, 1]], {j, k + 1, Length[liste]}]/
             (Product[liste[[k, 1]] - liste[[j, 1]],
                 {j, 1, k - 1}]*
               Product[liste[[k, 1]] - liste[[j, 1]],
              {j, k + 1, Length[liste]}]), {k, 1, Length[liste]}]
```

Für unser Beispiel

```
In[5]:= a = Lagrange[liste, x]
```

erhalten wir das Polynom

Out[5]= $\frac{1}{6}(2-x)\,x\,(x+1)\,(x+2) - \frac{1}{6}(x-2)\,(x-1)\,x\,(x+2)$

Ausmultiplizieren liefert

```
In[6]:= Expand[a]
```

Out[6]= $\frac{4x^2}{3} - \frac{x^4}{3}$

Polynominterpolation ist aber bereits eingebaut in *Mathematica* und durch die Funktion `InterpolatingPolynomial` verfügbar. Wir verwenden dasselbe Beispiel und erhalten

```
In[7]:= a = InterpolatingPolynomial[liste, x]
```

Out[7]= $(x+2)\left((x+1)\left(\left(\frac{1-x}{3}+\frac{2}{3}\right)x-1\right)+1\right)$

Mathematica verwendet das *Newtonsche Interpolationspolynom*, s. Übungsaufgabe 6.2. Selbstverständlich erhalten wir aber wieder dieselbe ausmultiplizierte Form

```
In[8]:= Expand[a]
```

Out[8]= $\frac{4x^2}{3} - \frac{x^4}{3}$

wie vorher. Die Daten aus Beispiel 6.28 liefern

```
In[9]:= liste = Join[{{0, -120}}, Table[{k, 0}, {k, 1, 5}]]
```

Out[9]= $\begin{pmatrix} 0 & -120 \\ 1 & 0 \\ 2 & 0 \\ 3 & 0 \\ 4 & 0 \\ 5 & 0 \end{pmatrix}$

```
In[10]:= Lagrange[liste, x]
```

Out[10]= $(x-5)\,(x-4)\,(x-3)\,(x-2)\,(x-1)$

wie erwartet. □

6.6 Der erweiterte Euklidische Algorithmus

Ähnlich wie beim Rechnen mit ganzen Zahlen kann man auch bei Polynomen den größten gemeinsamen Teiler bestimmen. Der größte gemeinsame Teiler ist bekanntlich nur bis auf Einheiten eindeutig bestimmt, und diese entsprechen im Polynomring nach Hilfssatz 6.6 den Einheiten im zugrundeliegenden Ring. Also ist der größte gemeinsame Teiler $\gcd(a(x), b(x))$ zweier Polynome $a(x), b(x) \in R[x]$ bis auf einen konstanten Vorfaktor eindeutig bestimmt. Ist $R = \mathbb{K}$ ein Körper, so können wir den größten gemeinsamen Teiler dadurch eindeutig machen, indem wir ihn normiert wählen.

Sitzung 6.31 In *Mathematica* kann der größte gemeinsame Teiler endlich vieler Polynome mit Hilfe der Funktion `PolynomialGCD` bestimmt werden. Beispielsweise liefert

```
In[1]:= PolynomialGCD[6x^3 - 17x^2 + 14x - 3,
          4x^4 - 14x^3 + 12x^2 + 2x - 3, -8x^3 + 14x^2 - x - 3]
Out[1]= 2x - 3
```

den größten gemeinsamen Teiler $2x - 3$. Bei diesem Beispiel ist *Mathematicas* Prämisse, daß die Operanden Polynome aus $\mathbb{Z}[x]$ sind. Damit liegt auch der größte gemeinsame Teiler in $\mathbb{Z}[x]$. Der größte gemeinsame Teiler in $\mathbb{Z}[x]$ ist eindeutig bestimmt, wenn der führende Koeffizient positiv gewählt wird, denn die Einheiten sind in diesem Fall ± 1.

Faßt man die Eingabepolynome aber als Elemente von $\mathbb{Q}[x]$ auf, so ist der (normierte) größte gemeinsame Teiler also $x - \frac{3}{2}$.

Mathematica legt dann den Körper $\mathbb{Q}$ zu Grunde, falls mindestens eines der Eingabepolynome einen rationalen Koeffizienten enthält. Daher ist das Ergebnis der Rechnung

```
In[2]:= PolynomialGCD[6x^3 - 16x^2 + 23x/2 - 3/2,
          4x^4 - 14x^3 + 12x^2 + x - 3/2, -8x^3 + 14x^2 - 2x - 3/2]
Out[2]= x - 3/2
```

der normierte größte gemeinsame Teiler. □

Schreiben wir $\gcd(a(x), b(x)) = 1$, so meinen wir damit, daß $a(x)$ und $b(x)$ keinen nichttrivialen gemeinsamen Teiler haben, wobei triviale gemeinsame Teiler Einheiten sind.[21]

Der *Euklidische Algorithmus für Polynome* basiert auf der Eigenschaft der Polynomdivision, welche wir in Satz 6.21 formuliert hatten. Dieselbe Konstruktion, welche

---

[21] Die richtige Abfrage hierfür in *Mathematica* ist also nicht `PolynomialGCD[a,b]==1`, sondern `FreeQ[PolynomialGCD[a,b],x]`.

beim Euklidischen bzw. erweiterten Euklidischen Algorithmus durchgeführt wurde, s. Abschnitt 3.4 auf S. 68, kann auf Polynome angewandt werden. Der Algorithmus bricht diesmal deswegen ab, weil wegen $\deg(r(x), x) < \deg(b(x), x)$ in jedem Schritt der Grad echt reduziert wird. Dies führt schließlich zum Nullpolynom. Auch der in Abschnitt 3.4 besprochene *erweiterte Euklidische Algorithmus* läßt sich direkt auf Polynome übertragen. Wir erhalten daher den

6.32 **Satz 6.32 (Erweiterter Euklidischer Algorithmus)** Wendet man den erweiterten Euklidischen Algorithmus auf zwei Polynome $a(x), b(x) \in \mathbb{K}[x]$ an, so erhalten wir den größten gemeinsamen Teiler $g(x) = \gcd(a(x), b(x))$ sowie zwei Polynome $s(x), t(x) \in \mathbb{K}[x]$ derart, daß die Polynomgleichung

$$g(x) = s(x)\,a(x) + t(x)\,b(x)$$

mit den *Bézoutkoeffizienten* $s(x), t(x) \in \mathbb{K}[x]$ gültig ist.

Beweis: Adaption der Beweise von Satz 3.12 und Satz 3.13. □

Sitzung 6.33 Wir rechnen nun ein Beispiel für den erweiterten Euklidischen Algorithmus vor. Hierzu schreiben wir die Implementierung von `extendedgcd` von S. 70 geringfügig um.

```
In[1]:= extendedgcd[m_, n_, var_] :=
          Module[{x, k, rule, r, q, X}, x[0] = m; x[1] = n;
            k = 0; rule = {}; gcdmatrix = {};
            While[Not[x[k + 1] === 0], k = k + 1;
              r[k] = PolynomialRemainder[x[k - 1], x[k], var];
              q[k] = PolynomialQuotient[x[k - 1], x[k], var];
              x[k + 1] = r[k];
              AppendTo[rule,
                Collect[X[k + 1] → X[k - 1] - q[k] * X[k] /.rule,
                  {X[0], X[1]}]];
              AppendTo[gcdmatrix,
                {k, x[k - 1], q[k], x[k], r[k]}]; ];
            {x[k], Coefficient[
                X[k - 2] - q[k - 1] * X[k - 1] //.rule,
                {X[0], X[1]}]}]
```

Man beachte, daß wir nun bei der `While`-Abfrage mit `SameQ` (===) statt mit `Equal` (==) arbeiten müssen, da bei Polynomen sonst die Gleichheit nicht richtig erkannt wird, s. auch Sitzung 9.1. Weiterhin möchte ich darauf hinweisen, daß die alte und die neue Version von `extendedgcd` durchaus nebeneinander verwendet werden können, da die eine zwei, die andere aber drei Argumente verwendet. Dies sind natürlich verschiedene Muster!

Wir erhalten beispielsweise

```
In[2]:= {g, {s, t}} =
          extendedgcd[a = 6x^3 + 19x^2 + 19x + 6,
            b = 6x^5 + 13x^4 + 12x^3 + 13x^2 + 6x, x]
```

Out[2]= $\{-12x^2 - 26x - 12, \{-x^2 + x - 2, 1\}\}$

und als Test

```
In[3]:= s * a + t * b - g//Expand
Out[3]= 0
```

In `gcdmatrix` ist wieder die ganze Abarbeitung des erweiterten Euklidischen Algorithmus protokolliert:

```
In[4]:= gcdmatrix
```

Out[4]= $\begin{pmatrix} 1 & 6x^3+19x^2+19x+6 & 0 & 6x^5+13x^4+12x^3+13x^2+6x & 6x^3+19x^2+19x+6 \\ 2 & 6x^5+13x^4+12x^3+13x^2+6x & x^2-x+2 & 6x^3+19x^2+19x+6 & -12x^2-26x-12 \\ 3 & 6x^3+19x^2+19x+6 & -\frac{x}{2}-\frac{1}{2} & -12x^2-26x-12 & 0 \end{pmatrix}$

Beim Euklidischen Algorithmus für Polynome kann – wie bei den meisten symbolischen Algorithmen – sehr schön der sogenannte *intermediate expression swell* beobachtet werden: Auch, wenn das Ergebnis der Berechnung sehr einfach sein sollte, wenn beispielsweise der größte gemeinsame Teiler 1 ist, so können dennoch die berechneten Zwischenergebnisse in ihrer Größe unkontrolliert wachsen, und dies ist eher der Normalfall als die Ausnahme. Wir betrachten ein Beispiel:

```
In[5]:= res = extendedgcd[
```

$$a = \sum_{k=0}^{5} \texttt{Random[Integer, \{1, 10\}]}\, x^k,$$

$$b = \sum_{k=1}^{6} \texttt{Random[Integer, \{1, 10\}]}\, x^k, x]$$

Out[5]= $\Big\{\frac{2507959199728808515431}{28334208625805848249},$
$\Big\{\frac{18053006966792\,x^5}{952814976047}+\frac{959058548245451198300\,x^4}{28334208625805848249}+$
$\frac{767683960567299635034\,x^3}{28334208625805848249}+\frac{91957052911922 5802\,x^2}{1231922114165471663}-$
$\frac{6019387033427006372\,x}{28334208625805848249}+\frac{278662133303200946159}{28334208625805848249},$
$-\frac{6769877612547\,x^4}{952814976047}-\frac{661624458256135114986\,x^3}{28334208625805848249}-$
$\frac{33345709168361 5032\,x^2}{1018117449723 5303}-\frac{896389712204198139585\,x}{28334208625805848249}-$
$\frac{224487650002357888811}{28334208625805848249}\Big\}\Big\}$

Der größte gemeinsame Teiler dieser zufällig ausgewählten Polynome ist „1“, aber die Abfolge des Euklidischen Algorithmus erzeugt als gcd eine (natürlich assoziierte) komplizierte rationale Zahl, und auch die *Bézoutkoeffizienten* des erweiterten Euklidischen Algorithmus sind rationale Zahlen mit großen Zählern und Nennern. Die hier unterdrückte Ausgabe der `gcdmatrix` zeigt die Entstehung dieser Koeffizienten genau auf.

In *Mathematica* ist eine effizientere Methode zur Berechnung des gcd eingebaut, welche die Erzeugung dieser rationalen Vorfaktoren vermeidet:

```
In[6]:= Needs["Algebra`PolynomialExtendedGCD`"]

In[7]:= PolynomialExtendedGCD[a, b]
```

Out[7]= $\Big\{1, \Big\{-\frac{11944\,x^5}{567}-\frac{11026\,x^4}{567}-\frac{12511\,x^3}{1701}-\frac{11827\,x^2}{567}-\frac{19406\,x}{1701}+\frac{1}{3},$
$\frac{5972\,x^4}{189}+\frac{1609\,x^3}{567}+\frac{47590\,x^2}{1701}+\frac{167\,x}{21}+\frac{9136}{567}\Big\}\Big\}$

Hier ergibt sich also „wirklich“ $\gcd(a(x), b(x)) = 1$ und auch die Bézoutkoeffizienten sehen etwas freundlicher aus. □

Festzuhalten bleibt, daß man zwar die Komplexität zur Berechnung des größten gemeinsamen Teilers – beispielsweise mit Hilfe der modularen Arithmetik – z. T. erheblich verbessern kann, s. z. B. [GG1999], Kapitel 7. Als prinzipielles Phänomen läßt sich aber der intermediate expression swell nicht ausschalten. Unsere Komplexitätsberechnungen zählen ja auch nur die Ring- bzw. Körperoperationen und protokollieren nicht die Größe der auftretenden Ring- bzw. Körperelemente.

6.7 Eindeutige Faktorzerlegung

6.7

Wir interessieren uns nun für irreduzible Elemente und für Faktorisierungen in Polynomringen.

Sei $\mathbb{K}$ wieder ein Körper. Wie in Abschnitt 3.5 beweist man mit dem erweiterten Euklidischen Algorithmus

Satz 6.34 (Eindeutige Faktorzerlegung) Jedes $a(x) \in \mathbb{K}[x]$ besitzt eine Darstellung als Produkt irreduzibler Polynome $p_k(x)$ $(k = 1, \ldots, n)$ 6.34

$$a(x) = \prod_{k=1}^{n} p_k(x) . \tag{6.10}$$

Diese Darstellung ist eindeutig in folgendem Sinn: Für jede weitere Darstellung

$$a(x) = \prod_{k=1}^{m} q_k(x)$$

gilt $m = n$, und es gibt eine bijektive Zuordnung $p_j \mapsto q_k$ zwischen den Polynomen $p_1, \ldots, p_n$ und $q_1, \ldots, q_n$ derart, daß p_j und q_k assoziierte Elemente sind, sich also nur um eine Einheit unterscheiden.

Beweis: Dies folgt durch eine Adaption des Beweises von Satz 3.17 und des Hilfssatzes 3.18. Die Induktion wird wieder bzgl. des Grades von $a(x)$ geführt. □

Die Eindeutigkeit in Satz 6.34 wird noch einfacher, wenn wir die Primteiler alle normiert wählen. Dies können wir tun, wenn $\mathbb{K}$ ein Körper ist. Dann sind p_j und q_k nicht nur assoziiert, sondern gleich: $p_j = q_k$. Da wir allerdings auch den Fall $\mathbb{Z}[x] \subset \mathbb{Q}[x]$ betrachten wollen, werden wir dies in der Regel nicht voraussetzen.

Kennt man die Faktorzerlegung (6.10) eines Polynoms $p(x) \in \mathbb{K}[x]$, so kann man seine Nullstellen $x_k \in \mathbb{K}$ sofort ablesen. Diese entsprechen wegen Hilfssatz 6.24 in eindeutiger Weise den linearen Faktoren

$$p_k(x) = a \cdot x + b \quad \Leftrightarrow \quad x_k = -\frac{b}{a} \text{ ist Nullstelle} .$$

Sei nun $x_j \in \mathbb{K}$ eine Nullstelle von $p(x) \in \mathbb{K}[x]$. Dann tritt der lineare Faktor $x - x_j$ (gegebenenfalls in assoziierter Form) in (6.10) auf. Natürlich kann dieser Faktor auch mehrfach in (6.10) auftreten, und die Anzahl der Faktoren nennen wir die *Ordnung der Nullstelle*. Ist die Ordnung einer Nullstelle 1, so nennen wir die Nullstelle einfach, anderenfalls sprechen wir von einer mehrfachen Nullstelle.

Wie bestimmt man nun die Faktorisierung eines Polynoms? Wir betrachten einige Beispiele. Ist $\mathbb{K}$ ein endlicher Körper, beispielsweise $\mathbb{K} = \mathbb{Z}_p$ für $p \in \mathbb{P}$, und ist $a(x) \in \mathbb{K}[x]$, so gibt es – da $\mathbb{K}$ nur endlich viele Elemente hat – nur endlich viele mögliche Teilerpolynome $b(x) \in \mathbb{K}[x]$ von $a(x)$. Man macht die entsprechenden Ansätze und stellt durch Polynomdivision fest, welche Kandidatenpolynome $b(x)$ wirklich Teiler von $a(x)$ sind. Mit dieser Methode läßt sich offenbar $a(x)$ – wenn auch sehr ineffizient[22] – vollständig faktorisieren.

Sitzung 6.35 **(Faktorisierung in $\mathbb{Z}_p[x]$)** Wir implementieren den beschriebenen Algorithmus. Hierfür laden wir das Paket

```
In[1]:= Needs["Algebra`PolynomialPowerMod`"]
```

welches die Funktionen `PolynomialQuotient` und `PolynomialRemainder` über $\mathbb{Z}_p$ zur Verfügung stellt. Die Funktion `Faktoren` bestimmt gemäß dem angegebenen Algorithmus die Faktoren von $a(x)$ bis zum Grad s:

```
In[2]:= Clear[Faktoren]
        Faktoren[a_, x_, p_, s_] :=
          Module[{tab, k, bliste, restliste, pos},
            tab = Table[k, {k, 0, p - 1}];
            bliste = tab;
            Do[
              bliste =
                Flatten[Outer[Plus, bliste, tab * x^k]],
              {k, s}];
            bliste = Complement[bliste, {0}];
            restliste =
              Map[PolynomialRemainder[a, #, x,
                    Modulus- > p]&, bliste];
            pos = Position[restliste, 0];
            Table[bliste[[pos[[k, 1]]]],
              {k, 1, Length[pos]}]
          ]
```

Zunächst wird in der Schleife (`Do`) mittels `Outer` die Liste aller Testpolynome erzeugt. Danach wird $a(x)$ durch die Testpolynome dividiert, und die Teiler von $a(x)$ werden ausgegeben.

---

[22]Ist s der Grad des Teilerpolynoms, so müssen p^s Testpolynome dividiert werden. Da s die Größenordnung $n/2$ haben kann, ist also die Komplexität des beschriebenen Algorithmus $O(p^{n/2})$. Für kleines p kann dies funktionieren, aber für großes p ist der Algorithmus nicht durchführbar.

Wir betrachten ein Beispiel und setzen

```
In[3]:= a = x^5 + x^3 + x
Out[3]= x^5 + x^3 + x
```

sowie

```
In[4]:= p = 11
Out[4]= 11
```

Nun erzeugen wir mit `Faktoren` alle Teiler (deren Grad $\leqq 2$ ist) von $a(x) = x^5 + x^3 + x \in \mathbb{Z}_{11}$:

```
In[5]:= Faktoren[a, x, 11, 2]
Out[5]= {1, 2, 3, 4, 5, 6, 7, 8, 9, 10, x, 2 x, 3 x, 4 x, 5 x,
        6 x, 7 x, 8 x, 9 x, 10 x, x^2 + x + 1, x^2 + 10 x + 1,
        2 x^2 + 2 x + 2, 2 x^2 + 9 x + 2, 3 x^2 + 3 x + 3,
        3 x^2 + 8 x + 3, 4 x^2 + 4 x + 4, 4 x^2 + 7 x + 4,
        5 x^2 + 5 x + 5, 5 x^2 + 6 x + 5, 6 x^2 + 5 x + 6,
        6 x^2 + 6 x + 6, 7 x^2 + 4 x + 7, 7 x^2 + 7 x + 7,
        8 x^2 + 3 x + 8, 8 x^2 + 8 x + 8, 9 x^2 + 2 x + 9,
        9 x^2 + 9 x + 9, 10 x^2 + x + 10, 10 x^2 + 10 x + 10}
```

Die Faktorenliste ist natürlich redundant, da $\mathbb{Z}_p$ ein Körper ist, benötigen wir nur die normierten Faktoren x, $x^2 + x + 1$ sowie $x^2 + 10x + 1$. Tatsächlich ist

```
In[6]:= PolynomialMod[x (x^2 + x + 1) (x^2 + 10x + 1), p]
Out[6]= x^5 + x^3 + x
```

Wir können $a(x)$ auch sukzessive dividieren:

```
In[7]:= q = PolynomialQuotient[a, x^2 + x + 1, x, Modulus → p]
Out[7]= x^3 + 10 x^2 + x

In[8]:= PolynomialQuotient[q, x, x, Modulus → p]
Out[8]= x^2 + 10 x + 1
```

Natürlich kann unsere Implementierung auch feststellen, ob ein Polynom modulo p irreduzibel ist. In diesem Fall gibt es bis zur Ordnung $s = \lfloor n/2 \rfloor$ nur triviale, nämlich konstante, Teiler:

```
In[9]:= Faktoren[x^4 + 2, x, 5, 2]
Out[9]= {1, 2, 3, 4}
```

Mathematicas eingebaute Funktion `Factor` kann ebenfalls über $\mathbb{Z}_p$ faktorisieren:

```
In[10]:= Factor[a, Modulus → p]
Out[10]= x (x^2 + x + 1) (x^2 + 10 x + 1)
```

Diese Implementierung ist viel schneller. Die Rechnung

```
In[11]:= Factor[a, Modulus → 10007]
```

Out[11]= $x\,(x^2 + x + 1)\,(x^2 + 10006\,x + 1)$

liegt außerhalb der Reichweite unserer eigenen Implementierung. Effizientere Faktorisierungsalgorithmen betrachten wir in Kapitel 8. □

Wir betrachten nun den speziellen Fall $\mathbb{K} = \mathbb{Q}$, also Polynome mit rationalen Koeffizienten. Ist $a(x) \in \mathbb{Q}[x]$ gegeben, so erzeugen wir durch Multiplikation mit einer natürlichen Zahl $z \in \mathbb{N}$ ein Polynom $b(x) = z \cdot a(x) \in \mathbb{Z}[x]$.[23] Also können wir o. B. d. A. annehmen, daß $a(x) \in \mathbb{Z}[x]$ liegt. In der Folge suchen wir die Teiler $b(x) \in \mathbb{Z}[x]$ solcher Polynome.[24] Zur Faktorisierung eines ganzzahligen Polynoms $a(x) \in \mathbb{Z}[x]$ über $\mathbb{Z}$ hat Kronecker [Kro1882]–[Kro1883] folgenden Algorithmus angegeben:

Ist $a(x)$ ein zerlegbares Polynom vom Grad n, so gibt es also einen Teiler $b(x)$ vom Grad $\leqq s := \lfloor n/2 \rfloor$. Wir bilden nun die Funktionswerte $a(x_0), a(x_1), \ldots, a(x_s)$ an $s+1$ beliebig gewählten Stellen $x_j \in \mathbb{Z}$. Da $a(x)$ durch $b(x)$ teilbar ist, so muß für die gewählten Punkte x_j $(j = 0, \ldots, s)$ ebenfalls gelten $b(x_j) \mid a(x_j)$. Die Werte $a(x_j) \in \mathbb{Z}$ sind aber gegeben, und es gibt nur endlich viele mögliche Teiler $b(x_j) \in \mathbb{Z}$. Diese kann man alle durchprobieren. Zu jeder möglichen Wertewahl $b(x_j)$ $(j = 0, \ldots, s)$ gibt es nach Satz 6.29 genau ein Polynom $b(x) \in \mathbb{Q}[x]$ vom Grad $\leqq s$.

Für jedes Kandidatenpolynom $b(x)$ kann durch Polynomdivision überprüft werden, ob es tatsächlich ein Teiler von $a(x)$ ist. Auf diese Weise findet man alle Teiler $b(x) \in \mathbb{Z}[x]$ vom Grad $\leqq s$ von $a(x)$. Teiler vom Grad $> s$ haben die Form $a(x)/b(x)$, und man findet sie durch Polynomdivision.

Dieser Algorithmus ist in der Praxis recht ineffizient. Wir werden später einen effizienteren Algorithmus kennenlernen. Die Effizienz des Kronecker-Algorithmus kann jedoch durch folgende Maßnahmen erhöht werden:

- Beim betrachteten Polynom $a(x)$ wird zunächst der größte gemeinsame Teiler seiner Koeffizienten ausgeklammert. Dieser wird der *Inhalt* des Polynoms genannt und mit content$(a(x), x)$ bezeichnet. Dies vermeidet unnötige Teiler der Werte $a(x_j)$.
- Durch geschickte Wahl der Punkte x_j $(j = 0, \ldots, s)$ wird die Anzahl der Teiler von $a(x_j)$ und damit die Anzahl der Fallunterscheidungen klein gehalten.
- Kandidatenpolynome $b(x) \in \mathbb{Q}[x] \setminus \mathbb{Z}[x]$ können von vornherein aussortiert werden.

---

[23] Die Zahl z ist das kleinste gemeinsame Vielfache der Nenner der auftretenden Koeffizienten a_k des Polynoms $a(x)$.

[24] Daß es genügt, die Faktoren mit ganzzahligen Koeffizienten zu finden, um unser Originalproblem über $\mathbb{Q}$ zu lösen, wird in Abschnitt 8.1 bewiesen.

Sitzung 6.36 (Kronecker-Algorithmus) Wir implementieren den Kronecker-Algorithmus in *Mathematica*. Die folgende Implementierung zur Faktorisierung von $a(x) \in \mathbb{Z}[x]$ funktioniert unter der Prämisse, daß $a(0) \neq 0$ ist. Andernfalls kann eine Potenz von x ausgeklammert werden.

Wir betrachten wieder $a(x) = x^5 + x^3 + x \in \mathbb{Z}[x]$, diesmal als Element von $\mathbb{Z}[x]$. Zunächst kann ein Faktor x abgespalten werden. Es bleibt also, die Teiler von $a(x) = x^4 + x^2 + 1$ zu finden. Also setzen wir

```
In[1]:= a = x^4 + x^2 + 1
Out[1]= x^4 + x^2 + 1
```

Wir erklären die Interpolationspunkte x_j:

```
In[2]:= punkte = {-1, 0, 1}
Out[2]= {-1, 0, 1}
```

und berechnen die Werte $a(x_j)$:

```
In[3]:= werte = a/.x → punkte
Out[3]= {3, 1, 3}
```

Die Funktion `divisors` bestimmt die positiven und negativen Teiler einer ganzen Zahl:

```
In[4]:= divisors[z_] := Module[{d = Divisors[z]}, Join[d, -d]]
```

Wir bestimmen die Teilerlisten der Werte $a(x_j)$:

```
In[5]:= divisorliste = Table[divisors[werte[[k]]],
            {k, Length[werte]}]
Out[5]= {{1, 3, -1, -3}, {1, -1}, {1, 3, -1, -3}}
```

Nun sind wir – wieder mit `Outer` – in der Lage, alle Punktetripel zusammenzustellen, welche Teiler von $a(x_j)$ sind. Hierbei wird mit `Apply[Sequence,... ]` eine Liste in eine Argumentfolge (ohne Klammern) umgewandelt:

```
In[6]:= tabelle =
          Partition[
            Flatten[
              Outer[List, Apply[Sequence, divisorliste]]], 3]
```

$$Out[6]= \begin{pmatrix} 1 & 1 & 1 \\ 1 & 1 & 3 \\ 1 & 1 & -1 \\ 1 & 1 & -3 \\ 1 & -1 & 1 \\ 1 & -1 & 3 \\ 1 & -1 & -1 \\ 1 & -1 & -3 \\ 3 & 1 & 1 \\ 3 & 1 & 3 \\ 3 & 1 & -1 \\ 3 & 1 & -3 \\ 3 & -1 & 1 \\ 3 & -1 & 3 \\ 3 & -1 & -1 \\ 3 & -1 & -3 \\ -1 & 1 & 1 \\ -1 & 1 & 3 \\ -1 & 1 & -1 \\ -1 & 1 & -3 \\ -1 & -1 & 1 \\ -1 & -1 & 3 \\ -1 & -1 & -1 \\ -1 & -1 & -3 \\ -3 & 1 & 1 \\ -3 & 1 & 3 \\ -3 & 1 & -1 \\ -3 & 1 & -3 \\ -3 & -1 & 1 \\ -3 & -1 & 3 \\ -3 & -1 & -1 \\ -3 & -1 & -3 \end{pmatrix}$$

Im nächsten Schritt erzeugen wir durch Polynominterpolation die Tabelle der Kandidatenpolynome, welche als Teiler von $a(x)$ in Frage kommen:

```
In[7]:= poltabelle =
          Table[
            {Expand[InterpolatingPolynomial[
                Transpose[{{-1, 0, 1}, tabelle[[k]]}], x]]},
            {k, Length[tabelle]}]
```

Out[7]= $\begin{pmatrix} 1 \\ x^2+x+1 \\ -x^2-x+1 \\ -2x^2-2x+1 \\ 2x^2-1 \\ 3x^2+x-1 \\ x^2-x-1 \\ -2x-1 \\ x^2-x+1 \\ 2x^2+1 \\ 1-2x \\ -x^2-3x+1 \\ 3x^2-x-1 \\ 4x^2-1 \\ 2x^2-2x-1 \\ x^2-3x-1 \\ -x^2+x+1 \\ 2x+1 \\ 1-2x^2 \\ -3x^2-x+1 \\ x^2+x-1 \\ 2x^2+2x-1 \\ -1 \\ -x^2-x-1 \\ -2x^2+2x+1 \\ -x^2+3x+1 \\ -3x^2+x+1 \\ 1-4x^2 \\ 2x-1 \\ x^2+3x-1 \\ -x^2+x-1 \\ -2x^2-1 \end{pmatrix}$

Bei der Division von $a(x)$ durch die Kandidatenpolynome ergeben sich die folgenden Divisionsreste:

```
In[8]:= reste =
          Table[PolynomialRemainder[a, poltabelle[[k, 1]],
              x], {k, Length[poltabelle]}]
```

Out[8]= $\{0, 0, 4-4x, \frac{9}{4}-3x, \frac{7}{4}, \frac{40}{27}-\frac{16x}{27}, 4x+4, \frac{21}{16}, 0, \frac{3}{4}, \frac{21}{16}, 12-36x, \frac{16x}{27}+\frac{40}{27}, \frac{21}{16}, 3x+\frac{9}{4}, 36x+12, 4x+4, \frac{21}{16}, \frac{7}{4}, \frac{40}{27}-\frac{16x}{27}, 4-4x, \frac{9}{4}-3x, 0, 0, 3x+\frac{9}{4}, 36x+12, \frac{16x}{27}+\frac{40}{27}, \frac{21}{16}, \frac{21}{16}, 12-36x, 0, \frac{3}{4}\}$

und an den Positionen

```
In[9]:= pos = Position[reste, 0]
```

Out[9]= $\begin{pmatrix} 1 \\ 2 \\ 9 \\ 23 \\ 24 \\ 31 \end{pmatrix}$

ist der Divisionsrest gleich 0. Also ist

```
In[10]:= Table[poltabelle[[pos[[k]], 1]], {k, Length[pos]}]
```

Out[10]= $\begin{pmatrix} 1 \\ x^2 + x + 1 \\ x^2 - x + 1 \\ -1 \\ -x^2 - x - 1 \\ -x^2 + x - 1 \end{pmatrix}$

eine vollständige Teilerliste von $a(x)$ über $\mathbb{Z}[x]$. Unsere Rechnung wird wieder von der *Mathematica*-Funktion `Factor`

```
In[11]:= Factor[a]
```

Out[11]= $(x^2 - x + 1)\,(x^2 + x + 1)$

erheblich schneller bestätigt. □

Die Komplexität des Kronecker-Algorithmus ist noch schlechter als die beim betrachteten Faktorisierungsalgorithmus über $\mathbb{Z}_p$, da die Werte $a(x_j)$ u. U. sehr viele Teiler haben. Eine ausführliche Komplexitätsanalyse führen wir hier nicht durch. Es gibt viel effizientere Algorithmen zur Polynomfaktorisierung. Mehr dazu im nächsten Abschnitt und in Kapitel 8.

6.8

6.8 Quadratfreie Faktorisierung

Während die vollständige Faktorisierung von Polynomen relativ aufwendig ist, wie wir gesehen haben, gibt es einen Typ von Faktorisierung, welcher ohne großen Aufwand realisiert werden kann, die sogenannte quadratfreie Faktorisierung. Glücklicherweise reicht diese in vielen Fällen durchaus aus, beispielsweise bei der Integration, s. Kapitel 12.

6.37 **Definition 6.37 (Quadratfreie Faktorisierung)** Sei $a(x) \in \mathbb{K}[x]$. Dann heißt $a(x)$ *quadratfrei*, falls es kein $b(x) \in \mathbb{K}[x]$ gibt mit $\deg(b(x), x) > 0$ und $b^2(x) \mid a(x)$.

Die *quadratfreie Faktorisierung* von $a(x)$ ist gegeben durch

$$a(x) = \prod_{k=1}^{m} a_k^k(x)\,, \tag{6.11}$$

wobei jedes $a_k(x)$ quadratfrei ist und $\gcd(a_j(x), a_k(x)) = 1$ für $j \neq k$. Man beachte, daß einige der $a_k(x)$ konstant sein können.

Der quadratfreie Teil von $a(x)$ ist gegeben durch

$$\mathrm{qf}(a(x), x) := \prod_{k=1}^{m} a_k(x)\,,$$

also dem einfachen Produkt aller irreduziblen Faktoren von $a(x)$. △

Aus der Faktorisierung von $a(x)$ in irreduzible Faktoren liest man ab, daß ein Polynom genau dann quadratfrei ist, wenn es keine mehrfachen Faktoren hat. Der Faktor $a_k(x)$ in (6.11) enthält somit diejenigen Faktoren von $a(x)$, welche genau k-mal in der vollständigen Faktorisierung von $a(x)$ auftreten.

Beispiel 6.38 Sei 6.38

$$a(x) := (x^2-25)^5\,(x^2-9)^3\,(x^2-1)\,,$$

dann sind $m = 5$ und $a_1(x) = x^2-1$, $a_2(x) = 1$, $a_3(x) = x^2-9$, $a_4(x) = 1$ und $a_5(x) = x^2-25$.

Der quadratfreie Teil von $a(x)$ ist $(x^2-25)\,(x^2-9)\,(x^2-1)$. △

Zur Untersuchung der Quadratfreiheit benutzen wir Ableitungen. Hierbei kommen wir ohne den Grenzwertbegriff aus, wenn wir erklären:[25]

Definition 6.39 Sei $\mathbb{K}$ ein Körper. Eine Abbildung $'\colon \mathbb{K}[x] \to \mathbb{K}[x]$ des Polynomrings 6.39
$\mathbb{K}[x]$ in sich mit den Eigenschaften

(A_1) **(Linearität)** $(a(x)+b(x))' = a'(x)+b'(x)$ und $(c\cdot a(x))' = c\cdot a'(x)$ für $c \in \mathbb{K}$

(A_2) **(Produktregel)** $(a(x)\cdot b(x))' = a'(x)\cdot b(x) + a(x)\cdot b'(x)$

mit $x' \neq 0$ heißt eine *Ableitung*.[26] △

---

[25]Ableitungen werden wir vor allem bei der Integration benötigen. Dann werden wir den algebraischen Begriff eines Differentialkörpers ausführlich untersuchen.

[26]Engl.: derivation

Es gilt der

6.40 **Satz 6.40** Jede Ableitung hat folgende wohlbekannte Eigenschaften

(A_3) **(Konstantenregel)** $c' = 0$ für $c \in \mathbb{K}$;
(A_4) **(Potenzregel)** $(a(x)^n)' = n\, a(x)^{n-1} \cdot a'(x)$;
(A_5) **(Produktregel)** $(a_1(x) \cdots a_n(x))' = \sum\limits_{k=1}^{n} a_1(x) \cdots a_{k-1}(x) \cdot a_k{}'(x) \cdot a_{k+1}(x) \cdots a_n(x)$.

Beweis: Der Übersichtlichkeit halber verwenden wir für $a'(x)$ auch die Operatornotation $D(a)$.
(A_3): Aus (A_2) folgt

$$D(a) = D(a \cdot 1) = D(a) \cdot 1 + a \cdot D(1)\,,$$

also ist $D(1) = 0$. Mit (A_1) folgt dann $c' = c \cdot D(1) = 0$ für alle $c \in \mathbb{K}$.
(A_4) und (A_5): Dies folgt jeweils mit einem einfachen Induktionsbeweis aus (A_2). □

In der Folge werden wir die „normale" Ableitung betrachten, welche durch die zusätzliche Festsetzung $x' := 1$ eindeutig festgelegt ist. Hieraus folgt nämlich mit (A_4) zunächst $(x^n)' = n\, x^{n-1}$ und schließlich mit der Linearität für jedes Polynom die übliche Ableitungsvorschrift. Insbesondere ist der Grad der Ableitung $a'(x)$ eines Polynoms $a(x) \neq 0$ kleiner als der Grad von $a(x)$ selbst.

Wir betrachten nun einen Zusammenhang zwischen Nullstellen eines Polynoms und denen seiner Ableitung. Es gilt der[27]

6.41 **Hilfssatz 6.41** Sei $\mathbb{K}$ ein Körper und $a(x) \in \mathbb{K}[x]$. Ist $\alpha \in \mathbb{K}$ eine n-fache Nullstelle von $a(x)$, so ist α eine $n-1$-fache Nullstelle von $a'(x)$, falls $\operatorname{char}(\mathbb{K})$ kein Teiler von n ist.

Beweis: Da $a(x)$ die n-fache Nullstelle α hat, gilt $a(x) = (x-\alpha)^n \cdot b(x)$ mit $b(x) \in \mathbb{K}[x]$, $b(\alpha) \neq 0$. Wir leiten nun ab und erhalten mit der Produktregel und (A_4)

$$a'(x) = n\,(x-\alpha)^{n-1} \cdot b(x) + (x-\alpha)^n \cdot b'(x) = (x-\alpha)^{n-1} \cdot \Big(n\, b(x) + (x-\alpha) \cdot b'(x)\Big)\,,$$

also folgt die Behauptung, da $n\, b(\alpha) + (\alpha - \alpha) \cdot b'(\alpha) \neq 0$ ist. □

Man beachte, daß aus $a'(x) = 0$ nicht immer folgt, daß $a(x)$ konstant ist. Hierfür muß $\mathbb{K}$ die Charakteristik 0 haben. Beispielsweise ist für $a(x) = x^5 \in \mathbb{Z}_5[x]$ die Ableitung gleich $a'(x) = 5 \cdot x^4 = 0 \cdot x^4 = 0$.

[27]Eine analoge Aussage gilt statt für $x - \alpha$ allgemeiner für beliebige Faktoren eines Polynoms.

Falls aber $\mathbb{K}$ die Charakteristik 0 hat, folgt aus $a'(x) = 0$ immer, daß $a(x)$ konstant ist, und wir gewinnen unter Verwendung der Ableitung folgende Charakterisierung der Quadratfreiheit.

Satz 6.42 **(Charakterisierung der Quadratfreiheit)** Sei $a(x) \in \mathbb{K}[x]$ und sei $\mathbb{K}$ ein Körper der Charakteristik 0. Dann ist das Polynom $a(x)$ quadratfrei genau dann, wenn $\gcd(a(x), a'(x)) = 1$. **6.42**

Beweis: Wir nehmen zunächst an, $a(x)$ sei nicht quadratfrei. Dann gibt es ein $b(x) \in \mathbb{K}[x]$ mit $\deg(b(x), x) > 0$ und

$$a(x) = b(x)^2 \cdot c(x) .$$

Hieraus folgt mit (A_4)

$$a'(x) = 2\,b(x) \cdot b'(x) \cdot c(x) + b(x)^2 \cdot c'(x) = b(x) \cdot \left(2\,b'(x) \cdot c(x) + b(x) \cdot c'(x)\right) .$$

Also haben $a'(x)$ und $a(x)$ den nichtkonstanten gemeinsamen Teiler $b(x)$, und es ist

$$\gcd(a(x), a'(x)) \neq 1 .$$

Sei nun $a(x)$ quadratfrei. Wir nehmen ferner an, $\gcd(a(x), a'(x)) \neq 1$, und wir wollen dies einem Widerspruch zuführen. Nach Voraussetzung gilt in der faktorisierten Darstellung

$$a(x) = p_1(x) \cdot p_2(x) \cdots p_m(x) , \tag{6.12}$$

von $a(x)$, daß die $p_k(x)$ über $\mathbb{K}[x]$ paarweise irreduzibel sind und positiven Grad haben. Dann können wir mit (A_5) die Ableitung berechnen:

$$a'(x) = p_1{}'(x) \cdot p_2(x) \cdots p_m(x) + p_1(x) \cdot p_2{}'(x) \cdots p_m(x) + \cdots + p_1(x) \cdot p_2(x) \cdots p_m{}'(x) . \tag{6.13}$$

Auf Grund unserer Annahme muß wegen (6.12) für mindestens ein $k = 1, \ldots, m$ gelten, daß $p_k(x) \mid \gcd(a(x), a'(x))$. Wir nehmen o. B. d. A. an, daß dies für $k = 1$ der Fall ist. Dann folgt also $p_1(x) \mid a'(x)$ oder zusammen mit (6.13)

$$p_1(x) \mid p_1{}'(x) \cdot p_2(x) \cdots p_m(x) .$$

Da $\gcd(p_k(x), p_1(x)) = 1$, $k > 1$ und $p_1(x)$ über $\mathbb{K}[x]$ irreduzibel ist, muß also $p_1(x) \mid p_1{}'(x)$ gelten. Da der Grad von $p_1{}'(x)$ wegen $\deg(p_1(x), x) > 0$ kleiner als der Grad von $p_1(x)$ ist, kann dies nur eintreten, wenn $p_1{}'(x) = 0$ ist. In Körpern der Charakteristik 0 folgt hieraus aber, daß $p_1(x)$ konstant ist (s. Übungsaufgabe 6.18) im Widerspruch zu $\deg(p_1(x), x) > 0$. □

Nach diesen Vorbereitungen können wir nun die quadratfreie Faktorisierung finden. $a(x)$ habe die quadratfreie Faktorisierung (6.11). Wegen

$$a'(x) = \sum_{k=1}^{m} a_1(x) \cdots k\, a_k(x)^{k-1}\, a_k{}'(x) \cdots a_m(x)^m$$

ist

$$g(x) := \gcd(a(x), a'(x)) = \prod_{k=2}^{m} a_k(x)^{k-1} .$$

Folglich ist der *quadratfreie Teil* von $a(x)$ gegeben durch

$$h(x) := \frac{a(x)}{g(x)} = \prod_{k=1}^{m} a_k(x) .$$

Berechnet man nun

$$b(x) := \gcd(g(x), h(x)) = \prod_{k=2}^{m} a_k(x) ,$$

dann erhalten wir

$$a_1(x) = \frac{h(x)}{b(x)} .$$

Iteriert man diesen Prozeß, indem man nun mit $g(x)$ weiterarbeitet, so findet man nacheinander $a_1(x), a_2(x), \ldots, a_m(x)$. Wir fassen dies zusammen in dem

6.43 **Satz 6.43 (Quadratfreier Teil)** Sei $a(x) \in \mathbb{K}[x]$, wobei $\mathbb{K}$ ein Körper der Charakteristik 0 sei. Der quadratfreie Teil von $a(x)$ ist gegeben durch

$$\mathrm{qf}(a(x), x) = \frac{a(x)}{\gcd(a(x), a'(x))} .$$

Mit dem oben beschriebenen iterativen Algorithmus finden wir schließlich auch die quadratfreie Faktorisierung (6.11) von $a(x)$.

Sitzung 6.44 Die *Mathematica*-Funktion `FactorSquareFree[a]` faktorisiert das Polynom $a(x)$ quadratfrei. Sei

```
In[1]:= a = Product[((x + k) * (x - k))^k, {k, 1, 5, 2}]
```

Out[1]= $(x-5)^5 (x-3)^3 (x-1) (x+1) (x+3)^3 (x+5)^5$

Wir erhalten beispielsweise für das ausmultiplizierte Polynom

```
In[2]:= a = Expand[a]
```

Out[2]= $x^{18} - 153\,x^{16} + 10020\,x^{14} - 365972\,x^{12} + 8137854\,x^{10} - 112806750\,x^8 + 957212500\,x^6 - 4649062500\,x^4 + 10916015625\,x^2 - 7119140625$

die quadratfreie Faktorisierung

```
In[3]:= b = FactorSquareFree[a]
```

Out[3]= $(x^2-25)^5\,(x^2-9)^3\,(x^2-1)$

Natürlich kennen wir auf Grund der Eingabe auch die vollständige Faktorisierung

$$a(x) = (x+5)^5(x-5)^5(x+3)^3(x-3)^3(x+1)(x-1)\,,$$

aus welcher man durch Zusammenfassen der Faktoren gleicher Ordnung die quadratfreie Faktorisierung ablesen kann.

Der quadratfreie Teil von $a(x)$ ist gegeben durch

```
In[4]:= c = b/. {3 → 1, 5 → 1}
```

Out[4]= $(x^2-25)\,(x^2-9)\,(x^2-1)$

oder in ausmultiplizierter Form

```
In[5]:= Expand[c]
```

Out[5]= $x^6 - 35\,x^4 + 259\,x^2 - 225$

Dies erhalten wir auch mit dem Algorithmus aus Satz 6.43

```
In[6]:= Together[a / PolynomialGCD[a, D[a, x]]]
```

Out[6]= $x^6 - 35\,x^4 + 259\,x^2 - 225$

ohne eine vollständige Faktorisierung durchführen zu müssen. □

6.9 Rationale Funktionen

6.9

Genau, wie man ausgehend vom Ring $\mathbb{Z}$ der ganzen Zahlen den Körper $\mathbb{Q}$ der rationalen Zahlen durch Quotientenbildung bzgl. der Äquivalenzrelation

$$\frac{a}{b} \sim \frac{c}{d} \qquad \Leftrightarrow \qquad a\,d - b\,c = 0$$

die rationalen Zahlen $\mathbb{Q}$ bekommt, erhalten wir aus dem Polynomring $\mathbb{K}[x]$ durch Quotientenbildung bzgl. der Äquivalenzrelation

$$\frac{a(x)}{b(x)} \sim \frac{c(x)}{d(x)} \qquad \Leftrightarrow \qquad a(x)\,d(x) - b(x)\,c(x) = 0$$

den *Körper der rationalen Funktionen* $\mathbb{K}(x)$ über dem Körper $\mathbb{K}$. Man beachte, daß es bei diesen Bezeichnungen entscheidend ist, eckige von runden Klammern zu unterscheiden! Selbstverständlich ist, via $b(x) = 1$, $\mathbb{K}[x] \subset \mathbb{K}(x)$ ein Unterring von $\mathbb{K}(x)$. Analog erhält man den Körper der rationalen Funktionen $\mathbb{K}(x_1, x_2, \ldots, x_n)$ bzgl. mehrerer Variablen.

Gegeben sei nun eine rationale Funktion

$$r(x) = \frac{a(x)}{b(x)} \in \mathbb{K}(x) .$$

Da wir mit Hilfe des Euklidischen Algorithmus den größten gemeinsamen Teiler $\gcd(a(x), b(x))$ bestimmen und dann Zähler und Nenner mit Polynomdivision kürzen können, nehmen wir immer o. B. d. A. an, daß $\gcd(a(x), b(x)) = 1$ ist. Dann nennen wir

$$r(x) = \frac{a(x)}{b(x)} \in \mathbb{K}(x) \qquad (\gcd(a(x), b(x)) = 1) \tag{6.14}$$

die *Standarddarstellung* einer rationalen Funktion.

Sitzung 6.45 Während *Mathematica* jede rationale Zahl automatisch kürzt

In[1]:= $\frac{\mathbf{123}}{\mathbf{456}}$

Out[1]= $\frac{41}{152}$

werden rationale Funktionen aus Effizienzgründen nicht automatisch in Standarddarstellung gebracht:

In[2]:= **r =** $\frac{\mathbf{x^3 - 2x^2 - 5x + 6}}{\mathbf{x - 1}}$

Out[2]= $\frac{x^3 - 2\,x^2 - 5\,x + 6}{x - 1}$

Erst die Verwendung des Kommandos `Together` bringt rationale Ausdrücke (mit Hilfe des Euklidischen Algorithmus oder effizienteren Methoden) in rationale Standardform:

In[3]:= **Together[r]**

Out[3]= $x^2 - x - 6$

Dies funktioniert in gleicher Weise, wenn mehrere Variablen beteiligt sind:

In[4]:= **Together[**$\frac{\mathbf{x^{10} - y^{10}}}{\mathbf{x^4 - y^4}}$**]**

Out[4]= $\frac{x^8 + y^2\,x^6 + y^4\,x^4 + y^6\,x^2 + y^8}{x^2 + y^2}$

Insbesondere kann `Together` entscheiden, ob es sich bei einem rationalen Ausdruck um das Nullpolynom handelt:

```
In[5]:= Together[ x/((x - y) (x - z)) + y/((y - z) (y - x)) +
          z/((z - x) (z - y))]
Out[5]= 0
```

Diese Eigenschaft wird in Abschnitt 9.3 genauer untersucht. □

6.10 Ergänzende Bemerkungen 6.10

Das Einsetzen eines Ringelementes in ein Polynom, welches bei der Definition einer Nullstelle eine Rolle spielt, wird algebraisch durch den *Einsetzungshomomorphismus* beschrieben.

Bei der Division mit Rest hatten wir einen Körper zugrundegelegt. Ist R ein Integritätsbereich, so kann man in $R[x]$ allerdings nach Multiplikation des ersten Polynoms mit einer geeigneten Konstanten eine sogenannte *Pseudodivision* durchführen. Viele der Konsequenzen des Divisionsalgorithmus bleiben dann erhalten, z. B. gelten Hilfssatz 6.24 und Folgerung 6.25 auch in diesem Fall.

Da der FFT-basierte Multiplikationsalgorithmus nicht direkt auf die Multiplikation in $\mathbb{Z}[x]$ (bzw. $\mathbb{Z}$) angewandt werden konnte, haben Schönhage und Strassen 1971 eine Methode entwickelt [SS1971], wie dieser Defekt durch die Adjunktion virtueller Einheitswurzeln behoben werden kann, s. auch [GG1999], Abschnitt 8.3. Auch heute noch ist der Schönhage-Strassen-Algorithmus der schnellste Multiplikations-Algorithmus.

In Ringen mit einer *Euklidischen Norm* ($|z|$ für $z \in \mathbb{Z}$ bzw. $\deg(a(x), x)$ für $a(x) \in \mathbb{K}(x)$) kann der Euklidische Algorithmus zur Berechnung von größten gemeinsamen Teilern benutzt werden. Diese Ringe sind immer *Faktorringe*,[28] d. h. ihre Elemente besitzen eine eindeutige Faktorzerlegung.

Effizientere Faktorisierungsalgorithmen betrachten wir in Kapitel 8.

6.11 Übungsaufgaben 6.11

6.1 Beweisen Sie die Gradformeln (6.5) und (6.6). Geben Sie ein Beispiel, bei welchem in (6.5) keine Gleichheit vorliegt.

[28] auch faktorieller Ring oder ZPE-Ring („Zerlegung in Primelemente“), engl: unique factorization domain (UFD)

6.2 Die Newtonsche Form des Interpolationspolynoms ist gegeben durch

$$P_n(x) = c_0 + c_1(x - x_0) + c_2(x - x_0)(x - x_1) + \cdots + c_n(x - x_0)\cdots(x - x_n)\,,$$

wobei $x_0, \ldots, x_n$ wieder die $n + 1$ Stützpunkte seien.

Die Interpolationsbedingungen $P_n(x_k) = y_k$ $(k = 0, \ldots, n + 1)$ führen auf ein lineares Gleichungssystem in Dreiecksform für die Konstanten $c_0, \ldots, c_n$.[29] Programmieren Sie die Newton-Interpolation durch Lösen des linearen Gleichungssystems.

Der Vorteil der Newton-Interpolation besteht – außer in seiner numerischen Stabilität – vor allem darin, dass ein bereits berechnetes Interpolationspolynom mit n Stützstellen direkt dazu verwendet werden kann, das Interpolationspolynom mit $n + 1$ Stützstellen auszurechnen, wenn ein weiterer Stützpunkt dazukommt. Dies geht bei der Lagrange-Interpolation nicht.

Wenden Sie die Newton-Interpolation auf geeignete Beispiele an und vergleichen Sie die Ergebnisse mit denen von *Mathematica*.

6.3 Entwerfen Sie eine Variation des erweiterten Euklidischen Algorithmus, welche unnötige rationale Vorfaktoren vermeidet, s. Sitzung 6.33. Vergleichen Sie mit `PolynomialExtendedGCD`.

6.4 Führen Sie den Beweis von Satz 6.34 aus. Man benötigt wieder den Hilfssatz: Sei $p(x) \in \mathbb{K}[x]$ irreduzibel und $p(x) \mid a(x) \cdot b(x)$. Dann folgt $p(x) \mid a(x)$ oder $p(x) \mid b(x)$.

6.5 (Faktorisierung in $\mathbb{Z}_p[x]$) Faktorisieren Sie

(a) $x^6 - x^5 + x^2 + 1$ modulo p für die ersten 20 Primzahlen p;[30]
(b) $5x^4 - 4x^3 - 48x^2 + 44x + 3$ modulo p für die ersten 20 Primzahlen;

Was erfahren Sie aus den berechneten Faktorisierungen über eine mögliche Faktorisierung über $\mathbb{Z}$?

6.6 (Faktorisierung in $\mathbb{Z}_p[x]$) Faktorisieren Sie

(a) $x^5 - x \in \mathbb{Z}_5[x]$;
(b) $x^8 + x^7 + x^6 + x^4 + 1 \in \mathbb{Z}_2[x]$;

[29] Sie können effizient durch dividierte Differenzen berechnet werden.
[30] Verwenden Sie `NextPrime` oder `Prime`.

(c) $x^8 + x^7 + x^6 + x^4 + 1 \in \mathbb{Z}_{11}[x]$;
(d) $x^8 + x^7 + x^6 + x^4 + 1 \in \mathbb{Z}_{10007}[x]$.

6.7 (Eisensteinsches Irreduzibilitätskriterium) Zeigen Sie: Ist $a(x) = a_n x^n + a_{n-1} x^{n-1} + \cdots + a_1 x + a_0 \in \mathbb{Z}[x]$, und existiert eine Primzahl $p \in \mathbb{P}$, welche kein Teiler von a_n ist, aber $p \mid a_k$ für alle $k = 0, \ldots, n-1$, und ist schließlich p^2 kein Teiler von a_0, dann ist $a(x)$ irreduzibel in $\mathbb{Z}[x]$. *Hinweis:* Machen Sie die Annahme der Zerlegbarkeit und führen Sie diese zu einem Widerspruch.

6.8 Zeigen Sie mit dem Eisensteinschen Irreduzibilitätskriterium, s. Aufgabe 6.7, daß es in $\mathbb{Z}[x]$ irreduzible Polynome jeden Grades $n \in \mathbb{N}$ gibt.

6.9 Programmieren Sie das Eisensteinsche Irreduzibilitätskriterium als Funktion `Eisenstein`. Testen Sie die Irreduzibilität von $a(x) \in \mathbb{Z}[x]$ für

(a) $a(x) = x^5 - 2$;
(b) $a(x) = x^5 - 1$;
(c) $a(x) = x^5 - 4x + 2$;
(d) $a(x) = x^5 + 4x^4 + 2x^3 + 3x^2 - x + 5$.

6.10 Programmieren Sie eine *Mathematica*-Funktion `Content` zur Bestimmung des Inhalts eines Polynoms $a(x)$.

6.11 Programmieren Sie den Kronecker-Algorithmus aus Sitzung 6.36 als *Mathematica*-Funktion `Kronecker` und testen Sie Ihre Funktion an 10 Beispielpolynomen. Verwenden Sie zur Effizienzsteigerung die Funktion `Content` aus Übungsaufgabe 6.10.

6.12 (Faktorisierung in $\mathbb{Z}[x]$) Faktorisieren Sie die folgenden Polynome $a(x) \in \mathbb{Z}[x]$ vollständig:

(a) $a(x) = x^4 + x + 1$;
(b) $a(x) = 3x^4 + 5x - 1$;
(c) $a(x) = 6x^4 - 2x^3 + 11x^2 - 3x + 3$;
(d) $a(x) = 12x^6 - 8x^5 + 17x^4 + 2x^3 - 2x^2 - 2x + 5$;
(e) $a(x) = 12x^6 - 8x^5 + 17x^4 + 5x^3 - 4x^2 + 3x + 5$.

6.13 Zeigen Sie mit Induktion, daß auch in einem Polynomring mit mehreren Variablen $\mathbb{K}[x_1, x_2, \ldots, x_n]$ über einem Körper $\mathbb{K}$ eine eindeutige Faktorzerlegung existiert.

6.14 Zeigen Sie: Das Polynom $x^2 - 2 \in \mathbb{Q}[x]$ ist irreduzibel. Zeigen Sie, daß dies gleichbedeutend zu der Tatsache ist, daß $\sqrt{2}$ irrational ist. Geben Sie einen Polynomring an, in welchem $x^2 - 2$ reduzibel ist.

6.15 Sei $p \in \mathbb{P}$ und $m \in \mathbb{N}_{\geqq 2}$. Zeigen Sie, daß $\sqrt[m]{p}$ irrational ist. Sind ferner $p_1, \ldots, p_n \in \mathbb{P}$ paarweise verschieden, dann ist auch $\sqrt[m]{p_1 \cdots p_n}$ irrational.

6.16 Zeigen Sie: Ist $x \in \mathbb{R}$ und $x^n + a_{n-1}\, x_{n-1} + \cdots + a_1\, x + a_0 = 0$ mit ganzzahligen Koeffizienten $a_0, \ldots, a_{n-1} \in \mathbb{Z}$, dann ist entweder $x \in \mathbb{Z}$ oder x ist irrational. *Hinweis:* Führen Sie einen Widerspruchsbeweis.

6.17 (Quadratfreie Faktorisierung)

(a) Programmieren Sie eine *Mathematica*-Funktion `QuadratfreierTeil[`$a(x)$`,`x`]`, welche den quadratfreien Teil des Polynoms $a(x) \in \mathbb{Q}[x]$ berechnet.

(b) Testen Sie die Funktion `QuadratfreierTeil` für

$$a(x) := x^8 - 17x^7 + 103x^6 - 241x^5 + 41x^4 + 533x^3 - 395x^2 - 275x + 250$$

und stellen Sie sowohl $a(x)$ als auch den quadratfreien Teil graphisch über $\mathbb{R}$ dar.

(c) Programmieren Sie eine Funktion `QuadratfreieFaktorisierung[`$a(x)$`,`x`]`, welche die quadratfreie Faktorisierung von $a(x) \in \mathbb{Q}[x]$ berechnet.

(d) Testen Sie Sie Funktion `QuadratfreieFaktorisierung` für

(i) $a(x) = x^8 - 2x^6 + 2x^2 - 1$;

(ii) $a(x) = x^8 - 17x^7 + 103x^6 - 241x^5 + 41x^4 + 533x^3 - 395x^2 - 275x + 250$;

(iii) $a(x) = \mathtt{Expand}\left(\prod\limits_{k=1}^{20} (x-k)^k\right)$;

und vergleichen Sie mit der in *Mathematica* eingebauten Funktionalität.

6.18 Sei $\mathbb{K}$ ein Körper mit Charakteristik 0 und sei $a(x) \in \mathbb{K}[x]$. Beweisen Sie: Dann folgt aus $a'(x) = 0$, daß $a(x)$ konstant ist.

Kapitel 7

Algebraische Zahlen

7

7

7 Algebraische Zahlen

7 Algebraische Zahlen

7.1 Restklassenpolynomringe 7.1

Genauso, wie wir in Kapitel 4 das Rechnen modulo einer ganzen Zahl $p \in \mathbb{Z}$ und darauf basierende Restklassenringe eingeführt hatten, kann man das Rechnen modulo eines Polynoms $p(x) \in \mathbb{K}[x]$ begründen, was wiederum zu Restklassenringen führt.

Definition 7.1 Sei $\mathbb{K}$ ein Körper, und das Polynom $p(x) \in \mathbb{K}[x]$ habe positiven Grad. Zwei Polynome $a(x), b(x) \in \mathbb{K}[x]$ heißen *kongruent modulo* $p(x)$, in Zeichen $a(x) \equiv b(x) \pmod{p(x)}$, falls $p(x) \mid b(x) - a(x)$ ist. Daher ist $a(x) \equiv b(x) \pmod{p(x)}$ genau dann, wenn $a(x)$ und $b(x)$ bei der Division durch $p(x)$ denselben Rest haben: 7.1

$$r(x) := \operatorname{rest}(a(x), p(x), x) = \operatorname{rest}(b(x), p(x), x)\,. \tag{7.1}$$

Die vorliegende Kongruenz ist wieder eine Äquivalenzrelation, welche eine Klasseneinteilung in $\mathbb{K}[x]$ liefert. Die Klassen von zueinander kongruenten Polynomen sind die Mengen $[a(x)]_{p(x)} := \{a(x) + k(x) \cdot p(x) \mid k(x) \in \mathbb{K}[x]\}$. Jede Äquivalenzklasse besitzt folglich genau einen Vertreter $r(x) \in \mathbb{K}[x]$ vom Grad $< \deg(p(x), x)$, welcher sich aus (7.1) ergibt. Die Äquivalenzklassen $[a(x)]_{p(x)}$ heißen wieder Restklassen. Die entstehende Menge von Restklassen bezeichnen wir mit $\mathbb{K}[x]/\langle p(x)\rangle$, in Worten $\mathbb{K}[x]$ modulo $p(x)$, deren Elemente wir wieder mit dem Vertretersystem gemäß (7.1) identifizieren werden. △

Man kann nun, wie bei $\mathbb{Z}_p$, in $\mathbb{K}[x]/\langle p(x)\rangle$ eine Addition und Multiplikation erklären, welche $\mathbb{K}[x]/\langle p(x)\rangle$ zu einem kommutativen Ring mit 1 machen, vgl. Satz 4.4. Aussagen und Beweise verlaufen völlig analog zu denen in Abschnitt 4.1.

Wir sind wieder besonders an dem Fall interessiert, in welchem $\mathbb{K}[x]/\langle p(x)\rangle$ einen Körper liefert. Es gilt

Satz 7.2 Ein Element $a(x) \in \mathbb{K}[x]/\langle p(x)\rangle$ ist genau dann eine Einheit, falls $\gcd(a(x), p(x)) = 1$ ist. Insbesondere: $(\mathbb{K}[x]/\langle p(x)\rangle, +, \cdot)$ ist genau dann ein Körper, falls $p(x) \in \mathbb{K}[x]$ irreduzibel ist. 7.2

Beweis: Der Beweis entspricht dem Beweis von Satz 4.5. Dennoch führen wir ihn, da er den Algorithmus zur Berechnung des Inversen enthält.

Sei $p(x) \in \mathbb{K}[x]$ und $a(x) \in \mathbb{K}[x]/\langle p(x)\rangle$. Falls $a(x)$ eine Einheit ist, gibt es also ein $b(x) \in \mathbb{K}[x]/\langle p(x)\rangle$ mit $a(x)\cdot b(x) \equiv 1 \pmod{p(x)}$. Dies bedeutet, daß es ein Polynom $k(x) \in \mathbb{K}[x]$ gibt mit $a(x) \cdot b(x) = 1 + k(x) \cdot p(x)$. Aus dieser Gleichung folgt aber, daß der größte gemeinsame Teiler von $a(x)$ und $p(x)$ gleich 1 ist.

Ist nun aber $\gcd(a(x), p(x)) = 1$, so gibt es nach dem erweiterten Euklidischen Algorithmus $s(x), t(x) \in \mathbb{K}[x]$ mit $s(x) \cdot a(x) + t(x) \cdot p(x) = 1$. Modulo $p(x)$ liest sich dies $s(x) \cdot a(x) \equiv 1 \pmod{p(x)}$, und folglich ist $\operatorname{rest}(s(x), p(x), x)$ ein Inverses von $a(x)$ in $\mathbb{K}[x]/\langle p(x)\rangle$.

Ist nun $p(x) \in \mathbb{K}[x]$ irreduzibel, dann gilt für alle von Null verschiedenen Vertreter $a(x)$ aus $\mathbb{K}[x]/\langle p(x)\rangle$ die Beziehung $\gcd(a(x), p(x)) = 1$, da ja $p(x)$ keine nichttrivialen Teiler hat. Folglich sind alle Elemente von $\mathbb{K}[x]/\langle p(x)\rangle \setminus \{0\}$ Einheiten, und $\mathbb{K}[x]/\langle p(x)\rangle$ ist ein Körper.

Ist aber $p(x)$ zusammengesetzt, dann gibt es ein $a(x) \in \mathbb{K}[x]/\langle p(x)\rangle \setminus \{0\}$ mit $\gcd(a(x), p(x)) \neq 1$, welches folglich keine Einheit ist. □

Wir sehen uns nun einige Beispiele an.

7.3 **Beispiel 7.3** Wir betrachten in $\mathbb{Q}[x]$ die Kongruenz modulo $x^2 - 2$. Man stellt leicht fest, daß $x^2-2 \in \mathbb{Q}[x]$ irreduzibel ist. Dies ist gleichbedeutend damit, daß die Nullstelle $\sqrt{2}$ irrational ist, s. auch Übungsaufgabe 6.14. Es gilt

$$\begin{aligned} x^2 &\equiv 2 \pmod{x^2-2} \\ x^3 &\equiv 2x \pmod{x^2-2} \\ &\vdots \\ x^n &\equiv 2x^{n-2} \pmod{x^2-2}\,. \end{aligned}$$

Wendet man diese Ersetzungsregeln rekursiv an, so reduziert sich also jedes Polynom $a(x) \in \mathbb{Q}[x]/\langle x^2 - 2\rangle$ zu einem linearen Polynom.

Für die Elemente $a(x), b(x) \in \mathbb{Q}[x]/\langle x^2 - 2\rangle$ sind nun Addition und Multiplikation gemäß

$$\begin{aligned} [a(x)]_{x^2-2} + [b(x)]_{x^2-2} &:= [a(x) + b(x)]_{x^2-2} \\ [a(x)]_{x^2-2} \cdot [b(x)]_{x^2-2} &:= [a(x) \cdot b(x)]_{x^2-2} \end{aligned}$$

erklärt. Diese Operationen machen $\mathbb{Q}[x]/\langle x^2 - 2\rangle$ zu einem kommutativen Ring mit $1 = [1]_{x^2-2}$. Jede Äquivalenzklasse aus $\mathbb{Q}[x]/\langle x^2-2\rangle$ hat genau einen Vertreter, der mit dem Divisionsalgorithmus berechnet werden kann und welcher einen Grad < 2 hat. Identifiziert man die Äquivalenzklassen nun wieder mit diesen ausgezeichneten Vertretern, so bestehen also die Elemente von $\mathbb{Q}[x]/\langle x^2 - 2\rangle$ aus den linearen Polynomen, und $\mathbb{Q}$ ist somit eingebettet in $\mathbb{Q}[x]/\langle x^2-2\rangle$, d. h. $\mathbb{Q} \subset \mathbb{Q}[x]/\langle x^2-2\rangle$. Die Rechenregeln für Addition und Multiplikation von $a + bx, c + dx \in \mathbb{Q}[x]/\langle x^2 - 2\rangle$ lesen sich dann wegen

$$(a+bx)\cdot(c+dx) \equiv ac+(bc+ad)x+bdx^2 \equiv (ac+2bd)+(bc+ad)x \pmod{x^2-2} \quad (7.2)$$

wie folgt:

$$\begin{aligned}(a+bx)+(c+dx) &= (a+c)+(b+d)x \\ (a+bx)\cdot(c+dx) &= (ac+2bd)+(bc+ad)x\,.\end{aligned}$$

Man kann sich die Elemente von $\mathbb{Q}[x]/\langle x^2-2\rangle$ auch als Polynome aus $\mathbb{Q}[x]$ vorstellen, welche an der Stelle $\alpha = [x]_{x^2-2}$ ausgewertet werden, da

$$\alpha^2 = [x]^2_{x^2-2} = [x^2]_{x^2-2} = [x^2-2+2]_{x^2-2} = [x^2-2]_{x^2-2} + [2]_{x^2-2} = 2\,.$$

Das Symbol α ist kein Element aus dem Grundring $\mathbb{Q}$, sondern ein Element, das wir neu „erfunden"[1] haben mit der Eigenschaft $\alpha^2 = 2$.[2] Gleichung (7.2) liest sich dann

$$(a+b\alpha)\cdot(c+d\alpha) = ac+(bc+ad)\,\alpha + bd\,\alpha^2 = (ac+2bd)+(bc+ad)\,\alpha\,, \quad (7.3)$$

wir rechnen also wie in $\mathbb{Q}$ unter Benutzung der Nebenbedingung $\alpha^2 = 2$. Die Menge[3]

$$\mathbb{Q}(\alpha) := \{a + b\,\alpha \mid a, b \in \mathbb{Q}\} \supset \mathbb{Q}$$

mit der Multiplikation (7.3), welcher die Gleichung $\alpha^2 - 2 = 0$ zugrunde liegt, ist also isomorph zu $\mathbb{Q}[x]/\langle x^2-2\rangle$, und stellt ferner einen Vektorraum der Dimension 2 über $\mathbb{Q}$ dar. Da $\sqrt{2}$ das übliche Symbol für eine Lösung der Gleichung $\alpha^2-2 = 0$ ist, schreiben wir für diese Menge auch $\mathbb{Q}(\sqrt{2})$.

Wir hatten in Satz 7.2 bewiesen, daß $\mathbb{Q}[x]/\langle x^2-2\rangle$ ein Körper ist. Damit ist auch $\mathbb{Q}(\sqrt{2})$ ein Körper. Wir überprüfen dies nochmals mit einer anderen Methode. Hierzu suchen wir für $a \neq 0$ bzw. $b \neq 0$ ein Inverses von $a + b\alpha$. Wir machen den Ansatz

$$(a+b\alpha)\cdot(c+d\alpha) = 1\,,$$

also gemäß (7.3)

$$bc + ad = 0 \quad \text{und} \quad ac + 2bd = 1\,.$$

---

[1] Unsere Erfindung ist $\alpha = [x]_{x^2-2}$.

[2] Wir wissen natürlich bereits aus der Analysis, daß diese Zahl $\alpha = \sqrt{2}$ ein Element z. B. von $\mathbb{R} \supset \mathbb{Q}$ ist. Dabei ist es im übrigen völlig egal, welche der beiden Nullstellen $\pm\sqrt{2}$ des Polynoms $x^2 - 2$ nun α heißt. Algebraisch lassen sich die beiden nicht voneinander unterscheiden.

[3] Für die Notation wählen wir wieder runde Klammern, da es sich um einen Körper handelt. In diesem Fall ist die Notation in der Literatur allerdings nicht einheitlich, vgl. [Chi2000], [GG1999].

Dies liefert ein lineares Gleichungssystem zur Berechnung von c und d mit dem Resultat

```
In[1]:= sol = Solve[{b c + a d == 0, a c + 2 b d == 1}, {c, d}]
```

$$\text{Out[1]=} \left\{\left\{c \to \frac{a}{a^2-2\,b^2},\, d \to \frac{b}{2\,b^2-a^2}\right\}\right\}$$

welches wir uns von der Rechnung

```
In[2]:= (a + b √2) * (c + d √2) /.sol[[1]]//Simplify
Out[2]= 1
```

bestätigen lassen.

Dieses Resultat erhält man auch durch „geschicktes Erweitern" (Rationalmachen des Nenners)

$$\frac{1}{a+b\sqrt{2}} = \frac{a-b\sqrt{2}}{(a+b\sqrt{2})(a-b\sqrt{2})} = \frac{a}{a^2-2b^2} - \frac{b}{a^2-2b^2}\sqrt{2}\,.$$

Der letzten Darstellung sieht man an, daß der Kehrwert wieder ein Element von $\mathbb{Q}(\sqrt{2})$ ist.

Wir haben also ein Inverses von $a + b\alpha$ gefunden, falls $a^2 - 2b^2 \neq 0$ ist. Wäre nun aber $a^2 - 2b^2 = 0$, so wäre $\frac{a}{b}$ eine rationale Lösung der Gleichung $x^2 - 2 = 0$. Eine solche existiert aber nicht, da $x^2 - 2 \in \mathbb{Q}[x]$ irreduzibel ist. △

7.4 **Beispiel 7.4** Als zweites Beispiel betrachten wir Kongruenz modulo $p(x) = x^2 + 1 \in \mathbb{R}[x]$ über $\mathbb{K} = \mathbb{R}$. $p(x)$ ist irreduzibel, da die Gleichung $x^2 + 1 = 0$ in $\mathbb{R}$ keine Lösung hat. Wieder kann jedes Polynom $a(x) \in \mathbb{R}[x]$ durch Reduktion mit den Ersetzungsregeln $x^n \mapsto -x^{n-2}$ $(n \geq 2)$ bzw. mit dem Divisionsalgorithmus zu einem linearen Polynom reduziert werden. Die Elemente von $\mathbb{R}[x]/\langle x^2+1\rangle$ haben also die Form $a+b\,[x]_{x^2+1}$, und führen wir die Abkürzung $i = [x]_{x^2+1}$ ein, so erhalten wir die übliche Darstellung komplexer Zahlen $z = a + b \cdot i$. Mit dieser Notation enthält die Menge $\mathbb{R}[x]/\langle x^2 + 1\rangle$ also dieselben Elemente wie $\mathbb{C}$, und auch die Rechenregeln stimmen wegen

$$i^2 = [x]^2_{x^2+1} = [x^2]_{x^2+1} = [-1]_{x^2+1} = -1$$

überein:

$$\begin{aligned}(a + bi) + (c + di) &= (a + c) + (b + d) \cdot i\\ (a + bi) \cdot (c + di) &= (ac - bd) + (ad + bc) \cdot i\,.\end{aligned}$$

$\mathbb{R}[x]/\langle x^2 + 1\rangle$ und $\mathbb{C} = \mathbb{R}(i)$ sind also isomorph. Für diese Isomorphie schreiben wir $\mathbb{R}[x]/\langle x^2+1\rangle \cong \mathbb{C}$. Wie in Beispiel 7.3 ergibt sich, daß $\mathbb{C}$ ein Körper ist, da das Polynom $x^2 + 1 \in \mathbb{R}[x]$ irreduzibel ist. △

Sitzung 7.5 Rechnen modulo eines Polynoms wird von `PolynomialMod` erledigt. Wir reduzieren ein generisches Polynom 10. Grades modulo $x^2 - 2$:

```
In[1]:= PolynomialMod[Sum[a_k x^k, {k,0,10}], x^2 - 2]
```

$$\texttt{Out[1]=}\ a_0 + x a_1 + 2 a_2 + 2 x a_3 + 4 a_4 + 4 x a_5 + 8 a_6 + 8 x a_7 + 16 a_8 + 16 x a_9 + 32 a_{10}$$

Das resultierende Polynom ersten Grades erhalten wir auch – wenn auch möglicherweise nicht mit derselben Effizienz – durch rekursives Anwenden der Regel $x^2 \mapsto 2$:

```
In[2]:= Sum[a_k x^k, {k,0,10}] //. {x^n_ /; n > 1 -> 2x^(n-2)}
```

$$\texttt{Out[2]=}\ a_0 + x a_1 + 2 a_2 + 2 x a_3 + 4 a_4 + 4 x a_5 + 8 a_6 + 8 x a_7 + 16 a_8 + 16 x a_9 + 32 a_{10}$$

Auch eine Anwendung des Divisionsalgorithmus führt zum selben Ergebnis:

```
In[3]:= PolynomialRemainder[Sum[a_k x^k, {k,0,10}], x^2 - 2, x]
```

$$\texttt{Out[3]=}\ a_0 + 2 a_2 + 4 a_4 + 8 a_6 + 16 a_8 + x (a_1 + 2 a_3 + 4 a_5 + 8 a_7 + 16 a_9) + 32 a_{10}$$

und schließlich können wir, in Kenntnis der Lösung der Gleichung $x^2 - 2 = 0$ in dem *Erweiterungskörper*[4] $\mathbb{R} \supset \mathbb{Q}$, auch $x = \sqrt{2}$ einsetzen. *Mathematicas* eingebaute Vereinfachungsmechanismen führen dann ebenfalls die gewünschte Reduktion durch:

```
In[4]:= Sum[a_k Sqrt[2]^k, {k,0,10}]
```

$$\texttt{Out[4]=}\ a_0 + \sqrt{2} a_1 + 2 a_2 + 2 \sqrt{2} a_3 + 4 a_4 + 4 \sqrt{2} a_5 + 8 a_6 + 8 \sqrt{2} a_7 + 16 a_8 + 16 \sqrt{2} a_9 + 32 a_{10}$$

Im Unterschied zu `PolynomialRemainder` kann `PolynomialMod` auch über $\mathbb{K} = \mathbb{Z}_p$ rechnen:[5]

```
In[5]:= PolynomialMod[x^9, x^2 - 2, Modulus -> 5]
Out[5]= x
```

Es folgen die entsprechenden Rechnungen modulo $x^2 + 1$. Entgegen unserem Beispiel 7.4 verwendet *Mathematica* allerdings als Grundkörper wieder $\mathbb{Q}$, rechnet also in $\mathbb{Q}/\langle x^2 + 1\rangle$.

---

[4]Sind $\mathbb{K}$ und $\mathbb{E}$ Körper mit $\mathbb{K} \subset \mathbb{E}$, und ist $\mathbb{K}$ ein Unterkörper von $\mathbb{E}$, so nennen wir $\mathbb{E}$ einen Erweiterungskörper von $\mathbb{K}$.

[5]*Mathematicas* Onlinehilfe sagt ferner: „Unlike `PolynomialRemainder`, `PolynomialMod` never performs divisions in generating its results."

In[6]:= **PolynomialMod**$\left[\sum_{k=0}^{10} a_k x^k, x^2+1\right]$

Out[6]= $a_0 + x\,a_1 - a_2 - x\,a_3 + a_4 + x\,a_5 - a_6 - x\,a_7 + a_8 + x\,a_9 - a_{10}$

In[7]:= $\sum_{k=0}^{10} a_k x^k$ **//.{x^n_/; n > 1 → -x^(n-2)}**

Out[7]= $a_0 + x\,a_1 - a_2 - x\,a_3 + a_4 + x\,a_5 - a_6 - x\,a_7 + a_8 + x\,a_9 - a_{10}$

In[8]:= **PolynomialRemainder**$\left[\sum_{k=0}^{10} a_k x^k, x^2+1, x\right]$

Out[8]= $a_0 - a_2 + a_4 - a_6 + a_8 + x\,(a_1 - a_3 + a_5 - a_7 + a_9) - a_{10}$

Mit der imaginären Einheit i

In[9]:= $\sum_{k=0}^{10} a_k i^k$

Out[9]= $a_0 + i\,a_1 - a_2 - i\,a_3 + a_4 + i\,a_5 - a_6 - i\,a_7 + a_8 + i\,a_9 - a_{10}$

erzielt man dasselbe Ergebnis. □

7.2

7.2 Chinesischer Restsatz für Polynome

Völlig analog zum chinesischen Restsatz aus Kapitel 4 kann man folgenden Satz beweisen.

7.6 **Satz 7.6 (Chinesischer Restsatz für Polynome)** Seien $p_k(x) \in \mathbb{K}[x]$ für $k = 1, \ldots, n$ paarweise teilerfremde Polynome. Dann hat das Gleichungssystem

$$\begin{aligned} f(x) &\equiv a_1(x) \pmod{p_1(x)} \\ f(x) &\equiv a_2(x) \pmod{p_2(x)} \\ &\vdots \\ f(x) &\equiv a_n(x) \pmod{p_n(x)} \end{aligned}$$

genau eine Lösung $f(x) \in \mathbb{K}[x]$ vom Grad $\deg(f(x), x) < \deg(p_1(x) \cdots p_n(x), x)$. Alle anderen Lösungen unterscheiden sich von $f(x)$ um ein additives Vielfaches von $p_1(x) \cdots p_n(x)$.

Beweis: Der Beweis der Sätze 4.9–4.10 kann direkt übertragen werden und führt unter Verwendung des erweiterten Euklidischen Algorithmus wieder zu einem Algorithmus zur Berechnung von $f(x)$. □

Sitzung 7.7 Wir können die Implementierung aus Sitzung 4.11 für $n = 2$ fast direkt übernehmen:

```
In[1]:= Needs["Algebra`PolynomialExtendedGCD`"]

In[2]:= Clear[PolynomialCR]
        PolynomialCR[{a_, b_}, {p_, q_}] := Module[{g, s, t},
          {g, {s, t}} = PolynomialExtendedGCD[p, q];
          PolynomialMod[b * s * p + a * t * q, p * q]
        ]
```

Wir betrachten zunächst das Restproblem

$$\begin{aligned} f(x) &\equiv 0 \pmod{x} \\ f(x) &\equiv 1 \pmod{x-1}. \end{aligned}$$

Hierbei bedeutet die erste Bedingung, daß $x \mid f(x)$ sein muß bzw. daß $f(0) = 0$ ist, und die zweite Bedingung ist gleichbedeutend mit $x - 1 \mid f(x) - 1$ bzw. mit $f(1) = 1$.[6] Die Lösung

```
In[3]:= PolynomialCR[{0, 1}, {x, x - 1}]
Out[3]= x
```

kann somit ohne weiteres im Kopf überprüft werden. Bei der Berechnung

```
In[4]:= cr = PolynomialCR[{0, 1}, {x^2 - 2, x^2 + 1}]
```

Out[4]= $\frac{2}{3} - \frac{x^2}{3}$

sieht man ebenfalls mit dem bloßen Auge, daß die erste Bedingung, nämlich $x^2 - 2 \mid f(x)$, erfüllt ist, und wir testen die zweite Bedingung:[7]

```
In[5]:= PolynomialMod[cr, x^2 + 1]
Out[5]= 1
```

Wir programmieren nun den allgemeinen Fall rekursiv:[8]

[6] Man mache sich dies klar!

[7] Die Reduktion mit `PolynomialMod` klappt bei älteren Versionen von *Mathematica* nicht. *Mathematicas* Onlinehilfe sagt vielsagend: „`PolynomialMod` gives results according to a definite convention; other conventions could yield results differing by multiples of m.“ Man kann dann aber `PolynomialRemainder` verwenden.

[8] Diese Funktionalität ist meines Wissens nicht in *Mathematica* (Version 5.2.0.0) eingebaut. Man beachte, daß eine vollständige Implementierung einen Test auf Teilerfremdheit der Eingabepolynome $p_k(x)$ benötigt.

```
In[6]:= PolynomialCR[alist_List,plist_List] :=
          Module[{a,p},
             a = PolynomialCR[
                   {alist[[1]],alist[[2]]},
                   {plist[[1]],plist[[2]]}];
             p = plist[[1]] * plist[[2]];
             PolynomialCR[
               Join[{a},Rest[Rest[alist]]],
               Join[{p},Rest[Rest[plist]]]]
           ]/; Length[alist] == Length[plist]&&
             Length[alist] > 2
```

und betrachten das Problem

$$\begin{array}{rclcl} f(x) & \equiv & 0 \pmod{x^2-2} & & \text{bzw. } x^2-2 \mid f(x) \\ f(x) & \equiv & 0 \pmod{x^3+1} & & \text{bzw. } x^3+1 \mid f(x) \\ f(x) & \equiv & 0 \pmod{x+2} & & \text{bzw. } x+2 \mid f(x) \\ f(x) & \equiv & 1 \pmod{x} & & \text{bzw. } f(0)=1\,. \end{array}$$

Wir erhalten das Lösungspolynom

```
In[7]:= cr = PolynomialCR[{0, 0, 0, 1}, {x^2 - 2, x^3 + 1, x + 2, x}]
```

Out[7]= $-\frac{x^6}{4} - \frac{x^5}{2} + \frac{x^4}{2} + \frac{3\,x^3}{4} - \frac{x^2}{2} + \frac{x}{2} + 1$

und überpüfen das Ergebnis mit

```
In[8]:= Map[PolynomialRemainder[cr, #, x]&, {x^2-2, x^3+1, x+2, x}]
Out[8]= {0, 0, 0, 1}
```

Die Faktorisierung[9]

```
In[9]:= Factor[cr]
```

Out[9]= $-\frac{1}{4}\,(x+1)\,(x+2)\,(x^2-2)\,(x^2-x+1)$

zeigt ebenfalls die Gültigkeit der ersten 3 Gleichungen. □

7.3

7.3 Algebraische Zahlen

In den Beispielen 7.3 und 7.4 hatten wir Körper eingeführt, welche „neue Zahlen" enthielten. Wir wiederholen unsere dortigen Erkenntnisse kurz.

[9]Natürlich erfordert die Überprüfung keine Faktorisierung.

Wegen der Irreduzibilität von $x^2 - 2 \in \mathbb{Q}[x]$ erwies sich $\mathbb{Q}[x]/\langle x^2 - 2\rangle$ als Körper. Für diesen Körper schreiben wir kurz $\mathbb{Q}(\sqrt{2})$, wobei wir die übliche Notation $\alpha = \sqrt{2}$ für eine Zahl mit der Eigenschaft $\alpha^2 - 2 = 0$ adaptieren. Dieser Körper ist offenbar eine Körpererweiterung von $\mathbb{Q}$, denn $\mathbb{Q}(\sqrt{2})$ besteht aus den Zahlen der Form $\{a + b \cdot \sqrt{2} \mid a, b \in \mathbb{Q}\}$. Die Notation $\mathbb{Q}(\sqrt{2})$ drückt also aus, daß wir zu $\mathbb{Q}$ das neue Element $\sqrt{2}$ *adjungiert* haben. $\mathbb{Q}(\sqrt{2})$ bildet einen $\mathbb{Q}$-Vektorraum der Dimension 2.

Analog erwies sich wegen der Irreduzibilität von $x^2+1 \in \mathbb{R}[x]$ die Menge $\mathbb{R}[x]/\langle x^2+1\rangle$ als Körper. Für diesen Körper schreiben wir kurz $\mathbb{C} = \mathbb{R}(i)$, wir haben also zu $\mathbb{R}$ die imaginäre Einheit i adjungiert. $\mathbb{C}$ ist wieder eine Körpererweiterung von $\mathbb{R}$, denn $\mathbb{R}(i)$ besteht aus den Zahlen der Form $\{a + b \cdot i \mid a, b \in \mathbb{R}\}$. $\mathbb{R}(i)$ bildet offenbar einen $\mathbb{R}$-Vektorraum der Dimension 2.

Allgemein liegt folgende Situation vor. Ist $p(x) \in \mathbb{K}[x]$ irreduzibel, vom Grad n und ist $\mathbb{K}(\alpha) = \mathbb{K}[x]/\langle p(x)\rangle$, so enthält $\mathbb{K}(\alpha)$ als Körper den Vektorraum V über $\mathbb{K}$, welcher von den Potenzen von α erzeugt wird, aber die Gleichung $p(\alpha) = 0$ drückt die lineare Abhängkeit von $1, \alpha, \ldots, \alpha^n$ aus, so daß nur die Potenzen $1, \alpha, \ldots, \alpha^{n-1}$ linear unabhängig sind. Daher haben wir

Definition 7.8 Sei $\mathbb{K}$ ein Körper und sei $p(x) \in \mathbb{K}[x]$ ein irreduzibles Polynom vom Grad $\deg(p(x), x) = n$. Dann ist $\mathbb{K}[x]/\langle p(x)\rangle$ isomorph zu dem Körper **7.8**

$$\mathbb{K}(\alpha) := \{c_0 + c_1\,\alpha + \cdots + c_{n-1}\,\alpha^{n-1} \mid c_k \in \mathbb{K},\ k = 0, \ldots, n-1\}\,, \tag{7.4}$$

wobei die Multiplikation der üblichen Multiplikation entspricht, Potenzen α^k für $k \geqq n$ aber mit der Gleichung $p(\alpha) = 0$ reduziert werden. Körpererweiterungen dieser Form, welche durch derartige *Adjunktion* eines Elements α zu $\mathbb{K}$ erzeugt werden, nennen wir *einfache Körpererweiterungen*, und die Darstellung in (7.4) heißt die *Standarddarstellung* der Elemente aus $\mathbb{K}(\alpha)$.

Mehrfache Körpererweiterungen erhalten wir durch iterative Adjunktion und wir schreiben diese in der Form $\mathbb{K}(\alpha, \beta, \ldots) = \mathbb{K}(\alpha)(\beta)\ldots$ △

Sitzung 7.9 Als weiteres Beispiel betrachten wir die einfache Körpererweiterung $\mathbb{Q}(\sqrt[3]{5})$. Alle Elemente aus $\mathbb{Q}(\sqrt[3]{5})$ haben also die Form $a + b\sqrt[3]{5} + c\sqrt[3]{25}$ $(a, b, c \in \mathbb{Q})$. Die Multiplikation zweier Elemente aus $\mathbb{Q}(\sqrt[3]{5})$ liefert

```
In[1]:= x = a + b∛5 + c ∛25;
        y = d + e ∛5 + f ∛25;
In[2]:= x * y//Expand
```

Out[2]= $a\,d + \sqrt[3]{5}\,b\,d + 5^{2/3}\,c\,d + \sqrt[3]{5}\,a\,e + 5^{2/3}\,b\,e + 5\,c\,e + 5^{2/3}\,a\,f + 5\,b\,f + 5\,\sqrt[3]{5}\,c\,f$

wieder ein Element aus $\mathbb{Q}(\sqrt[3]{5})$.

Diesmal ist es schon schwieriger, den Kehrwert von

$$\frac{1}{a + b\sqrt[3]{5} + c\sqrt[3]{25}}$$

zu finden. Einen offensichtlichen Erweiterungstrick wie bei Beispiel 7.3 gibt es diesmal nicht und auch *Mathematica* bringt solche Zahlen nicht in Standdarddarstellung:[10]

```
In[3]:= 1/x//FullSimplify
```

Out[3]= $\dfrac{1}{a + \sqrt[3]{5}\, b + 5^{2/3}\, c}$

Wir könnten hierzu selbstverständlich den Algorithmus aus Satz 7.2 verwenden, bestimmen die Standdarddarstellung des Kehrwerts nun aber auf andere Weise mit *Mathematica*. Gegeben ist x und gesucht ist $y = d + e\sqrt[3]{5} + f\sqrt[3]{25}$ derart, daß das Produkt $x \cdot y$ gleich 1 ist. Daher berechnen wir $x \cdot y - 1$ und substituieren $\sqrt[3]{5}$ durch α:

```
In[4]:= ausdruck = ((x * y - 1)//Expand) /.{∛5 → α, ∛25 → α²}
```

Out[4]= $c\,d\,\alpha^2 + b\,e\,\alpha^2 + a\,f\,\alpha^2 + b\,d\,\alpha + a\,e\,\alpha + 5\,c\,f\,\alpha + a\,d + 5\,c\,e + 5\,b\,f - 1$

Dieser Ausdruck ist wegen der linearen Unabhängigkeit von $\{1, \alpha, \alpha^2\}$ über $\mathbb{Q}$[11] nur dann identisch 0, wenn alle Koeffizienten bzgl. α gleich 0 sind:

```
In[5]:= liste = CoefficientList[ausdruck, α];
        sol = Solve[liste == 0, {d, e, f}]
```

Out[5]= $\left\{\left\{d \to -\dfrac{5\,b\,c - a^2}{a^3 - 15\,b\,c\,a + 5\,b^3 + 25\,c^3},\right.\right.$
$\left.\left. e \to -\dfrac{a\,b - 5\,c^2}{a^3 - 15\,b\,c\,a + 5\,b^3 + 25\,c^3}, f \to -\dfrac{a\,c - b^2}{a^3 - 15\,b\,c\,a + 5\,b^3 + 25\,c^3}\right\}\right\}$

Damit haben wir unser Problem gelöst. Wir testen das Resultat:

```
In[6]:= (x * y/.sol[[1]])//Simplify
```

Out[6]= 1

Der „richtige Befehl" zur Vereinfachung algebraischer Zahlen ist eigentlich `RootReduce`. Leider schafft es `RootReduce` allerdings nicht, diesen Ausdruck zu vereinfachen! □

7.10 **Definition 7.10** Ein Körper $\mathbb{E}$ heißt eine *endliche Körpererweiterung* des Körpers $\mathbb{K} \subset \mathbb{E}$ *vom Grad n*, wenn jedes $x \in \mathbb{E}$ eine Linearkombination endlich vieler Elemente $\alpha_1, \ldots, \alpha_n \in \mathbb{E}$ mit Koeffizienten in $\mathbb{K}$ ist:

$$x = \sum_{k=1}^{n} c_k \alpha_k \qquad (c_k \in \mathbb{K},\ k = 1, \ldots, n)\,,$$

aber mindestens ein Element nicht als Linearkombination von nur $n - 1$ Elementen darstellbar ist.

---

[10] im Gegensatz beispielsweise zu Derive

[11] Diese folgt aus der Irreduzibilität des zugehörigen Polynoms $x^3 - 5 \in \mathbb{Q}[x]$.

$\mathbb{E}$ ist dann ein n-dimensionaler $\mathbb{K}$-Vektorraum mit der Basis $\alpha_1, \ldots, \alpha_n$, und wir schreiben für den Grad der Körpererweiterung $[\mathbb{E} : \mathbb{K}] = n$. △

Beispiel 7.11 **(Endliche Körpererweiterung)** Jede einfache Körpererweiterung $\mathbb{K}(\alpha) = \mathbb{K}[x]/\langle p(x)\rangle$ ist endlich. Ist $n = \deg(p(x), x)$ der Grad des zugehörigen irreduziblen Polynoms $p(x) \in \mathbb{K}[x]$, so bilden die Elemente $1, \alpha, \alpha^2, \ldots, \alpha^{n-1}$ eine Basis von $\mathbb{K}(\alpha)$ über $\mathbb{K}$, und $[\mathbb{K}(\alpha) : \mathbb{K}] = n$. **7.11**

Eine mehrfache Körpererweiterung $\mathbb{K}(\alpha, \beta)$, bei welcher α vom Grad n und β vom Grad m ist, bildet einen $n \cdot m$-dimensionalen Vektorraum über $\mathbb{K}$ mit der Basis

$$\{\alpha^j \cdot \beta^k \mid j = 0, \ldots, n-1, \ k = 0, \ldots, m-1\} .$$

Der resultierende Vektorraum hängt offenbar nicht von der Reihenfolge der Adjunktionen ab, so daß $\mathbb{K}(\alpha, \beta) = \mathbb{K}(\beta, \alpha)$ ist. △

Ein einfaches Argument der linearen Algebra liefert: Haben zwei endliche Körpererweiterungen $\mathbb{K} \subset \mathbb{E} \subset \mathbb{F}$ den Grad $[\mathbb{E} : \mathbb{K}] = n$ und $[\mathbb{F} : \mathbb{E}] = m$, so ist die Körpererweiterung $\mathbb{K} \subset \mathbb{F}$ ebenfalls endlich und hat den Grad $[\mathbb{F} : \mathbb{K}] = n \cdot m$, s. Übungsaufgabe 7.7.

Wir wollen nun solche Erweiterungskörper genauer studieren, welche mit Nullstellen irreduzibler Polynome zusammenhängen. Wir wissen bereits:

Satz 7.12 Sei $\mathbb{K}$ ein Körper und $p(x) \in \mathbb{K}[x]$ irreduzibel. Dann gibt es einen Erweiterungskörper $\mathbb{E} \supset \mathbb{K}$, welcher eine Nullstelle von $p(x)$ enthält. **7.12**

Beweis: Offenbar leistet $\mathbb{E} = \mathbb{K}[x]/\langle p(x)\rangle$ das Erforderliche. Die gesuchte Nullstelle von $p(x)$ ist das Element $\alpha = [x]_{p(x)}$. □

Dieser Satz erlaubt uns nun, einen Erweiterungskörper von $\mathbb{K}$ zu konstruieren, welcher *alle* Nullstellen eines gegebenen Polynoms $a(x) \in \mathbb{K}[x]$ enthält.

Satz 7.13 **(Zerfällungskörper)** Sei $\mathbb{K}$ ein Körper und $a(x) \in \mathbb{K}[x]$ ein Polynom vom Grad $n = \deg(a(x), x) \geqq 1$. Dann gibt es einen Erweiterungskörper $\mathbb{E} \supset \mathbb{K}$ derart, daß $a(x)$ in $\mathbb{E}[x]$ in Linearfaktoren zerfällt. $\mathbb{E}$ wird daher ein *Zerfällungskörper*[12] des Polynoms $a(x)$ über $\mathbb{K}$ genannt. **7.13**

[12] Engl.: splitting field. Man beachte, daß einige Autoren nur den *kleinsten* Zerfällungskörper Zerfällungskörper nennen.

Beweis: Wir führen eine Induktion nach n durch. Für $n = 1$ ist die Aussage des Satzes mit $\mathbb{E} = \mathbb{K}$ natürlich erfüllt.

Sei nun $n > 1$ und gelte die Behauptung für Polynome vom Grad $< n$. Im Grundkörper $\mathbb{K}$ habe $a(x)$ die Zerlegung $a(x) = p_1(x)\cdots p_m(x)$ in (über $\mathbb{K}$) irreduzible Polynome $p_k(x)$ ($k = 1, \ldots, m$). Ist nun $\deg(p_k(x), x) = 1$ für alle $k = 1, \ldots, m$, so ist bereits $\mathbb{K}$ ein Zerfällungskörper von $a(x)$, und die Behauptung stimmt. Sei also o. B. d. A. $\deg(p_1(x), x) > 1$. Sei weiter $\mathbb{K}_1 = \mathbb{K}[x]/\langle p_1(x)\rangle = \mathbb{K}(\alpha)$ eine Körpererweiterung gemäß Satz 7.12, welche eine Nullstelle α von $p_1(x)$ adjungiert. Dann ist $\mathbb{K}_1$ ein Erweiterungskörper von $\mathbb{K}$ und α ist eine in $\mathbb{K}_1$ enthaltene Nullstelle von $p_1(x)$. Also können wir gemäß Hilfssatz 6.24 in $\mathbb{K}_1[x]$ schreiben $p_1(x) = (x - \alpha)\, q_1(x)$ mit $q_1(x) \in \mathbb{K}_1[x]$ bzw. $a(x) = (x - \alpha)\, q_1(x)\, p_2(x)\cdots p_m(x)$. Nun ist aber der Grad des Polynoms $b(x) := q_1(x)\, p_2(x)\cdots p_m(x) \in \mathbb{K}_1[x]$ gleich $n - 1$, und aus der Induktionsvoraussetzung wissen wir, daß es einen Körper $\mathbb{E} \supset \mathbb{K}_1$ gibt derart, daß $b(x)$ über $\mathbb{E}$ in Linearfaktoren zerfällt. Dies ist aber der gesuchte Zerfällungskörper, denn wegen $a(x) = (x - \alpha)\, b(x)$ zerfällt $a(x)$ über $\mathbb{E}$ in Linearfaktoren. □

Wir bemerken, daß für jedes Polynom $a(x) \in \mathbb{Q}[x]$ der Körper $\mathbb{C}$ der komplexen Zahlen ein Zerfällungskörper ist. Dies ist eine Folge des *Fundamentalsatzes der Algebra*, welcher besagt, daß jedes Polynom $a(x) \in \mathbb{C}[x]$ eine Nullstelle $\alpha \in \mathbb{C}$ (und damit mit Hilfssatz 6.24 genau n Nullstellen) besitzt.

Während $\mathbb{C}$ aus $\mathbb{Q}$ nicht durch Iteration einfacher Körpererweiterungen erzeugt werden kann, zeigt der Beweis von Satz 7.13, wie man einen Zerfällungskörper durch eine endliche Körpererweiterung erhält. Der Grad der Körpererweiterung kann aber sehr groß sein. Schlimmstenfalls benötigt man im ersten Induktionsschritt eine Körpererweiterung vom Grad n, im zweiten eine weitere vom Grad $n-1$, etc., so daß der Gesamtgrad zur Erzeugung des Zerfällungskörpers gemäß Satz 7.13 $n(n-1)\cdots 1 = n!$ sein kann, s. Übungsaufgabe 7.7. Man kann zeigen, daß dieser Fall für jedes n auch eintreten kann, s. [Her1975], Theorem 5.8.1.

Sitzung 7.14 Wir betrachten ein Beispiel. Das Polynom $a(x) = x^3 - 4 \in \mathbb{Q}[x]$

```
In[1]:= a = x^3 - 4
Out[1]= x^3 - 4
```

ist irreduzibel. Wir können eine Nullstelle $\alpha = \sqrt[3]{4} \in \mathbb{R} \setminus \mathbb{Q}$ erkennen. Daher können wir die Polynomdivision

```
In[2]:= PolynomialQuotient[a, x - 4^(1/3), x]
Out[2]= x^2 + 2^(2/3) x + 2 2^(1/3)
```

durchführen, deren Rest

```
In[3]:= PolynomialRemainder[a, x - 4^(1/3), x]
Out[3]= 0
```

Null wird. Somit haben wir die Ordnung des gegebenen irreduziblen Polynoms durch Ausdividieren einer Nullstelle in dem Erweiterungskörper $\mathbb{Q}(\alpha)$ um eins erniedrigt.

Übersichtlicher sieht die Reduktion aber aus, wenn wir – wie im Beweis von Satz 7.13 – eine (beliebige) Nullstelle von $a(x)$ gleich α setzen und in $\mathbb{Q}(\alpha)$ weiterrechnen:

```
In[4]:= q1 = PolynomialQuotient[a, x - α, x]
```
Out[4]= $x^2 + \alpha x + \alpha^2$

Der Divisionsrest braucht nicht[13] überprüft zu werden, er ist *definitionsgemäß* gleich Null: So ist α ja genau definiert.

Wir adjungieren nun eine weitere Nullstelle $\beta \neq \alpha$ von $a(x)$, also eine Nullstelle von $b(x) = x^2 + \alpha x + \alpha^2$, und erhalten schließlich nach erneuter Polynomdivision

```
In[5]:= q2 = PolynomialQuotient[q1, x - β, x]
```
Out[5]= $x + \alpha + \beta$

Damit haben wir das ursprüngliche Polynom durch zweimalige Erweiterung in Linearfaktoren zerlegt:

$$x^3 - 4 = (x - \alpha)(x - \beta)(x + \alpha + \beta) .$$

Insbesondere gilt für die dritte Nullstelle γ von $a(x)$ die Beziehung $\gamma = -(\alpha + \beta)$. Eine weitere Körpererweiterung ist also unnötig. Dies folgt auch aus dem *Satz von Vieta*: Hat das (normierte) Polynom die Faktorisierung $a(x) = (x - \alpha)(x - \beta)(x - \gamma)$, so ergibt sich nach Ausmultiplizieren

```
In[6]:= Collect[(x - α) (x - β) (x - γ), x]
```
Out[6]= $x^3 + (-\alpha - \beta - \gamma) x^2 + (\alpha \beta + \gamma \beta + \alpha \gamma) x - \alpha \beta \gamma$

und damit hängen die Koeffizienten von $a(x)$ in eindeutiger Weise von den Nullstellen ab.[14] In unserem Fall ergeben sich die Gleichungen

$$-\alpha - \beta - \gamma = 0 , \qquad \alpha\beta + \gamma\beta + \alpha\gamma = 0 \qquad \text{sowie} \qquad -\alpha\beta\gamma = -4 ,$$

deren erste der obigen Beziehung für die dritte Nullstelle entspricht.

Mathematica hat ein eigenes Konstrukt `Root` zur Darstellung der Nullstellen eines Polynoms. Mit diesem sehen die obigen Rechnungen wie folgt aus: Wir dividieren $a(x)$ wieder durch $x - \alpha = x - [x]_{x^3-4}$:

```
In[7]:= q1 = PolynomialQuotient[a, x - Root[#^3 - 4&, 1], x]
```
Out[7]= $x^2 + \text{Root}[\#1^3 - 4\&, 1]\, x + \text{Root}[\#1^3 - 4\&, 1]^2$

[13] und kann auch nicht

[14] Die dabei im Fall eines Polynoms n-ten Grades auftretenden Funktionen der Nullstellen heißen *elementarsymmetrische Polynome*, s. hierzu auch das Package `Algebra`SymmetricPolynomials``.

Mit `Root[`a(#)`&,1]` wird die *erste* Nullstelle von $a(x)$ bezeichnet.[15] Dann dividieren wir durch die zweite Nullstelle β von $a(x)$

```
In[8]:= PolynomialQuotient[q1, x - Root[#^3 - 4&, 2], x]
Out[8]= x + Root[#1^3 - 4&, 2] + Root[#1^3 - 4&, 1]
```

und erhalten wieder das Restpolynom $x + \alpha + \beta$, nur ist die Notation diesmal komplizierter.

Wie sieht der Grad der betrachteten Körpererweiterung aus? Im ersten Schritt wurde zur Adjunktion von $\sqrt[3]{4}$ eine Körpererweiterung vom Grad 3 benötigt und im zweiten Schritt wurde eine weitere Körpererweiterung vom Grad 2 durchgeführt. Die gesamte Körpererweiterung hat also den Grad $3 \cdot 2 = 6$, s. auch Übungsaufgabe 7.7.

Dies sieht man auch durch die Rechnung

```
In[9]:= Solve[q1 == 0, x]
```

$$\mathit{Out}[9]= \left\{\left\{x \to \frac{1}{2}\left(-\mathrm{Root}[\#1^3-4\&,1] - i\sqrt{3}\,\mathrm{Root}[\#1^3-4\&,1]\right)\right\},\right.$$
$$\left.\left\{x \to \frac{1}{2}\left(-\mathrm{Root}[\#1^3-4\&,1] + i\sqrt{3}\,\mathrm{Root}[\#1^3-4\&,1]\right)\right\}\right\}$$

aus der deutlich wird, daß der Zerfällungskörper über $\mathbb{Q}$ von $x^3 - 4$ als $\mathbb{Q}(\sqrt[3]{4}, \sqrt{3}i)$ dargestellt werden kann. □

Wir führen nun den Begriff einer *algebraischen Zahl* ein:

7.15 **Definition 7.15 (Algebraische Zahl)** Sei $\mathbb{K}$ ein Körper, $\mathbb{E} \supset \mathbb{K}$ ein Erweiterungskörper und $\alpha \in \mathbb{E}$. Ist α die Nullstelle eines Polynoms $p(x) \in \mathbb{K}[x]$, so nennen wir α *algebraisch über* $\mathbb{K}$. △

Beispielsweise ist für $\mathbb{E} = \mathbb{K}(\alpha) = \mathbb{K}/\langle p(x)\rangle$ die Zahl $\alpha \in \mathbb{E}$ Nullstelle des in $\mathbb{K}$ irreduziblen Polynoms $p(x)$, s. auch Übungsaufgabe 7.6.

Wie in diesem Fall wird jede algebraische Zahl durch ihr *Minimalpolynom* charakterisiert.

7.16 **Hilfssatz 7.16 (Minimalpolynom)** Sei $\alpha \in \mathbb{E}$ algebraisch über $\mathbb{K}$. Dann gibt es genau ein irreduzibles normiertes Polynom $p(x) \in \mathbb{K}[x]$, dessen Nullstelle α ist. Dieses Polynom heißt *Minimalpolynom* der algebraischen Zahl α über $\mathbb{K}$ und wird mit $\mathrm{minpol}(\alpha, x)$ oder genauer mit $\mathrm{minpol}_{\mathbb{K}}(\alpha, x)$ bezeichnet. Sein Grad n heißt der *Grad der algebraischen Zahl* α über $\mathbb{K}$, und wir schreiben $\mathrm{grad}(\alpha) = n$ bzw. $\mathrm{grad}_{\mathbb{K}}(\alpha) = n$.

[15] *Mathematica* sortiert die Nullstellen nach ihrer Lage in der komplexen Ebene. Bei reellen Lösungen geschieht dies gemäß ihrer Anordnung auf der reellen Achse.

Das Minimalpolynom ist dasjenige normierte Polynom kleinsten Grades in $\mathbb{K}[x]$, welches α als Nullstelle besitzt. Jedes Polynom $a(x) \in \mathbb{K}[x]$ mit Nullstelle α ist ein Vielfaches von $p(x)$.

Beweis: Da α Nullstelle eines Polynoms $a(x) \in \mathbb{K}[x]$ ist, gibt es ein eindeutiges Polynom kleinsten Grades, dessen Nullstelle α ist. Denn gibt es beispielsweise zwei verschiedene normierte Polynome $a(x) = x^n + a_{n-1}x^{n-1} + \cdots + a_0 \in \mathbb{K}[x]$ und $b(x) = x^n + b_{n-1}x^{n-1} + \cdots + b_0 \in \mathbb{K}[x]$ vom Grad n mit Nullstelle α, so ist α auch Nullstelle des Polynoms $a(x) - b(x)$, welches einen Grad $< n$ hat im Widerspruch zur Minimalität.[16] Also gibt es genau ein normiertes Polynom kleinsten Grades mit Nullstelle α.

Wir zeigen nun, daß das so erzeugte Minimalpolynom $p(x)$ irreduzibel ist. Wäre nämlich $p(x) = a(x)\,b(x)$ mit $a(x), b(x) \in \mathbb{K}[x]$, beide von einem Grad > 0, so wäre auch $0 = p(\alpha) = a(\alpha)\,b(\alpha)$. Da $\mathbb{K}$ keine Nullteiler besitzt, ist also entweder $a(\alpha) = 0$ oder $b(\alpha) = 0$. Da aber sowohl $a(x)$ als auch $b(x)$ einen kleineren Grad als $p(x)$ besitzt, erhalten wir einen Widerspruch. Also ist das Minimalpolynom $p(x)$ irreduzibel.

Schließlich wollen wir noch zeigen, daß jedes Polynom $a(x) \in \mathbb{K}[x]$ mit Nullstelle α ein Vielfaches von $p(x)$ ist. Sei also $a(x) \in \mathbb{K}[x]$ gegeben mit Nullstelle α. Nach dem bisher Bewiesenen ist $\deg(a(x), x) \geqq \deg(p(x), x)$. Wir verwenden den Divisionsalgorithmus und erhalten

$$a(x) = p(x) \cdot q(x) + r(x)$$

mit $\deg(r(x), x) < \deg(p(x), x)$. Wir setzen wieder $x = \alpha$ ein und erhalten $r(\alpha) = 0$. Da es aber außer dem Nullpolynom kein Polynom vom Grad $< \deg(p(x), x)$ gibt, welches α als Nullstelle besitzt, ist $r(x)$ das Nullpolynom, und folglich $p(x) \mid a(x)$, wie behauptet. □

Beispiel 7.17 (a) Jede rationale Zahl $\alpha \in \mathbb{Q}$ ist algebraisch über $\mathbb{Q}$ vom Grad 1. **7.17**
(b) Das Minimalpolynom von $\sqrt{2} \in \mathbb{Q}(\sqrt{2})$ ist $\operatorname{minpol}_{\mathbb{Q}}(\sqrt{2}, x) = x^2 - 2 \in \mathbb{Q}[x]$. $\sqrt{2}$ ist also algebraisch über $\mathbb{Q}$ vom Grad 2.
(c) Das Minimalpolynom von $i \in \mathbb{R}(i) = \mathbb{C}$ ist $\operatorname{minpol}_{\mathbb{R}}(i, x) = x^2 + 1 \in \mathbb{R}[x]$. Es ist auch $\operatorname{minpol}_{\mathbb{Q}}(i, x) = x^2 + 1$. i ist also algebraisch über $\mathbb{Q}$ und $\mathbb{R}$ jeweils vom Grad 2.
(d) Sei $\mathbb{K} = \mathbb{R}$, $\mathbb{E} = \mathbb{C}$ und $\alpha \in \mathbb{C} \setminus \mathbb{R}$ beliebig. Dann ist $\alpha = a + b \cdot i$ mit $b \neq 0$. Wegen $\alpha \notin \mathbb{R}$ gibt es kein Minimalpolynom $p(x) \in \mathbb{R}[x]$ vom Grad 1. Wir konstruieren nun ein Polynom $p(x) \in \mathbb{R}[x]$ vom Grad 2 mit Nullstelle α. Dieses ist dann wegen der Existenz- und Eindeutigkeitsaussage von Hilfssatz 7.16 das Minimalpolynom von α.

---

[16]Dieses Verfahren läßt sich zu einem Algorithmus zur Auffindung des Minimalpolynoms erweitern, indem der Grad so lange reduziert wird, bis nur noch eine Darstellung vorhanden ist.

Das gesuchte Polynom ist[17]

$$\mathrm{minpol}_{\mathbb{R}}(\alpha, x) = (x - \alpha)(x - \overline{\alpha}) = x^2 - 2\,\mathrm{Re}\,(\alpha)\,x + |\alpha|^2 = x^2 - 2\,a\,x + (a^2 + b^2)\,.$$

(e) Setzt man bei Beispiel (d) allerdings $\mathbb{K} = \mathbb{C}$, so ergibt sich auf Grund des Fundamentalsatzes der Algebra

$$\mathrm{minpol}_{\mathbb{C}}(\alpha, x) = x - \alpha\,.$$

(f) Eine Zahl α ist genau dann algebraisch über $\mathbb{K}$, wenn die Menge der Potenzen $\{1, \alpha, \alpha^2, \ldots\}$ einen endlichdimensionalen Vektorraum V über $\mathbb{K}$ aufspannen. Denn ist $p(x)$ das Minimalpolynom von α vom Grad n, so zeigt die Gleichung $p(\alpha) = 0$, daß $1, \alpha, \alpha^2, \ldots, \alpha^n$ linear abhängig sind. Multipliziert man die Gleichung $p(\alpha) = 0$ mit Potenzen von α, so sieht man, daß alle höheren Potenzen α^k mit $k \geqq n$ ebenfalls linear abhängig von $1, \alpha, \alpha^2, \ldots, \alpha^{n-1}$ sind. Andererseits sind wegen der Minimalität von $p(x)$ die Elemente $\{1, \alpha, \alpha^2, \ldots, \alpha^{n-1}\}$ linear unabhängig. Daher hat V Dimension n. Hat umgekehrt V Dimension n, so sind insbesondere $\{1, \alpha, \alpha^2, \ldots, \alpha^n\}$ linear abhängig. Dies liefert das Minimalpolynom. △

Um eine algebraische Zahl zu charakterisieren, ist ihr Minimalpolynom besonders wichtig. Für unser obiges Beispiel 7.17 (b) $\alpha = \sqrt{2}$ gilt $\mathrm{minpol}(\alpha, x) = x^2 - 2$ und $\mathrm{grad}(\alpha) = 2$. Diese Aussagen sind durchaus nicht trivial, denn sie enthalten u. a. die Irrationalitätsaussage für $\sqrt{2}$: Wäre $\sqrt{2}$ rational, so hätte das Minimalpolynom den Grad 1.

Dies ist z. B. für $\beta = \sqrt{4}$ der Fall. Die algebraische Zahl β ist zwar auf Grund ihrer Definition Lösung der quadratischen Gleichung $p(x) = x^2 - 4 = 0$, aber dieses Polynom kann man leicht über $\mathbb{Q}$ faktorisieren $p(x) = x^2 - 4 = (x - 2)(x + 2)$. Damit ist nach Hilfssatz 7.16 klar, daß einer der beiden Faktoren das Minimalpolynom darstellt. In unserem Fall ist $\mathrm{minpol}(\beta, x) = x - 2$, d. h. $\beta = 2$.

Wie sieht es mit komplizierter geschachtelten Wurzeln aus? Sei z. B.

$$\gamma = \sqrt{4 + 2\sqrt{3}}\,,$$

wobei wir γ als algebraisch über $\mathbb{Q}$ auffassen. Wir versuchen, durch Umformen die Quadratwurzeln loszuwerden. Quadrieren ergibt

$$\gamma^2 = 4 + 2\sqrt{3}$$

[17]Ist $\alpha = a + b\,i \in \mathbb{C}$, $a, b \in \mathbb{R}$, so wird mit $\overline{\alpha} = a - b\,i$ ihr *Konjugiertes*, mit $\mathrm{Re}\,\alpha = a$ ihr *Realteil*, mit $\mathrm{Im}\,\alpha = b$ ihr *Imaginärteil* und mit $|\alpha|$ ihr *Absolutbetrag* bezeichnet, für welchen die Beziehung $|\alpha|^2 = \alpha \cdot \overline{\alpha} = a^2 + b^2$ gilt.

und folglich

$$\gamma^2 - 4 = 2\sqrt{3}\,.$$

Erneutes Quadrieren liefert

$$(\gamma^2 - 4)^2 = 12\,,$$

also erfüllt γ die Polynomgleichung

$$p(x) = x^4 - 8x^2 + 4 = 0\,.$$

Aber ist $p(x)$ auch das Minimalpolynom von γ? Es stellt sich heraus, daß dies nicht der Fall ist.

Sitzung 7.18 Wir verwenden *Mathematica* zur Bestimmung des Minimalpolynoms von γ. Die Frage ist wieder: Ist das Polynom $p(x) = x^4 - 8x^2 + 4 \in \mathbb{Q}[x]$ irreduzibel? Wir verwenden also `Factor` und erhalten

```
In[1]:= fac = x^4 - 8x^2 + 4//Factor
Out[1]= (x^2 - 2 x - 2) (x^2 + 2 x - 2)
```

Das Polynom $p(x)$ ist also reduzibel, und gemäß Hilfssatz 7.16 ist einer der beiden resultierenden Faktoren das Minimalpolynom von γ. Zur Probe setzen wir γ in den ersten Faktor ein[18]

```
In[2]:= fac[[1]]/.{x → √(4 + 2√3)}
Out[2]= 2 + 2 √3 - 2 √(4 + 2 √3)
```

Dies hilft leider nicht weiter. Zum Rechnen mit algebraischen Zahlen stellt *Mathematica* aber die Vereinfachungsfunktion `RootReduce` bereit:

```
In[3]:= fac[[1]]/.{x → √(4 + 2√3)}//RootReduce
Out[3]= 0
```

Also ist $\mathrm{minpol}(\gamma, x) = x^2 - 2x - 2$. Nun kann man natürlich (in unserem Fall) leicht ausrechnen, welches die beiden Nullstellen dieses quadratischen Polynoms sind, und es stellt sich heraus, daß $\gamma = 1 + \sqrt{3}$ ist. Folglich haben wir die Identität

$$\sqrt{4 + 2\sqrt{3}} = 1 + \sqrt{3}$$

hergeleitet. Diese Vereinfachung nimmt *Mathematica* auch von alleine vor:

```
In[4]:= √(4 + 2√3)//RootReduce
Out[4]= 1 + √3
```

[18]Wir wählen diesen zufällig aus. Beim zweiten Faktor wäre unser Test nicht erfolgreich.

Der gegebene Wurzelausdruck wurde also (durch die Bestimmung des Minimalpolynoms mittels einer Faktorisierung) *entschachtelt.* □

Die am obigen Beispiel beschriebene Methode kann durch Iteration offenbar immer zur Bestimmung des Minimalpolynoms verschachtelter Wurzeln herangezogen werden, wenn diese durch Summen, Produkte und Kehrwerte algebraischer Zahlen gegeben sind.

Sitzung 7.19 Sei $\alpha = \sqrt{2 + 3\sqrt[3]{2}}$. Wir berechnen das Minimalpolynom von α über $\mathbb{Q}$ nach dem angegebenen Algorithmus. Wir geben die Gleichung ein:

```
In[1]:= eq1 = α == √(2 + 3∛2)
Out[1]= α == √(2 + 3∛2)
```

quadrieren:

```
In[2]:= eq2 = Map[#²&, eq1]
Out[2]= α² == 2 + 3∛2
```

isolieren die Wurzel:

```
In[3]:= eq3 = Map[# - 2&, eq2]
Out[3]= α² - 2 == 3∛2
```

nehmen die resultierende Gleichung zur dritten Potenz

```
In[4]:= eq4 = Map[#³&, eq3]
Out[4]= (α² - 2)³ == 54
```

bringen alles auf eine Seite

```
In[5]:= eq5 = Map[# - 54&, eq4]
Out[5]= (α² - 2)³ - 54 == 0
```

und erhalten schließlich das Polynom

```
In[6]:= minpol = Expand[eq5[[1]]/.α → x]
Out[6]= x⁶ - 6x⁴ + 12x² - 62
```

welches α als Nullstelle besitzt.[19] Einzige Kandidaten für das Minimalpolynom von α sind die normierten irreduziblen Faktoren des resultierenden Polynoms. Eine rationale Faktorisierung liefert

```
In[7]:= Factor[minpol]
```

---

[19]Die Irreduzibilität von $p(x) := x^6 - 6x^4 + 12x^2 - 62$ läßt sich übrigens leicht mit dem Eisensteinschen Irreduzibilitätskriterium mit $p = 2$ überprüfen, s. Übungsaufgabe 6.7. Das Polynom $p(\sqrt{x}) \in \mathbb{Q}[x]$ ist das Minimalpolynom von $\alpha^2 = 2 + 3\sqrt[3]{2}$. Warum?

Out[7]= $x^6 - 6x^4 + 12x^2 - 62$

Da `minpol` irreduzibel ist, ist dies also das gesuchte Minimalpolynom von α über $\mathbb{Q}$. Weitere Aufgaben dieser Art findet man in Übungsaufgabe 7.9–7.10. □

Definition 7.20 Eine Körpererweiterung $\mathbb{E} \supset \mathbb{K}$ heißt *algebraisch*, wenn jedes Element von $\mathbb{E}$ algebraisch über $\mathbb{K}$ ist. △ 7.20

Wir zeigen nun, daß endliche Körpererweitungen algebraisch sind.

Satz 7.21 (Algebraische Körpererweitungen) 7.21

(a) Jede endliche Körpererweitung $\mathbb{E} \supset \mathbb{K}$ ist algebraisch und läßt sich durch Adjunktion endlich vieler algebraischer Elemente erzeugen.
(b) Jede Körpererweitung $\mathbb{E} \supset \mathbb{K}$, welche durch Adjunktion endlich vieler algebraischer Elemente ensteht, ist endlich (und damit nach (a) algebraisch).

Beweis: (a) Sei $\mathbb{E} \supset \mathbb{K}$ endlich vom Grad n und $\alpha \in \mathbb{E}$. Da $\mathbb{E}$ ein n-dimensionaler Vektorraum über $\mathbb{K}$ ist, gibt es unter den Potenzen $1, \alpha, \alpha^2, \ldots$ höchstens n linear unabhängige. Daher muß eine Relation der Form

$$\sum_{k=0}^{n} c_k\, \alpha^k = 0$$

gelten, d. h., α ist algebraisch. Folglich ist die Körpererweiterung algebraisch.

Der Vektorraum $\mathbb{E}$ werde von den Elementen α_k ($k = 1, \ldots, n$) erzeugt. Dann reicht es offenbar, diese Elemente zu adjungieren.
(b) Adjunktion einer algebraischen Zahl α vom Grad n liefert eine endliche Körpererweiterung mit der Basis $1, \alpha, \alpha^2, \ldots, \alpha^{n-1}$. Eine endliche Iteration endlicher Körpererweiterungen ist aber wieder eine endliche Körpererweiterung. □

Als Folgerung erhalten wir

Folgerung 7.22 Summe, Differenz, Produkt und Quotient algebraischer Zahlen sind wieder algebraisch. △ 7.22

Folgerung 7.22 sagt für algebraische Zahlen α, β die Existenz von Minimalpolynomen für $\alpha+\beta$, $\alpha\cdot\beta$ etc. voraus. Wegen $[\mathbb{K}(\alpha,\beta) : \mathbb{K}] = [\mathbb{K}(\alpha,\beta) : \mathbb{K}(\alpha)]\cdot[\mathbb{K}(\alpha) : \mathbb{K}]$, s. Übungsaufgabe 7.7, ist $\operatorname{grad}(\alpha+\beta) \leqq \operatorname{grad}(\alpha)\cdot\operatorname{grad}(\beta)$ sowie $\operatorname{grad}(\alpha\cdot\beta) \leqq \operatorname{grad}(\alpha)\cdot\operatorname{grad}(\beta)$.

Dies wollen wir nun auf andere Art zeigen, nämlich durch Angabe eines Algorithmus zur Bestimmung des zugehörigen Minimalpolynoms.

7.23 **Satz 7.23** Seien α und β zwei algebraische Zahlen über $\mathbb{K}$ mit den Minimalpolynomen $p(x), q(x) \in \mathbb{K}[x]$. Dann sind $\alpha + \beta$ und $\alpha \cdot \beta$ wieder algebraisch über $\mathbb{K}$, und es gibt einen Algorithmus zur Bestimmung des jeweiligen Minimalpolynoms. Hierbei ist der Grad von $\alpha + \beta$ und von $\alpha \cdot \beta$ jeweils höchstens $\operatorname{grad}(\alpha) \cdot \operatorname{grad}(\beta)$.

Beweis: Wir wollen einen konstruktiven Beweis geben, der die jeweils gesuchten Minimalpolymome bestimmt, d. h., wir geben den postulierten Algorithmus an. Hierbei bestimmen wir das Minimalpolynom für die Summe, die Konstruktion für das Produkt verläuft völlig analog.

Für die Minimalpolynome $p(x)$ und $q(x)$ von α bzw. β gilt

$$p(\alpha) = \alpha^n + a_{n-1}\,\alpha^{n-1} + \cdots + a_1\,\alpha + a_0 = 0$$

und

$$q(\beta) = \beta^m + b_{m-1}\,\beta^{m-1} + \cdots + b_1\,\beta + b_0 = 0\,.$$

Diese können wir als Ersetzungsregeln

$$\alpha^n = -(a_{n-1}\,\alpha^{n-1} + \cdots + a_1\,\alpha + a_0) \tag{7.5}$$

und

$$\beta^m = -(b_{m-1}\,\beta^{m-1} + \cdots + b_1\,\beta + b_0) \tag{7.6}$$

für Potenzen von α bzw. β auffassen. Man beachte, daß man hiermit iterativ auch jede höhere Potenz von α und β durch solche mit Exponenten $< n$ bzw. $< m$ ersetzen kann.

Nun ist ja $\gamma = \alpha + \beta$ die Zahl unseres Interesses. Wir können jede Potenz $\gamma^k = (\alpha + \beta)^k$, $(k = 0, \ldots, m \cdot n)$ ausmultiplizieren und Potenzen von α und β gemäß (7.5) bzw. (7.6) ersetzen. Iterativ kann man auf diese Weise jede Potenz von α mit Exponent $\geqq n$ und jede Potenz von β mit Exponent $\geqq m$ durch solche mit kleineren Exponenten ersetzen. Es bleibt also schließlich für jedes γ^k eine Linearkombination der Terme $a_{ij} = \alpha^i \beta^j$ $(i = 0, \ldots, n-1,\ j = 0, \ldots, m-1)$ übrig, m. a. W.: die Potenzen γ^k lassen sich als Linearkombinationen der $m \cdot n$ Terme a_{ij} ausdrücken.

Macht man nun den Ansatz

$$F(\gamma) = \sum_{k=0}^{m \cdot n} c_k\,\gamma^k = 0$$

mit den noch zu bestimmenden Koeffizienten c_k $(k = 0, \ldots, m \cdot n)$, so kann man in $F(\gamma)$ die Potenzen von γ gemäß den Vorbetrachtungen ersetzen und erhält wieder eine Linearkombination der $m \cdot n$ Terme a_{ij}. Setzt man alle Koeffizienten gleich Null, so ist offenbar auch die

Summe Null. Der Koeffizientenvergleich liefert ein homogenes lineares Gleichungssystem von $m \cdot n$ Gleichungen in $m \cdot n + 1$ Variablen c_k $(k = 0, \ldots, m \cdot n)$, welches eine nichttriviale Lösung besitzt. Dieses Verfahren liefert somit ein Polynom für γ vom Grad $\leqq m \cdot n$, welches aber noch nicht das Minimalpolynom sein muß. Dieses findet man durch Faktorisierung über $\mathbb{K}$.[20] □

Will man das Minimalpolynom allerdings ohne Faktorisierung finden, dann geht man lieber sukzessive vor und macht für ein $J \geqq 1$ den Ansatz

$$F(\gamma) = \sum_{k=0}^{J} c_k \gamma^k = 0$$

mit den noch Unbestimmten c_k $(k = 0, \ldots, J)$ und beginnt hierbei mit $J = 1$, um – bei Mißerfolg – J sukzessive zu erhöhen. Spätestens bei $J = m \cdot n$ bricht das Verfahren dann ab.

Sitzung 7.24 Wir werden nun Minimalpolynome von Summen, Produkten und Kehrwerten algebraischer Zahlen algorithmisch bestimmen.

Sei $\alpha = \sqrt{2}$ und $\beta = \sqrt[3]{5}$, Dann sind $p(x) = x^2 - 2$ und $q(x) = x^3 - 5$ die zugehörigen Minimalpolynome. Wir berechnen das Minimalpolynom von $\gamma = \alpha + \beta$.

Hierzu erklären wir die rekursiven Ersetzungsregeln

```
In[1]:= regel = {α^n_ :→ 2α^(n-2) /; n ≥ 2,  β^m_ :→ 5β^(m-3) /; m ≥ 3};
```

und wenden die Regeln auf $F(\gamma)$ an:

```
In[2]:= F = Sum[Expand[c_k (α + β)^k], {k, 0, 6}] //.regel
```

mit dem Resultat

$$\texttt{Out[2]=}\ c_2\beta^2 + 3\alpha c_3\beta^2 + 12 c_4\beta^2 + 20\alpha c_5\beta^2 + 5 c_5\beta^2 + 30\alpha c_6\beta^2 + 60 c_6\beta^2 + c_1\beta + 2\alpha c_2\beta + 6 c_3\beta + 8\alpha c_4\beta + 5 c_4\beta + 25\alpha c_5\beta + 20 c_5\beta + 24\alpha c_6\beta + 150 c_6\beta + c_0 + \alpha c_1 + 2 c_2 + 2\alpha c_3 + 5 c_3 + 20\alpha c_4 + 4 c_4 + 4\alpha c_5 + 100 c_5 + 200\alpha c_6 + 33 c_6$$

Wir setzen die Koeffizienten von $F(\gamma)$ gleich Null und lösen nach den Variablen c_k auf:

```
In[3]:= sol =
        Solve[Flatten[CoefficientList[F, {α, β}]] ==
           0, Table[c_k, {k, 0, 6}]]
```

[20] Dies erfordert einen Algorithmus zur Faktorisierung in $\mathbb{K}[x]$. Für $\mathbb{K} = \mathbb{Q}$ bzw. $\mathbb{K} = \mathbb{Z}_p$ haben wir einen solchen ja bereits kennengelernt.

```
Solve::"svars": Equations may not give solutions for all "solve" variables.
```

Out[3]= $\{\{c_0 \to 17\,c_6, c_1 \to -60\,c_6, c_2 \to 12\,c_6, c_3 \to -10\,c_6, c_4 \to -6\,c_6, c_5 \to 0\}\}$

und haben schließlich das zugehörige Polynom

In[4]:= $\mathbf{F} = \sum_{k=0}^{6} c_k x^k$ `/.sol[[1]]/.`$c_6 \to 1$

Out[4]= $x^6 - 6\,x^4 - 10\,x^3 + 12\,x^2 - 60\,x + 17$

Dies ist das Minimalpolynom von $\gamma = \alpha + \beta$, wie die Rechnung

```
In[5]:= Factor[F]
```

Out[5]= $x^6 - 6\,x^4 - 10\,x^3 + 12\,x^2 - 60\,x + 17$

zeigt.

In *Mathematica* ist ein Algorithmus zur Berechnung des Minimalpolynoms eingebaut. Hierzu verwendet man das `Root`-Konstrukt und die Vereinfachungsfunktion `RootReduce`.

Wir erklären α und β gemäß

```
In[6]:= α = Root[#^2 - 2&, 2];
        β = Root[#^3 - 5&, 1];
```

als Nullstellen der Minimalpolynome $p(x) = x^2 - 2$ bzw. $q(x) = x^3 - 5$. Da der Algorithmus nur die Minimalpolynome verwendet, kommt es auf das zweite Argument von `Root` nicht wirklich an.

Nun kommt `RootReduce` zum Einsatz

```
In[7]:= result = α + β//RootReduce
```

Out[7]= Root[#1^6 − 6 #1^4 − 10 #1^3 + 12 #1^2 − 60 #1 + 17&, 2]

und liefert das Minimalpolynom für $\alpha + \beta$:

```
In[8]:= minpol = result[[1]][x]
```

Out[8]= $x^6 - 6\,x^4 - 10\,x^3 + 12\,x^2 - 60\,x + 17$

Ähnlich erhält man für das Produkt $\alpha \cdot \beta$ das Minimalpolynom

```
In[9]:= α * β//RootReduce
```

Out[9]= Root[#1^6 − 200&, 2]

und für den Kehrwert von $\alpha + \beta$ erhalten wir:

In[10]:= $\dfrac{1}{\alpha + \beta}$ `//RootReduce`

Out[10]= Root[17 #1^6 − 60 #1^5 + 12 #1^4 − 10 #1^3 − 6 #1^2 + 1&, 1]

Die Ähnlichkeit des Minimalpolynoms von $\frac{1}{\alpha+\beta}$ mit dem Minimalpolynom von $\alpha + \beta$ ist nicht zufällig, s. Übungsaufgabe 7.11. □

7.4 Endliche Körper 7.4

Wir hatten mit $\mathbb{Z}_p$ bereits endliche Körper kennengelernt, falls p eine Primzahl ist. Nun stellt sich die Frage, ob es noch weitere endliche Körper gibt.

Ausgehend von dem endlichen Körper $\mathbb{Z}_p$ mit p Elementen können wir uns aber auf folgende Weise weitere endliche Körper verschaffen. Sei $a(x) = a_n x^n + \cdots + a_1 x + a_0 \in \mathbb{Z}_p[x]$ das Minimalpolynom einer algebraischen Zahl α vom Grad n über $\mathbb{Z}_p$. Dann können wir den algebraischen Erweiterungskörper $\mathbb{Z}_p(\alpha)$ bilden, welcher einen n-dimensionalen Vektorraum über $\mathbb{Z}_p$ bildet und daher p^n Elemente besitzt. Dieser ist, wie wir wissen, wieder ein Körper.

Wir werden nun nacheinander zeigen,

- **(Struktur)** daß endliche Körper immer $q = p^n$ Elemente haben,
- **(Existenz)** daß es einen solchen Körper mit p^n Elementen für jedes $p \in \mathbb{P}$ und $n \in \mathbb{N}$ tatsächlich gibt,
- **(Eindeutigkeit)** daß es bis auf Isomorphie für jedes $p \in \mathbb{P}$ und $n \in \mathbb{N}$ nur einen einzigen solchen Körper gibt
- **(Struktur)** und daß jeder Körper mit p^n Elementen wie beschrieben durch eine einfache Körpererweiterung konstruiert werden kann.

Dies befugt uns dazu, dem – in diesem Sinne – eindeutigen Körper mit p^n Elementen einen Namen zu geben.

Definition 7.25 Das angegebene Verfahren liefert also in jedem Fall ein Modell desselben Körpers mit $q = p^n$ Elementen, welcher nach seinem Entdecker das *Galoisfeld* mit q Elementen genannt und mit $\mathrm{GF}(q)$ bezeichnet wird.[21] Die Elemente aus $\mathrm{GF}(p^n)$ können geschrieben werden in der Form 7.25

$$\sum_{k=0}^{n-1} c_k \alpha^k \qquad (c_k \in \mathbb{Z}_p)\,,$$

wobei α Nullstelle eines in $\mathbb{Z}_p[x]$ irreduziblen Polynoms vom Grad n ist, und bilden somit einen Vektorraum der Dimension n über $\mathbb{Z}_p$. △

In diesem Abschnitt wollen wir die oben angesprochenen Aussagen beweisen. Zunächst betrachten wir allerdings ein Beispiel.

---

[21] Es ist auch die Bezeichnung $\mathbb{F}_q$ gebräuchlich.

7.26 **Beispiel 7.26** Wir betrachten den Fall mit $p = 3$ und $n = 2$. Die Elemente von GF(9) sind also von der Form $a + b\,\alpha$, $a, b \in \{0, 1, 2\}$. Es ergeben sich folgende Gruppentafeln für die Addition in GF(9)

$+$	0	1	2	α	$\alpha+1$	$\alpha+2$	2α	$2\alpha+1$	$2\alpha+2$
0	0	1	2	α	$\alpha+1$	$\alpha+2$	2α	$2\alpha+1$	$2\alpha+2$
1	1	2	0	$\alpha+1$	$\alpha+2$	α	$2\alpha+1$	$2\alpha+2$	2α
2	2	0	1	$\alpha+2$	α	$\alpha+1$	$2\alpha+2$	2α	$2\alpha+1$
α	α	$\alpha+1$	$\alpha+2$	2α	$2\alpha+1$	$2\alpha+2$	0	1	2
$\alpha+1$	$\alpha+1$	$\alpha+2$	α	$2\alpha+1$	$2\alpha+2$	2α	1	2	0
$\alpha+2$	$\alpha+2$	α	$\alpha+1$	$2\alpha+2$	2α	$2\alpha+1$	2	0	1
2α	2α	$2\alpha+1$	$2\alpha+2$	0	1	2	α	$\alpha+1$	$\alpha+2$
$2\alpha+1$	$2\alpha+1$	$2\alpha+2$	2α	1	2	0	$\alpha+1$	$\alpha+2$	α
$2\alpha+2$	$2\alpha+2$	2α	$2\alpha+1$	2	0	1	$\alpha+2$	α	$\alpha+1$

und für die Multiplikation in GF(9)

$\cdot$	0	1	2	α	$\alpha+1$	$\alpha+2$	2α	$2\alpha+1$	$2\alpha+2$
0	0	0	0	0	0	0	0	0	0
1	0	1	2	α	$\alpha+1$	$\alpha+2$	2α	$2\alpha+1$	$2\alpha+2$
2	0	2	1	2α	$2\alpha+2$	$2\alpha+1$	α	$\alpha+2$	$\alpha+1$
α	0	α	2α	$2\alpha+1$	1	$\alpha+1$	$\alpha+2$	$2\alpha+2$	2
$\alpha+1$	0	$\alpha+1$	$2\alpha+2$	1	$\alpha+2$	2α	2	α	$2\alpha+1$,
$\alpha+2$	0	$\alpha+2$	$2\alpha+1$	$\alpha+1$	2α	2	$2\alpha+2$	1	α
2α	0	2α	α	$\alpha+2$	2	$2\alpha+2$	$2\alpha+1$	$\alpha+1$	1
$2\alpha+1$	0	$2\alpha+1$	$\alpha+2$	$2\alpha+2$	α	1	$\alpha+1$	2	2α
$2\alpha+2$	0	$2\alpha+2$	$\alpha+1$	2	$2\alpha+1$	α	1	2α	$\alpha+2$

wie man (im Prinzip) leicht unter Benutzung des Minimalpolynoms $a(x) = x^2 + x + 2$ modulo 3 nachrechnen kann.[22] △

Sitzung 7.27 Das *Mathematica*-Package `Algebra`FiniteFields`` ermöglicht das Rechnen in Galoisfeldern. Nach Laden des Pakets

```
In[1]:= Needs["Algebra`FiniteFields`"]
```

haben wir Zugriff auf das Package. Es unterstützt mehrere Darstellungsmöglichkeiten für die Elemente von GF(q). Wir werden eine dieser Darstellungen dazu benutzen, um die obigen Additions- und Multiplikationstafeln zu erhalten. Beispielsweise erzeugt

```
In[2]:= SetFieldFormat[GF[9], FormatType → FunctionOfCode[GF9]]
```

[22]Es gibt mehrere irreduzible Polynome vom Grad 2. Das gewählte Minimalpolynom wird von *Mathematica* verwendet und führt (mod 3) also zur Ersetzungsregel $\alpha^2 \mapsto 2\alpha + 1$.

```
In[3]:= Table[ElementToPolynomial[GF9[j] * GF9[k],
          α], {j, 0, 8}, {k, 0, 8}]/.
        ElementToPolynomial[0, α] → 0
```

$$Out[3]= \begin{pmatrix} 0 & 0 & 0 & 0 & 0 & 0 & 0 & 0 & 0 \\ 0 & 1 & 2 & \alpha & \alpha+1 & \alpha+2 & 2\alpha & 2\alpha+1 & 2\alpha+2 \\ 0 & 2 & 1 & 2\alpha & 2\alpha+2 & 2\alpha+1 & \alpha & \alpha+2 & \alpha+1 \\ 0 & \alpha & 2\alpha & 2\alpha+1 & 1 & \alpha+1 & \alpha+2 & 2\alpha+2 & 2 \\ 0 & \alpha+1 & 2\alpha+2 & 1 & \alpha+2 & 2\alpha & 2 & \alpha & 2\alpha+1 \\ 0 & \alpha+2 & 2\alpha+1 & \alpha+1 & 2\alpha & 2 & 2\alpha+2 & 1 & \alpha \\ 0 & 2\alpha & \alpha & \alpha+2 & 2 & 2\alpha+2 & 2\alpha+1 & \alpha+1 & 1 \\ 0 & 2\alpha+1 & \alpha+2 & 2\alpha+2 & \alpha & 1 & \alpha+1 & 2 & 2\alpha \\ 0 & 2\alpha+2 & \alpha+1 & 2 & 2\alpha+1 & \alpha & 1 & 2\alpha & \alpha+2 \end{pmatrix}$$

die Multiplikationstafel. Hierbei wurde im ersten Befehl vereinbart, daß die Elemente von GF(9) mit 0 bis 8 durchnumeriert werden und über den Funktionsaufruf GF9(n) aufgerufen werden können. Mit `ElementToPolynomial` werden die Elemente dann in die von uns verwendete Standarddarstellung konvertiert. Mit einem analogen Aufruf wird die Additionstabelle erzeugt.

Das vom Package verwendete (irreduzible) Minimalpolynom erfahren wir durch

```
In[4]:= FieldIrreducible[GF[9], x]
```
$Out[4]= x^2 + x + 2$

In Kenntnis der Charakteristik 3 und des Erweiterungsgrades 2 kann man dies auch mit

```
In[5]:= IrreduciblePolynomial[x, 3, 2]
```
$Out[5]= x^2 + x + 2$

bestimmen. Die einzelnen Multiplikationen der Multiplikationstafel lassen sich auch mit `PolynomialMod` erzeugen. Die Rechnung $(2\alpha + 1)(\alpha + 1) \pmod{\alpha^2 + \alpha + 2}$ in $\mathbb{Z}_3$

```
In[6]:= PolynomialMod[(2α + 1) (α + 2), α^2 + α + 2, Modulus → 3]
```
$Out[6]= 1$

bestätigt einen der Einträge der Multiplikationstabelle. □

Als erstes beweisen wir, daß jeder endliche Körper Primzahlcharakteristik hat.

Hilfssatz 7.28 (Charakteristik eines endlichen Körpers) Sei $\mathbb{K}$ ein endlicher Körper. Dann gibt es ein $p \in \mathbb{P}$ mit $\operatorname{char}(\mathbb{K}) = p$, und eine isomorphe Kopie von $\mathbb{Z}_p$ ist in $\mathbb{K}$ enthalten. 7.28

Beweis: Sei

$$n \cdot 1 = \underbrace{1 + \cdots + 1}_{n \text{ mal}} . \tag{7.7}$$

Wir betrachten die Menge $M := \{1, 2\cdot 1, \ldots, n\cdot 1, \ldots\}$. Da $\mathbb{K}$ endlich ist, ist auch $M \subset \mathbb{K}$ endlich. Also stimmen zwei der Elemente aus M überein: $m \cdot 1 = n \cdot 1$. Dann ist aber $(n - m) \cdot 1 = 0$. Folglich hat $\mathbb{K}$ endliche Charakteristik. Diese kann aber nur prim sein, denn aus $(p \cdot q) \cdot 1 = (p \cdot 1) \cdot (q \cdot 1) = 0$[23] folgt entweder $p = 0$ oder $q = 0$.

Identifizieren wir $n \cdot 1 \in \mathbb{K}$ mit $[n]_p \in \mathbb{Z}_p$, so sehen wir, daß $\mathbb{Z}_p \subset \mathbb{K}$ ein Unterkörper von $\mathbb{K}$ ist. □

Wir erhalten nun das erste Hauptresultat über die Struktur endlicher Körper.

7.29 **Satz 7.29 (Struktur endlicher Körper)** Sei $\mathbb{K}$ ein endlicher Körper. Dann ist $\mathbb{K}$ isomorph zu einer endlichen Körpererweiterung von $\mathbb{Z}_p$ und $\mathbb{K}$ hat folglich $q = p^n$ Elemente, wobei n der Grad der Körpererweiterung ist.

Beweis: Sei also $\mathbb{K}$ gegeben und habe (gemäß Hilfssatz 7.28) Charakteristik $p \in \mathbb{P}$, und $\mathbb{Z}_p \subset \mathbb{K}$.

Da $\mathbb{K}$ nur endlich viele Elemente hat, gibt es also eine größte Anzahl von über $\mathbb{Z}_p$ linear unabhängigen Elementen $\alpha_1, \ldots, \alpha_n \in \mathbb{K}$, und jedes Element $a \in \mathbb{K}$ läßt sich darstellen als

$$a = \sum_{k=1}^{n} c_k \, \alpha_k \tag{7.8}$$

mit eindeutig bestimmten Koeffizienten $c_k \in \mathbb{Z}_p$. Für jeden Koeffizienten c_k sind p Werte möglich, es gibt also genau p^n verschiedene Terme der Form (7.8). Da alle Körperelemente auf diese Art erzeugt werden, ist $\mathbb{K}$ also eine endliche Körpererweiterung von $\mathbb{Z}_p$ und hat p^n Elemente. □

Als Folgerung erhalten wir sofort

7.30 **Folgerung 7.30** Ist $q \in \mathbb{N}$ nicht die Potenz einer Primzahl, so gibt es keinen endlichen Körper mit q Elementen. □

Wir zeigen als nächstes die Existenz endlicher Körper.

[23]Man beachte, daß in dieser Gleichung drei verschiedene Multiplikationszeichen verwendet werden: die Multiplikation in $\mathbb{Z}$, die in $\mathbb{K}$ und die in (7.7) erklärte.

Satz 7.31 **(Existenz endlicher Körper)** Für jedes $p \in \mathbb{P}$ und jedes $n \in \mathbb{N}$ gibt es einen endlichen Körper mit genau p^n Elementen. 7.31

Beweis: Für $n = 1$ ist der endliche Körper $\mathbb{Z}_p$. Sei also in der Folge $n \geqq 2$.

Wir betrachten das Polynom $f(x) := x^{p^n} - x \in \mathbb{Z}_p[x]$. Dann gibt es gemäß Satz 7.13 einen Zerfällungskörper $\mathbb{E} \supset \mathbb{Z}_p$, in welchem das Polynom $f(x)$ in Linearfaktoren zerfällt. Wir betrachten nun die Untermenge $\mathbb{K} \subset \mathbb{E}$, bestehend aus allen Nullstellen von $f(x)$:

$$\mathbb{K} = \{a \in \mathbb{E} \mid a^{p^n} = a\} .$$

Wir zeigen, daß $\mathbb{K}$ ein Körper ist, welcher exakt $q = p^n$ Elemente besitzt.

$\mathbb{K}$ ist ein Körper, da mit $a, b \in \mathbb{K}$ auch

(1) $a + b \in \mathbb{K}$:

$$(a + b)^{p^n} = \sum_{k=0}^{p^n} \binom{p^n}{k} a^k\, b^{p^n-k} = a^{p^n} + b^{p^n} ,$$

da bis auf den ersten und den letzten alle auftretenden Binomialkoeffizienten die Charakteristik p als Faktor besitzen.

(2) $-a \in \mathbb{K}$: Man setze $b = -a$ in (1).

(3) $a \cdot b \in \mathbb{K}$: $(a \cdot b)^{p^n} = a^{p^n} \cdot b^{p^n}$.

(4) $a^{-1} \in \mathbb{K}$: $(a^{-1})^{p^n} = (a^{p^n})^{-1} = a^{-1}$.

Wegen $0 \in \mathbb{K}$ und $1 \in \mathbb{K}$ ist also $\mathbb{K}$ ein Unterkörper von $\mathbb{E}$.

Wir müssen nun nur noch zeigen, daß der konstruierte Körper $\mathbb{K}$ genau p^n Elemente hat. Hierzu zeigen wir, daß $f(x)$ lauter einfache Nullstellen besitzt. Weil $f(x)$ den Grad p^n hat, folgt hieraus die Behauptung.

Da die Charakteristik von $\mathbb{Z}_p$ gleich p ist, ist $f'(x) = p^n x^{p^n-1} - 1 = -1 \neq 0$, und aus dem Beweis von Hilfssatz 6.41 folgt, daß $f(x)$ lauter einfache Nullstellen hat, wie behauptet. □

Nun beweisen wir die Eindeutigkeit endlicher Körper.

Satz 7.32 **(Eindeutigkeit endlicher Körper)** Sei $p \in \mathbb{P}$ und $n \in \mathbb{N}$. Ein endlicher Körper mit $q = p^n$ Elementen ist bis auf Isomorphie eindeutig bestimmt. 7.32

Beweis: Sei $\mathbb{K}$ ein beliebiger endlicher Körper. Wir zeigen zunächst, daß für alle $a \in \mathbb{K}^* = \mathbb{K} \setminus \{0\}$ die Beziehung

$$a^{q-1} = 1 \tag{7.9}$$

gilt. Sei $a \in \mathbb{K}^*$ beliebig. Da $\mathbb{K}^*$ eine multiplikative Gruppe ist, ist die Abbildung $x \mapsto x \cdot a$ offenbar bijektiv. Wir multiplizieren nun alle $q - 1$ Elemente aus $\mathbb{K}^*$ auf zwei Arten und erhalten

$$\prod_{x \in \mathbb{K}^*} x = \prod_{x \in \mathbb{K}^*} (a \cdot x) = a^{q-1} \prod_{x \in \mathbb{K}^*} x\,,$$

da $\mathbb{K}^*$ kommutativ ist. Hieraus folgt ganz offenbar (7.9). Die hieraus folgende Gleichung $a^q - a = 0$ gilt auch für $a = 0$ und damit für alle $a \in \mathbb{K}$. Alle Körperelemente sind also Nullstellen des Polynoms $x^q - x \in \mathbb{Z}_p[x]$, dessen Koeffizienten wir als Elemente von $\mathbb{Z}_p$ auffassen.

Sei $\mathbb{K} = \{a_1, a_2, \ldots, a_q\}$, so ist also das Produkt

$$\prod_{k=1}^{q} (x - a_k)$$

ein Teiler von $x^q - x$, und da beide Polynome denselben Grad haben, gilt schließlich

$$x^q - x = \prod_{k=1}^{q} (x - a_k) = \prod_{a \in \mathbb{K}} (x - a)\,. \tag{7.10}$$

Alle Elemente von $\mathbb{K}$ sind also Nullstellen desselben Polynoms $x^q - x \in \mathbb{Z}_p[x]$. Adjungiert man nun alle Nullstellen dieses Polynoms, welche nicht in $\mathbb{Z}_p$ liegen, zu $\mathbb{Z}_p$, so entsteht ein algebraischer Erweiterungskörper von $\mathbb{Z}_p$, welcher bis auf Isomorphie eindeutig bestimmt ist, da es auf die Reihenfolge der Adjunktionen nicht ankommt. □

Der eben bewiesene Satz besagt also, daß $GF(p^n)$ bis auf Isomorphie eindeutig bestimmt ist und daß dieser Körper sich durch eine *endliche Körpererweiterung* aus $\mathbb{Z}_p$ erzeugen läßt.

Das ist ja bereits nicht schlecht. Aber das i-Tüpfelchen unserer Betrachtungen wird sein, daß wir zeigen werden, daß sogar eine *einfache Körpererweiterung* von $\mathbb{Z}_p$ ausreichend ist, um $GF(p^n)$ zu erzeugen. Hierfür benötigen wir den folgenden Satz, welcher für $\mathbb{K} = \mathbb{Z}_p$ bereits in Satz 4.19 formuliert worden war und welcher in Abschnitt 4.6 bei der Struktur von Carmichaelzahlen Verwendung fand.

7.33 **Satz 7.33 (Existenz eines primitiven Elements)** Sei $p \in \mathbb{P}$, $n \in \mathbb{N}$ und sei $\mathbb{K}$ ein Körper mit $q = p^n$ Elementen. Dann gibt es ein erzeugendes Element $a \in \mathbb{K}^* = \mathbb{K} \setminus \{0\}$, d. h. ein Element a, dessen Ordnung $\operatorname{ord}(a) = q - 1$ ist.

Beweis: Der Beweis wird geführt unter Betrachtung der Menge

$$S := \{\operatorname{ord}(a) \mid a \in \mathbb{K}^*\} \subset \mathbb{N}$$

aller möglicher Ordnungen der Elemente von $\mathbb{K}^*$. Wir beweisen zunächst den folgenden Hilfssatz über die Struktur der Menge S.

Hilfssatz 7.34 Seien $j, k \in S$. Dann gelten 7.34

(a) $\gcd(j, k) = 1 \quad \Rightarrow \quad j \cdot k \in S$;
(b) $l \mid k$ und $l > 0 \quad \Rightarrow \quad l \in S$;
(c) $\operatorname{lcm}(j, k) \in S$.
(d) Sei $m := \max S$. Dann ist jede Zahl $j \in S$ ein Teiler von m.

Beweis: (a) a habe die Ordnung j und b habe die Ordnung k mit $\gcd(j, k) = 1$. Dann ist

$$(a \cdot b)^{j \cdot k} = (a^j)^k \cdot (b^k)^j = 1\,. \tag{7.11}$$

Wir zeigen, daß $a \cdot b$ die Ordnung $j \cdot k$ hat. Dazu untersuchen wir, für welche $l \in \mathbb{N}$ $(a \cdot b)^l = 1$ ist. Aus dieser Beziehung folgt

$$1 = \left((a \cdot b)^l\right)^j = (a \cdot b)^{l \cdot j} = (a^j)^l \cdot b^{j \cdot l} = b^{j \cdot l}\,.$$

Da b die Ordnung k hat, folgt also $k \mid j \cdot l$. Wegen $\gcd(j, k) = 1$ folgt weiter $k \mid l$. Genauso zeigt man $j \mid l$, also ist $j \cdot k \mid l$, und somit ist wegen (7.11) $j \cdot k$ die Ordnung von $a \cdot b$.
(b) b habe die Ordnung k und es sei $l \mid k$ sowie $l > 0$. Dann ist $j := \frac{k}{l} \in \mathbb{N}$. Wir setzen $c := b^j$. Dann ist

$$c^l = b^{j \cdot l} = b^k = 1\,,$$

und keine kleinere Potenz von c ist gleich 1; also hat c die Ordnung l.
(c) Seien $j = p_1^{e_1} \cdots p_r^{e_r}$ und $k = p_1^{f_1} \cdots p_r^{f_r}$ die Primfaktorzerlegungen von j und k, wobei $p_1, \ldots, p_r$ alle Primfaktoren von j und k sind. Für die Exponenten e_i, f_i $(i = 1, \ldots, r)$ gilt $e_i, f_i \in \mathbb{N}_0$. Wegen Teil (b) liegt mit j und k jeder Teiler $p_i^{\max(e_i, f_i)} \in S$. Wegen Teil (a) ist dann auch das Produkt

$$l := p_1^{\max(e_1, f_1)} \cdots p_r^{\max(e_r, f_r)} \in S\,.$$

Man sieht leicht ein, daß $l = \operatorname{lcm}(j, k)$ ist, s. Übungsaufgabe 3.18.
(d) Sei $j \in S$. Dann ist gemäß Teil (c) $\operatorname{lcm}(j, m) \in S$. Da m das Maximum von S ist, ist $\operatorname{lcm}(j, m) = m$ und folglich $j \mid m$. □

Nun können wir den Beweis von Satz 7.33 zu Ende führen. Sei wieder $m = \max S$. Die Behauptung des Satzes besteht in der Gleichung $m = q - 1$. Wir zeigen nun diese beiden Ungleichungen.
(i) $m \leqq q - 1$: Wir wissen bereits aus (7.9), daß für alle $a \in \mathbb{K}^*$ die Beziehung $a^{q-1} = 1$ gilt. Dies liefert aber sofort $m \leqq q - 1$.
(ii) $m \geqq q - 1$: Wie betrachten $a \in \mathbb{K}^*$. Sei j die Ordnung von a. Dann ist $a^j = 1$. Wegen Hilfssatz 7.34 (d) ist dann auch $a^m = 1$ für alle $a \in \mathbb{K}^*$. Da $\mathbb{K}^*$ genau $q - 1$ Elemente hat, hat also das Polynom $x^m - 1$ genau $q - 1$ Nullstellen in $\mathbb{K}^*$. Aus Folgerung 6.25 wissen wir aber,

daß ein Polynom vom Grad m über einem Körper höchstens m Nullstellen hat. Folglich ist $q - 1 \leqq m$. □

In *Mathematica* kann man erzeugende Elemente mit dem Befehl `MultiplicativeOrder` bestimmen. Dies hatten wir bereits in Sitzung 4.18 auf Seite 103 betrachtet.

Als Resultat von Satz 7.33 erhalten wir nun schließlich

7.35 **Satz 7.35 (Struktur endlicher Körper)** Sei $p \in \mathbb{P}$ und $n \in \mathbb{N}$. Jeder endliche Körper $\mathbb{K}$ mit $q = p^n$ Elementen ist isomorph zu einer einfachen Körpererweiterung von $\mathbb{Z}_p$ vom Grad n.

Beweis: Wir wissen nun aus Satz 7.33, daß $\mathbb{K}$ ein erzeugendes Element $\alpha \in \mathbb{K}$ besitzt. Dieses Element ist wegen (7.10) Nullstelle des Polynoms $x^{q-1} - 1 \in \mathbb{Z}_p[x]$. Nach Hilfssatz 7.16 besitzt α ein irreduzibles Minimalpolynom $a(x) \in \mathbb{Z}_p[x]$, und die algebraische Erweiterung $\mathbb{Z}_p(\alpha) = \mathbb{Z}_p[x]/\langle a(x)\rangle$ ist ein Körper mit $\alpha \in \mathbb{Z}_p(\alpha)$. Da die Menge der Potenzen $\{1, \alpha, \alpha^2, \ldots, \alpha^{n-1}\}$ die ganze multiplikative Gruppe $\mathbb{K}^*$ liefert, ist also $\mathbb{K} = \mathbb{Z}_p(\alpha)$, und man sieht auch die Isomorphie $\mathbb{K} \cong \mathbb{Z}_p(\alpha)$ leicht ein. □

Nun können wir schließlich zeigen:

7.36 **Folgerung 7.36 (Existenz irreduzibler Polynome)** Für jedes $p \in \mathbb{P}$ und $n \in \mathbb{N}_{\geqq 2}$ gibt es ein irreduzibles Polynom $a(x) \in \mathbb{Z}_p[x]$ vom Grad n.

Beweis: Nach Satz 7.35 wird $\mathrm{GF}(p^n) = \mathbb{Z}_p/\langle a(x)\rangle$ durch eine einfache Körpererweiterung erzeugt. Folglich muß es also ein irreduzibles Polynom $a(x) \in \mathbb{Z}_p[x]$ geben. □

Man beachte, wie schwierig es war, dies zu beweisen.[24] In Wirklichkeit gibt es *sehr viele* irreduzible Polynome $a(x) \in \mathbb{Z}_p[x]$ s. [Chi2000], Kapitel III 13 und Übungsaufgabe 7.17.

7.5 Resultanten

In diesem Abschnitt sei R wieder ein Integritätsbereich. Wir gehen nun davon aus, daß zwei Polynome $a(x), b(x) \in R[x] \setminus \{0\}$ gegeben sind, und wir wollen die Frage untersuchen, ob diese Polynome gemeinsame Nullstellen besitzen, und zwar unabhängig davon, ob die Nullstellen in R liegen: Sie können u. U. durchaus in einem

[24] Im Gegensatz zum Fall $R = \mathbb{Z}$, s. Übungsaufgabe 6.8.

Zerfällungskörper von R liegen.[25] Beispielsweise haben die Polynome $a(x) = x^2 - 2 \in \mathbb{Z}[x]$ und $b(x) = x^3 - 2x \in \mathbb{Z}[x]$ die gemeinsame Nullstelle $\sqrt{2} \in \mathbb{R}$, welche aber nicht in $\mathbb{Z}$ liegt. Auf der anderen Seite führt die gemeinsame Nullstelle zu den Faktorisierungen $a(x) = x^2 - 2$ und $b(x) = x\,(x^2 - 2)$, d. h., $a(x)$ und $b(x)$ haben einen gemeisamen Teiler $x^2 - 2 \in \mathbb{Z}[x]$. Durch die Betrachtung gemeinsamer Nullstellen von $a(x)$ und $b(x)$, welche uns in der Folge zur Definition der Resultante führen wird, wird die Frage des gcd nochmals unter einem anderen Licht betrachtet.

Die Polynome mögen die Darstellungen

$$a(x) = a_n\,x^n + a_{n-1}\,x^{n-1} + \cdots + a_1\,x + a_0 \qquad (a_n \neq 0)$$

und

$$b(x) = b_m\,x^m + b_{m-1}\,x^{m-1} + \cdots + b_1\,x + b_0 \qquad (b_m \neq 0)$$

besitzen. Eine gemeinsame Nullstelle α von $a(x)$ und $b(x)$ erfüllt also die beiden Gleichungen

$$a_n\,\alpha^n + a_{n-1}\,\alpha^{n-1} + \cdots + a_1\,\alpha + a_0 = 0$$

und

$$b_m\,\alpha^m + b_{m-1}\,\alpha^{m-1} + \cdots + b_1\,\alpha + b_0 = 0\,,$$

und führen wir nun die Variablen $x_j := \alpha^j$ $(j \geqq 0)$ ein, so gilt

$$a_n\,x_n + a_{n-1}\,x_{n-1} + \cdots + a_1\,x_1 + a_0\,x_0 = 0$$

und

$$b_m\,x_m + b_{m-1}\,x_{m-1} + \cdots + b_1\,x_1 + b_0\,x_0 = 0\,.$$

Diese beiden Gleichungen haben neben den betrachteten noch andere Lösungen. Um die Lösung eindeutig zu gestalten, benutzen wir die Tatsache, daß außer den Gleichungen $a(\alpha) = 0$ und $b(\alpha) = 0$ auch die folgenden zusätzlichen Gleichungen erfüllt sind

$$\begin{array}{rr}
a(\alpha) = 0\,, & b(\alpha) = 0\,, \\
\alpha\,a(\alpha) = 0\,, & \alpha\,b(\alpha) = 0\,, \\
\alpha^2\,a(\alpha) = 0\,, & \alpha^2\,b(\alpha) = 0\,, \\
\vdots & \vdots \\
\alpha^{m-1}\,a(\alpha) = 0\,, & \alpha^{n-1}\,b(\alpha) = 0\,.
\end{array}$$

[25] Integritätsbereiche kann man durch Quotientenbildung in Körper einbetten, welche dann Zerfällungskörper besitzen.

Dies liefert $m + n$ lineare Gleichungen in den $m + n$ Variablen $x_j = \alpha^j$ $(j = 0, \ldots, m + n - 1)$

$$\begin{aligned}
a_n x_{m+n-1} + a_{n-1} x_{m+n-2} + \cdots + a_0 x_{m-1} &= 0 \\
a_n x_{m+n-2} + \cdots + a_1 x_{m-1} + a_0 x_{m-2} &= 0 \\
&\vdots \\
a_n x_n + \cdots + a_0 x_0 &= 0 \\
b_m x_{m+n-1} + b_{m-1} x_{m+n-2} + \cdots + b_0 x_{n-1} &= 0 \\
b_m x_{m+n-2} + \cdots + b_1 x_{n-1} + b_0 x_{n-2} &= 0 \\
&\vdots \\
b_m x_m + \cdots + b_0 x_0 &= 0 \, .
\end{aligned}$$

Die zugehörige $(m + n) \times (m + n)$-Matrix S dieses homogenen linearen Gleichungssystems ist gegeben durch

$$S(a(x), b(x), x) := \begin{pmatrix}
a_n & a_{n-1} & \cdots & a_1 & a_0 & 0 & \cdots & 0 \\
0 & a_n & a_{n-1} & \cdots & a_1 & a_0 & \cdots & 0 \\
\cdots & \cdots & \cdots & \cdots & \cdots & \cdots & \cdots & \cdots \\
0 & \cdots & 0 & a_n & a_{n-1} & \cdots & a_1 & a_0 \\
b_m & b_{m-1} & \cdots & b_1 & b_0 & 0 & \cdots & 0 \\
0 & b_m & b_{m-1} & \cdots & b_1 & b_0 & \cdots & 0 \\
\cdots & \cdots & \cdots & \cdots & \cdots & \cdots & \cdots & \cdots \\
0 & \cdots & 0 & b_m & b_{m-1} & \cdots & b_1 & b_0
\end{pmatrix}
\begin{matrix} \left.\vphantom{\begin{matrix}a\\a\\a\\a\end{matrix}}\right\} m \text{ Zeilen} \\ \left.\vphantom{\begin{matrix}a\\a\\a\\a\end{matrix}}\right\} n \text{ Zeilen} \end{matrix}$$

und wird *Sylvestermatrix* genannt.[26] Falls $a(x)$ und $b(x)$ mindestens eine gemeinsame Nullstelle haben, besitzt dieses Gleichungssystem also eine nicht-triviale Lösung. Das ist bekanntlich aber nur möglich, falls die zugehörige Determinate gleich Null ist. Dies motiviert die folgende

---

7.37 **Definition 7.37** Sei R ein Integritätsbereich und seien $a(x), b(x) \in R[x]$ mit

$$a(x) = \sum_{k=0}^{n} a_k x^k \qquad \text{und} \qquad b(x) = \sum_{k=0}^{m} b_k x^k \, .$$

Dann heißt die Determinante der Sylvestermatrix

[26]obwohl sie zuerst von Euler angegeben wurde.

$$
\operatorname{res}(a(x), b(x), x) := \begin{vmatrix} a_n & a_{n-1} & \cdots & a_1 & a_0 & 0 & \cdots & 0 \\ 0 & a_n & a_{n-1} & \cdots & a_1 & a_0 & \cdots & 0 \\ \cdots & \cdots & \cdots & \cdots & \cdots & \cdots & \cdots & \cdots \\ 0 & \cdots & 0 & a_n & a_{n-1} & \cdots & a_1 & a_0 \\ b_m & b_{m-1} & \cdots & b_1 & b_0 & 0 & \cdots & 0 \\ 0 & b_m & b_{m-1} & \cdots & b_1 & b_0 & \cdots & 0 \\ \cdots & \cdots & \cdots & \cdots & \cdots & \cdots & \cdots & \cdots \\ 0 & \cdots & 0 & b_m & b_{m-1} & \cdots & b_1 & b_0 \end{vmatrix}
$$

die *Resultante* von $a(x)$ und $b(x)$. Sind sowohl $a(x)$ als auch $b(x)$ konstant – dann ist die Sylvestermatrix leer – erklären wir $\operatorname{res}(a, b, x) := 1$.

Offenbar ist $\operatorname{res}(a(x), b(x), x) \in R$. $\triangle$

Wie wir bereits hergeleitet hatten, ist die Resultante von $a(x)$ und $b(x)$ genau dann gleich Null, falls $a(x)$ und $b(x)$ in einem Zerfällungskörper von R eine gemeinsame Nullstelle besitzen. Weitere wichtige Eigenschaften der Resultante sind in folgendem Satz festgehalten, welchen wir der Einfachheit halber für einen Körper $R = \mathbb{K}$ betrachten.

Satz 7.38 (Eigenschaften von Resultanten) Sei $\mathbb{K}$ ein Körper und seien $a(x), b(x) \in \mathbb{K}[x]$ mit 7.38

$$
a(x) = \sum_{k=0}^{n} a_k x^k \qquad \text{und} \qquad b(x) = \sum_{k=0}^{m} b_k x^k \qquad (a_n, b_m \neq 0)\,.
$$

Dann gilt:

(a) $\operatorname{res}(a(x), c, x) = c^n$ für ein konstantes Polynom $c \in \mathbb{K}$;

(b) $\operatorname{res}(b(x), a(x), x) = (-1)^{mn} \operatorname{res}(a(x), b(x), x)$;

(c) Sei $\deg(a(x), x) = n \geqq m = \deg(b(x), x) > 0$ und sei $r(x) = \operatorname{rest}(a(x), b(x), x)$ mit $\deg(r(x), x) = k$, so gilt $\operatorname{res}(a(x), b(x), x) = (-1)^{mn}\, {b_m}^{n-k} \operatorname{res}(b(x), r(x), x)$.

(d) $\operatorname{res}(a(x), b(x), x) = 0$ gilt genau dann, wenn $a(x)$ und $b(x)$ einen nichttrivialen gemeinsamen Teiler $\gcd(a(x), b(x)) \in \mathbb{K}[x]$ besitzen.

(e) Seien α_i $(i = 1, \ldots, n)$ die Nullstellen von $a(x)$ und seien β_j $(j = 1, \ldots, m)$ die Nullstellen von $b(x)$ in einem geeigneten Zerfällungskörper von $a(x) \cdot b(x)$ über $\mathbb{K}$, so gilt

$$\operatorname{res}(a(x), b(x), x) = a_n^m \prod_{i=1}^{n} b(\alpha_i) = (-1)^{mn} b_m^n \prod_{j=1}^{m} a(\beta_j) = a_n^m b_m^n \prod_{i=1}^{n} \prod_{j=1}^{m} (\alpha_i - \beta_j) . \quad (7.12)$$

Beweis: (a) folgt direkt aus der Definition. In diesem Fall ist die Sylvestermatrix das c-fache der Einheitsmatrix.

(b) Bekanntlich ändert eine Determinante beim Austauschen zweier benachbarter Reihen ihr Vorzeichen, und jede der m ersten Zeilen wird um n Zeilen nach unten verschoben.

(c) Sei $m > 0$. Wir schreiben $a(x) = q(x)\,b(x) + r(x)$. Dann ist $\deg(q(x), x) \leqq n - m$, also $q(x) = \sum_{j=0}^{n-m} q_j\, x^j$. Wir betrachten nun $\operatorname{res}(b(x), a(x), x) = (-1)^{mn} \operatorname{res}(a(x), b(x), x)$ und formen die zugehörige Sylvestermatrix

$$\begin{pmatrix} b_m & b_{m-1} & \cdots & b_1 & b_0 & 0 & \cdots & 0 \\ 0 & b_m & b_{m-1} & \cdots & b_1 & b_0 & \cdots & 0 \\ \cdots & \cdots & \cdots & \cdots & \cdots & \cdots & \cdots & \cdots \\ 0 & \cdots & 0 & b_m & b_{m-1} & \cdots & b_1 & b_0 \\ a_n & a_{n-1} & \cdots & a_1 & a_0 & 0 & \cdots & 0 \\ 0 & a_n & a_{n-1} & \cdots & a_1 & a_0 & \cdots & 0 \\ \cdots & \cdots & \cdots & \cdots & \cdots & \cdots & \cdots & \cdots \\ 0 & \cdots & 0 & a_n & a_{n-1} & \cdots & a_1 & a_0 \end{pmatrix} = \begin{pmatrix} B \\ A \end{pmatrix}$$

so um, daß sich ihre Determinante nicht ändert. Hierzu ziehen wir von jeder der letzten m Zeilen – welche $a(x)$ repräsentieren – eine geeignete Linearkombination mit den Koeffizienten q_j der ersten m Zeilen – welche $b(x)$ repräsentieren – ab. Die Idee ist, auf diese Art von $a(x)$ das Produkt $q(x) \cdot b(x)$ abzuziehen.

Auf diese Weise erhalten wir die Matrix

$$T = \begin{pmatrix} & B \\ O & R \end{pmatrix},$$

welche dieselbe Determinante wie die Sylvestermatrix hat. Hierbei entsprechen die Zeilen von R dem Polynom $r(x) = a(x) - q(x) \cdot b(x)$ und O entspricht einer Nullmatrix mit m Zeilen und $n - k$ Spalten.

Die Behauptung folgt nun durch $n-k$-malige Entwicklung der Determinante nach der jeweils ersten Spalte.

(d) Dies ist eine Folge von (a)–(c) und dem Euklidischen Algorithmus.

(e) Offenbar ist der zweite und der dritte Ausdruck jeweils gleich dem vierten Ausdruck. Diesen gemeinsamen Wert bezeichnen wir mit S.

Die Eigenschaften (a)–(c) bestimmen die Resultante bereits eindeutig: Mittels dieser drei Eigenschaften kann man offenbar die Resultante rekursiv berechnen.[27] Also bleibt zu zeigen, daß S die Eigenschaften (a)–(c) hat. Die Eigenschaft (a) ist klar, und (b) ist gleichwertig zu der Gleichheit der Ausdrücke in (7.12).

Um (c) zu zeigen, berechnen wir einerseits (unter Verwendung der dritten Darstellung in (7.12))

$$\operatorname{res}(a(x), b(x), x) = (-1)^{mn}\, b_m^n \prod_{j=1}^{m} a(\beta_j)\,,$$

und andererseits (nun verwenden wir die zweite Darstellung in (7.12))

$$(-1)^{mn}\, b_m^{n-k} \operatorname{res}(b(x), r(x), x) = (-1)^{mn}\, b_m^{n-k}\, b_m^k \prod_{j=1}^{m} r(\beta_j)\,.$$

Aus $a(x) = q(x)\,b(x) + r(x)$ folgt aber u. a. die Beziehung $a(\beta_j) = r(\beta_j)$. Daher gilt die Behauptung. □

Man beachte, daß (7.12) im allgemeinen Fall eine Darstellung in einem Zerfällungskörper von $\mathbb{K}$ ist. Für $\mathbb{K} = \mathbb{Q}$ ist $\mathbb{C}$ ein Zerfällungskörper, daher sind also α_i und β_k im allgemeinen komplexe Zahlen. Dennoch ist die Resultante – gemäß ihrer Definition – ein Element aus $\mathbb{Q}$. Ist $\mathbb{K} = R$ ein Integritätsbereich, z. B. $R = \mathbb{Z}$, so ist die Resultante trotz (7.12) ein Element von R.

Sitzung 7.39 *Mathematica* bestimmt die Resultante zweier Polynome mittels der Funktion `Resultant`. Wir setzen

```
In[1]:= a = x^2 + 2x;
        b = x - c;
```

Offenbar haben $a(x)$ und $b(x)$ genau dann eine gemeinsame Nullstelle – nämlich $x = 0$ oder $x = -2$ – wenn $c = 0$ oder $c = -2$ ist. Die Rechnung

```
In[2]:= Resultant[a, b, x]
Out[2]= c^2 + 2 c
```

bestätigt dies, da sie genau dann gleich Null ist, wenn c einen dieser beiden Werte annimmt.

Wir können die Resultante gemäß Satz 7.38 wie folgt berechnen:

---

[27]Man wendet (b) an, um sicherzustellen, daß der Grad von $a(x)$ nicht kleiner als der Grad von $b(x)$ ist, um schließlich mit (c) den Grad sukzessive zu reduzieren, bis die Abbruchbedingung (a) eintritt.

```
In[3]:= Clear[resultant]

        resultant[a_, b_, x_] := b^Exponent[a,x] /; FreeQ[b, x]

        resultant[a_, b_, x_] :=
          (-1)^(Exponent[a,x]*Exponent[b,x]) *
             resultant[b, a, x] /;
            Exponent[a, x] < Exponent[b, x]

        resultant[a_, b_, x_] :=
          Module[{m, n, r},
            n = Exponent[a, x];
            m = Exponent[b, x];
            r = PolynomialRemainder[a, b, x];
            (-1)^(n*m) * Coefficient[b, x, m]^(n-Exponent[r,x]) *
              resultant[b, r, x]
          ]
```

Diese Implementierung liefert ebenfalls

```
In[4]:= resultant[a, b, x]
Out[4]= c^2 + 2 c
```

Mit Hilfe von Resultanten können Minimalpolynome algebraischer Zahlen berechnet werden: Seien α und β zwei algebraische Zahlen über $\mathbb{K}$ mit den Minimalpolynomen $p(x)$ bzw. $q(x)$, so ist das Paar $(\alpha + \beta, \beta)$ eine gemeinsame Nullstelle der Polynome $p(x - y)$ und $q(y) \in \mathbb{K}[x, y]$ und daher auch von

$$r(x) := \operatorname{res}(p(x - y), q(y), y) \in \mathbb{K}[x] .$$

Folglich ist das Minimalpolynom $\operatorname{minpol}(\alpha + \beta, x)$ der Summe ein Teiler von $r(x)$. In Übungsaufgabe 7.22 werden weitere Beispiele zur Berechnung von Minimalpolynomen algebraischer Zahlen mit Resultanten betrachtet.[28]

Die Rechnung

```
In[5]:= res = Resultant[(x - y)^2 - 2, y^3 - 5, y]
Out[5]= x^6 - 6 x^4 - 10 x^3 + 12 x^2 - 60 x + 17
```

berechnet beispielsweise wie in Sitzung 7.24 wieder das Minimalpolynom von $\sqrt{2} + \sqrt[3]{5}$. Es zeigt sich nämlich die Irreduzibilität:

```
In[6]:= Factor[res]
```

[28]Eine vollständige Betrachtung dieses Sachverhalts erfordert eigentlich die Behandlung mehrdimensionaler Resultanten.

Out[6]= $x^6 - 6x^4 - 10x^3 + 12x^2 - 60x + 17$

Unsere selbstdefinierte Funktion liefert dagegen

```
In[7]:= res = resultant[(x - y)^2 - 2, y^3 - 5, y]
```

Out[7]= $$(3x^2+2)^2\left(\frac{4x^6}{(3x^2+2)^2} - \frac{4x^4}{3x^2+2} - \frac{16x^4}{(3x^2+2)^2} + \frac{20x^3}{(3x^2+2)^2} + \frac{8x^2}{3x^2+2} + \frac{16x^2}{(3x^2+2)^2} + x^2 - \frac{10x}{3x^2+2} - \frac{40x}{(3x^2+2)^2} + \frac{25}{(3x^2+2)^2} - 2\right)$$

Man sieht, daß die Rechnungen ohne weitere Vereinfachung in $\mathbb{Q}(x)[y]$ verlaufen: Wir hatten ja einen Koeffizienten*körper* vorausgesetzt. Nach Vereinfachung erhalten wir

```
In[8]:= Together[res]
```

Out[8]= $x^6 - 6x^4 - 10x^3 + 12x^2 - 60x + 17$

aber wieder dasselbe Ergebnis.

Wir wollen schließlich den entscheidenden Schritt beim Beweis von Satz 7.38 (c) am Beispiel nachvollziehen. Hierfür erklären wir zunächst[29]

```
In[9]:= Unprotect[SylvesterMatrix];
        Clear[SylvesterMatrix]

        SylvesterMatrix[a_, b_, x_] :=
          Module[{n, m, alist, blist, amat, bmat},
            n = Exponent[a, x];
            m = Exponent[b, x];
            alist =
              PadRight[Reverse[CoefficientList[a, x]], n + m];
            blist =
              PadRight[Reverse[CoefficientList[b, x]], n + m];
            If[m === 0, amat = {},
              amat = NestList[RotateRight, alist, m - 1]];
            If[n === 0, bmat = {},
              bmat = NestList[RotateRight, blist, n - 1]];
            Join[amat, bmat]
          ]
```

zur Berechnung der Sylvestermatrix. Gegeben seien die beiden Polynome

[29] In *Mathematica* Version 5 gibt es eine undokumentierte Systemfunktion `SylvesterMatrix`, die überschrieben werden muß. Dies können wir erst, nachdem wir mit `Unprotect` den Überschreibschutz aufgehoben haben. Das Überschreiben von Systemfunktionen kann riskante Nebenwirkungen haben, ist in unserem Fall aber unschädlich.

In[10]:= $\mathbf{a} = \sum_{k=0}^{7} (\mathbf{k}+\mathbf{1})^3\,\mathbf{x}^k$

Out[10]= $512\,x^7 + 343\,x^6 + 216\,x^5 + 125\,x^4 + 64\,x^3 + 27\,x^2 + 8\,x + 1$

In[11]:= $\mathbf{b} = \sum_{k=0}^{5} \mathbf{k}^2\,\mathbf{x}^k$

Out[11]= $25\,x^5 + 16\,x^4 + 9\,x^3 + 4\,x^2 + x$

Dann erhalten wir die zugehörige Sylvestermatrix

In[12]:= **S = SylvesterMatrix[a, b, x]**

Out[12]=

$$\begin{pmatrix}
512 & 343 & 216 & 125 & 64 & 27 & 8 & 1 & 0 & 0 & 0 & 0\\
0 & 512 & 343 & 216 & 125 & 64 & 27 & 8 & 1 & 0 & 0 & 0\\
0 & 0 & 512 & 343 & 216 & 125 & 64 & 27 & 8 & 1 & 0 & 0\\
0 & 0 & 0 & 512 & 343 & 216 & 125 & 64 & 27 & 8 & 1 & 0\\
0 & 0 & 0 & 0 & 512 & 343 & 216 & 125 & 64 & 27 & 8 & 1\\
25 & 16 & 9 & 4 & 1 & 0 & 0 & 0 & 0 & 0 & 0 & 0\\
0 & 25 & 16 & 9 & 4 & 1 & 0 & 0 & 0 & 0 & 0 & 0\\
0 & 0 & 25 & 16 & 9 & 4 & 1 & 0 & 0 & 0 & 0 & 0\\
0 & 0 & 0 & 25 & 16 & 9 & 4 & 1 & 0 & 0 & 0 & 0\\
0 & 0 & 0 & 0 & 25 & 16 & 9 & 4 & 1 & 0 & 0 & 0\\
0 & 0 & 0 & 0 & 0 & 25 & 16 & 9 & 4 & 1 & 0 & 0\\
0 & 0 & 0 & 0 & 0 & 0 & 25 & 16 & 9 & 4 & 1 & 0
\end{pmatrix}$$

mit der Determinante

In[13]:= **Det[S]**

Out[13]= -2385878833

bzw.

In[14]:= **Resultant[a, b, x]**

Out[14]= -2385878833

Wir führen an diesem Beispiel den wesentlichen Beweisschritt von Satz 7.38 (c) vor. Der Divisionsrest bei der Division von $a(x)$ durch $b(x)$ ergibt sich zu

In[15]:= **r = PolynomialRemainder[a, b, x]**

Out[15]= $\frac{368198\,x^4}{15625} + \frac{518652\,x^3}{15625} + \frac{357612\,x^2}{15625} + \frac{111328\,x}{15625} + 1$

Ersetzen wir nun in der Sylvestermatrix $a(x)$ durch $r(x)$, so erhalten wir die Matrix T:

In[16]:= $\mathbf{T} = \mathbf{S}/.\{\mathbf{512} \to \mathbf{0},\ \mathbf{343} \to \mathbf{0},\ \mathbf{216} \to \mathbf{0},\ \mathbf{125} \to \frac{\mathbf{368198}}{\mathbf{15625}},\ \mathbf{64} \to \frac{\mathbf{518652}}{\mathbf{15625}},\ \mathbf{27} \to \frac{\mathbf{357612}}{\mathbf{15625}},\ \mathbf{8} \to \frac{\mathbf{111328}}{\mathbf{15625}}\}$

Out[16]= $$\begin{pmatrix} 0 & 0 & 0 & \frac{368198}{15625} & \frac{518652}{15625} & \frac{357612}{15625} & \frac{111328}{15625} & 1 & 0 & 0 & 0 & 0 \\ 0 & 0 & 0 & 0 & \frac{368198}{15625} & \frac{518652}{15625} & \frac{357612}{15625} & \frac{111328}{15625} & 1 & 0 & 0 & 0 \\ 0 & 0 & 0 & 0 & 0 & \frac{368198}{15625} & \frac{518652}{15625} & \frac{357612}{15625} & \frac{111328}{15625} & 1 & 0 & 0 \\ 0 & 0 & 0 & 0 & 0 & 0 & \frac{368198}{15625} & \frac{518652}{15625} & \frac{357612}{15625} & \frac{111328}{15625} & 1 & 0 \\ 0 & 0 & 0 & 0 & 0 & 0 & 0 & \frac{368198}{15625} & \frac{518652}{15625} & \frac{357612}{15625} & \frac{111328}{15625} & 1 \\ 25 & 16 & 9 & 4 & 1 & 0 & 0 & 0 & 0 & 0 & 0 & 0 \\ 0 & 25 & 16 & 9 & 4 & 1 & 0 & 0 & 0 & 0 & 0 & 0 \\ 0 & 0 & 25 & 16 & 9 & 4 & 1 & 0 & 0 & 0 & 0 & 0 \\ 0 & 0 & 0 & 25 & 16 & 9 & 4 & 1 & 0 & 0 & 0 & 0 \\ 0 & 0 & 0 & 0 & 25 & 16 & 9 & 4 & 1 & 0 & 0 & 0 \\ 0 & 0 & 0 & 0 & 0 & 25 & 16 & 9 & 4 & 1 & 0 & 0 \\ 0 & 0 & 0 & 0 & 0 & 0 & 25 & 16 & 9 & 4 & 1 & 0 \end{pmatrix}$$

mit derselben Determinante

```
In[17]:= Det[T]
Out[17]= -2385878833
```

Aus dieser Darstellung sieht man leicht, wie T durch dreifache Entwicklung nach der ersten Spalte in die Matrix $S(b(x), r(x), x)$ übergeführt werden kann. □

Resultantenberechnungen können zur Lösung polynomialer Gleichungssysteme verwendet werden, wie im nächsten Abschnitt gezeigt wird.

7.6 Polynomiale Gleichungssysteme

7.6

Wir nehmen in diesem Abschnitt zunächst an, wir haben ein System G von *n linearen* Gleichungen $G_1, G_2, \ldots, G_n$ in m Unbekannten $x_1, \ldots, x_m$ mit Koeffizienten in einem Körper $\mathbb{K}$. Dann kann man die *vollständige Lösungsmenge* des Gleichungssystems bekanntlich mit dem *Gaußschen Algorithmus* finden.[30] Hierbei werden sukzessive Variablen eliminiert und es entsteht ein zum ursprünglichen Gleichungssystem gleichwertiges Gleichungssystem $G' = \tilde{G}_1, \tilde{G}_2, \ldots, \tilde{G}_{n'}$ in *Dreiecksform*. Gleichwertig heißt hier, daß die Lösungsmenge von G und G' dieselbe ist. Entstandene triviale Gleichungen[31]

[30] Selbstverständlich gibt es hierfür auch noch andere Algorithmen. Aber Varianten des Gaußschen Algorithmus sind besonders effizient.

[31] $0 = 0$

haben wir hierbei weggelassen, weshalb i. a. die Anzahl der Gleichungen $n' \leqq n$ sein kann. Ausgehend von der Gleichung $\tilde{G}_{n'}$, bei welcher die meisten Variablen eliminiert wurden, kann durch *Rücksubstitution* die allgemeine Lösung von G gefunden werden.

7.40 **Beispiel 7.40** Wir betrachten das Gleichungssystem

$$\begin{array}{rcrcrcl} x & + & y & + & z & = & 1 \\ x & - & y & - & 2z & = & 0 \end{array}$$

über $\mathbb{Q}$. Mit dem Gaußschen Algorithmus wird dieses umgeformt in das gleichwertige Gleichungssystem

$$\begin{array}{rcrcrcl} x & + & y & + & z & = & 1 \\ & & 2y & + & 3z & = & 1 \end{array} .$$

Die letzte Zeile liefert – bei beliebigem $z \in \mathbb{Q}$ –

$$y = \frac{1}{2} - \frac{3}{2} z .$$

Setzen wir dies in die erste Gleichung ein, so erhalten wir durch Auflösen nach x

$$x = \frac{1}{2} z + \frac{1}{2} .$$

Die vollständige Lösung ist also gegeben durch

$$\begin{pmatrix} x \\ y \\ z \end{pmatrix} = \begin{pmatrix} \frac{1}{2} z + \frac{1}{2} \\ \frac{1}{2} - \frac{3}{2} z \\ z \end{pmatrix} \qquad (z \in \mathbb{Q}) .$$

Nehmen wir aber zu unserem Gleichungssystem noch die dritte Gleichung $x - y = 1$ hinzu, so erhalten wir die Dreiecksform

$$\begin{array}{rcrcrcl} x & + & y & + & z & = & 1 \\ & & 2y & + & 3z & = & 1 . \\ & & & & 2z & = & 1 \end{array}$$

Also bekommen wir zunächst $z = \frac{1}{2}$ und nach Rücksubstitution die eindeutige Lösung

$$\begin{pmatrix} x \\ y \\ z \end{pmatrix} = \begin{pmatrix} \frac{3}{4} \\ -\frac{1}{4} \\ \frac{1}{2} \end{pmatrix} . \qquad \triangle$$

Sitzung 7.41 *Mathematica* kann lineare Gleichungssysteme lösen und mit Matrizen umgehen. Erklären wir z. B.

```
In[1]:= A = {{1, 1, 1}, {1, -1, -2}, {1, -1, 0}}
```

Out[1]= $\begin{pmatrix} 1 & 1 & 1 \\ 1 & -1 & -2 \\ 1 & -1 & 0 \end{pmatrix}$

und

```
In[2]:= b = {1, 0, 1}
```

Out[2]= $\{1, 0, 1\}$

so können wir das Gleichungssystem $A \cdot x = b$ lösen mit

```
In[3]:= LinearSolve[A, b]
```

Out[3]= $\{\frac{3}{4}, -\frac{1}{4}, \frac{1}{2}\}$

Einfacher geht es allerdings mit `Solve`. Hier können wir das Gleichungssystem direkt eingeben und wir erhalten die Lösung

```
In[4]:= sol = Solve[{G1 = x + y + z == 1, G2 = x - y - 2z == 0,
            G3 = x - y == 1}, {x, y, z}]
```

Out[4]= $\{\{x \to \frac{3}{4}, y \to -\frac{1}{4}, z \to \frac{1}{2}\}\}$

in Form von Ersetzungsregeln, welche wir – zur Probe – einsetzen können:

```
In[5]:= {G1, G2, G3}/.sol[[1]]
```

Out[5]= {True, True, True}

Analog liefert

```
In[6]:= sol = Solve[{x + y + z == 1, x - y - 2z == 0}, {x, y, z}]
```

die vollständige Lösung

```
Solve :: "svars": Equations may not give solutions for all "sol-
ve" variables.
```

Out[6]= $\{\{x \to \frac{z}{2} + \frac{1}{2}, y \to \frac{1}{2} - \frac{3z}{2}\}\}$

während

```
In[7]:= lin = LinearSolve[{{1, 1, 1}, {1, -1, -2}}, {1, 0}]
```

Out[7]= $\{\frac{1}{2}, \frac{1}{2}, 0\}$

nur *eine* Lösung liefert. Die allgemeine Lösung kann aber mit `NullSpace` erzeugt werden, welche den Kern einer linearen Abbildung bestimmt. Mit

```
In[8]:= null = NullSpace[{{1, 1, 1}, {1, -1, -2}}]
```

Out[8]= $(1 \ \ -3 \ \ 2)$

erhalten wir die allgemeine Lösung:

```
In[9]:= lin + t * null[[1]]
```

Out[9]= $\left\{t+\frac{1}{2}, \frac{1}{2}-3t, 2t\right\}$

welche für $t = \frac{z}{2}$ offenbar mit der von `Solve` angegebenen übereinstimmt. □

Wir wollen diesen Algorithmus nun auf polynomiale Gleichungssysteme mit $m = n$ ausdehnen. Gegeben sei ein System G von *n polynomialen* Gleichungen $G_1, G_2, \ldots, G_n$ in n Unbekannten $x_1, \ldots, x_n$ mit Koeffizienten in einem Körper $\mathbb{K}$. Gesucht ist wieder die Lösungsmenge. Wir nehmen ferner an, daß das Gleichungssystem nur endlich viele Lösungen besitzt.[32]

Wir bringen die Gleichungen in die Form $p_1(x_1, \ldots, x_n) = 0, p_2(x_1, \ldots, x_n) = 0, \ldots, p_n(x_1, \ldots, x_n) = 0$ mit Polynomen $p_k \in \mathbb{K}[x_1, \ldots, x_n]$ $(k = 1, \ldots, n)$. Gesucht ist dann das gemeinsame Nullstellensystem der Polynome $p_1, p_2, \ldots, p_n$ in einem geeigneten algebraischen Erweiterungskörper von $\mathbb{K}$.

Wir versuchen wieder, Variablen zu eliminieren. Da die Resultante zweier Polynome genau dann gleich Null ist, wenn diese eine gemeinsame Nullstelle haben, können wir dem Polynomsystem $p_1, p_2, \ldots, p_n$ ohne Änderung der Nullstellenmenge durch Berechnung der Resultante

$$q_2(x_2, \ldots, x_n) := \operatorname{res}(p_1(x_1, \ldots, x_n), p_2(x_1, \ldots, x_n), x_1) \in \mathbb{K}[x_2, \ldots, x_n]$$

ein neues Polynom hinzufügen, in welchem die Variable x_1 nicht mehr vorkommt. Man kann zeigen ([GCL1992], Satz 9.5, S. 414), daß man sogar p_2 durch q_2 ersetzen kann, ohne die Nullstellenmenge des Gleichungssystems zu ändern. In gleicher Weise berechnen wir für $k = 2, \ldots, n$ die Resultanten

$$q_k(x_2, \ldots, x_n) := \operatorname{res}(p_1(x_1, \ldots, x_n), p_k(x_1, \ldots, x_n), x_1) \in \mathbb{K}[x_2, \ldots, x_n]$$

und ersetzen jeweils p_k durch q_k. Dann haben wir ein neues Gleichungssystem, in welchem nur noch p_1 die Variable x_1 enthält, bei allen anderen Polynomen q_k $(k = 2, \ldots, n)$ haben wir die Variable x_1 eliminiert.

Iterieren wir nun dieses Verfahren, so erhalten wir sukzessive Gleichungen, bei denen jeweils eine weitere Variable eliminiert wurde. Da wir mit n Gleichungen in n Variablen begonnen hatten, wird die letzte Gleichung nur noch eine Variable, nämlich x_n, enthalten. Unser umgeformtes Gleichungssystem hat also schließlich die Dreiecksgestalt

[32] Man nennt dies den null-dimensionalen oder auch den *generischen Fall.*

$$\begin{aligned} p_1(x_1, x_2, \ldots, x_n) &= 0 \\ p_2(x_2, \ldots, x_n) &= 0 \\ &\vdots \\ p_n(x_n) &= 0 \end{aligned},$$

wobei wir die umgeformten Polynome der Einfachheit wieder mit p_k $(k = 1, \ldots, n)$ bezeichnet haben. Falls eine der berechneten Resultanten den Wert Null liefert, können wir durch eine Faktorisierung bzw. durch eine gcd-Bestimmung den gemeinsamen Teiler der entsprechenden Polynome bestimmen und das Problem in mehrere Teilprobleme zerlegen.

Hat man das System nun in Dreiecksform gebracht, dann ist es einfach, die allgemeine Lösung des Gleichungssystems zu bestimmen: Zuerst bestimmen wir die Lösungen der Gleichung $p_n(x_n) = 0$. Dies kann, soweit möglich, durch eine Faktorisierung über $\mathbb{K}$ geschehen. Findet man keine Faktoren, so weiß man immerhin, daß die Lösungen alle der Gleichung $p_n(x_n) = 0$ genügen. Somit sind die irreduziblen Faktoren von $p_n(x)$ Minimalpolynome algebraischer Körpererweitungen, in welchen wir weiterarbeiten können. Damit haben wir alle möglichen x_n-Werte ermittelt bzw. als algebraische Zahlen charakterisiert.

Durch iterative Rücksubstitution bestimmt man dann – gegebenenfalls unter Betrachtung von Fallunterscheidungen – nacheinander die möglichen x_{n-1}-, x_{n-2}-,..., x_1-Werte. Hierbei kann es nötig sein, weitere algebraische Körpererweiterungen vorzunehmen. Am Ende müssen wir schließlich aus den möglichen die wirklichen Lösungen durch Einsetzen aussortieren.

Insgesamt haben wir also den folgenden Satz:

Satz 7.42 **(Lösung polynomialer Gleichungssysteme)** Gegeben sei ein System G von n polynomialen Gleichungen $G_1, G_2, \ldots, G_n$ in n Unbekannten $x_1, \ldots, x_n$ mit Koeffizienten in einem Körper $\mathbb{K}$, welches endlich viele Lösungen besitze. **7.42**

Der oben beschriebene Algorithmus findet die Lösungen des Gleichungssystems. Die Lösungswerte $x_1, \ldots, x_n$ liegen in einem algebraischen Erweiterungskörper von $\mathbb{K}$. □

Sitzung 7.43 Wir wenden den Algorithmus auf das Gleichungssystem

$$\begin{aligned} x + y + z &= 6 \\ x^2 + y^2 + z^2 &= 14 \\ x^4 + y^4 + z^4 &= 98 \end{aligned}$$

an und erklären die drei Polynome

```
In[1]:= p1 = x + y + z - 6;
        p2 = x^2 + y^2 + z^2 - 14;
        p3 = x^4 + y^4 + z^4 - 98;
```

deren gemeinsame Nullstellen wir suchen. Zur Eliminiation von x rechnen wir weiter

```
In[2]:= q2 = Resultant[p1, p2, x]
```

Out[2]= $2y^2 + 2zy - 12y + 2z^2 - 12z + 22$

```
In[3]:= q3 = Resultant[p1, p3, x]
```

Out[3]= $2y^4 + 4zy^3 - 24y^3 + 6z^2y^2 - 72zy^2 + 216y^2 + 4z^3y - 72z^2y + 432zy - 864y + 2z^4 - 24z^3 + 216z^2 - 864z + 1198$

und testen mit dem `Factor`-Kommando, ob sich die resultierenden Polynome faktorisieren lassen. Bis auf jeweils einen trivialen Faktor 2 ist dies nicht der Fall. Also können wir nun y eliminieren:

```
In[4]:= r3 = Resultant[q2, q3, y]
```

Out[4]= $9216z^6 - 110592z^5 + 534528z^4 - 1327104z^3 + 1778688z^2 - 1216512z + 331776$

Es verbleibt ein Polynom, welches nur noch von der Variablen z abhängt. Hierfür erhalten wir

```
In[5]:= Factor[r3]
```

Out[5]= $9216(z-3)^2(z-2)^2(z-1)^2$

also ist entweder $z = 1$, $z = 2$ oder $z = 3$. Wir betrachten nun diese drei Fälle und setzen die Lösung jeweils in q_2 ein:

```
In[6]:= Factor[q2/.{z → 1}]
```

Out[6]= $2(y-3)(y-2)$

```
In[7]:= Factor[q2/.{z → 2}]
```

Out[7]= $2(y-3)(y-1)$

```
In[8]:= Factor[q2/.{z → 3}]
```

Out[8]= $2(y-2)(y-1)$

Schließlich erhalten wir mit p_1

```
In[9]:= Factor[p1/.{y → 2, z → 1}]
```

Out[9]= $x - 3$

```
In[10]:= Factor[p1/.{y → 3, z → 1}]
```

Out[10]= $x - 2$

Die restlichen Lösungen lassen sich ebenso bestimmen, sind aber auf Grund der Symmetrie der Ausgangspolynome nun auch bereits klar.

Mathematicas `Solve` kann polynomiale Gleichungssysteme in einem Schritt lösen:

```
In[11]:= Solve[{p1 == 0, p2 == 0, p3 == 0}, {x, y, z}]
```

Out[11]= $\{\{x \to 1, y \to 2, z \to 3\}, \{x \to 1, y \to 3, z \to 2\}, \{x \to 2, y \to 1, z \to 3\},$
$\{x \to 2, y \to 3, z \to 1\}, \{x \to 3, y \to 1, z \to 2\}, \{x \to 3, y \to 2, z \to 1\}\}$

Das Gleichungssystem besitzt also 6 Lösungen, welche aber auf Grund der Symmetrie der Ausgangsgleichungen allerdings alle äquivalent sind.

Wir wollen nun noch ein Beispiel behandeln, bei welchem eine algebraische Erweiterung notwendig wird. Seien

```
In[12]:= p1 = x^3 + y^2 - 2;
         p2 = (x - y)^2 - 3;
```

Wir eliminieren diesmal die Variable y:

```
In[13]:= f = Factor[Resultant[p1, p2, y]]
```

Out[13]= $x^6 + 2x^5 + x^4 + 2x^3 - 10x^2 + 1$

und setzen die Lösung

```
In[14]:= r = Root[f/.{x → #}&, 1];
```

in p_1 ein: Die Faktorisierung

```
In[15]:= Factor[p1/.{x → r}]
```

Out[15]= $y^2 + \text{Root}\left[\#1^6 + 2\,\#1^5 + \#1^4 + 2\,\#1^3 - 10\,\#1^2 + 1\&, 1\right]^3 - 2$

scheint nichts zu ergeben. Aber Achtung: Wir haben über $\mathbb{Q}$ faktorisiert, müssen aber über $\mathbb{Q}(r)$ faktorisieren! Dies liefert bei beiden Polynomen p_1 und p_2 die „relativ einfachen" Faktorisierungen

```
In[16]:= Factor[p1/.{x → r}, Extension → {r}]/.{r → α}
```

Out[16]= $\frac{1}{4}\left(-\alpha^5 - 2\alpha^4 - \alpha^3 - \alpha^2 + 9\alpha + 2y\right)\left(\alpha^5 + 2\alpha^4 + \alpha^3 + \alpha^2 - 9\alpha + 2y\right)$

und

```
In[17]:= Factor[p2/.{x → r}, Extension → {r}]/.{r → α}
```

Out[17]= $\frac{1}{4}\left(-\alpha^5 - 2\alpha^4 - \alpha^3 - \alpha^2 + 9\alpha + 2y\right)\left(\alpha^5 + 2\alpha^4 + \alpha^3 + \alpha^2 - 13\alpha + 2y\right)$

wobei wir der einfachen Lesbarkeit halber für r = `Root[...]` das Symbol α eingeführt haben.

Nach dieser Rechnung versteht man die Ausgabe von

```
In[18]:= Solve[{p1 == 0, p2 == 0}, {x, y}]
```

```
Out[18]= {{y → 1/2 Root[#1^6 + 2 #1^5 + #1^4 + 2 #1^3 - 10 #1^2 + 1&, 1]
            ( - 9 + Root[#1^6 + 2 #1^5 + #1^4 + 2 #1^3 - 10 #1^2 + 1&, 1]+
               Root[#1^6 + 2 #1^5 + #1^4 + 2 #1^3 - 10 #1^2 + 1&, 1]^2+
               2 Root[#1^6 + 2 #1^5 + #1^4 + 2 #1^3 - 10 #1^2 + 1&, 1]^3+
               Root[#1^6 + 2 #1^5 + #1^4 + 2 #1^3 - 10 #1^2 + 1&, 1]^4),
          x → Root[#1^6 + 2 #1^5 + #1^4 + 2 #1^3 - 10 #1^2 + 1&, 1]},

         {y → 1/2 Root[#1^6 + 2 #1^5 + #1^4 + 2 #1^3 - 10 #1^2 + 1&, 2]
            ( - 9 + Root[#1^6 + 2 #1^5 + #1^4 + 2 #1^3 - 10 #1^2 + 1&, 2]+
               Root[#1^6 + 2 #1^5 + #1^4 + 2 #1^3 - 10 #1^2 + 1&, 2]^2+
               2 Root[#1^6 + 2 #1^5 + #1^4 + 2 #1^3 - 10 #1^2 + 1&, 2]^3+
               Root[#1^6 + 2 #1^5 + #1^4 + 2 #1^3 - 10 #1^2 + 1&, 2]^4),
          x → Root[#1^6 + 2 #1^5 + #1^4 + 2 #1^3 - 10 #1^2 + 1&, 2]},

         {y → 1/2 Root[#1^6 + 2 #1^5 + #1^4 + 2 #1^3 - 10 #1^2 + 1&, 3]
            ( - 9 + Root[#1^6 + 2 #1^5 + #1^4 + 2 #1^3 - 10 #1^2 + 1&, 3]+
               Root[#1^6 + 2 #1^5 + #1^4 + 2 #1^3 - 10 #1^2 + 1&, 3]^2+
               2 Root[#1^6 + 2 #1^5 + #1^4 + 2 #1^3 - 10 #1^2 + 1&, 3]^3+
               Root[#1^6 + 2 #1^5 + #1^4 + 2 #1^3 - 10 #1^2 + 1&, 3]^4),
          x → Root[#1^6 + 2 #1^5 + #1^4 + 2 #1^3 - 10 #1^2 + 1&, 3]},

         {y → 1/2 Root[#1^6 + 2 #1^5 + #1^4 + 2 #1^3 - 10 #1^2 + 1&, 4]
            ( - 9 + Root[#1^6 + 2 #1^5 + #1^4 + 2 #1^3 - 10 #1^2 + 1&, 4]+
               Root[#1^6 + 2 #1^5 + #1^4 + 2 #1^3 - 10 #1^2 + 1&, 4]^2+
               2 Root[#1^6 + 2 #1^5 + #1^4 + 2 #1^3 - 10 #1^2 + 1&, 4]^3+
               Root[#1^6 + 2 #1^5 + #1^4 + 2 #1^3 - 10 #1^2 + 1&, 4]^4),
          x → Root[#1^6 + 2 #1^5 + #1^4 + 2 #1^3 - 10 #1^2 + 1&, 4]},

         {y → 1/2 Root[#1^6 + 2 #1^5 + #1^4 + 2 #1^3 - 10 #1^2 + 1&, 5]
            ( - 9 + Root[#1^6 + 2 #1^5 + #1^4 + 2 #1^3 - 10 #1^2 + 1&, 5]+
               Root[#1^6 + 2 #1^5 + #1^4 + 2 #1^3 - 10 #1^2 + 1&, 5]^2+
               2 Root[#1^6 + 2 #1^5 + #1^4 + 2 #1^3 - 10 #1^2 + 1&, 5]^3+
               Root[#1^6 + 2 #1^5 + #1^4 + 2 #1^3 - 10 #1^2 + 1&, 5]^4),
          x → Root[#1^6 + 2 #1^5 + #1^4 + 2 #1^3 - 10 #1^2 + 1&, 5]},

         {y → 1/2 Root[#1^6 + 2 #1^5 + #1^4 + 2 #1^3 - 10 #1^2 + 1&, 6]
            ( - 9 + Root[#1^6 + 2 #1^5 + #1^4 + 2 #1^3 - 10 #1^2 + 1&, 6]+
               Root[#1^6 + 2 #1^5 + #1^4 + 2 #1^3 - 10 #1^2 + 1&, 6]^2+
               2 Root[#1^6 + 2 #1^5 + #1^4 + 2 #1^3 - 10 #1^2 + 1&, 6]^3+
               Root[#1^6 + 2 #1^5 + #1^4 + 2 #1^3 - 10 #1^2 + 1&, 6]^4),
          x → Root[#1^6 + 2 #1^5 + #1^4 + 2 #1^3 - 10 #1^2 + 1&, 6]}}
```

welche die erforderlichen algebraischen Erweiterungen – wenn auch in einem schwer leserlichen Format – genau angibt. □

Es sollte erwähnt werden, daß

- die Effizienz des Verfahrens z. T. stark von der *Reihenfolge* der Variablen abhängt, in welcher diese eliminiert werden.
- Faktorisierungen eigentlich *nicht notwendig sind*; denn ergibt irgendeine der Resultantenberechnungen den Wert 0, so weiß man ja, daß dann gemeinsame Faktoren vorliegen, welche man durch gcd-Berechnungen bestimmen kann. Allerdings erspart eine geglückte Faktorisierung des letzten (univariaten) Polynoms die vermeintliche algebraische Erweiterung.
- die Komplexität des Verfahrens i. a. recht hoch ist, beispielsweise konnte man schon bei den Beispielen sehen, daß sich – trotz des *sehr einfachen* Endergebnisses! – recht komplizierte Zwischenergebnisse ergeben haben. Diesen *intermediate expression swell* hatten wir ja bereits beim polynomialen Euklidischen Algorithmus beobachten können.
- das Verfahren durch geeignete Betrachtungen auf m Gleichungen in n Variablen ausgedehnt werden kann.
- es effizientere Verfahren zur Berechnung der Lösungsmenge eines polynomialen Gleichungssystems gibt. Das meistverbreitete Verfahren verwendet sogenannte *Gröbnerbasen*. Bei diesem Ansatz wird die gesuchte Lösungsmenge indirekt durch die Untersuchung des von den Polynomen $p_1, \ldots, p_n$ erzeugten *Ideals* bestimmt.

7.7 Ergänzende Bemerkungen

7.7

Satz 7.33 über die Existenz eines primitiven Elements in einem endlichen Körper GF(q) besagt in der Sprache der Gruppentheorie, daß die multiplikative Gruppe GF$(q)^*$ eines endlichen Körpers *zyklisch* ist. Dies ist im Gegensatz zur Zyklizität der additiven Gruppe in $\mathbb{Z}_p$ ein sehr bemerkenswertes Resultat.

Resultanten werden – wie gezeigt – für Eliminationsaufgaben verwendet. Sie haben aber vor allem auch eine theoretische Bedeutung und finden bei der Betrachtung effizienter Algorithmen zur modularen Berechnung größter gemeinsamer Teiler von Polynomen Verwendung, s. z. B. [GCL1992] und [GG1999].

Gröbnerbasen spielen in der Computeralgebra eine sehr große Rolle und sind aus der heutigen Forschung nicht wegzudenken. Eine ausführliche Betrachtung im Rahmen dieses Buchs hätte den Rahmen gesprengt. Es gibt aber einige sehr empfehlenswerte Lehrbücher. Eine besonders schöne Einführung wird in [CLO1997] gegeben.

7.8

7.8 Übungsaufgaben

7.1 Zeigen Sie: Für jedes $a(x) \in \mathbb{K}[x]$ und jedes $\alpha \in \mathbb{K}$ gilt $a(x) \equiv a(\alpha) \pmod{x - \alpha}$.

7.2 Zeigen Sie: Seien $a(x), b(x) \in \mathbb{Z}_p[x]$. Dann gilt $a(\alpha) \equiv b(\alpha) \pmod{p}$ für alle $\alpha \in \mathbb{Z}_p$[33] genau dann, wenn $a(x) \equiv b(x) \pmod{x^p - x}$.

7.3 Zeigen Sie, daß Satz 6.29 über die Polynominterpolation auch aus dem chinesischen Restsatz für Polynome (Satz 7.6) folgt. Wählen Sie $p_k(x) = x - x_k$.

Verwenden Sie diesen Zusammenhang zu einer alternativen Berechnung des Interpolationspolynoms, implementieren Sie diesen Algorithmus und testen Sie ihn.

7.4 Programmieren Sie den chinesischen Restsatz über $\mathbb{Z}_p[x]$.

7.5 Testen Sie das Package `Algebra`PolynomialPowerMod``. Welche Funktionalitäten stellt `Algebra`PolynomialPowerMod`` bereit?

Anders als `PowerMod` eignet sich `PolynomialPowerMod` aus diesem Package zwar zur Berechnung der Potenzen $a(x)^n$ für $a(x) \in \mathbb{Q}[x]/\langle p(x)\rangle$ für positive $n \in \mathbb{N}$, aber nicht für $n = -1$.

Schreiben Sie eine *Mathematica*-Funktion `PolynomialModInverse` zur Berechnung des Inversen von $a(x)$ modulo $p(x)$.

7.6 Sei $\mathbb{K}$ ein Körper und α (in einem geeigneten Erweiterungskörper) eine Nullstelle des irreduziblen normierten Polynoms $p(x) \in \mathbb{K}[x]$. Zeigen Sie, daß $p(x)$ das Minimalpolynom von α über $\mathbb{K}$ ist.

7.7 **(Gradsatz)** Haben zwei endliche Körpererweiterungen $\mathbb{K} \subset \mathbb{E} \subset \mathbb{F}$ den Grad $[\mathbb{E} : \mathbb{K}] = n$ und $[\mathbb{F} : \mathbb{E}] = m$, so ist die Körpererweiterung $\mathbb{K} \subset \mathbb{F}$ ebenfalls endlich und hat den Grad $[\mathbb{F} : \mathbb{K}] = n \cdot m$.

[33] d. h., $a(x)$ und $b(x)$ stimmen als Funktionen auf $\mathbb{Z}_p$ überein

7.8 Faktorisieren Sie $a(x) = x^4 + 1$ in dem Körper $\mathbb{Q}(\alpha) = \mathbb{Q}[x]/\langle x^4 + 1\rangle$ von Hand. Geben Sie die Körpererweiterung des Zerfällungskörpers von $x^4 + 1$ über $\mathbb{Q}$ an. Welchen Grad hat sie?

7.9 (Minimalpolynome algebraischer Zahlen) Bestimmen Sie die Minimalpolynome folgender algebraischer Zahlen ohne `RootReduce`. Falls möglich, vereinfachen Sie mit dieser Information die gegebenen Ausdrücke.

(a) $\alpha = \sqrt{11 + 6\sqrt{2}} + \sqrt{11 - 6\sqrt{2}}$;

(b) $\beta = \sqrt[3]{14\sqrt{\frac{93}{243}} + \frac{5}{9}}$;

(c) $\gamma = \sqrt[3]{\frac{14\sqrt{93}}{243} + \frac{5}{9}}$.

7.10 (Minimalpolynome algebraischer Zahlen) Bestimmen Sie die Minimalpolynome folgender algebraischer Zahlen mit `RootReduce`.[34]

(a) $\sqrt[4]{3 + 2\sqrt{5} + 3\sqrt[3]{2}} + \sqrt[4]{3 - 2\sqrt{5} + 3\sqrt[3]{2}}$;

(b) $\sqrt[4]{3 + 2\sqrt{5} + 3\sqrt[3]{2}} \cdot \sqrt[4]{3 - 2\sqrt{5} + 3\sqrt[3]{2}}$;

(c) $\sqrt[4]{3 + 2\sqrt{5} + 3\sqrt[3]{2}} \cdot \dfrac{1}{\sqrt[4]{3 - 2\sqrt{5} + 3\sqrt[3]{2}}}$.

7.11 Das Polynom $p(x) = x^n + a_{n-1}\,x^{n-1} + \cdots + a_1\,x + a_0$ sei das Minimalpolynom der algebraischen Zahl α. Geben Sie das Minimalpolynom von $\frac{1}{\alpha}$ direkt mit Hilfe von $p(x)$ an.

7.12 (Konstruktion des regelmäßigen 17-Ecks) Um das regelmäßige n-Eck, das dem Einheitskreis einbeschrieben sei, zeichnen zu können, muß man die Seitenlänge $l_n = 2\sin\frac{\pi}{n}$ bzw. $s_n = \sin\frac{\pi}{n}$ konstruieren.

Will man dies mit Zirkel und Lineal durchführen, so müssen – da Geraden- und Kreisgleichungen linear bzw. quadratisch sind – die Zahlen s_n und $c_n = \sqrt{1 - s_n^2} = \cos\frac{\pi}{n}$ algebraisch über $\mathbb{Q}$ sein von einem Grad, der eine Zweierpotenz ist (s. z. B. [Henn2003]), da sich c_n und s_n genau dann als geschachtelte Quadratwurzeln darstellen lassen, welche man iterativ – z. B. mit Pythagoras – konstruieren kann.

Es zeigt sich, daß das regelmäßige 5- und 17-eck jeweils diese Eigenschaft haben, während z. B. das regelmäßige 7-eck nicht mit Zirkel und Lineal konstruierbar ist.

[34] Sie können gerne auch versuchen, es ohne `RootReduce` schneller zu schaffen!

Dies sollen Sie nun zeigen. Ferner suchen wir eine Darstellung der Seitenlänge des regelmäßigen 5- und 17-ecks.

Stellen Sie also

(a) $\alpha = \cos \frac{\pi}{5}$ und
(b) $\beta = \cos \frac{\pi}{17}$

als geschachtelte Quadratwurzeln dar, während Sie zeigen müssen, daß

(c) $\gamma = \cos \frac{\pi}{7}$

eine algebraische Zahl ist, deren Grad keine Zweierpotenz ist.

Hinweis: Benutzen Sie die Beziehung

$$\cos(5 \arccos \alpha) + 1 = 0$$

und analoge Beziehungen für β und γ, und verwenden Sie `TrigExpand` oder die Chebyshevpolynome `ChebyshevT`, für welche gilt

$$T_n(x) = \cos(n \arccos x) .$$

Benutzen Sie zur Faktorisierung des Minimalpolynoms (in einem geeigneten Erweiterungskörper) von β, daß $\sqrt{17}$ adjungiert werden muß und daß *Mathematica* alle Polynomgleichungen vom Grad $\leqq 4$ explizit lösen kann. Vereinfachen kann man verschachtelte Wurzeln gegebenenfalls mit `FullSimplify`. Überprüfen Sie Ihr Ergebnis numerisch.

7.13 (Standarddarstellung) Berechnen Sie für folgende algebraische Zahlen jeweils das Minimalpolynom und die Standarddarstellung.

(a) $\alpha = \frac{1}{\sqrt{2}+\sqrt{3}}$;
(b) $\beta = \frac{1}{\sqrt{2}+\sqrt{3}+\sqrt{5}+\sqrt{7}}$;
(c) $\gamma = \frac{\sqrt[3]{4}-2\sqrt[3]{2}+1}{\sqrt[3]{4}+2\sqrt[3]{2}+1}$;
(d) $\delta = \frac{1}{a+b\sqrt[3]{n}+c\sqrt[3]{n^2}}$ für $a, b, c \in \mathbb{Q}$.

7.14 (Galoisfelder) Laden Sie das Package `Algebra'FiniteFields'`.

(a) Untersuchen Sie die verschiedenen Darstellungsformen in den Galoisfeldern GF(16), GF(25) und GF(27) und beschreiben Sie diese.
(b) Welche Minimalpolynome werden in GF(16), GF(25) und GF(27) verwendet? Überprüfen Sie jeweils die Irreduzibilität.

(c) Überprüfen Sie die Gleichung

$$x^q - x = \prod_{a \in \mathrm{GF}(q)} (x - a)$$

in GF(16), GF(25) und GF(27). Falls die Rechenzeiten zu groß sind, programmieren Sie die notwendigen Rechnungen evtl. selbst.

7.15 Passen Sie die Programme `ReedSolomon` und `InverseReedSolomon` des Reed-Solomon-Codes aus Abschnitt 5.4 an den Körper $\mathrm{GF}(2^8)$ an und testen Sie Ihre Implementierung.

7.16 (Faktorisierung in endlichen Körpern) Faktorisieren Sie

(a) $x^{12} - 2x^8 + 4x^4 - 8$ über $\mathbb{Q}$;
(b) $x^{12} - 2x^8 + 4x^4 - 8$ über $\mathbb{Q}(\sqrt[4]{2})$;
(c) $x^6 - 2x^4 + 4x^2 - 8$ über $\mathbb{Q}$;
(d) $x^6 - 2x^4 + 4x^2 - 8$ über $\mathbb{Q}(\sqrt[4]{2})$;
(e) $x^6 - 2x^4 + 4x^2 - 8$ über $\mathbb{Z}_5(\sqrt[4]{2}) = \mathrm{GF}(q)$. Bestimmen Sie q.

7.17 (Irreduzible Polynome in $Z_p[x]$) Programmieren Sie (mit Hilfe von `Factor`) eine Funktion `AnzahlIrreduzibel[p]`, welche für $p \in \mathbb{P}$ die Anzahl irrreduzibler normierter Polynome in $\mathbb{Z}_p[x]$ bestimmt. Wenden Sie die Funktion für einige Werte von $p \in \mathbb{P}$ an und beobachten Sie, wie stark diese Anzahl mit wachsendem p zunimmt.

7.18 (Sylvestermatrix und Resultante)

(a) Programmieren Sie die *Mathematica*-Funktion `lcoeff[p,x]` zur Berechnung des führenden Koeffizienten eines Polynoms p bzgl. der Variablen x.
(b) Programmieren Sie unter Verwendung von (a) erneut die *Mathematica*-Funktion `SylvesterMatrix[a,b,x]` zur Berechnung der Sylvestermatrix der Polynome $a(x)$ und $b(x)$ bzgl. der Variablen x.
(c) Berechnen Sie die Sylvestermatrix und die Resultante für folgende Polynompaare
(i) $a(x) = x^8 + x^6 - 3x^4 - 3x^3 + 8x^2 + 2x - 5, \quad b(x) = 3x^6 + 5x^4 - 4x^2 - 9x + 21$;
(ii) $a(x) = x^5 + x^4 - x^3 - x^2 - 2x - 2, \quad b(x) = 3x^5 + 2x^4 - 5x^3 - 4x^2 - 2x$.
Welche Funktionenpaare haben gemeinsame Nullstellen? Überprüfen Sie dies durch Faktorisieren!
(d) Beim Summationsproblem spielt die *Dispersion* $\mathrm{disp}(a(x), b(x), x)$ zweier Polynome $a(x), b(x) \in \mathbb{Q}[x]$ eine wichtige Rolle, s. Abschnitt 11.4, welche folgender-

maßen erklärt ist:[35]

$$\operatorname{disp}(a(x), b(x), x) := \max\{j \in \mathbb{N}_0 \mid \gcd(a(x), b(x+j)) \neq 1\}\,.$$

Geben Sie einen Algorithmus an, mit welchem man die Dispersion bestimmen kann und berechnen Sie auf diese Weise

$$\operatorname{disp}(3x^7 - 7608x^6 + cx^5 - 2533cx^4 - 7608cx^3 + c^2x^2 - 2536c^2x,$$

$$3x^4 - 11748x^3 + cx^2 + 10016730x^2 - 3226cx - 3209390100x + 993945c + 354912910875, x)\,.$$

Wie kann man das Resultat einfacher aus den rationalen Faktorisierungen von $a(x)$ und $b(x)$ ablesen?

7.19 Zeigen Sie: Für $a(x) = c(x) \cdot d(x)$ gilt

$$\operatorname{res}(a(x), b(x), x) = \operatorname{res}(c(x), b(x), x) \cdot \operatorname{res}(d(x), b(x), x)\,.$$

7.20 (Diskriminante) Sei $\mathbb{K}$ ein Körper der Charakteristik 0. Unter der *Diskriminante* eines Polynoms $a(x) \in \mathbb{K}[x]$ versteht man die Resultante von $a(x)$ und $a'(x)$:

$$\operatorname{disc}(a(x), x) := \operatorname{res}(a(x), a'(x), x)\,.$$

Zeigen Sie:

(a) $\operatorname{disc}(a(x), x) = 0$ genau dann, wenn $a(x)$ einen mehrfachen Primfaktor hat.

(b) Sind α_k, $k = 1, \ldots, n$ die Nullstellen in einem geeigneten Erweiterungskörper von $\mathbb{K}$ (gezählt mit ihrer Vielfachheit), so gilt

$$\operatorname{disc}(a(x), x) = \prod_{k=1}^{n} \prod_{j<k} (\alpha_k - \alpha_j)^2\,.$$

(c) Berechnen Sie die Diskriminante im Spezialfall eines quadratischen Polynoms $a(x) = a\,x^2 + b\,x + c$.

7.21 (Logistische Iteration) Die logistische Abbildung $f : \mathbb{R} \to \mathbb{R},\ x \mapsto \alpha x(1-x)$ erklärt ein Iterationsverfahren

$$x_{n+1} = f(x_n)$$

welches für $\alpha \in (0, 4)$ wohldefiniert ist, welches aber für $\alpha \to 4$ immer chaotischer verläuft.

---

[35] Falls das Maximum nicht existiert, kann man die Dispersion gleich -1 setzen.

(a) Die *Mathematica*-Funktion

```
In[1]:= FixedPointGraph[f_, {x_, x1_, x2_}, x0_,
          n_, options___] :=
        Module[{list, table},
          list = FixedPointList[N[(f/.x → #)]&,
            x0, n];
          table = Graphics[{Thickness[0.001],
               Table[
                 Line[{{list[[j]], list[[j]]},
                     {list[[j]], list[[j + 1]]},
                     {list[[j + 1]], list[[j + 1]]}}],
                 {j, 1, Length[list] - 1}]}];
          plot = Plot[{f, x}, {x, x1, x2},
             DisplayFunction → Identity];
          Show[plot, table,
            DisplayFunction → $DisplayFunction,
            options]]

In[2]:= FixedPointGraph[f_, {x_, x1_, x2_}, x0_] :=
        Module[{list, table},
          list = FixedPointList[N[(f/.x → #)]&,
            x0];
          table = Graphics[{Thickness[0.001],
               Table[
                 Line[{{list[[j]], list[[j]]},
                     {list[[j]], list[[j + 1]]},
                     {list[[j + 1]], list[[j + 1]]}}],
                 {j, 1, Length[list] - 1}]}];
          plot = Plot[{f, x}, {x, x1, x2},
             DisplayFunction → Identity];
          Show[plot, table,
            DisplayFunction → $DisplayFunction]]
```

stellt die Iteration $x_{n+1} = f(x_n)$ graphisch dar. Erklären Sie die Funktionalität der Prozedur und geben Sie die Definition in Ihr *Mathematica*-Notebook ein.

(b) Wenden Sie die Funktion `FixedPointGraph` auf die logistische Iteration an, und erzeugen Sie für einige α Iterationsbilder.

(c) Schreiben Sie eine analoge Funktion

`FixedPointRestGraph[`f`,{`$x, x1, x2$`},`$x0$`,`n`]`, welche nur den „Schluß" der Iteration, also z. B. die letzten 100 Iterationsschritte, darstellt, und wenden Sie diese Funktion auf Ihre Beispiele aus (b) an. Deuten Sie die resultierenden Graphen.

(d) Die logistische Abbildung besitzt ab einem gewissen α_2 einen 2-Zyklus, welcher einer mehrfachen Nullstelle von $g(x) := f(f(x)) - x$ entspricht. Bestimmen Sie α_2 exakt mit einer Resultantenberechnung. Stellen Sie die Situation mit `FixedPointRestGraph` graphisch dar.

(e) Lösen Sie die zu (d) analoge Aufgabe für 3- sowie 4-Zyklen und bestimmen Sie α_3 sowie α_4.[36] Welchen Grad haben die resultierenden Polynome in α? Stellen Sie die entsprechenden Situationen wieder graphisch dar.

7.22 (Minimalpolynome via Resultante) Minimalpolynome algebraischer Zahlen lassen sich mit Hilfe von Resultanten berechnen. Beweisen Sie: Sind α und β zwei algebraische Zahlen mit den Minimalpolynomen $p(x)$ und $q(x)$, so gilt folgende Tabelle

alg. Zahl	Nullstellenpolynom
$\alpha + \beta$	$\text{res}(p(x-y), q(y), y)$
$\alpha - \beta$	$\text{res}(p(x+y), q(y), y)$
$\alpha \cdot \beta$	$\text{res}(p(x/y), q(y), y)$
α/β	$\text{res}(p(x \cdot y), q(y), y)$
$\sqrt[n]{\alpha}$	$\text{res}(p(y), x^n - y, y)$

Das Minimalpolynom bekommt man gegebenfalls wieder durch Faktorisierung aus dem berechneten Nullstellenpolynom.

(a) Wenden Sie die Tabelle auf drei eigene Beispiele an.

(b) Wiederholen Sie die Berechnungen aus Übungsaufgabe 7.10 mit der neuen Methode.

7.23 (Polynomiale Gleichungssysteme) Lösen Sie die folgenden Gleichungssysteme $p_k(x, y) = 0$, $(k = 1, 2, 3)$ iterativ mit Hilfe von Resultanten. Finden Sie jeweils die vollständige Lösungsmenge. Kontrollieren Sie Ihre Resultate mit `Solve`.

(a) $p_1(x, y) = (x + y)^2 + 4xy$, $p_2(x, y) = (x - y)^2 - 1$;

(b) $p_1(x, y) = (x + y)^4 + 4xy$, $p_2(x, y) = (x - y)^2 - 1$;

(c) $p_1(x, y) = x^2 c + xy - yc - 1$, $p_2(x, y) = 2xy^2 + yc^2 - c^2 - 2$, $p_3(x, y) = x + y^2 - 2$.

---

[36] Achtung: Die Berechnung der entsprechenden Resultante für 5-Zyklen dauert sehr lange.

8

Kapitel 8

Faktorisierung in Polynomringen

8

8 Faktorisierung in Polynomringen

8 Faktorisierung in Polynomringen

8.1 Vorbereitende Betrachtungen 8.1

Das Ziel dieses Kapitels ist die Bereitstellung effizienter Algorithmen zur Faktorisierung in $\mathbb{Q}[x]$. Hierzu werden effiziente Algorithmen zur Faktorisierung in $\mathbb{Z}_p[x]$ benutzt, welche natürlich auch von eigenem Interesse sind.

In Abschnitt 6.7 hatten wir den Kronecker-Algorithmus zur Bestimmung der Faktorzerlegung eines Polynoms $a(x) \in \mathbb{Z}[x]$ kennengelernt. Wir werden in diesem Abschnitt sehen, daß es zur Faktorisierung in $\mathbb{Q}[x]$ genügt, Faktorzerlegungen in $\mathbb{Z}[x]$ zu berechnen. Hierzu noch einmal die Definition aus Abschnitt 6.7.

Definition 8.1 Sei $a(x) = \sum_{k=0}^{n} a_k x^k \in \mathbb{Z}[x]$. Dann heißt 8.1

$$\operatorname{content}(a(x), x) := \gcd(a_0, a_1, \ldots, a_n)$$

der *Inhalt* des Polynoms $a(x)$. Ein Polynom $a(x) \in \mathbb{Z}[x]$ mit $\operatorname{content}(a(x), x) = 1$ heißt *primitiv*. △

Wir zeigen zunächst

Hilfssatz 8.2 Zu jedem $a(x) \in \mathbb{Q}[x]$ gibt es ein primitives Polynom $b(x) \in \mathbb{Z}[x]$, welches zu $a(x)$ assoziiert ist. Dieses Polynom ist bis auf Einheiten in $\mathbb{Z}$, also bis auf den Faktor ± 1, eindeutig bestimmt. 8.2

Beweis: Existenz: Sei $a(x) = \sum_{k=0}^{n} a_k x^k \in \mathbb{Q}[x]$ und seien $a_k = \frac{b_k}{c_k}$ $(k = 0, \ldots, n)$ gekürzte Darstellungen der Koeffizienten. Multiplizieren wir nun $a(x)$ mit dem kleinsten gemeinsamen Vielfachen $\operatorname{lcm}(c_0, \ldots, c_n)$, so erhalten wir ein zu $a(x)$ assoziiertes Polynom $c(x) \in \mathbb{Z}[x]$ mit ganzzahligen Koeffizienten. Schließlich ist das Polynom $b(x) := c(x)/\operatorname{content}(c(x), x)$ primitiv und ebenfalls zu $a(x)$ assoziiert.

Eindeutigkeit: Seien $b(x)$ und $c(x)$ beide primitiv und zu $a(x)$ assoziiert. Dann sind $b(x)$ und $c(x)$ zueinander assoziiert, d. h. $t \cdot c(x) = s \cdot b(x)$ mit $s, t \in \mathbb{Z}$, wobei mindestens eine dieser Zahlen ungleich ± 1 ist, falls $b(x)$ und $c(x)$ sich nicht nur um eine Einheit unterscheiden. Wir nehmen o. B. d. A. $s \neq \pm 1$ an. Aus der Primitivität von $b(x)$ folgt dann, daß der größte gemeinsame Teiler der Koeffizienten von $c(x)$ den Faktor s enthält. Dies ist ein Widerspruch zur Primitivität von $c(x)$. □

8.3 **Definition 8.3** Auf Grund des Satzes erklären wir den *primitiven Teil* eines Polynoms $a(x) \in \mathbb{Q}[x]$ als das (im wesentlichen eindeutige) zu $a(x)$ assoziierte primitive Polynom und bezeichnen dieses mit primpart$(a(x), x)$. △

Sitzung 8.4 Wir implementieren den angegebenen Algorithmus. Die Funktion

```
In[1]:= Clear[PrimitiverTeil]
        PrimitiverTeil[a_, x_] := Module[
            {liste, nenner, lcm, gcd, k},
            liste = CoefficientList[a, x];
            nenner = Map[Denominator, liste];
            lcm = LCM[Apply[Sequence, nenner]];
            liste = liste * lcm;
            gcd = GCD[Apply[Sequence, liste]];
            liste = liste/gcd;
            Sum[liste[[k]] x^(k - 1), {k, 1, Length[liste]}]
          ]
```

erzeugt den primitiven Teil des Polynoms $a(x) \in \mathbb{Q}[x]$. Für

In[2]:= $a = \sum_{k=0}^{10} \frac{\text{Random[Integer, \{0, 9\}]}}{\text{Random[Integer, \{1, 9\}]}} x^k$

Out[2]= $\frac{x^{10}}{5} + \frac{6x^7}{7} + 2x^6 + \frac{x^5}{8} + \frac{4x^4}{9} + x^3 + 4x^2 + \frac{1}{4}$

ergibt sich beispielsweise durch

In[3]:= `PrimitiverTeil[a, x]`

Out[3]= $504x^{10} + 2160x^7 + 5040x^6 + 315x^5 + 1120x^4 + 2520x^3 + 10080x^2 + 630$

das zugehörige primitive Polynom.

Auch für ganzzahlige Polynome wird der primitive Teil berechnet

In[4]:= `PrimitiverTeil[144x^2 + 60 x - 24, x]`

Out[4]= $12x^2 + 5x - 2$

Im ganzzahligen Fall wird durch den Inhalt des Polynoms dividiert. □

Da assoziierte Polynome bis auf einen konstanten Faktor die gleichen Faktorzerlegungen haben, ist es also vernünftig, sich beim Faktorisieren auf primitive Polynome zu beschränken. Um zu zeigen, daß wir uns auf diese Weise immer auf ganzzahlige Polynome zurückziehen können – daß es also ausreicht, Faktorzerlegungen über $\mathbb{Z}$ statt über $\mathbb{Q}$ zu finden –, benötigen wir weitere Hilfssätze.

Hilfssatz 8.5 (Produkt primitiver Polynome) Das Produkt zweier primitiver Polynome $a(x), b(x) \in \mathbb{Z}[x]$ ist ebenfalls primitiv. 8.5

Beweis: Zunächst ist das Produkt $c(x) = a(x)\,b(x)$ zweier ganzzahliger Polynome $a(x) \in \mathbb{Z}[x]$ und $b(x) \in \mathbb{Z}[x]$ wieder ein ganzzahliges Polynom. Seien nun

$$a(x) = \sum_{j=0}^{n} a_j x^j \quad \text{und} \quad b(x) = \sum_{k=0}^{m} b_k x^k$$

zwei primitive Polynome, d. h.

$$\gcd(a_0, a_1, \ldots, a_n) = 1 \quad \text{und} \quad \gcd(b_0, b_1, \ldots, b_m) = 1 \,. \tag{8.1}$$

Dann hat das Produkt die Darstellung

$$c(x) = \sum_{l=0}^{m+n} c_l x^l \quad \text{mit} \quad c_l = \sum_{j+k=l} a_j \, b_k \,.$$

Wir nehmen nun an, $c(x)$ wäre nicht primitiv. Dann gibt es ein $p \in \mathbb{P}$, welches alle Koeffizienten von $c(x)$ teilt: $p \mid c_l$ für $l = 0, \ldots, m+n$. Seien nun $A := \{j \mid p \text{ teilt } a_j \text{ nicht}\}$ und $B := \{k \mid p \text{ teilt } b_k \text{ nicht}\}$. Wegen (8.1) ist $A \neq \emptyset$ und $B \neq \emptyset$. Also existieren $j_0 := \min A$ und $k_0 := \min B$. Nach Definition von j_0 und k_0 gilt dann also

$$p \mid a_j \text{ für alle } j < j_0 \quad \text{und} \quad p \mid b_k \text{ für alle } k < k_0 \tag{8.2}$$

sowie

$$p \text{ teilt } a_{j_0} \text{ nicht} \quad \text{und} \quad p \text{ teilt } b_{k_0} \text{ nicht} \,. \tag{8.3}$$

Wir setzen nun $l_0 := j_0 + k_0$ und betrachten $c_{l_0} = \sum\limits_{j+k=l_0} a_j \, b_k$. Diese Summe können wir folgendermaßen aufspalten:

$$c_{l_0} = \sum_{j+k=l_0}^{j<j_0,k>k_0} a_j \, b_k + \sum_{j+k=l_0}^{j>j_0,k<k_0} a_j \, b_k + a_{j_0} \, b_{k_0} \,, \tag{8.4}$$

wobei die verbleibenden Summen gegebenenfalls auch leer sein können. Nun gilt $p \mid c_{l_0}$, und gemäß (8.2) ist p auch ein Teiler der ersten und der zweiten Summe in (8.4). Daraus folgt $p \mid a_{j_0} \, b_{k_0}$ im Widerspruch zu (8.3). Dies beweist die Behauptung. □

Sitzung 8.6 Wir setzen Sitzung 8.4 fort und testen den Hilfssatz. Zunächst erklären wir ein zweites Polynom

In[5]:= $\mathbf{b} = \sum_{k=0}^{10} \frac{\texttt{Random[Integer, \{0, 9\}]}}{\texttt{Random[Integer, \{1, 9\}]}} \mathbf{x}^k$

Out[5]= $2\,x^{10} + \frac{x^9}{7} + \frac{5\,x^8}{3} + \frac{5\,x^7}{8} + \frac{4\,x^6}{3} + \frac{2\,x^5}{3} + \frac{7\,x^4}{6} + \frac{x^3}{9} + \frac{3\,x}{4} + \frac{3}{4}$

und berechnen das Produkt der primitiven Teile von $a(x)$ und $b(x)$:

```
In[6]:= c = PrimitiverTeil[a, x] PrimitiverTeil[b, x] //Expand
```

Out[6]= $317520\,x^{20} + 5103000\,x^{19} + 5199768\,x^{18} + 4659417\,x^{17} + 7423920\,x^{16} + 7309080\,x^{15} + 10410372\,x^{14} + 12306336\,x^{13} + 18563328\,x^{12} + 9197706\,x^{11} + 18375630\,x^{10} + 13476288\,x^{9} + 14293888\,x^{8} + 8214150\,x^{7} + 9194640\,x^{6} + 3804360\,x^{5} + 4476640\,x^{4} + 5821200\,x^{3} + 4021920\,x^{2} + 926100\,x + 714420$

Die Rechnung

```
In[7]:= GCD[Apply[Sequence, CoefficientList[c, x]]]
Out[7]= 1
```

bestätigt, daß das Produkt wieder ein primitives Polynom ist. □

Der wesentliche Satz dieses Abschnitts ist nun das sogenannte *Gaußsche Lemma.*

8.7 **Satz 8.7 (Gaußsches Lemma)** Sei $a(x) \in \mathbb{Z}[x]$ und sei $a(x) = b(x) \cdot c(x)$ eine Faktorisierung mit $b(x), c(x) \in \mathbb{Q}[x]$. Dann gibt es eine Faktorisierung $a(x) = \tilde{b}(x) \cdot \tilde{c}(x)$ mit $\tilde{b}(x), \tilde{c}(x) \in \mathbb{Z}[x]$ derart, daß $b(x)$ zu $\tilde{b}(x)$ und $c(x)$ zu $\tilde{c}(x)$ assoziiert sind.

Beweis: Wegen Hilfssatz 8.2 gibt es ein $r \in \mathbb{Q}$ derart, daß $r \cdot a(x)$ primitiv ist. Da die Behauptung für $a(x)$ wegen $r \cdot a(x) = r \cdot b(x) \cdot c(x)$ genau dann richtig ist, wenn sie für $r \cdot a(x)$ stimmt, können wir o. B. d. A. annehmen, daß $a(x)$ primitiv ist.

Wieder wegen Hilfssatz 8.2 gibt es $s, t \in \mathbb{Q}$ derart, daß $\tilde{b}(x) := s \cdot b(x)$ und $\tilde{c}(x) := t \cdot c(x)$ primitiv sind. Aus Hilfssatz 8.5 folgt nun, daß auch $s\,t \cdot b(x) \cdot c(x)$ wieder primitiv ist. Aus $a(x) = b(x) \cdot c(x)$ und der Primitivität von $a(x)$ folgt (wegen der Eindeutigkeitsaussage in Hilfssatz 8.2) also $s\,t = \pm 1$ und folglich $a(x) = \pm\tilde{b}(x) \cdot \tilde{c}(x)$. □

Das Gaußsche Lemma beweist, daß es zur Faktorisierung eines Polynoms $a(x) \in \mathbb{Q}[x]$ genügt, das Polynom primpart$(a(x), x) \in \mathbb{Z}[x]$ zu faktorisieren, und dessen Faktorisierung liegt in $\mathbb{Z}[x]$. Damit haben wir das Faktorisierungsproblem – wie anfänglich behauptet – von $\mathbb{Q}[x]$ nach $\mathbb{Z}[x]$ verlagert. Insbesondere wissen wir nun, daß wir beispielsweise mit dem Kronecker-Algorithmus die Faktorzerlegung jedes Polynoms $a(x) \in \mathbb{Q}[x]$ finden können.

Moderne effiziente Faktorisierungsalgorithmen für $a(x) \in \mathbb{Z}[x]$ gehen wie folgt vor: Man reduziert das zu faktorisierende Polynom für ein geeignetes $p \in \mathbb{P}$ modulo p und faktorisiert zunächst in $\mathbb{Z}_p[x]$. Schließlich rekonstruiert man aus der erhaltenen Faktorisierung die Faktorisierung von $a(x) \in \mathbb{Z}[x]$. Der letzte Schritt wird *Lifting* genannt.

Will man beispielsweise die Irreduzibilität eines Polynoms $a(x) \in \mathbb{Z}[x]$ nachweisen, so reicht es aus, die Irreduzibilität von $a_p(x) := \text{mod}(a(x), p) \in \mathbb{Z}_p[x]$ für *ein einziges* $p \in \mathbb{P}$ zu beweisen. Denn jede echte Faktorisierung von $a(x) \in \mathbb{Z}[x]$ über $\mathbb{Z}$ liefert automatisch auch echte Faktorisierungen von $a_p(x) \in \mathbb{Z}_p[x]$ für alle $p \in \mathbb{P}$. Diese Information läßt sich also ganz leicht liften.

Beispielsweise führt die Faktorisierung $3x^3 + 28x^2 - 35x + 10 = (x^2 + 10x - 5)(3x - 2)$ über $\mathbb{Z}$ automatisch zu der Zerlegung $x^3 + x = (x^2 + 1)x$ modulo 2, liefert aber nicht die vollständige Faktorisierung $x^3 + x = (x + 1)^2 x$.

Sitzung 8.8 Wir laden die Funktion `Faktoren` aus Sitzung 6.35, mit welcher wir alle Faktorisierungen eines Polynoms $b(x) \in \mathbb{Z}_p[x]$ bestimmen können.

Die Rechnung

```
In[1]:= Faktoren[x^4 + x + 1, x, 2, 2]
Out[1]= {1}
```

zeigt, daß das Polynom $x^4 + x + 1 \in \mathbb{Z}_2[x]$ irreduzibel ist. Folglich ist es auch über $\mathbb{Z}$ irreduzibel. Dies wird von dem Kommando

```
In[2]:= Factor[x^4 + x + 1]
Out[2]= x^4 + x + 1
```

bestätigt. □

Um das oben besprochene Programm zu verwirklichen, benötigt man zunächst effiziente Algorithmen zur Faktorisierung von Polynomen über endlichen Körpern. Im nächsten Abschnitt betrachten wir die Faktorisierung in $\mathbb{Z}_p[x]$.

8.2 Effiziente Faktorisierung in $\mathbb{Z}_p[x]$

Die Faktorisierung eines univariaten Polynoms wird – wie bereits erwähnt – zurückgeführt auf (gegebenenfalls mehrere) Faktorisierungen von Polynomen über endlichen Körpern. Dies geschieht aus zwei Gründen. Zum ersten gibt es in endlichen Körpern keinen *intermediate expression swell*: alle auftretenden Koeffizienten in $\text{GF}(p^n)$ sind kleiner als p. Dies ist ein sehr beachtenswerter Vorteil. Zum zweiten gibt es auf Grund der Struktur endlicher Körper hier besonders effiziente Faktorisierungsmethoden.

Wir betrachten in der Folge einen Algorithmus zur Faktorisierung in $\mathbb{Z}_p[x]$, welcher auf Berlekamp zurückgeht [Ber1967]. Bei diesem Algorithmus wird die Faktorisierungsaufgabe durch Berechnungen größter gemeinsamer Teiler sowie das Lösen eines linearen Gleichungssystems bewältigt.

Sei $a(x) = a_n x^n + a_{n-1} x^{n-1} + \cdots + a_1 x + a_0 \in \mathbb{Z}_p[x]$, $a_n \neq 0$. Wir nehmen nun an, es gäbe ein nichtkonstantes Polynom $b(x) \in \mathbb{Z}_p[x]$ von kleinerem Grad als $a(x)$, $1 \leqq m := \deg(b(x), x) < n$, derart, daß $a(x) \mid b(x)^p - b(x)$ ist. Man beachte, daß unter den gegebenen Umständen das Polynom $b(x)^p - b(x) \in \mathbb{Z}_p[x]$ nicht das Nullpolynom ist, da der Koeffizient von x^{mp} ungleich Null ist.

Wegen der Gleichung

$$y^p - y = \prod_{k=0}^{p-1} (y - k)$$

(s. (7.10)), welche als eine Folge des Satzes von Fermat für $y \in \mathbb{Z}_p$ gültig ist, gilt also

$$a(x) \mid \prod_{k=0}^{p-1} (b(x) - k) . \tag{8.5}$$

Hieraus folgt der

8.9 **Hilfssatz 8.9** Sei $a(x) \in \mathbb{Z}_p[x]$ mit $\deg(a(x), x) = n$ und sei $b(x) \in \mathbb{Z}_p[x]$ mit $1 \leqq m := \deg(b(x), x) < n$ derart, daß $a(x) \mid b(x)^p - b(x)$ ist. Dann ist

$$a(x) = \prod_{k=0}^{p-1} \gcd(a(x), b(x) - k) \tag{8.6}$$

eine nichttriviale Faktorisierung von $a(x)$.

Beweis: Wegen (8.5) ist auch

$$a(x) \mid \prod_{k=0}^{p-1} \gcd(a(x), b(x) - k) .$$

Umgekehrt gilt für alle $k = 0, \ldots, p - 1$ nach Definition des größten gemeinsamen Teilers

$$\gcd(a(x), b(x) - k) \mid a(x) .$$

Da für verschiedene Werte $k = 0, \ldots, p - 1$ die Polynome $b(x) - k$ paarweise teilerfremd sind, folgt schließlich

$$\prod_{k=0}^{p-1} \gcd(a(x), b(x) - k) \mid a(x) .$$

Dies liefert (8.6).

Jeder Faktor auf der rechten Seite von (8.6) hat einen Grad $\leqq m$ und folglich $< n$, aber das Polynom auf der Linken hat den Grad n. Daher sind mindestens zwei Faktoren der rechten Seite nicht konstant, und folglich liegt eine nichttriviale Faktorisierung vor. □

Wir haben das Faktorisierungsproblem somit transformiert: Wir suchen jetzt ein Polynom $b(x)$, dessen Grad $< n$ ist, mit $a(x) \mid b(x)^p - b(x)$. Sei hierzu $b(x) = b_{n-1}\, x^{n-1} + \cdots + b_1\, x + b_0$, wobei wir $b_{n-1} = 0$ zulassen. Dann folgt mit der Arithmetik in $\mathbb{Z}_p$

$$\begin{aligned} b(x)^p &= (b_{n-1}\, x^{n-1} + \cdots + b_1\, x + b_0)^p \\ &= b_{n-1}^p\, x^{(n-1)p} + \cdots + b_1^p\, x^p + b_0^p \\ &= b_{n-1}\, x^{(n-1)p} + \cdots + b_1\, x^p + b_0\,, \end{aligned}$$

wobei wir bei der letzten Umformung wieder den Satz von Fermat verwendet haben.

Wir benutzen nun n Divisionen mit Rest und schreiben alle auftretenden Potenzen von x in der Form

$$x^{jp} = a(x)\, q_j(x) + r_j(x) \qquad (j = 0, \ldots, n-1)$$

und erhalten schließlich

$$b(x)^p = b_{n-1}\, r_{n-1}(x) + \cdots + b_1\, r_1(x) + b_0 + a(x)\, q(x)$$

für ein $q(x) \in \mathbb{Z}_p[x]$. Also ist $a(x) \mid b(x)^p - b(x)$ genau dann, wenn $a(x)$ ein Teiler von

$$b_{n-1}\, r_{n-1}(x) + \cdots + b_1\, r_1(x) + b_0 - b(x)$$

ist. Dieses Polynom hat aber gemäß Konstruktion einen Grad $< n$. Daher ist es genau dann teilbar durch $a(x)$, wenn es das Nullpolynom ist. Somit haben wir die Suche nach $b(x)$ reduziert auf die Gleichung

$$b_{n-1}\, r_{n-1}(x) + \cdots + b_1\, r_1(x) + b_0 - b(x) = 0\,. \tag{8.7}$$

Diese Gleichung können wir mit Koeffizientenvergleich lösen. Wir erhalten n lineare Gleichungen in den n Unbekannten $b_0, \ldots, b_{n-1}$. Falls wir eine Lösung finden, liefert dies gemäß Hilfssatz 8.9 eine nichttriviale Faktorisierung von $a(x)$. Außerdem ist klar, daß das betrachtete lineare Gleichungssystem genau dann eine Lösung besitzt, wenn (8.7) erfüllbar bzw. wenn $a(x)$ ein Teiler von $b(x)^p - b(x)$ ist.

Also haben wir den

Satz 8.10 **(Berlekamp-Algorithmus)** Sei $p \in \mathbb{P}$ und $a(x) \in \mathbb{Z}_p[x]$ vom Grad n. Dann liefert der oben beschriebene Algorithmus eine nichttriviale Faktorisierung von $a(x)$, sofern eine solche existiert. Dieser Algorithmus kann gegebenenfalls rekursiv weitergeführt werden. □ **8.10**

Wir programmieren den Berlekamp-Algorithmus in *Mathematica*.

Sitzung 8.11 Gegeben sei das Polynom $A(x) := 4x^6 + 3x^5 + x^4 + 7x^3 + 6x^2 + 2x + 4 \in \mathbb{Z}_{13}[x]$:

In[1]:= **A = 4x^6 + 3x^5 + x^4 + 7x^3 + 6x^2 + 2x + 4**
Out[1]= $4x^6 + 3x^5 + x^4 + 7x^3 + 6x^2 + 2x + 4$

In[2]:= **p = 13**
Out[2]= 13

Wir bestimmen den Grad von $A(x)$

In[3]:= **n = Exponent[A, x]**
Out[3]= 6

sowie den führenden Koeffizienten:

In[4]:= **lcoeff = Coefficient[A, x, n]**
Out[4]= 4

Um möglichst einfach programmieren zu können, dividieren wir $A(x)$ durch den führenden Koeffizienten und erhalten das assoziierte normierte Polynom $a(x)$:

In[5]:= **a = PolynomialMod[A PowerMod[lcoeff, -1, p], p]**
Out[5]= $x^6 + 4x^5 + 10x^4 + 5x^3 + 8x^2 + 7x + 1$

Wir bilden die Reste $r_j(x)$ $(j = 0, \ldots, n - 1)$

In[6]:= **reste = Table[PolynomialMod[PolynomialRemainder[x^(j p), a, x], p], {j, 0, n - 1}]**
Out[6]= $\{1, x^5 + 12x^4 + 5x^3 + 11x^2 + 7x + 3,$
$x^5 + 6x^4 + 11x^3 + 4x^2 + 4x + 10,$
$8x^5 + 4x^4 + 9x^3 + 10x^2 + 7x + 2,$
$10x^5 + 8x^4 + 10x^3 + 12x^2 + 2x + 4,$
$11x^5 + 9x^4 + 10x^3 + 5x^2 + 5x + 12\}$

und bestimmen die Koeffizienten in (8.7):

In[7]:= **CoefficientList[$\sum_{k=0}^{n-1} \beta_k$(reste[[k + 1]] - x^k), x]**
Out[7]= $\{3\beta_1 + 10\beta_2 + 2\beta_3 + 4\beta_4 + 12\beta_5, 6\beta_1 + 4\beta_2 + 7\beta_3 + 2\beta_4 + 5\beta_5,$
$11\beta_1 + 3\beta_2 + 10\beta_3 + 12\beta_4 + 5\beta_5, 5\beta_1 + 11\beta_2 + 8\beta_3 + 10\beta_4 + 10\beta_5,$
$12\beta_1 + 6\beta_2 + 4\beta_3 + 7\beta_4 + 9\beta_5, \beta_1 + \beta_2 + 8\beta_3 + 10\beta_4 + 10\beta_5\}$

Wir lösen schließlich das durch Koeffizientenvergleich resultierende lineare Gleichungssystem in $\mathbb{Z}_p$

```
In[8]:= sol = Solve[
          Union[Map[# == 0&,
              CoefficientList[Sum[β_k (reste[[k + 1]] - x^k),
                  {k, 0, n - 1}], x]], {Modulus == p}],
          Table[β_k, {k, 0, n - 1}]]
```

Out[8]= $\{\{\text{Modulus} \to 13, \beta_1 \to 3(\beta_4 + 2\beta_5), \beta_2 \to 4(\beta_4 + 2\beta_5), \beta_3 \to 2(3\beta_4 + 5\beta_5)\}\}$

und erhalten also mit

In[9]:= `b = PolynomialMod[`$\sum_{k=0}^{n-1}$`β_k x^k /. sol[[1]] /. β_1_ → 1, p]`

Out[9]= $x^5 + x^4 + 3x^3 + 12x^2 + 9x + 1$

ein Polynom $b(x)$ mit $a(x) \mid b(x)^p - b(x)$:[1] Die Rechnung

```
In[10]:= tab = Table[PolynomialGCD[a, b - k, Modulus → p],
            {k, 0, p - 1}]
```

Out[10]= $\{1, 1, x+7, 1, x^2+9x+10, 1, 1, 1, x^3+x^2+12x+8, 1, 1, 1, 1\}$

liefert also die nichttrivialen Faktoren gemäß Hilfssatz 8.9, und wir erhalten schließlich die Faktorisierung

```
In[11]:= Apply[Times, tab]
```

Out[11]= $(x+7)(x^2+9x+10)(x^3+x^2+12x+8)$

von $a(x)$. Die Rechnung

```
In[12]:= Factor[A, Modulus → 13]
```

Out[12]= $4(x+7)(x^2+9x+10)(x^3+x^2+12x+8)$

bestätigt, daß die erhaltenen Faktoren alle irreduzibel sind. Dies ist nicht automatisch der Fall, wie wir bei einem weiteren Beispiel sehen werden, kann aber mit demselben Algorithmus überprüft werden.

Der gesamte Algorithmus ist also gegeben durch

---

[1]Es gibt mehrere solche Polynome, welche einen Vektorraum über $\mathbb{Z}_p$ bilden. Ein einziges Element dieses Vektorraums reicht aber für unsere weiteren Betrachtungen aus. Daher haben wir o. B. d. A. die verbliebenen Variablen $\beta_l = 1$ gesetzt.

```
In[13]:= Clear[Berlekamp]
         Berlekamp[A_, x_, p_] :=
           Module[{n, lcoeff, a, reste, j, k, sol, β, b, tab},
             n = Exponent[A, x];
             lcoeff = Coefficient[A, x, n];
             a = PolynomialMod[A PowerMod[lcoeff, -1, p], p];
             reste =
               Table[PolynomialMod[
                   PolynomialRemainder[x^(j p), a, x], p],
                 {j, 0, n - 1}];
             sol =
               Solve[
                 Union[Map[# == 0&,
                     CoefficientList[
                       Sum[β_k (reste[[k + 1]] - x^k), {k, 0, n - 1}],
                       x]], {Modulus == p}],
                 Table[β_k, {k, 0, n - 1}]];
         b = PolynomialMod[Sum[β_k x^k /.sol[[1]] /.β_1_ → 1,
                   {k, 0, n - 1}], p];
             tab = Table[PolynomialGCD[a, b - k, Modulus → p],
                 {k, 0, p - 1}];
             lcoeff Apply[Times, tab]
           ]
```

und wir erhalten wieder

In[14]:= **Berlekamp[A, x, p]**
Out[14]= $4\,(x+7)\left(x^2+9\,x+10\right)\left(x^3+x^2+12\,x+8\right)$

Bei dem Beispiel

In[15]:= **Berlekamp**$\left[\sum_{k=0}^{7} x^k, x, 13\right]$
Out[15]= $(x+1)\,(x+5)\,(x+8)\left(x^4+1\right)$

bleibt noch zu überprüfen, ob x^4+1 reduzibel ist. Wir erhalten mit demselben Algorithmus

In[16]:= **Berlekamp[x⁴ + 1, x, 13]**
Out[16]= $\left(x^2+5\right)\left(x^2+8\right)$

in Übereinstimmung mit

```
In[17]:= Factor[Sum[x^k, {k, 0, 7}], Modulus → 13]
Out[17]= (x + 1) (x + 5) (x + 8) (x^2 + 5) (x^2 + 8)
```

Bei den bisherigen Rechnungen kann man sehr schön die kurzen Rechenzeiten beobachten.

Kurze Rechenzeiten gibt es allerdings nur, falls p klein genug ist. Für große $p \in \mathbb{P}$ gibt es Varianten des Berlekamp-Algorithmus, welche viel effizienter sind.[2] Die Rechnungen

```
In[18]:= Timing[Berlekamp[Sum[x^k, {k, 0, 7}], x, 10007]]
Out[18]= {60.727 Second, (x + 1) (x^2 + 1) (x^2 + 2641 x + 1) (x^2 + 7366 x + 1)}

In[19]:= Timing[Factor[Sum[x^k, {k, 0, 7}], Modulus → 10007]]
Out[19]= {0. Second, (x + 1) (x^2 + 1) (x^2 + 2641 x + 1) (x^2 + 7366 x + 1)}
```

zeigen dies deutlich. □

Wir werden nun noch zeigen, daß das Berlekamp-Verfahren noch mehr liefert: Es liefert uns – sozusagen als Nebeneffekt – die genaue Anzahl der verschiedenen irreduziblen Faktoren von $a(x)$.

Hierzu formulieren wir den obigen Algorithmus zunächst um: Sei

$$R = \begin{pmatrix} r_{00} & r_{01} & \cdots & r_{0,n-1} \\ r_{10} & r_{11} & \cdots & r_{1,n-1} \\ \vdots & \vdots & \ddots & \vdots \\ r_{n-1,0} & r_{n-1,1} & \cdots & r_{n-1,n-1} \end{pmatrix}$$

diejenige $n \times n$-Matrix, welche von den Koeffizienten der Restpolyome

$$r_k(x) := \sum_{j=0}^{n-1} r_{jk}\, x^j$$

gebildet wird. Die Koeffizienten der Polynome $r_k(x)$ bilden also die Spalten von R. Unter diesen Voraussetzungen sind $(b_0, b_1, \ldots, b_{n-1})$ genau dann die Koeffizienten eines Lösungspolynoms $b(x) = \sum\limits_{j=0}^{n-1} b_j\, x^j$ von (8.7), falls das homogene lineare Gleichungssystem

$$(R - E) \cdot \begin{pmatrix} b_0 \\ b_1 \\ \vdots \\ b_{n-1} \end{pmatrix} = \begin{pmatrix} 0 \\ 0 \\ \vdots \\ 0 \end{pmatrix}$$

[2] Überlegen Sie sich die Komplexität des Algorithmus in Abhängigkeit von p.

eine Lösung besitzt, wobei E die $n \times n$-Einheitsmatrix ist.

Bezeichnen wir mit $\dim \operatorname{kern} A$ die Dimension des Kerns einer Matrix A, so gilt der

8.12

Satz 8.12 (Berlekamp-Algorithmus Teil II) Sei $p \in \mathbb{P}$ und $a(x) \in \mathbb{Z}_p[x]$ vom Grad n. Dann liefert die Dimension des Kerns der Matrix $R-E$ die Anzahl der *verschiedenen* irreduziblen Faktoren von $a(x)$. Insbesondere ist $a(x)$ irreduzibel genau dann, wenn $a(x)$ quadratfrei ist und wenn $\dim \operatorname{kern}(R-E) = 1$ ist.

Beweis: Wir nehmen zunächst an, $a(x)$ habe genau J verschiedene Faktoren. Dann ist $a(x) = \prod_{j=1}^{J} p_j(x)^{e_j}$, wobei die Polynome $p_j(x) \in \mathbb{Z}_p[x]$ irreduzibel sind. Wenn nun für ein $b(x) \in \mathbb{Z}_p[x]$ das Polynom $a(x) \mid b(x)^p - b(x) = \prod_{k=0}^{p-1} (b(x)-k)$ ist, so muß also jedes $p_j(x) \mid b(x) - k$ für ein $k = 0, \ldots, p-1$ sein. Da aber $b(x)-k$ und $b(x)-l$ für $k \neq l$ relativ prim zueinander sind, ist das zu $p_j(x)$ gehörige $k \in \mathbb{Z}_p$ *eindeutig bestimmt*, welches wir daher mit k_j bezeichnen. Wir erhalten auf diese Weise eine lineare Funktion φ, welche die Menge der Polynome $b(x) \in \mathbb{Z}_p[x]$, für die $a(x) \mid b(x)^p - b(x)$ gilt, auf die Menge der Vektoren $(k_1, \ldots, k_J) \in \mathbb{Z}_p^J$ abbildet.

Wir erklären nun die Umkehrfunktion φ^{-1}. Zu jedem J-tupel $(k_1, \ldots, k_J) \in \mathbb{Z}_p^J$ gibt es nach dem Chinesischen Restsatz für Polynome (Satz 7.6) ein eindeutiges Polynom $b(x) \in \mathbb{Z}_p[x]$ vom Grad $< n$ mit

$$b(x) \equiv k_j \pmod{p_j(x)^{e_j}},$$

m. a. W. $p_j(x)^{e_j} \mid b(x) - k_j$. Für solch ein $b(x)$ gilt dann weiter

$$p_j(x)^{e_j} \mid \prod_{k=0}^{p-1} (b(x) - k) = b(x)^p - b(x) \qquad \text{für alle } j = 1, \ldots, J.$$

also sehen wir schließlich, daß $a(x)$ ein Teiler von $b(x)^p - b(x)$ ist. Die gegebene Konstruktion liefert somit die gesuchte inverse Abbildung φ^{-1}.

Nach Konstruktion ist φ bijektiv, und es gibt daher eine eindeutige Zuordnung zwischen den Polynomen $b(x)$ vom Grad $< n$ mit $a(x) \mid b(x)^p - b(x)$ und den J-tupeln $(k_1, \ldots, k_J) \in \mathbb{Z}_p^J$, wobei J die Zahl der verschiedenen irreduziblen Faktoren von $a(x)$ bedeutet. Da es p^J solche Vektoren gibt, gibt es p^J mögliche $b(x)$.

Nun bilden aber die möglichen $b(x) \in \mathbb{Z}_p[x]$ einen Vektorraum über $\mathbb{Z}_p$, dessen Dimension nach eben Bewiesenem gleich J ist. Dies ist aber gleichbedeutend zu der Aussage $\dim \operatorname{kern}(R-E) = J$. □

Sitzung 8.13 Wir erklären die Funktion

```
In[1]:= Clear[AnzahlFaktoren]
        AnzahlFaktoren[a_, x_, p_] :=
          Module[{n, reste, R, k, j, ns},
            n = Exponent[a, x];
            reste =
              Table[PolynomialMod[
                  PolynomialRemainder[x^(p * k), a, x],
                  p], {k, 0, n - 1}];
            R = Table[Coefficient[reste[[k]], x, j],
                {j, 0, Length[reste] - 1},
                {k, Length[reste]}];
            ns = NullSpace[
                R - IdentityMatrix[Length[reste]],
                Modulus → p];
            Length[ns]
          ]
```

welche den vorgestellten Algorithmus umsetzt. Die Funktion `AnzahlFaktoren` gibt an, wieviele *verschiedene* irreduzible Faktoren ein Polynom hat.[3] Der Aufruf

```
In[2]:= AnzahlFaktoren[x^6 + x^5 + x^4 + x^3 + x^2 + x + 1, x, 2]
Out[2]= 2
```

zeigt, daß die Berechnung

```
In[3]:= Berlekamp[x^6 + x^5 + x^4 + x^3 + x^2 + x + 1, x, 2]
```
Out[3]= $(x^3 + x + 1)(x^3 + x^2 + 1)$

bereits die vollständige Faktorisierung liefert. Die Rechnung

```
In[4]:= AnzahlFaktoren[x^6 + x^5 + x^4 + x^3 + x^2 + x + 1, x, 3]
Out[4]= 1
```

zeigt die Irreduzibiliät von $x^6 + x^5 + x^4 + x^3 + x^3 + x + 1 \in \mathbb{Z}_2[x]$ (unter der Prämisse der Quadratfreiheit). Im folgenden Beispiel ergibt die Rechnung

```
In[5]:= AnzahlFaktoren[x^10 + x^9 + x^7 + x^3 + x^2 + 1, x, 2]
Out[5]= 3
```

daß die Faktorisierung

[3]Bei einer auf Effizienz angelegten Implementierung würde man selbstverständlich die Funktionalitäten von `AnzahlFaktoren` und `Berlekamp` in einer Funktion vereinigen. Hierfür muß der Kern nur einmal berechnet werden.

```
In[6]:= faktoren = Berlekamp[x^10 + x^9 + x^7 + x^3 + x^2 + 1, x, 2]
Out[6]= (x^4 + x^3 + x^2 + 1) (x^6 + x^4 + 1)
```

noch unvollständig ist. Daher wenden wir den Berlekamp-Algorithmus auf die erzeugten Faktoren erneut an und erhalten:

```
In[7]:= AnzahlFaktoren[faktoren[[1]], x, 2]
Out[7]= 2
```

Folglich ist

```
In[8]:= AnzahlFaktoren[faktoren[[2]], x, 2]
Out[8]= 1
```

Mit der Rechnung

```
In[9]:= Berlekamp[faktoren[[1]], x, 2]
Out[9]= (x + 1) (x^3 + x + 1)
```

haben wir schließlich eine Faktorisierung in verschiedene Faktoren gefunden, welche allerdings noch Quadrate enthält:

```
In[10]:= Factor[x^10 + x^9 + x^7 + x^3 + x^2 + 1, Modulus → 2]
Out[10]= (x + 1) (x^3 + x + 1) (x^3 + x^2 + 1)^2
```

Vor Anwendung des Berlekamp-Algorithmus sollte also stets eine quadratfreie Faktorisierung vorgenommen werden. □

8.3

8.3 Quadratfreie Faktorisierung von Polynomen über endlichen Körpern

Da uns der Berlekamp-Algorithmus lediglich die Anzahl *verschiedener* Faktoren liefert, ist es praktikabel, für $a(x) \in \mathbb{Z}_p[x]$ zuerst eine quadratfreie Faktorisierung durchzuführen. Nun ist aber Satz 6.42 über $\mathbb{Z}_p$ nicht gültig, also müssen wir hier anders vorgehen. Wir betrachten hierzu folgendes Beispiel

8.14 **Beispiel 8.14** Sei $a(x) = x^{17} + 1 \in \mathbb{Z}_{17}[x]$. Dann gilt

$$a'(x) = 17 \cdot x^{16} = 0\,,$$

da $\mathbb{Z}_{17}$ die Charakteristik 17 hat. In diesem Beispiel liefert allerdings (4.7) eine quadratfreie Faktorisierung

$$(1 + x)^{17} = x^{17} + 1\,.$$

Dies zeigt, daß $x = \text{mod}(-1, 17) = 16$ eine 17-fache Nullstelle von $a(x)$ ist. △

Wir zeigen nun, daß die eben betrachtete Idee immer zum Ziel führt, und zwar für beliebige Polynome $a(x) \in \text{GF}(q)[x]$, falls $a'(x) = 0$ ist.

Satz 8.15 Sei $a(x) \in \text{GF}(p^n)[x]$ mit $a'(x) = 0$. Dann ist $a(x) = b(x)^p$ für ein Polynom $b(x) \in \text{GF}(p^n)[x]$, welches algorithmisch bestimmt werden kann. **8.15**

Beweis: Sei $a(x) \in \text{GF}(p^n)[x]$. Da $a'(x) = 0$ ist und da die Charakteristik von $\text{GF}(p^n)[x]$ gleich p ist, müssen die in $a(x)$ auftretenden Potenzen durch p teilbar sein. Also gilt

$$a(x) = a_0 + a_p x^p + \cdots + a_{kp} x^{kp}$$

für ein $k \in \mathbb{N}$. Wir setzen nun

$$b(x) = b_0 + b_1 x + \cdots + b_k x^k ,$$

wobei die Koeffizienten b_j gemäß der Beziehung $b_j^p = a_{jp}$ gewählt werden sollen. Da für $a \in \text{GF}(q)$ die Beziehung $a^q = a$ gilt, s. (7.9), wählen wir wegen

$$\left(a_{jp}^{p^{n-1}}\right)^p = a_{jp}^{p^n} = a_{jp}^q = a_{jp}$$

die Koeffizienten b_j gemäß

$$b_j = a_{jp}^{p^{n-1}} .$$

Mit dieser Wahl folgt schließlich

$$\begin{aligned} b(x)^p &= \left(b_0 + b_1 x + \cdots + b_k x^k\right)^p \\ &= b_0^p + b_1^p x^p + \cdots + b_k^p x^{kp} \\ &= a_0 + a_p x^p + \cdots + a_{kp} x^{kp} = a(x) , \end{aligned}$$

was zu zeigen war. □

Satz 8.15 liefert also einen Algorithmus für eine quadratfreie Faktorisierung eines Polynoms $a(x) \in \text{GF}(q)[x]$, falls $a'(x) = 0$ ist. Ist aber $a'(x) \neq 0$, so kann der Algorithmus von Satz 6.43 angewandt werden. Beide Methoden zusammen liefern einen vollständigen Algorithmus zur quadratfreien Faktorisierung in $\text{GF}(q)[x]$.

Sitzung 8.16 `FactorSquareFree` liefert Faktorisierungen in $\mathbb{Z}_p[x]$, allerdings nicht in endlichen Körpern $\text{GF}(p^n)[x]$ für $n > 1$. Wir können also faktorisieren

```
In[1]:= FactorSquareFree[x^17 + 1, Modulus → 17]
```

```
Out[1]= (x + 1)^17
```

Nun ein Beispiel mit nichtverschwindender Ableitung

```
In[2]:= a = x^5 + 4x^2 + 9x + 2
Out[2]= x^5 + 4 x^2 + 9 x + 2
```

und der Faktorisierung

```
In[3]:= FactorSquareFree[a, Modulus → 17]
Out[3]= (x + 10)^3 (x^2 + 4 x + 5)
```

Hier existiert also eine nichttriviale quadratfreie Faktorisierung über $\mathbb{Z}_{17}$. □

8.4

8.4 Effiziente Faktorisierung in $\mathbb{Q}[x]$

Will man nun ein Polynom $a(x) \in \mathbb{Q}[x]$ effizient faktorisieren, so berechnet man zunächst den primitiven Teil von $a(x)$. Wir können also annehmen, daß $a(x) \in \mathbb{Z}[x]$ ganzzahlige Koeffizienten hat. Als nächstes können wir eine quadratfreie Faktorisierung durchführen.

Weiter können wir annehmen, daß das zu faktorisierende Polynom $a(x) \in \mathbb{Z}[x]$ vom Grad n normiert ist. Denn ist $a_n \neq 0$ der führende Koeffizient von $a(x)$, so erhalten wir durch Substitution von x durch x/a_n und anschließender Multiplikation mit a_n^{n-1} ein normiertes Polynom $b(x) \in \mathbb{Z}[x]$, dessen Faktorisierungsproblem gleichwertig zu dem von $a(x)$ ist.

Ist zum Beispiel $a(x) = 7x^2 + 4x - 3$, dann ist

$$b(x) = 7\left(7\left(\frac{x}{7}\right)^2 + 4\left(\frac{x}{7}\right) - 3\right) = x^2 + 4x - 21 = (x-3)(x+7)\,,$$

und damit ist die Faktorisierung von $a(x)$ durch Rücksubstitution gegeben durch $a(x) = \frac{1}{7}(7x-3)(7x+7) = (7x-3)(x+1)$.

Wir müssen also nur noch quadratfreie, normierte Polynome $a(x) \in \mathbb{Z}[x]$ faktorisieren. Eine Möglichkeit, dies zu tun, geht folgendermaßen: Wir wählen zunächst ein (oder einige) $p \in \mathbb{P}$ und bestimmen dann mit dem Berlekamp-Algorithmus die Faktorisierung(en) von $a(x) \in \mathbb{Z}_p[x]$, aufgefaßt also als Element von $\mathbb{Z}_p[x]$. Ist $a(x)$ für eines dieser p irreduzibel, so ist $a(x)$ auch irreduzibel in $\mathbb{Z}[x]$. Andernfalls wird man sich solch ein $p \in \mathbb{P}$ wählen, zu welchem möglichst wenige Faktoren existieren.[4]

---

[4]Leider ist es allerdings sogar bei Irreduzibilität von $a(x) \in \mathbb{Z}[x]$ nicht ausgeschlossen, daß für jedes $p \in \mathbb{P}$ viele Faktoren existieren, s. Übungsaufgabe 8.10.

Der folgende Hilfssatz zeigt, daß man auf diese Weise bereits eine Faktorisierung von $a(x) \in \mathbb{Z}[x]$ findet, falls nur p groß genug ist. Hierfür ist allerdings entscheidend, daß wir den Wertebereich der Modulofunktion $\operatorname{mod}(x, p) \to (-p/2, p/2]$ symmetrisch wählen. Genau dann liefert nämlich die Modulofunktion jeweils betragsmäßig den kleinstmöglichen Wert. Diese Konvention werden wir für das ganze Kapitel so beibehalten. Schreiben wir also $a(x) \in \mathbb{Z}_p[x]$, so ist damit insbesondere gemeint, daß die Koeffizienten von $a(x)$ im Intervall $(-p/2, p/2]$ liegen.

Hilfssatz 8.17 Sei $a(x) \in \mathbb{Z}[x]$ normiert mit $a(x) \equiv b(x)\,c(x) \pmod p$ und $b(x), c(x) \in \mathbb{Z}_p[x]$. Ferner seien die Beträge der Koeffizienten aller möglichen Faktoren von $a(x)$ kleiner als $p/2$. Ist weiter $a(x) = B(x)\,C(x)$ in $\mathbb{Z}[x]$, wobei $B(x) \equiv b(x) \pmod p$ und $C(x) \equiv c(x) \pmod p$ sind, dann gilt $B(x) = b(x)$ und $C(x) = c(x)$. **8.17**

Beweis: Da $B(x) \equiv b(x) \pmod p$, gilt entweder $B(x) = b(x)$ oder es gibt einen Koeffizienten von $B(x)$, der sich um ein Vielfaches von p vom entsprechenden Koeffizienten von $b(x)$ unterscheidet. Dann muß dieser Koeffizient von $B(x)$ aber außerhalb des Intervalls $(-p/2, p/2]$ liegen und $B(x)$ kann nach Voraussetzung kein Faktor von $a(x)$ sein. Ebenso erhält man $C(x) = c(x)$. □

Der nachfolgende Hilfssatz liefert eine gemeinsame Schranke der Koeffizienten möglicher Faktoren [Zas1969].

Hilfssatz 8.18 **(Zassenhaus-Schranke)** Sei $a(x) = \sum\limits_{k=0}^{n} a_k x^k \in \mathbb{Z}[x]$ normiert vom Grad n. Dann gilt: **8.18**

(a) Jede komplexe Nullstelle $x_0 \in \mathbb{C}$ von $a(x)$ erfüllt die Ungleichung

$$|x_0| \leqq R_0 := \frac{1}{\sqrt[n]{2}-1} \cdot \max_{k=1,\ldots,n} \sqrt[k]{\frac{|a_{n-k}|}{\binom{n}{k}}}\,. \tag{8.8}$$

(b) Die Koeffizienten jedes echten normierten Faktors $b(x) = \sum\limits_{j=0}^{m} b_j x^j \mid a(x)$ von $a(x)$ erfüllen die Ungleichung $|b_{m-k}| \leqq \binom{m}{k} R_0^k$, also insbesondere

$$|b_j| \leqq \max_{k=1,\ldots,m} \binom{m}{k} R_0^k\,.$$

Beweis: (a) Wir wählen

$$M := \max_{k=1,\ldots,n} \sqrt[k]{\frac{|a_{n-k}|}{\binom{n}{k}}}$$

aus (8.8). Daher gilt für alle $k = 1, \ldots, n$ die Ungleichung

$$M \geqq \sqrt[k]{\frac{|a_{n-k}|}{\binom{n}{k}}}$$

oder gleichwertig

$$|a_{n-k}| \leqq \binom{n}{k} M^k .$$

Sei nun $x_0 \in \mathbb{C}$ eine Nullstelle von $a(x)$. Dann gilt wegen $x_0{}^n + \sum\limits_{k=0}^{n-1} a_k \, x_0{}^k = 0$ die Beziehung

$$|x_0|^n = \left| \sum_{k=0}^{n-1} a_k \, x_0{}^k \right| .$$

Mit der Dreiecksungleichung folgt hieraus

$$|x_0|^n \leqq \sum_{k=0}^{n-1} |a_k| \cdot |x_0|^k \leqq \sum_{k=1}^{n} |a_{n-k}| \cdot |x_0|^{n-k} \leqq \sum_{k=1}^{n} \binom{n}{k} \cdot M^k \cdot |x_0|^{n-k} = \left(|x_0| + M\right)^n - |x_0|^n .$$

Also ist $2\,|x_0|^n \leqq (|x_0| + M)^n$ oder gleichwertig

$$|x_0| \leqq \frac{M}{\sqrt[n]{2} - 1} ,$$

also die Behauptung.
(b) Sei

$$b(x) = \sum_{j=0}^{m} b_j \, x^j = \prod_{k=1}^{m} (x + x_k)$$

ein Teiler von $a(x)$, seien also $-x_k$ $(k = 1, \ldots, m)$ die m komplexen Nullstellen von $b(x)$. Diese sind wegen $b(x) \mid a(x)$ automatisch auch Nullstellen von $a(x)$, es gilt also $|x_k| \leqq R_0$. Wegen[5]

$$\begin{aligned}
b_{m-1} &= x_1 + x_2 + \cdots + x_m \\
b_{m-2} &= x_1 x_2 + x_1 x_3 + x_1 x_4 + \ldots + x_2 x_3 + \ldots = \sum_{j<k} x_j x_k \\
b_{m-3} &= \sum_{i<j<k} x_i x_j x_k \\
&\vdots \\
b_0 &= \prod_{k=1}^{m} x_k
\end{aligned}$$

erhalten wir also mit der Dreiecksungleichung

$$|b_{m-1}| \leqq |x_1| + |x_2| + \cdots + |x_m| \leqq m \, R_0$$

[5]Die hierbei auftretenden Funktionen der Nullstellen heißen *elementarsymmetrische Polynome*, s. hierzu auch das Package `Algebra`SymmetricPolynomials``.

$$
\begin{aligned}
|b_{m-2}| &\leqq \sum_{j<k} |x_j|\,|x_k| \leqq \binom{m}{2} R_0^2 \\
|b_{m-3}| &\leqq \sum_{i<j<k} |x_i|\,|x_j|\,|x_k| \leqq \binom{m}{3} R_0^3 \\
&\vdots \\
|b_0| &\leqq \prod_{k=1}^{m} |x_k| \leqq R_0^m
\end{aligned}
$$

und Induktion liefert die Behauptung. □

Beispiel 8.19 Wir betrachten das spezielle Beispiel $a(x) = x^n - 1 \in \mathbb{C}[x]$. Die komplexen Nullstellen dieses Polynoms sind die n-ten Einheitswurzeln, $x_k = e^{2\pi i k/n}$ ($k = 0, \ldots, n-1$) 8.19

$$a(x) = x^n - 1 = \prod_{k=0}^{n-1} (x - x_k)\,,$$

welche alle den Betrag 1 haben. Also ist für jedes $n \in \mathbb{N}$ die optimale Nullstellenschranke $R = 1$. Für unser Beispiel sagt Hilfssatz 8.18 (a)

$$|x_k| \leqq R_n = \frac{1}{\sqrt[n]{2} - 1}$$

voraus. Dies ist für kleines n noch relativ genau, z. B. $R_2 = 1 + \sqrt{2} \approx 2.41421356237$, wird aber für $n \to \infty$ immer schlechter: $\lim\limits_{n\to\infty} R_n = \infty$.

Da wir die wahre Nullstellenschranke $R = 1$ kennen, können wir ferner aus Hilfssatz 8.18 (b) schließen, daß die Koeffizienten eines Faktors vom Grad m beschränkt sind durch $\max\limits_{k=1,\ldots,m} \binom{m}{k} = \binom{m}{\lfloor m/2 \rfloor}$. Diese Schranke wächst leider exponentiell (vgl. Abschnitt 6.2)

$$\binom{m}{\lfloor m/2 \rfloor} \sim \frac{2^{m-1/2}}{\sqrt{\pi m}}\,.$$

bzgl. m. Man kann zeigen, daß beim betrachteten Beispiel für $m \to \infty$ tatsächlich beliebig große Koeffizienten auftreten, s. auch Übungsaufgabe 8.8.

Sitzung 8.20 Wir wollen nun den betrachteten Algorithmus dazu verwenden, das ganzzahlige Polynom $a(x) \in \mathbb{Z}[x]$

```
In[1]:= a = x^8 + x^6 + 3x^5 - 9x^4 + 6x^3 - 13x^2 + 11x - 2
Out[1]= x^8 + x^6 + 3 x^5 - 9 x^4 + 6 x^3 - 13 x^2 + 11 x - 2
```

zu faktorisieren. Wir programmieren zunächst die symmetrische Modulofunktion für Polynome.

```
In[2]:= Clear[SymmetricPolynomialMod];
        SymmetricPolynomialMod[a_, x_, p_] :=
          Module[{n},
            n = Exponent[a, x];
             n
            ∑ Mod[Coefficient[a, x, k], p, -p/2] x^k
            k=0
          ]
```

Hiermit ergibt sich für unser Polynom $a(x)$, aufgefaßt beispielsweise als Element von $\mathbb{Z}_9[x]$, die Darstellung

```
In[3]:= SymmetricPolynomialMod[a, x, 9]
```

Out[3]= $x^8 + x^6 + 3\,x^5 - 3\,x^3 - 4\,x^2 + 2\,x - 2$

Die Zassenhausschranke aus Hilfssatz 8.18 wird berechnet durch

```
In[4]:= Clear[ZassenhausSchranke];
        ZassenhausSchranke[a_, x_, m_] :=
          Module[{n, M, R},
            n = Exponent[a, x];
            M = Max[Table[(Abs[Coefficient[a, x, n - k]])^(1/k) / Binomial[n, k],
                  {k, n}]];
            R = M / (2^(1/n) - 1);
            Max[Table[Binomial[m, k] R^k, {k, n}]]
          ]
```

Die Koeffizienten aller quadratischen Faktoren unseres Polynoms $a(x)$ sind also zum Beispiel beschränkt durch

```
In[5]:= z = ZassenhausSchranke[a, x, 2]
```

Out[5]= $\dfrac{\sqrt[4]{2}}{\left(-1 + \sqrt[8]{2}\right)^2}$

bzw.

```
In[6]:= N[z]
```

Out[6]= 145.173

Das Polynom $a(x)$ hat den Grad 8, also genügt es, Faktoren vom Grad $\leqq 4$ zu suchen. Hierfür erhalten wir die Koeffizientenschranken

```
In[7]:= liste = Table[N[ZassenhausSchranke[a, x, m]], {m, 1, 4}]
```

Out[7]= $\{12.0488, 145.173, 1749.16, 21075.2\}$

also ist kein Koeffizient eines derartigen Faktors größer als

```
In[8]:= Max[liste]
```
Out[8]= 21075.2

Um Faktoren vom Grad $\leqq 4$ zu finden, genügt es somit gemäß Hilfssatz 8.17, modulo[6]

```
In[9]:= p = NextPrime[Ceiling[2 Max[liste]]]
```
Out[9]= 42157

zu rechnen. Faktorisierung von $a(x)$ modulo p liefert

```
In[10]:= fac = Factor[PolynomialMod[a, p], Modulus → p]
```
Out[10]= $(x+4915)\,(x+16724)\,(x^3+x+42156)\,(x^3+20518\,x^2+16212\,x+8859)$

Wir wandeln alle Faktoren in ihr symmetrisches Äquivalent um

```
In[11]:= b = Map[SymmetricPolynomialMod[#, x, p]&, fac]
```
Out[11]= $(x+4915)\,(x+16724)\,(x^3+x-1)\,(x^3+20518\,x^2+16212\,x+8859)$

Nur diese Kandidaten sind mögliche irreduzible Teiler von $a(x)$. Daher testen wir durch Probedivision in $\mathbb{Z}[x]$, welche dieser Faktoren Teiler von $a(x)$ sind.

In[12]:= Map[Together[$\frac{a}{\#}$]&, Apply[List, b]]

Out[12]=
$$\left\{\frac{x^8+x^6+3\,x^5-9\,x^4+6\,x^3-13\,x^2+11\,x-2}{x+4915},\right.$$
$$\frac{x^8+x^6+3\,x^5-9\,x^4+6\,x^3-13\,x^2+11\,x-2}{x+16724},\, x^5+4\,x^2-9\,x+2,$$
$$\left.\frac{x^8+x^6+3\,x^5-9\,x^4+6\,x^3-13\,x^2+11\,x-2}{x^3+20518\,x^2+16212\,x+8859}\right\}$$

Dies ist nur beim dritten Faktor der Fall, daher lautet die vollständige Faktorisierung von $a(x)$ in $\mathbb{Z}[x]$

```
In[13]:= Factor[a]
```
Out[13]= $(x^3+x-1)\,(x^5+4\,x^2-9\,x+2)$

wie sie auch *Mathematicas* `Factor`-Kommando liefert. □

Wir erwähnen, daß es noch eine ganze Reihe weiterer Schranken für die Koeffizienten von Faktoren gibt, welche in eine Implementierung einfließen können.

[6]engl: ceiling = Decke. Die `Ceiling`-Funktion rundet auf. Wir verwenden die `NextPrime`-Funktion aus Kapitel 1.

8.5

8.5 Hensel-Lifting

In diesem Abschnitt wollen wir einen weiteren Algorithmus zur Faktorisierung in $\mathbb{Z}[x]$ kennenlernen, bei dem es ausreichend ist, den Berlekamp-Algorithmus für kleine $p \in \mathbb{P}$ anzuwenden. Beim sogenannten *Hensel-Lifting* wird nämlich eine Faktorisierung modulo einer kleinen Primzahl p zu einer Faktorisierung modulo p^2 geliftet und diese wiederum zu einer modulo $p^4, p^8, p^{16}, \ldots$. Um dies durchführen zu können, zeigen wir, wie man – ausgehend von einer Faktorisierung von $a(x)$ modulo q – zu einer Faktorisierung von $a(x)$ modulo q^2 gelangt. Iterativ kann man sich auf diese Weise also Faktorisierungen von $a(x)$ für schnell wachsenden Modul q beschaffen. Diese Idee ist wieder eine typische Divide-and-Conquer-Strategie und geht auf Zassenhaus zurück [Zas1969].

8.21 **Satz 8.21 (Hensel-Lifting)** Sei $a(x)$ ein normiertes Polynom in $\mathbb{Z}[x]$ und $a(x) \equiv b(x)c(x) \pmod{q}$, wobei $b(x), c(x)$ ebenfalls normiert und modulo q relativ prim seien. Dann gibt es modulo q^2 eindeutig bestimmte normierte Polynome $\tilde{b}(x), \tilde{c}(x)$ in $\mathbb{Z}[x]$ mit $\tilde{b}(x) \equiv b(x) \pmod{q}$ und $\tilde{c}(x) \equiv c(x) \pmod{q}$ derart, daß $a(x) \equiv \tilde{b}(x)\tilde{c}(x) \pmod{q^2}$ und $\tilde{b}(x), \tilde{c}(x)$ relativ prim sind modulo q^2. Die gesuchte Faktorisierung modulo q^2 kann algorithmisch bestimmt werden.

Beweis: Für den Beweis des Satzes benötigen wir noch folgenden

8.22 **Hilfssatz 8.22** Seien $a(x), b(x) \in \mathbb{Z}[x]$, $b(x) \neq 0$ mit $a(x) = q(x)b(x) + r(x)$ und $\deg(r(x), x) < \deg(b(x), x)$. Gilt $a(x) \equiv 0 \pmod{m}$, dann folgt $q(x) \equiv r(x) \equiv 0 \pmod{m}$.

Beweis: Sei $a(x) \equiv 0 \pmod{m}$, dann ist $a(x) = m\,\tilde{a}(x)$ für ein $\tilde{a}(x) \in \mathbb{Z}[x]$. Der Divisionsalgorithmus liefert $\tilde{q}(x), \tilde{r}(x) \in \mathbb{Z}[x]$ mit $\tilde{a}(x) = \tilde{q}(x)b(x) + \tilde{r}(x)$ und $\deg(\tilde{r}(x), x) < \deg(b(x), x)$. Damit gilt $a(x) = m\,\tilde{a}(x) = (m\,\tilde{q}(x))\,b(x) + (m\,\tilde{r}(x))$ und aus der Eindeutigkeit der Division mit Rest folgt die Behauptung. □

Beweis des Satzes: Da $b(x)$ und $c(x)$ modulo q relativ prim sind, liefert der erweiterte Euklidische Algorithmus $s(x), t(x) \in \mathbb{Z}[x]$ mit $s(x)b(x) + t(x)c(x) \equiv 1 \pmod{q}$. Die vom erweiterten Euklidischen Algorithmus bestimmten Polynome haben ferner die Eigenschaft $\deg(s(x), x) < \deg(c(x), x)$ und $\deg(t(x), x) < \deg(b(x), x)$, s. Übungsaufgabe 8.9.

Ziel wird es sein zu zeigen, daß es unter diesen Voraussetzungen modulo q^2 eindeutig bestimmte normierte Polynome $\tilde{b}(x), \tilde{c}(x) \in \mathbb{Z}[x]$ gibt mit den Eigenschaften $\tilde{b}(x) \equiv b(x) \pmod{q}$, $\tilde{c}(x) \equiv c(x) \pmod{q}$ und $a(x) \equiv \tilde{b}(x)\tilde{c}(x) \pmod{q^2}$. Hierbei sollen $\tilde{b}(x), \tilde{c}(x)$ relativ prim sein modulo q^2, d. h. es gibt $\tilde{s}(x), \tilde{t}(x) \in \mathbb{Z}[x]$ mit $\tilde{s}(x)\tilde{b}(x) + \tilde{t}(x)\tilde{c}(x) \equiv 1 \pmod{q^2}$. Ferner gilt $\deg(\tilde{s}(x), x) < \deg(\tilde{c}(x), x)$, $\deg(\tilde{t}(x), x) < \deg(\tilde{b}(x), x)$, $\tilde{s}(x) \equiv s(x) \pmod{q}$ und $\tilde{t}(x) \equiv t(x) \pmod{q}$. Wir werden alle diese Polynome algorithmisch bestimmen.

Wegen $a(x) \equiv b(x)c(x) \pmod{q}$ gibt es $k(x) \in \mathbb{Z}[x]$ mit $a(x) = b(x)c(x) + q\,k(x)$. Da $a(x)$, $b(x)$ und $c(x)$ normiert sind, ist ferner $\deg(k(x), x) < \deg(a(x), x)$. Insbesondere gilt auch $a(x) \equiv b(x)c(x) + q\,k(x) \pmod{q^2}$.

Gesucht sind $\tilde{b}(x)$, $\tilde{c}(x)$ der Form $\tilde{b}(x) = b(x) + q\,B(x)$, $\tilde{c}(x) = c(x) + q\,C(x)$ mit $B(x), C(x) \in \mathbb{Z}[x]$. Damit erhalten wir wegen

$$\begin{aligned} a(x) &\equiv \tilde{b}(x)\tilde{c}(x) \\ &\equiv (b(x) + q\,B(x))\,(c(x) + q\,C(x)) \\ &\equiv b(x)\,c(x) + q\Big(b(x)C(x) + B(x)c(x)\Big) \\ &\equiv b(x)\,c(x) + q\,k(x) \qquad \pmod{q^2} \end{aligned}$$

für

$$k(x) \equiv b(x)C(x) + B(x)c(x) \pmod{q}\,. \tag{8.9}$$

Da $b(x)$ und $c(x)$ relativ prim sind modulo q, hat Gleichung (8.9) Lösungen $B(x)$ und $C(x)$: Wegen $s(x)b(x) + t(x)c(x) \equiv 1 \pmod{q}$ ist $C(x) = k(x)s(x)$ und $B(x) = k(x)t(x)$ eine derartige Lösung.

Allerdings sind $B(x)$ und $C(x)$ nicht eindeutig bestimmt. Ausgehend von den soeben angegebenen Polynomen wollen wir $B(x)$ und $C(x)$ schließlich so wählen, daß $\deg(B(x), x) < \deg(b(x), x)$ und $\deg(C(x), x) < \deg(c(x), x)$ ist. Damit erreichen wir, daß die Grade von $b(x)$ und $\tilde{b}(x)$ bzw. $c(x)$ und $\tilde{c}(x)$ übereinstimmen. Hierzu wählen wir $C(x)$ als den Rest von $k(x)s(x)$ bei der Division durch $c(x)$ und $B(x)$ als den Rest von $k(x)t(x)$ bei der Division durch $b(x)$. Dann haben wir nämlich

$$k(x)s(x) = c(x)p(x) + C(x) \quad \text{und} \quad k(x)t(x) = b(x)q(x) + B(x)$$

mit $\deg(C(x), x) < \deg(c(x), x)$ und $\deg(B(x), x) < \deg(b(x), x)$. Durch Einsetzen erhalten wir

$$\begin{aligned} k(x) &\equiv k(x)\Big(s(x)b(x) + t(x)c(x)\Big) \equiv k(x)s(x)b(x) + k(x)t(x)c(x) \\ &\equiv c(x)p(x)b(x) + C(x)b(x) + b(x)q(x)c(x) + c(x)B(x) \\ &\equiv c(x)b(x)\Big(p(x) + q(x)\Big) + C(x)b(x) + c(x)B(x) \qquad \pmod{q} \end{aligned}$$

und damit

$$c(x)b(x)\Big(p(x) + q(x)\Big) \equiv k(x) - C(x)b(x) - c(x)B(x) \pmod{q}\,.$$

Auf der linken Seite steht ein Vielfaches des normierten Polynoms $c(x)b(x)$ vom Grad $\deg(c(x)b(x), x) = \deg(a(x), x)$. Wäre $p(x) + q(x) \not\equiv 0 \pmod{q}$, dann stünde links ein Polynom vom Grad $\geqq \deg(a(x), x)$, aber rechts steht wegen $\deg(k(x), x) < \deg(a(x), x)$ ein Polynom vom Grad $< \deg(a(x), x)$. Somit gilt $p(x) + q(x) \equiv 0 \pmod{q}$, und die Reste $B(x)$ und $C(x)$ stellen – wie behauptet – eine Lösung der Gleichung (8.9) dar. Damit ist die Konstruktion der gesuchten Polynome $\tilde{b}(x) := b(x) + q\,B(x)$ und $\tilde{c}(x) := c(x) + q\,C(x)$ beendet.

Als nächstes zeigen wir, daß die auf diese Weise gegebenen Polynome $\tilde{b}(x)$ und $\tilde{c}(x)$ relativ prim sind modulo q^2. Um die Grade der zugehörigen Polynome $\tilde{s}(x), \tilde{t}(x)$ möglichst klein zu halten, benutzen wir wieder Division mit Rest. Zuerst setzen wir $d(x) := s(x)\tilde{b}(x)+t(x)\tilde{c}(x)-1$. Da $b(x)$ und $c(x)$ relativ prim sind modulo q, gilt auch $s(x)\tilde{b}(x)+t(x)\tilde{c}(x) \equiv s(x)b(x)+t(x)c(x) \equiv 1 \pmod q$ und damit $d(x) \equiv 0 \pmod q$. Die gesuchten $\tilde{s}(x), \tilde{t}(x)$ sind dann gegeben durch

$$\tilde{s}(x) := s(x) - S(x) \quad \text{und} \quad \tilde{t}(x) := t(x) - T(x)\,,$$

wobei $S(x)$ und $T(x)$ als Divisionsreste bei der Division von $s(x)d(x)$ durch $\tilde{c}(x)$ bzw. bei der Division von $t(x)d(x)$ durch $\tilde{b}(x)$ gegeben sind, d. h.

$$s(x)d(x) = P(x)\tilde{c}(x) + S(x) \quad \text{und} \quad t(x)d(x) = Q(x)\tilde{b}(x) + T(x)\,. \tag{8.10}$$

Wegen $\deg(S(x), x) < \deg(\tilde{c}(x), x)$ ist auch $\deg(\tilde{s}(x), x) < \deg(\tilde{c}(x), x)$, und analog ist $\deg(\tilde{t}(x), x) < \deg(\tilde{b}(x), x)$. Ferner folgt aus (8.10) mit Hilfssatz 8.22 $S(x) \equiv T(x) \equiv 0 \pmod q$ und damit $\tilde{s}(x) \equiv s(x) \pmod q$ und $\tilde{t}(x) \equiv t(x) \pmod q$. Weiter gilt

$$\begin{aligned}
& \tilde{s}(x)\tilde{b}(x) + \tilde{t}(x)\tilde{c}(x) - 1 \\
\equiv\; & (s(x) - S(x))\tilde{b}(x) + (t(x) - T(x))\tilde{c}(x) - 1 \\
\equiv\; & \Big(s(x) - s(x)d(x) + P(x)\tilde{c}(x)\Big)\tilde{b}(x) + \Big(t(x) - t(x)d(x) + Q(x)\tilde{b}(x)\Big)\tilde{c}(x) - 1 \\
\equiv\; & s(x)\tilde{b}(x) + t(x)\tilde{c}(x) - 1 - d(x)\Big(s(x)\tilde{b}(x) + t(x)\tilde{c}(x)\Big) + \Big(P(x) + Q(x)\Big)\tilde{b}(x)\tilde{c}(x) \\
\equiv\; & d(x) - d(x)(d(x) + 1) + \Big(P(x) + Q(x)\Big)\tilde{b}(x)\tilde{c}(x) \\
\equiv\; & -d(x)^2 + \Big(P(x) + Q(x)\Big)\tilde{b}(x)\tilde{c}(x) \\
\equiv\; & \Big(P(x) + Q(x)\Big)\tilde{b}(x)\tilde{c}(x) \pmod{q^2}
\end{aligned}$$

Mit einer ähnlichen Argumentation wie oben folgt hieraus $P(x) + Q(x) \equiv 0 \pmod{q^2}$, und damit sind $\tilde{b}(x), \tilde{c}(x)$ relativ prim modulo q^2. Somit haben wir ein Lösungspaar $\tilde{b}(x), \tilde{c}(x)$ mit den geforderten Eigenschaften konstruiert.

Um die Eindeutigkeit zu zeigen, nehmen wir an, es gelte $\tilde{b}(x) \equiv b(x) \pmod q$ und $\hat{b}(x) \equiv b(x) \pmod q$ sowie $\tilde{c}(x) \equiv c(x) \pmod q$ und $\hat{c}(x) \equiv c(x) \pmod q$, $\tilde{b}(x), \hat{b}(x), \tilde{c}(x), \hat{c}(x)$ seien normiert und $a(x) \equiv \tilde{b}(x)\tilde{c}(x) \equiv \hat{b}(x)\hat{c}(x) \pmod{q^2}$. Dann ist

$$\begin{aligned}
\hat{b}(x) &= \tilde{b}(x) + q\,m(x) \quad \text{mit} \quad \deg(m(x), x) < \deg(\tilde{b}(x), x)\,, \\
\hat{c}(x) &= \tilde{c}(x) + q\,n(x) \quad \text{mit} \quad \deg(n(x), x) < \deg(\tilde{c}(x), x)\,.
\end{aligned}$$

Wir zeigen $m(x) \equiv n(x) \equiv 0 \pmod q$. Dazu nehmen wir an, $n(x) \not\equiv 0 \pmod q$. Wegen $\tilde{b}(x)\tilde{c}(x) \equiv \hat{b}(x)\hat{c}(x) \pmod{q^2}$ folgt

$$\begin{aligned}
0 &\equiv \hat{b}(x)\hat{c}(x) - \tilde{b}(x)\tilde{c}(x) \\
&\equiv (\tilde{b}(x) + q\,m(x))\,(\tilde{c}(x) + q\,n(x)) - \tilde{b}(x)\tilde{c}(x) \\
&\equiv q\Big(\tilde{b}(x)n(x) + m(x)\tilde{c}(x)\Big) \pmod{q^2}\,,
\end{aligned}$$

also

$$\tilde{b}(x)n(x) + m(x)\tilde{c}(x) \equiv 0 \pmod{q}\,. \tag{8.11}$$

Wir wissen ferner, daß

$$\tilde{b}(x)\tilde{s}(x) + \tilde{t}(x)\tilde{c}(x) \equiv 1 \pmod{q}\,. \tag{8.12}$$

Wir multiplizieren (8.11) mit $\tilde{s}(x)$ und ersetzen $\tilde{s}(x)\tilde{b}(x)$ gemäß (8.12). Dies liefert

$$\left(1 - \tilde{c}(x)\tilde{t}(x)\right)n(x) + \tilde{s}(x)\tilde{c}(x)m(x) \equiv 0 \pmod{q}$$

und damit

$$n(x) \equiv \tilde{c}(x)\left(\tilde{t}(x)n(x) - \tilde{s}(x)m(x)\right) \pmod{q}\,.$$

Da $\tilde{c}(x)$ normiert ist und $n(x) \not\equiv 0$, ist also $\tilde{t}(x)n(x) - \tilde{s}(x)m(x) \not\equiv 0 \pmod{q}$, und damit ist $\deg(n(x), x) \geqq \deg(\tilde{c}(x), x)$. Dies ist ein Widerspruch.

Somit gilt $n(x) \equiv 0 \pmod{q}$. Analog zeigt man $m(x) \equiv 0 \pmod{q}$. □

Sitzung 8.23 Nun implementieren wir das Hensel-Lifting. Hierzu laden wir die Funktionen der letzten *Mathematica*-Sitzung und betrachten das Beispiel-Polynom

```
In[1]:= a = x^8 - 46 x^7 - 1062 x^6 + 4028 x^5 - 4944 x^4 + 2104 x^3 -
            66 x^2 - 35 x + 2
```

Out[1]= $x^8 - 46\,x^7 - 1062\,x^6 + 4028\,x^5 - 4944\,x^4 + 2104\,x^3 - 66\,x^2 - 35\,x + 2$

Wir faktorisieren $a(x)$ modulo kleiner Primzahlen

```
In[2]:= liste = Table[Factor[a, Modulus → Prime[n]], {n, 10}]
```

Out[2]= $\{x\,(x+1)\,(x^3+x+1)\,(x^3+x^2+1),\ (x+1)\,(x+2)^5\,(x^2+1),$
$(x+1)\,(x^3+x^2+x+4)\,(x^4+2\,x^3+2\,x^2+3),$
$(x+3)\,(x+5)\,(x^2+2\,x+5)\,(x^4+x^2+6),$
$(x^4+3\,x^3+2\,x^2+10)\,(x^4+6\,x^3+7\,x^2+2\,x+9),$
$(x+4)\,(x+6)\,(x^2+3\,x+6)\,(x^2+7\,x+1)\,(x^2+12\,x+2),$
$(x+13)\,(x^3+4\,x^2+2\,x+9)\,(x^4+5\,x^3+6\,x^2+16),$
$(x+12)\,(x^3+x^2+7\,x+11)\,(x^4+17\,x^3+9\,x^2+16\,x+17),$
$(x^2+10\,x+20)\,(x^2+19\,x+8)\,(x^4+17\,x^3+21\,x^2+12\,x+21),$
$(x+11)\,(x+14)\,(x+27)\,(x^2+12\,x+28)\,(x^3+6\,x^2+2\,x+13)\}$

```
In[3]:= Map[Length, liste]
```

Out[3]= {4, 3, 3, 4, 2, 5, 3, 3, 3, 5}

Für die betrachteten Primzahlen erhalten wir also zwischen 2 und 5 Faktoren. Die kleinste Primzahl q mit zwei Faktoren ist

```
In[4]:= q = Prime[5]
```

Out[4]= 11

und $a(x)$ hat die Faktorisierung

```
In[5]:= fac = Factor[a, Modulus → q]
```

Out[5]= $(x^4 + 3x^3 + 2x^2 + 10)(x^4 + 6x^3 + 7x^2 + 2x + 9)$

modulo $q = 11$. Die Faktoren $b(x)$ und $c(x)$ sind dann gegeben durch

```
In[6]:= b = SymmetricPolynomialMod[fac[[1]], x, q]
```

Out[6]= $x^4 + 3x^3 + 2x^2 - 1$

bzw.

```
In[7]:= c = SymmetricPolynomialMod[fac[[2]], x, q]
```

Out[7]= $x^4 - 5x^3 - 4x^2 + 2x - 2$

Mit dem erweiterten Euklidischen Algorithmus bestimmen wir die Polynome $s(x)$ und $t(x)$

```
In[8]:= Needs["Algebra`PolynomialExtendedGCD`"]

In[9]:= {g, {s, t}} = PolynomialMod[
            Expand[PolynomialExtendedGCD[b, c, Modulus → q]], q]
```

Out[9]= $\{1, \{8x^3 + 8x^2 + x + 6, 3x^3 + 5x^2 + 7x + 2\}\}$

und haben nebenbei überprüft, daß der größte gemeinsame Teiler von $b(x)$ und $c(x)$ – wie gefordert – modulo q gleich 1 ist.

Die Prozedur `HenselLifting` führt nun den Schritt $q \mapsto q^2$ durch.

```
In[10]:= Clear[HenselLifting]
         HenselLifting[a_, b_, c_, s_, t_, x_, q_] :=
          Module[{k, B, C, d, S, T},
           k = Expand[(a - b c)/q];
           B = SymmetricPolynomialMod[
              PolynomialRemainder[k t, b, x], x, q];
           C = SymmetricPolynomialMod[
              PolynomialRemainder[k s, c, x], x, q];
           d = s (b + q B) + t (c + q C) - 1;
           S = SymmetricPolynomialMod[
              PolynomialRemainder[s d, c + q C, x], x, q^2];
           T = SymmetricPolynomialMod[
              PolynomialRemainder[t d, b + q B, x], x, q^2];
           {Expand[b + q B], Expand[c + q C], Expand[s - S],
            Expand[t - T], q^2}
          ]
```

Die Prozedur übergibt die Polynome $a(x)$, $b(x)$, $c(x)$, $s(x)$ und $t(x)$ sowie q und liefert $\tilde{b}(x)$, $\tilde{c}(x)$, $\tilde{s}(x)$ und $\tilde{t}(x)$ sowie q^2, also die Daten für den nächsten Iterationsschritt des Hensel-Liftings.

Wir starten mit $q = 11$ und erhalten in den ersten beiden Iterationsschritten

```
In[11]:= {b, c, s, t, q} = HenselLifting[a, b, c, s, t, x, q]
```

Out[11]= $\{x^4 + 58x^3 + 57x^2 - 1, x^4 + 17x^3 - 48x^2 + 35x - 2,$
$-47x^3 - 3x^2 + 12x + 61, 47x^3 - 6x^2 - 4x - 31, 121\}$

```
In[12]:= {b, c, s, t, q} = HenselLifting[a, b, c, s, t, x, q]
```

Out[12]= $\{x^4 - 63x^3 + 57x^2 - 1, x^4 + 17x^3 - 48x^2 + 35x - 2,$
$316x^3 + 3869x^2 + 3400x + 3086,$
$-316x^3 + 6770x^2 + 4231x + 5777, 14641\}$

Der Modul $q = 14641$ liefert bereits die gültige Faktorisierung in $\mathbb{Z}[x]$

```
In[13]:= Factor[a]
```

Out[13]= $(x^4 - 63x^3 + 57x^2 - 1)(x^4 + 17x^3 - 48x^2 + 35x - 2)$

was wir durch Probedivision testen können:

```
In[14]:= {PolynomialRemainder[a, b, x],
          PolynomialRemainder[a, c, x]}
```

Out[14]= $\{0, 0\}$

Wir haben die Zassenhaus-Schranke aber noch nicht erreicht.

```
In[15]:= Ceiling[ZassenhausSchranke[a, x, 4]]
```

Out[15]= 16290284

Ein weiterer Iterationsschritt des Hensel-Liftings übertrifft diese Schranke mit dem Ergebnis

```
In[16]:= {b, c, s, t, q} = HenselLifting[a, b, c, s, t, x, q]
```

Out[16]= $\{x^4 - 63x^3 + 57x^2 - 1, x^4 + 17x^3 - 48x^2 + 35x - 2,$
$-3572088x^3 - 64723992x^2 + 39065588x - 71444994,$
$3572088x^3 - 6684167x^2 + 16123972x - 71456944, 214358881\}$

Dies schließt das Verfahren in jedem Fall ab, auch ohne Probedivisionen. □

8.6 Multivariate Faktorisierung

8.6

In diesem Abschnitt wollen wir kurz die Idee präsentieren, wie man ausgehend von univariaten Faktorisierungen multivariate Faktorzerlegungen, beispielsweise in $\mathbb{Z}[x, y]$, finden kann. Hierzu kann erneut die Polynominterpolation genutzt werden. Wir führen diese Methode anhand eines Beispiels vor.

Sitzung 8.24 Wir wollen das durch

```
In[1]:= a = Expand[(x - 3y + x^3) (2x + 45y^2 - x y)]
```
Out[1]= $-y\,x^4 + 2\,x^4 + 45\,y^2\,x^3 - y\,x^2 + 2\,x^2 + 48\,y^2\,x - 6\,y\,x - 135\,y^3$

gegebene Polynom $a(x, y) \in \mathbb{Z}[x, y]$ faktorisieren. Wir sehen, daß $a(x, y)$ bzgl. y den Grad 3 hat. Jede echte Faktorisierung in $\mathbb{Z}[x, y]$ hat also mindestens einen linearen Faktor bzgl. y. Diesen versuchen wir nun zu finden.

Hierfür berechnen wir zunächst $a(x, y_0)$ für 2 spezielle Werte $y_0 \in \mathbb{Z}$. Aus den Faktorisierungen von $a(x, y_0)$ können wir dann die möglichen Faktoren $b(x, y)$ mittels Polynominterpolation finden. Für $y_0 = 1$ erhalten wir $a(x, 1) \in \mathbb{Z}[x]$

```
In[2]:= a/.y → 1
```
Out[2]= $x^4 + 45\,x^3 + x^2 + 42\,x - 135$

und eine univariate Faktorisierung liefert

```
In[3]:= res1 = Factor[a/.y → 1]
```
Out[3]= $(x + 45)\,(x^3 + x - 3)$

Wir wählen nun zunächst willkürlich den ersten Faktor aus

```
In[4]:= wert[1] = res1[[1]]
```
Out[4]= $x + 45$

und versuchen diesen, mit einem Faktor von $a(x, 2) \in \mathbb{Z}[x]$

```
In[5]:= a/.y → 2
```
Out[5]= $180\,x^3 + 180\,x - 1080$

```
In[6]:= res2 = Factor[a/.y → 2]
```
Out[6]= $180\,(x^3 + x - 6)$

in Einklang zu bringen. Hierfür wählen wir nun den Faktor

```
In[7]:= wert[2] = res2[[2]]
```
Out[7]= $x^3 + x - 6$

aus.[7] Das Interpolationspolynom

```
In[8]:= b = Expand[InterpolatingPolynomial[
              {{1, wert[1]}, {2, wert[2]}}, y]]
```
Out[8]= $y\,x^3 - x^3 + x - 51\,y + 96$

ist nun ein Teilerkandidat. Probedivision zeigt aber, daß diese Rechnung keinen Faktor von $a(x, y)$ liefert:

```
In[9]:= Together[PolynomialRemainder[a, b, y]]
```

[7]Der erste Faktor ist ja konstant.

Out[9]= $\frac{1}{(x^3-51)^3}$

$(x^{13}+45x^{12}+2x^{11}-156x^{10}-11069x^9-255x^8+6372x^7+$
$894186x^6+16614x^5+304020x^4-24882912x^3-$
$431136x^2-17330112x+119439360)$

Also versuchen wir, den zweiten Faktor von $a(x, 1)$ mit dem betrachteten Faktor von $a(x, 2)$ zu kombinieren:

```
In[10]:= wert[1] = res2[[2]]
```
Out[10]= x^3+x-3

Nun erhalten wir das Interpolationspolynom

```
In[11]:= b = Expand[InterpolatingPolynomial[
             {{1, wert[1]}, {2, wert[2]}}, y]]
```
Out[11]= x^3+x-3y

und die Probedivision ist diesmal erfolgreich

```
In[12]:= Together[PolynomialRemainder[a, b, y]]
```
Out[12]= 0

folglich haben wir den gesuchten Faktor $b(x, y)$ von $a(x, y)$ gefunden. Den zweiten Faktor von $a(x, y)$ liefert dann die Rechnung

```
In[13]:= PolynomialQuotient[a, b, y]
```
Out[13]= $45y^2-xy+2x$

was durch die eingebaute Faktorisierungsroutine `Factor` bestätigt wird:

```
In[14]:= Factor[a]
```
Out[14]= $-(x^3+x-3y)(-45y^2+xy-2x)$

Im Falle von Polynomen höheren Grades müssen natürlich i. a. Polynominterpolationen mit mehr als 2 Stützpunkten betrachtet werden. Außerdem muß das Verfahren iteriert werden, um alle Faktoren zu finden. Schließlich können rekursiv auch mehr als zwei Variablen betrachtet werden.

Um ein weiteres Problem zu betrachten, vertauschen wir in unserem Beispielfall die Rolle der beiden Variablen.

Da $a(x, y)$ bzgl. x den Grad 4 hat, hat jede echte Faktorisierung einen Faktor vom Grad $\leqq 2$. Daher interpolieren wir diesmal also mit 3 Stützunkten. Wir faktorisieren zunächst $a(1, y)$

```
In[15]:= a/.x → 1
```
Out[15]= $-135y^3+93y^2-8y+4$

```
In[16]:= res1 = Factor[a/.x → 1]
```
Out[16]= $-(3y-2)(45y^2-y+2)$

und wählen einen Faktor aus

```
In[17]:= wert[1] = res1[[3]]
Out[17]= 45 y^2 - y + 2
```

Dann faktorisieren wir $a(2, y)$

```
In[18]:= a/.x → 2
Out[18]= -135 y^3 + 456 y^2 - 32 y + 40
```

```
In[19]:= res2 = Factor[a/.x → 2]
Out[19]= -(3 y - 10) (45 y^2 - 2 y + 4)
```

und wählen wieder einen Faktor aus

```
In[20]:= wert[2] = res2[[3]]
Out[20]= 45 y^2 - 2 y + 4
```

Schließlich faktorisieren wir $a(3, y)$

```
In[21]:= a/.x → 3
Out[21]= -135 y^3 + 1359 y^2 - 108 y + 180
```

```
In[22]:= res3 = Factor[a/.x → 3]
Out[22]= -9 (y - 10) (15 y^2 - y + 2)
```

Der letzte Faktor ist der richtige, hat aber noch nicht den korrekten führenden Koeffizienten. Damit wieder der Summand $45y^2$ erscheint, versuchen wir es mit dem Faktor

```
In[23]:= wert[3] = 3 res3[[3]]
Out[23]= 3 (15 y^2 - y + 2)
```

Wie man den richtigen führenden Koeffizienten algorithmisch findet, wurde von Wang [Wan1978] untersucht, s. auch [GCL1992], S. 377.

Nun können wir das Interpolationspolynom

```
In[24]:= b = Expand[InterpolatingPolynomial[
              {{1, wert[1]}, {2, wert[2]}, {3, wert[3]}}, x]]
Out[24]= 45 y^2 - x y + 2 x
```

berechnen, und Probedivision ergibt

```
In[25]:= Together[PolynomialRemainder[a, b, x]]
Out[25]= 0
```

Die Rechnung

```
In[26]:= Together[PolynomialQuotient[a, b, x]]
Out[26]= x^3 + x - 3 y
```

liefert dann wieder den zweiten Faktor. □

8.7 Ergänzende Bemerkungen 8.7

Faktorisierung ist bis heute ein stark beachtetes Forschungsgebiet, da es vielfältige Anwendungen hat und da die Komplexität mit der Anzahl der Variablen ins Unermeßliche steigen kann. Daher sind hocheffiziente Methoden besonders wichtig.

Im Jahr 1982 haben Lenstra, Lenstra und Lovász ihr berühmtes LLL-Gitterreduktionsverfahren publiziert [LLL1982], mit welchem die Faktorisierung von Polynomen in polynomialer Laufzeit möglich ist. Exponentiell war bis zu diesem Zeitpunkt die kombinatorische Explosion beim Lifting, falls viele modulare Faktoren existieren.

Es stellte sich allerdings heraus, daß der Originalalgorithmus in [LLL1982] für realistische Beispiele nicht effizient genug war. Mark van Hoeij hat in [Hoe2002] dann diesen Mangel behoben und einen anderen, ebenfalls auf dem LLL-Gitterreduktionsverfahren beruhenden, effizienten univariaten Faktorisierungsalgorithmus publiziert und implementiert. In einer ganz aktuellen Arbeit [BHKS2005] wird gezeigt, daß der van Hoeij-Algoithmus ebenfalls eine polynomiale Laufzeit hat, und der Algorithmus wird weiter vereinfacht. Ein Überblicksartikel zu dieser Thematik erschien in [Klü2005].

Heutige Computeralgebrasysteme können (selbst ohne den van Hoeij-Algorithmus) sehr komplizierte Faktorisierungen durchführen, so daß Faktorisierung ohne Frage zu den Highlights von Computeralgebra gehört.

8.8 Übungsaufgaben 8.8

8.1 Programmieren Sie eine Funktion `RationaleNullstellen`, welche alle rationalen Nullstellen eines Polynoms $a(x) \in \mathbb{Q}[x]$ bestimmt.

8.2 Programmieren Sie eine Funktion `Nullstellen`, welche alle Nullstellen $x_k \in \mathbb{Z}_p$ eines Polynoms $a(x) \in \mathbb{Z}_p[x]$ bestimmt.

8.3 Beweisen Sie Hilfssatz 8.5 über die Primitivität des Produkts zweier primitiver Polynome unter Verwendung der Tatsache, daß für ein primitives Polynom $a(x) \in \mathbb{Z}[x]$ und jede Primzahl $p \in \mathbb{P}$ die Beziehung $a(x) \not\equiv 0 \pmod{p}$ gültig ist.

8.4 **(Berlekamp-Algorithmus)** Testen Sie an geeigneten Beispielpolynomen, wie groß die Primzahl $p \in \mathbb{P}$ sein kann, damit der Berlekamp-Algorithmus noch in „vernünftiger" Laufzeit arbeitet.

8.5 (Berlekamp-Algorithmus) Wenden Sie den Berlekamp-Algorithmus an, um folgenden Polynome vollständig in $\mathbb{Z}_p$ zu faktorisieren:

(a) $a(x) = x^5 + 3x^3 + 2x + 4 \quad (p = 7, 13, 37, 97)$;
(b) $b(x) = x^{14} + 5x^{10} + 7x^6 + 6x^2 + 1 \quad (p = 7, 13, 17, 37, 97)$;
(c) $c(x) = x^{105} - 1 \quad (p = 7, 1009)$.

8.6 (Hensel-Lifting) Wenden Sie das Hensel-Lifting auf $a(x) = x^4 - 11$ bzgl. der Primzahl $p = 5$ an. Das Polynom $a(x)$ ist irreduzibel in $\mathbb{Z}[x]$. Es zerfällt allerdings modulo 5 in vier Linearfaktoren.

Um mit dem Hensel-Lifting herauszufinden, daß $a(x)$ irreduzibel ist, müssen alle Kombinationen möglicher Teiler von $a(x)$ überprüft werden. In unserem Fall muß also konkret getestet werden, ob einer der 4 linearen Faktoren Teiler von $a(x)$ ist, und dann, ob eines der 6 quadratischen Polynome, die sich als Produkt der 4 linearen Polynome ergeben, $a(x)$ teilt. Führen Sie diese Rechnungen an unserem Beispiel vollständig durch.

Dies kann offenbar – bei wachsendem Grad des Eingabepolynoms und ungeschickt gewähltem $p \in \mathbb{P}$ – zu einer kombinatorischen Explosion, also zu exponentiellem Laufzeitverhalten führen. Leider gibt es Polynome, für jedes $p \in \mathbb{P}$ „ungeschickt" ist.

8.7 (Faktorisierung in $\mathbb{Q}[x]$) Faktorisieren Sie

$$\begin{aligned} a(x) &= 45x^{13} + 216x^{12} + \frac{1776x^{11}}{5} + \frac{5827x^{10}}{30} - \frac{649x^9}{15} - \frac{3341x^8}{30} - \frac{724x^7}{5} \\ &\quad - \frac{97x^6}{3} + \frac{2117x^5}{15} + \frac{253x^4}{5} - \frac{284x^3}{5} - \frac{83x^2}{10} + \frac{161x}{15} - \frac{49}{30} \in \mathbb{Q}[x] \end{aligned}$$

unter Anwendung des in Abschnitt 8.4 angegebenen Verfahrens. Bestimmen Sie also zunächst ein äquivalentes primitives Polynom $\in \mathbb{Z}[x]$ und dann ein gleichwertiges normiertes Polynom $\in \mathbb{Z}[x]$. Führen Sie dann zunächst eine quadratfreie Faktorisierung durch, und wenden Sie schließlich auf jeden quadratfreien Faktor für ein geeignetes $p \in \mathbb{P}$ den Berlekamp-Algorithmus gefolgt vom Hensel-Lifting an. Vergleichen Sie Ihre Resultate mit denen von `Factor`.

8.8 (Zyklotomische Polynome) Die *zyklotomischen Polynome* sind erklärt durch

$$\Phi_n(x) = \prod_{\substack{1 \leq k < n \\ \gcd(k,n) = 1}} \left(x - e^{\frac{2\pi i k}{n}}\right) \in \mathbb{C}[x]\,.$$

Beweisen Sie:

(a) $x^n - 1 = \prod\limits_{k \mid n} \Phi_k(x)$;

(b) $\Phi_n(x) = \sum\limits_{k=0}^{n-1} x^k$, falls $n \in \mathbb{P}$;

(c) $\Phi_{2n}(x) = \Phi_n(-x)$, falls n ungerade ist;

(d) $\Phi_{kn}(x) \cdot \Phi_n(x) = \Phi_n(x^k)$, falls $\gcd(k, n) = 1$;

(e) $\Phi_{kn}(x) = \Phi_n(x^k)$, falls jeder Primteiler von k ein Teiler von n ist.

(f) Zeigen Sie, daß $\Phi_n(x) \in \mathbb{Z}[x]$ liegt.

(g) Erklären Sie, wie man (b)-(e) als Algorithmus zur Berechnung von $\Phi_n(x)$ verwenden kann.

(h) Implementieren Sie den Algorithmus aus (g) zur Bestimmung von $\Phi_n(x)$ und vergleichen Sie mit der eingebauten Funktion `Cyclotomic`.

(i) Für kleine $n \in \mathbb{N}$ sind die Koeffizienten a_k von $\Phi_n(x) = \sum a_k x^k$ alle durch 1 beschränkt: $a_k \in \{-1, 0, 1\}$. Finden Sie für $a = 2, \ldots, 10$ jeweils das kleinste $n \in \mathbb{N}$, für welches $\Phi_n(x)$ einen Koeffizienten a_k mit $|a_k| = a$ hat.[8] Welche Vermutung bekommen Sie?

8.9 Zeigen Sie: Seien $a(x), b(x) \in \mathbb{K}[x]$ und sind $g(x) = \gcd(a(x), b(x))$ sowie $s(x), t(x) \in \mathbb{K}[x]$ die Polynome, welche vom erweiterten Euklidischen Algorithmus erzeugt werden, so daß $s(x)\,a(x) + t(x)\,b(x) = g(x)$ gilt, dann ist $\deg(t(x), x) < \deg(a(x), x)$ und $\deg(s(x), x) < \deg(b(x), x)$.

Zeigen Sie an einem Beispiel, daß die Gleichung $s(x)\,a(x) + t(x)\,b(x) = g(x)$ auch von Polynomen $s(x), t(x) \in \mathbb{K}[x]$ erfüllt werden kann, die die Beziehung $\deg(t(x), x) < \deg(a(x), x)$ verletzen.

8.10 (Swinnerton-Dyer-Polynome) Seien

$$\mathrm{SD}_n(x) := \prod \left(x \pm \sqrt{2} \pm \sqrt{3} \pm \sqrt{2} \cdots \pm \sqrt{p_n}\right) ,$$

wobei p_n die n-te Primzahl bezeichne und sich das Produkt über alle 2^n möglichen Kombinationen von Plus- und Minus-Zeichen erstreckt, die sogenannten *Swinnerton-Dyer-Polynome*. $\mathrm{SD}_n(x)$ ist ein Polynom vom Grad 2^n.

[8]Die Teiler des Polynoms $x^m - 1$, welches nur Koeffizienten $a_k \in \{-1, 0, 1\}$ besitzt, sind nach (a) die zyklotomischen Polynome. Die Hoffnung, die Schranken für die Koeffizienten könnten sich auf die Teiler vererben, wird gründlich zerstört: Man kann zeigen, daß die zyklotomischen Polynome $\Phi_n(x)$ beliebig große Koeffizienten haben, wenn man nur $n \in \mathbb{N}$ genügend groß wählt. Beachten Sie, daß die Rechenzeiten für die vorliegende Aufgabe beträchtlich sind.

Man kann ferner zeigen, daß

(a) $\mathrm{SD}_n(x) \in \mathbb{Z}[x]$ liegt;
(b) $\mathrm{SD}_n(x)$ irreduzibel ist;
(c) aber $\mathrm{SD}_n(x) \in \mathbb{Z}_p[x]$, aufgefaßt als Element von $\mathbb{Z}_p[x]$, für jedes $p \in \mathbb{P}$ in mindestens $2^{n/2}$ Faktoren zerfällt.

Programmieren Sie die Berechnung der Swinnerton-Dyer-Polynome und berechnen Sie $\mathrm{SD}_n(x)$ für $n = 2, \ldots, 4$. Testen Sie die obigen Aussagen (a)–(c).

8.11 (Multivariate Faktorisierung) Faktorisieren Sie das Polynom

$$\begin{aligned} a(x) \;=\; & -xy^2z^7 - 2x^2yz^6 + y^3z^5 + 2x^2yz^5 + xyz^5 + 2xy^4z^4 + 4x^3z^4 + 2x^2z^4 - 3x^2y^2z^4 \\ & +xy^2z^4 + 4x^2y^3z^3 - 2xy^2z^3 - y^2z^3 - 6x^3yz^3 + 2x^2yz^3 - 2y^5z^2 - 4x^2y^3z^2 \\ & +xy^3z^2 - y^3z^2 + 6x^3yz^2 + x^2yz^2 - xyz^2 + 12x^4z + 2x^3z - 2x^2z - 8x^3y^2z \\ & -4x^2y^2z + 4xy^4 + 2y^4 - 6x^2y^2 - xy^2 + y^2 \in \mathbb{Z}[x, y, z] \end{aligned}$$

mit dem in Abschnitt 8.6 vorgestellten Verfahren.

Für die univariate Faktorisierung können Sie die eingebaute Funktion `Factor` verwenden.

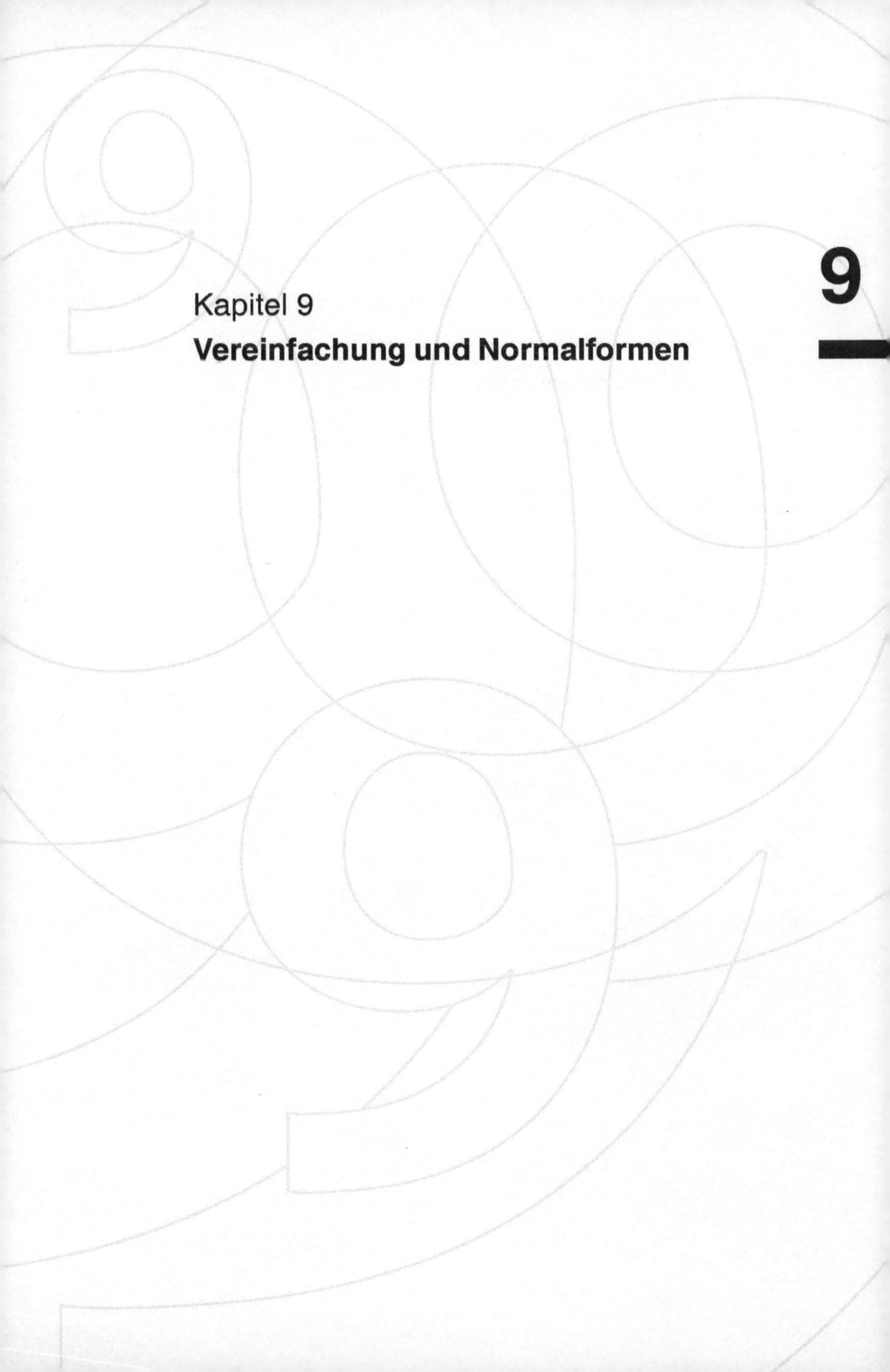

Kapitel 9
Vereinfachung und Normalformen

9

9

9 Vereinfachung und Normalformen

9 Vereinfachung und Normalformen

9.1 Normalformen und kanonische Formen

Wenn wir in *Mathematica* ein Vereinfachungskommando wie `Simplify`, `FullSimplify`, `Expand` oder `Together` aufrufen, so werden algebraische Ausdrücke in (hoffentlich) äquivalente, d. h. mathematisch gleichwertige, algebraische Ausdrücke umgeformt. Es stellt sich daher die generelle Frage, unter welchen Umständen solche Umformungen möglich sind und welche Vereinfachungen man damit durchführen kann.

Die Frage, in welcher Form ein Ausdruck am einfachsten ist, ist hierbei nicht immer leicht zu entscheiden. Beispielsweise ist bei dem Polynom

$$p(x) = (1+x)^{100} \in \mathbb{Z}[x]$$

offenbar die faktorisierte Darstellung günstiger als die ausmultiplizierte Form

$$p(x) = 1 + 100x + 4950x^2 + 161700x^3 + 3921225x^4 + 75287520x^5 + \cdots + x^{100} ,$$

während das Polynom

$$q(x) = 1 - x^{10} \in \mathbb{Z}[x]$$

die relativ komplizierte Faktorisierung

$$q(x) = (1-x)\,(1+x)\,\left(1 - x + x^2 - x^3 + x^4\right)\left(1 + x + x^2 + x^3 + x^4\right)$$

besitzt. Wir werden diesen Aspekt der „Einfachheit von Ausdrücken“ aber nicht weiterverfolgen, uns interessiert vor allem der Aspekt der Eindeutigkeit solcher Vereinfachungen.

Ein wichtiges Problem im Zusammenhang mit der Vereinfachung von Ausdrücken, sagen wir, Elementen einer Menge M syntaktischer Ausdrücke (s. Definition 9.2), ist nämlich die Frage, ob und wie man sicherstellen kann, daß zwei gegebene Ausdrücke mathematisch gleichwertig sind wie beispielsweise[1]

$$\frac{1+\tan x}{1-\tan x} = e^{2\,\operatorname{arctanh} \frac{\sin(2x)}{1+\cos(2x)}} . \tag{9.1}$$

[1]Überprüfen Sie die Gleichung (für $x \in \mathbb{R}$) mit *Mathematica* durch graphische Darstellungen beider Seiten sowie durch den Befehl `FullSimplify[(1+Tan[x])/(1-Tan[x])-E^(2*ArcTanh[Sin[2*x]/(1+Cos[2*x])])]`

Diese mathematische Gleichwertigkeit wird von einer Äquivalenzrelation $\sim$ hervorgerufen, und zueinander gleichwertige Ausdrücke $a \sim b$ bestimmen Äquivalenzklassen, welche – wie bei den Restklassen – Elemente der sogenannten *Quotientenmenge* $M/\sim$ bilden.

Diese Äquivalenz drücken wir i. a. durch das Gleichheitszeichen aus, z. B. in (9.1) oder wenn wir schreiben

$$1 - x^{10} = (1 - x)\,(1 + x)\left(1 - x + x^2 - x^3 + x^4\right)\left(1 + x + x^2 + x^3 + x^4\right),$$

was in diesem Fall nicht bedeutet, daß die zwei Ausdrücke *identisch* sind, sondern gleich im Sinne der gegebenen Äquivalenzrelation $\sim$ mathematisch gleichwertiger Ausdrücke.[2] Sind zwei Ausdrücke a und b hingegen syntaktisch identisch,[3] so schreiben wir in diesem Kapitel (zur Unterscheidung) $a \equiv b$. Im Gegensatz zur Schreibweise bei Restklassenringen steht nun das Zeichen $\equiv$ also für die Gleichheit.

Sitzung 9.1 *Mathematica* kennt diese Unterscheidung. Während mit dem normalen Gleichheitssymbol == (`Equal`) beliebige Gleichungen (ob wahr oder falsch) formuliert werden

```
In[1]:= (1 + x)^2 == 1 + 2x + x^2
Out[1]= (x + 1)^2 == x^2 + 2 x + 1
```

welche aber (außer bei der Verwendung mit Zahlen) unevaluiert bleiben, überprüft === (`SameQ`) auf syntaktische Gleichheit:

```
In[2]:= (1 + x)^2 === 1 + 2x + x^2
Out[2]= False
```

```
In[3]:= Expand[(1 + x)^2] === 1 + 2x + x^2
Out[3]= True
```

Das folgende liefert eine Gleichung zwischen Zahlen, welche als solche auch von == evaluiert wird:

```
In[4]:= Expand[(1 + x)^2 - (1 + 2x + x^2)] == 0
Out[4]= True
```

Diese Unterscheidung zwischen == und === muß beim Programmieren in *Mathematica* sorgfältig beachtet werden. Verwendet man beispielsweise `Equal` in einer `If`-Anweisung, so wird die Aussage i. a. nicht als wahr erkannt, da ja die Gleichung unevaluiert bleibt. □

---

[2]Eigentlich müßten wir also

$$1 - x^{10} \sim (1 - x)\,(1 + x)\left(1 - x + x^2 - x^3 + x^4\right)\left(1 + x + x^2 + x^3 + x^4\right)$$

schreiben.

[3]und damit im eigentlichen Sinn als Ausdrücke gleich

Die beiden oben gegebenen Darstellungen von $p(x)$ bzw. $q(x)$ sind jeweils äquivalent. Da es sich bei beiden Ausdrücken um Elemente des Polynomrings $\mathbb{Z}[x]$ handelt, kann man sie voneinander abziehen. Dies wurde in Sitzung 9.1 benutzt. Es ergibt sich dann ein Ausdruck, welcher äquivalent zu 0 ist. Zu beweisen, daß ein Ausdruck äquivalent zu 0 ist, ist oft einfacher.

Wir führen nun folgende Begriffsbildungen ein.

Definition 9.2 (Normalformen und kanonische Formen) Sei $(M, +)$ eine abelsche Gruppe syntaktischer Ausdrücke mit einer Addition + und mit Nullelement $0 \in M$, und sei $\sim$ eine Äquivalenzrelation auf M, welche für mathematische Gleichwertigkeit steht und welche *verträglich* mit der Addition ist, d. h., 9.2

(N_0) $a \sim b \quad \Rightarrow \quad a + c \sim b + c \quad$ für alle $a, b, c \in M$.

Eine *Normalfunktion* ist eine durch einen Algorithmus gegebene Funktion[4] $f : M \to M$ mit den Eigenschaften

(N_1) $f(a) \sim a$ für alle $a \in M$;
(N_2) $a \sim 0 \quad \Rightarrow \quad f(a) \equiv f(0) \quad$ für alle $a \in M$.

Gilt statt (N_2) sogar die Eigenschaft

(N_3) $a \sim b \quad \Rightarrow \quad f(a) \equiv f(b) \quad$ für alle $a, b \in M$,

so heißt f *kanonische Funktion.*

Ist f eine Normalfunktion, so heißt ein Ausdruck $\tilde{a} \in M$ *Normalform*, falls $f(\tilde{a}) \equiv \tilde{a}$ gilt. Ist $\tilde{a}$ eine Normalform und $a \sim \tilde{a}$, so heißt $\tilde{a}$ Normalform von a.

Analog heißt ein Ausdruck $\tilde{a} \in M$ mit $f(\tilde{a}) \equiv \tilde{a}$ *kanonische Form* bzw. kanonische Form von a, falls f eine kanonische Funktion und $f(a) \equiv \tilde{a}$ ist. △

Beispiel 9.3 Sei $M = \mathbb{Z}[x]$ der Polynomring mit ganzzahligen Koeffizienten. Betrachte folgende algorithmisch gegebene Vereinfachungsfunktion f_1: 9.3

(i) Multipliziere alle Produkte mit dem Distributivgesetz aus.
(ii) Fasse Terme desselben Grades zusammen.

so liefert dies offenbar eine Normalfunktion f_1. Der Algorithmus kann sicher entscheiden, ob ein Polynom äquivalent zum Nullpolynom ist. Dies ist nämlich genau dann der

[4]Man stelle sich f als eine *Vereinfachungsfunktion* vor. Im allgemeinen kann man eine *berechenbare Funktion* voraussetzen. Auf den Begriff der Berechenbarkeit wollen wir hier allerdings nicht eingehen.

Fall, wenn alle resultierenden Koeffizienten gleich 0 sind. f_1 ist aber keine kanonische Form, denn die Reihenfolge der Potenzen von x ist nicht vorgegeben.[5] Führt man aber im Anschluß an (i) und (ii) folgende Anweisung durch:

(iii) Sortiere die Summanden nach absteigenden Potenzen von x.

so erhält man eine kanonische Vereinfachungsfunktion f_2. Diese wandelt jedes Polynom $a(x) \in \mathbb{Z}[x]$ in eine kanonische Form um, nämlich ein ausmultipliziertes, nach Potenzen von x sortiertes, Polynom. Die resultierende Darstellung hatten wir in Abschnitt 6.1 Standarddarstellung eines Polynoms genannt. △

Sitzung 9.4 *Mathematicas* Funktion `Expand` ist eine (multivariate) Version von f_2, wobei nach *aufsteigenden* Potenzen sortiert wird. Wir erhalten beispielsweise

In[1]:= **Expand[(1 + x)^5]**
Out[1]= $x^5 + 5\,x^4 + 10\,x^3 + 10\,x^2 + 5\,x + 1$

Es scheint, daß *Mathematica* nach absteigenden Potenzen von x sortiert. Dies ist aber nur eine Eigenschaft des Notebook-Frontends,[6] wie die interne Darstellung

```
In[2]:= InputForm[Expand[(1 + x)^5]]
Out[2]= 1 + 5*x + 10*x^2 + 10*x^3 + 5*x^4 + x^5
```

zeigt. □

Wir zeigen nun zunächst, daß wir mit einer Normalform das *Identifikationsproblem* der Äquivalenz zweier Ausdrücke durch Überprüfung auf Gleichheit der Differenz mit 0 lösen können.[7]

9.5 **Satz 9.5** Sei f eine Normalfunktion auf M. Dann gilt für alle $a, b \in M$:

$$a \sim b \qquad \Leftrightarrow \qquad f(a-b) \equiv f(0)\,.$$

Beweis: „⇒“: Wegen (N_0) folgt aus $a \sim b$ die Äquivalenz $a - b \sim 0$, also mit (N_2) schließlich $f(a-b) \equiv f(0)$.
„⇐“: Da $\sim$ eine Äquivalenzrelation ist, gilt $x \sim x$, d. h. für $x \equiv y$ gilt $x \sim y$. Aus $f(a-b) \equiv f(0)$ folgt also insbesondere $f(a-b) \sim f(0)$. Mit (N_1) erhalten wir daher die Beziehung

$$a - b \sim f(a-b) \sim f(0) \sim 0\,,$$

---

[5] In *Maple* werden Polynome (aus Effizienzgründen) generell nicht sortiert – Potenzen werden in der Reihenfolge ihres Auftretens im Speicher ausgegeben – und sehen daher in jeder Sitzung anders aus. Diese Ausgabe entspricht also der betrachteten Normalform.

[6] bei der Einstellung **Cell, Default Output Format Type, TraditionalForm**

[7] engl: zero equivalence problem

wegen der Transitivität der Äquivalenzrelation also $a - b \sim 0$. Mit der Regel (N_0) folgt schließlich $a \sim b$. □

Kanonische Formen haben eine noch weitreichendere Eigenschaft: Sie liefern im Gegensatz zur Normalform für jede Äquivalenzklasse aus $M/\sim$ einen eindeutigen Repräsentanten, wie folgender Satz zeigt:

Satz 9.6 Sei f eine kanonische Funktion auf M. Dann gilt: **9.6**

(a) **(Idempotenz)** $f \circ f = f$;
(b) **(Charakterisierung)** $f(a) \equiv f(b)$ genau dann, wenn $a \sim b$;
(c) **(Existenz und Eindeutigkeit)** Jede Äquivalenzklasse aus $M/\sim$ enthält genau eine kanonische Form.

Beweis: (a) Wegen Eigenschaft (N_1) ist $f(a) \sim a$ für alle $a \in M$. Daraus folgt mit Eigenschaft (N_3), daß $f(f(a)) \equiv f(a)$ ist.
(b) Die eine Richtung folgt direkt aus der Definition, Eigenschaft (N_3). Sei nun also $f(a) \equiv f(b)$; dann ist insbesondere $f(a) \sim f(b)$, und es folgt mit Eigenschaft (N_1):

$$a \sim f(a) \sim f(b) \sim b\,.$$

Hieraus folgt aber (Transitivität der Äquivalenzrelation) $a \sim b$.
(c) Existenz: Sei a ein Element einer der Äquivalenzklassen. Wir erklären $\tilde{a} := f(a)$. Dann ist

$$f(\tilde{a}) \equiv f(f(a)) \equiv f(a) \equiv \tilde{a} \tag{9.2}$$

unter Verwendung der Idempotenz. Also ist $\tilde{a}$ eine kanonische Form von a.
Eindeutigkeit: Seien $\tilde{a}$ und $\tilde{b}$ zwei kanonische Formen von a in derselben Äquivalenzklasse. Dann ist $\tilde{a} \sim \tilde{b}$, also gemäß Eigenschaft (N_3) $f(\tilde{a}) \equiv f(\tilde{b})$. Hieraus folgt aber per definitionem $\tilde{a} \equiv f(\tilde{a}) \equiv f(\tilde{b}) \equiv \tilde{b}$. □

Eigenschaft (a) ist eine wünschenswerte Eigenschaft jeder Vereinfachungsfunktion. Sie besagt, daß erneute Vereinfachung ein bereits vereinfachtes Ergebnis nicht mehr weiter vereinfacht. Dennoch hat nicht jede Vereinfachungsfunktion jedes Computeralgebrasystems diese Eigenschaft.[8] *Mathematicas* Vereinfachungsfunktionen sollten diese Eigenschaft allerdings haben, denn es ist ja die Philosophie hinter *Mathematica*, jede Umformungsregel solange anzuwenden, bis sich keine Änderung mehr ergibt. Dies liefert aber die Idempotenz.

[8] Dies trifft z. B. auf einige Vereinfachungsfunktionen in *Macsyma* zu.

9.2

9.2 Normalformen und kanonische Formen für Polynome

Wie wir bereits gesehen haben, s. Beispiel 9.3, liefert *Mathematicas* `Expand` in $\mathbb{Z}[x]$ eine kanonische Form. Dies gilt in analoger Weise auch, wenn wir $\mathbb{Z}$ durch einen anderen Ring R ersetzen. Wir müssen allerdings fordern, daß es in R selbst eine kanonische Form gibt. Insbesondere liefert dies also für die rekursive Darstellung der Polynome mehrerer Variablen eine kanonische Form. Beispielsweise ist

$$x^6 + (-y^2 - 2)x^5 + (-y^2 - 4)x^4 + 3x^3 + (y^4 + 2y^2)x^2 + (y^4 + 4y^2)x - y^4 - 3y^2$$

die kanonische Form von

$$p(x, y) := (x + x^2 - 1)(y^2 - x + 3)(y^2 - x^3)$$

aufgefaßt als Element von $\mathbb{Z}[y][x]$.

Sitzung 9.7 Die rekursive kanonische Form eines Polynoms bekommt man mit `Collect`. Sei beispielsweise $p(x, y)$ wie oben gegeben:

```
In[1]:= p = (x + x^2 - 1) * (y^2 - x + 3) * (y^2 - x^3)
```

Dann liefert

```
In[2]:= Collect[p, x]
```
Out[2]= $x^6 + (-y^2 - 2)x^5 + (-y^2 - 4)x^4 + 3x^3 + (y^4 + 2y^2)x^2 + (y^4 + 4y^2)x - y^4 - 3y^2$

die oben gezeigte Darstellung.

Wir wollen nun die kanonische Form bzgl. y berechnen, d. h. wir betrachten $p(x, y) \in \mathbb{Z}[x][y]$:

```
In[3]:= Collect[p, y]
```
Out[3]= $(x^2 + x - 1)y^4 + (x^2 + x - 1)(-x^3 - x + 3)y^2 + (x^2 + x - 1)(x^4 - 3x^3)$

In diesem Falle sieht man, daß `Collect` zwar alle Koeffizienten zusammenfaßt, diese aber nicht weiter vereinfacht. Dies liegt natürlich daran, daß wir $p(x, y)$ in faktorisierter Form eingegeben haben. `Collect` multipliziert diese Faktoren aus Effizienzgründen nicht aus und liefert daher nur eine Normalform.

Multipliziert man zuerst aus, so liefert `Collect` also die kanonische Form

```
In[4]:= s = Collect[Expand[p], y]
```
Out[4]= $x^6 - 2x^5 - 4x^4 + 3x^3 + (x^2 + x - 1)y^4 + (-x^5 - x^4 + 2x^2 + 4x - 3)y^2$

Daß die Potenzen bzgl. y intern wieder in aufsteigender Reihenfolge sortiert sind, sieht man an

```
In[5]:= InputForm[s]
```

```
Out[5]= 3*x^3 - 4*x^4 - 2*x^5 + x^6 +
        (-3 + 4*x + 2*x^2 - x^4 - x^5)*y^2 +
        (-1 + x + x^2)*y^4
```

Analog verfährt man im Falle mehrerer Variablen durch rekursive Anwendung von `Collect`. □

Leicht einzusehen ist auch, daß die distributive Darstellung von Polynomen mehrerer Variablen eine kanonische Form darstellt. Hierzu benötigt man allerdings eine geeignete Ordnung zum Sortieren der Monome. Distributiv wird ja jedes Polynom $p \in R[x_1, x_2, \ldots, x_n]$ der Variablen $X := (x_1, x_2, \ldots, x_n)$ in der Form

$$p = \sum_{\alpha} c_\alpha X^\alpha \tag{9.3}$$

geschrieben, wobei $\alpha = (\alpha_1, \ldots, \alpha_n) \in \mathbb{N}^n_{\geqq 0}$ ein *Multiindex* ist, die Koeffizienten c_α in R liegen, und die Schreibweise $X^\alpha = x_1{}^{\alpha_1} \cdots x_n{}^{\alpha_n}$ eine Abkürzung für die *mehrdimensionalen Monome* darstellt.

Eine *distributive kanonische Form* erhält man, wenn man die Monome X^α in geeigneter Weise sortiert.[9] In der distributiven Darstellung ist die Addition von Polynomen besonders einfach durchführbar. Will man auch die Multiplikation effizient durchführen, so wählt man eine Ordnung $>$, welche mit der Multiplikation verträglich ist:

$$X^s > X^t \quad \Rightarrow \quad X^{s+u} > X^{t+u} \qquad \text{für alle} \quad s, t, u \in \mathbb{N}^n_{\geqq 0} .$$

Eine *Wohlordnung*[10] mit dieser Eigenschaft heißt *Monomordnung*.[11]

Sitzung 9.8 *Mathematica* sortiert alle mehrdimensionalen Polynome bzgl. der *lexikographischen Ordnung*. Diese ist eine Monomordnung. Bei der lexikographischen Ordnung werden zunächst die Variablen (nach ASCII) sortiert. Dann entscheidet man $X^s > X^t$, falls für ein $m \in \mathbb{N}_{\geqq 0}$

$$s_k = t_k \quad \text{für alle } k = 1, \ldots, m-1 \qquad \text{und} \quad s_m > t_m .$$

Die distributive kanonische Form bzgl. der lexikographischen Ordnung erzeugt man mit `Expand`:

```
In[1]:= p = (x + x^2 - 1) * (y^2 - x + 3) * (y^2 - x^3);

In[2]:= InputForm[Expand[p]]
```

[9] Ohne Sortieren hat man immerhin eine Normalform.

[10] Eine Ordnung $>$ auf einer Menge M ist eine Wohlordnung, falls jede nichtleere Teilmenge von M bzgl. $>$ ein kleinstes Element besitzt.

[11] Manche Autoren verwenden auch den Begriff der *Termordnung*.

```
Out[2]= 3*x^3 - 4*x^4 - 2*x^5 + x^6 - 3*y^2 + 4*x*y^2 +
        2*x^2*y^2 - x^4*y^2 - x^5*y^2 - y^4 + x*y^4 + x^2*y^4
```

Die Terme werden in *aufsteigender* Folge angegeben. Es ist also $y > x$, und $x^2 y^4$ ist das insgesamt größte Monom.

Das Notebook-Interface im Modus *TraditionalForm* sortiert die Polynome um:

In[3]:= **Expand[p]**

Out[3]= $x^6 - y^2 x^5 - 2x^5 - y^2 x^4 - 4x^4 + 3x^3 + y^4 x^2 + 2y^2 x^2 + y^4 x + 4y^2 x - y^4 - 3y^2$

damit die Ausgabe „traditionell" aussieht. Welcher Monomordnung entspricht dies? □

Schließlich kann man in $R[x_1, \ldots, x_n]$ auch durch Faktorisierung eine kanonische Form erzeugen, falls R keine Nullteiler besitzt, s. z. B. [GCL1992], Abschnitt 3.4. Diese ist aber i. a. schwer zu berechnen und wird daher in der Regel aus Effizienzgründen nicht benutzt.[12]

9.3

9.3 Normalformen für rationale Funktionen

Rationale Funktionen sind Quotienten von Polynomen, wobei diese allerdings nur eindeutig sind, falls ihre gemeinsamen Teiler gekürzt sind. Selbst dann sind Zähler und Nenner nur bis auf einen Faktor eindeutig bestimmt.

Man erhält nun sicher eine kanonische Form, wenn man gemeinsame Faktoren kürzt, dann den Nenner beispielsweise normiert[13] und schließlich Zähler- und Nennerpolynom ausmultipliziert.

Sitzung 9.9 Aus Effizienzgründen wird dieses Programm i. a. nicht vollständig durchgeführt, sondern man begnügt sich mit einer Normalform. Auch *Mathematicas* Funktion `Together` geht so vor. Man möchte nämlich bereits vorhandene (möglicherweise mit großem Aufwand berechnete) Faktorisierungen nicht verlieren und die Rechnungen so einfach wie möglich gestalten.

Wir wählen beispielsweise wieder

In[1]:= **p = (x + x² - 1) * (y² - x + 3) * (y² - x³);**

[12] In *Reduce* wird – im Gegensatz zu *Mathematica* – immer eine dieser kanonischen Formen verwendet, zwischen welchen man mit `on exp;` bzw. `on factor;` hin- und herschalten kann.

[13] Machen Sie sich klar, wie man die Normierung bei Polynomen in mehreren Variablen sinnvollerweise erklärt.

und berechnen

```
In[2]:= t = Together[p/(x^3 - y x^2 + x^2 - y x - x + y)]
```

$$\text{Out[2]}= \frac{(-y^2+x-3)\,(x^3-y^2)}{x-y}$$

Wir sehen, daß nur gekürzt, aber auf eine Darstellung von Zähler und Nenner in kanonischer Form zugunsten der vorhandenen Faktorisierung verzichtet wurde. Dennoch können wir mit `Together` natürlich ohne Schwierigkeiten die rationale Funktion Null erkennen:

```
In[3]:= Together[p/(x^3 - y x^2 + x^2 - y x - x + y) - t]
Out[3]= 0
```

`Together` liefert also eine Normalform für rationale Funktionen. □

Nachdem wir nun erfolgreich Normalformen für wichtige Funktionenklassen angegeben haben, bleibt die Frage, ob es für *alle* mathematischen Ausdrücke eine Normalform gibt. Dies ist für genügend reichhaltige Funktionenklassen leider nicht der Fall, wie beispielhaft der folgende Satz von Richardson [Ric1968] zeigt.

Satz 9.10 (Unentscheidbarkeit) Es gibt Ausdrücke mit den Funktionssymbolen +, *, `Exp`, `Sin` und `Abs` sowie den Konstanten π sowie log 2, für welche nicht entscheidbar ist, ob sie als Funktionen identisch Null sind. □ 9.10

Daß man aber dennoch für geeignete Teilmengen transzendenter Funktionen Normalformen finden kann, wollen wir im nächsten Abschnitt sowie in Abschnitt 10.3.1 untersuchen.

9.4 Normalformen für trigonometrische Polynome 9.4

Sei R ein Integritätsbereich mit 1. Wir betrachten nun Polynome $p(x, y) \in R[x, y]$ in den Variablen $x = \cos t$ und $y = \sin t$. In diesem Fall sind wegen der *pythagoreischen Identität* $\cos^2 t + \sin^2 t = 1$ die Variablen x und y nicht unabhängig voneinander. Konkret heißt dies wegen der Nebenbedingung $x^2 + y^2 - 1 = 0$, daß wir den Quotientenring $R[x, y]/\langle x^2 + y^2 - 1\rangle$ betrachten.[14]

[14] Dieser besteht aus Äquivalenzklassen modulo $x^2 + y^2 - 1$.

Es gilt der

9.11 **Satz 9.11** Sei R ein Integritätsbereich mit 1 und einer kanonischen Form. Sei $p(\cos t, \sin t) \in R[x,y]/\langle x^2+y^2-1\rangle$ ein trigonometrisches Polynom. Dann gibt es jeweils eine kanonische Form, welche linear in entweder $x = \cos t$ oder in $y = \sin t$ ist:

$$p(x,y) = p_1(y) + x\,p_2(y) \quad (p_1(y), p_2(y) \in R[y])$$

bzw.

$$p(x,y) = p_3(x) + y\,p_4(x) \quad (p_3(x), p_4(x) \in R[x]) \,.$$

Beweis: Durch die Reduktion $\cos^2 t \mapsto 1 - \sin^2 t$ werden alle Potenzen von $\cos t$ mit Exponenten > 1 rekursiv durch (um 2) kleinere Potenzen sowie durch Potenzen des Sinus ersetzt, bis die Kosinuspotenz 0 oder 1 erreicht ist. Analoges gilt für die rekursive Ersetzung $\sin^2 t \mapsto 1 - \cos^2 t$. Die Reduktionen entsprechen in $R[x,y]/\langle x^2+y^2-1\rangle$ der Bildung des Polynomrestes bei der Division durch x^2+y^2-1 bzgl. x bzw. bzgl. y und sind damit eindeutig bestimmt. □

Sitzung 9.12 Wir rechnen ein Beispiel mit *Mathematica*. Der Ausdruck

```
In[1]:= p = (Cos[t] + Sin[t])^10
Out[1]= (cos(t) + sin(t))^10
```

wird durch `Expand` als Element von $\mathbb{Z}[\cos t, \sin t]$ ausmultipliziert:

```
In[2]:= q = Expand[p]
```

Out[2]= $\cos^{10}(t) + 10\sin(t)\cos^9(t) + 45\sin^2(t)\cos^8(t) + 120\sin^3(t)\cos^7(t) + 210\sin^4(t)\cos^6(t) + 252\sin^5(t)\cos^5(t) + 210\sin^6(t)\cos^4(t) + 120\sin^7(t)\cos^3(t) + 45\sin^8(t)\cos^2(t) + 10\sin^9(t)\cos(t) + \sin^{10}(t)$

Bei dieser Rechnung wird die pythagoreische Identität nicht herangezogen, so daß die in Satz 9.11 angesprochenen kanonischen Formen auf diese Weise nicht erzeugt werden können. Die Faktorisierung des ausmultiplizierten Ausdrucks

```
In[3]:= Factor[q]
Out[3]= (cos(t) + sin(t))^10
```

wird ebenfalls innerhalb $\mathbb{Z}[x,y]$ berechnet. Daß *Mathematica* p als Polynom in den Variablen $\cos t$ und $\sin t$ auffaßt, sieht man auch an der Ausgabe

```
In[4]:= Variables[p]
Out[4]= {cos(t), sin(t)}
```

Wir reduzieren nun p modulo $\cos^2 t + \sin^2 t - 1$ mit der Reduktion $\cos^2 t \mapsto 1 - \sin^2 t$ und erhalten die kanonische Darstellung gemäß Satz 9.11

```
In[5]:= Collect[(Expand[p]//.{Cos[t]^k_/; k > 1 ->
            Expand[Cos[t]^(k-2) * (1 - Sin[t]^2)]})//Expand,
        Cos[t]]
```

Out[5]= $80\sin^8(t) - 160\sin^6(t) + 40\sin^4(t) + 40\sin^2(t) + \cos(t)\,(32\sin^9(t) - 64\sin^7(t) - 48\sin^5(t) + 80\sin^3(t) + 10\sin(t)) + 1$

welche auch – einfacher – durch Bestimmung des Rests bei der Division durch $x^2 + y^2 - 1$

```
In[6]:= PolynomialRemainder[(x + y)^10, x^2 + y^2 - 1, x]
```

Out[6]= $80y^8 - 160y^6 + 40y^4 + 40y^2 + \left(32y^9 - 64y^7 - 48y^5 + 80y^3 + 10y\right)x + 1$

berechnet werden kann.

Mathematica hat einige eingebaute Funktionen zur trigonometrischen Vereinfachung, nämlich `TrigExpand`, `TrigFactor`, `TrigFactorList`, `TrigReduce` sowie `TrigToExp`. Die Funktion `TrigReduce` liefert beispielsweise die Darstellung

```
In[7]:= TrigReduce[p]
```

Out[7]= $\frac{1}{16}(-120\cos(4t) + 10\cos(8t) + 210\sin(2t) - 45\sin(6t) + \sin(10t) + 126)$

Wir werden gleich sehen, daß diese Ausgabe ebenfalls eine kanonische Form darstellt. Die anderen angesprochenen *Mathematica*-Funktionen erzeugen allerdings keine kanonischen Formen. □

Die *trigonometrischen Additionstheoreme*

$$\begin{aligned}\cos(t+u) &= \cos t\cos u - \sin t\sin u\\ \cos(-t) &= \cos t\\ \sin(t+u) &= \sin t\cos u + \cos t\sin u\\ \sin(-t) &= -\sin t\end{aligned} \tag{9.4}$$

ermöglichen die Reduktion aller trigonometrischer Funktionen mit Argumentsummen. Insbesondere folgt aus (9.4) die rekursive Reduktion von Mehrfachwinkeln

$$\begin{aligned}\cos(kt) &= \cos((k-1)t)\cos t - \sin((k-1)t)\sin t \qquad (k \in \mathbb{N})\\ \sin(kt) &= \sin((k-1)t)\cos t + \cos((k-1)t)\sin t \qquad (k \in \mathbb{N}),\end{aligned}$$

so daß sich alle Funktionen der Form

$$a_0 + \sum_{k=1}^{N}\left(a_k\cos(kt) + b_k\sin(kt)\right) \qquad (a_k, b_k \in R,\ N \in \mathbb{N}) \tag{9.5}$$

mit endlich vielen Summanden als trigonometrische Polynome darstellen lassen.

Liest man die Ersetzungsregeln (9.4) aber von links nach rechts, so läßt sich jedes trigonometrische Polynom als Funktion der Form (9.5) schreiben. Dies wird konkretisiert durch die Ersetzungen

$$\begin{aligned}\cos t \cos u &= \frac{1}{2}\cos(t-u) + \frac{1}{2}\cos(t+u)\\ \sin t \cos u &= \frac{1}{2}\sin(t-u) + \frac{1}{2}\sin(t+u)\\ \sin t \sin u &= \frac{1}{2}\cos(t-u) - \frac{1}{2}\cos(t+u)\,,\end{aligned} \tag{9.6}$$

welche sich durch Addition bzw. Subtraktion der Regeln (9.4) ergeben und mit welchen Produkte trigonometrischer Funktionen in Summen verwandelt werden. Insbesondere ergibt sich für Potenzen rekursiv

$$\begin{aligned}\cos^k t &= \left(\frac{1}{2} + \frac{1}{2}\cos(2t)\right)\cos^{k-2} t \qquad (k \geqq 2)\\ \sin^k t &= \left(\frac{1}{2} - \frac{1}{2}\cos(2t)\right)\sin^{k-2} t \qquad (k \geqq 2)\,.\end{aligned} \tag{9.7}$$

Man beachte, daß wir hierbei allerdings (durch 2) dividieren müssen. Für derartige Umformungen nehmen wir an, daß $R = \mathbb{K}$ ein Körper der Charakteristik $\neq 2$ ist.

Um die Eindeutigkeit der Darstellung (9.5) einfacher beweisen zu können, nehmen wir ferner an, daß $\mathbb{K} \subset \mathbb{R}$ ist. Es gilt der

9.13 **Satz 9.13** Sei $\mathbb{K} \subset \mathbb{R}$ ein Körper mit einer kanonischen Form. Dann hat jedes Polynom $p(\cos t, \sin t) \in \mathbb{K}[x, y]/\langle x^2 + y^2 - 1\rangle$ eine kanonische Form (9.5).

Beweis: Die Reduktionen (9.7) erzeugen offenbar aus jedem trigonometrischen Polynom einen Term der Form (9.5). Wir zeigen nun noch die Eindeutigkeit der Koeffizienten $a_k, b_k \in \mathbb{K}$.

Diese Koeffizienten gewinnt man aber wie in der Theorie der Fourierreihen. Da für $k \geqq 1$

$$\int_0^{2\pi} \cos(kt)\,\mathrm{d}t = \int_0^{2\pi} \sin(kt)\,\mathrm{d}t = 0$$

ist, folgt für

$$p(t) = a_0 + \sum_{k=1}^{N} \left(a_k \cos(kt) + b_k \sin(kt)\right)$$

und $n \geqq 1$

$$\int_0^{2\pi} p(t)\,\sin(nt)\,\mathrm{d}t = \sum_{k=1}^{N} a_k \int_0^{2\pi} \cos(kt)\,\sin(nt)\,\mathrm{d}t + \sum_{k=1}^{N} b_k \int_0^{2\pi} \sin(kt)\,\sin(nt)\,\mathrm{d}t$$

$$
\begin{aligned}
&= \sum_{k=1}^{N} a_k \int_0^{2\pi} \left(\frac{1}{2} \sin((n-k)t) + \frac{1}{2} \sin((n+k)t) \right) \mathrm{d}t \\
&\quad + \sum_{k=1}^{N} b_k \int_0^{2\pi} \left(\frac{1}{2} \cos((n-k)t) - \frac{1}{2} \cos((n+k)t) \right) \mathrm{d}t \\
&= \pi \cdot b_n
\end{aligned}
$$

unter Verwendung von (9.6), da nur der Integrand $\cos((n-k)t)$ für $k = n$ ein von Null verschiedenes Integral liefert.

Ebenso erhält man für $n \geqq 1$

$$\int_0^{2\pi} p(t) \cos(nt)\, \mathrm{d}t = \pi \cdot a_n$$

sowie

$$\int_0^{2\pi} p(t)\, \mathrm{d}t = 2\pi\, a_0 \,.$$

Wir sehen also, daß die Koeffizienten a_k und b_k durch $p(t)$ eindeutig bestimmt sind. □

Sitzung 9.14 Wir betrachten nochmals

In[1]:= **p = (Cos[t] + Sin[t])^{10}**

Out[1]= $(\cos(t) + \sin(t))^{10}$

und die kanonische Form von `TrigReduce`:

In[2]:= **q = TrigReduce[p]**

Out[2]= $\frac{1}{16}(-120 \cos(4\,t) + 10 \cos(8\,t) + 210 \sin(2\,t) - 45 \sin(6\,t) + \sin(10\,t) + 126)$

In[3]:= **Expand[q]**

Out[3]= $-\frac{15}{2} \cos(4\,t) + \frac{5}{8} \cos(8\,t) + \frac{105}{8} \sin(2\,t) - \frac{45}{16} \sin(6\,t) + \frac{1}{16} \sin(10\,t) + \frac{63}{8}$

Die auftretenden Koeffizienten lassen sich auch durch die im Beweis von Satz 9.13 angegebenen Integrale bestimmen:

In[4]:= $\frac{1}{2\pi} \int_0^{2\pi} \mathbf{p}\, \mathrm{d}\mathbf{t}$

Out[4]= $\frac{63}{8}$

liefert a_0,

In[5]:= **Table**$\left[\frac{1}{\pi} \int_0^{2\pi}\right.$ **p Cos[k t] dt, {k, 1, 10}**$\left.\right]$

Out[5]= $\left\{0, 0, 0, -\frac{15}{2}, 0, 0, 0, \frac{5}{8}, 0, 0\right\}$

liefert die Werte a_k ($k = 1, \ldots, 10$) und

In[6]:= **Table**$\left[\frac{1}{\pi} \int_0^{2\pi}\right.$ **p Sin[k t] dt, {k, 1, 10}**$\left.\right]$

`Out[6]=` $\left\{0, \frac{105}{8}, 0, 0, 0, -\frac{45}{16}, 0, 0, 0, \frac{1}{16}\right\}$

liefert schließlich die Werte b_k ($k = 1, \ldots, 10$). Selbstverständlich ist es aber viel effizienter, diese Koeffizienten durch Reduktion via (9.6) zu bestimmen. □

Für trigonometrische Polynome gibt es also kanonische Formen, welche sogar Terme mit Mehrfachwinkeln umfassen. Auf der anderen Seite ist der Ring $\mathbb{K}[x, y]/\langle x^2 + y^2 - 1\rangle$ *kein Faktorring*, d. h. die Elemente besitzen keine eindeutige Faktorzerlegung. Beispielsweise ist für $x = \cos t$ und $y = \sin t$

$$(1 + x)\,y + 1 - x^2 = y\,(1 + x + y) = (1 + x)\,(1 - x + y)\,,$$

und es ist daher schwierig, den größten gemeinsamen Teiler zu erklären. Dies ist aber für die Vereinfachung von Quotienten trigonometrischer Polynome essentiell. In [MM2001] wird dieses Problem ausführlich behandelt.

9.5

9.5 Ergänzende Bemerkungen

Vereinfachung ist ein wichtiges mathematisches Konzept, weswegen kanonische Formen und Normalformen in der Computeralgebra sehr bedeutsam sind. Leider nehmen es die Computeralgebrasysteme hier aber in der Praxis nicht so genau. Insbesondere die Benutzerinformation über die Funktionsweise der eingebauten Vereinfachungsfunktionen läßt häufig zu wünschen übrig.

Während in *Mathematica* die Vereinfachungsfunktionen `Expand` und `TrigReduce` für bestimmte Eingaben eindeutig identifizierbare Resultate (also kanonische Formen) liefern und `Together` wenigstens eine Normalfunktion darstellt, trifft dies auf die allermeisten anderen Vereinfachungsfunktionen nicht zu. Insbesondere die beliebten Kommandos `Simplify` bzw. `FullSimplify` führen zu Ergebnissen, welche zwar vielleicht einfach sein mögen (wenn auch nicht müssen), deren Form aber i. a. nicht vorhersehbar ist.

Nach dem in Abschnitt 9.4 Gesagten ist die trigonometrische Faktorisierung keine kanonische Form. Daher wäre es z. B. interessant zu erfahren, etwas über die Funktionalität des Kommandos `TrigFactor` zu erfahren.[15] Leider ist dies nicht dokumentiert.

Ähnliches gilt aber auch für die Vereinfachungsfunktionen in anderen Computeralgebrasystemen wie Maple oder Reduce. Reduce enthält jedoch alle in diesem Abschnitt besprochenen Normalfunktionen [KBM1995].

---

[15] In [KBM1995] und [MM2001] werden mögliche Faktorisierungsalgorithmen behandelt.

9.6 Übungsaufgaben

9.1 Stellen Sie die Funktion

$$\frac{1 + \tan x}{1 - \tan x} - e^{2 \operatorname{arctanh} \frac{\sin(2x)}{1+\cos(2x)}} ,$$

welche nach (9.1) gleich Null ist, über einer geeigneten Teilmenge von $\mathbb{R}$ graphisch dar. Warum ergibt sich scheinbar nicht die Nullfunktion?

9.2 Die Funktion $\frac{1+\tan x}{1-\tan x} - e^{2 \operatorname{arctanh} \frac{\sin 2x}{1+\cos 2x}}$ wird von `FullSimplify` zu 0 vereinfacht. Benutzen Sie die Identitäten

$$\begin{aligned} \tanh x &= \frac{e^x - e^{-x}}{e^x + e^{-x}} \\ \sin(2x) &= 2\sin(x)\cos(x) \\ \cos(2x) &= \cos^2(x) - \sin^2(x) \\ \tan(x) &= \frac{\sin(x)}{\cos(x)} \\ \sin(x)^2 + \cos(x)^2 &= 1 \end{aligned}$$

(a) um $\frac{\sin(2x)}{1+\cos(2x)}$ zu $\tan x$ zu vereinfachen;
(b) um die Umkehrfunktion $\operatorname{arctanh}(x)$ nur mittels Logarithmen und Exponentialfunktionen darzustellen;
(c) und schließlich um die Vereinfachung von *Mathematica* nachzuvollziehen.

Diskutieren sie die Gleichwertigkeit der Ausdrücke $\frac{1+\tan x}{1-\tan x}$ und $e^{\operatorname{arctanh} \frac{\sin 2x}{1+\cos 2x}}$ im Hinblick auf ihre Definitionsbereiche über $\mathbb{R}$.

9.3 **(Partialbruchzerlegung)** Eine weitere Normalform für rationale Funktionen ist die Partialbruchzerlegung, welche von der *Mathematica*-Funktion `Apart` bestimmt wird.

Sei $\mathbb{K}$ ein Körper und $r(x) = \frac{p(x)}{q(x)} \in \mathbb{K}(x)$ eine rationale Funktion mit teilerfremdem Zähler $p(x) \in \mathbb{K}[x]$ und Nenner $q(x) \in \mathbb{K}[x]$. Hierbei sei $q(x)$ o. B. d. A. normiert. Sei nun

$$q(x) = \prod_{i=1}^{m} q_i(x) \tag{9.8}$$

eine partielle Faktorisierung des Nenners mit $\gcd(q_i(x), q_j(x)) = 1$ für $i \neq j$. Dann gibt es eine Darstellung der Form

$$r(x) = P(x) + \sum_{i=1}^{m} \frac{p_i(x)}{q_i(x)}$$

mit Polynomen $P(x) \in \mathbb{K}[x]$ und $p_i(x) \in \mathbb{K}[x]$ mit $\deg(p_i(x), x) < \deg(q_i(x), x)$. Diese heißt *Partialbruchzerlegung bzgl. der Faktorisierung (9.8).*

Ist insbesondere $q(x) = \prod_{i=1}^{m} q_i(x)^{e_i}$ die vollständige Faktorisierung des Nennerpolynoms über $\mathbb{K}$, dann hat die Partialbruchzerlegung die Form

$$r(x) = P(x) + \sum_{i=1}^{m} \sum_{k=1}^{e_i} \frac{A_{ik}}{q_i(x)^k} \, ,$$

wobei $P(x) \in \mathbb{K}[x]$ der polynomiale Anteil ist und $A_{ik} \in \mathbb{K}$ Konstanten sind.

Für $\mathbb{K} = \mathbb{C}$ erhalten wir insbesondere

$$r(x) = P(x) + \sum_{i=1}^{m} \sum_{k=1}^{e_i} \frac{A_{ik}}{(x - a_i)^k} \, ,$$

wobei $a_i \in \mathbb{C}$ die Nullstellen von $q(x)$ und e_i ihre Vielfachheiten sind.

Zeigen Sie dies, und beweisen Sie, daß die Partialbruchzerlegung eine kanonische Form ist.

9.4 (Satz von Morley) Der Satz von Morley besagt: Werden alle Winkel eines beliebigen Dreiecks in drei gleich große Teile geteilt, dann schneiden sich die jeweils an den Seiten anliegenden Strahlen in drei Punkten, welche stets ein *gleichseitiges* Dreieck bilden.

Formulieren Sie den Satz trigonometrisch und beweisen Sie ihn mit *Mathematica*.

9.5 (Trigonometrische Vereinfachung)

(a) Programmieren Sie die Erzeugung der trigonometrischen kanonischen Formen aus Satz 9.11.

(b) Vereinfachen Sie $\dfrac{\sin(x+a) + \sin(x-a)}{\cos(x+a) + \cos(x-a)}$.

(c) Ein geometrisches Theorem, welches im Zusammenhang mit dem Satz von Morley steht und welches von Hofstadter experimentell entdeckt wurde, führt auf die

Determinantenbedingung

$$\begin{vmatrix} \dfrac{\sin(r\alpha)}{\sin((1-r)\alpha)} & \dfrac{\sin(2\alpha)}{\sin(-\alpha)} & \dfrac{\sin((2-r)\alpha)}{\sin((r-1)\alpha)} \\ \dfrac{\sin(r\beta)}{\sin((1-r)\beta)} & \dfrac{\sin(2\beta)}{\sin(-\beta)} & \dfrac{\sin((2-r)\beta)}{\sin((r-1)\beta)} \\ \dfrac{\sin(r\gamma)}{\sin((1-r)\gamma)} & \dfrac{\sin(2\gamma)}{\sin(-\gamma)} & \dfrac{\sin((2-r)\gamma)}{\sin((r-1)\gamma)} \end{vmatrix} = 0$$

unter der Voraussetzung, daß α, β and γ die Winkel in einem Dreieck bezeichnen und $r > 0$ ist, s. z. B. [Eng1995]. Vereinfachen Sie die Hofstadter-Determinante. Benötigt man die Bedingung $r > 0$?

(d) Vereinfachen Sie die Hofstadter-Determinante für den Fall, daß α, β und γ unabhängig voneinander sind.

9.6 (Trigonometrische Vereinfachung)

(a) Programmieren Sie die Vereinfachungsregeln (9.4) bzw. (9.6), um ähnliche Resultate wie mit `TrigExpand` bzw. `TrigReduce` zu erhalten. Testen Sie die Funktionen mit $\sin^{10} t$ bzw. $\sin(10t)$ und weiteren Beispielfunktionen.

(b) Beschreiben Sie einen Divide-and-Conquer-Algorithmus zur Expansion von $\sin(nt)$, $\cos(nt)$ bzw. $\sin^n t$, $\cos^n t$ für große $n \in \mathbb{N}$.

9.7 (Trigonometrischer Polynomring)

(a) Implementieren Sie für $\mathbb{Q}[x, y]/\langle x^2 + y^2 - 1\rangle$ die Bestimmung der Normalformen nach Satz 9.11. Bestimmen Sie beide Normalformen von x^k und $x^k - y^k$ für $k = 1, \ldots, 10$.

(b) Zeigen Sie: Ist y ein Teiler von $p(x) \in \mathbb{Q}[x, y]/\langle x^2 + y^2 - 1\rangle$ so sind $x+1$ und $x-1$ auch Teiler von $p(x)$.

(c) Zeigen Sie, daß – bei der von uns gegebenen Definition eines größten gemeinsamen Teilers – in $\mathbb{Q}[x, y]/\langle x^2 + y^2 - 1\rangle$ im allgemeinen kein größter gemeinsamer Teiler existiert.

9.8 (Vereinfachung transzendenter Funktionen)

(a) Vereinfachen Sie[16]

$$\frac{1+\tan^2(\frac{x}{2})}{1-\tan^2(\frac{x}{2})}\,.$$

Das Ergebnis sollte *sehr* einfach sein!

(b) Zeigen Sie unter Verwendung geeigneter Vereinfachungsmechanismen, daß die Identität[17]

$$\ln\left(\tan\frac{x}{2}+\sec\frac{x}{2}\right)=\operatorname{arcsinh}\left(\frac{\sin x}{1+\cos x}\right)$$

für $x \in \mathbb{R}$ gültig ist.

Beachten Sie den Definitionsbereich der Ausdrücke und ferner, daß man bei `Simplify` (ab *Mathematica* Version 4.0) auch den Definitionsbereich angeben kann! Verwenden Sie gegebenenfalls geeignete Umformungsregeln, welche Sie aber begründen sollten.

---

[16]Wegen der Vereinfachung $\frac{\sin x}{\cos x} \mapsto \tan x$, welche *Mathematica* automatisch vormimmt, kann die Ersetzung `Tan[x]` $\to$ `Sin[x]/Cos[x]` in *Mathematica* nicht verwirklicht werden. Dies muß man als einen *Designfehler Mathematicas* auffassen. Allerdings funktioniert `TrigFactor`!

[17]Es gilt $\sec x = \frac{1}{\cos x}$.

Kapitel 10

Potenzreihen

10

10 Potenzreihen

10 Potenzreihen

10.1 Formale Potenzreihen

10.1

Ist R ein Integritätsbereich, so ist die Menge $R[x]$ ebenfalls ein Integritätsbereich. Addition und Multiplikation in $R[x]$ hatten wir in Abschnitt 6.1 erklärt.

Ganz analog kann man nun den Integritätsbereich der formalen Potenzreihen

$$a(x) = a_0 + a_1\,x + \cdots = \sum_{k=0}^{\infty} a_k\,x^k$$

in der Variablen x über R erklären, wobei $(a_k)_{k\in\mathbb{N}_{\geqq 0}}$ eine beliebige Folge von Elementen aus R sei. Die *Ordnung* $\operatorname{ord}(a(x), x)$ einer formalen Potenzreihe $a(x)$ ist das kleinste k, für welches $a_k \neq 0$ ist. Die Potenzreihe, deren Koeffizienten a_k alle Null sind, heißt die *Nullreihe*. Die Nullreihe hat Ordnung ∞. Die Potenzreihen mit $a_k = 0$ $(k > 0)$ nennen wir *konstante Potenzreihen*. Der Koeffizient a_0 wird das *Absolutglied* der Reihe genannt.

Die Addition zweier formaler Potenzreihen $a(x)$ und

$$b(x) = b_0 + b_1\,x + \cdots = \sum_{k=0}^{\infty} b_k\,x^k$$

erklärt man wieder auf natürliche Weise – nämlich gliedweise – und für das Produkt

$$a(x) \cdot b(x) = \sum_{k=0}^{\infty} c_k\,x^k$$

setzt man wieder gemäß dem Cauchyprodukt

$$c_k = \sum_{j=0}^{k} a_j\,b_{k-j}\,, \tag{10.1}$$

nur daß diese Formel diesmal für alle $k \in \mathbb{N}_{\geqq 0}$ gilt. Auf diese Weise erhält man den *Ring der (formalen) Potenzreihen* $R[[x]]$, welcher ein Integritätsbereich ist. Die Nullreihe ist das Nullelement von $R[[x]]$, und die Konstante 1 ist auch das Einselement des Rings $R[[x]]$.

Als Beispiel einer Multiplikation betrachten wir die Potenzreihe $e(x)$ der Exponentialfunktion e^x,

$$e(x) := \sum_{k=0}^{\infty} \frac{1}{k!}\,x^k\,,$$

welche wir mit sich selbst multiplizieren wollen. Auf der Seite der *erzeugenden Funktionen* ist diese Multiplikation leicht: $e^x \cdot e^x = e^{2x}$, also sollte sich die Reihe

$$e^x \cdot e^x = e^{2x} = \sum_{k=0}^{\infty} \frac{1}{k!}\,(2x)^k = \sum_{k=0}^{\infty} \frac{2^k}{k!}\,x^k \tag{10.2}$$

ergeben. Ganz anders sieht die Rechnung auf der Seite der formalen Potenzreihen aus. Um $e(x)$ mit sich selbst zu multiplizieren, wenden wir Formel (10.1) an und erhalten

$$c_k = \sum_{j=0}^{k} \frac{1}{j!\,(k-j)!} = \frac{1}{k!}\sum_{j=0}^{k}\binom{k}{j},$$

und es läuft alles darauf hinaus, diese Summe zu bestimmen. Dieser Frage werden wir uns in Kapitel 11 in einem allgemeineren (und zwar algorithmischen) Kontext widmen. Aus der binomischen Formel ist bekannt, daß sich in unserem speziellen Fall

$$c_k = \frac{1}{k!}\sum_{j=0}^{k}\binom{k}{j} = \frac{2^k}{k!}$$

ergibt. Dies liefert natürlich wieder (10.2).

Man beachte aber, daß auch beispielsweise die Potenzreihe

$$\sum_{k=0}^{\infty} k!\,x^k\,,$$

deren Konvergenzradius 0 ist, die also außer am Ursprung nirgends (in $\mathbb{C}$) konvergiert und daher keine Taylorreihe der Analysis bzw. der Funktionentheorie darstellt,[1] ein Element von $\mathbb{C}[[x]]$ bzw. $\mathbb{Z}[[x]]$ ist. Konvergenz spielt bei formalen Potenzreihen keine Rolle. Solange wir die Reihen als Elemente eines Potenzreihenrings betrachten, dürfen wir aber natürlich nicht versuchen, für x irgendwelche Werte einzusetzen. Hierfür ist Konvergenz erforderlich.

Offenbar ist $R[x]$ derjenige Unterring von $R[[x]]$, dessen Elemente $(a_k)_{k\in\mathbb{N}_{\geqq 0}}$ nur endlich viele von 0 verschiedene Komponenten a_k enthält.[2]

Während das Element $a(x) = 1-x \in \mathbb{Z}[x]$ in $\mathbb{Z}[x]$ kein multiplikatives Inverses besitzt, hat $a(x) = 1-x \in \mathbb{Z}[[x]]$, aufgefaßt als Element von $\mathbb{Z}[[x]]$, ein Inverses: Wegen

$$(1-x)\cdot(1+x+x^2+\cdots) = (1-x)+(x-x^2)+(x^2-x^3)+\cdots = 1$$

[1]Die Reihe spielt allerdings als divergente *asymptotische Reihe* eine Rolle.

[2]Wir können die Elemente von $R[[x]]$ als $\sum_{k=0}^{\infty} a_k\,x^k$, aber auch genauso gut durch die definierende Folge $(a_k)_{k\in\mathbb{N}_{\geqq 0}}$ darstellen.

gilt in $\mathbb{Z}[[x]]$

$$(1-x)^{-1} = \sum_{k=0}^{\infty} x^k .$$

In $\mathbb{Z}$ gibt es bekanntlich nur die zwei Einheiten 1 und -1. Dies überträgt sich auf $\mathbb{Z}[x]$. In $\mathbb{Z}[[x]]$ gibt es aber, wie wir soeben gesehen haben, weitere Einheiten. Es gilt der

Satz 10.1 Sei R ein Integritätsbereich. Die Einheiten des Potenzreihenrings $R[[x]]$ sind genau diejenigen Potenzreihen, deren Absolutglied a_0 eine Einheit im Koeffizientenring R ist. **10.1**

Ist R sogar ein Körper, so ist jedes Element $a(x) \in R[[x]]$ mit $\operatorname{ord}(a(x), x) = 0$, d. h. mit $a_0 \neq 0$, eine Einheit.

Beweis: Sei

$$a(x) = a_0 + a_1\,x + \cdots = \sum_{k=0}^{\infty} a_k\,x^k$$

eine Einheit in $R[[x]]$. Dann existiert also eine inverse Reihe

$$b(x) = b_0 + b_1\,x + \cdots = \sum_{k=0}^{\infty} b_k\,x^k .$$

Wegen $a(x) \cdot b(x) = 1$ gelten somit nach Definition der Multiplikation die Gleichungen

$$\begin{aligned} 1 &= a_0\,b_0 \\ 0 &= a_0\,b_1 + a_1\,b_0 \\ &\vdots \\ 0 &= a_0 b_k + a_1\,b_{k-1} + \cdots + a_{k-1}\,b_1 + a_k\,b_0 \\ &\vdots \end{aligned} \tag{10.3}$$

Aus der ersten Gleichung folgt, daß a_0 eine Einheit in R ist mit $a_0^{-1} = b_0$.

Sei nun umgekehrt a_0 eine Einheit in R. Dann können die Gleichungen (10.3) iterativ nach den Koeffizienten b_k ($k \in \mathbb{N}_{\geqq 0}$) aufgelöst werden gemäß dem Schema

$$\begin{aligned} b_0 &= \frac{1}{a_0} \\ b_1 &= -\frac{1}{a_0}\,(a_1\,b_0) \\ &\vdots \\ b_k &= -\frac{1}{a_0}\,(a_1\,b_{k-1} + \cdots + a_{k-1}\,b_1 + a_k\,b_0) \\ &\vdots \end{aligned}$$

Auf diese Weise konstruieren wir also die Koeffizienten eines $b(x) \in R[[x]]$ mit der Eigenschaft $a(x) \cdot b(x) = 1$. Also ist $a(x)$ eine Einheit in $R[[x]]$.

Da in einem Körper jedes Element außer 0 einen Kehrwert bzgl. · besitzt, folgt die zweite Aussage. □

Nachdem nun Addition, Subtraktion, Multiplikation sowie Division von Potenzreihen hinreichend theoretisch geklärt sind, fragen wir uns, wie die *Komposition* von Potenzreihen erklärt und durchgeführt werden kann. Die Potenzreihe $(a \circ b)(x)$ erklärt man durch Einsetzen der Potenzreihe $b(x)$ in die Potenzreihe $a(x)$

$$(a \circ b)(x) = a(b(x)) := \sum_{k=0}^{\infty} a_k \left(\sum_{j=0}^{\infty} b_j x^j \right)^k .$$

Dies kann durch Ausmultiplizieren der Potenzen wieder in eine Potenzreihe umgeformt werden – eine generelle Formel geben wir hier nicht an –, sofern die zweite Reihe mindestens Ordnung 1 hat. Das setzen wir voraus.

Schließlich stellen wir fest, daß formale Potenzreihen der Ordnung 1 invertiert werden können.

10.2 **Satz 10.2** Sei R ein Integritätsbereich und ist $a(x) \in R[[x]]$ mit $\operatorname{ord}(a(x), x) = 1$. Dann gibt es ein eindeutig bestimmtes *Inverses* $a^{-1}(x) \in R[[x]]$, sofern a_1 eine Einheit ist.[3]

Beweis: Wir geben einen konstruktiven Beweis.

Gesucht ist $i(x) = i_0 + i_1 x + i_2 x^2 + \cdots \in R[[x]]$, für welches die Beziehung $i(a(x)) = x$ gilt. Wir setzen also $a(x)$ in $i(x)$ ein und erhalten

$$i(a(x)) = i_0 + a_1 i_1 x + (a_2 i_1 + a_1^2 i_2) x^2 + (a_3 i_1 + a_1 a_2 i_2 + a_1^3 i_3) x^3 + \cdots ,$$

wie aus der Rechnung

In[7]:= $\mathbf{reihe} = \sum_{k=1}^{3} a_k x^k$

Out[7]= $a_3 x^3 + a_2 x^2 + a_1 x$

In[8]:= $\mathbf{inverse} = \sum_{k=0}^{3} i_k x^k$

Out[8]= $i_3 x^3 + i_2 x^2 + i_1 x + i_0$

[3] $a^{-1}(x)$ entspricht also der *Umkehrfunktion* von $a(x)$, nicht zu verwechseln mit dem Kehrwert $a(x)^{-1}$. Wir betrachten also hier das Inverse bzgl. der Komposition.

```
In[9]:= Collect[Expand[inverse/.x → reihe]/.{x^n_/; n > 3 → 0}, x]
```
Out[9]= $(i_3 a_1^3 + 2 a_2 i_2 a_1 + a_3 i_1) x^3 + (i_2 a_1^2 + a_2 i_1) x^2 + a_1 i_1 x + i_0$

folgt.

Dies soll gleich x sein. Hieraus erhalten wir durch Koeffizientenvergleich zunächst $i_0 = 0$ sowie $i_1 = a_1^{-1}$ und schließlich sukzessive Gleichungen, welche wir (wegen der Linearität bzgl. des zu bestimmenden Terms in eindeutiger Weise) iterativ nach $i_2, i_3, \ldots$ auflösen können, wenn a_1 eine Einheit ist. Dies liefert die eindeutige Koeffizientenfolge $(i_k)_{k \in \mathbb{N}_{\geqq 0}}$ und damit $i(x)$, welches wegen $i(a(x)) = x$ die Inverse von $a(x)$ darstellt. □

Sitzung 10.3 Man kann in *Mathematica* mit formalen Potenzreihen rechnen. Allerdings existieren diese nicht als (potentiell) unendliche Summen (obwohl es solch einen Mechanismus gibt, welcher z.B. in Axiom eingebaut ist), sondern als *abgebrochene Reihen.*[4] Um derartige Reihen zu erklären, benutzt man die Groß-O-Notation, mit Hilfe derer man die *Abbruchordnung* angibt. Durch[5]

In[1]:= $s_1 = \sum_{k=0}^{10} x^k + O[x]^{11}$

Out[1]= $1 + x + x^2 + x^3 + x^4 + x^5 + x^6 + x^7 + x^8 + x^9 + x^{10} + O(x^{11})$

In[2]:= $s_2 = \sum_{k=0}^{10} k!\, x^k + O[x]^{11}$

Out[2]= $1 + x + 2 x^2 + 6 x^3 + 24 x^4 + 120 x^5 + 720 x^6 + 5040 x^7 + 40320 x^8 + 362880 x^9 + 3628800 x^{10} + O(x^{11})$

erklären wir beispielsweise die Reihen

$$s_1 := \sum_{k=0}^{\infty} x^k \qquad \text{und} \qquad s_2 := \sum_{k=0}^{\infty} k!\, x^k$$

bis zur Ordnung 10. Diese werden als Elemente von $\mathbb{Q}[[x]]$ aufgefaßt. Mit diesen Objekten können wir nun rechnen:

In[3]:= $s_1 * s_2$

Out[3]= $1 + 2 x + 4 x^2 + 10 x^3 + 34 x^4 + 154 x^5 + 874 x^6 + 5914 x^7 + 46234 x^8 + 409114 x^9 + 4037914 x^{10} + O(x^{11})$

In[4]:= $\frac{s_1}{s_2}$

Out[4]= $1 - x^2 - 4 x^3 - 17 x^4 - 88 x^5 - 549 x^6 - 3996 x^7 - 33089 x^8 - 306432 x^9 - 3135757 x^{10} + O(x^{11})$

---

[4] Engl.: truncated power series

[5] Man beachte: Es muß eine Potenz von $O(x)$ eingegeben werden, während bei der Ausgabe in `TraditionalForm` der Exponent im Argument der Groß-O-Funktion erscheint.

```
In[5]:= s1^2
```

Out[5]= $1+2x+3x^2+4x^3+5x^4+6x^5+7x^6+8x^7+9x^8+10x^9+11x^{10}+O(x^{11})$

Die gesamte Arithmetik steht für Potenzreihenobjekte zur Verfügung. Beispielsweise kann man Potenzreihen auch ableiten:

```
In[6]:= D[s1, x]
```

Out[6]= $1+2x+3x^2+4x^3+5x^4+6x^5+7x^6+8x^7+9x^8+10x^9+O(x^{10})$

Man beachte aber, daß dies – wie auch einige andere Operationen – die Abbruchordnung verringert.

Weitere arithmetische Operationen stehen zur Verfügung. Division von s_1 durch x^3 liefert beispielsweise

```
In[7]:= s1/x^3
```

Out[7]= $\frac{1}{x^3}+\frac{1}{x^2}+\frac{1}{x}+1+x+x^2+x^3+x^4+x^5+x^6+x^7+O(x^8)$

Hier mußte also der Bereich erweitert werden. Das Ergebnis ist eine *formale Laurentreihe*

$$a(x) = \sum_{k=k_0}^{\infty} a_k x^k \qquad (k_0 \in \mathbb{Z}),$$

bei welcher endlich viele negative Potenzen erlaubt sind. Ist $R = \mathbb{K}$ ein Körper, so bilden die formalen Laurentreihen ebenfalls einen Körper $\mathbb{K}((x))$, den Quotientenkörper von $\mathbb{K}[[x]]$.

Dividieren wir s_1 durch $(1-x^2)$, so wird $\frac{1}{1-x^2}$ in eine Potenzreihe umgewandelt und das entsprechende Produkt gebildet:

```
In[8]:= s1/(1 - x^2)
```

Out[8]= $1+x+2x^2+2x^3+3x^4+3x^5+4x^6+4x^7+5x^8+5x^9+6x^{10}+O(x^{11})$

Auch die Quadratwurzel von s_1 kann gebildet werden:[6]

```
In[9]:= Sqrt[s1]
```

Out[9]= $1+\frac{x}{2}+\frac{3x^2}{8}+\frac{5x^3}{16}+\frac{35x^4}{128}+\frac{63x^5}{256}+\frac{231x^6}{1024}+\frac{429x^7}{2048}+\frac{6435x^8}{32768}+\frac{12155x^9}{65536}+\frac{46189x^{10}}{262144}+O(x^{11})$

Bildet man allerdings die Quadratwurzel von s_1-1, so führt dies wieder aus $\mathbb{Q}[[x]]$ heraus:

```
In[10]:= Sqrt[s1 - 1]
```

Out[10]= $\sqrt{x}+\frac{x^{3/2}}{2}+\frac{3x^{5/2}}{8}+\frac{5x^{7/2}}{16}+\frac{35x^{9/2}}{128}+\frac{63x^{11/2}}{256}+\frac{231x^{13/2}}{1024}+\frac{429x^{15/2}}{2048}+\frac{6435x^{17/2}}{32768}+\frac{12155x^{19/2}}{65536}+O(x^{21/2})$

[6]Überlegen Sie sich, wie!

Eine Reihe der Form

$$a(x) = \sum_{k=k_0}^{\infty} a_k\, x^{\frac{k}{q}} \qquad (k_0 \in \mathbb{Z}, q \in \mathbb{N})$$

mit gebrochenen Exponenten heißt *formale Puiseuxreihe.*[7] *Mathematica* kann mit Puiseuxreihen rechnen.

Das Ergebnis von eben zeigt, daß die Reihe von $\sqrt{\frac{s_1-1}{x}}$ wieder eine Potenzreihe ist:

In[11]:= $\sqrt{\frac{s_1 - 1}{x}}$

Out[11]= $1+\frac{x}{2}+\frac{3\,x^2}{8}+\frac{5\,x^3}{16}+\frac{35\,x^4}{128}+\frac{63\,x^5}{256}+\frac{231\,x^6}{1024}+\frac{429\,x^7}{2048}+\frac{6435\,x^8}{32768}+\frac{12155\,x^9}{65536}+O(x^{10})$

Wir berechnen nun die Komposition $(s_2 \circ (s_1-1))(x)$. Um die Komposition besser zu verstehen, setzen wir zunächst nur ein, ohne zu vereinfachen. Hierzu wandeln wir die Reihen mittels `Normal` zuerst in Polynome um.[8]

In[12]:= **comp = Normal[s₂] /.x → Normal[s₁ - 1]**

Out[12]= $x^{10}+x^9+x^8+x^7+x^6+x^5+x^4+x^3+x^2+x+$
$3628800\,(x^{10}+x^9+x^8+x^7+x^6+x^5+x^4+x^3+x^2+x)^{10}+$
$362880\,(x^{10}+x^9+x^8+x^7+x^6+x^5+x^4+x^3+x^2+x)^{9}+$
$40320\,(x^{10}+x^9+x^8+x^7+x^6+x^5+x^4+x^3+x^2+x)^{8}+$
$5040\,(x^{10}+x^9+x^8+x^7+x^6+x^5+x^4+x^3+x^2+x)^{7}+$
$720\,(x^{10}+x^9+x^8+x^7+x^6+x^5+x^4+x^3+x^2+x)^{6}+$
$120\,(x^{10}+x^9+x^8+x^7+x^6+x^5+x^4+x^3+x^2+x)^{5}+$
$24\,(x^{10}+x^9+x^8+x^7+x^6+x^5+x^4+x^3+x^2+x)^{4}+$
$6\,(x^{10}+x^9+x^8+x^7+x^6+x^5+x^4+x^3+x^2+x)^{3}+$
$2\,(x^{10}+x^9+x^8+x^7+x^6+x^5+x^4+x^3+x^2+x)^{2}+1$

Wir erhalten nach Rückkonversion in eine Reihe modulo $O(x)^{11}$

In[13]:= **comp + O[x]^11**

Out[13]= $1+x+3\,x^2+11\,x^3+49\,x^4+261\,x^5+1631\,x^6+$
$11743\,x^7+95901\,x^8+876809\,x^9+8877691\,x^{10}+O(x^{11})$

Die Rechnung von eben kann man auch durch Substitution der Reihen selbst erreichen

[7] Beachten Sie, daß in einer Puiseuxreihe nicht *beliebige* rationale Exponenten zugelassen sind, sondern daß die Exponenten einen gemeinsamen Hauptnenner besitzen müssen. Dadurch liefert die Menge der Puiseuxreihen wieder einen Ring.

[8] Die Datenstrukturen von Polynomen und Reihen sind in *Mathematica* also völlig verschieden. Beispielsweise werden Polynome nur mittels `Expand` ausmultipliziert, während Reihen immer nach den Potenzen sortiert werden.

In[14]:= **s₂/.x → s₁ - 1**

Out[14]= $1+x+3x^2+11x^3+49x^4+261x^5+1631x^6+11743x^7+95901x^8+876809x^9+8877691x^{10}+O(x^{11})$

oder ganz kurz mit `ComposeSeries`

In[15]:= **ComposeSeries[s₂, s₁ - 1]**

Out[15]= $1+x+3x^2+11x^3+49x^4+261x^5+1631x^6+11743x^7+95901x^8+876809x^9+8877691x^{10}+O(x^{11})$

Mit `InverseSeries` können inverse Reihen bestimmt werden:

In[16]:= **inv = InverseSeries[s₂ - 1]**

Out[16]= $x-2x^2+2x^3-4x^4-4x^5-48x^6-336x^7-2928x^8-28144x^9-298528x^{10}+O(x^{11})$

Wir testen das Resultat:

In[17]:= **inv/.x → s₂ - 1**

Out[17]= $x+O(x^{11})$

Intern werden formale Reihen als `SeriesData`-Objekte dargestellt:

In[18]:= **FullForm[s₂]**

Out[18]= SeriesData[x, 0, List[1, 1, 2, 6, 24, 120, 720, 5040, 40320, 362880, 3628800], 0, 11, 1]

Genaue Informationen über deren Struktur erhält man aus der Hilfestellung. □

10.2

10.2 Taylorpolynome

Wir betrachten in der Folge Funktionen, welche wir in Potenzreihen (oder gegebenenfalls in Laurent- bzw. Puiseuxreihen) entwickeln wollen. Die Entwicklung einer C^∞-Funktion in eine Potenzreihe kann prinzipiell mit dem Satz von Taylor durchgeführt werden

$$f(x)=\sum_{k=0}^{\infty}\frac{f^{(k)}(x_0)}{k!}(x-x_0)^k\,.$$

Ist $x_0=0$, so führt dies zu formalen Potenzreihen, wie wir sie im letzten Abschnitt betrachtet hatten, Man beachte allerdings, daß wir diesmal von Funktionen ausgehen, welche durch Taylorreihen dargestellt werden sollen. Die resultierenden Reihen haben daher in der Regel einen positiven Konvergenzradius. Sie müssen aber nicht unbedingt gute Approximationen darstellen.

Sitzung 10.4 Das approximierende n-te Taylorpolynom kann man z. B. wie folgt programmieren:

```
In[1]:= Clear[Taylor]
        Taylor[f_, {x_, x0_, n_}] :=
          Module[{ableitungen, k},
            ableitungen = NestList[D[#, x]&, f, n];
            ableitungen = ableitungen/.{x → x0};
             n
            ∑ ableitungen[[k + 1]] / k! (x - x0)^k +
            k=0
              O[x - x0]^(n+1)
          ]
```

Wir erhalten beispielsweise

In[2]:= **Taylor[ArcSin[x], {x, 0, 10}]**

Out[2]= $x + \frac{x^3}{6} + \frac{3x^5}{40} + \frac{5x^7}{112} + \frac{35x^9}{1152} + O(x^{11})$

Diese Definition ermöglicht aber noch nicht die Berechnung von[9]

In[3]:= **Taylor[ArcSin[x]/x, {x, 0, 10}]**

Out[3]= Indeterminate

da bereits der Wert $\left.\frac{\arcsin x}{x}\right|_{x=0}$ am Ursprung nicht wohldefiniert ist und mit Hilfe des Grenzwerts $\lim\limits_{x\to 0} \frac{\arcsin x}{x} = 1$ bestimmt werden muß.[10] Daher liefert die adaptierte Version

```
In[4]:= Clear[Taylor]
        Taylor[f_, {x_, x0_, n_}] :=
          Module[{ableitungen, k},
            ableitungen = NestList[D[#, x]&, f, n];
            ableitungen = Map[Limit[#, x → x0]&, ableitungen];
             n
            ∑ ableitungen[[k + 1]] / k! (x - x0)^k + O[x - x0]^(n+1)
            k=0
          ]
```

(zumindest für analytische Funktionen) eine funktionstüchtige Implementierung für das n-te Taylorpolynom. Sie liefert beispielsweise

In[5]:= **Taylor[ArcSin[x]/x, {x, 0, 10}]**

Out[5]= $1 + \frac{x^2}{6} + \frac{3x^4}{40} + \frac{5x^6}{112} + \frac{35x^8}{1152} + \frac{63x^{10}}{2816} + O(x^{11})$

[9]Diese Rechnung erzeugt noch eine Vielzahl von Fehlermeldungen.

[10]Die Funktion läßt sich hierdurch stetig ergänzen.

Das folgende Beispiel zeigt, daß die berechnete Taylorreihe die Eingabefunktion nicht darzustellen braucht, s. z. B. [Koe1993a]:

```
In[6]:= Taylor[Exp[-1/x^2], {x, 0, 100}]
```
Out[6]= $O(x^{101})$

Egal, wie hoch die Ordnung auch sein mag, e^{-1/x^2} wird durch das Taylorpolynom 0 approximiert. Dies wird auch sehr schön am Graphen der Funktion e^{-1/x^2} deutlich,

```
In[7]:= Plot[Exp[-1/x^2], {x, -1, 1}, PlotRange → All]
```

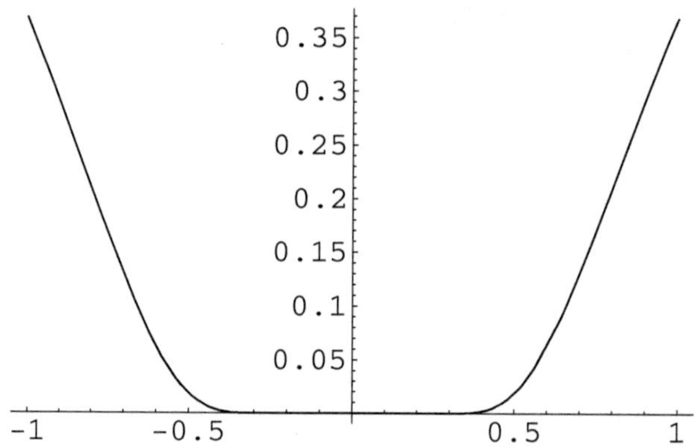

Out[7]= -Graphics-

welcher sich am Ursprung stärker an die x-Achse anschmiegt als jede Potenz. □

Die Implementierung von `Taylor` ist nicht besonders effizient. Wesentlich besser ist die folgende rekursive Methode. Zur Bestimmung des n-ten Taylorpolynoms eines zusammengesetzten Ausdrucks berechne man die n-ten Taylorpolynome der Teilausdrücke und setze die Ergebnisse entsprechend zusammen. So oder so ähnlich werden Taylorpolynome heutzutage in den meisten Computeralgebrasystemen berechnet. Das genaue Vorgehen bei *Mathematica* ist mir allerdings nicht bekannt.

Sitzung 10.5 Das `Series`-Kommando in *Mathematica* berechnet Potenz-, Laurent- und Puiseuxapproximationen und erzeugt hierbei ein `SeriesData`-Objekt.

Wir berechnen wieder die Reihe von $\frac{\arcsin x}{x}$:

```
In[1]:= s1 = Series[f = ArcSin[x]/x, {x, 0, 10}]
```
Out[1]= $1+\frac{x^2}{6}+\frac{3\,x^4}{40}+\frac{5\,x^6}{112}+\frac{35\,x^8}{1152}+\frac{63\,x^{10}}{2816}+O(x^{11})$

In[2]:= $\frac{\mathbf{s_1 - 1}}{\mathbf{x^2}}$

Out[2]= $\frac{1}{6}+\frac{3x^2}{40}+\frac{5x^4}{112}+\frac{35x^6}{1152}+\frac{63x^8}{2816}+O(x^9)$

In[3]:= **Series**$\left[\frac{\mathbf{f-1}}{\mathbf{x^2}}, \mathbf{\{x, 0, 10\}}\right]$

Out[3]= $\frac{1}{6}+\frac{3x^2}{40}+\frac{5x^4}{112}+\frac{35x^6}{1152}+\frac{63x^8}{2816}+\frac{231x^{10}}{13312}+O(x^{11})$

Die beiden letzten Ergebnisse zeigen den Informationsverlust bei der Division.[11]

Nun wollen wir die Beziehung $\sin^2 x + \cos^2 x = 1$ auf Potenreihenebene zeigen:

In[4]:= $\mathbf{s_2 = Sin[x] + O[x]^{15}}$

Out[4]= $x-\frac{x^3}{6}+\frac{x^5}{120}-\frac{x^7}{5040}+\frac{x^9}{362880}-\frac{x^{11}}{39916800}+\frac{x^{13}}{6227020800}+O(x^{15})$

In[5]:= $\mathbf{s_3 = Cos[x] + O[x]^{15}}$

Out[5]= $1-\frac{x^2}{2}+\frac{x^4}{24}-\frac{x^6}{720}+\frac{x^8}{40320}-\frac{x^{10}}{3628800}+\frac{x^{12}}{479001600}-\frac{x^{14}}{87178291200}+O(x^{15})$

In[6]:= $\mathbf{s_2^2 + s_3^2}$

Out[6]= $1+O(x^{15})$

Die folgende Rechnung liefert eine Laurentreihe

In[7]:= **Series**$\left[\frac{\mathbf{Sin[x^5]}}{\mathbf{x^{10}}}, \mathbf{\{x, 0, 15\}}\right]$

Out[7]= $\frac{1}{x^5}-\frac{x^5}{6}+\frac{x^{15}}{120}+O(x^{16})$

und die nächste eine Puiseuxreihe

In[8]:= **Series**$\left[\mathbf{e^{\sqrt{x}}}, \mathbf{\{x, 0, 5\}}\right]$

Out[8]= $1+\sqrt{x}+\frac{x}{2}+\frac{x^{3/2}}{6}+\frac{x^2}{24}+\frac{x^{5/2}}{120}+\frac{x^3}{720}+\frac{x^{7/2}}{5040}+\frac{x^4}{40320}+\frac{x^{9/2}}{362880}+\frac{x^5}{3628800}+O(x^{11/2})$

Schließlich können auch Taylorapproximationen an anderen Entwicklungspunkten berechnet werden:

In[9]:= **Series[Sin[x], {x, π, 10}]**

Out[9]= $-(x-\pi)+\frac{1}{6}(x-\pi)^3-\frac{1}{120}(x-\pi)^5+\frac{(x-\pi)^7}{5040}-\frac{(x-\pi)^9}{362880}+O((x-\pi)^{11})$

An dieser Reihe wird die Beziehung $\sin x = \sin(\pi - x)$ deutlich. □

10.3 Berechnung formaler Potenzreihen

10.3

Nachdem wir im letzten Abschnitt gesehen haben, wie man abgebrochene Taylorreihen berechnen kann, wollen wir uns nun der Frage widmen, unter welchen Vorausset-

[11] `Series` rechnet dagegen, wie gesehen, – anders als der `series`-Befehl in *Maple* – immer bis zu der angegebenen Ordnung, und hat daher allerdings auch keine optimale Effizienz.

zungen man sogar unendliche Reihen erzeugen kann, m. a. W., wie man eine Formel für den k-ten Koeffizienten a_k finden kann. Aus der Analysis sind uns etliche solcher Reihen bekannt, z. B.

$$e^x = \sum_{k=0}^{\infty} \frac{1}{k!} x^k , \qquad \sin x = \sum_{k=0}^{\infty} \frac{(-1)^k}{(2k+1)!} x^{2k+1} , \qquad \cos x = \sum_{k=0}^{\infty} \frac{(-1)^k}{(2k)!} x^{2k} .$$

Wir wollen nun ein Verfahren angeben, das es erlaubt, diese Reihen in geschlossener Form aufzufinden. Man darf von einer solchen Prozedur allerdings nicht zu viel erwarten. Eine Reihe wie

$$\tan x = \sum_{k=1}^{\infty} (-1)^{k+1} \frac{2^{2k}(2^{2k}-1)}{(2k)!} B_{2k} x^{2k-1} , \tag{10.4}$$

zu deren Darstellung die *Bernoullischen Zahlen* B_k notwendig sind, ist algorithmisch außer Reichweite.[12] Wir wollen hingegen Reihen dann bestimmen, wenn ihre Koeffizienten sich durch Fakultäten oder Binomialkoeffizienten darstellen lassen. Dies konkretisieren wir bald.

Sitzung 10.6 Wir wollen zunächst die Reihendarstellung (10.4) überprüfen. *Mathematica* kennt die Bernoullischen Zahlen und liefert

```
In[1]:= Series[Tan[x], {x, 0, 20}]
```

$$\text{Out[1]=}\ x + \frac{x^3}{3} + \frac{2x^5}{15} + \frac{17x^7}{315} + \frac{62x^9}{2835} + \frac{1382x^{11}}{155925} + \frac{21844x^{13}}{6081075} + \frac{929569x^{15}}{638512875} + \frac{6404582x^{17}}{10854718875} + \frac{443861162x^{19}}{1856156927625} + O(x^{21})$$

$$\text{In[2]:=}\ \sum_{k=1}^{10} \frac{(-1)^{k+1}2^{2k}(2^{2k}-1)}{(2k)!} \text{BernoulliB}[2k]\, x^{2k-1} + O[x]^{21}$$

$$\text{Out[2]=}\ x + \frac{x^3}{3} + \frac{2x^5}{15} + \frac{17x^7}{315} + \frac{62x^9}{2835} + \frac{1382x^{11}}{155925} + \frac{21844x^{13}}{6081075} + \frac{929569x^{15}}{638512875} + \frac{6404582x^{17}}{10854718875} + \frac{443861162x^{19}}{1856156927625} + O(x^{21})$$

Dies zeigt (10.4) bis zum Grad 20. Die Bernoullischen Zahlen werden von der Funktion

$$\frac{x}{e^x - 1} = \sum_{k=0}^{\infty} \frac{B_k}{k!} x^k \tag{10.5}$$

erzeugt:[13]

[12] Daß die Tangensfunktion von dem in diesem Abschnitt betrachteten Verfahren nicht erfaßt wird, werden wir sogar beweisen.

[13] Der Konvergenzradius der *erzeugenden Funktion* $\sum_{k=0}^{\infty} B_k x^k$ der Bernoullischen Zahlen B_k ist 0, daher betrachtet man die *exponentielle erzeugende Funktion* (10.5), welche einen endlichen Konvergenzradius besitzt.

In[3]:= $\text{Series}\left[\frac{x}{e^x - 1}, \{x, 0, 20\}\right]$

Out[3]= $1 - \frac{x}{2} + \frac{x^2}{12} - \frac{x^4}{720} + \frac{x^6}{30240} - \frac{x^8}{1209600} + \frac{x^{10}}{47900160} - \frac{691\,x^{12}}{1307674368000} + \frac{x^{14}}{74724249600} - \frac{3617\,x^{16}}{10670622842880000} + \frac{43867\,x^{18}}{5109094217170944000} - \frac{174611\,x^{20}}{802857662698291200000} + O(x^{21})$

In[4]:= $\sum_{k=0}^{20} \frac{\text{BernoulliB}[k]}{k!} x^k + O[x]^{21}$

Out[4]= $1 - \frac{x}{2} + \frac{x^2}{12} - \frac{x^4}{720} + \frac{x^6}{30240} - \frac{x^8}{1209600} + \frac{x^{10}}{47900160} - \frac{691\,x^{12}}{1307674368000} + \frac{x^{14}}{74724249600} - \frac{3617\,x^{16}}{10670622842880000} + \frac{43867\,x^{18}}{5109094217170944000} - \frac{174611\,x^{20}}{802857662698291200000} + O(x^{21})$

Genauso, wie *Mathematica* viele Integrale lösen kann, vereinfacht *Mathematica* viele Summen:

In[5]:= $\sum_{k=0}^{\infty} \frac{x^k}{k!}$

Out[5]= e^x

In[6]:= $\sum_{k=0}^{\infty} \frac{(-1)^k}{(2k+1)!} x^{2k+1}$

Out[6]= $\frac{x \sin\left(\sqrt{x^2}\right)}{\sqrt{x^2}}$

Das letzte Resultat ist richtig, da die Sinusfunktion ungerade ist. Man sieht, daß nicht einfach in einer Tabelle nachgeschlagen, sondern etwas berechnet wird.

Wir interessieren uns nun für die umgekehrte Aufgabe der Konversion von Funktionen in Reihen und schauen uns zunächst einige Resultate des Packages `SpecialFunctions` an, welches u. a. einen Algorithmus zur Bestimmung unendlicher Reihen enthält.[14]

Das Package `SpecialFunctions` wurde 1992 von Axel Rennoch begonnen, vom Autor im Laufe des letzten Jahrzehnts weiterentwickelt und enthält, wie wir noch sehen werden, viele weitere Algorithmen. Wir können seine Möglichkeiten im Rahmen dieses Buchs nicht erschöpfend erläutern. Das Package ist ferner nicht „durchprogrammiert", sondern eher

[14]Das Package `SpecialFunctions` ist erhältlich von `http://www.mathematik.uni-kassel.de/~koepf/Publikationen`.

zum Testen von Algorithmen gedacht. Falsche Eingaben werden beispielsweise oft nicht erkannt und können beim Ablauf der Algorithmen seltsame Fehlermeldungen generieren. Davon sollte man sich nicht irritieren lassen. Eine jeweils aktualisierte Version des in `SpecialFunctions` eingebauten Packages `zb_alg` von Peter Paule und Markus Schorn, welches eine Implementierung der Algorithmen von Gosper und Zeilberger (s. Kapitel 11) enthält, ist auf der Internetseite `http://www.risc.uni-linz.ac.at/research/combinat/risc/software` erhältlich.

Die Ausgabe von `FPS` (FormalPowerSeries) nutzt nicht die Funktion `Sum`, da diese – wie gesehen – in vielen Fällen das Ergebnis sofort wieder umwandeln würde, sondern stattdessen den Funktionsnamen `sum`.[15]

Wir laden das Package

```
In[7]:= Needs["SpecialFunctions`"]
SpecialFunctions, (C) Wolfram Koepf, version 2.01, 2006
Fast Zeilberger, (C) Peter Paule and Markus Schorn (V 2.2) loaded
```

und berechnen einige Reihen:

In[8]:= **FPS[e^x, x]**

Out[8]= $\text{sum}\left(\frac{x^k}{k!}, \{k, 0, \infty\}\right)$

In[9]:= **FPS[Sin[x], x]**

Out[9]= $\text{sum}\left(\frac{(-1)^k x^{2k+1}}{(2k+1)!}, \{k, 0, \infty\}\right)$

In[10]:= **FPS[Cos[x], x]**

Out[10]= $\text{sum}\left(\frac{(-1)^k x^{2k}}{(2k)!}, \{k, 0, \infty\}\right)$

In[11]:= **s = FPS[e^√x, x]**

Out[11]= $\text{sum}\left(\frac{x^k}{(2k)!}, \{k, 0, \infty\}\right) + \text{sum}\left(\frac{x^{k+\frac{1}{2}}}{(2k+1)!}, \{k, 0, \infty\}\right)$

Diese Reihen werden ebenfalls nicht einer Tabelle entnommen, sondern algorithmisch bestimmt. Nach Eingabe des Befehls

```
In[12]:= specfunprint
```

werden Zwischenergebnisse ausgegeben.

Nun wiederholen wir nochmals zwei der obigen Rechnungen:

```
In[13]:= FPS[e^x, x]
SpecialFunctions, (C) Wolfram Koepf, version 2.01, 2006
specfun - info : DE :
```

[15]In einigen Fällen wird allerdings durch das Laden des Packages die Vereinfachung von Summen unterdrückt.

```
   f'(x) - f(x) == 0
specfun - info : RE for all k >= 0 :
   a[k+1] = a[k]/(1 + k)
specfun - info : function of hypergeometric type
specfun - info : for all k <= -1 : a[k] = 0
specfun - info : a[0] = 1
```

Out[13]= $\text{sum}\left(\frac{x^k}{k!}, \{k, 0, \infty\}\right)$

In[14]:= **FPS[e^√x, x]**

```
SpecialFunctions, (C) Wolfram Koepf, version 2.01, 2006
specfun - info : DE :
   -f(x) + 2 f'(x) + 4 x f''(x) == 0
specfun - info : RE for all k >= 1/2 :
   a[k+1] = a[k]/(2 * (1 + k) * (1 + 2 * k))
specfun - info : RE modified to (k -> k/2)
specfun - info : RE for all k >= 0 :
   a[k+2] = a[k]/((1 + k) * (2 + k))
specfun - info : function of hypergeometric type
specfun - info : a[0] = 1
specfun - info : a[1] = 1
specfun - info : PS divided into 2 parts (non-symm. 2-fold function)
```

Out[14]= $\text{sum}\left(\frac{x^k}{(2\,k)!}, \{k, 0, \infty\}\right) + \text{sum}\left(\frac{x^{k+\frac{1}{2}}}{(2\,k+1)!}, \{k, 0, \infty\}\right)$

In[15]:= **specfunprintoff**

Mit dem letzten Befehl wird der Verbosemodus des Pakets wieder abgestellt. □

Diesen Rechnungen kann man entnehmen, daß zur Konversion von $f(x)$

(a) zunächst eine Differentialgleichung für $f(x)$ bestimmt wird,

(b) dann diese Differentialgleichung in eine Rekursionsgleichung für die Koeffizienten a_k konvertiert wird

(c) und schließlich diese Rekursion gelöst wird.

Durch Mustererkennung könnte man zwar bei unserem Beispiel direkt erkennen, daß $e^{\sqrt{x}}$ dieselbe Reihe wie e^x besitzt, wobei x durch $\sqrt{x}$ zu ersetzen ist. Aber durch Mustererkennung kann man nicht alle Reihen bestimmen. Daher wird hier ein völlig anderer Weg beschrieben, der auch zu völlig verschiedenen Zwischenergebnissen führt. Beispielsweise erfüllt $e^{\sqrt{x}}$ im Gegensatz zu e^x *keine* Differentialgleichung erster Ordnung (des betrachteten Typs). Daher liefert die Prozedur statt

$$e^{\sqrt{x}} = \sum_{k=0}^{\infty} \frac{1}{k!}\, x^{k/2}$$

eine gleichwertige Reihe, welche aber aus zwei Summanden, nämlich einer regulären Potenzreihe und einer (reinen) Puiseuxreihe, besteht:

$$e^{\sqrt{x}} = \sum_{k=0}^{\infty} \frac{1}{(2k)!} x^k + \sum_{k=0}^{\infty} \frac{1}{(2k+1)!} x^{k+\frac{1}{2}} .$$

Der Grund liegt darin, daß diese Summanden den geraden bzw. den ungeraden Anteil von $e^{\sqrt{x}}$ darstellen.[16] Der vorgestellte Algorithmus wird in den folgenden Abschnitten ausführlich betrachtet.

10.3.1 Holonome Differentialgleichungen

Wir sehen uns nun die einzelnen Teilschritte des Algorithmus etwas genauer an. Wir betrachten zunächst den ersten Schritt, die Suche nach einer (gewöhnlichen) Differentialgleichung.

Genauer wird hier nach einer *homogenen linearen Differentialgleichung* gesucht, welche *Polynomkoeffizienten* $\in \mathbb{K}[x]$ hat, wobei $\mathbb{K}$ ein Körper sei. Wir werden meist $\mathbb{K} = \mathbb{Q}$ voraussetzen. Eine derartige Differentialgleichung nennen wir *holonom*. Eine Funktion, welche eine holonome Differentialgleichung erfüllt, nennen wir ebenfalls holonom. Die kleinste Ordnung einer für eine holonome Funktion $f(x)$ gültigen holonomen Differentialgleichung nennen wir den *holonomen Grad von* $f(x)$ und bezeichnen diesen mit $\text{holgrad}(f(x), x)$.

10.7 **Beispiel 10.7** (a) Die Exponentialfunktion ist holonom vom Grad $\text{holgrad}(e^x, x) = 1$. (b) Die Sinusfunktion $f(x) = \sin x$ ist holonom, da sie die Differentialgleichung $f''(x) + f(x) = 0$ erfüllt. Sie hat den Grad $\text{holgrad}(\sin x, x) = 2$, da wegen[17]

$$\frac{f'(x)}{f(x)} = \cot x \notin \mathbb{Q}(x)$$

keine holonome Differentialgleichung erster Ordung für $\sin x$ gültig ist. △

Sitzung 10.8 Wir begeben uns auf die Suche nach einer holonomen Differentialgleichung für die Exponentialfunktion $f_0 = e^{x^2}$:

```
In[1]:= f0 = e^(x^2)
Out[1]= e^(x^2)
```

Hierzu bestimmen wir die Ableitung f_1 von f_0:

---

[16] Jede beliebige Funktion $f(x)$ läßt sich in einen geraden Anteil $g(x) := \frac{1}{2}(f(x) + f(-x))$ sowie einen ungeraden Anteil $u(x) := \frac{1}{2}(f(x) - f(-x))$ aufspalten. Offenbar gilt $f(x) = g(x) + u(x)$, und $g(x)$ bzw. $u(x)$ sind gerade bzw. ungerade.

[17] Rationale Funktionen haben (in $\mathbb{C}$) nämlich nur endlich viele Nullstellen.

```
In[2]:= f1 = D[f0, x]
```
Out[2]= $2\,e^{x^2}\,x$

Eine holonome Differentialgleichung erster Ordnung existiert offenbar genau dann, wenn der Quotient $f_1/f_0 \in \mathbb{Q}(x)$ liegt:

```
In[3]:= Together[f1/f0]
```
Out[3]= $2\,x$

Dies ist hier der Fall, und wir erhalten somit für f_0 die Differentialgleichung

```
In[4]:= DE = F'[x] - 2x F[x] == 0
```
Out[4]= $F'(x) - 2\,x\,F(x) == 0$

Die Funktion $f_0(x) = e^{x^2}$ ist also holonom vom Grad 1.

Nun betrachten wir ein etwas komplizierteres Beispiel.

```
In[5]:= f0 = ArcSin[x]
```
Out[5]= $\sin^{-1}(x)$

```
In[6]:= f1 = D[f0, x]
```
Out[6]= $\dfrac{1}{\sqrt{1-x^2}}$

Ganz offenbar ist f_1/f_0 nicht rational, da $\arcsin x$ und $\frac{1}{\sqrt{1-x^2}}$ über $\mathbb{Q}(x)$ linear unabhängig sind[18]; also hat f_0 nicht den holonomen Grad 1. Daher suchen wir nach einer Differentialgleichung zweiter Ordnung. Wir berechnen

```
In[7]:= f2 = D[f1, x]
```
Out[7]= $\dfrac{x}{(1-x^2)^{3/2}}$

und machen (für noch zu bestimmende $A_k \in \mathbb{Q}(x)$) den Ansatz $\sum\limits_{k=0}^{2} A_k\, f^{(k)}(x) = 0$, wobei wir $A_2 = 1$ setzen können, da wir ja bereits wissen, daß eine Differentialgleichung erster Ordnung nicht existiert.

```
In[8]:= ansatz = Sum[A_k f_k, {k, 0, 2}] /. A_2 -> 1
```
Out[8]= $\dfrac{x}{(1-x^2)^{3/2}} + \sin^{-1}(x)\,A_0 + \dfrac{A_1}{\sqrt{1-x^2}}$

Wir testen als nächstes, welche der Summanden sich nur um einen rationalen Faktor unterscheiden, welche also über $\mathbb{Q}(x)$ linear abhängig sind. Diese können wir zusammenfassen. In unserem Fall sind die ersten beiden Summanden die einzigen Kandidaten. Wir erhalten

```
In[9]:= Together[ansatz[[1]]/ansatz[[3]]]
```
Out[9]= $-\dfrac{x}{(x^2-1)\,A(1)}$

[18] Begründung?

Diese Summanden sind also wirklich linear abhängig über $\mathbb{Q}(x)$, und wir fassen sie zusammen.

Der Ansatz kann nur dann identisch Null sein, wenn die Koeffizienten der über $\mathbb{Q}(x)$ linear unabhängigen Summanden verschwinden. Dies führt zu

```
In[10]:= sol = Solve[{ansatz[[1]] + ansatz[[3]] == 0,
                ansatz[[2]] == 0}, {A0, A1}]
```

Out[10]= $\left\{\left\{A(0) \to 0, A(1) \to \frac{x}{x^2-1}\right\}\right\}$

Somit ist die linke Seite der Differentialgleichung gegeben durch

In[11]:= **DE =** $\sum_{k=0}^{2}$ **A**$_k$ **D[F[x], {x, k}] /. sol[[1]] /. A**$_2$ **→ 1**

Out[11]= $\frac{x\,F'(x)}{x^2-1} + F''(x)$

und – nach Multiplikation mit dem Hauptnenner – erhalten wir schließlich die holonome Differentialgleichung

```
In[12]:= Collect[Numerator[Together[DE]],
              Table[D[F[x], {x, k}], {k, 0, 2}]] == 0
```

Out[12]= $x\,F'(x) + \left(x^2-1\right) F''(x) == 0$

für $F(x) = \arcsin x$. Diese Funktion ist also holonom vom Grad 2.

Das Package `SpecialFunctions` enthält die Funktion `holonomicDE` zur Bestimmung holonomer Differentialgleichungen mit dem beschriebenen Algorithmus.

Wir laden das Package:

```
In[13]:= Remove[F]
         Needs["SpecialFunctions`"]
```

Hierbei haben wir zunächst die (bereits verwendete) Variable F aus dem globalen Kontext entfernt, um Konflikte mit der im `SpecialFunctions`-Package verwendeten Variablen F zu vermeiden.

Nun berechnen wir einige holonome Differentialgleichungen:

In[14]:= **holonomicDE[**e^x**, F[x]]**

Out[14]= $F'(x) - F(x) == 0$

```
In[15]:= holonomicDE[ArcSin[x], F[x]]
```

Out[15]= $x\,F'(x) + (x-1)\,(x+1)\,F''(x) == 0$

Wir finden für jede Potenz der Arkussinusfunktion eine holonome Differentialgleichung:

In[16]:= **Table[holonomicDE[ArcSin[x]**^{k}**, F[x]], {k, 1, 4}]**

Out[16]= $\{x F'(x) + (x-1)(x+1) F''(x) == 0,$
$F'(x) + 3 x F''(x) + (x-1)(x+1) F^{(3)}(x) == 0,$
$(x-1)^2 F^{(4)}(x) (x+1)^2 + 6 (x-1) x F^{(3)}(x) (x+1) +$
$x F'(x) + (7 x^2 - 4) F''(x) == 0,$
$(x-1)^2 F^{(5)}(x) (x+1)^2 + 10 (x-1) x F^{(4)}(x) (x+1) +$
$F'(x) + 15 x F''(x) + 5 (5 x^2 - 2) F^{(3)}(x) == 0\}$

Auch Summen holonomer Funktionen erfüllen wieder holonome Differentialgleichungen:

In[17]:= **holonomicDE[e^αx + Sin[β x], F[x]]**
Out[17]= $-\alpha F(x) \beta^2 + F'(x) \beta^2 - \alpha F''(x) + F'''(x) == 0$

In[18]:= **DE = holonomicDE[ArcSin[x]^2 + Sin[x]^2, F[x]]**
Out[18]= $4 (2 x^4 + 7 x^2 + 13) F'(x) + 4 x (6 x^4 + 13 x^2 + 37) F''(x) +$
$(8 x^6 - 2 x^4 + 23 x^2 - 7) F^{(3)}(x) +$
$x (6 x^4 + 13 x^2 + 37) F^{(4)}(x) +$
$(x-1)(x+1)(2 x^4 + x^2 + 5) F^{(5)}(x) == 0$

Wir überprüfen das letzte Resultat:

```
In[19]:= DE[[1]]/.{F[x] → ArcSin[x]^2 + Sin[x]^2,
           Derivative[k_][F][x] →
             D[ArcSin[x]^2 + Sin[x]^2, {x, k}]}
```

Out[19]=
$$(8 x^6 - 2 x^4 + 23 x^2 - 7) \left(\frac{6 \sin^{-1}(x) x^2}{(1-x^2)^{5/2}} + \frac{6 x}{(1-x^2)^2} + \frac{2 \sin^{-1}(x)}{(1-x^2)^{3/2}} - 8 \cos(x) \sin(x) \right) +$$
$$4 (2 x^4 + 7 x^2 + 13) \left(\frac{2 \sin^{-1}(x)}{\sqrt{1-x^2}} + 2 \cos(x) \sin(x) \right) +$$
$$(x-1)(x+1)(2 x^4 + x^2 + 5) \left(\frac{210 \sin^{-1}(x) x^4}{(1-x^2)^{9/2}} + \frac{210 x^3}{(1-x^2)^4} + \frac{180 \sin^{-1}(x) x^2}{(1-x^2)^{7/2}} + \frac{110 x}{(1-x^2)^3} + \frac{18 \sin^{-1}(x)}{(1-x^2)^{5/2}} + 32 \cos(x) \sin(x) \right) +$$
$$4 x (6 x^4 + 13 x^2 + 37) \left(2 \cos^2(x) - 2 \sin^2(x) + \frac{2 x \sin^{-1}(x)}{(1-x^2)^{3/2}} + \frac{2}{1-x^2} \right) +$$
$$x (6 x^4 + 13 x^2 + 37) \left(\frac{30 \sin^{-1}(x) x^3}{(1-x^2)^{7/2}} + \frac{30 x^2}{(1-x^2)^3} + \frac{18 \sin^{-1}(x) x}{(1-x^2)^{5/2}} - 8 \cos^2(x) + 8 \sin^2(x) + \frac{8}{(1-x^2)^2} \right)$$

```
In[20]:= %//Simplify
Out[20]= 0
```

Beim letzten Beispiel ist es gar nicht so einfach, den Nachweis für die Gültigkeit der Differentialgleichung zu erbringen. Wir hatten Glück, daß `Simplify` erfolgreich war, denn wir wissen ja, daß es für beliebige transzendente Ausdrücke keine Normalform gibt.[19] □

Die Ergebnisse von eben suggerieren die Holonomie von Summe und Produkt holonomer Funktionen. Es gilt in der Tat folgender

10.9 **Satz 10.9** Summe und Produkt holonomer Funktionen sind ebenfalls holonom. Wir erhalten also den *Ring der holonomen Funktionen.* Sind $f(x)$ und $g(x)$ holonome Funktionen vom Grad m bzw. n, so ist $f(x)+g(x)$ vom Grad $\leqq m+n$, und $f(x)\cdot g(x)$ ist vom Grad $\leqq m\cdot n$.

Beweis: Die Funktionen $f(x)$ und $g(x)$ seien holonom vom Grad m bzw. n. Wir betrachten zunächst den Vektorraum $V(f) = \langle f(x), f'(x), f''(x), \ldots\rangle$ über dem Körper der rationalen Funktionen $\mathbb{K}(x)$, der von den Ableitungen von $f(x)$ erzeugt wird.

Da $f(x)$ eine holonome Differentialgleichung der Ordnung m, aber keine der Ordnung $m-1$, erfüllt und da durch sukzessives Ableiten auch alle höheren Ableitungen als Linearkombination (über $\mathbb{K}(x)$) der Funktionen $f(x), f'(x), \ldots, f^{(m-1)}$ dargestellt werden können, ist $\{f(x), f'(x), f''(x), \ldots, f^{(m-1)}(x)\}$ eine Basis von $V(f)$, und für die Dimension des betrachteten Vektorraums gilt $\dim(V(f)) = m$. Analog konstruieren wir den von $g(x)$ und seinen Ableitungen erzeugten Vektorraum $V(g) = \langle g(x), g'(x), g''(x), \ldots\rangle$, für welchen $\dim(V(g)) = n$ gilt.

Nun bilden wir die Summe $V(f) + V(g)$, welches ein Vektorraum der Dimension $\leqq m+n$ ist. Da $h := f+g,\ h' = (f+g)', \ldots,\ h^{(k)} = (f+g)^{(k)}, \ldots$ Elemente von $V(f)+V(g)$ sind, sind jeweils $m+n+1$ dieser Funktionen linear abhängig (über $\mathbb{K}(x)$). Mit anderen Worten heißt dies aber: Es gilt eine Differentialgleichung der Ordnung $\leqq m+n$ mit Koeffizienten aus $\mathbb{K}(x)$ für h. Nach Multiplikation mit dem Hauptnenner erhalten wir die gesuchte holonome Differentialgleichung von h.

Dieser schöne algebraische Beweis hat einen Nachteil: Er zeigt uns nicht (direkt), wie man die gesuchte Differentialgleichung finden kann. Wie konstruiert man diese nun? Hierzu bringt man zunächst die gegebenen holonomen Differentialgleichungen für f und g in die explizite Form

$$f^{(m)} = \sum_{j=0}^{m-1} p_j\, f^{(j)} \qquad \text{und} \qquad g^{(n)} = \sum_{k=0}^{n-1} q_k\, g^{(k)}$$

[19]Wir werden zwar bald sehen, daß für die hier auftretenden Ausdrücke eine Normalform existiert. Diese wird aber von *Mathematica* nicht unterstützt.

mit rationalen Koeffizientenfunktionen $p_j, q_k \in \mathbb{K}(x)$. Sukzessives Differenzieren und rekursives Einsetzen dieser expliziten Darstellungen für $f^{(m)}$ und $g^{(n)}$ liefert für alle höheren Ableitungen Darstellungen derselben Form

$$f^{(l)} = \sum_{j=0}^{m-1} p_j^l f^{(j)} \quad (l \geqq m) \qquad \text{und} \qquad g^{(l)} = \sum_{k=0}^{n-1} q_k^l g^{(k)} \quad (l \geqq n)\,, \tag{10.6}$$

natürlich mit anderen Koeffizientenfunktionen $p_j^l,\ q_k^l \in \mathbb{K}(x)$.

Aus der Linearität der Ableitung folgen aber die Gleichungen

$$\begin{aligned} h &= f + g \\ h' &= f' + g' \\ h'' &= f'' + g'' \\ &\vdots \\ h^{(n+m)} &= f^{(n+m)} + g^{(n+m)}\,. \end{aligned} \tag{10.7}$$

Wir suchen nun nach einer holonomen Differentialgleichung, zunächst der Ordnung $J := \max\{m, n\}$.[20] Falls dies nicht erfolgreich ist, erhöhen wir J um 1 und suchen weiter.

Wir nehmen also die ersten $\max\{m, n\}$ der Gleichungen (10.7) und benutzen die Ersetzungsregeln (10.6) zur Elimination der höheren Ableitungen von f $(l \geqq m)$ und g $(l \geqq n)$. Auf der rechten Seite verbleiben die $m + n$ Variablen $f^{(l)}$ $(l = 0, \ldots, m-1)$ und $g^{(l)}$ $(l = 0, \ldots, n-1)$. Wir lösen das sich ergebende lineare Gleichungssystem nach den Variablen $h^{(l)}$ $(l = 0, \ldots, \max\{m, n\})$ auf und versuchen dabei, die Variablen $f^{(l)}$ $(l = 0, \ldots, m-1)$ und $g^{(l)}$ $(l = 0, \ldots, n-1)$ zu eliminieren. Dies ist mit einer Variante des Gaußschen Algorithmus, in *Mathematica* mit `Eliminate`, möglich.[21] Bei Erfolg liefert dies die gesuchte holonome Differentialgleichung. Spätestens bei $J = m + n$ muß die Suche erfolgreich sein.

Die Konstruktion der „Produkt-Differentialgleichung" behandelt man genauso. Der einzige Unterschied besteht darin, daß wir nun das Produkt $h := f \cdot g$ mit der Leibnizschen Produktregel ableiten[22], und die zu eliminierenden Variablen sind die $m \cdot n$ Produkte $f^{(j)} g^{(k)}$ $(j = 0, \ldots, m-1,\ k = 0, \ldots, n-1)$. Diese Prozedur liefert dann eine holonome Differentialgleichung der Ordnung $\leqq m \cdot n$.

Daß der Algorithmus terminiert, sieht man daran, daß wir schließlich bei einem homogenen linearen Gleichungssystem mit $m \cdot n + 1$ Gleichungen ankommen, bei dem $m \cdot n$ Variablen eliminiert werden müssen. □

[20]Wir können natürlich nicht erwarten, für $f + g$ bzw. $f \cdot g$ eine Differentialgleichung zu erhalten, welche kleiner ist als die von f und g. In gewissen Fällen führt dies dann nicht zur holonomen Differentialgleichung kleinster Ordnung, z. B. für $f(x) = \sin x$ und $g(x) = -\sin x$.

[21]Man kann natürlich auch `Solve` verwenden.

[22]Das macht gegebenenfalls natürlich auch *Mathematica* für uns!

Sitzung 10.10 Im `SpecialFunctions`-Package sind die Algorithmen aus Satz 10.9 programmiert. Die Funktion `HolonomicDE` berechnet wieder eine holonome Differentialgleichung, diesmal allerdings unter Verwendung der Algorithmen aus Satz 10.9.

Wir betrachten zunächst das Beispiel

In[1]:= **Needs["SpecialFunctions`"]**

In[2]:= **HolonomicDE**$\left[\sqrt{1+x}+\frac{1}{\sqrt{1+x}}, F[x]\right]$

Out[2]= $-4\,F''(x)\,(x+1)^2 - 4\,F'(x)\,(x+1) + F(x) == 0$

Wie wir gleich sehen werden, ist die Ordnung der resultierenden Differentialgleichung nicht minimal. Dies liegt daran, daß der beschriebene Summenalgorithmus nur die holonomen Differentialgleichungen der Summanden, aber nicht die Summanden selber „kennt". Dieser Algorithmus „sieht also nicht", daß die beiden Summanden über $\mathbb{Q}(x)$ linear abhängig sind. Dies wird besonders deutlich bei der Berechnung

In[3]:= **HolonomicDE**$\left[A\sqrt{1+x}+\frac{B}{\sqrt{1+x}}, F[x]\right]$

Out[3]= $-4\,F''(x)\,(x+1)^2 - 4\,F'(x)\,(x+1) + F(x) == 0$

welche zeigt, daß die berechnete Differentialgleichung die Differentialgleichung der linearen Hülle der beiden Funktionen $\sqrt{1+x}$ und $\frac{1}{\sqrt{1+x}}$ ist. Diese beiden Funktionen bilden also eine Lösungsbasis der berechneten Differentialgleichung zweiter Ordnung.

Für unsere ursprüngliche Funktion fahren wir somit besser mit dem Aufruf

In[4]:= **HolonomicDE**$\left[\text{Simplify}\left[\sqrt{1+x}+\frac{1}{\sqrt{1+x}}\right], F[x]\right]$

Out[4]= $x\,F(x) - 2\,(x+1)\,(x+2)\,F'(x) == 0$

bei welchem die Summe in ein Produkt umgeformt wird. Ebenso können wir auf die Verwendung von Summen- und Produktalgorithmus gänzlich verzichten. Dann verwenden wir die in Sitzung 10.8 beschriebene (i. a. aber ineffizientere) Methode, auf welche wir bekanntlich mit

In[5]:= **holonomicDE**$\left[\sqrt{1+x}+\frac{1}{\sqrt{1+x}}, F[x]\right]$

Out[5]= $2\,(x+1)\,(x+2)\,F'(x) - x\,F(x) == 0$

zugreifen können.

Wir sehen uns nun die einzelnen Teilschritte der Berechnung von `HolonomicDE` etwas genauer an. Beim ersten Aufruf wird – mit `SumDE` – der Summenalgorithmus angewandt:

In[6]:= $\mathbf{DE_1}$ **= HolonomicDE**$\left[\sqrt{1+x}, F[x]\right]$

Out[6]= $2\,(x+1)\,F'(x) - F(x) == 0$

In[7]:= $\mathbf{DE_2}$ **= HolonomicDE**$\left[\frac{1}{\sqrt{1+x}}, F[x]\right]$

Out[7]= $F(x) + 2\,(x+1)\,F'(x) == 0$

In[8]:= **SumDE[**$\mathbf{DE_1}$**,** $\mathbf{DE_2}$**, F[x]]**

Out[8]= $-4\,F''(x)\,(x+1)^2 - 4\,F'(x)\,(x+1) + F(x) == 0$

Beim zweiten Aufruf handelt es sich um ein Produkt:[23]

In[9]:= **Simplify**$\left[\sqrt{1+x} + \frac{1}{\sqrt{1+x}}\right]$

Out[9]= $\frac{x+2}{\sqrt{x+1}}$

so daß der Produktalgorithmus ausgeführt wird:

In[10]:= **DE$_3$ = HolonomicDE[x + 2, F[x]]**
Out[10]= $F(x) + (-x-2)\,F'(x) == 0$

In[11]:= **ProductDE[DE$_2$, DE$_3$, F[x]]**
Out[11]= $x\,F(x) - 2\,(x+1)\,(x+2)\,F'(x) == 0$

Dies wird von der Prozedur `ProductDE` übernommen.

Ein weiteres Beispiel liefert die Rechnung

In[12]:= **ProductDE[F′[x] - F[x] == 0, F″[x] + F[x] == 0, F[x]]**
Out[12]= $2\,F(x) - 2\,F'(x) + F''(x) == 0$

welche offenbar eine Differentialgleichung für das Produkt $e^x \sin x$ (bzw. für jede Linearkombination von $e^x \sin x$ und $e^x \cos x$) bestimmt:

In[13]:= **HolonomicDE[e^x * Sin[x], F[x]]**
Out[13]= $2\,F(x) - 2\,F'(x) + F''(x) == 0$

Nun können wir auch mit viel komplizierteren Funktionen rechnen. Die Lösungen der einfachsten holonomen Differentialgleichung zweiter Ordnung

$$F''(x) = x\,F(x)\,,$$

deren Koeffizienten nicht konstant sind, heißen *Airyfunktionen*. Die Rechnung

In[14]:= **DE = ProductDE[F′[x] - F[x] == 0, F″[x] - x F[x] == 0, F[x]]**
Out[14]= $(x-1)\,F(x) + 2\,F'(x) - F''(x) == 0$

liefert also eine holonome Differentialgleichung für das Produkt einer Airyfunktion mit der Exponentialfunktion. Dies kann man sich durch den Differentialgleichungslöser `DSolve`

In[15]:= **DSolve[{DE, F[0] == 1}, F[x], x]**
Out[15]= $\left\{\left\{F(x) \to e^x \left(-\sqrt{3}\,c_2\,\mathrm{Ai}(x) + 3^{2/3}\,\Gamma\!\left(\frac{2}{3}\right)\mathrm{Ai}(x) + \mathrm{Bi}(x)\,c_2\right)\right\}\right\}$

von *Mathematica* auch bestätigen lassen. *Mathematica* benutzt zur Darstellung der Lösung die Gammafunktion $\Gamma(x) = (x-1)!$, s. Übungsaufgabe 10.4, und die Airyfunktionen $\mathrm{Ai}(x)$ sowie $\mathrm{Bi}(x)$. □

[23]Erinnern Sie sich an die interne Darstellung von `a/b` als Produkt `Times[a, Power[b,-1]]`!

Bei den algebraischen Zahlen zeigte sich, daß auch die Division nichts Neues lieferte, und wir erhielten algebraische Erweiterungskörper. Leider ist dies im vorliegenden Fall nicht so, wie der folgende Satz zeigt.

10.11 **Satz 10.11** Die Funktion $\tan x = \frac{\sin x}{\cos x}$ ist nicht holonom.

Beweis: Man kann leicht nachrechnen, daß $f(x) = \tan x$ die nichtlineare Differentialgleichung erster Ordnung

$$f' = 1 + f^2 \tag{10.8}$$

erfüllt. Ableiten von (10.8) liefert mit der Kettenregel

$$f'' = (1 + f^2)' = 2\,f\,f' = 2\,f\,(1 + f^2)\,,$$

wobei wir im letzten Schritt wieder (10.8) eingesetzt haben.

Durch sukzessives Ableiten erhalten wir auf diese Weise für alle $k \in \mathbb{N}$ Darstellungen der Form $f^{(k)} = P_k(f)$ für Polynome $P_k(y) \in \mathbb{Z}[y]$.

Nehmen wir nun an, f wäre Lösung der holonomen Differentialgleichung

$$\sum_{k=0}^{n} p_k(x)\, f^{(k)} = 0 \qquad (p_k(x) \in \mathbb{Q}[x])\,,$$

so können wir unsere oben gewonnenen Formeln für $f^{(k)}$ hierin einsetzen und erhalten eine algebraische Gleichung

$$G(x, f) = \sum_{j=0}^{J} \sum_{k=0}^{K} c_{jk} x^j f^k = 0\,, \quad (G(x, y) \in \mathbb{Q}[x, y]) \tag{10.9}$$

für die Tangensfunktion. Demnach wäre $\tan x$ eine *algebraische Funktion.*[24] Nun kann eine algebraische Funktion aber nicht unendlich viele Nullstellen besitzen, denn löst man die implizite Gleichung (10.9) nach f auf, so erhält man offenbar höchstens K verschiedene Lösungszweige. Damit hat diese algebraische Funktion aber auch höchstens K Nullstellen. Dies ist ein Widerspruch, denn $\tan x$ hat bekanntlich (in $\mathbb{R}$ bzw. $\mathbb{C}$) unendlich viele Nullstellen. Daher kann es keine holonome Differentialgleichung für $f(x) = \tan x$ geben. □

Da sowohl $\sin x$ als auch $\cos x$ die holonome Differentialgleichung $F''(x) + F(x) = 0$ erfüllen, also holonome Funktionen sind, zeigt der Satz, daß Quotienten holonomer Funktionen i. a. nicht wieder holonom sind.

[24] Algebraische Funktionen werden ausführlicher im Abschnitt 10.4 betrachtet.

Es bleibt aber dennoch festzuhalten: Genauso, wie die algebraischen Zahlen am besten durch ihr Minimalpolynom repräsentiert werden, werden holonome Funktionen am besten durch ihre Differentialgleichung dargestellt. Genauer gilt

Satz 10.12 Im Ring der holonomen Funktionen bildet die holonome Differentialgleichung einer holonomen Funktion vom Grad n zusammen mit n geeigneten Anfangswerten eine Normalform. **10.12**

Beweis: Dies folgt aus der Theorie der gewöhnlichen Differentialgleichungen, welche garantiert, daß eine derartige Differentialgleichung der Ordnung n zusammen mit n Anfangswerten $y^{(k)}(x_0)$ $(k = 0, \ldots, n-1)$ in einem geeigneten Intervall eine eindeutige Lösung besitzt.

Ein geeigneter Anfangswert x_0 ist hierbei gemäß der Theorie ein solcher, welcher nicht Nullstelle des Polynomkoeffizienten der höchsten Ableitung $f^{(n)}(x)$ der Differentialgleichung ist, s. z. B. [Wal2000].

Verwendet man Algorithmen, welche sicherstellen können, daß die erzeugten holonomen Differentialgleichungen niedrigst mögliche Ordnung haben, so erhalten wir sogar eine kanonische Form. Dies trifft auf die betrachteten Algorithmen aber nicht immer zu.

Was machen wir also, wenn zwei holonome Funktionen, welche wir miteinander identifizieren wollen, durch zwei Differentialgleichungen D_1 und D_2 verschiedener Ordnung dargestellt werden? Dann müssen wir zeigen, daß die Gültigkeit der Differentialgleichung D_1 niedrigerer Ordnung auch die Gültigkeit der Differentialgleichung D_2 höherer Ordnung nach sich zieht. Dies beweist man aber wie folgt: Man löse D_1 nach der höchsten Ableitung $f^{(n)}(x)$ auf und setze diese sowie alle sich daraus ergebenden höheren Ableitungen in D_2 ein. Ergibt sich nach rationaler Vereinfachung dann die Gleichung $0 = 0$, so ist D_1 mit D_2 kompatibel, andernfalls nicht. □

Der Satz besagt also: Das Identifikationsproblem läßt sich für holonome Funktionen durch Bestimmung der zugehörigen Differentialgleichung und geeigneter Anfangswerte lösen.

Sitzung 10.13 Wir verwenden Satz 10.12 zum Beweis von drei transzendenten Identitäten.

Zunächst laden wir das Package:

```
In[1]:= Needs["SpecialFunctions`"]
```

Die Gleichung

$$\sin^2 x = 1 - \cos^2 x$$

wird bewiesen durch die Berechnungen

```
In[2]:= f1[x_] := Sin[x]^2
In[3]:= {HolonomicDE[f1[x], F[x]],
           Table[Derivative[k][f1][0], {k, 0, 2}]}
```

Out[3]= $\{4\,F'(x) + F'''(x) == 0, \{0, 0, 2\}\}$

sowie

```
In[4]:= f2[x_] := 1 - Cos[x]^2
In[5]:= {HolonomicDE[f2[x], F[x]],
           Table[Derivative[k][f2][0], {k, 0, 2}]}
```

Out[5]= $\{4\,F'(x) + F'''(x) == 0, \{0, 0, 2\}\}$

Man beachte, daß diese Beziehung bewiesen wurde ohne explizite Kenntnis der *pythagoreischen Identität* $\sin^2 x + \cos^2 x = 1$. M. a. W.: Die durchgeführte Rechnung liefert (unter Zuhilfenahme von Satz 10.12) einen algebraischen Beweis der pythagoreischen Identität.

Die Rechnungen

```
In[6]:= f3[x_] := ArcTanh[x]
In[7]:= {HolonomicDE[f3[x], F[x]],
           Table[Derivative[k][f3][0], {k, 0, 1}]}
```

Out[7]= $\{2\,x\,F'(x) + (x^2 - 1)\,F''(x) == 0, \{0, 1\}\}$

```
In[8]:= f4[x_] := 1/2 Log[(1 + x)/(1 - x)]
In[9]:= {HolonomicDE[f4[x], F[x]],
           Table[Derivative[k][f4][0], {k, 0, 1}]}
```

Out[9]= $\{-(x + 1)\,F''(x)\,(x - 1)^3 - 2\,x\,F'(x)\,(x - 1)^2 == 0, \{0, 1\}\}$

zeigen schließlich die Identität

$$\operatorname{arctanh} x = \frac{1}{2} \ln \frac{1+x}{1-x}\,. \tag{10.10}$$

Um dies zu erkennen, muß man die letzte Differentialgleichung nur noch durch den gemeinsamen Faktor $-(x-1)^2$ dividieren. Man beachte, daß *Mathematica* die Identität (10.10) in einem geeigneten Intervall um den Ursprung kennt:

```
In[10]:= FullSimplify[f3[x] - f4[x], x > -1 && x < 1]
Out[10]= 0
```

Auch ein Graph bestätigt unsere Rechnung

```
In[11]:= Plot[f3[x] - f4[x], {x, -1, 1}]
```

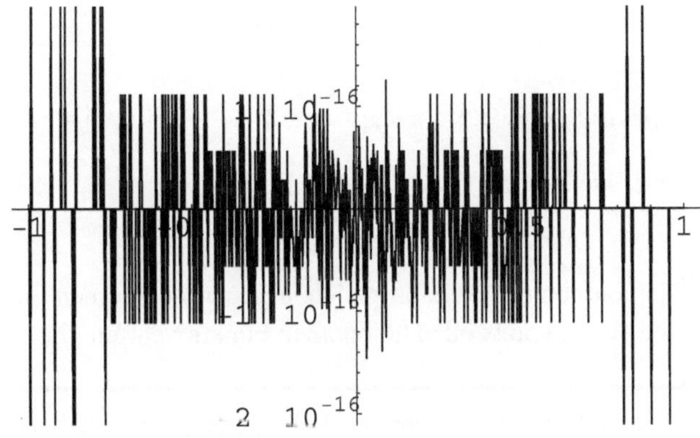


```
Out[11]= -Graphics-
```

Die numerische Rechnung liefert von Null verschiedene Werte in der Größenordnung von 10^{-16}. Dies nennt man *Dezimalrauschen*. □

10.3.2 Holonome Rekursionsgleichungen

In diesem Abschnitt beschreiben wir den zweiten Schritt bei der Umwandlung eines Ausdrucks in die zugehörige Potenzreihe. Dieser besteht darin, die holonome Differentialgleichung für $f(x)$ in eine Rekursionsgleichung für die zugehörigen Koeffizienten a_k umzuwandeln. Es wird sich zeigen, daß diese Rekursionsgleichung (genau) für holonome Differentialgleichungen wieder holonom ist.

Definition 10.14 **(Holonome Folgen und Rekursionsgleichungen)** Eine Rekursi- 10.14
onsgleichung für a_k heißt *holonom*, wenn sie homogen und linear ist und Polynomkoeffizienten $\in \mathbb{K}[k]$ hat. Eine Folge, welche eine holonome Rekursionsgleichung erfüllt, nennen wir ebenfalls holonom. Die Differenz zwischen größtem und kleinstem j der in der Rekursionsgleichung auftretenden Terme a_{k+j} nennt man die *Ordnung* der Rekursionsgleichung. Die kleinste Ordnung einer für eine holonome Folge a_k gültigen holonomen Rekursionsgleichung nennen wir den *holonomen Grad von* a_k und bezeichnen diesen mit $\operatorname{holgrad}(a_k, k)$.

Beispiel 10.15 (a) Die Fakultät $a_k = k!$ ist wegen $a_{k+1} - (k+1)\,a_k = 0$ holonom vom 10.15
Grad $\operatorname{holgrad}(k!, k) = 1$.

(b) Die Folge $F(n,k) = \binom{n}{k}$ ist holonom bzgl. n und k, da sie die Rekursionsgleichungen

$$\frac{F(n,k+1)}{F(n,k)} = \frac{\binom{n}{k+1}}{\binom{n}{k}} = \frac{n-k}{k+1} \qquad \text{sowie} \qquad \frac{F(n+1,k)}{F(n,k)} = \frac{\binom{n+1}{k}}{\binom{n}{k}} = \frac{n+1}{n+1-k}$$

bzw.

$$(k+1)\,F(n,k+1)+(k-n)\,F(n,k)=0 \quad \text{sowie} \quad (n+1-k)\,F(n+1,k)-(n+1)\,F(n,k)=0$$

erfüllt. Sie hat die Grade holgrad$(\binom{n}{k},k)$ = holgrad$(\binom{n}{k},n) = 1$. △

Wie findet man die holonome Rekursionsgleichung einer holonomen Folge? Dies geschieht auf dieselbe Weise wie bei den holonomen Funktionen mittels

10.16 **Satz 10.16** Summe und Produkt holonomer Folgen sind ebenfalls holonom. Wir erhalten also den *Ring der holonomen Folgen*. Sind a_k und b_k holonome Folgen vom Grad m bzw. n, so ist $a_k + b_k$ vom Grad $\leqq m+n$, und $a_k \cdot b_k$ ist vom Grad $\leqq m \cdot n$.

Beweis: Der Beweis dieses Satzes verläuft analog zu Satz 10.9 und wird der Leserin/dem Leser überlassen. Die dem *Differentialoperator* $D_x : f(x) \mapsto f'(x)$ entsprechende Operation ist hier der *(Vorwärts)shiftoperator* $S_k : a_k \mapsto a_{k+1}$. □

Sitzung 10.17 Im Package `SpecialFunctions` sind die Algorithmen aus Satz 10.16 als auch der rekursive Algorithmus, welcher darauf aufbaut, eingebaut. Wir erhalten beispielsweise

```
In[1]:= Needs["SpecialFunctions`"]
```

```
In[2]:= HolonomicRE[k!, a[k]]
```
Out[2]= $(k+1)\,a(k) - a(k+1) == 0$

```
In[3]:= RE1 = HolonomicRE[Binomial[n, k], a[k]]
```
Out[3]= $(k-n)\,a(k) + (k+1)\,a(k+1) == 0$

```
In[4]:= RE2 = HolonomicRE[Binomial[k, n], a[k]]
```
Out[4]= $(k+1)\,a(k) + (-k+n-1)\,a(k+1) == 0$

Wir bestimmen nun die Summenrekursion von RE_1 und RE_2 durch

```
In[5]:= SumRE[RE1, RE2, a[k]]
```
Out[5]=
$$(k+1)\,(k-n)\,\big(2\,k^2 - 2\,n\,k + 7\,k + n^2 - 3\,n + 6\big)\,a(k) + \big(-n^4 + 4\,k\,n^3 + 4\,n^3 - 6\,k^2\,n^2 - 12\,k\,n^2 - 5\,n^2 + 4\,k^3\,n + 12\,k^2\,n + 10\,k\,n + 2\,n + 2\,k^3 + 8\,k^2 + 10\,k + 4\big)\,a(k+1) - (k+2)\,(k-n+2)\,\big(2\,k^2 - 2\,n\,k + 3\,k + n^2 - n + 1\big)\,a(k+2) == 0$$

Dies kann aber auch direkt mit dem Befehl

```
In[6]:= HolonomicRE[Binomial[n, k] + Binomial[k, n], a[k]]
```

$$\texttt{Out[6]=}\ (k+1)(k-n)\left(2k^2-2nk+7k+n^2-3n+6\right)a(k)+ \left(-n^4+4kn^3+4n^3-6k^2n^2-12kn^2-5n^2+4k^3n+ 12k^2n+10kn+2n+2k^3+8k^2+10k+4\right)a(k+1)- (k+2)(k-n+2)\left(2k^2-2nk+3k+n^2-n+1\right)a(k+2)==0$$

berechnet werden. Wir geben ein weiteres Beispiel:

```
In[7]:= HolonomicRE[(1 - k!) Binomial[n, k], a[k]]
```

$$\texttt{Out[7]=}\ (k+1)(k-n)(k-n+1)a(k)+\left(k^2+3k+1\right)(k-n+1)a(k+1)+k(k+2)a(k+2)==0$$

Hier wird zuerst der Summenalgorithmus und dann der Produktalgorithmus angewandt. □

Wieder erhalten wir eine Normalform:

Satz 10.18 Im Ring der holonomen Folgen bildet die holonome Rekursionsgleichung einer holonomen Folge vom Grad n zusammen mit n geeigneten Anfangswerten eine Normalform. □ 10.18

Auch für holonome Folgen läßt sich also das Identifikationsproblem durch Bestimmung der zugehörigen Rekursionsgleichung und geeigneter Anfangswerte lösen.

Sitzung 10.19 Wir verwenden Satz 10.18 zum Beweis von 2 diskreten transzendenten Identitäten.

Mit

$$(a)_k := \underbrace{a\cdot(a+1)\cdots(a+k-1)}_{k\ \text{Faktoren}}$$

wird das *Pochhammer-Symbol* bezeichnet.[25]

Zuerst beschäftigen wir uns mit der Identität[26]

$$\left(\frac{1}{2}\right)_k = \frac{(2k)!}{4^k\,k!}\,. \tag{10.11}$$

Mathematica kennt die Pochhammer-Funktion und stellt sie (in TraditionalForm) in der üblichen Weise dar:

```
In[1]:= Pochhammer[1/2, k]
```

$$\texttt{Out[1]=}\ \left(\frac{1}{2}\right)_k$$

[25] Im Englischen wird das Pochhammer-Symbol häufig *shifted factorial* genannt.

[26] Leiten Sie diese Gleichung von Hand her!

Wir laden nun wieder das Package:

```
In[2]:= Needs["SpecialFunctions`"]
```

Wir berechnen die holonomen Rekursionen der beiden Seiten und ihre Anfangswerte:

```
In[3]:= {HolonomicRE[Pochhammer[1/2, k], a[k]],
          Pochhammer[1/2, k] /. k → 0}
```

Out[3]= $\{(2\,k+1)\,a(k) - 2\,a(k+1) == 0,\, 1\}$

```
In[4]:= {HolonomicRE[(2k)!/(4^k k!), a[k]], (2k)!/(4^k k!) /. k → 0}
```

Out[4]= $\{(2\,k+1)\,a(k) - 2\,a(k+1) == 0,\, 1\}$

Dies beweist scheinbar Identität (10.11). Aber Achtung! Nach Laden des Packages gilt nämlich

```
In[5]:= Pochhammer[1/2, k]
```

Out[5]= $\dfrac{4^{-k}\,(2\,k)!}{k!}$

Das heißt, in diesem Fall wurde gar nichts bewiesen, sondern diese Umformung wird von dem Package selbst bereitgestellt! Es bleibt allerdings eine leichte Übungsaufgabe, die Rekursion $(2k+1)a_k - 2a_{k+1} = 0$ für $(1/2)_k$ wirklich nachzuweisen.

Da wir zunächst noch nicht so viele diskrete holonome Folgen kennen, betrachten wir als nächstes Beispiel eine Folge von 2 Variablen, nämlich die Binomialkoeffizienten. Diese erfüllen bekanntlich die Rekursion des *Pascalschen Dreiecks*

$$\binom{n}{k} = \binom{n-1}{k} + \binom{n-1}{k-1}. \qquad (10.12)$$

Diese Identität wollen wir zeigen. Wir berechnen zunächst die holonome Rekursion bzgl. k der linken Seite von (10.12)

```
In[6]:= HolonomicRE[Binomial[n, k], a[k]]
```

Out[6]= $(k-n)\,a(k) + (k+1)\,a(k+1) == 0$

und dann die holonome Rekursion bzgl. k der rechten Seite von (10.12)

```
In[7]:= RE1 = HolonomicRE[
          Binomial[n - 1, k] + Binomial[n - 1, k - 1], a[k]]
```

Out[7]= $(k-n)\,(k-n+1)\,a(k) + 2\,(k+1)\,(k-n+1)\,a(k+1) + (k+1)\,(k+2)\,a(k+2) == 0$

Es zeigt sich, daß der Summenalgorithmus – aus denselben Gründen, welche wir ausführlich bei den holonomen Differentialgleichungen besprochen hatten – wieder eine Rekursionsgleichung zu hoher Ordnung liefert. Nun könnte man leicht durch die Einführung einer weiteren Verschiebung $k \mapsto k+1$ bei der Rekursion der linken Seite von (10.12) zeigen, daß diese die Rekursion der rechten Seite nach sich zieht, s. Übungsaufgabe 10.18.

Aber im vorliegenden Fall haben wir es leichter, da wir die linke Seite ja in „geschlossener Form“ kennen. Diese setzen wir einfach in $\mathtt{RE}_1$ ein:

```
In[8]:= RE1/.a[k_]- > Binomial[n, k]
```

Out[8]= $(k-n)(k-n+1)\binom{n}{k}+2(k+1)(k-n+1)\binom{n}{k+1}+(k+1)(k+2)\binom{n}{k+2}==0$

Die Frage ist nun, ob dies eine Identität ist. Das kann man aber mit `FullSimplify` überprüfen.

```
In[9]:= RE1/.a[k_] → Binomial[n, k]//FullSimplify
Out[9]= True
```

Nun wissen wir also, daß linke und rechte Seite von (10.12) dieselbe Rekursionsgleichung zweiter Ordnung erfüllen. Es genügt somit, zwei Anfangswerte zu überprüfen:

```
In[10]:= {Binomial[n, k],
            Binomial[n - 1, k] + Binomial[n - 1, k - 1]}/.k → 0
Out[10]= {1, 1}
```

```
In[11]:= {Binomial[n, k],
            Binomial[n - 1, k] + Binomial[n - 1, k - 1]}/.k → 1
Out[11]= {n, n}
```

Damit ist die Identität (10.12) vollständig bewiesen!

Im nächsten Kapitel werden wir kompliziertere (und interessantere!) diskrete transzendente Identitäten betrachten. □

Nun kommen wir zurück auf unsere ursprüngliche Frage: Wie konvertieren wir eine holonome Differentialgleichung in eine korrespondierende Rekursionsgleichung für die zugehörigen Reihenkoeffizienten?

Satz 10.20 Sei $f(x)$ eine Funktion, welche der holonomen Differentialgleichung DE genügt. Setzt man die Reihenentwicklung $f(x) = \sum_{n=0}^{\infty} a_n x^n$ in DE ein, so liefert dies eine holonome Rekursiongleichung für a_n. Ist DE in expandierter Form, so erhält man diese, indem man die formale Substitution 10.20

$$x^j f^{(k)} \mapsto (n+1-j)_k \cdot a_{n+k-j} \tag{10.13}$$

in der Differentialgleichung DE vornimmt.

Beweis: Wir nehmen also an, $f(x)$ habe die Darstellung

$$f(x) = \sum_{n=0}^{\infty} a_n x^n = \sum_{n=-\infty}^{\infty} a_n x^n .$$

Hierbei setzen wir $a_n = 0$ für $n < 0$. Dann müssen wir bei erforderlichen Indexverschiebungen keine Fallunterscheidungen vornehmen.

Wir nehmen ferner an, die Differentialgleichung DE liege in der expandierten Form

$$\sum_{j=0}^{J} \sum_{k=0}^{K} c_{jk} x^j f^{(k)}(x) = 0 \qquad (c_{jk} \in \mathbb{K},\ J, K \in \mathbb{N}_{\geqq 0}) \tag{10.14}$$

vor. Mit Induktion sieht man, daß

$$f^{(k)}(x) = \sum_{n=-\infty}^{\infty} (n+1-k)_k \, a_n x^{n-k} \tag{10.15}$$

ist. Also können wir (10.15) in (10.14) einsetzen und erhalten

$$\begin{aligned} 0 &= \sum_{j=0}^{J} \sum_{k=0}^{K} c_{jk} x^j \sum_{n=-\infty}^{\infty} (n+1-k)_k \, a_n x^{n-k} \\ &= \sum_{n=-\infty}^{\infty} \sum_{j=0}^{J} \sum_{k=0}^{K} c_{jk} (n+1-k)_k \, a_n x^{n-k+j} \\ &= \sum_{n=-\infty}^{\infty} \sum_{j=0}^{J} \sum_{k=0}^{K} c_{jk} (n+1-j)_k \, a_{n+k-j} x^n \,, \end{aligned}$$

wobei wir im letzten Schritt eine Indexverschiebung bzgl. n vorgenommen haben. Koeffizientenvergleich liefert die Behauptung.

Da $(n+1-j)_k$ für festes $k \in \mathbb{N}_{\geqq 0}$ ein Polynom in n (vom Grad k) ist, folgt, daß die resultierende Rekursionsgleichung holonom ist und umgekehrt. □

Sitzung 10.21 Der beschriebene Konversionsalgorithmus steht im Package `SpecialFunctions` mittels der Funktion `DEtoRE` zur Verfügung. Wir laden wieder das Package

```
In[1]:= Needs["SpecialFunctions`"]
```

und bestimmen die Koeffizienten-Rekursionsgleichung, welche zur holonomen Differentialgleichung der Exponentialfunktion gehört:

```
In[2]:= DE = F'[x] - F[x] == 0
Out[2]= F'(x) - F(x) == 0
```

```
In[3]:= RE = DEtoRE[DE, F[x], a[k]]
Out[3]= (k + 1) a(k + 1) - a(k) == 0
```

Diese kann im übrigen mit `REtoDE` wieder zurückkonvertiert werden:

```
In[4]:= REtoDE[RE, a[k], F[x]]
```

```
InverseFunction :: "ifun": Inverse functions are being used. Values may be lost for multivalued inverses.
```

Out[4]= $F'(x) - F(x) == 0$

Hier ist ein etwas schwierigeres Beispiel:

```
In[5]:= DEtoRE[HolonomicDE[(ArcSin[√x]/√x)^2, F[x]], F[x], a[k]]
```

Out[5]= $2\,(k+1)^3\,a(k) - (k+1)\,(k+2)\,(2\,k+3)\,a(k+1) == 0$

Die Tatsache, daß im vorliegenden Fall die resultierende Rekursionsgleichung so einfach ist, ermöglicht es, sie explizit zu lösen. Dies wird im nächsten Abschnitt genauer betrachtet. □

10.3.3 Hypergeometrische Funktionen

Die Exponentialfunktion und auch die eben betrachtete Funktion $\left(\frac{\arcsin\sqrt{x}}{\sqrt{x}}\right)^2$ haben gemeinsam, daß sie jeweils durch eine Reihe $\sum\limits_{k=0}^{\infty} A_k$ dargestellt werden, für deren Koeffizienten A_k eine Rekursion der Form

$$\frac{A_{k+1}}{A_k} \in \mathbb{K}(k) \tag{10.16}$$

gilt, bei der der Quotient aufeinanderfolgender Terme also rational ist. Derartige Reihen heißen *hypergeometrische Reihen*, und mit diesen wollen wir uns nun beschäftigen.

Im letzten Abschnitt hatten wir das Pochhammer-Symbol

$$a_k = (a)_k = \underbrace{a \cdot (a+1) \cdots (a+k-1)}_{k \text{ Faktoren}}$$

eingeführt. Insbesondere ist $(1)_k = k!$. Das Pochhammer-Symbol erfüllt die besonders einfache Rekursion

$$\frac{a_{k+1}}{a_k} = \frac{(a)_{k+1}}{(a)_k} = a + k\,.$$

Daher hat der Quotient

$$A_k = \frac{(\alpha_1)_k \cdot (\alpha_2)_k \cdots (\alpha_p)_k}{(\beta_1)_k \cdot (\beta_2)_k \cdots (\beta_q)_k}\,\frac{x^k}{k!}\,A_0 \tag{10.17}$$

von p Pochhammer-Symbolen α_k $(k = 1, \ldots, p)$ im Zähler und $q + 1$ Pochhammer-Symbolen β_k $(k = 0, \ldots, q,\ \beta_0 = 1)$ im Nenner das Termverhältnis

$$\frac{A_{k+1}}{A_k} = \frac{(k+\alpha_1)\cdot(k+\alpha_2)\cdots(k+\alpha_p)}{(k+\beta_1)\cdot(k+\beta_2)\cdots(k+\beta_q)\cdot(k+1)}\,x \quad (k \in \mathbb{N}_{\geq 0})\,. \tag{10.18}$$

Dies entspricht der Rekursionsgleichung erster Ordnung

$$(k+\beta_1)\cdot(k+\beta_2)\cdots(k+\beta_q)\cdot(k+1)\,A_{k+1}-(k+\alpha_1)\cdot(k+\alpha_2)\cdots(k+\alpha_p)\,x\,A_k=0 \quad (10.19)$$

für A_k. Man beachte, daß jede rationale Funktion $r(k) \in \mathbb{C}(k)$ in voll faktorisierter Form die Gestalt (10.18) hat.

10.22 **Definition 10.22** **(Hypergeometrische Reihe)** Dies führt uns zu der *allgemeinen hypergeometrischen Funktion* bzw. *Reihe* ${}_pF_q$, welche durch

$${}_pF_q\left(\left.\begin{matrix}\alpha_1, \alpha_2, \cdots, \alpha_p\\ \beta_1, \beta_2, \cdots, \beta_q\end{matrix}\right| x\right) := \sum_{k=0}^{\infty} A_k = \sum_{k=0}^{\infty} \frac{(\alpha_1)_k\cdot(\alpha_2)_k\cdots(\alpha_p)_k}{(\beta_1)_k\cdot(\beta_2)_k\cdots(\beta_q)_k}\frac{x^k}{k!} \quad (10.20)$$

erklärt ist. Alle Reihen $\sum\limits_{k=0}^{\infty} A_k$, deren Summand A_k gemäß (10.16) ein rationales Termverhältnis besitzt, weisen somit für $\mathbb{K} = \mathbb{C}$ (nach vollständiger Faktorisierung) die Struktur einer allgemeinen hypergeometrischen Reihe (10.20) auf, deren Koeffizienten A_k durch (10.18) bzw. (10.19) und $A_0 = 1$ eindeutig bestimmt sind. Der Summand A_k einer hypergeometrischen Reihe heißt *hypergeometrischer Term.*

Eine hypergeometrische Reihe ist also eine Summe hypergeometrischer Terme, und das Verhältnis aufeinanderfolgender hypergeometrischer Terme ist rational. M. a. W.: Hypergeometrische Terme entsprechen genau den Lösungen holonomer Rekursionsgleichungen *erster Ordnung.*

Die Zahlen $\alpha_k \in \mathbb{K}$ heißen die *oberen* und $\beta_k \in \mathbb{K}$ die *unteren Parameter* von ${}_pF_q$. Man beachte, daß ${}_pF_q$ wohldefiniert ist, falls kein unterer Parameter ganzzahlig negativ (oder Null) ist, und die Reihe konvergiert auf Grund des Quotientenkriteriums für $p \leqq q$ bzw. für $p = q + 1$ und $|x| < 1$. Details über das Konvergenzverhalten findet man in [Bai1935].

Die Funktion ${}_2F_1(a, b; c; x)$ heißt die *Gaußsche hypergeometrische Reihe,* ${}_1F_1(a; b; x)$ heißt die *Kummersche Reihe* und ${}_3F_2(a, b, c; d, e; x)$ heißt die*Clausensche Reihe.* Diese stellen die wichtigsten Beispiele hypergeometrischer Reihen dar. △

10.23 **Beispiel 10.23** Die meisten Funktionen der Analysis sind hypergeometrisch. Wir geben hier einige Beispiele.

(a) Für die Exponentialreihe

$$e^x = \sum_{k=0}^{\infty} A_k = \sum_{k=0}^{\infty} \frac{1}{k!}\,x^k$$

gilt

$$\frac{A_{k+1}}{A_k} = \frac{k!\,x^{k+1}}{(k+1)!\,x^k} = \frac{1}{k+1}\,x\,.$$

Aus (10.18) folgt also

$$e^x = \sum_{k=0}^{\infty} \frac{1}{k!}\,x^k = {}_0F_0\left(\left.\begin{matrix} - \\ - \end{matrix}\right| x\right).$$

Die Exponentialfunktion ist also die einfachste hypergeometrische Funktion. Dies kann auch direkt aus der hypergeometrischen Koeffizientenformel (10.17) abgelesen werden.

(b) Für die Sinusreihe

$$\sin x = \sum_{k=0}^{\infty} A_k = \sum_{k=0}^{\infty} \frac{(-1)^k}{(2k+1)!}\,x^{2k+1}$$

erhalten wir

$$\frac{A_{k+1}}{A_k} = \frac{(-1)^{k+1}\,(2k+1)!\,x^{2k+3}}{(-1)^k\,(2k+3)!\,x^{2k+1}} = \frac{-x^2}{(2k+3)(2k+2)} = \frac{1}{(k+\frac{3}{2})(k+1)} \cdot \left(\frac{-x^2}{4}\right),$$

so daß mit $A_0 = x$ gemäß (10.17) und (10.18)

$$\sin x = \sum_{k=0}^{\infty} \frac{(-1)^k}{(2k+1)!}\,x^{2k+1} = x \cdot {}_0F_1\left(\left.\begin{matrix} - \\ \frac{3}{2} \end{matrix}\right| \frac{-x^2}{4}\right).$$

Weitere Beispiele betrachten wir mit *Mathematica*. △

Sitzung 10.24 *Mathematica* kennt die allgemeine hypergeometrische Reihe unter dem Namen `HypergeometricPFQ`:[27]

```
In[1]:= HypergeometricPFQ[{a,b},{c},x]
Out[1]= 2F1(a, b; c; x)
```

Mathematica kann viele Reihen identifizieren, beispielsweise die Exponentialreihe:

```
In[2]:= HypergeometricPFQ[{},{},x]
Out[2]= e^x
```

die Binomialreihe:

```
In[3]:= HypergeometricPFQ[{-α},{},-x]
Out[3]= (x + 1)^α
```

[27]Die Gaußsche Reihe ${}_2F_1$ gibt es auch unter dem Namen `Hypergeometric2F1` und die Kummersche unter `Hypergeometric1F1`.

die Logarithmusreihe:

```
In[4]:= x * HypergeometricPFQ[{1, 1}, {2}, x]
```
Out[4]= $-\log(1-x)$

die Sinusreihe:

In[5]:= `x * HypergeometricPFQ[{}, {3/2}, -x^2/4]`

Out[5]= $\dfrac{x \sin\left(\sqrt{x^2}\right)}{\sqrt{x^2}}$

die Kosinusreihe:

In[6]:= `HypergeometricPFQ[{}, {1/2}, -x^2/4]`

Out[6]= $\cos\left(\sqrt{x^2}\right)$

die Arkustangensreihe:

In[7]:= `x * HypergeometricPFQ[{1/2, 1}, {3/2}, -x^2]`

Out[7]= $\tan^{-1}(x)$

Mathematica erkennt auch, wenn eine hypergeometrische Reihe abbricht:

```
In[8]:= HypergeometricPFQ[{-5, a}, {b}, x]
```

Out[8]= $-\dfrac{a(a+1)(a+2)(a+3)(a+4)x^5}{b(b+1)(b+2)(b+3)(b+4)} + \dfrac{5a(a+1)(a+2)(a+3)x^4}{b(b+1)(b+2)(b+3)} - \dfrac{10a(a+1)(a+2)x^3}{b(b+1)(b+2)} + \dfrac{10a(a+1)x^2}{b(b+1)} - \dfrac{5ax}{b} + 1$

Diese Vereinfachungen werden sogar ohne `Simplify` (und damit ohne daß der Benutzer es überhaupt vermeiden kann) vorgenommen.

Die umgekehrte Fragestellung, nämlich die Rekonstruktion der hypergeometrischen Darstellung aus der Summendarstellung, wird von der Funktion `SumToHypergeometric` aus dem Package `SpecialFunctions` beantwortet.

```
In[9]:= Needs["SpecialFunctions`"]
```

Wir berechnen beispielsweise die hypergeometrische Darstellung der Exponentialreihe:[28]

In[10]:= `SumToHypergeometric[sum[1/k! x^k, {k, 0, ∞}]]`

Out[10]= hypergeometricPFQ({}, {}, x)

und der Sinusreihe:

In[11]:= `SumToHypergeometric[sum[(-1)^k/(2k + 1)! x^(2k+1), {k, 0, ∞}]]`

[28]Um eine Evaluierung zu verhindern, werden für die Ausgabe die unevaluierten Formen `sum` und `hypergeometricPFQ` benutzt.

Out[11]= x hypergeometricPFQ$\left(\{\}, \{\frac{3}{2}\}, -\frac{x^2}{4}\right)$

Wir betrachten noch ein weiteres Beispiel. Die Reihe

$$\sum_{k=0}^{\infty} \binom{n}{k} = 2^n \,, \tag{10.21}$$

deren Summenwert wir natürlich aus der binomischen Formel kennen, wird konvertiert durch

```
In[12]:= SumToHypergeometric[sum[Binomial[n, k], {k, 0, ∞}]]
```

Out[12]= hypergeometricPFQ$(\{-n\}, \{\}, -1)$

Damit haben wir eine hypergeometrische Identität hergeleitet:

$${}_1F_0\left(\begin{matrix}-n\\-\end{matrix}\middle| -1\right) = 2^n \quad (n \in \mathbb{N}_{\geqq 0}) \,.$$

Es ist leicht einzusehen, daß eine hypergeometrische Reihe nur endlich viele Summanden hat, falls einer der oberen Parameter eine negative ganze Zahl (oder Null) ist. Ist $n \in \mathbb{N}_{\geqq 0}$, so trifft dies im vorliegenden Fall zu und die Summe geht nur von $k = 0, \ldots, n$. Dies kann man wegen des auftretenden Binomialkoeffizienten auch direkt aus (10.21) ablesen. Wir nennen dieses Intervall die *natürlichen Grenzen* der Summe (10.21).

Der Darstellung des Summanden sieht man die natürlichen Grenzen nicht immer sofort an. Nach durchgeführter Konversion sind diese aber klar. Als Beispiel betrachten wir eine Darstellung der *Hermitepolynome* ($n \in \mathbb{N}_{\geqq 0}$)

$$H_n(x) = n! \sum_{k=0}^{\infty} \frac{(-1)^k}{k!\,(n-2k)!}\,(2x)^{n-2k} \,. \tag{10.22}$$

Wir erhalten die hypergeometrische Darstellung

```
In[13]:= SumToHypergeometric[sum[n! (-1)^k / (k! (n - 2k)!) (2x)^(n-2k), {k, 0, ∞}]]
```

Out[13]= $2^n x^n$ hypergeometricPFQ$\left(\left\{-\frac{n}{2}, \frac{1-n}{2}\right\}, \{\}, -\frac{1}{x^2}\right)$

Die natürlichen Grenzen sind hier also $k = 0, \ldots, \lfloor n/2 \rfloor$. □

Nun setzen wir die Betrachtung der Bestimmung der Potenzreihenkoeffizienten gegebener holonomer Funktionen fort.

In Sitzung 10.21 hatten wir für die Potenzreihenkoeffizienten a_k der Exponentialreihe die Rekursion

$$(k+1)\,a_{k+1} - a_k = 0$$

gefunden. Diese ist erster Ordnung und liefert – zusammen mir der Anfangsbedingung $a_0 = e^0 = 1$ – die Lösung als hypergeometrischen Term $a_k = \frac{1}{k!}$.

In derselben Sitzung wurde für die Potenzreihenkoeffizienten a_k der Funktion $f(x) = \left(\frac{\arcsin\sqrt{x}}{\sqrt{x}}\right)^2$ die Rekursionsgleichung

$$2\,(k+1)^3\,a_k - (k+1)\,(k+2)\,(2k+3)\,a_{k+1} = 0$$

gezeigt. Da die Koeffizienten der Rekursionsgleichung bereits vollständig faktorisiert sind, läßt sich diese mit der hypergeometrischen Koeffizientenformel durch Augenschein wegen $a_0 = \lim_{x\to 0} f(x) = 1$ sofort explizit lösen:

$$a_k = \frac{(1)_k\,(1)_k\,(1)_k}{(2)_k\,\left(\frac{3}{2}\right)_k\,k!} = \frac{k!}{(1+k)\,\left(\frac{3}{2}\right)_k} = \frac{4^k\,(k!)^2}{(1+k)(1+2k)!}\,.$$

Damit ergibt sich

$$\left(\frac{\arcsin\sqrt{x}}{\sqrt{x}}\right)^2 = \sum_{k=0}^{\infty} \frac{4^k\,(k!)^2}{(1+k)(1+2k)!} x^k = {}_3F_2\left(\left.\begin{matrix}1,\,1,\,1\\ 2,\,\frac{3}{2}\end{matrix}\right|x\right).$$

Dies vervollständigt die Berechnung der Potenzreihe und ist daher auch das Ergebnis der Aufrufe

In[14]:= **s = FPS**$\left[\left(\frac{\textbf{ArcSin}[\sqrt{\textbf{x}}]}{\sqrt{\textbf{x}}}\right)^2\right.$**, x]**

Out[14]= $\mathrm{sum}\left(\frac{4^k\,x^k\,(k!)^2}{(k+1)\,(2\,k+1)!}, \{k, 0, \infty\}\right)$

In[15]:= **SumToHypergeometric[s]**

Out[15]= $\mathrm{hypergeometricPFQ}\left(\{1, 1, 1\}, \left\{2, \frac{3}{2}\right\}, x\right)$

Die Funktion $\arcsin^2 x$ wird also durch eine Clausensche hypergeometrische Reihe dargestellt. Verwendet man hierbei die Funktion $\arcsin^2 x$ direkt als Eingabe, so erhält man analog:

In[16]:= **s = FPS[ArcSin[x]**^{2}**, x]**

Out[16]= $\mathrm{sum}\left(\frac{4^k\,x^{2\,k+2}\,(k!)^2}{(k+1)\,(2\,k+1)!}, \{k, 0, \infty\}\right)$

In diesem Fall erhalten wir allerdings die Rekursion

In[17]:= **DEtoRE[HolonomicDE[ArcSin[x]**^{2}**, F[x]], F[x], a[k]]**

Out[17]= $k^3\,a(k) - k\,(k+1)\,(k+2)\,a(k+2) == 0$

als Zwischenergebnis. Diese Situation wird nun behandelt.

Wenn die resultierende Rekursionsgleichung m-ter Ordnung ist für ein $m \in \mathbb{N}$, aber die spezielle Gestalt

$$\frac{a_{k+m}}{a_k} = R(k) \in \mathbb{K}(k)$$

hat, können wir nämlich ähnlich vorgehen.[29] Wir nennen dann die zugehörigen Funktionen mit derartigen Potenzreihenentwicklungen *Funktionen vom hypergeometrischen Typ* und m ihre *Symmetriezahl.* Dies vervollständigt den Algorithmus zur Bestimmung der Potenzreihendarstellung von Funktionen vom hypergeometrischen Typ. Natürlich liefert diese Prozedur nur im hypergeometrischen, nicht allgemein im holonomen, Fall eine geschlossene Darstellung der Potenzreihenkoeffizienten von $f(x)$.

Wir betrachten nun einige Beispiele.

Beispiel 10.25 (a) Wir betrachten $f(x) = \arcsin x$. Für diese Funktion erhalten wir gemäß Abschnitt 10.3.1 die Differentialgleichung **10.25**

$$(1 - x^2)f''(x) - xf'(x) = 0\,,$$

und die Transformation aus Abschnitt 10.3.2 liefert die Rekursionsgleichung

$$(n + 2)(n + 1)a_{n+2} - n^2 a_n = 0 \tag{10.23}$$

für die Koeffizienten a_n der Lösung $f(x) = \sum\limits_{n=0}^{\infty} a_n x^n$, welche vom hypergeometrischen Typ ist und Symmetriezahl 2 hat. Wegen $\arcsin 0 = 0$ verschwindet der gerade Anteil. Daher setzen wir

$$h(x) = \sum_{k=0}^{\infty} c_k x^k$$

derart, daß $f(x) = xh(x^2)$ bzw. $c_k = a_{2k+1}$ ist. Die Substitution $n = 2k + 1$ in (10.23) liefert dann die hypergeometrische Rekursionsgleichung

$$c_{k+1} = \frac{(k + \frac{1}{2})^2}{(k + \frac{3}{2})(k + 1)} c_k\,.$$

für c_k. Der Anfangswert ist $c_0 = a_1 = \arcsin'(0) = 1$, so daß schließlich aus der hypergeometrischen Koeffizientenformel (10.18) folgt

$$c_k = \frac{\left(\frac{1}{2}\right)_k \cdot \left(\frac{1}{2}\right)_k}{\left(\frac{3}{2}\right)_k k!} = \frac{(2k)!}{(2k + 1)4^k (k!)^2}\,,$$

bzw.

$$\arcsin x = \sum_{k=0}^{\infty} \frac{(2k)!}{(2k + 1)4^k (k!)^2} x^{2k+1} = x\,{}_2F_1\left(\left.\begin{matrix}\frac{1}{2}, \frac{1}{2}\\ \frac{3}{2}\end{matrix}\right| x^2\right).$$

Die Funktion $\arcsin x$ wird also durch eine Gaußsche hypergeometrische Reihe dargestellt.

---

[29] Wir führen dies hier nicht detailliert aus, betrachte aber Beispiel 10.25 und Satz 10.26.

(b) Nun sehen wir uns die *Fehlerfunktion* an:

$$f(x) = \operatorname{erf} x := \frac{2}{\sqrt{\pi}} \int_0^x e^{-t^2}\,dt\,.$$

Wir finden die holonome Differentialgleichung[30]

$$f''(x) + 2xf'(x) = 0$$

und die Rekursionsgleichung

$$(n+2)(n+1)a_{n+2} + 2na_n = 0\,.$$

Also ist die Fehlerfunktion vom hypergeometrischen Typ mit Symmetriezahl 2, und wie oben folgt wieder, daß $f(x)$ wegen $\operatorname{erf} 0 = 0$ ungerade ist. Schließlich erhält man mit dem Anfangswert $\operatorname{erf}'(0) = \frac{2}{\sqrt{\pi}}$ die hypergeometrische Potenzreihendarstellung

$$\operatorname{erf} x = \frac{2}{\sqrt{\pi}} \sum_{k=0}^{\infty} \frac{(-1)^k}{(2k+1)k!}\, x^{2k+1} = \frac{2x}{\sqrt{\pi}}\, {}_1F_1\left(\left.\begin{matrix}\frac{1}{2}\\ \frac{3}{2}\end{matrix}\right| -x^2\right).$$

Wir erhalten also diesmal eine Kummersche hypergeometrische Reihe. △

Wir fassen den gesamten Algorithmus nochmals zusammen:

10.26 **Satz 10.26 (Berechnung hypergeometrischer Potenzreihendarstellungen)** Eine Funktion $f(x)$ vom hypergeometrischen Typ mit Symmetriezahl m sei als Funktionsausdruck gegeben. Dann hat $f(x) = \sum\limits_{k=0}^{\infty} a_k\, x^k$ eine Potenzreihendarstellung der Form

$$f(x) = \sum_{j=1}^{m} f_j(x) = \sum_{j=1}^{m} \sum_{k=0}^{\infty} a_{jk}\, x^{mk+j}\,, \tag{10.24}$$

deren m Teilreihen $f_j(x)$ $(j = 1, \ldots, m)$ wir *m-fach symmetrische Reihen* nennen.

Der folgende Algorithmus bestimmt die Koeffizienten a_{jk} dieser Potenzreihendarstellung:

(a) Man bestimme gemäß Abschnitt 10.3.1 eine holonome Differentialgleichung von $f(x)$.

(b) Man konvertiere die Differentialgleichung gemäß Abschnitt 10.3.2 in eine holonome Rekursionsgleichung für a_k.

[30]Die Ableitungen der Fehlerfunktion sind elementar und enthalten keine Integrale mehr!

(c) Ist diese Rekursionsgleichung vom hypergeometrischen Typ mit Symmetriezahl m, so kann man die Reihe gemäß (10.24) in m-fach symmetrische Reihen $f_j(x)$ zerlegen ($j = 1, \ldots, m$), für deren Koeffizienten a_{jm} man jeweils eine holonome Rekursion der Ordnung 1 erhält.

(d) Diese m Rekursionen kann man mit m Anfangswerten gemäß der hypergeometrischen Koeffizientenformel lösen.

Beweis: Man kann zeigen [Koe1992], daß jede Funktion $f(x)$ vom hypergeometrischen Typ holonom ist.[31] Daher ist Schritt (a) erfolgreich. Die Konversion in Schritt (b) funktioniert für alle holonomen Differentialgleichungen. Schritte (c) und (d) wurden schließlich in diesem Abschnitt behandelt.

Ergibt sich bei der Konversion nach (b) keine Rekursionsgleichung vom hypergeometrischen Typ,[32] obwohl $f(x)$ diese Eigenschaft hat, kann man die hypergeometrischen Term-Lösungen mit dem Petkovšek-Algorithmus finden [Koe1998], [PS1993]. □

Wir schließen mit folgenden Bemerkungen ab:

1. Der Algorithmus kann auf die Bestimmung von Laurent- und Puiseuxreihen ausdehnt werden.
2. Die Symmetriezahl einer Funktion vom hypergeometrischen Typ ist nicht eindeutig. Beispielsweise ist jedes Vielfache der Symmetriezahl einer Funktion vom hypergeometrischen Typ ebenfalls eine Symmetriezahl. Daher ist die Ausgabe des Algorithmus i. a. nicht eindeutig.

10.3.4 Effiziente Berechnung von Taylorpolymen holonomer Funktionen

Nicht jede holonome Funktion ist allerdings vom hypergeometrischen Typ. Falls daher die Berechnung von Potenzreihen nicht explizit möglich ist, so liefert der Algorithmus des letzten Abschnitts für holonome Funktionen jedoch in jedem Fall eine besonders effiziente Möglichkeit zur Berechnung von Taylorpolynomen hoher Ordnung:[33] Um das n-te Taylorpolynom einer holonomen Funktion zu bestimmen, für deren Taylorkoeffizienten man eine Rekursiongleichung der Ordnung $m \ll n$ berechnet hat, bestimme man die ersten m Taylorkoeffizienten aus der Taylorschen Formel. Alle weiteren Taylorkoeffizienten können dann mit der holonomen Rekursionsgleichung bestimmt werden.

[31] Argument: Die allgemeine hypergeometrische Funktion erfüllt eine holonome Differentialgleichung, s. Übungsaufgabe 10.16. Also sind $f_j(x)$ aus (10.24) als Komposition mit rationalen Funktionen und $f(x)$ also Summe derartiger Funktionen dann auch holonom.

[32] Dieser Fall tritt nur sehr selten auf.

[33] Dies ist der asymptotisch effizienteste bekannte Algorithmus für diesen Zweck.

Sitzung 10.27 Die in `SpecialFunctions` eingebaute Funktion `Taylor` benutzt diesen Algorithmus zur Bestimmung von Taylorpolynomen. Achtung: Dies funktioniert natürlich *ausschließlich* für holonome Funktionen! Die Ausgabe von `Taylor` ist ein Polynom, kein `SeriesData`-Objekt. Wir betrachten ein Beispiel:

In[1]:= **Series[ArcTan[x]^2, {x, 0, 10}]**

Out[1]= $x^2 - \frac{2x^4}{3} + \frac{23x^6}{45} - \frac{44x^8}{105} + \frac{563x^{10}}{1575} + O(x^{11})$

In[2]:= **Taylor[ArcTan[x]^2, {x, 0, 10}]**

Out[2]= $\frac{563x^{10}}{1575} - \frac{44x^8}{105} + \frac{23x^6}{45} - \frac{2x^4}{3} + x^2$

Beide Ergebnisse stimmen natürlich überein. Wir testen die Effizienz bei höherer Ordnung:

In[3]:= **Series[ArcTan[x]^2, {x, 0, 500}]; //Timing**

Out[3]= {0.35 Second, Null}

In[4]:= **Taylor[ArcTan[x]^2, {x, 0, 500}]; //Timing**

Out[4]= {0.22 Second, Null}

Der Unterrschied ist sichtbar, bei dieser Ordnung aber noch bescheiden. Der Effizienzvorteil hängt aber entscheidend auch von der Komplexität der Eingabefunktion ab. Bei einem Produkt wie z. B.

In[5]:= **Series[e^x Cos[x], {x, 0, 20}]**

Out[5]= $1 + x - \frac{x^3}{3} - \frac{x^4}{6} - \frac{x^5}{30} + \frac{x^7}{630} + \frac{x^8}{2520} + \frac{x^9}{22680} - \frac{x^{11}}{1247400} - \frac{x^{12}}{7484400} - \frac{x^{13}}{97297200} + \frac{x^{15}}{10216206000} + \frac{x^{16}}{81729648000} + \frac{x^{17}}{1389404016000} - \frac{x^{19}}{237588086736000} - \frac{x^{20}}{2375880867360000} + O(x^{21})$

In[6]:= **Taylor[e^x Cos[x], {x, 0, 20}]**

Out[6]= $-\frac{x^{20}}{2375880867360000} - \frac{x^{19}}{237588086736000} + \frac{x^{17}}{1389404016000} + \frac{x^{16}}{81729648000} + \frac{x^{15}}{10216206000} - \frac{x^{13}}{97297200} - \frac{x^{12}}{7484400} - \frac{x^{11}}{1247400} + \frac{x^9}{22680} + \frac{x^8}{2520} + \frac{x^7}{630} - \frac{x^5}{30} - \frac{x^4}{6} - \frac{x^3}{3} + x + 1$

ist der Effizienzunterschied erheblich deutlicher:

In[7]:= **Series[e^x Cos[x], {x, 0, 500}]; //Timing**

Out[7]= {4.376 Second, Null}

In[8]:= **Taylor[e^x Cos[x], {x, 0, 500}]; //Timing**

Out[8]= {0.09 Second, Null}

Hier ist auch die Berechnung mittels einer Formel für a_k nicht entscheidend schneller:[34]

[34]Diese kann im vorliegenden Fall bestimmt werden, da die holonome Differentialgleichung konstante Koeffizienten hat.

```
In[9]:= ps = FPS[e^x Cos[x], x]//Timing
```

$$Out[9]= \left\{0.14\ \text{Second}, \text{sum}\left(\frac{2^{k/2}\, x^k\, \cos\left(\frac{k\pi}{4}\right)}{k!}, \{k, 0, \infty\}\right)\right\}$$

```
In[10]:= ps/.{sum→ Sum, ∞→ 500}; //Timing
Out[10]= {0.04 Second, Null}
```

Bei noch größerer Ordnung sind die letzten beiden Rechnungen praktisch gleich gut. □

10.4 Algebraische Funktionen

10.4

In diesem Abschnitt betrachten wir eine weitere Klasse holonomer Funktionen.

Definition 10.28 **(Algebraische Funktionen)** Eine Funktion $y(x)$, welche implizit als die Nullstellen eines irreduziblen bivariaten Polynoms 10.28

$$F(x, y(x)) = 0\,, \qquad F(x, y) \in \mathbb{K}[x, y] \tag{10.25}$$

gegeben ist, nennen wir eine *algebraische Funktion* über $\mathbb{K}$. Den höchsten auftretenden Grad von F bzgl. der Variablen y in (10.25) nennen wir den *Grad der algebraischen Funktion* und bezeichnen diesen mit $\operatorname{alggrad}(y(x), x)$. Jede algebraische Funktion über $\mathbb{R}$ erklärt geometrisch eine Teilmenge der x-y-Ebene $\mathbb{R}^2$, den *Graphen der algebraischen Funktion.*

Eine algebraische Funktion ist offenbar nicht eindeutig, daher muß man gegebenenfalls lokal einen ihrer n *Zweige* betrachten. △

Wir werden zeigen, daß jede algebraische Funktion auch holonom ist. Zunächst betrachten wir einige Beispiele. Der Einfachheit halber schreiben wir für $y(x)$ kurz y, dürfen aber – z. B. beim Differenzieren – die Abhängigkeit von x nicht außer acht lassen.

Beispiel 10.29 (a) Wir betrachten die implizite Gleichung 10.29

$$F(x, y) = x^2 + y^2 - r^2 = 0\,. \tag{10.26}$$

Diese stellt offenbar eine algebraische Funktion vom Grad 2 über $\mathbb{Q}$ dar.

Wir wissen natürlich, daß diese Gleichung einen Kreis erklärt:

```
In[1]:= F = x^2 + y^2 - r^2 == 0
```

Out[1]= $-r^2 + x^2 + y^2 == 0$

```
In[2]:= Needs["Graphics`ImplicitPlot`"]
```

```
In[3]:= ImplicitPlot[F/.{r → 1}, {x, -1, 1}, {y, -1, 1}]
```

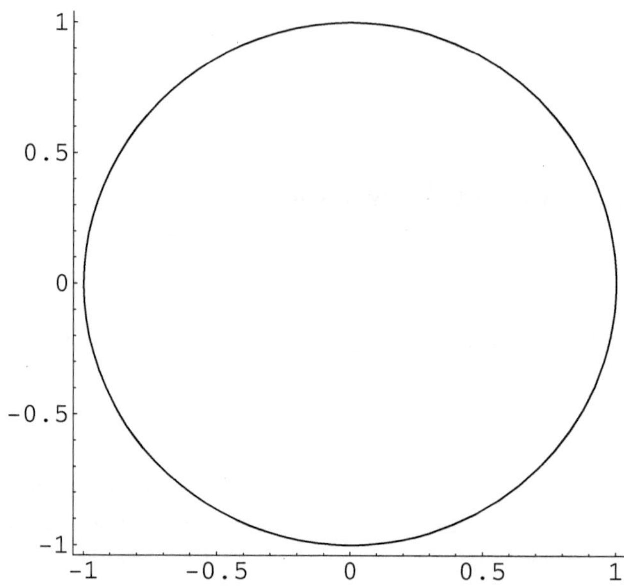

Out[3]= -ContourGraphics-

Wenn wir die Kreisgleichung $F(x, y) = 0$ nach y auflösen, erhalten wir die beiden Zweige

$$y_+(x) = \sqrt{1 - x^2} \qquad \text{und} \qquad y_-(x) = -\sqrt{1 - x^2}$$

der algebraischen Funktion, welche dem oberen bzw. unteren Halbkreis entsprechen.

Um nun zu einer holonomen Differentialgleichung für $y(x)$ zu gelangen, lösen wir die definierende Gleichung zunächst auf nach der höchsten Potenz in $y(x)$ und erhalten

$$y^2 = r^2 - x^2 . \tag{10.27}$$

Differentiation von (10.26) liefert weiter

$$2x + 2yy'(x) = 0 . \tag{10.28}$$

Diese Gleichung können wir nach $y'(x)$ auflösen und wir erhalten die explizite Form

$$y'(x) = -\frac{x}{y} .$$

Dies ist eine *explizite Differentialgleichung erster Ordnung*, welche aber *nicht holonom* ist.

Der Quotient $y'(x)/y(x)$ kann aber mittels (10.27) vereinfacht werden:

$$\frac{y'(x)}{y(x)} = -\frac{x}{y(x)^2} = -\frac{x}{r^2 - x^2}\,,$$

und dies ist unabhängig von y. Daher erhalten wir die holonome Differentialgleichung erster Ordnung

$$(r^2 - x^2)y'(x) + xy(x) = 0$$

für $y(x)$. Also ist $y(x)$ holonom vom Grad 1.

(b) Als nächstes Beispiel betrachten wir die ähnliche Kreisgleichung

$$(y(x) - r)^2 + x^2 - r^2 = 0\,.$$

Im vorliegenden Fall liefert eine Vereinfachung von $y'(x)/y(x)$ den Ausdruck

$$\frac{y'(x)}{y(x)} = \frac{x}{x^2 - r\,y}\,,$$

welcher *nicht* von y unabhängig ist. Dies beweist, daß *keine* homolome Differentialgleichung erster Ordnung existiert.

Also fährt man fort, leitet die Gleichung

$$y'(x) = \frac{x\,y}{x^2 - r\,y}$$

nochmals ab, geht vor wie in Sitzung 10.8, Details s. Satz 10.30, und erhält schließlich die holonome Differentialgleichung

$$x\,(r^2 - x^2)\,y''(x) - r^2\,y'(x) = 0\,.$$

Also ist $y(x)$ holonom vom Grad 2. △

Im Anschluß an diese Beispiele beweisen wir den folgenden

Satz 10.30 (Algebraische Funktionen sind holonom) Eine algebraische Funktion $y(x)$ vom Grad n ist holonom vom Grad $\operatorname{holgrad}(y(x), x) \leqq n$. **10.30**

Beweis: Wir beweisen diesen Satz durch Angabe eines Algorithmus zur Berechnung einer holonomen Differentialgleichung der Ordnung n. Der Algorithmus kann wieder iterativ angewandt werden, $m = 1, \ldots, n$, um eine holonome Differentialgleichung möglichst niedriger Ordnung m zu erhalten.

Sei also die algebraische Funktion $y(x)$ gegeben durch die Gleichung (10.25)

$$F(x, y(x)) = \sum_{k=0}^{n} p_k(x) y(x)^k = 0 \qquad (p_k(x) \in \mathbb{K}[x]) . \tag{10.29}$$

Sei ferner

$$y^{(m)}(x) + \sum_{k=0}^{m-1} A_k y^{(k)}(x) = 0 \tag{10.30}$$

ein Ansatz für eine holonome Differentialgleichung der Ordnung $m \leqq n$ für $y(x)$ mit noch zu bestimmenden Koeffizienten $A_k \in \mathbb{K}(x)$.

Leitet man (10.29) ab, liefert die Kettenregel einen linearen Faktor $y'(x)$, so daß man die abgeleitete Gleichung nach $y'(x)$ auflösen kann, und es ergibt sich

$$y'(x) = R(x, y) \in \mathbb{K}(x, y) .$$

Iteratives Ableiten liefert weiter für alle $k = 1, \ldots, n$

$$y^{(k)}(x) = R_k(x, y) \in \mathbb{K}(x, y) .$$

Zunächst substituiert man nun diese Ableitungen in (10.30). Dann substituiert man die Potenzen $y(x)^j$ von $y(x)$ mit $j \geqq n$ rekursiv gemäß (10.25). Aus Effizienzgründen sollte hierbei gleichzeitig sukzessive mit den jeweiligen Hauptnennern multipliziert werden. Dies resultiert in einer Polynomgleichung

$$P(x, y(x), A_0, A_1, \ldots, A_{m-1}) = 0 \quad (P \in \mathbb{K}(x, y, z_0, z_1, \ldots, z_{m-1})) ,$$

deren Grad bzgl. der zweiten Variablen y höchstens $n - 1$ ist. Dieses Polynom ist nur dann identisch Null, wenn alle seine Koeffizienten bzgl. y verschwinden. Also können wir einen Koeffizientenvergleich vornehmen, welcher ein lineares Gleichungssystem für die m Variablen $A_0, A_1, \ldots, A_{m-1}$ liefert. Die Existenz einer Lösung für $m = n$ kann wieder mit einem ähnlichen algebraischen Argument wie bei Satz 10.9 gezeigt werden. Für die resultierende Lösung gilt natürlich $A_j \in \mathbb{K}(x)$. Setzen wir diese in den Ansatz (10.30) ein und multiplizieren wir mit dem Hauptnenner, erhalten wir schließlich die gesuchte holonome Differentialgleichung für $y(x)$. □

Sitzung 10.31 Der vorliegende Algorithmus ist im Package `SpecialFunctions` implementiert. Wir betrachten nochmals die Beispiele 10.29.

```
In[1]:= Needs["SpecialFunctions"]
```

```
In[2]:= DE1 = AlgebraicDE[x^2 + y^2 - r^2, y[x]]
```

$Out[2]= (x^2 - r^2)\, y'(x) - x\, y(x) == 0$

```
In[3]:= DE2 = AlgebraicDE[(y - r)^2 + x^2 - r^2, y[x]]
No differential equation of order 1 found
```
Out[3]= $(r-x)\,x\,(r+x)\,y''(x) - r^2\,y(x) == 0$

Dies bestätigt die Berechnungen aus Beispiel 10.29. Die algebraische Funktion vom Grad 8, welche durch

$$(y^2 - x^2)^4 - x^2\,y^2 = 0$$

gegeben ist, hat den holonomen Grad 3:

```
In[4]:= DE3 = AlgebraicDE[(y^2 - x^2)^4 - x^2y^2, y[x]]
No differential equation of order 1 found
No differential equation of order 2 found
```
Out[4]= $\left(256\,x^4 + 27\right) y'''(x)\,x^3 + 2\left(512\,x^4 - 27\right) y''(x)\,x^2 + 69\,y'(x)\,x - 45\,y(x) == 0$

Dieses Beispiel zeigt, daß der holonome Grad einer algebraischen Funktion wirklich (beträchtlich) kleiner sein kann als der algebraische Grad.

Wir betrachten nun wieder die Frage, wie sich algebraische Funktionen in Potenzreihen entwickeln lassen, und zwar o. B. d. A. am Ursprung. Um den Wert einer algebraischen Funktion am Ursprung zu berechnen, setzt man $x = 0$ in die definierende Polynomgleichung ein. Daher hat eine algebraische Funktion vom Grad n am Ursprung bis zu n verschiedene Werte, welche zu den n Zweigen der algebraischen Funktion gehören. Die Reihenentwicklungen der Zweige einer algebraischen Funktion stellen sich i. a. als Puiseuxreihenentwicklungen heraus, sie können also sowohl negative als auch gebrochene Exponenten haben. Diese Puiseuxreihenentwicklungen können natürlich wieder durch Konversion der holonomen Differentialgleichung in eine Rekursionsgleichung für die entsprechenden Koeffizienten bestimmt werden.

```
In[5]:= DEtoRE[DE1, y[x], a[k]]
```
Out[5]= $(k-1)\,a(k) - (k+2)\,r^2\,a(k+2) == 0$

```
In[6]:= DEtoRE[DE2, y[x], a[k]]
```
Out[6]= $k\,(k+2)\,r^2\,a(k+2) - (k-1)\,k\,a(k) == 0$

```
In[7]:= DEtoRE[DE3, y[x], a[k]]
```
Out[7]= $256\,(k-1)\,k\,(k+2)\,a(k) + 3\,(k+1)\,(3\,k+7)\,(3\,k+11)\,a(k+4) == 0$

Diese Berechnungen zeigen, daß alle drei betrachteten algebraischen Funktionen vom hypergeometrischen Typ sind. □

Beispiel 10.32 (a) Wir führen die Betrachtungen von Beispiel 10.29 weiter. Für die algebraische Funktion $x^2 + y^2 - r^2 = 0$ hatten wir die holonome Differentialgleichung $(r^2-x^2)y'(x)+xy(x) = 0$ hergeleitet, und für die Koeffzienten a_k der korrespondierenden Potenzreihe $y(x) = \sum\limits_{k=0}^{\infty} a_k\,x^k$ wurde die Rekursionsgleichung $(k-1)a_k-(k+2)r^2a_{k+2} = 0$ berechnet. 10.32

Wegen $y(0)^2 - r^2 = 0$ ist $y(0) = \pm|r|$, und aus der differenzierten Gleichung (10.28) folgt $y'(0) = 0$. Somit erhalten wir

$$y(x) = \pm \sum_{k=0}^{\infty} \frac{|r|\,(2\,k)!}{4^k\, r^{2k}\,(2\,k-1)\,k!^2} x^{2\,k} .$$

Auf ähnliche Weise bekommt man für $(y(x)-r)^2 + x^2 - r^2 = 0$ die beiden Darstellungen

$$y(x) = \sum_{k=0}^{\infty} \frac{(2\,k)!}{2^{2k+1}\, r^{2k+1}\,(1+k)\,k!^2} x^{2+2\,k}$$

und

$$y(x) = 2r - \sum_{k=0}^{\infty} \frac{(2\,k)!}{2^{2k+1}\, r^{2k+1}\,(1+k)\,k!^2} x^{2+2\,k} .$$

Analog kann beim dritten Beispiel verfahren werden. Allerdings werden in diesem Fall vier Anfangswerte benötigt. △

10.5

10.5 Implizite Funktionen

Auch die Methode aus Abschnitt 10.3.4 zur Berechnung von Taylorpolynomen kann insbesondere auf algebraische Funktionen angewandt werden. Algebraische Funktionen sind ein Spezialfall *impliziter Funktionen.*

Wir wollen nun allgemein untersuchen, wie man Taylorpolynome implizit gegebener Funktionen berechnen kann. Gegeben sei also eine Funktion $F(x, y) : \mathbb{R}^2 \to \mathbb{R}$ von zwei Variablen und es gelte $F(x, y) = 0$, wobei wir $y(x)$ als Funktion der Variablen x auffassen. Der Satz über implizite Funktionen garantiert (s. z. B. [Koe1994]), daß (unter schwachen Voraussetzungen) solche Lösungszweige in einer geeigneten Umgebung eines gegebenen Punkts (x_0, y_0), für welchen $F(x_0, y_0) = 0$ ist, existieren.

10.33 **Beispiel 10.33** Ein typisches Beispiel ist wieder die Kreisgleichung

$$F(x, y) = x^2 + y^2 - 1 = 0 ,$$

welche natürlich sogar eine algebraische Funktion darstellt. Für jedes (x_0, y_0) mit $x_0^2 + y_0^2 = 1$ und $y_0 > 0$ liefert dies den Zweig

$$y_+(x) = \sqrt{1 - x^2} ,$$

während wir für jedes (x_0, y_0) mit $x_0^2 + y_0^2 = 1$ und $y_0 < 0$ den Zweig

$$y_-(x) = -\sqrt{1-x^2}$$

erhalten. Der Fall $y_0 = 0$ ist entartet, d. h., hier sind die moderaten Voraussetzungen des Satzes über implizite Funktionen nicht erfüllt.[35] △

Wir präsentieren nun eine iterative Prozedur, welche die Taylorkoeffizienten der jeweiligen Zweige einer impliziten Funktion bestimmt. Hierzu differenzieren wir die definierende Gleichung $F(x, y(x)) = 0$ mit der mehrdimensionalen Kettenregel und erhalten

$$\frac{\partial F}{\partial x}(x,y) + \frac{\partial F}{\partial y}(x,y) \cdot y'(x) = 0\,.$$

Dies lösen wir nach $y'(x)$ auf mit dem Ergebnis

$$y'(x) = -\frac{\frac{\partial F}{\partial x}(x,y)}{\frac{\partial F}{\partial y}(x,y)} =: F_1(x,y)\,. \tag{10.31}$$

Um nun die höheren Ableitungen iterativ zu bestimmen, leiten wir zunächst F_1 ab. Wir erhalten

$$y''(x) = \frac{\partial F_1}{\partial x}(x,y) + \frac{\partial F_1}{\partial y}(x,y) \cdot y'(x) = \frac{\partial F_1}{\partial x}(x,y) + \frac{\partial F_1}{\partial y}(x,y) \cdot F_1(x,y) =: F_2(x,y)$$

und weiter

$$y'''(x) = \frac{\partial F_2}{\partial x}(x,y) + \frac{\partial F_2}{\partial y}(x,y) \cdot F_1(x,y) =: F_3(x,y)\,.$$

Dies kann offenbar auf diese Weise fortgesetzt werden und bildet somit ein Iterationsverfahren zur sukzessiven Bestimmung der höheren Ableitungen von $y(x)$. Eine Anwendung des Satzes von Taylor $a_k = \frac{f^{(k)}(0)}{k!}$ liefert schließlich die Taylorkoeffizienten.

Sitzung 10.34 Die Funktion `ImplicitTaylor` ist eine Implementierung des angegebenen iterativen Algorithmus:

[35] Dort ist nämlich die Steigung unbeschränkt.

```
In[1]:= Clear[ImplicitTaylor]
        ImplicitTaylor[F_, y_[x_], y0_, n_] :=
          Module[{ystrich, k},
            ystrich = -D[F, x]/D[F, y];
            ableitungen =
              NestList[
                Together[D[#, x] + D[#, y] * ystrich]&,
                ystrich, n - 1];
            y0+
              Sum[
                Limit[Limit[ableitungen[[k]], y → y0],
                      x → 0]/k! * x^k, {k, 1, n}]
          ]
```

Wir berechnen ein Taylorpolynom für die Kreisgleichung $x^2+y^2-1 = 0$ mit dem Anfangswert $y(0) = 1$:

```
In[2]:= ImplicitTaylor[x^2 + y^2 - 1, y[x], 1, 8]
```

Out[2]= $-\frac{5x^8}{128} - \frac{x^6}{16} - \frac{x^4}{8} - \frac{x^2}{2} + 1$

Da wir bei der Implementierung von `Taylor` die Variable `ableitungen`, welche die Liste der ersten Ableitungen der betrachteten algebraischen Funktion enthält, nicht als lokal deklariert haben, steht uns diese Größe nun als globale Variable zur Verfügung. Es folgt also die Liste der ersten 8 Ableitungen der impliziten Funktion $y(x)$:

```
In[3]:= ableitungen
```

Out[3]= $\Big\{-\frac{x}{y}, \frac{-x^2-y^2}{y^3}, -\frac{3(x^3+y^2x)}{y^5},$
$-\frac{3(5x^4+6y^2x^2+y^4)}{y^7}, -\frac{15(7x^5+10y^2x^3+3y^4x)}{y^9},$
$-\frac{45(21x^6+35y^2x^4+15y^4x^2+y^6)}{y^{11}},$
$-\frac{315(33x^7+63y^2x^5+35y^4x^3+5y^6x)}{y^{13}},$
$-\frac{315(429x^8+924y^2x^6+630y^4x^4+140y^6x^2+5y^8)}{y^{15}}\Big\}$

Insbesondere gilt also die Differentialgleichung $y' = -\frac{x}{y}$ für die Kreisgleichung. Man beachte, daß die Rechnung für jede implizite Funktion eine explizite Differentialgleichung erster Ordnung (10.31) liefert, welche aber i. a. *nicht linear* ist.

Es folgt ein Taylorpolynom der Funktion, welche durch die Gleichung $y\,e^y = x$ und den Anfangswert $y(0) = 0$ erklärt wird:

```
In[4]:= imp = ImplicitTaylor[y ℯ^y - x, y[x], 0, 10]
```

$$Out[4]= -\frac{156250\,x^{10}}{567}+\frac{531441\,x^9}{4480}-\frac{16384\,x^8}{315}+\frac{16807\,x^7}{720}-\frac{54\,x^6}{5}+\frac{125\,x^5}{24}-\frac{8\,x^4}{3}+\frac{3\,x^3}{2}-x^2+x$$

Die betreffende Funktion heißt in *Mathematica* `ProductLog`:[36]

```
In[5]:= Series[ProductLog[x], {x, 0, 10}]
```

$$Out[5]= x-x^2+\frac{3\,x^3}{2}-\frac{8\,x^4}{3}+\frac{125\,x^5}{24}-\frac{54\,x^6}{5}+\frac{16807\,x^7}{720}-\frac{16384\,x^8}{315}+\frac{531441\,x^9}{4480}-\frac{156250\,x^{10}}{567}+O(x^{11})$$

Funktionentheoretische Überlegungen zeigen, daß der Konvergenzradius der Potenzreihe der ProductLog-Funktion gleich $1/e$ ist, da die dem Ursprung nächste Singularität in $\mathbb{C}$ an der Stelle $x = -\frac{1}{e}$ liegt. Dies folgt aus der Rechnung

```
In[6]:= x ℯ^x /.Solve[D[x ℯ^x, x] == 0, x][[1]]
```

$$Out[6]= -\frac{1}{e}$$

Wir stellen die ProductLog-Funktion zusammen mit der oben berechneten Taylorapproximation vom Grad 10 graphisch dar:

```
In[7]:= Plot[{ProductLog[x], imp}, {x, -1/ℯ, 1/2}]
```

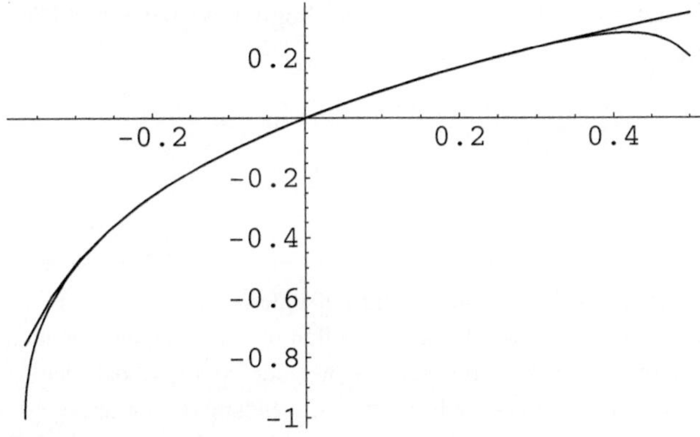

Out[7]= -Graphics-

Schließlich betrachten wir die implizite Funktion $x^2 \ln y + 1 = 0$, $y(0) = 0$:

[36]In *Maple* heißt diese Funktion die Lambertsche W-Funktion `W`.

```
In[8]:= ImplicitTaylor[x^2 Log[y] + 1, y[x], 0, 10]
Out[8]= 0
```

Löst man $x^2 \ln y + 1 = 0$ nach y auf, erhält man $y = e^{-1/x^2}$. Daher ist also wieder das Taylorpolynom jeder Ordnung identisch 0. Bei diesem Beispiel zeigt sich, wie wichtig die gewählte Reihenfolge bei der Grenzwertbildung in der vorliegenden Implementierung ist, da im gegebenen Fall ein zweidimensionaler Grenzwert gar nicht existiert.

Für kleine Ordnungen ist der vorliegende Algorithmus recht effizient. Taylorpolynome hoher Ordnung sollte man allerdings nicht auf diese Art berechnen:

```
In[9]:= ImplicitTaylor[x^2 + y^2 - 1, y[x], 1, 63]; //Timing
Out[9]= {27.8 Second, Null}
```

Hierfür betrachten wir in der Folge ein effizienteres Verfahren. □

Zur Beschleunigung der Berechnung schwebt uns wieder ein Divide and Conquer-Verfahren vor. Hierzu verwenden wir eine Variante des *Newtonverfahrens*, welches in der Numerik zur Approximation von Nullstellen reeller Funktionen verwendet wird. Das Schöne am Newtonverfahren ist seine *quadratische Konvergenz*: unter schwachen Voraussetzungen liefert das Newtonverfahren in jedem Schritt eine Verdopplung der gültigen Dezimalstellen der gesuchten Approximation ([Koe1993a], Kapitel 10).

Zur Bestimmung einer Lösung der Gleichung $f(x) = 0$ bzw. zum Auflösen dieser Gleichung nach der Variablen x wird hierzu, beginnend bei einer Näherung x_0 der Lösung, die Iteration

$$x_{n+1} = x_n - \frac{f(x_n)}{f'(x_n)} \qquad (n \in \mathbb{N}_{\geqq 0}) \tag{10.32}$$

durchgeführt.

Sitzung 10.35 Bevor wir das Verfahren derart abändern, daß es für die Bestimmung abgebrochener Potenzreihen benutzt werden kann, wollen wir kurz zeigen, wie man das gewöhnliche Newtonverfahren programmieren kann. Unter der Prämisse, daß der Anfangswert x_0 eine Dezimalzahl ist, bricht die ununterbrochene Anwendung der Iteration (10.32) i. a. ab, da es beim Rechnen mit einer festen Stellenzahl nur endlich viele verschiedene Dezimalzahlen gibt.[37]

[37] Dies kann – außer bei Divergenz des Verfahrens – nur schiefgehen, falls die Lösung exakt gleich 0 ist. Warum?

```
In[1]:= Clear[NewtonListe, NewtonVerfahren]

        NewtonListe[f_, {x_, x0_Real}] := Module[{G, z},
            G[z_] := z - (f/D[f, x] /.x → z);
            FixedPointList[G, x0]
          ]

        NewtonVerfahren[f_, {x_, x0_Real}] := Module[{G, z},
            G[z_] := z - (f/D[f, x] /.x → z);
            FixedPoint[G, x0]
          ]
```

Wir berechnen eine Approximation von π als Nullstelle der Sinusfunktion:

```
In[2]:= NewtonVerfahren[Sin[x], {x, 3.}]
Out[2]= 3.14159
```

`NewtonListe` gibt den gesamten Iterationsverlauf aus:

```
In[3]:= NewtonListe[f = Sin[x], {x, 3.}]
Out[3]= {3., 3.14255, 3.14159, 3.14159, 3.14159}
```

Wird `NewtonVerfahren` mit einem nichtnumerischen Anfangswert aufgerufen, wird keine Berechnung durchgeführt:

```
In[4]:= NewtonVerfahren[f, {x, 3}]
Out[4]= NewtonVerfahren(sin(x), {x, 3})
```

weil das Verfahren in diesem Fall keinem Fixpunkt zustrebt, da symbolisch gerechnet wird. Den Effekt sieht man an der viermaligen Iteration:

```
In[5]:= FixedPointList[# - (f/D[f, x] /.x → #)&, 3, 4]
Out[5]= {3, 3 - tan(3), 3 - tan(3) - tan(3 - tan(3)),
           3 - tan(3) - tan(3 - tan(3)) - tan(3 - tan(3) - tan(3 - tan(3))),
           3 - tan(3) - tan(3 - tan(3)) - tan(3 - tan(3) - tan(3 - tan(3)))-
             tan(3 - tan(3) - tan(3 - tan(3)) - tan(3 - tan(3) - tan(3 - tan(3))))}
```

Unser letztes Beispiel

```
In[6]:= NewtonVerfahren[x - e^-x, {x, 0.}]
Out[6]= 0.567143
```

berechnet schließlich die Lösung der Gleichung $x = e^{-x}$. Man beachte, daß diese mit Hilfe der ProductLog-Funktion ausgedrückt werden kann:

```
In[7]:= sol = Solve[x - e^-x == 0, x]
```

```
InverseFunction :: "ifun": Inverse functions are being used. Values may be lost for multivalued inverses.

Solve :: "ifun": Inverse functions are being used by Solve, so some solutions may not be found
Out[7]= {{x → ProductLog[1]}}

In[8]:= N[sol]
Out[8]= {{x → 0.567143}}
```

Die beiden Dezimalzahlen stimmen offenbar überein. □

Bei der angegebenen Implementierung haben wir im übrigen die Effizienz des Newtonverfahrens noch nicht vollständig ausgereizt: Da sich bei jeder Iteration die Anzahl der gültigen Stellen verdoppelt, hätten wir anfangs mit niedrigerer Genauigkeit rechnen können. Dies werden wir bald nutzen.

Um nämlich die implizite Gleichung $F(x, y) = 0$ nach y aufzulösen, wenden wir das Newtonverfahren auf $f(y) := F(x, y)$ an. Dies liefert iterativ *Approximationsfunktionen* in der Variablen x. Diese können wir in Potenzreihen entwickeln und erhalten so Potenzreihenapproximationen für $y(x)$. Dabei erwarten wir auf Grund der quadratischen Konvergenz des Newtonverfahrens, daß sich in jedem Schritt die Ordnung der Approximation verdoppelt. Dies ist der typische Divide and Conquer-Effekt. Diese Konvergenzordnung kann auch nachgewiesen werden, s. [GG1999], Algorithmus 9.22.

Sitzung 10.36 Die Funktion `ImplicitTaylor2` programmiert das obige Verfahren.

```
In[1]:= Clear[ImplicitTaylor2]
        ImplicitTaylor2[f_, y_[x_], y0_, n_] :=
          Module[{F, z},
              F[z_] := (f/.y → z);
              approx = Nest[# - F[#]/F'[#]&, y0,
                  Log[2, n + 1]];
              approx + O[x]^(n + 1)
            ]/; IntegerQ[Log[2, n + 1]]
```

Das Programm erwartet, daß die Ordnung n eine um 1 verkleinerte Zweierpotenz ist, denn dann ist die Anzahl der berechneten Koeffizienten exakt eine Zweierpotenz.[38] Es werden $\log_2(n + 1)$ Iterationen durchgeführt, und wir hoffen, das dies genügt. Die Taylorreihe bilden wir erst zum Schluß.

[38] Die Implementierung ließe sich aber leicht an den allgemeinen Fall anpassen.

Wir erhalten wieder

In[2]:= **ImplicitTaylor2[x² + y² - 1, y[x], 1, 7]**

Out[2]= $1-\frac{x^2}{2}-\frac{x^4}{8}-\frac{x^6}{16}+O(x^8)$

Da `approx` eine globale Variable ist, können wir uns einmal ansehen, welche Approximationsfunktion hier berechnet wurde:

In[3]:= **approx**

Out[3]= $-\frac{x^2}{2}-\frac{x^2+\left(1-\frac{x^2}{2}\right)^2-1}{2\left(1-\frac{x^2}{2}\right)}-\frac{x^2+\left(-\frac{x^2}{2}-\frac{x^2+\left(1-\frac{x^2}{2}\right)^2-1}{2\left(1-\frac{x^2}{2}\right)}+1\right)^2-1}{2\left(-\frac{x^2}{2}-\frac{x^2+\left(1-\frac{x^2}{2}\right)^2-1}{2\left(1-\frac{x^2}{2}\right)}+1\right)}+1$

Man sieht, daß die Komplexität der erzeugten Ausdrücke erheblich ist. Dies wird verbessert durch die Implementierung

```
In[4]:= Clear[ImplicitTaylor3]
        ImplicitTaylor3[f_, y_[x_], y0_, n_] :=
          Module[{F, z},
             F[z_] := (f/.y → z);
             approx = Nest[Together[# - F[#]/F'[#]]&,
                y0, Log[2, n + 1]];
             approx + O[x]^(n + 1)
           ]/; IntegerQ[Log[2, n + 1]]
```

Das Beispiel von eben liefert nun

In[5]:= **ImplicitTaylor3[x² + y² - 1, y[x], 1, 7]**

Out[5]= $1-\frac{x^2}{2}-\frac{x^4}{8}-\frac{x^6}{16}+O(x^8)$

In[6]:= **approx**

Out[6]= $\frac{-x^8+32\,x^6-160\,x^4+256\,x^2-128}{8\,(x^2-2)\,(x^4-8\,x^2+8)}$

Nun einige weitere Beispiele. Die Exponentialfunktion als Umkehrfunktion der Logarithmusfunktion:

In[7]:= **ImplicitTaylor3[Log[y] - x, y[x], 1, 7]**

Out[7]= $1+x+\frac{x^2}{2}+\frac{x^3}{6}+\frac{x^4}{24}+\frac{x^5}{120}+\frac{x^6}{720}+\frac{x^7}{5040}+O(x^8)$

und die ProductLog-Funktion:

In[8]:= **ImplicitTaylor3[y e^y - x, y[x], 0, 7]**

Out[8]= $x - x^2 + \frac{3x^3}{2} - \frac{8x^4}{3} + \frac{125x^5}{24} - \frac{54x^6}{5} + \frac{16807x^7}{720} + O(x^8)$

Vergleicht man die Ergebnisse mit denen von `ImplicitTaylor`, sieht man, daß unsere Hoffnung nicht getrogen hat: Wir haben bei dreimaliger Iteration jeweils 8 Koeffizienten korrekt berechnet.

Allerdings können wir folgendes Beispiel nicht berechnen:

```
In[9]:= ImplicitTaylor3[x^2 Log[y] + 1, y[x], 0, 7]

Power :: "infy": Infinite expression 1/0 encountered

∞ :: "indet": Indeterminate expression 0\x²\(-∞) encountered
Out[9]= Indeterminate
```

Dies liegt daran, daß die Eingabefunktion $F(x, y) = x^2 \ln y + 1$ keine Potenzreihenentwicklung bzgl. y besitzt. Dies liegt also außerhalb der Reichweite des Verfahrens.

Die vorliegende Implementierung ist allerdings – trotz des vermeintlichen Divide and Conquer-Ansatzes – nicht entscheidend schneller als die bisherige. Wir wollen nun die Mängel der letzten Implementierung beheben, indem wir

1. bereits zu Beginn zur Taylorreihe übergehen, damit keine übergroßen Terme erzeugt werden,
2. und die Berechnungstiefe erst schrittweise erhöhen.

Dies lohnt sich im vorliegenden Fall sehr.

```
In[10]:= Clear[FastImplicitTaylor]
         FastImplicitTaylor[f_, y_[x_], y0_, n_] :=
           Module[{F, z, approx},
             F[z_] :=
               Normal[(f/.y → z) + O[x]^(n + 1)];
             approx = y0;
             Do[
               approx =
                 Normal[# - F[#]/F'[#]&[approx] +
                     O[x]^(2^k)],
               {k, 1, Log[2, n + 1]}];
             approx + O[x]^(n + 1)
           ]/; IntegerQ[Log[2, n + 1]]
```

Wir vergleichen die Rechenzeiten der 4 verschiedenen Implementierungen von `Implicit-Taylor`:

```
In[11]:= Timing[imp1 = ImplicitTaylor[x^2 + y^2 - 1, y[x], 1, 127];]
Out[11]= {118.791 Second, Null}

In[12]:= Timing[imp2 = ImplicitTaylor2[x^2 + y^2 - 1, y[x], 1, 127];]
Out[12]= {0.531 Second, Null}

In[13]:= Timing[imp3 = ImplicitTaylor3[x^2 + y^2 - 1, y[x], 1, 127];]
Out[13]= {0.48 Second, Null}

In[14]:= Timing[
           imp4 = FastImplicitTaylor[x^2 + y^2 - 1, y[x], 1, 63];]
Out[14]= {0.111 Second, Null}
```

und wir testen, ob auch die richtigen Ergebnisse erzielt wurden:

```
In[15]:= {imp1 - imp2, imp1 - imp3, imp1 - imp4}
Out[15]= {O(x^64), O(x^64), O(x^64)}
```

Nun können wir auch hohe Ordnungen berechnen, welche für `ImplicitTaylor` außer Reichweite sind:

```
In[16]:= Timing[FastImplicitTaylor[x^2 + y^2 - 1, y[x], 1, 511];]
Out[16]= {3.785 Second, Null}
```

Allerdings kann dieser Algorithmus natürlich nicht konkurrieren mit der Berechnung durch `Series` bei einer *expliziten Darstellung* von y:

```
In[17]:= Timing[Series[Sqrt[1 - x^2], {x, 0, 511}];]
Out[17]= {0.02 Second, Null}
```

Die Ergebnisse zeigen dennoch, daß das Newtonverfahren sich sehr gut dazu eignet, Taylorpolynome hoher Ordnung für implizit gegebene Funktionen zu bestimmen. □

10.6 Ergänzende Bemerkungen

10.6

Als Nachteil der rekursiven Berechnung abgebrochener Potenzreihen muß bei gewissen Operationen, insbesondere bei der Division, ein Verlust bei der Abbruchordnung in Kauf genommen werden. Wenn man dies nicht will, arbeitet man mit sogenannten *Strings*[39] und *lazy evaluation*, d. h., die Reihen werden nur bis zu der gegebenen Abbruchordnung berechnet, aber zusammen mit einer Vorschrift, wie sich hieraus die nächsten Glieder berechnen lassen, abgespeichert. Diese werden dann bei Bedarf berechnet.[40] Weitere Einzelheiten findet man in [Nor1975] und [JS1992].

[39] Strings sind Folgen mit potentiell beliebig vielen Elementen.

[40] Das Rechnen mit Strings wird von *Mathematica* im Gegensatz zu *Axiom* allerdings nicht unterstützt.

Die Berechnung von Taylorreihen von Funktionen vom hypergeometrischen Typ stammt aus [Koe1992]. Der Spezialfall algebraischer Funktionen wurde in [CC1986], [CC1987] und in [Koe1996] betrachtet.

10.7

10.7 Übungsaufgaben

10.1 (SeriesData)

(a) Geben Sie die formalen Potenzreihen

$$a(x) = \sum_{k=0}^{\infty} x^k , \quad b(x) = \sum_{k=0}^{\infty} \frac{1}{k+1} x^k \quad \text{sowie} \quad c(x) = \sum_{k=0}^{\infty} k!\, x^k$$

als Reihen bis zur Ordnung 10 ein.

(b) Berechnen Sie alle möglichen Summen und Produkte der drei Reihen.

(c) Berechnen Sie die Kehrwerte $a(x)^{-1}$, $b(x)^{-1}$ und $c(x)^{-1}$.

(d) Beschreiben Sie genau die Bedeutung der einzelnen Komponenten eines `SeriesData`-Objektes.

(e) Benutzen Sie die Ergebnisse aus (d) zur Programmierung der Funktion `PowerSeriesQ[`*a*`]`, welche angibt, ob *a* eine Potenzreihe ist oder nicht (im Unterschied zu einer Laurent- oder Puiseuxreihe), sowie der Funktionen `Variable[`*a*`]`, `Ordnung[`*a*`]`, `Abbruchordnung[`*a*`]`, welche die Variable, die Ordnung bzw. die Abbruchordnung der Reihe *a* ausgeben. All diese Programme sind Einzeiler!

(f) Programmieren Sie den Algorithmus aus Satz 10.1, d. h., implementieren Sie eine Prozedur `Kehrwert[`*a*`]`, welche den Kehrwert von *a* ausgibt.[41]
Berechnen Sie wieder $a(x)^{-1}$, $b(x)^{-1}$ und $c(x)^{-1}$, und vergleichen Sie mit den Ergebnissen aus (c).

10.2 (Abgebrochene Potenzreihen)

(a) Erzeugen Sie die abgebrochene Potenzreihe der Exponentialfunktion $f(x) = e^x - 1$ mit einer Abbruchordnung 20. Wie lautet die allgemeine Form der unendlichen Reihe?

(b) Bestimmen Sie hieraus die Reihe der Inversen von f. Benutzen Sie `InverseSeries`. Welche Funktion $f^{-1}(x)$ haben Sie nun dargestellt? Wie lautet wieder die allgemeine Form der unendlichen Reihe von $f^{-1}(x)$?

[41] Sie können die Funktionen `Solve`, `Table`, `Sum`, `CoefficientList` und `Join` verwenden.

(c) Führen Sie (a) und (b) mit den Funktionen $g(x) = \sin x$ und $h(x) = \arctan x$ durch. Bei welcher der Funktionen können Sie den allgemeinen Term der Reihe nicht so leicht ermitteln?

(d) Berechnen Sie mit einer Abbruchordnung von 20 die Reihe für $k(x) := e^{\sin x}$ mit `ComposeSeries` und vergleichen Sie mit dem Ergebnis von `Series`.

(e) Programmieren Sie eine Prozedur `SeriesSqrt[`*a*`]`, welche die Quadratwurzel der Reihe a berechnet.[42] Beachten Sie, daß es i. a. zwei Quadratwurzeln gibt. Nehmen Sie an, daß $a_0 > 0$ ist, und wählen Sie diejenige Quadratwurzel aus, welche am Ursprung die Eigenschaft

$$\sqrt{a(x)}\Big|_{x=0} = +\sqrt{a_0}$$

hat. Berechnen Sie die Quadratwurzel der (nicht konvergenten) Reihe

$$c(x) = \sum_{k=0}^{\infty} k!\, x^k$$

und vergleichen Sie mit dem Ergebnis von `Sqrt`.

10.3 (Inverse Reihe)

(a) Programmieren Sie den Algorithmus aus Satz 10.2 als `inverseSeries[`*a*`]`.

(b) Bestimmen Sie jeweils das 10-te Taylorpolynom der Inversen von $f(x)$:

(i) $f(x) = e^x - 1$;

(ii) $f(x) = \sqrt{x}$

(iii) $f(x) = x^2$;

(iv) $f(x) = \ln(1 + x)$;

(v) $f(x) = x\, e^x$.

(c) Vergleichen Sie Ihre Resultate aus (b) mit denen von `InverseSeries`.

10.4 (Gammafunktion) Wir erklären $\Gamma(x)$ durch das uneigentliche Integral

$$\Gamma(x) := \int_0^\infty t^{x-1}\, e^{-t}\, dt\ ,$$

welches für $x > 0$ (oder allgemeiner: für $\operatorname{Re} x > 0$) existiert. Diese Funktion heißt die *Eulersche Gammafunktion*. Zeigen Sie:

[42] Sie müssen hierzu nur die Prozedur `Kehrwert` aus Übungsaufgabe 10.1 (f) geringfügig abändern!

(a) Die Gammafunktion interpoliert die Fakultäten. Es gilt nämlich

$$\Gamma(x+1) = x\,\Gamma(x) \tag{10.33}$$

und somit für $n \in \mathbb{N}_{\geqq 0}$

$$\Gamma(n+1) = n!\,.$$

Mittels (10.33) läßt sich die Gammafunktion auf die ganze komplexe Ebene meromorph fortsetzen, s. z. B. [Koe1998], Kapitel 1.

(b) Stellen Sie die Gammafunktion im Intervall $[-3, 6]$ graphisch dar.

10.5 (Pascalsches Dreieck) Lösen Sie die folgenden Aufgaben mit *Mathematica*:

(a) Bestimmen Sie die Zeilensummen im Pascalschen Dreieck:

$$\sum_{k=0}^{n} \binom{n}{k}.$$

(b) Bestimmen Sie die Spaltenteilsummen im Pascalschen Dreieck:

$$\sum_{m=0}^{n} \binom{m}{k}.$$

(c) Bestimmen Sie die Diagonalenteilsummen im Pascalschen Dreieck:

$$\sum_{m=0}^{n} \binom{m+k}{k}.$$

(d) Bestimmen Sie die alternierenden Zeilenteilsummen im Pascalschen Dreieck:

$$\sum_{k=0}^{m} (-1)^k \binom{n}{k}.$$

(e) Bestimmen Sie die *Vandermondesumme*

$$\sum_{k=0}^{n} \binom{x}{k}\binom{y}{n-k}.$$

Beachten Sie, daß *Mathematica* häufig mit der Gammafunktion arbeitet, s. Übungsaufgabe 10.4. Verwenden Sie die Regeln

```
In[1]:= umformung = {Gamma[x_] → (x - 1)!,
          (n_)!/((k_)! * (m_)!) :→ Binomial[n, k] /; (n == k + m)}
```

um die Resultate durch Fakultäten und gegebenenfalls durch Binomialkoeffizienten auszudrücken.[43] Da k ganzzahlig ist, können Sie ferner die Umformung $\sin(k\pi) = 0$ verwenden.[44]

(f) Drückt man die Exponentialfunktion durch ihre Potenzreihe

$$e^x = \sum_{k=0}^{\infty} \frac{1}{k!} x^k$$

aus, dann läßt sich das *Additionstheorem der Exponentialfunktion*

$$e^x \cdot e^y = e^{x+y}$$

mit Hilfe des Cauchyprodukts durch eine äquivalente Summenformel ausdrücken. Die Summenformel welcher Teilaufgabe entsteht?

(g) Drückt man die Potenzfunktion durch ihre Potenzreihe

$$(1+x)^\alpha = \sum_{k=0}^{\infty} \binom{\alpha}{k} x^k$$

aus, dann läßt sich das *Additionstheorem der Potenzfunktion*

$$(1+x)^\alpha \cdot (1+x)^\beta = (1+x)^{\alpha+\beta}$$

mit Hilfe des Cauchyprodukts durch eine äquivalente Summenformel ausdrücken. Die Summenformel welcher Teilaufgabe entsteht?

10.6 (Bestimmung von Differentialgleichungen) Bestimmen Sie mit dem Verfahren aus Sitzung 10.8 (ohne `SpecialFunctions`) holonome Differentialgleichungen für

(a) $\left(\frac{1+x}{1-x}\right)^\alpha$;
(b) e^{-1/x^2};
(c) $\arcsin^2 x$ (kleinste Ordnung ist 3);
(d) $\sin x + \arctan x$ (kleinste Ordnung ist 4).
(e) Wie sieht die holonome Differentialgleichung der rationalen Funktion $\frac{p(x)}{q(x)}$ aus ($p(x), q(x) \in \mathbb{K}[x]$)?

10.7 (Differential-Vektorräume) Berechnen Sie eine Liste der ersten Ableitungen der folgenden Funktionen $f(x)$ und bestimmen Sie daraus jeweils eine Basis des

[43] Da diese Regeln hintereinander angewandt werden müssen, sollten Sie den Einsetzungsbefehl `//.` verwenden.

[44] oder Sie arbeiten mit `Simplify[... ,k ∈Integers]`.

Vektorraums $V = \langle f(x), f'(x), f''(x), \ldots \rangle$ über $\mathbb{Q}(x)$. Welche Dimension hat V? Welchen holonomen Grad hat $f(x)$ also? Kontrollieren Sie Ihr Ergebnis jeweils mit `holonomicDE`.

(a) $f(x) = \arcsin x$;
(b) $f(x) = \arctan x$;
(c) $f(x) = e^{\operatorname{arcsinh} x}$;
(d) $f(x) = e^{\arcsin x}$;
(e) $f(x) = \sin^3 x$.

10.8 In Satz 10.11 war gezeigt worden, daß die Funktion $f(x) = \tan x$ nicht holonom ist. Geben Sie einen (möglichst einfachen) Erzeuger des (also unendlichdimensionalen) Vektorraums $V = \langle f(x), f'(x), \ldots \rangle$ an.

10.9 (Holonomer Grad)

(a) Bestimmen Sie $\operatorname{holgrad}(e^{\frac{1}{x}} + x)$ „von Hand", und geben Sie die holonome Differentialgleichung der Funktion an.
(b) Bestimmen Sie $\operatorname{holgrad}\left(\sin(x^k)\right)$, $(k \in \mathbb{N}_{\geqq 1})$.
(c) Für welche $t \in \mathbb{R}$ erfüllt e^{tx} keine holonome Differentialgleichung mit Polynomkoeffizienten aus $\mathbb{Q}[x]$?

10.10 (Nicht-holonome Funktionen und Folgen)

(a) Zeigen Sie, daß $\sec x = \frac{1}{\cos x}$ nicht holonom ist.
(b) Zeigen Sie, daß die Bernoullischen Zahlen B_k nicht holonom sind. *Hinweis:* Zeigen Sie, daß die exponentielle erzeugende Funktion $f(x) = \sum\limits_{k=0}^{\infty} \frac{B_k}{k!} x^k$ die nichtlineare Differentialgleichung $x f'(x) = (1 - x) f(x) - f(x)^2$ erfüllt und führen Sie einen ähnlichen Beweis wie bei $f(x) = \tan x$.

10.11 (Holonome Produkte)

(a) Bestimmen Sie die holonome Differentialgleichung von $\arcsin^8 x$ auf folgende 3 Arten
   (i) durch 7-malige Anwendung von `ProductDE` mittels `Nest`;
   (ii) durch 3-malige Anwendung von `ProductDE` (Divide-and-Conquer-Potenz!) mittels `Nest`;
   (iii) mit `HolonomicDE`

und vergleichen Sie die Rechenzeiten. Überprüfen Sie das Resultat. Welchen holonomen Grad hat $\arcsin^8 x$?

(b) Programmieren Sie die Potenzbildung mit dem obigen Divide-and-Conquer-Algorithmus. Testen Sie Ihre Implementierung nochmals an obigem Beispiel sowie an zwei weiteren Beispielen.

(c) Diese Potenzfunktion ist im Package `SpecialFunctions` implementiert unter dem Namen `PowerDE`. Diese Funktionalität wird aber nicht exportiert. Man sagt, diese Prozedur liegt im privaten Teil des Packages. Dennoch kann man darauf zugreifen. Mit `??SpecialFunctions`Private`PowerDE` bekommen Sie Auskunft über diese Funktion. Erklären Sie ihre Funktionsweise. Testen Sie die Funktion mit Ihren drei Beispielen aus (b).

(d) Sei $\text{holgrad}(f(x), x) = n$. Begründen Sie, daß $\text{holgrad}(f(x)^2, x) \leqq \frac{n(n+1)}{2}$.

10.12 (Lösungsbasen holonomer Differentialgleichungen)

(a) Die beiden Funktionen $f(x) = \sqrt{1+x}$ sowie $g(x) = x\,e^{x^2}$ sind beide holonom vom Grad 1. Welche Differentialgleichungen erfüllen sie? Welche Differentialgleichung erfüllt ihre Summe? Die Summendifferentialgleichung hat die Ordnung 2 und besitzt somit eine Lösungsbasis von 2 Funktionen. Welche 2 Funktionen sind dies? Kann `DSolve` die Basis finden? [45]

(b) Bestimmen Sie die holonome Differentialgleichung von $h(x) = \sin x + \arctan x$. Welche Ordnung hat diese Differentialgleichung? Bestimmen Sie eine Lösungsbasis dieser Differentialgleichung. Überprüfen Sie Ihr Resultat!

(c) Bestimmen Sie die holonome Differentialgleichung von $k(x) = \sin x \cdot \arctan x$. Welche Ordnung hat diese Differentialgleichung? Bestimmen Sie eine Lösungsbasis dieser Differentialgleichung. Überprüfen Sie Ihr Resultat!

10.13 (Hypergeometrische Terme)

(a) Zeigen Sie, daß $a_k = k!$ und $b_k = (-1)^k$ hypergeometrische Terme sind.

(b) Zeigen Sie, daß $c_k = a_k + b_k = k! + (-1)^k$ kein hypergeometrischer Term ist. Welchen holonomen Grad hat also c_k?

(c) Zeigen Sie: Ist $F(n,k)$ ein hypergeometrischer Term bzgl. n und k, so ist auch $F(n+m,k) - F(n,k)$ für jedes $m \in \mathbb{N}$ ein hypergeometrischer Term bzgl. n und k.

(d) Zeigen Sie: Sind a_k und b_k hypergeometrische Terme, so ist auch $a_k \cdot b_k$ ein hypergeometrischer Term.

(e) Bestimmen Sie für $a_k = k!$ eine holonome Rekursionsgleichung mit Symmetriezahl m.

[45] Brechen Sie gegebenenfalls nach 1 Minute Rechenzeit ab!

10.14 (Hypergeometrische Funktionen und Reihen) Bringen Sie unter Verwendung von `FPS` und `SumToHypergeometric` die folgenden Funktionen in hypergeometrische Form:

(a) $f(x) = \arcsin^2 x$;
(b) $f(x) = e^{\operatorname{arcsinh} x}$;
(c) $f(x) = \mathrm{Ai}(x)$;
(d) $f(x) = \mathrm{Bi}(x)$.
(e) Hierbei bilden $\mathrm{Ai}(x)$ und $\mathrm{Bi}(x)$ eine Lösungsbasis der holonomen Differentialgleichung $f''(x) - x\,f(x) = 0$. Die beiden Funktionen sind *Mathematica* unter den Bezeichnungen `AiryAi` und `AiryBi` bekannt. Geben Sie eine vollständige holonome Darstellung der beiden Funktionen $\mathrm{Ai}(x)$ und $\mathrm{Bi}(x)$ an.
(f) $f(x) = L_n^{(\alpha)}(x)$. Dies sind die *Laguerrepolynome* mit der *Mathematica*-Bezeichnung `LaguerreL`.
(g) Bestimmen Sie eine weitere hypergeometrische Darstellung der Laguerrepolynome durch Umkehrung der Summationsreihenfolge.

Bringen Sie die folgenden Reihen – sofern möglich – in hypergeometrische Form.

(h) $s_n = \sum\limits_{k=0}^{\infty} \binom{n}{k}^2$;
(i) $s_n = \sum\limits_{k=0}^{\infty} \binom{n-k}{k}$;
(j) $s_n = \sum\limits_{k=0}^{\infty} \binom{n}{k}^2 \cdot \binom{n+k}{k}^2$. Diese Zahlen heißen *Apérysche Zahlen*.
(k) $s = \sum\limits_{k=0}^{\infty} \frac{1}{F_k}$, wobei F_k die *Fibonacci-Zahlen* seien.
(l) Geben Sie bei (h)–(k) jeweils die natürlichen Grenzen an.
(m) Berechnen Sie die Summe s_n aus (h) für einige $n \in \mathbb{N}_{\geqq 0}$ und erraten Sie eine summenfreie Formel. Ist das Ergebnis wieder ein hypergeometrischer Term?
(n) Berechnen Sie die Summe s_n aus (i) für einige $n \in \mathbb{N}_{\geqq 0}$ und erraten Sie eine summenfreie Formel. Ist das Ergebnis wieder ein hypergeometrischer Term?

10.15 (Hypergeometrische Terme)

(a) Programmieren Sie eine *Mathematica*-Funktion `hyperterm[`*pliste*`,` *qliste*`,` *x*`,` *k*`]`, welche den k-ten Summanden der hypergeometrischen Funktion ${}_pF_q\left(\begin{matrix} pliste \\ qliste \end{matrix}\middle| x\right)$ ausgibt, wobei *pliste* und *qliste* die Listen der oberen bzw. unteren Parameter darstellen.
(b) Vergleichen Sie für einige Beispiele die Ergebnisse Ihrer Prozedur mit denen der Funktion `HyperTerm` des Packages `SpecialFunctions`.

10.16 (Hypergeometrische Differentialgleichung) Sei $F(x) = \sum_{k=0}^{\infty} a_k x^k$ eine Potenzreihe und sei θ der Differentialoperator

$$\theta F(x) = xF'(x) .$$

(a) Zeigen Sie, daß

$$\theta F(x) = \sum_{k=0}^{\infty} k a_k x^k .$$

(b) Zeigen Sie induktiv, daß für alle $j \in \mathbb{N}$

$$\theta^j F(x) = \sum_{k=0}^{\infty} k^j a_k x^k .$$

(c) Aus (b) folgt für jedes Polynom $P \in \mathbb{Q}(x)$ die Operatorengleichung

$$P(\theta)F(x) = \sum_{k=0}^{\infty} P(k)\, a_k x^k .$$

(d) Zeigen Sie, daß die hypergeometrische Funktion $F(x) :=_p F_q \left(\begin{matrix} \alpha_1, \alpha_2, \ldots, \alpha_p \\ \beta_1, \beta_2, \ldots, \beta_q \end{matrix} \middle| x \right)$ die holonome Differentialgleichung

$$\theta(\theta + \beta_1 - 1) \cdots (\theta + \beta_q - 1) F(x) - x(\theta + \alpha_1)(\theta + \alpha_2) \cdots (\theta + \alpha_p) F(x) = 0$$

erfüllt. *Hinweis*: Substituieren Sie die Reihe in die Differentialgleichung und führen Sie einen Koeffizientenvergleich durch.

(e) Programmieren Sie die *Mathematica*-Funktion `hypDE[`*alist*`,`*blist*`,`*f*[*x*]`]`, welche die hypergeometrische Differentialgleichung ausgibt.

(f) Testen Sie `hypDE` für ${}_2F_1 \left(\begin{matrix} a, b \\ c \end{matrix} \middle| x \right)$, ${}_1F_1 \left(\begin{matrix} a \\ b \end{matrix} \middle| x \right)$ sowie ${}_3F_2 \left(\begin{matrix} a, b, c \\ d, e \end{matrix} \middle| x \right)$ und vergleichen Sie die Resultate mit den Ergebnissen von `HolonomicDE`.

10.17 (Konversion Differentialgleichung ⇆ Rekursionsgleichung)

(a) Programmieren Sie die Konversion `detore[`*DE*`,`*f*[*x*]`,`*a*[*k*]`]` einer holonomen Differentialgleichung *DE* für $f(x)$ in die korrespondierende holonome Rekursionsgleichung der Reihenkoeffizienten a_k.

(b) Testen Sie Ihre Prozedur an den Beispielen
   (i) $f''(x) + f(x) = 0$;
   (ii) $(1 - x^2) f''(x) - 2x f'(x) + n^2 f(x) = 0$;
   (iii) `HolonomicDE[Sin[x]+ArcTan[x],F[x]];`
   und vergleichen Sie die Resultate mit denen von `DEtoRE`.

(c) Benutzen Sie die Eigenschaften des θ-Operators aus Aufgabe 10.16 zur Implementierung der Konversion `retode[`RE`,`$a[k]$`,`$f[x]$`]` einer holonomen Rekursionsgleichung RE für a_k in die korrespondierende holonome Differentialgleichung der erzeugenden Funktion $f(x)$.

(d) Testen Sie Ihre Prozedur an geeigneten Beispielen und vergleichen Sie die Resultate mit denen von `REtoDE`.

10.18 Zeigen Sie, daß die Rekursionsgleichung

$$(k-n)a_k + (k+1)a_{k+1} = 0 \tag{10.34}$$

von $\binom{n}{k}$ kompatibel ist mit der Rekursionsgleichung 2. Ordnung

$$(k-n)(k-n+1)a_k + 2(k+1)(k-n+1)a_{k+1} + (k+1)(k+2)a_{k+2} = 0 \tag{10.35}$$

von $\binom{n-1}{k} + \binom{n-1}{k-1}$, d. h.: Jede Lösung von (10.34) ist auch Lösung von (10.35), s. Sitzung 10.19.

10.19 Führen Sie aus, was geeignete Anfangswerte einer holonomen Rekursion sind, s. Satz 10.18.

10.20 (Algebraische Funktionen) Bestimmen Sie die holonomen Differentialgleichungen der folgenden algebraischen Funktionen. Konvertieren Sie die Differentialgleichungen jeweils in die korrespondierenden Rekursionsgleichungen und stellen Sie fest, bei welchen der algebraischen Funktionen es sich um Funktionen vom hypergeometrischen Typ handelt.

(a) $(y(x)-r)^2 + x^2 - r^2 = 0$;

(b) $y(x)^3 + xy(x)^2 + x^2 = 0$.

Laden Sie nach Bearbeitung von (a) und (b) `SpecialFunctions`.

(c) Überprüfen Sie (a) und (b) mit `AlgebraicDE`.

Bestimmen Sie ferner die holonomen Differentialgleichungen der folgenden algebraischen Funktionen sowie ihren algebraischen und holonomen Grad, und stellen Sie wieder fest, ob es sich um Funktionen vom hypergeometrischen Typ handelt.

(d) $(x^2 + y(x)^2)^4 - x^2\,y(x)^2 = 0$.

(e) $y(x)^5 + 2\,x\,y(x)^4 - x\,y(x)^2 - 2\,x^2\,y(x) + x^4 - x^3 = 0$.

Warnung: Die Rechenzeit beim letzten Beispiel ist recht hoch!

10.21 (Algebraische Kurven) Wir betrachten einige Graphen, welche von algebraischen Funktionen stammen. Stellen Sie diese jeweils (für geeignete Parameter) graphisch dar, bestimmen Sie den algebraischen sowie den holonomen Grad von $y(x)$ und stellen Sie fest, ob die zugehörigen Potenzreihenentwicklungen hypergeometrisch sind.

(a) **(Kartesisches Blatt)** $x^3 + y^3 - a\,x\,y = 0$;
(b) **(Konchoide)** $(x^2 + y^2)(x - p)^2 - s^2\,x^2 = 0$;
(c) **(Lemniskate)** $(x^2 + y^2)^2 - 2\,a^2(x^2 - y^2) = 0$;
(d) **(Zissoide)** $y^2(a - x) = x^3$;
(e) **(Neilsche Parabel)** $(y - b)^2 = (x - a)^3$.

Erklären Sie, was bei (e) geschieht, falls $a = b = 0$ ist.

10.22 (Potenzreihenlösungen expliziter gewöhnlicher Differentialgleichungen) Gegeben sei ein Anfangswertproblem der Form

$$y' = F(x, y) \qquad \text{mit dem Anfangswert} \qquad y(x_0) = y_0 \,.$$

(a) Programmieren Sie eine Funktion `DSolveTaylor[`F`,`$y[x]$`,`x_0`,`y_0`,`n`]` zur Bestimmung der n-ten Taylorapproximation der Lösung des Anfangswertproblems, sofern eine solche existiert. Gehen Sie dabei so vor wie in Abschnitt 10.5.
(b) Bestimmen Sie jeweils die 10-te Taylorapproximation für folgende Anfangswertprobleme:
  (i) $y' = \frac{x}{y}$, $y(0) = 1$;
  (ii) $y' = x^2 + y^3$, $y(0) = 1$;
  (iii) $y' = y$, $y(0) = 1$;
  (iv) $y' = e^{x\,y}$, $y(0) = 1$;
  (v) $y' = \sqrt{(1 - y^2)\,(1 - k^2\,y^2)}$, $y(0) = 0$;
  und vergleichen Sie die Resultate mit den expliziten Lösungen, falls vorhanden.

10.23 (Newtonverfahren)

(a) Benutzen Sie das Newtonverfahren, um $\sqrt[3]{7}$ zu approximieren (also $x^3 - 7 = 0$ zu lösen). Geben Sie die ersten 5 Approximationen beginnend mit dem Startwert 2 in einer sinnvollen numerischen Genauigkeit an. Bestimmen Sie die Differenzen zum exakten Wert auf 20 Dezimalstellen. Woran sieht man die quadratische Konvergenz?
(b) Nun betrachten wir statt $f : \mathbb{R} \to \mathbb{R}$ eine Funktion $F : \mathbb{R}[[x]] \to \mathbb{R}[[x]]$, gegeben durch $F(y) = x^2y + y^2x - y - 1$. Sei ferner $y_0 = -1$. Dann können wir die die Taylorreihe von $y(x)$ aus der implizit gegebenen Gleichung $F(y) = 0$ bestimmen.
  (i) Bestimmen Sie die explizite Lösung $y(x)$.

(ii) Bestimmen Sie hieraus das Taylorpolynom vom Grad 15 mittels `Taylor`.
(iii) Bestimmen Sie aus der expliziten Lösung die holonome Differentialgleichung von $y(x)$.
(iv) Verwenden Sie die Methode aus Abschnitt 10.4 zur erneuten Bestimmung der Differentialgleichung von $y(x)$.
(v) Verwenden Sie die Programme `InverseTaylor` und `FastInverseTaylor` aus Abschnitt 10.5 zur Berechnung der abgebrochenen Taylorreihen vom Grad 127. Vergleichen Sie die Rechenzeiten.

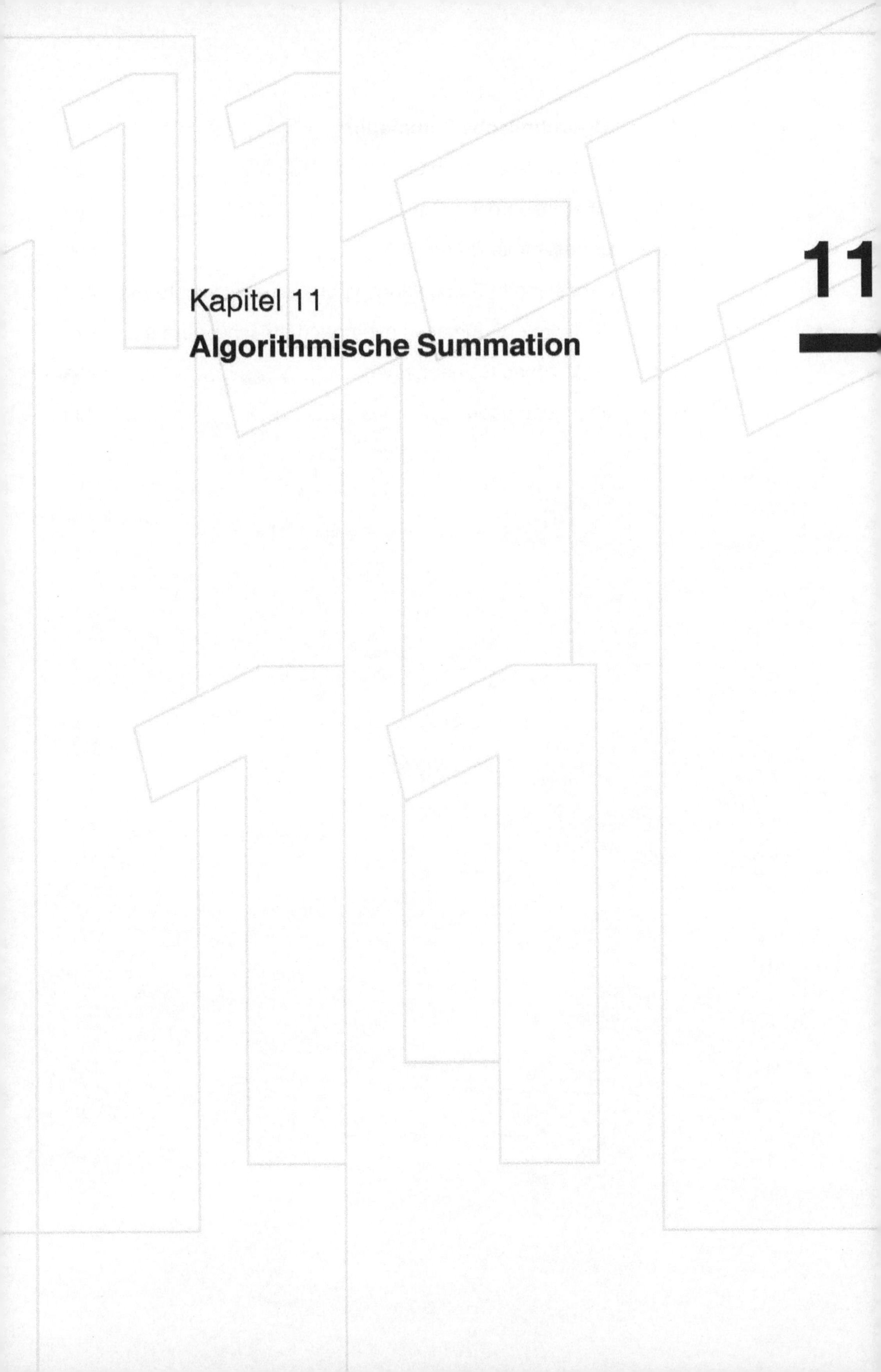

Kapitel 11

Algorithmische Summation

11

11

11 Algorithmische Summation

11 Algorithmische Summation

11.1 Bestimmte Summation

11.1

Weil es hierfür einen einfachen, wenn auch nicht sonderlich effizienten, Algorithmus gibt, wollen wir uns zunächst mit bivariaten Summen

$$s_n = \sum_{k=-\infty}^{\infty} F(n,k) \tag{11.1}$$

beschäftigen, deren Summand von der Summationsvariablen $k \in \mathbb{Z}$ und von einer weiteren diskreten Variablen $n \in \mathbb{Z}$ abhängt. Wir werden generell voraussetzen, daß die Summen in Wirklichkeit nur endlich viele Summanden besitzen, daß also für jedes $n \in \mathbb{Z}$ (bzw. $n \in \mathbb{N}_{\geqq 0}$) die natürlichen Grenzen der Summation bzgl. k endlich sind. Dies trifft beispielsweise dann zu, wenn $F(n,k)$ den Faktor $\binom{n}{k}$ enthält.

Was wollen wir über s_n wissen? Am liebsten hätten wir eine „einfache Formel" für s_n. Eine solche liegt insbesondere vor, wenn s_n ein hypergeometrischer Term ist. Wir betrachten den allgemeineren Fall, daß s_n eine holonome Folge ist, da holonome Folgen ja eine Normalform besitzen, welche aus einer holonomen Rekursionsgleichung sowie geeigneten Anfangswerten besteht. Wir werden nun sehen, daß s_n jedenfalls dann holonom ist, falls $F(n,k)$ eine Rekursion bestimmter Gestalt, nämlich eine k-freie Rekursion, erfüllt.

Satz 11.1 Für $F(n,k)$ gelte eine Rekursionsgleichung der Form 11.1

$$\sum_{i=0}^{I}\sum_{j=0}^{J} a_{ij}\, F(n+j, k+i) = 0 \qquad (a_{ij} \in \mathbb{K}[n], I, J \in \mathbb{N})\,, \tag{11.2}$$

deren Polynomkoeffizienten a_{ij} also den Summationsindex k nicht enthalten. Wir nennen eine derartige Rekursion k-frei. Dann ist s_n aus (11.1) holonom (über $\mathbb{K}$).

Beweis: Eine Indexverschiebung zeigt, daß für alle $i, j \in \mathbb{Z}$

$$\sum_{k=-\infty}^{\infty} F(n+j, k+i) = s_{n+j}$$

gilt.[1] Summieren wir die gegebene k-freie Rekursion von $F(n,k)$ für $k = -\infty, \ldots, \infty$, so liefert dies offenbar eine holonome Rekursion über $\mathbb{K}$ für s_n. □

[1]Hier sieht man wieder, wie geschickt es ist, mit bilateralen Summen zu arbeiten!

Zeilberger [Zei1990b] hat einen Algorithmus angegeben zur Bestimmung der gesuchten holonomen Rekursion für s_n, sofern $F(n,k)$ holonom bzgl. n und k ist. Wir wollen uns aber in der Folge auf den Spezialfall beschränken, daß $F(n,k)$ bezüglich beider Variablen ein hypergeometrischer Term ist. Wir nehmen konkret an, daß

$$\frac{F(n+1,k)}{F(n,k)} \in \mathbb{K}(n,k) \quad \text{und} \quad \frac{F(n,k+1)}{F(n,k)} \in \mathbb{K}(n,k)\,. \tag{11.3}$$

Wir betrachten ein Beispiel:

11.2 **Beispiel 11.2** Die Binomialkoeffizienten

$$F(n,k) = \binom{n}{k}$$

erfüllen die *Rekursion des Pascalschen Dreiecks*

$$\binom{n+1}{k+1} = \binom{n}{k} + \binom{n}{k+1}$$

bzw.

$$F(n+1,k+1) = F(n,k) + F(n,k+1)\,. \tag{11.4}$$

Wir wenden nun Satz 11.1 an und erhalten für

$$s_n = \sum_{k=0}^{n} \binom{n}{k} = \sum_{k=-\infty}^{\infty} F(n,k)$$

durch Summation von (11.4) von $k = -\infty, \ldots, \infty$:

$$s_{n+1} = s_n + s_n = 2\,s_n$$

mit der offensichtlichen Lösung $s_n = 2^n\,s_0 = 2^n$. Dies ist natürlich ein Spezialfall der binomischen Formel. △

Der in der folgenden *Mathematica*-Sitzung beschriebene Algorithmus geht auf Celine Fasenmyer [Fas1945] zurück.

Sitzung 11.3 Wir betrachten ein etwas komplizierteres Problem. Sei

$$s_n = \sum_{k=-\infty}^{\infty} F(n, k)$$

mit

$$F(n, k) = k \binom{n}{k} :$$

```
In[1]:= f = k Binomial[n, k]
```

Out[1]= $k\binom{n}{k}$

Wir suchen eine Rekursionsgleichung der Form (11.2) für den Summanden $F(n, k)$ und versuchen es mit der Wahl $I = J = 1$. Dann haben wir also den Ansatz

In[2]:= **ansatz =** $\sum_{j=0}^{1}\sum_{i=0}^{1}$ **a[i, j] F[n + j, k + i] == 0**

Out[2]= $a(0,0)F(n,k)+a(1,0)F(n,k+1)+a(0,1)F(n+1,k)+a(1,1)F(n+1,k+1) == 0$

Division durch $F(n, k)$ ergibt

In[3]:= $\sum_{j=0}^{1}\sum_{i=0}^{1}$ **a[i, j]** $\dfrac{\texttt{F[n + j, k + i]}}{\texttt{F[n, k]}}$ **== 0**

Out[3]= $a(0,0)+\dfrac{a(1,0)\,F(n,k+1)}{F(n,k)}+\dfrac{a(0,1)\,F(n+1,k)}{F(n,k)}+\dfrac{a(1,1)\,F(n+1,k+1)}{F(n,k)} == 0$

Da nun mit $\frac{F(n+1,k)}{F(n,k)}, \frac{F(n,k+1)}{F(n,k)} \in \mathbb{K}(n, k)$ induktiv jeder Term der Form $\frac{F(n+j,k+i)}{F(n,k)} \in \mathbb{K}(n, k)$ liegt, liefert dies immer eine rein rationale Identität, sobald nur (11.3) erfüllt ist.

In unserem Fall ist $\mathbb{K} = \mathbb{Q}$, und wir setzen nun $F(n, k) = k\binom{n}{k}$ ein und erhalten

In[4]:= **sum =** $\sum_{j=0}^{1}\sum_{i=0}^{1}$ **a[i, j] FunctionExpand[** $\dfrac{\texttt{F[n + j, k + i]}}{\texttt{F[n, k]}}$ **/. {F[n_, k_] → f}] == 0**

Out[4]= $a(0,0)+\dfrac{(n+1)\,a(0,1)}{-k+n+1}+\dfrac{(n-k)\,a(1,0)}{k}+\dfrac{(n+1)\,a(1,1)}{k} == 0$

Hierbei übernimmt die Funktion `FunctionExpand` das Expandieren von Fakultäten und Binomialkoeffizienten, so daß die betrachteten Quotienten als rationale Funktionen erkannt werden.

Nach Multiplikation mit dem Hauptnenner muß also der folgende Term gleich Null sein:

```
In[5]:= sum = Numerator[Together[sum[[1]]]]
```

Out[5]= $-a(0,0)\,k^2 + a(1,0)\,k^2 + n\,a(0,0)\,k + a(0,0)\,k + n\,a(0,1)\,k +$
$a(0,1)\,k - 2\,n\,a(1,0)\,k - a(1,0)\,k - n\,a(1,1)\,k - a(1,1)\,k +$
$n^2\,a(1,0) + n\,a(1,0) + n^2\,a(1,1) + 2\,n\,a(1,1) + a(1,1)$

Um nun k-freie Koeffizienten a_{ij} zu finden, betrachten wir dies als ein Polynom bzgl. k, also als Element von $\mathbb{Q}(n)[k]$, und führen einen Koeffizientenvergleich durch. Dies liefert ein lineares Gleichungssystem, welches wir nach den Variablen $\{a_{00}, a_{01}, a_{10}, a_{11}\}$ auflösen können. Falls es eine Lösung gibt, ergeben sich hierbei offenbar rationale Funktionen $\in \mathbb{Q}(n)$ für die gesuchten Variablen. Diese Rechnung kann von *Mathematica* durchgeführt werden:

```
In[6]:= liste = CoefficientList[sum, k]
```

Out[6]= $\{a(1,0)\,n^2 + a(1,1)\,n^2 + a(1,0)\,n + 2\,a(1,1)\,n + a(1,1),$
$n\,a(0,0) + a(0,0) + n\,a(0,1) + a(0,1) - 2\,n\,a(1,0) -$
$a(1,0) - n\,a(1,1) - a(1,1), a(1,0) - a(0,0)\}$

```
In[7]:= lösung = Solve[liste == 0,
            Flatten[Table[a[i, j], {i, 0, 1}, {j, 0, 1}]]]
Solve :: "svars":Equations may not give solutions for all "sol-
ve" variables.
```

Out[7]= $\left\{\left\{a(0,1) \to 0, a(0,0) \to -\frac{(n+1)\,a(1,1)}{n}, a(1,0) \to -\frac{(n+1)\,a(1,1)}{n}\right\}\right\}$

Daher erhalten wir die Rekursionsgleichung

```
In[8]:= RE = Numerator[Together[ansatz[[1]]/.lösung[[1]]]] == 0
```

Out[8]= $-n\,a(1,1)\,F(n,k) - a(1,1)\,F(n,k) -$
$n\,a(1,1)\,F(n,k+1) - a(1,1)\,F(n,k+1) + n\,a(1,1)\,F(n+1,k+1) == 0$

bzw. in sortierter Form

$$(n+1)\,F(n,k+1) + (n+1)\,F(n,k) - nF(n+1,k+1) = 0$$

für $F(n,k)$.

Die gesamte Prozedur kann programmiert werden durch

```
In[9]:= Clear[kfreieRE]
        kfreieRE[f_, {k_, kmax_}, {n_, nmax_}] :=
          kfreieRE[f, {k, kmax}, {n, nmax}] =
            Module[{variablen, SUM, i, j, ansatz, liste,
                lösung, RE},
              variablen =
                Flatten[Table[a[i, j], {i, 0, kmax},
                    {j, 0, nmax}]];
              ansatz = Sum[a[i, j] * F[n + j, k + i],
                  {j, 0, nmax}, {i, 0, kmax}];
              SUM =
                Sum[a[i, j] * FunctionExpand[
                      (f/.{k → k + i, n → n + j})/f], {j, 0, nmax},
                  {i, 0, kmax}];
              SUM = Numerator[Together[SUM]];
              liste = CoefficientList[SUM, k];
              Off[Solve :: "svars"];
              lösung = Solve[liste == 0, variablen];
              On[Solve :: "svars"];
              lösung = Simplify[lösung];
              If[
                Union[Flatten[Table[a[i, j]/.lösung[[1]],
                        {i, 0, kmax}, {j, 0, nmax}]]] === {0},
                Return["Es existiert keine solche
                      Rekursion"]];
              RE = Numerator[Together[ansatz/.lösung[[1]]]];
              RE = Collect[RE, F[__]];
              RE = Map[Factor, RE];
              RE == 0
            ]
```

wobei k_{max} und n_{max} den Zahlen I und J entsprechen, also die Ordnungen der gesuchten Rekursion bzgl. k bzw. n beschränken. Damit die Ausgaberekursion möglichst einfach ist, faktorisieren wir die Polynomkoeffizienten zum Schluß.

Wir versuchen nun, einige Rekursionsgleichungen herzuleiten. Die eben bereits bestimmte Rekursion wird nun direkt von dem Aufruf

```
In[10]:= RE = kfreieRE[k Binomial[n, k], {k, 1}, {n, 1}]
```

schen Reihe macht. Also setzen wir $t_n := s_{n+1}$ und erhalten

$$\frac{t_{n+1}}{t_n} = 2\,\frac{n+2}{n+1}\,,$$

so daß zusammen mit dem Anfangswert $t_0 = s_1 = \sum\limits_{k=0}^{1} k\binom{1}{k} = 1$ aus der Koeffizientenformel (10.18) der allgemeinen hypergeometrischen Reihe folgt

$$t_n = 2^n\,\frac{(2)_n}{n!} = (n+1)\,2^n \qquad (n \geqq 0)\,.$$

Somit haben wir schließlich das Endergebnis

$$s_n = \sum_{k=-\infty}^{\infty} k \binom{n}{k} = n\,2^{n-1} \qquad (n \geqq 1)\,.$$

Wir fassen nun den gesamten Algorithmus der Erzeugung einer holonomen Rekursionsgleichung für s_n – unter Berücksichtigung der Kürzung überflüssiger gemeinsamer Faktoren der Rekursionskoeffizienten – in folgender *Mathematica*-Funktion zusammen:[4]

```
In[14]:= Clear[FasenmyerRE]
         FasenmyerRE[f_, {k_, kmax_}, {n_, nmax_}] :=
           Module[{RE, tmp},
             RE = kfreieRE[f, {k, kmax}, {n, nmax}];
             If[RE === "Es existiert keine solche Rekursion",
               Return["Es existiert keine solche Rekursion"],
               RE = RE[[1]]];
             RE = RE/.{F[n + j_., k + i_.] → S[n + j]};
             tmp = S[n + nmax]/.Solve[RE == 0, S[n + nmax]][[1]];
             RE = Denominator[tmp] * S[n + nmax] - Numerator[tmp];
             RE = Collect[RE, S[___]];
             Map[Factor, RE] == 0
           ]
```

Für unser Beispiel erhalten wir wie eben:

```
In[15]:= FasenmyerRE[k Binomial[n, k], {k, 1}, {n, 1}]
```

Out[15]= $n\,S(n+1) - 2\,(n+1)\,S(n) == 0$

Ebenso bekommen wir wie in Beispiel 11.2 für die Summe der Binomialkoeffizienten die hypergeometrische Rekursion

```
In[16]:= FasenmyerRE[Binomial[n, k], {k, 1}, {n, 1}]
```

[4]Man beachte, daß wir der Einfachheit halber die Variablen *a*, *F* und *S*, welche für die Ausgabe von `kfreieRE` bzw. `FasenmyerRE` verwendet werden, als globale Variable benutzen. Das hat zur Konsequenz, daß diese Variablen natürlich nicht belegt sein dürfen.

`Out[10]=` $-(n+1)\,a(1,1)\,F(n,k)-(n+1)\,a(1,1)\,F(n,k+1)+n\,a(1,1)\,F(n+1,k+1)==0$

berechnet. Da alle Koeffizienten der Rekursionsgleichung noch den gemeinsamen Faktor a_{11} haben, kann man diesen natürlich kürzen. Wir werden `kfreieRE` aber hauptsächlich als Hilfsprozedur benutzen und verzichten darauf, diese Reduktion durchzuführen.

Die nächste Rechnung liefert für die Binomialkoeffizienten wieder die Rekursion des Pascalschen Dreiecks:

```
In[11]:= kfreieRE[Binomial[n, k], {k, 1}, {n, 1}]
```

`Out[11]=` $a(1,0)\,F(n,k)+a(1,0)\,F(n,k+1)-a(1,0)\,F(n+1,k+1)==0$

Schließlich berechnen wir eine Rekursion für die Quadrate der Binomialkoeffizienten:

```
In[12]:= kfreieRE[Binomial[n, k]^2, {k, 2}, {n, 2}]
```

`Out[12]=` $(n+1)\,a(2,0)\,F(n,k)-2\,(n+1)\,a(2,0)\,F(n,k+1)+$
$(n+1)\,a(2,0)\,F(n,k+2)-(2\,n+3)\,a(2,0)\,F(n+1,k+1)-$
$(2\,n+3)\,a(2,0)\,F(n+1,k+2)+(n+2)\,a(2,0)\,F(n+2,k+2)==0$

Diese ist schon recht kompliziert, kann offenbar nur schlecht von Hand hergeleitet werden,[2] und *Mathematica* benötigt eine ganze Weile zur Berechnung. Dies liegt einerseits daran, daß der vorliegende Algorithmus nicht besonders effizient ist.[3] Immerhin mußte in unserem Beispiel ein (sehr kompliziertes) lineares Gleichungssystem mit Polynomkoeffizienten nach 9 Variablen aufgelöst werden. Zum anderen ist *Mathematicas* lineare Algebra alles andere als überragend schnell.

Nun kommen wir zum zweiten Schritt der Bestimmung einer holonomen Rekursion für s_n, welche im wesentlichen Satz 11.1 umsetzt.

Für unsere Beispielfunktion $F(n,k)=k\binom{n}{k}$ erhalten wir

```
In[13]:= RE = RE[[1]]/.{F[n + j_., k + i_.] → s[n + j]}
```

`Out[13]=` $n\,a(1,1)\,s(n+1)-2\,(n+1)\,a(1,1)\,s(n)==0$

also die Rekursionsgleichung

$$2\,(n+1)\,s_n-n\,s_{n+1}=0$$

für $s_n=\sum\limits_{k=-\infty}^{\infty}F(n,k)$. Somit ist s_n ein hypergeometrischer Term mit

$$\frac{s_{n+1}}{s_n}=2\,\frac{n+1}{n}\,.$$

Diese Gleichung zeigt uns, daß eine Verschiebung des Indexes n um 1 – um im Nenner einen Term $(n+1)$ zu erzeugen – den Term zum Koeffizienten einer allgemeinen hypergeometri-

---

[2]Versuchen Sie es!

[3]Er kann zwar durch geschickte Maßnahmen effizienter gemacht werden, s. [Ver1976] und [Weg1997]. Darauf gehen wir aber nicht näher ein.

`Out[16]=` $S(n+1) - 2\,S(n) == 0$

Es zeigt sich, daß auch die Summe der Quadrate der Binomialkoeffizienten einen hypergeometrischen Term liefern:

`In[17]:=` **FasenmyerRE[Binomial[n, k]^2, {k, 2}, {n, 2}]**
`Out[17]=` $(n+2)\,S(n+2) - 2\,(2\,n+3)\,S(n+1) == 0$

Man beachte aber, daß der Algorithmus hier anscheinend über das Ziel hinausgeschossen ist: Obwohl eine holonome Rekursion erster Ordnung für s_n existiert, wurde unter einem gewaltigen Aufwand eine Rekursion zweiter Ordnung berechnet. Dies liegt daran, daß für den Summanden $F(n, k)$ keine k-freie Rekursion mit $J = 1$ existiert!

Auch die alternierende Summe der Quadrate der Binomialkoeffizienten ist vom hypergeometrischen Typ:

`In[18]:=` **FasenmyerRE[(-1)^k Binomial[n, k]^2, {k, 2}, {n, 2}]**
`Out[18]=` $4\,(n+1)\,S(n) + (n+2)\,S(n+2) == 0$

Wir betrachten nun noch ein anderes Beispiel. Die Legendrepolynome sind erklärt durch

$$P_n(x) = \sum_{k=0}^{\infty} \binom{n}{k} \binom{-n-1}{k} \left(\frac{1-x}{2}\right)^k . \tag{11.5}$$

Für diese ist also

$$P_n(x) = \sum_{k=-\infty}^{\infty} F(n,k) \qquad \text{mit} \qquad F(n,k) = \binom{n}{k} \binom{-n-1}{k} \left(\frac{1-x}{2}\right)^k .$$

Wir erhalten für $P_n(x)$

`In[19]:=` **FasenmyerRE[Binomial[n, k] Binomial[-n - 1, k] $\left(\frac{1-x}{2}\right)^k$, {k, 1}, {n, 2}]**
`Out[19]=` $(n+1)\,S(n) - (2\,n+3)\,x\,S(n+1) + (n+2)\,S(n+2) == 0$

eine Dreitermrekursion. Es ist bekannt, daß alle orthogonalen Polynomfamilien Dreitermrekursionen erfüllen.

Es gibt weitere hypergeometrische Darstellungen der Legendrepolynome, beispielsweise

$$P_n(x) = \frac{1}{2^n} \sum_{k=0}^{\infty} (-1)^k \binom{n}{k} \binom{2n-2k}{n} x^{n-2k} \tag{11.6}$$

mit dem Ergebnis

`In[20]:=` **FasenmyerRE[$\frac{1}{2^n}$ (-1)^{k}Binomial[n, k] Binomial[2n - 2k, n]x^{n-2k}, {k, 1}, {n, 2}]**
`Out[20]=` $(n+1)\,S(n) - (2\,n+3)\,x\,S(n+1) + (n+2)\,S(n+2) == 0$

Die beiden berechneten Dreitermrekursionen sind also gleich. Man beachte, daß wir damit nach Überprüfung zweier Anfangswerte mit unseren Rechnungen gezeigt haben, daß (11.5) und (11.6) tatsächlich dieselben Funktionenfamilien darstellen! □

Wir können die Technik, welche bei dem Beispiel verwendet wurde, zu folgendem Algorithmus zusammenfassen.

Satz 11.4 **(Fasenmyer-Algorithmus)** Der folgende Algorithmus bestimmt eine holonome Rekursionsgleichung für Reihen der Form (11.1). **11.4**

1. (`kfreieRE`)
   Man wähle geeignete Schranken $I, J \in \mathbb{N}$. Dann findet die folgende Prozedur eine k-freie lineare Rekursionsgleichung der Ordnung (I, J) mit Polynomkoeffizienten für den Summanden $F(n, k)$, falls eine derartige Rekursionsgleichung gültig ist.
   (a) Eingabe: $F(n, k)$ mit der Eigenschaft (11.3).
   (b) Man mache den Ansatz (11.2) mit zunächst unbestimmten Koeffizienten a_{ij} und substituiere den gegebenen Term $F(n, k)$.
   (c) Man dividiere durch $F(n, k)$, vereinfache die auftretenden Quotienten und mache das Ergebnis rational.
   (d) Man bringe den erhaltenen rationalen Ausdruck in Normalform und multipliziere mit dem Hauptnenner.
   (e) Man führe einen Koeffizientenvergleich bzgl. k durch und löse das resultierende homogene lineare Gleichungssystem nach den Variablen a_{ij} ($i = 0, \ldots, I, j = 0, \ldots, J$) auf.
   (f) Falls nur die triviale Lösung $a_{ij} \equiv 0$ existiert, dann gibt es keine nichttriviale k-freie Rekursion der gesuchten Art für $F(n, k)$. In diesem Fall erhöhe man gegebenfalls I bzw. J und beginne von neuem.
   (g) Falls eine nicht-triviale Lösung existiert, substituiere man diese in den Ansatz und multipliziere mit dem Hauptnenner.
   (h) Ausgabe: Die erhaltene k-freie Rekursion für $F(n, k)$.

2. (`FasenmyerRE`)
   Man wähle geeignete Schranken $I, J \in \mathbb{N}$, wobei hierbei J möglichst klein sein sollte. Dann sucht die folgende Prozedur nach einer holonomen Rekursionsgleichung der Ordnung J für s_n gemäß (11.1).
   (a) Eingabe: Der Summand $F(n, k)$ mit der Eigenschaft (11.3).
   (b) Man wende die Prozedur `kfreieRE` auf $F(n, k)$ an.
   (c) Falls dies erfolgreich ist, nehme man die resultierende Rekursion für $F(n, k)$ und ersetze das Muster $F(n + j, k + i)$ durch das Muster s_{n+j}. Dies erzeugt die gesuchte holonome Rekursion für s_n.
   (d) Ausgabe: Die berechnete holonome Rekursion für s_n.

Beweis: (`kfreieRE`): Ab Schritt (c), nachdem die auftretenden Quotienten, welche nach Voraussetzung rational sind, vereinfacht wurden, ist nur noch rationale Arithmetik gefragt. Der in (d) resultierende Ausdruck ist ein Polynom in $\mathbb{K}[a_{ij}][k]$, welches genau das Nullpolynom ist, wenn alle seine Koeffizienten verschwinden. Daher ist die Existenz einer k-freien Rekursion vom betrachteten Typ äquivalent zur Existenz einer nicht-trivialen Lösung des in (e) betrachteten linearen Gleichungssystems. Der Rest von `kfreieRE` ist reine lineare Algebra.

(`FasenmyerRE`): Summiert man die k-freie Rekursion

$$\sum_{i=0}^{I}\sum_{j=0}^{J} a_{ij}\, F(n+j,k+i) = 0$$

für $k = -\infty, \ldots, \infty$, so erhält man

$$\begin{aligned} 0 &= \sum_{k=-\infty}^{\infty}\sum_{i=0}^{I}\sum_{j=0}^{J} a_{ij}(n)\, F(n+j,k+i) \\ &= \sum_{i=0}^{I}\sum_{j=0}^{J} a_{ij}(n)\left(\sum_{k=-\infty}^{\infty} F(n+j,k+i)\right) \\ &= \sum_{i=0}^{I}\sum_{j=0}^{J} a_{ij}(n)\, s_{n+j} = \sum_{j=0}^{J}\left(\sum_{i=0}^{I} a_{ij}(n)\right) s_{n+j} \end{aligned}$$

da die Koeffizienten $a_{ij}(n)$ nicht von k abhängen. Man erhält also ganz offenbar durch die angegebene Substitution die gesuchte holonome Rekursion für s_n, falls Teilschritt 1 erfolgreich war. □

11.2

11.2 Differenzenrechnung

Im vorigen Abschnitt hatten wir bivariate unendliche Summen hypergeometrischer Terme betrachtet und für diese holonome Rekursionen berechnet.

In vielen Fällen möchte man allerdings Summen vereinfachen, welche endliche Grenzen haben. Diesen Sachverhalt untersuchen wir nun.

Zur Motivation betrachten wir zunächst das Problem der Integration. Der Hauptsatz der Differential- und Integralrechnung gestattet es uns, aus der Kenntnis einer *Stammfunktion*, d. h. einer Funktion $F(x)$ mit der Eigenschaft

$$F'(x) = f(x)\,,$$

sofort jedes bestimmte Integral von $f(x)$ mit der einfachen Regel

$$\int_a^b f(x)\,dx = F(b) - F(a)$$

ausrechnen zu können.[5] Drückt man dies mit Hilfe des *Differentialoperators* $D_x : f(x) \mapsto f'(x)$ und des *Integraloperators* $I_a^b : f(x) \mapsto \int_a^b f(x)\,dx$ aus, so liest sich der Hauptsatz in der Form

$$I_a^b D_x F(x) = F(b) - F(a)\,. \tag{11.7}$$

Bezeichnet man mit $\int_x : f(x) \mapsto \int f(x)\,dx$ die Bildung der Stammfunktion, so ist diese offenbar die Umkehrabbildung von D_x:

$$D_x \int_x f(x) = f(x)\,.$$

Wir führen nun die entsprechenden Operatoren für Summen ein. Dem Differentialoperator entspricht dann der *Vorwärtsdifferenzenoperator* $\Delta_k : a_k \mapsto a_{k+1} - a_k$ bzw. der *Rückwärtsdifferenzenoperator* $\nabla_k : a_k \mapsto a_k - a_{k-1}$.[6] Falls die Variable klar ist, schreiben wir einfach auch Δ und ∇.

Mit dem Δ-Operator folgt nämlich für beliebige Grenzen $a \leqq b$

$$\sum_{k=a}^{b} a_k = (s_{b+1} - s_b) + (s_b - s_{b-1}) + \cdots + (s_{a+1} - s_a) = s_{b+1} - s_a\,, \tag{11.8}$$

falls s_k eine Folge ist, für welche die Beziehung

$$\Delta s_k = s_{k+1} - s_k = a_k$$

gilt. Wir nennen s_k in diesem Fall eine *diskrete Stammfunktion* und (11.8) eine *Teleskopsumme*. Analog gilt für den ∇-Operator

$$\sum_{k=a}^{b} a_k = t_b - t_{a-1}\,,$$

falls $\nabla t_k = a_k$ gilt. Die Theorie der Operatoren Δ und ∇ nennt man *Differenzenrechnung*.

---

[5]Hierzu muß natürlich f beispielsweise stetig sein. Andernfalls kann es sein, daß der Hauptsatz nicht anwendbar ist.

[6]Die Bezeichner der beiden Operatoren heißen Delta und Nabla.

Für den Summenoperator $\sum\limits_{k=a}^{b}$ folgt dann wegen Gleichung (11.8) wieder

$$\sum_{k=a}^{b} \Delta s_k = s_{b+1} - s_a$$

in Analogie zu (11.7). Die Umkehrabbildung von Δ bezeichnen wir nun mit $\sum_k$. Offenbar ist die *unbestimmte Summe* $\sum_k a_k = s_k$ eine diskrete Stammfunktion. Man sieht leicht ein, daß sich verschiedene diskrete Stammfunktionen – wie im stetigen Fall – nur um eine Konstante unterscheiden.

Man beachte, daß es auf Grund der zwei Operatoren Δ und ∇ zwei gleichwertige, aber verschiedene, Summationstheorien gibt.[7] Wir werden die Theorie des Δ-Operators betrachten.

11.5 **Beispiel 11.5** Wir wollen $\sum_k k$, d. h. die diskrete Stammfunktion von $a_k = k$, bestimmen. Wegen $\int x\,dx = \frac{x^2}{2}$ machen wir den Ansatz $s_k = a\,k^2 + b\,k + c$ eines Polynoms zweiten Grades. Dann erhalten wir

$$a_k = k = s_{k+1} - s_k = (a\,(k+1)^2 + b\,(k+1) + c) - (a\,k^2 + b\,k + c) = 2\,a\,k + (a+b)\,,$$

und mit Koeffizientenvergleich erhalten wir das lineare Gleichungssystem

$$a + b = 0 \qquad \text{und} \qquad 2a = 1$$

für die Unbestimmten a, b, c. Also ist c beliebig, und es ergeben sich $a = \frac{1}{2}$ sowie $b = -\frac{1}{2}$, also $\sum_k k = \frac{1}{2}k(k-1) + c$. $\triangle$

Zunächst wollen wir nun allgemein wissen, wie der Δ-Operator auf Polynome wirkt. Für die Differentiation gilt die Potenzregel

$$D_x x^n = n\,x^{n-1}\,. \tag{11.9}$$

Leider gilt für den Δ-Operator beispielsweise

$$\Delta_k k^3 = (k+1)^3 - k^3 = 3k^2 + 3k + 1\,, \tag{11.10}$$

somit ein wesentlich komplizierterer Zusammenhang. Während also die Potenzen x^n *Eigenfunktionen* des Operators $\theta_x = x\,D_x$ (mit Eigenwerten n) sind, sich also unter D_x im wesentlichen reproduzieren, ist dies für den Δ-Operator nicht der Fall. Das heißt aber nur, daß wir reproduzierende Funktionen unter Δ noch finden müssen. Dies ist

[7] In Maple bedeutet `sum(a,k)` beispielsweise die diskrete Stammfunktion, so wie wir sie erklärt haben, während in Reduce der ∇-Operator zugrundegelegt wird.

nicht schwer. Wegen $\Delta a_k = a_{k+1} - a_k$ wäre es gut, wenn a_{k+1} möglichst viele Faktoren mit a_k gemeinsam hätte. Das Pochhammersymbol $(k)_n = k(k+1)\cdots(k+n-1)$ ist ein Polynom in k vom Grad n, welches offenbar viele Faktoren mit $(k+1)_n$ sowie mit $(k-1)_n$ gemeinsam hat. Wir erhalten zunächst für den Operator ∇

$$\begin{aligned}\nabla_k (k)_n &= (k)_n - (k-1)_n \\ &= k(k+1)\cdots(k+n-1) - (k-1)k(k+1)\cdots(k+n-2) \\ &= k(k+1)\cdots(k+n-2)\cdot\Big(k+n-1-(k-1)\Big) \\ &= n\cdot (k)_{n-1}\,.\end{aligned}$$

Das Pochhammersymbol $(k)_n$ reproduziert sich also unter dem Operator ∇_k. Analog erklären wir daher die *fallenden Faktoriellen*[8], zunächst für $n \in \mathbb{N}_{\geqq 0}$

$$k^{\underline{n}} := k(k-1)\cdots(k-n+1)\,.$$

Für die fallenden Faktoriellen gilt nun

$$\Delta\, k^{\underline{n}} = n\cdot k^{\underline{n-1}} \tag{11.11}$$

analog zu (11.9). Dies gilt zunächst für $n \in \mathbb{N}_{\geqq 0}$. Damit diese Beziehung – wie im stetigen Fall – für $n \in \mathbb{Z}$ richtig ist, setzt man für $n \in \mathbb{N}$

$$k^{\underline{-n}} = \frac{1}{(k+1)(k+2)\cdots(k+n)}\,.$$

Damit haben wir die reproduzierenden Funktionen unter Δ_k also gefunden. Im nächsten Abschnitt untersuchen wir, wie wir dies zur Summation von Polynomen einsetzen können.

11.3 Unbestimmte Summation

11.3

Wegen

$$\Delta k^{\underline{n}} = n\cdot k^{\underline{n-1}}$$

gilt also für $n \in \mathbb{Z}$, $n \neq -1$, die Summationsformel

$$\sum_k k^{\underline{n}} = \frac{1}{n+1} k^{\underline{n+1}}\,. \tag{11.12}$$

[8] Für das Pochhammersymbol ist auch der Name *steigende Faktorielle* sowie die Notation $(k)_n = k^{\overline{n}}$ gebräuchlich.

Für $n = -1$ wird diese Summationsformel ergänzt durch

$$\sum_k k^{\underline{-1}} = \sum_k \frac{1}{k+1} = H_k\,,$$

wobei

$$H_k := \sum_{j=1}^{k} \frac{1}{j}$$

die *harmonischen Zahlen* sind, welche offenbar ein diskretes Analogon zur Logarithmusfunktion bilden.

Mit der Summationsformel (11.12) läßt sich u. a. wegen der Linearität von $\sum_k$ jedes Polynom $p(k) \in \mathbb{K}[k]$ summieren und damit jede Polynomsumme mit beliebigen oberen und unteren Grenzen bestimmen.

Sitzung 11.6 Wir erklären den Δ-Operator in *Mathematica*:

```
In[1]:= Clear[Delta]
        Delta[f_, k_] := (f/.k → k + 1) - f
```

Natürlich ergibt sich beispielsweise

```
In[2]:= Delta[k^3, k]
Out[2]= (k + 1)^3 - k^3
```

und vereinfacht

```
In[3]:= Delta[k^3, k]//Expand
Out[3]= 3 k^2 + 3 k + 1
```

also wieder (11.10). Wir erklären ferner die fallenden Faktoriellen:

```
In[4]:= Clear[fallendeFaktorielle]
        fallendeFaktorielle[k_, j_] := Pochhammer[k - j + 1, j]
```

Die folgende Rechnung bestätigt (11.11) für $n = 3$:

```
In[5]:= Delta[fallendeFaktorielle[k, 3], k]
Out[5]= (k - 1) k (k + 1) - (k - 2) (k - 1) k
```

oder faktorisiert

```
In[6]:= Delta[fallendeFaktorielle[k, 3], k]//Factor
Out[6]= 3 (k - 1) k
```

Wir berechnen nun $\sum k^3$. Wegen

$$k^3 = k^{\underline{3}} + 3k^2 - 2k = k^{\underline{3}} + 3k^{\underline{2}} + k = k^{\underline{3}} + 3k^{\underline{2}} + k^{\underline{1}} \tag{11.13}$$

folgt also durch unbestimmte Summation

$$\sum k^3 = \frac{k^{\underline{4}}}{4} + 3\frac{k^{\underline{3}}}{3} + \frac{k^{\underline{2}}}{2}\,. \tag{11.14}$$

Die Rechnung (11.13) wird bestätigt durch

```
In[7]:= fallendeFaktorielle[k, 3]+
          3fallendeFaktorielle[k, 2]+
          fallendeFaktorielle[k, 1]//Expand
```

Wir programmieren nun die Berechnung der diskreten Stammfunktion für beliebige Polynome. Hierzu nutzen wir die Linearität der Summation sowie eine rekursive Anwendung von (11.12).

```
In[8]:= Clear[Summation]
        Summation[c_, k_] := c k/; FreeQ[c, k];
        Summation[c_ f_, k_] := c Summation[f, k] /; FreeQ[c, k]
        Summation[f_ + g_, k_] := Summation[f, k] + Summation[g, k]
        Summation[FallendeFaktorielle[k_, n_], k_] :=
          FallendeFaktorielle[k, n + 1]
          ----------------------------- /; n ≥ 0
                      n + 1
        Summation[k_^n_., k_] :=
          Module[{j},
            Expand[Summation[FallendeFaktorielle[k, n], k]+
                                        n-1
              Summation[Expand[k^n - ∏ (k - j)], k]]]
                                        j=0
```

Um die Ergebnisse statt durch Potenzen durch die fallenden Faktoriellen darzustellen, haben wir diese hier mit `FallendeFaktorielle` bezeichnet. Diese Funktion ist bislang nicht erklärt, daher findet keine Auswertung statt.

Wir erhalten also wieder

```
In[9]:= Summation[k^3, k]
```

Out[9]= $\frac{1}{2}$FallendeFaktorielle$(k, 2)$+FallendeFaktorielle$(k, 3)$+$\frac{1}{4}$FallendeFaktorielle$(k, 4)$

und vereinfacht

```
In[10]:= s = Summation[k^3, k] /.
              FallendeFaktorielle → fallendeFaktorielle//Factor
```

Out[10]= $\frac{1}{4}(k-1)^2 k^2$

Will man also speziell $\sum_{k=1}^{n} k^3$ bestimmen, so erhält man

```
In[11]:= (s/.k → n + 1) - (s/.k → 1)
```

`Out[11]=` $\frac{1}{4}\,n^2\,(n+1)^2$

also haben wir schließlich die Summenformel

$$\sum_{k=1}^{n} k^3 = \sum_k k^3 \Big|_{k=1}^{k=n+1} = \frac{1}{4}\,n^2\,(n+1)^2$$

hergeleitet. Man beachte, daß dies vollständig algorithmisch funktionierte und nicht wie die üblichen Induktionsbeweise, welche man zum Beweis solcher Summen häufig anwendet. □

Während wir nun also Polynome generell summieren können, ist die unbestimmte Summation rationaler Funktionen, hypergeometrischer Terme oder anderer transzendenter Ausdrücke völlig offen. Ähnlich wie bei der Differentiation und Integration liefert eine Liste von diskreten Ableitungen auch eine Liste von diskreten Stammfunktionen.

Spezielle rationale Funktionen der Form $k^{\underline{-n}} = \frac{1}{(k+1)\cdots(k+n)}$ werden (für $n \in \mathbb{N}$) von der Regel (11.12) erfaßt.

Die Exponentialfunktion a^k hat die diskrete Ableitung

$$\Delta\, a^k = a^{k+1} - a^k = (a-1)\, a^k \;,$$

so daß also für $a \neq 1$ folgt

$$\sum_k a^k = \frac{a^k}{a-1} \;.$$

Für die Fakultät ergibt sich

$$\Delta k! = (k+1)! - k! = k \cdot k! \;,$$

so daß

$$\sum_k k \cdot k! = k!$$

ist. In welcher Form sich aber $k!$ selbst summieren läßt, bleibt zunächst unklar.

Um nun komplizierte Ausdrücke summieren zu können, kann man ähnliche Techniken wie bei der Integration anwenden.

Der Δ-Operator erfüllt die Produktregel

$$\begin{aligned}\Delta(a_k \cdot b_k) &= a_{k+1} \cdot b_{k+1} - a_k \cdot b_k \\ &= (a_{k+1} \cdot b_{k+1} - a_k \cdot b_{k+1}) + (a_k \cdot b_{k+1} - a_k \cdot b_k) \\ &= \Delta a_k \cdot b_{k+1} + a_k \cdot \Delta b_k \;.\end{aligned}$$

Durch Summation folgt hieraus die Regel der *partiellen Summation*

$$\sum_k a_k \cdot \Delta b_k = a_k \cdot b_k - \sum_k \Delta a_k \cdot b_{k+1} .$$

Als Beispiel für die Anwendung der partiellen Summation betrachten wir die Summe $\sum_k H_k$ der harmonischen Zahlen H_k und setzen $a_k = H_k$ und $\Delta b_k = 1$, also $\Delta a_k = \frac{1}{k+1}$ und $b_k = \sum_k 1 = k$. Somit erhalten wir

$$\sum_k H_k = k\,H_k - \sum_k \frac{1}{k+1}(k+1) = k\,H_k - \sum_k 1 = k\,(H_k - 1) .$$

Ein weiteres Beispiel ist die Summe

$$\sum_k k\,a^k = k\,\frac{a^k}{a-1} - \sum_k \frac{a^{k+1}}{a-1} = k\,\frac{a^k}{a-1} - \frac{a}{a-1}\sum_k a^k = \frac{(k(a-1)-a)\,a^k}{(a-1)^2} .$$

Während man mit den Methoden dieses Abschnitts in manchen Fällen also recht komplizierte unbestimmte Summationen berechnen kann, fehlt ein algorithmischer Aspekt: Bleibt man erfolglos, so weiß man i. a. nicht, ob man sich nur ungeschickt angestellt hat, oder ob es prinzipiell „nicht geht".

Man kann mit diesen Methoden beispielsweise nicht entscheiden, ob $\sum_k k!$ oder auch $\sum_k \frac{1}{k+1} = H_k$ wieder hypergeometrische Terme sind oder nicht. Dies wird im nächsten Abschnitt geklärt. Es wird sich zeigen, daß diese beiden diskreten Stammfunktionen keine hypergeometrischen Terme sind.

Wir beenden diesen Abschnitt mit einer Tabelle der hergeleiteten diskreten Stammfunktionen.

Tabelle 11.1. Tabelle diskreter Stammfunktionen

a_k	$\sum_k a_k$	a_k	$\sum_k a_k$
$k^{\underline{n}}$	$\frac{1}{n+1}\,k^{\underline{n+1}}$	1	k
$k\,k!$	$k!$	k	$\frac{k(k-1)}{2}$
H_k	$k\,(H_k-1)$	k^2	$\frac{k(2k-1)(k-1)}{6}$
a^k	$\frac{a^k}{a-1}$	k^3	$\frac{k^2(k-1)^2}{4}$
$k\,a^k$	$\frac{(k(a-1)-a)\,a^k}{(a-1)^2}$	k^4	$\frac{k(2k-1)(k-1)(3k^2-3k-1)}{30}$

11.4

11.4 Unbestimmte Summation hypergeometrischer Terme

Während wir im letzten Abschnitt einige Heuristiken zur unbestimmten Summation und einen Algorithmus zur Summation von Polynomen kennengelernt haben, wollen wir uns hier mit der spezifischen Fragestellung beschäftigen, in welchen Fällen eine unbestimmte Summe ein hypergeometrischer Term ist. Wir werden hierfür einen Algorithmus angeben.

Es geht also darum, einen Term a_k unbestimmt zu summieren, d. h. eine diskrete Stammfunktion s_k zu finden mit

$$s_{k+1} - s_k = a_k \,, \tag{11.15}$$

welche ein hypergeometrischer Term ist.

Wir machen nun folgende Beobachtungen. Aus $\frac{s_{k+1}}{s_k} \in \mathbb{K}(k)$ folgt, daß

$$\frac{a_{k+1}}{a_k} = \frac{s_{k+2} - s_{k+1}}{s_{k+1} - s_k} = \frac{s_{k+1}}{s_k} \frac{\frac{s_{k+2}}{s_{k+1}} - 1}{\frac{s_{k+1}}{s_k} - 1} = \frac{u_k}{v_k} \in \mathbb{K}(k)\,,$$

wobei wir $u_k, v_k \in \mathbb{K}[k]$ mit $\gcd(u_k, v_k) = 1$ wählen können. Wenn wir also fordern, daß die diskrete Stammfunktion s_k ein hypergeometrischer Term ist, muß automatisch auch die zu summierende Folge a_k bereits ein hypergeometrischer Term sein. Daher geht es in diesem Abschnitt also um die unbestimmte Summation hypergeometrischer Terme. Hat ein hypergeometrischer Term a_k eine hypergeometrische diskrete Stammfunktion, so nennen wir ihn *gospersummierbar*, da der zugrunde liegende Algorithmus von Gosper [Gos1978] gefunden wurde. Die Eingabe bei der Gosper-Summation ist der hypergeometrische Term a_k bzw. sind die beiden a_k repräsentierenden teilerfremden Polynome u_k und v_k.

Dividieren wir als nächstes (11.15) durch s_k, so erhalten wir

$$\frac{s_{k+1}}{s_k} - 1 = \frac{a_k}{s_k} \in \mathbb{K}(k)\,,$$

woraus folgt, daß der Quotient s_k/a_k rational ist, d. h.

$$\frac{s_k}{a_k} = \frac{g_k}{h_k} \in \mathbb{K}(k)$$

mit $g_k, h_k \in \mathbb{K}[k]$ und $\gcd(g_k, h_k) = 1$. Wir ersetzen auf diese Weise sukzessive die auftretenden hypergeometrischen Terme durch Polynome, mit welchen wir natürlich besser rechnen können. Insbesondere halten wir fest, daß der Ausgabeterm s_k wieder durch Polynome dargestellt wird:

$$s_k = \frac{g_k}{h_k} \cdot a_k \tag{11.16}$$

und somit ein rationales Vielfaches des Eingabeterms a_k ist.

Schließlich dividieren wir (11.15) durch a_k und erhalten

$$\frac{s_{k+1}}{a_k} - \frac{s_k}{a_k} = \frac{a_{k+1}}{a_k} \cdot \frac{s_{k+1}}{a_{k+1}} - \frac{s_k}{a_k} = 1$$

bzw.

$$\frac{u_k}{v_k} \cdot \frac{g_{k+1}}{h_{k+1}} - \frac{g_k}{h_k} = 1\,.$$

Durch Multiplikation mit dem Hauptnenner schreiben wir diese Gleichung als Polynomgleichung:

$$h_k\, u_k\, g_{k+1} - h_{k+1}\, v_k\, g_k = h_k\, h_{k+1}\, v_k\,. \tag{11.17}$$

Hierbei sind u_k und v_k gegebene und g_k und h_k gesuchte Polynome. Nehmen wir für den Moment an, der Nenner h_k der rationalen Funktion s_k/a_k sei bekannt, dann stellt (11.17) eine inhomogene Rekursionsgleichung erster Ordnung mit Polynomkoeffizienten für das Zählerpolynom g_k dar. Wir werden sehen, daß es leicht ist, die Polynomlösungen einer derartigen Rekursion zu bestimmen.

Es bleibt also zunächst h_k zu finden. Aus (11.17) folgen nach Division durch h_{k+1} bzw. h_k wegen $\gcd(g_k, h_k) = 1$ aber sofort die Teilbarkeitsbedingungen

$$h_{k+1} \mid h_k \cdot u_k \qquad \text{sowie} \qquad h_k \mid h_{k+1} \cdot v_k\,.$$

bzw.

$$h_k \mid h_{k-1} \cdot u_{k-1} \qquad \text{sowie} \qquad h_k \mid h_{k+1} \cdot v_k\,. \tag{11.18}$$

Daraus folgt unmittelbar

Satz 11.7 (Bestimmung des Nenners) Seien u_k, v_k und $h_k \in \mathbb{K}[k]$ und gelte (11.18). Dann folgt 11.7

$$h_k \mid \gcd\left(\prod_{j=0}^{N} u_{k-1-j}, \prod_{j=0}^{N} v_{k+j}\right), \tag{11.19}$$

wobei[9]

$$N := \max\{j \in \mathbb{N}_{\geqq 0} \mid \gcd(u_{k-1}, v_{k+j}) \neq 1\}\,. \tag{11.20}$$

[9]Das Maximum der leeren Menge sei $-\infty$.

Ist die Menge in (11.20) leer,[10] so ist $h_k = 1$.

Beweis: Aus der gegebenen Teilbarkeitsbedingung folgt unmittelbar durch Induktion, daß für alle $n \in \mathbb{N}_{\geqq 0}$

$$h_k \mid h_{k-1-n} \cdot \prod_{j=0}^{n} u_{k-1-j} \qquad \text{sowie} \qquad h_k \mid h_{k+1+n} \cdot \prod_{j=0}^{n} v_{k+j} \, .$$

Für genügend groß gewähltes $n \in \mathbb{N}$ ist h_k aber sicher teilfremd zu h_{k-1-n} als auch zu h_{k+1+n}. Daher muß für ein solches n also h_k sowohl ein Teiler von $\prod\limits_{j=0}^{n} u_{k-1-j}$ als auch von $\prod\limits_{j=0}^{n} v_{k+j}$ und somit von $\gcd\left(\prod\limits_{j=0}^{n} u_{k-1-j}, \prod\limits_{j=0}^{n} v_{k+j}\right)$ sein.

Um das kleinste derartige $n \in \mathbb{N}_{\geqq 0}$ zu finden, nehmen wir nun an, t_k sei ein nicht konstanter irreduzibler Faktor von h_k. Dann gibt es auf Grund der Irreduzibilität von t_k Zahlen $i, j \in \mathbb{N}_{\geqq 0}$ derart, daß $t_k \mid u_{k-1-i}$ als auch $t_k \mid v_{k+j}$ ist. Da t_k nicht konstant ist, gilt also

$$\gcd(u_{k-1-i}, v_{k+j}) \neq 1 \Leftrightarrow \gcd(u_{k-1}, v_{k+(i+j)}) \neq 1 \, .$$

Wählt man schließlich N als die größte positive Indexverschiebung, welche angewandt auf v_k einen gemeinsamen Teiler mit u_{k-1} erzeugt, also gemäß (11.20), dann ist also garantiert, daß (11.19) erfüllt ist.

Ist die Menge in (11.20) leer, ist offenbar $h_k = 1$. □

Die in (11.20) erklärte Zahl N heißt die *Dispersion* von u_{k-1} und v_k. Diese taucht also in ganz natürlicher Weise beim hypergeometrischen Summationsproblem auf. Wir werden uns später darum kümmern, wie wir diese algorithmisch bestimmen können.

Erklärt man nun einfach

$$h_k := \gcd\left(\prod_{j=0}^{N} u_{k-1-j}, \prod_{j=0}^{N} v_{k+j}\right), \tag{11.21}$$

falls die Menge in (11.20) nicht leer ist, so ist dies nach Satz 11.7 immer ein Vielfaches des Nenners von s_k/a_k, hat aber gegebenenfalls gemeinsame Teiler mit dem Zähler g_k von s_k/a_k. Wir verlieren auf diese Weise also die Eigenschaft $\gcd(g_k, h_k) = 1$ und müssen eine Polynomlösung g_k von (11.17) höheren Grades finden. Will man dies vermeiden, wird man zu dem berühmten *Gosper-Algorithmus* geführt, welcher auch in dem Package `SpecialFunctions` durch eine Implementierung von Peter Paule und Markus Schorn zur Verfügung steht [PS1995].[11] Wir wollen uns allerdings mit dem Nenner h_k gemäß (11.21) zufriedengeben und betrachten nun einige Beispiele.

---

[10] Das leere Produkt wird i. a. als 1 erklärt.

[11] Der Gosper-Algorithmus [Gos1978] war wahrscheinlich einer der ersten Algorithmen, welcher ohne Computeralgebra – jedenfalls zu dieser Zeit und von dieser Person – nicht ge-

Sitzung 11.8 (a) Wir beginnen mit dem Beispiel

$$a_k = (-1)^k \binom{n}{k} :$$

```
In[1]:= a = (-1)^k Binomial[n, k]
Out[1]= (-1)^k (n k)
```

Hierbei fassen wir n als unbestimmte Variable auf, arbeiten also über dem Grundkörper $\mathbb{Q}(n)$.

Es ist offenbar

$$\frac{a_{k+1}}{a_k} = \frac{k-n}{k+1} :$$

```
In[2]:= rat = FunctionExpand[(a/.k → k + 1)/a]
Out[2]= (k - n)/(k + 1)
```

und somit sind

```
In[3]:= u = Numerator[rat]; v = Denominator[rat];
```

$u_k = k - n$ sowie $v_k = k + 1$ unsere Eingabepolynome $\in \mathbb{Q}(n)[k]$. Beim vorliegenden Beispiel ist ganz offensichtlich, daß keine Verschiebung der Summationsvariablen k bei v_k einen gemeinsamen Teiler mit u_{k-1} erzeugen kann[12], so daß also nach Satz 11.7 in diesem Fall $h_k = 1$ ist:

```
In[4]:= h = 1;
```

Die Rekursionsgleichung (11.17) für g_k sieht in unserem Fall also wie folgt aus:

```
In[5]:= RE = h*u*g[k+1] - (h/.k → k+1) *v*g[k] == h* (h/.k → k+1) *v
Out[5]= (k - n) g(k + 1) - (k + 1) g(k) == k + 1
```

d. h.

$$(k-n)\, g_{k+1} - (k+1)\, g_k = k + 1 . \tag{11.22}$$

Wir werden bald untersuchen, wie man die Gleichung (11.17) automatisch lösen kann. Für den Moment suchen wir nach einer Polynomlösung für g_k vom Grad 1. Wir machen also den Ansatz $g_k = A + B\,k$, setzen diesen in (11.22) ein und erhalten die Polynomidentität

```
In[6]:= RE2 = RE/.{g[k_] → A + B k}//ExpandAll
Out[6]= -n A - A - B n - B k n == k + 1
```

---

funden worden wäre. Gosper schreibt selbst in seiner Arbeit: "Without the support of MACSYMA and its developers, I could not have collected the experiences necessary to provoke the conjectures that led to this algorithm."

[12] Anders sieht es aus, wenn $n \in \mathbb{Z}$ gegeben ist!

Koeffizientenvergleich liefert das lineare Gleichungssystem

```
In[7]:= gleichungen = CoefficientList[RE2[[1]] - RE2[[2]], k] == 0
```

Out[7]= $\{-n A - A - B n - 1, -B n - 1\} == 0$

mit der Lösung

```
In[8]:= lösung = Solve[gleichungen, {A, B}]
```

Out[8]= $\{\{A \to 0, B \to -\frac{1}{n}\}\}$

```
In[9]:= g = A + B k/.lösung[[1]]
```

Out[9]= $-\frac{k}{n}$

also

$$g_k = -\frac{k}{n} .$$

Für s_k erhalten wir schließlich gemäß (11.16)

```
In[10]:= s = g/h a
```

Out[10]= $-\frac{(-1)^k k \binom{n}{k}}{n}$

Damit haben wir das Summationsproblem vollständig gelöst! Es ist also

$$\sum_k (-1)^k \binom{n}{k} = \sum_k a_k = s_k = \frac{g_k}{h_k} a_k = -\frac{k}{n} (-1)^k \binom{n}{k} .$$

Insbesondere haben wir bewiesen: a_k ist gospersummierbar.

Wir können hiermit jede beliebige bestimmte Summe $\sum\limits_{k=a}^{b} a_k = s_{b+1} - s_a$ ausrechnen. Als Spezialfall betrachten wir $\sum\limits_{k=0}^{n} a_k$ und erhalten

```
In[11]:= (s/.k → n + 1) - (s/.k → 0)
```

Out[11]= 0

also

$$\sum_{k=0}^{n} (-1)^k \binom{n}{k} = 0 .$$

Dies ist natürlich als Spezialfall der binomischen Formel bekannt. Das Resultat ist nur für $n \in \mathbb{N}$, nicht aber für $n = 0$ richtig. Dies läßt sich auch unserer Herleitung entnehmen, da die diskrete Stammfunktion s_k für $n = 0$ nicht erklärt ist.

Mit der in `SpecialFunctions` eingebauten Funktion `Gosper`, welche von Paule und Schorn programmiert wurde [PS1995], kann dieses Ergebnis direkt abgerufen werden:

```
In[12]:= Needs["SpecialFunctions`"]
SpecialFunctions, (C) Wolfram Koepf, version 2.01, 2006
Fast Zeilberger, (C) Peter Paule and Markus Schorn (V 2.2) loaded
```

```
In[13]:= Gosper[a, k]
```

Out[13]= $\left\{(-1)^k \binom{n}{k} == \text{Delta}\left(k, -\frac{(-1)^k\, k \binom{n}{k}}{n}\right)\right\}$

(b) Als nächstes untersuchen wir das Beispiel $a_k = k\,k!$, welches wir bereits in Abschnitt 11.3 betrachtet hatten. Hier gilt

```
In[14]:= a = k k!
```

Out[14]= $k\,k!$

In[15]:= `rat = FunctionExpand[` $\frac{\texttt{a/.k → k + 1}}{\texttt{a}}$ `]`

Out[15]= $\frac{(k+1)^2}{k}$

```
In[16]:= u = Numerator[rat]; v = Denominator[rat];
```

also

$$\frac{a_{k+1}}{a_k} = \frac{(k+1)^2}{k}$$

und $u_k = (k+1)^2$ bzw. $u_{k-1} = k^2$ und $v_k = k$. In diesem Fall ist also offenbar die Dispersion $N = 0$. Wegen

```
In[17]:= h = PolynomialGCD[(u/.k → k - 1), v]
```

Out[17]= k

können wir gemäß (11.21) mit $h_k = \gcd(u_{k-1}, v_k) = k$ arbeiten, wobei es sich herausstellen wird, daß in diesem Fall der Zähler g_k *keine* gemeinsamen Faktoren mit h_k besitzt. Die Rekursionsgleichung (11.17) für g_k liefert nun

```
In[18]:= RE = h*u*g[k+1] - (h/.k → k+1)*v*g[k] == h*(h/.k → k+1)*v
```

Out[18]= $k\,(k+1)^2\, g(k+1) - k\,(k+1)\, g(k) == k^2\,(k+1)$

Nach Einsetzen des Ansatzes $g_k = A$ eines konstanten Polynoms für g_k erhalten wir schließlich

```
In[19]:= RE2 = RE/.{g[k_] → A}//ExpandAll
```

Out[19]= $A\,k^3 + A\,k^2 == k^3 + k^2$

```
In[20]:= gleichungen = CoefficientList[RE2[[1]] - RE2[[2]], k] ==
0
```

Out[20]= $\{0, 0, A-1, A-1\} == 0$

```
In[21]:= Solve[gleichungen, {A}]
```

Out[21]= $\{\{A \to 1\}\}$

also

$$g_k = 1 \,.$$

Damit haben wir also das Resultat

$$s_k = \sum_k a_k = \sum_k k\,k! = \frac{g_k}{h_k}\,a_k = \frac{1}{k}\,k\,k! = k! \,,$$

wie zu erwarten war. Die eingebaute Funktion `Gosper` erzeugt daher die Ausgabe

```
In[22]:= Gosper[a, k]
Out[22]= {k k! == Delta(k, k!)}
```

(c) Schließlich betrachten wir $a_k = k!$:

```
In[23]:= a = k!
Out[23]= k!
```

Wir erhalten

```
In[24]:= rat = FunctionExpand[(a/.k → k + 1)/a]
Out[24]= k + 1
```

```
In[25]:= u = Numerator[rat]; v = Denominator[rat];
```

also $u_k = k + 1$ und $v_k = 1$. Daher ist $h_k = 1$:

```
In[26]:= h = 1;
```

und die Rekursion für g_k ist gegeben durch

```
In[27]:= RE = h*u*g[k+1] - (h/.k → k+1)*v*g[k] == h*(h/.k → k+1)*v
Out[27]= (k + 1) g(k + 1) − g(k) == 1
```

Im vorliegenden Fall können wir ad hoc beweisen, daß diese Rekursion keine Polynomlösung haben kann: Ist nämlich g_k vom Grad m, so hat $(k + 1)\,g_{k+1}$ den Grad $m + 1$. Das heißt aber, daß der höchste Koeffizient von $(k + 1)\,g_{k+1} - g_k$ mindestens den Grad 1 hat und verschieden von Null ist. Das ist aber auf Grund der rechten Seite der Rekursion nicht möglich. Daher existiert das gesuchte $g_k \in \mathbb{K}(k)$ nicht, und folglich ist a_k nicht gospersummierbar. Dies ist der Grund für die Antwort

```
In[28]:= Gosper[a, k]
Out[28]= {}
```

Hierbei bedeutet die leere Menge, daß das gestellte Problem keine Lösung hat, nicht, daß *Mathematica* hier lediglich keine Lösung gefunden hat!

Die vorgeführte Rechnung beantwortet die früher gestellte Frage: *Keine* der diskreten Stammfunktionen von $k!$ ist ein hypergeometrischer Term! □

Noch hat unsere Methode den Nachteil, daß wir bei der Bestimmung des Zählerpolynoms g_k raten bzw., wie beim letzten Beispiel, den Beweis ad hoc zu Ende führen mußten. Insbesondere läßt sich so (bei Mißerfolg) immer noch nicht entscheiden, ob eine Lösung existiert oder nicht. Dies wollen wir nun systematischer untersuchen.

Gosper hat den folgenden Algorithmus entworfen, welcher den möglichen Grad der Polynomlösung einer Rekursion der Form (11.17) a priori bestimmt. Man beachte, daß man g_k algorithmisch durch Lösen eines linearen Gleichungssystems bestimmen kann[13], sobald man eine Gradschranke für g_k besitzt.

Satz 11.9 (Gradschranke) Für jede Polynomlösung g_k der Rekursion **11.9**

$$A_k\, g_{k+1} + B_k\, g_k = C_k \tag{11.23}$$

mit den Polynomen $A_k, B_k, C_k \in \mathbb{K}[k]$ erhält man eine *Gradschranke* durch folgenden Algorithmus:

1. Ist $\deg(A_k - B_k, k) \leqq \deg(A_k + B_k, k)$, dann gilt

$$\deg(g_k, k) = \deg(C_k, k) - \deg(A_k + B_k, k)\,.$$

2. Ist hingegen $n := \deg(A_k - B_k, k) > \deg(A_k + B_k, k)$, so seien a und b die Koeffizienten $a := \operatorname{coeff}(A_k - B_k, k, n) \neq 0$ und $b := \operatorname{coeff}(A_k + B_k, k, n-1)$.
   (a) Falls $-2b/a \notin \mathbb{N}_{\geqq 0}$, dann gilt

$$\deg(g_k, k) = \deg(C_k, k) - n + 1\,.$$

   (b) Ist aber $-2b/a \in \mathbb{N}_{\geqq 0}$, dann gilt

$$\deg(g_k, k) \in \{-2b/a, \deg(C_k, k) - n + 1\}\,.$$

Beweis: Wir schreiben die Rekursionsgleichung (11.23) in der Form

$$C_k = (A_k + B_k)\,\frac{g_{k+1} + g_k}{2} + (A_k - B_k)\,\frac{g_{k+1} - g_k}{2}\,. \tag{11.24}$$

Für jedes Polynom $g_k \neq 0$ gilt die Beziehung

$$\deg(g_{k+1} - g_k, k) = \deg(g_{k+1} + g_k, k) - 1\,, \tag{11.25}$$

[13] Dies kann auch auf andere Weise geschehen, es gibt hierfür durchaus noch effizientere Verfahren.

da beim Polynom $g_{k+1} - g_k$ im Gegensatz zu $g_{k+1} + g_k$ die höchste Potenz wegfällt. Dies sieht man mit der binomischen Formel. Erklären wir zudem $\deg(0) := -1$, so gilt (11.25) für alle $g_k \in \mathbb{K}[k] \setminus \{0\}$.

Ist nun $\deg(A_k - B_k, k) \leqq \deg(A_k + B_k, k)$, dann hat der zweite Summand in (11.24) also definitiv niedrigeren Grad als der erste Summand. Dies liefert aber (1).

Falls $\deg(A_k - B_k, k) > \deg(A_k + B_k, k)$ ist, ist die Situation etwas verwickelter. Sei $\deg(g_k, k) = m \in \mathbb{N}_{\geqq 0}$ mit $g_k = c\,k^m + \ldots$. Dann folgt für den höchsten Koeffizienten in (11.24)

```
In[1]:= gleichung =
          C == AplusB (g[k + 1] + g[k])/2 + AminusB (g[k + 1] - g[k])/2 /.
          {g[k_] -> c k^m, AplusB -> b k^(n-1), AminusB -> a k^n}
```

Out[1]= $C == \frac{1}{2}\, b\,(c\,k^m + c\,(k+1)^m)\,k^{n-1} + \frac{1}{2}\, a\,(c\,(k+1)^m - c\,k^m)\,k^n$

und unter Benutzung der binomischen Formel

```
In[2]:= gleichung = gleichung/. (k + 1)^m -> k^m + m k^(m-1) //ExpandAll
```

Out[2]= $C == \frac{1}{2}\, b\,c\,m\,k^{m+n-2} + b\,c\,k^{m+n-1} + \frac{1}{2}\, a\,c\,m\,k^{m+n-1}$

also

$$C_k = \left(b + a\frac{m}{2}\right) c\,k^{m+n-1} + \ldots .$$

Daraus resultiert aber (2). □

In Wirklichkeit handelt es sich bei dem Algorithmus des Satzes 11.9 nicht nur um eine Gradschranke, sondern der Grad des resultierenden Polynoms wird in den meisten Fällen exakt bestimmt. Lediglich im Fall (2b) gibt es zwei Möglichkeiten für den Grad.

Um die Polynomlösungen g_k zu finden, muß man schließlich nur – wie in Sitzung 11.8 – den Lösungsansatz in die Rekursion (11.17) einsetzen und deren Koeffizienten mittels linearer Algebra bestimmen. Falls die berechnete Gradschranke keine nichtnegative ganze Zahl ist oder falls das lineare Gleichungssystem keine Lösung besitzt, ist damit erwiesen, daß die Rekursionsgleichung (11.17) keine Polynomlösung hat. Für unser Summationsproblem bedeutet dies, daß somit keine diskrete Stammfunktion s_k von a_k existiert, welche ein hypergeometrischer Term ist.

Sitzung 11.10 Der Algorithmus aus Satz 11.9 ist schnell programmiert:

```
In[1]:= Clear[GradSchranke]
        GradSchranke[A_, B_, C_, k_] :=
          Module[{pol1, pol2, deg1, deg2, a, b},
            pol1 = Collect[A - B, k];
            pol2 = Collect[A + B, k];
            If[pol1 === 0, deg1 = -1,
              deg1 = Exponent[pol1, k]];
            If[pol2 === 0, deg2 = -1, deg2 = Exponent[pol2, k]];
            If[deg1 ≤ deg2, Print["Teil 1"];
              Return[Exponent[C, k] - deg2]];
            a = Coefficient[pol1, k, deg1];
            If[deg2 < deg1 - 1, b = 0,
              b = Coefficient[pol2, k, deg2]];
            If[Not[IntegerQ[-2 * b/a] && -2 * b/a ≥ 0],
              Print["Teil 2a"];
              Return[Exponent[C, k] - deg1 + 1],
              Print["Teil 2b"];
              Return[Max[-2 * b/a, Exponent[C, k] - deg1 + 1]]]
          ]
```

Zur Kontrolle, welcher Teil von Satz 11.9 zum Tragen kommt, haben wir – für den Moment – entsprechende Meldungen mittels `Print` eingebaut.

Wir testen die Funktion `GradSchranke` an den Beispielen aus Sitzung 11.8. Bei $a_k = (-1)^k \binom{n}{k}$ hatten wir die Rekursion $(k-n)\, g_{k+1} - (k+1)\, g_k = k+1$ erhalten. Wir bekommen nun

```
In[2]:= GradSchranke[k - n, -(k + 1), k + 1, k]
Teil 2a
Out[2]= 1
```

Bei diesem Beispiel wurde also Teil (2a) des Algorithmus besucht mit dem Ergebnis $\deg(g_k, k) = 1$. Dies war auch unsere Wahl in Sitzung 11.8. Selbstverständlich ist nach Berechnung der Gradschranke zunächst die Existenz einer Polynomlösung noch nicht gesichert.

Für $a_k = k\, k!$ hatten wir die Rekursion

$$k\,(k+1)^2\, g_{k+1} - k\,(k+1)\, g_k = k^2\,(k+1)$$

erhalten mit der Gradschranke

```
In[3]:= GradSchranke[k (k + 1)^2, -k (k + 1), k^2 (k + 1), k]
Teil 1
Out[3]= 0
```

Schließlich betrachten wir wieder $a_k = k!$ mit $(k+1)\,g_{k+1} - g_k = 1$ und der Gradschranke

```
In[4]:= GradSchranke[k + 1, -1, 1, k]
Teil 1
Out[4]= -1
```

welche wiederum – diesmal aber vollautomatisch – zeigt, daß $k!$ nicht gospersummierbar ist.

Die folgende Prozedur `REtoPol` liefert eine Polynomlösung der Rekursion (11.23)

```
In[5]:= Clear[REtoPol]
        REtoPol[A_, B_, C_, k_] :=
          Module[{ deg, g, a, j, rec, sol},
            deg = GradSchranke[A, B, C, k];
            If[deg < 0, Return["keine Polynomlösung"]];
            g = Sum[a[j] * k^j, {j, 0, deg}];
            rec = Collect[A * (g/.k → k + 1) + B * g - C, k];
            sol = Solve[CoefficientList[rec, k] == 0,
                Table[a[j], {j, 0, deg}]];
            If[sol === {}, Return["keine Polynomlösung"]];
            g/.sol[[1]]/.a[_] → 0
          ]
```

Im letzten Schritt setzen wir alle unbestimmt gebliebenen Koeffizienten des berechneten Polynoms gleich Null, da uns *eine* Polynomlösung genügt. Dies wird im Fall (2b) von Satz 11.9 benutzt, da hier der Grad von g_k nicht exakt vorbestimmt ist.

Wir lösen nun die drei Beispiele in jeweils einem Schritt:

```
In[6]:= REtoPol[k - n, -(k + 1), k + 1, k]
Teil 2a
```

Out[6]= $-\frac{k}{n}$

```
In[7]:= REtoPol[k (k + 1)^2, -k (k + 1), k^2 (k + 1), k]
Teil 1
Out[7]= 1

In[8]:= REtoPol[k + 1, -1, 1, k]
Teil 1
Out[8]= "keine Polynomlösung"
```

Wir wollen schließlich noch als weiteres Beispiel die Frage untersuchen, ob die harmonischen Zahlen H_k sich durch einen hypergeometrischen Term darstellen lassen.[14] Wegen $H_k = \sum_k \frac{1}{k+1}$ setzen wir also $a_k = \frac{1}{k+1}$:

```
In[9]:= a = 1/(k + 1)
```
$$\mathit{Out[9]}= \frac{1}{k+1}$$

Wir erhalten

```
In[10]:= rat = FunctionExpand[(a/.k → k + 1)/a]
```
$$\mathit{Out[10]}= \frac{k+1}{k+2}$$

```
In[11]:= u = Numerator[rat]; v = Denominator[rat];
```

also $u_{k-1} = k$ und $v_k = k + 2$. Daraus folgt leicht, daß $h_k = 1$ ist:

```
In[12]:= h = 1;
```

Dies liefert die Rekursion

```
In[13]:= RE = h*u*g[k+1] - (h/.k → k+1) *v*g[k] == h* (h/.k → k+1) *v
```
$$\mathit{Out[13]}= (k+1)\,g(k+1) - (k+2)\,g(k) == k+2$$

für g_k mit der Gradschranke

```
In[14]:= GradSchranke[Coefficient[RE[[1]], g[k + 1]],
             Coefficient[RE[[1]], g[k]], RE[[2]], k]
Teil 2a
Out[14]= 1
```

welche eine Polynomlösung möglich erscheinen läßt. Aber dennoch erhalten wir

```
In[15]:= REtoPol[Coefficient[RE[[1]], g[k + 1]],
             Coefficient[RE[[1]], g[k]], RE[[2]], k]
Teil 2a
Out[15]= "keine Polynomlösung"
```

was beweist, daß $\frac{1}{k+1}$ nicht gospersummierbar ist. Dies ist natürlich gleichwertig zu der Aussage, daß H_k *kein* hypergeometrischer Term ist. □

Um den Algorithmus zur Bestimmung hypergeometrischer Stammfunktionen zu vervollständigen, fehlt nun noch ein Algorithmus zur Bestimmung von N gemäß (11.20). Der folgende Algorithmus bestimmt die *Dispersionsmenge*

$$J := \{j \in \mathbb{N}_{\geqq 0} \mid \gcd(u_{k-1}, v_{k+j}) \neq 1\}\,.$$

[14]Im stetigen Fall entspricht dies der Frage, ob die Logarithmusfunktion $\ln x$ ein hyperexponentieller Term ist. Es läßt sich auf ähnliche Weise zeigen, daß dies natürlich nicht der Fall ist, s. [Koe1998], Kapitel 11.

Die Bestimmung des Maximums ist dann natürlich trivial.

11.11 **Satz 11.11** **(Dispersionsmenge)** Der folgende Algorithmus bestimmt die Dispersionsmenge

$$\{j \in \mathbb{N}_{\geq 0} \mid \gcd(q_k, r_{k+j}) \neq 1\}$$

zweier Polynome $q_k, r_k \in \mathbb{K}[k]$ unter der Voraussetzung, daß ein Faktorisierungsalgorithmus in $\mathbb{K}[x]$ existiert. Dies ist also insbesondere dann anwendbar, falls $q_k, r_k \in \mathbb{Q}(a_1, a_2, \ldots, a_p)[k]$ sind.

1. Eingabe: Zwei Polynome $q_k, r_k \in \mathbb{K}[k]$.
2. Faktorisiere q_k und r_k über $\mathbb{K}$.
3. Setze $J := \{\}$. Berechne für jedes Paar irreduzibler Faktoren s_k von q_k und t_k von r_k die Menge $D :=$`PrimDispersion[s,t,k]` in folgenden Schritten:
   (a) Falls die Grade $m := \deg(s_k, k)$ und $n := \deg(t_k, k)$ verschieden sind, gib $D := \{\}$ aus.
   (b) Berechne die Koeffizienten $a := \operatorname{coeff}(s_k, k, n)$, $b := \operatorname{coeff}(s_k, k, n-1)$, $c := \operatorname{coeff}(t_k, k, n)$ und $d := \operatorname{coeff}(t_k, k, n-1)$.
   (c) Falls $j := \frac{bc-ad}{acn} \notin \mathbb{N}_{\geq 0}$, dann gib $D := \{\}$ aus.
   (d) Teste, ob $cs_k - at_{k+j} \equiv 0$. Ist dies der Fall, setze $D := \{j\}$, andernfalls $D := \{\}$, und gib D aus.

   $J := J \cup D$.
4. Ausgabe: J.

Beweis: Zunächst zeigen wir, daß die Dispersion zweier irreduzibler Polynome q_k und r_k von der Unterroutine `PrimDispersion[q,r,k]` bestimmt wird.

Wir nehmen an, daß q_k und r_k die Dispersion $j \geq 0$ haben. Wir behaupten zunächst, daß in diesem Fall q_k und r_k denselben Grad haben und Vielfache voneinander sein müssen. Aus der Beziehung

$$\gcd(q_k, r_{k+j}) = g_k \not\equiv 1$$

folgt nämlich, daß q_k den Faktor g_k und r_k den Faktor g_{k-j} haben. Da q_k und r_k nach Voraussetzung aber irreduzibel sind, muß also der Grad von g_k gleich dem gemeinsamen Grad n von q_k und r_k sein, was unsere Behauptung beweist.

Also haben die beiden Polynome

$$q_k = ak^n + bk^{n-1} + \ldots$$

und

$$r_k = ck^n + dk^{n-1} + \ldots$$

die Dispersion $j \in \mathbb{N}_{\geqq 0}$ genau dann, wenn

$$\frac{c}{a}\,q_k \equiv r_{k+j} = c(k+j)^n + d(k+j)^{n-1} + \ldots = ck^n + (cnj+d)\,k^{n-1} + \ldots\,, \tag{11.26}$$

wobei wir wieder die binomische Formel benutzt haben.

Die resultierende Identität (11.26) kann nur dann gelten, wenn die Koeffizienten von k^{n-1} auf beiden Seiten übereinstimmen, wenn also

$$\frac{bc}{a} = cnj + d\,, \qquad \text{bzw.} \qquad j = \frac{bc - ad}{acn} \tag{11.27}$$

ist. Daher muß j, gegeben durch (11.27), eine nichtnegative ganze Zahl sein. Ist dies der Fall, kann man r_{k+j} berechnen und überprüfen, ob (11.26) stimmt.

Um nun die vollständige Dispersionsmenge von q_k und r_k zu berechnen, benutzt der Algorithmus die Unterroutine `PrimDispersion` für jedes Paar irreduzibler Faktoren und sammelt die berechneten Werte in der Menge J. □

Sitzung 11.12 Wir wollen diesen Algorithmus nun in *Mathematica* implementieren.

```
In[1]:= Clear[PrimDispersion]
        PrimDispersion[q_, r_, k_] :=
          Module[{s, t, n, a, b, c, d, j},
            s = Collect[q, k];
            t = Collect[r, k];
            n = Exponent[s, k];
            If[n === 0 || Not[n == Exponent[t, k]],
              Return[{}]];
            a = Coefficient[s, k, n];
            b = Coefficient[s, k, n - 1];
            c = Coefficient[t, k, n];
            d = Coefficient[t, k, n - 1];
            j = Together[(b * c - a * d) / (a * c * n)];
            If[Not[IntegerQ[j] && j ≥ 0], Return[{}]];
            If[Together[c * s - a * (t /. k → k + j)] === 0,
              Return[{j}], Return[{}]]
          ]
```

Wir berechnen zunächst die Dispersion zweier linearer Polynome.

```
In[2]:= PrimDispersion[k, k - 1234, k]
Out[2]= {1234}
```

In diesem Fall kann man die Dispersion natürlich ohne weiteres mit bloßem Auge erkennen. Dies ist aber anders im folgenden Fall zweier irreduzibler Polynome zweiten Grades über $\mathbb{Q}(m)$:

```
In[3]:= q = Expand[3k^2 + m k - 5m + 1/.k → k + 4321]
Out[3]= 3 k^2 + m k + 25926 k + 4316 m + 56013124

In[4]:= r = Expand[n(3k^2 + m k - 5m + 1)]
Out[4]= 3 k^2 + m k - 5 m + 1

In[5]:= PrimDispersion[q, r, k]
Out[5]= {4321}
```

Nun können wir schließlich die Dispersionsmenge beliebiger Polynome bestimmen.

```
In[6]:= Clear[DispersionsMenge]
        DispersionsMenge[q_, r_, k_] :=
          Module[{f, g, m, n, i, j, result, tmp, op1, op2},
            f = Factor[q];
            g = Factor[r];
            If[Not[Head[f] === Times], m = 1, m = Length[f]];
            If[Not[Head[g] === Times], n = 1, n = Length[g]];
            result = {};
            Do[
              If[Head[f] === Times, op1 = f[[i]], op1 = f];
              If[Head[op1] === Power, op1 = op1[[1]]];
              Do[
                If[Head[g] === Times, op2 = g[[j]], op2 = g];
                If[Head[op2] === Power, op2 = op2[[1]]];
                tmp = PrimDispersion[op1, op2, k];
                If[Not[tmp === {}], AppendTo[result, tmp[[1]]]],
                {j, 1, n}],
              {i, 1, m}];
            Union[result]
          ]
```

Wir berechnen die Dispersionsmenge zweier Polynome mit linearen Faktoren

```
In[7]:= DispersionsMenge[k^2 (k + 4), k (k - 3)^3, k]
Out[7]= {0, 3, 4, 7}
```

und schließlich zweier komplizierter Polynome über $\mathbb{Q}(a)$

```
In[8]:= q = Expand[k(3k^2 + a) (k - 22536) (k^3 + a)]
```

Out[8]= $3\,k^7 - 67608\,k^6 + 3\,k^5 - 67599\,k^4 - 202824\,k^3 + 9\,k^2 - 202824\,k$

```
In[9]:= r = Expand[k(3k^2 + a) (k - 22536) (k^3 + a) /.{k → k - 345}]
```

Out[9]= $3\,k^7 - 74853\,k^6 + a\,k^5 + 147447135\,k^5 - 24258\,a\,k^4 - 125017313625\,k^4 + 32218182\,a\,k^3 + 57012120995625\,k^3 + a^2\,k^2 - 16432603920\,a\,k^2 - 14674906639659375\,k^2 - 23226\,a^2\,k + 3747840275025\,a\,k + 2018054986820803125\,k + 7893945\,a^2 - 321335266839750\,a - 1157472885682669 21875$

```
In[10]:= DispersionsMenge[q, r, k]
```

Out[10]= $\{345, 22881\}$

Damit ist auch der letzte Schritt zur Bestimmung hypergeometrischer diskreter Stammfunktionen abgeschlossen.

In Aufgabe 11.4 sollen Sie die einzelnen Schritte zu einer Prozedur `DiskreteStammfunktion` zusammenfügen, die den Gosper-Algorithmus durchführt. □

11.5 Bestimmte Summation hypergeometrischer Terme

Nun wollen wir uns ein zweites Mal mit der bestimmten Summation hypergeometrischer Terme beschäftigen. In Abschnitt 11.1 hatten wir die Fasenmyer-Methode kennengelernt. Diese erwies sich als geeignet zur Bestimmung einer holonomen Rekursion für

$$s_n = \sum_{k=-\infty}^{\infty} F(n,k) ,$$

sofern $F(n,k)$ ein hypergeometrischer Term bzgl. beider Variablen n und k ist, also (11.3) gilt:

$$\frac{F(n+1,k)}{F(n,k)} \in \mathbb{K}(n,k) \quad \text{und} \quad \frac{F(n,k+1)}{F(n,k)} \in \mathbb{K}(n,k) ,$$

und damit zur Darstellung von s_n durch einen hypergeometrischen Term, falls die resultierende Rekursionsgleichung erster Ordnung ist.

Die Fasenmyer-Methode erwies sich allerdings auf Grund Ihrer Komplexität für ungeeignet, wirklich schwierige Probleme zu lösen.

In diesem Abschnitt werden wir nun eine wesentlich effizientere Methode für denselben Zweck kennenlernen, welche von Doron Zeilberger [Zei1990a] entwickelt wurde und die auf dem Algorithmus des letzten Abschnitts beruht.

Zunächst allerdings möchte ich zeigen, daß eine *direkte* Anwendung der unbestimmten Summation nicht zum Ziel führt. Wir nehmen in diesem Abschnitt wieder generell an, daß $F(n,k)$ *endlichen Träger* hat, d. h., für jedes feste $n \in \mathbb{N}_{\geqq 0}$ sei $F(n,k) \neq 0$ nur für eine endliche Menge von Argumentwerten $k \in \mathbb{Z}$.

11.13 **Satz 11.13** Sei $F(n,k)$ ein hypergeometrischer Term bzgl. n und k, welcher gospersummierbar bzgl. k sei mit einer hypergeometrischen diskreten Stammfunktion $s_k = G(n,k)$, welche für alle $k \in \mathbb{Z}$ endlich sei. Sei weiter $F(n,k)$ für alle $n \in \mathbb{N}_{\geqq 0}$ wohldefiniert und habe endlichen Träger. Dann gilt

$$\sum_{k=-\infty}^{\infty} F(n,k) = 0 \qquad (11.28)$$

für alle bis auf höchstens endliche viele $n \in \mathbb{N}_{\geqq 0}$.
Genauer gilt: Ist $G(n,k) = R(n,k)\,F(n,k)$ eine hypergeometrische diskrete Stammfunktion, dann gilt (11.28) für alle $n \in \mathbb{N}_{\geqq 0}$, für welche der Nenner der rationalen Funktion $R(n,k) \in \mathbb{K}(n,k)$ nicht identisch Null ist.

Beweis: Nach Voraussetzung ist $F(n,k)$ gospersummierbar bzgl. k, also gibt es eine hypergeometrische diskrete Stammfunktion $G(n,k)$:

$$F(n,k) = G(n,k+1) - G(n,k)\,.$$

Wir summieren diese Gleichung über alle $k \in \mathbb{Z}$. Dies liefert

$$\sum_{k=-\infty}^{\infty} F(n,k) = \sum_{k=-\infty}^{\infty} \Big(G(n,k+1) - G(n,k)\Big) = 0\,,$$

weil die rechte Reihe eine Teleskopsumme darstellt. Da $F(n,k)$ endlichen Träger hat, ist die betrachtete Summe endlich. Es kann aber passieren, daß $G(n,k)$ an bestimmten Stellen $n \in \mathbb{N}_{\geqq 0}$ Singularitäten besitzt. Da $G(n,k) = R(n,k)\,F(n,k)$ ein rationales Vielfaches von $F(n,k)$ ist, sind die Singularitäten von $G(n,k)$ die Pole von $R(n,k)$. □

11.14 **Beispiel 11.14** In Sitzung 11.8 hatten wir gezeigt, daß $F(n,k) = (-1)^k \binom{n}{k}$ gospersummierbar ist mit

$$G(n,k) = -\frac{k}{n}\,F(n,k)\,.$$

Hieraus folgt nun aus Satz 11.13 sofort, daß für $n \in \mathbb{N}$ (aber nicht für $n = 0$)

$$\sum_{k=-\infty}^{\infty} (-1)^k \binom{n}{k} = \sum_{k=0}^{n} (-1)^k \binom{n}{k} = 0$$

ist. Das hatten wir damals durch Einsetzen der Grenzen ermittelt. △

Aus Satz 11.13 bekommen wir durch Kontraposition:

Folgerung 11.15 Sei $F(n, k)$ ein hypergeometrischer Term bzgl. n und k, welcher für alle $n \in \mathbb{N}_{\geqq 0}$ wohldefiniert sei und endlichen Träger habe. Falls $\sum\limits_{k=-\infty}^{\infty} F(n, k)$ durch einen von Null verschiedenen hypergeometrischen Term dargestellt werden kann, dann ist $F(n, k)$ nicht gospersummierbar bzgl. k. □ **11.15**

Beispiel 11.16 Wegen **11.16**

$$\sum_{k=0}^{n} \binom{n}{k} = 2^n ,$$

$$\sum_{k=0}^{n} k \binom{n}{k} = n\, 2^{n-1}$$

sowie

$$\sum_{k=0}^{n} \binom{n}{k}^2 = \binom{2n}{n}$$

sind $\binom{n}{k}$, $k\binom{n}{k}$ als auch $\binom{n}{k}^2$ nicht gospersummierbar bzgl. k. △

Zeilbergers Idee ist nun die folgende: Wir wenden den Algorithmus aus dem vorigen Kapitel zur Bestimmung einer hypergeometrischen diskreten Stammfunktion nicht auf $F(n, k)$, sondern für ein geeignetes $J \in \mathbb{N}$ auf den Ausdruck

$$a_k := F(n, k) + \sum_{j=1}^{J} \sigma_j(n)\, F(n + j, k) \qquad (11.29)$$

an mit noch zu bestimmenden Variablen σ_j $(j = 1, \ldots, J)$, welche von n, aber nicht von k abhängen sollen. Wegen

$$\begin{aligned}\frac{a_{k+1}}{a_k} &= \frac{F(n,k+1) + \sum\limits_{j=1}^{J} \sigma_j(n)\, F(n+j,k+1)}{F(n,k) + \sum\limits_{j=1}^{J} \sigma_j(n)\, F(n+j,k)} \\ &= \frac{F(n,k+1)}{F(n,k)} \cdot \frac{1 + \sum\limits_{j=1}^{J} \sigma_j(n)\, \frac{F(n+j,k+1)}{F(n,k+1)}}{1 + \sum\limits_{j=1}^{J} \sigma_j(n)\, \frac{F(n+j,k)}{F(n,k)}} = \frac{u_k}{v_k} \in \mathbb{K}(n,k) \end{aligned} \tag{11.30}$$

ist a_k ein hypergeometrischer Term und somit der Algorithmus des letzten Abschnitts anwendbar.

Gemäß (11.30) enthält v_k einen Teiler $w_k(\sigma_j)$, welcher die Variablen σ_j $(j = 1, \ldots, J)$ *linear* enthält, und u_k enthält den Teiler $w_{k+1}(\sigma_j)$. Hieraus sieht man, daß u_{k-1} und v_k den gemeinsamen Teiler $1 + \sum\limits_{j=1}^{J} \sigma_j(n)\, \frac{F(n+j,k)}{F(n,k)}$ haben. Somit enthält die Dispersionsmenge von u_{k-1} und v_k in der vorliegenden Situation *immer* die Zahl 0, d. h. es ist $N \geqq 0$.

Wir wählen wieder h_k gemäß (11.21), also

$$h_k := \gcd\left(\prod_{j=0}^{N} u_{k-1-j}, \prod_{j=0}^{N} v_{k+j} \right) \in \mathbb{K}(n)[k] ,$$

und es bleibt, eine Polynomlösung $g_k \in \mathbb{K}(n)[k]$ der inhomogenen Rekursionsgleichung (11.17)

$$h_k\, u_k\, g_{k+1} - h_{k+1}\, v_k\, g_k = h_k\, h_{k+1}\, v_k \tag{11.31}$$

zu bestimmen.

Falls $N = 0$ ist,[15] dann gilt $h_k \mid v_k$ und $h_k \mid u_{k-1}$, so daß wir die Rekursion (11.31) durch $h_k \cdot h_{k+1}$ teilen können und die wesentlich vereinfachte Bestimmungsgleichung

$$\frac{u_k}{h_{k+1}}\, g_{k+1} - \frac{v_k}{h_k}\, g_k = v_k \tag{11.32}$$

für g_k erhalten. Diese Gleichung hat dann wegen $\frac{u_k}{h_{k+1}}, \frac{v_k}{h_k} \in \mathbb{K}(n)[k]$ wieder Polynomkoeffizienten.

Falls $N > 0$ ist, sollte man den gemeinsamen Teiler $\gcd(h_k\, u_k,\ h_{k+1}\, v_k\, g_k,\ h_k\, h_{k+1}\, v_k)$ der Koeffizienten der Rekursion (11.31) zuerst herausdividieren, um die Komplexität zu verringern. Man beachte ferner, daß in jedem Fall die Unbestimmten σ_j $(j = 1, \ldots, J)$ linear auf der rechten Seite von (11.31) bzw. der reduzierten Gleichung (11.32) auftreten.

[15] Dies trifft in den allermeisten Fällen zu!

Wie gewohnt finden wir eine Gradschranke m für g_k, und Zeilbergers entscheidende Beobachtung besteht darin, daß bei der Bestimmung der Koeffizienten eines generischen Polynoms

$$g_k = \alpha_0 + \alpha_1 k + \alpha_2 k^2 + \cdots + \alpha_m k^m$$

durch Koeffizientenvergleich ein lineares Gleichungssystem in den Koeffizienten α_l ($l = 0, \ldots, m$) von g_k *und den Unbekannten* σ_j ($j = 1, \ldots, J$) entsteht. Bei der Bestimmung einer Polynomlösung von (11.32) finden wir also außer $g_k \in \mathbb{K}(n)[k]$ gleichzeitig geeignete $\sigma_j \in \mathbb{K}(n)$ ($j = 1, \ldots, J$).

Ist diese Prozedur erfolgreich, so liefert sie uns daher einen hypergeometrischen Term $G(n, k) = \frac{g_k}{h_k} a_k$ und rationale Funktionen $\sigma_j \in \mathbb{K}(n)$ ($j = 1, \ldots, J$) derart, daß

$$G(n, k+1) - G(n, k) = a_k = F(n, k) + \sum_{j=1}^{J} \sigma_j(n)\, F(n+j, k)\,. \tag{11.33}$$

Also folgt durch Summation

$$\begin{aligned}\sum_{k=-\infty}^{\infty} a_k &= \sum_{k=-\infty}^{\infty} \left(F(n, k) + \sum_{j=1}^{J} \sigma_j(n)\, F(n+j, k) \right) \\ &= s_n + \sum_{j=1}^{J} \sigma_j(n)\, s_{n+j} = \sum_{k=-\infty}^{\infty} \Big(G(n, k+1) - G(n, k) \Big) = 0\,,\end{aligned}$$

da die rechte Seite wieder eine Teleskopsumme darstellt. Nach Multiplikation mit dem Hauptnenner erhalten wir schließlich eine holonome Rekursionsgleichung der Ordnung J für s_n.

Da der Algorithmus des letzten Abschnitts ein Entscheidungsalgorithmus ist, wird seine Anwendung immer erfolgreich sein, falls eine Gleichung der Form (11.33) für $F(n, k)$ gültig ist. Zum Glück trifft dies in fast allen Fällen zu. Eine Garantie, mit dieser Methode die holonome Rekursionsgleichung niedrigster Ordnung für s_n zu bestimmen, hat man allerdings nicht. Aber man kann beweisen, daß die Methode unter gewissen geringfügen Einschränkungen an den Eingabeterm terminiert. Beginnt man also mit einer Anwendung des beschriebenen Verfahrens für $J = 1$ und erhöht bei Mißerfolg J stets um 1, so bricht dieser Algorithmus ab.

Sitzung 11.17 Wir laden das Package `SpecialFunctions` sowie die früher geschriebenen Prozeduren `PrimDispersion`, `DispersionsMenge`, `GradSchranke` sowie `REtoPol`. Der beschriebene Algorithmus von Zeilberger kann nun implementiert werden durch

```
In[1]:= Clear[SumRekursion]
        SumRekursion[F_, k_, S_[n_]] :=
        Module[{a, σ, ratk, ratn, rat, nenner, u, v, M,
            dis, h, j, deg, rec, sol, A, B, CC, gcd, α, g, RE}, RE = {};
        Do[
        ratk = SimplifyCombinatorial[(F/.k → k + 1)/F];
        ratn = SimplifyCombinatorial[(F/.n → n + 1)/F];
        nenner = 1+
          Sum[σ[j] * Product[ratn/.n → n + i, {i, 0, j - 1}], {j, J}];
        rat = Together[ratk * (nenner/.k → k + 1)/nenner];
        u = Numerator[rat]; v = Denominator[rat];
        If[Not[PolynomialQ[u, k] &&PolynomialQ[v, k]], Return[]];
        M = DispersionsMenge[u/.k → k - 1, v, k];
        dis = Max[M];
        h = PolynomialGCD[Product[u/.k → k - 1 - j, {j, 0, dis}],
            Product[v/.k → k + j, {j, 0, dis}]];
        If[dis == 0,
          A = Together[u/(h/.k → k + 1)]; B = -Together[v/h]; CC = v,
            A = h * u; B = -(h/.k → k + 1) * v; CC = h * (h/.k → k + 1) * v];
        gcd = PolynomialGCD[A, B, CC]; A = Together[A/gcd];
        B = Together[B/gcd]; CC = Together[CC/gcd];
        deg = GradSchranke[A, B, CC, k];
        If[deg >= 0,
          g = Sum[α[j] * k^j, {j, 0, deg}];
          rec = Collect[A * (g/.k → k + 1) + B * g - CC, k];
          sol = Solve[CoefficientList[rec, k] == 0,
              Union[Table[α[j], {j, 0, deg}],
                  Table[σ[j], {j, 1, J}]]];
          If[Not[sol === {}],
            RE = S[n] + Sum[σ[j] * S[n + j]/.sol[[1]], {j, 1, J}];
            RE = Numerator[Together[RE]]; RE = Collect[RE, S[___]];
            RE = Map[Factor, RE]; Return[]
          ]
        ], {J, 1, 5}];
        If[Not[PolynomialQ[u, k] &&PolynomialQ[v, k]],
          Return["Eingabe ist kein hypergeometrischer Term"],
          If[RE === {},
            "Es gibt keine Rekursion der Ordnung 5", RE == 0]]]
```

Wir berechnen wieder die Rekursion von $\sum\limits_{k=0}^{n} \binom{n}{k}$:

```
In[2]:= SumRekursion[Binomial[n, k], k, S[n]]
Teil 1
Out[2]= 2 S(n) - S(n + 1) == 0
```

und einige weitere Rekursionen von Summen, für die bereits der Fasenmyer-Algorithmus erfolgreich war:

```
In[3]:= SumRekursion[Binomial[n, k]^2, k, S[n]]
Teil 2a
Out[3]= 2 (2 n + 1) S(n) - (n + 1) S(n + 1) == 0
```

```
In[4]:= SumRekursion[(-1)^k Binomial[n, k]^2, k, S[n]]
Teil 1
Teil 1
Out[4]= 4 (n + 1) S(n) + (n + 2) S(n + 2) == 0
```

Nun können wir aber auch schwierigere Probleme lösen. Es folgen Rekursionen für die Summen

$$\sum_{k=0}^{n} \binom{n}{k}^3 \quad \text{und} \quad \sum_{k=0}^{n} \binom{n}{k}^4 ,$$

welche man mit dem Fasenmyer-Algorithmus nicht berechnen kann:

```
In[5]:= SumRekursion[Binomial[n, k]^3, k, S[n]]
Teil 1
Teil 1
Out[5]= 8 S(n) (n + 1)^2 + (7 n^2 + 21 n + 16) S(n + 1) - (n + 2)^2 S(n + 2) == 0
```

```
In[6]:= SumRekursion[Binomial[n, k]^4, k, S[n]]
Teil 2a
Teil 2a
Out[6]= -S(n+2)(n + 2)^3 +4(n+1)(4n+3)(4n+5)S(n)+2(2n+3)(3n^2+9n+7)S(n+1) == 0
```

Es zeigt sich, daß auch diese Rechnungen recht lange dauern. Dies liegt im wesentlichen daran, daß *Mathematicas* `Solve`-Befehl lineare Gleichungssysteme nur sehr schwerfällig löst.

Paule und Schorn [PS1995] haben für ihre Implementierung des Zeilberger-Algorithmus daher eigene Routinen zum Lösen linearer Gleichungssysteme geschrieben. Die Paule-Schorn-Implementierung ist in `SpecialFunctions` enthalten und kann mit dem Befehl `Zb[`F`,`k`,`n`,`J`]` aufgerufen werden. Wir erhalten viel schneller

```
In[7]:= Zb[Binomial[n, k]^3, k, n, 2]
Out[7]= {-8SUM(n)(n + 1)^2 +(-7n^2 -21n-16)SUM(n+1)+(n + 2)^2 SUM(n+2) == 0}
```

```
In[8]:= Zb[Binomial[n, k]^4, k, n, 2]
```

`Out[8]=` $\{\mathrm{SUM}(n+2)\,(n+2)^3 - 4\,(n+1)\,(4\,n+3)\,(4\,n+5)\,\mathrm{SUM}(n) - 2\,(2\,n+3)\left(3\,n^2+9\,n+7\right)\mathrm{SUM}(n+1) == 0\}$

Nun können weitere Rekursionen bestimmt werden, beispielsweise die (recht komplizierte) Rekursionsgleichung für die Summe der fünften Potenzen der Binomialkoeffizienten:

```
In[9]:= Zb[Binomial[n, k]^5, k, n, 3]
```

`Out[9]=` $\{32\,(55\,n^2+253\,n+292)\,\mathrm{SUM}(n)\,(n+1)^4 + (-19415\,n^6-205799\,n^5-900543\,n^4-2082073\,n^3-2682770\,n^2-1827064\,n-514048)\,\mathrm{SUM}(n+1) + (-1155\,n^6-14553\,n^5-75498\,n^4-205949\,n^3-310827\,n^2-245586\,n-79320)\,\mathrm{SUM}(n+2) + (n+3)^4\,(55\,n^2+143\,n+94)\,\mathrm{SUM}(n+3) == 0\}$

Wir berechnen schließlich mit unserer Prozedur `SumRekursion` die Rekursionsgleichungen der Legendrepolynome $P_n(x)$, s. (11.5)

```
In[10]:= SumRekursion[Binomial[n, k] Binomial[-n - 1, k] ((1 - x)/2)^k, k, P[n]]
Teil 1
Teil 1
```

`Out[10]=` $(n+1)\,P(n) - (2\,n+3)\,x\,P(n+1) + (n+2)\,P(n+2) == 0$

sowie der Laguerrepolynome $L_n^{(\alpha)}(x)$

```
In[11]:= SumRekursion[(-1)^k/k! Binomial[n + α, n - k] x^k, k, L[n]]
Teil 1
Teil 1
```

`Out[11]=` $(n+\alpha+1)\,L(n) - (2\,n-x+\alpha+3)\,L(n+1) + (n+2)\,L(n+2) == 0$

Weitere Berechnungen werden in den Übungsaufgaben durchgeführt. □

Zum Abschluß dieses Kapitels wollen wir uns mit der Frage beschäftigen, wie wir Ergebnissen, welche der Zeilberger-Algorithmus liefert, vertrauen können. Daß der Algorithmus das tut, was wir wollen, haben wir bewiesen, ob aber unsere Implementierung fehlerfrei ist, ist möglicherweise nicht so einfach einzusehen. Jeder, der schon einmal einen komplexeren Algorithmus programmiert hat, weiß ein Lied davon zu singen.[16] Daher wäre es gut, wenn wir ein erzieltes Ergebnis *unabhängig* überprüfen könnten. Genau eine solche Verifikationsmethode liefert der Zeilberger-Algorithmus aber mit!

[16]Dieses Problem betrifft natürlich jegliche Softwareentwicklung.

Der Einfachheit halber beschränken wir uns auf den besonders interessanten Fall, in welchem der Zeilberger-Algorithmus eine Rekursion erster Ordnung abliefert. Die Verifikationsmethode kann allerdings mühelos auch auf den allgemeinen Fall übertragen werden. In unserem Spezialfall ist s_n also ein hypergeometrischer Term, welchen wir bestimmen können. Wir finden demnach eine Formel

$$\sum_{k=-\infty}^{\infty} F(n,k) = t_n \,,$$

wobei t_n ein hypergeometrischer Term ist. Division durch t_n liefert schließlich eine Gleichung der Form

$$\sum_{k=-\infty}^{\infty} \tilde{F}(n,k) = 1 \,,$$

wobei $\tilde{F}(n,k) = F(n,k)/t_n$ wieder ein hypergeometrischer Term bzgl. n und k ist. Wir schreiben in der Folge der Einfachheit wieder $F(n,k)$ für $\tilde{F}(n,k)$.

Wir werden nun zeigen, wie wir eine Summenformel

$$s_n = \sum_{k=-\infty}^{\infty} F(n,k) = 1 \tag{11.34}$$

mit hypergeometrischem Term $F(n,k)$ *allein mit rationaler Arithmetik* beweisen können. Die beschriebene Methode geht auf Wilf und Zeilberger zurück [WZ1992] und wird daher als *WZ-Methode* bezeichnet.

Für $s_n = \sum\limits_{k=-\infty}^{\infty} F(n,k)$ gilt wegen (11.34) die Rekursionsgleichung $s_{n+1} - s_n = 0$. Die zeilbergerartige Anwendung des Gosper-Algorithmus auf $a_k = F(n+1,k) + \sigma_1(n)\,F(n,k)$ liefert also bei Erfolg $\sigma_1(n) = -1$ und folglich die symmetrische Gleichung

$$F(n+1,k) - F(n,k) = G(n,k+1) - G(n,k) \,, \tag{11.35}$$

wobei $G(n,k)$ eine hypergeometrische diskrete Stammfunktion von $F(n+1,k)-F(n,k)$ ist. Als solche ist sie ein rationales Vielfaches der Eingabefunktion:

$$r(n,k) = \frac{G(n,k)}{F(n+1,k) - F(n,k)} \in \mathbb{K}(n,k) \,.$$

Daraus folgt aber, daß auch $R(n,k) = \frac{G(n,k)}{F(n,k)} \in \mathbb{K}(n,k)$ ist:

$$R(n,k) = \frac{G(n,k)}{F(n,k)} = r(n,k) \cdot \frac{F(n+1,k) - F(n,k)}{F(n,k)} = r(n,k) \cdot \left(\frac{F(n+1,k)}{F(n,k)} - 1 \right) .$$

Wir nennen $R(n,k)$ das *rationale Zertifikat* der Identität (11.34).

Bezeichnen wir mit

$$r_k(n,k) := \frac{F(n,k+1)}{F(n,k)} \qquad \text{und} \qquad r_n(n,k) := \frac{F(n+1,k)}{F(n,k)}$$

die rationalen Quotienten von $F(n,k)$, so ergibt (11.35) nach Division durch $F(n,k)$ die rein rationale Identität

$$r_n(n,k) - 1 = R(n,k+1) \cdot r_k(n,k) - R(n,k)\,, \tag{11.36}$$

deren Gültigkeit natürlich leicht überprüft werden kann.

Offenbar ist (11.36) aber sogar äquivalent zu (11.35), d. h., für die Gültigkeit von (11.35) genügt es, (11.36) nachzuweisen. Nun folgt weiter aus (11.35)

$$s_{n+1} - s_n = \sum_{k=-\infty}^{\infty} \Big(F(n+1,k) - F(n,k)\Big) = \sum_{k=-\infty}^{\infty} \Big(G(n,k+1) - G(n,k)\Big) = 0$$

und mit der Anfangsbedingung $s_0 = 1$ also (11.34). Dies bedeutet: Bei Kenntnis von $R(n,k)$ kann (11.34) einfach durch Beweis der rationalen Identität (11.36) zusammen mit der Anfangsbedingung $s_0 = 1$ gezeigt werden.

Wir betrachten einige Beispiele.

Sitzung 11.18 Wir wollen einen WZ-Beweis für die binomische Formel

$$(x+y)^n = \sum_{k=0}^{n} \binom{n}{k} x^k\, y^{n-k} \tag{11.37}$$

geben. Hierzu schreiben wir

$$F(n,k) := \binom{n}{k} \frac{x^k\, y^{n-k}}{(x+y)^n}\,,$$

und es ist zu zeigen, daß

$$s_n = \sum_{k=0}^{n} F(n,k) = \sum_{k=-\infty}^{\infty} F(n,k) = 1$$

gilt. Wir setzen also

```
In[1]:= F = Binomial[n, k] x^k y^(n-k) / (x + y)^n
```

$$\texttt{Out[1]=}\ x^k\, y^{n-k}\, (x+y)^{-n} \binom{n}{k}$$

und verwenden als rationales Zertifikat die Funktion

```
In[2]:= R = k y / ((k - n - 1) (x + y))
```

$$\texttt{Out[2]=}\ \frac{k\, y}{(k-n-1)\,(x+y)}$$

welche zunächst aus heiterem Himmel zu kommen scheint. Woher wir die Kenntnis der Funktion $R(n, k)$ haben, spielt für die Wirkungsweise des Verifikationsmechanismus allerdings auch gar keine Rolle. Wir werden jedoch später das Zertifikat aus $F(n, k)$ berechnen.

Um (11.36) zu zeigen, bestimmen wir zunächst $r_k(n, k)$ und $r_n(n, k)$

In[3]:= **ratk = SimplifyCombinatorial**$\left[\frac{\texttt{F/.k}\to\texttt{k+1}}{\texttt{F}}\right]$

Out[3]= $-\frac{(k-n)\,x}{(k+1)\,y}$

In[4]:= **ratn = SimplifyCombinatorial**$\left[\frac{\texttt{F/.n}\to\texttt{n+1}}{\texttt{F}}\right]$

Out[4]= $\frac{(n+1)\,y}{(-k+n+1)\,(x+y)}$

und wir können nun (11.36) überprüfen[17]

In[5]:= **Together[ratn - 1 - ((R/.k → k + 1)ratk - R)]**

Out[5]= 0

Damit folgt (11.35), und durch Summation von $k = -\infty, \ldots, \infty$ erhalten wir die Rekursion $s_{n+1} - s_n = 0$. Wegen

In[6]:= **Sum[F/.n → 0, {k, 0, 0}]**

Out[6]= 1

gilt also $s_0 = 1$. Dies vervollständigt den Beweis von (11.37) für $n \in \mathbb{N}_{\geqq 0}$.

In ähnlicher Weise beweist die Rechnung

In[7]:= **F =** $\frac{\texttt{k Binomial[n, k]}}{\texttt{n 2}^{\texttt{n-1}}}$

Out[7]= $\frac{2^{1-n}\,k\binom{n}{k}}{n}$

In[8]:= **R =** $\frac{\texttt{k - 1}}{\texttt{2 (k - n - 1)}}$

Out[8]= $\frac{k-1}{2\,(k-n-1)}$

In[9]:= **ratk = SimplifyCombinatorial**$\left[\frac{\texttt{F/.k}\to\texttt{k+1}}{\texttt{F}}\right]$

Out[9]= $-\frac{k-n}{k}$

In[10]:= **ratn = SimplifyCombinatorial**$\left[\frac{\texttt{F/.n}\to\texttt{n+1}}{\texttt{F}}\right]$

Out[10]= $\frac{n}{2\,(-k+n+1)}$

In[11]:= **Together[ratn - 1 - ((R/.k → k + 1)ratk - R)]**

Out[11]= 0

---

[17] Dies geht auch prima per Hand!

```
In[12]:= Sum[F/.n → 1, {k, 0, 1}]
Out[12]= 1
```

die Identität

$$\sum_{k=0}^{n} k \binom{n}{k} = n\, 2^{n-1}$$

für $n \in \mathbb{N}$, die Rechnung

```
In[13]:= F = Binomial[n, k]^2 / Binomial[2n, n]
```

$$\text{Out[13]=} \frac{\binom{n}{k}^2}{\binom{2n}{n}}$$

```
In[14]:= R = k^2 (2 k - 3 n - 3) / (2 (k - n - 1)^2 (2 n + 1))
```

$$\text{Out[14]=} \frac{k^2\,(2\,k-3\,n-3)}{2\,(k-n-1)^2\,(2\,n+1)}$$

```
In[15]:= ratk = SimplifyCombinatorial[(F/.k → k + 1) / F]
```

$$\text{Out[15]=} \frac{(k-n)^2}{(k+1)^2}$$

```
In[16]:= ratn = SimplifyCombinatorial[(F/.n → n + 1) / F]
```

$$\text{Out[16]=} \frac{(n+1)^3}{2\,(-k+n+1)^2\,(2\,n+1)}$$

```
In[17]:= Together[ratn - 1 - ((R/.k → k + 1) ratk - R)]
Out[17]= 0

In[18]:= Sum[F/.n → 0, {k, 0, 0}]
Out[18]= 1
```

beweist die Gleichung

$$\sum_{k=0}^{n} \binom{n}{k}^2 = \binom{2n}{n}$$

für $n \in \mathbb{N}_{\geqq 0}$. Schließlich erhalten wir die *Chu-Vandermonde*-Identität

$${}_2F_1\left(\left.\begin{matrix} a, -n \\ b \end{matrix}\right| 1\right) = \frac{(b-a)_n}{(b)_n}$$

durch

```
In[19]:= F = HyperTerm[{-n, a}, {b}, 1, k] / (Pochhammer[b-a,n] / Pochhammer[b,n])
```

$$\text{Out[19]=} \frac{(a)_k\,(b)_n\,(-n)_k}{k!\,(b)_k\,(b-a)_n}$$

```
In[20]:= R = k (b + k - 1) / ((k - n - 1) (-a + b + n))
```
$$Out[20]= \frac{k\,(b+k-1)}{(k-n-1)\,(-a+b+n)}$$

```
In[21]:= ratk = SimplifyCombinatorial[(F/.k → k + 1)/F]
```
$$Out[21]= \frac{(a+k)\,(k-n)}{(k+1)\,(b+k)}$$

```
In[22]:= ratn = SimplifyCombinatorial[(F/.n → n + 1)/F]
```
$$Out[22]= \frac{(n+1)\,(b+n)}{(-a+b+n)\,(-k+n+1)}$$

```
In[23]:= Together[ratn - 1 - ((R/.k → k + 1)ratk - R)]
Out[23]= 0

In[24]:= Sum[F/.n → 0, {k, 0, 0}]
Out[24]= 1
```

In allen Fällen hatten wir die rationalen Zertifikate einfach angegeben. Nun werden wir diese bestimmen. Wegen $R(n,k) = \frac{G(n,k)}{F(n,k)}$ können wir dies durch eine einfache Anwendung des Gosper-Algorithmus auf die Funktion $F(n+1,k)-F(n,k)$ gewinnen, welcher ja $G(n,k)$ liefert. Dies wird von der folgenden Funktion `WZCertificate` bewerkstelligt.

Unter Verwendung des Gosper-Algorithmus via `DiskreteStammfunktion` aus Übungsaufgabe 11.4 geht dies kurz:

```
In[25]:= Clear[WZCertificate]
         WZCertificate[F_, k_, n_] :=
           Module[{a, G},
             a = (F/.n → n + 1) - F;
             G = DiskreteStammfunktion[a, k];
             SimplifyCombinatorial[G/F]
           ]
```

Andernfalls berechnen wir $\frac{a_{k+1}}{a_k}$ aus $r_k(n,k)$ und $r_n(n,k)$ mittels

$$\frac{a_{k+1}}{a_k} = \frac{F(n+1,k+1)-F(n,k+1)}{F(n+1,k)-F(n,k)} = \frac{F(n,k+1)}{F(n,k)} \cdot \frac{\frac{F(n+1,k+1)}{F(n,k+1)}-1}{\frac{F(n+1,k)}{F(n,k)}-1}$$

und programmieren

```
In[26]:= Clear[WZCertificate]
         WZCertificate[F_, k_, n_] :=
           Module[{ratk, ratn, rat, u, v, M, dis, h, j, A,
              B, CC, gcd, g},
            ratk = SimplifyCombinatorial[(F/.k → k + 1)/F];
            ratn = SimplifyCombinatorial[(F/.n → n + 1)/F];
            rat = SimplifyCombinatorial[
               ratk * ((ratn/.k → k + 1) - 1)/(ratn - 1)];
            u = Numerator[rat];
            v = Denominator[rat];
            If[Not[PolynomialQ[u, k]&&PolynomialQ[v, k]],
             Return[
               "Eingabe ist kein hypergeometrischer Term"]];
            M = DispersionsMenge[u/.k → k - 1, v, k];
            dis = Max[M];
            h = PolynomialGCD[
               Product[u/.k → k - 1 - j, {j, 0, dis}],
               Product[v/.k → k + j, {j, 0, dis}]];
            If[dis < 1, A = Together[u/(h/.k → k + 1)];
             B = -Together[v/h]; CC = v,
             gcd = PolynomialGCD[h * u, -(h/.k → k + 1) * v,
                h * (h/.k → k + 1) * v];
             A = Together[h * u/gcd];
             B = Together[-(h/.k → k + 1) * v/gcd];
             CC = Together[h * (h/.k → k + 1) * v/gcd]];
            g = REtoPol[A, B, CC, k];
            If[g === "keine Polynomlösung",
             Return["WZ - Methode scheitert"]];
            SimplifyCombinatorial[g/h * (ratn - 1)]]
```

Wir können nun die rationalen Zertifikate berechnen, welche wir oben verwendet haben:

In[27]:= $\texttt{WZCertificate}\left[\frac{\texttt{Binomial[n, k]}\, x^k y^{n-k}}{(x+y)^n}, k, n\right]$

Teil 1

Out[27]= $\frac{k\,y}{(k-n-1)\,(x+y)}$

In[28]:= $\texttt{WZCertificate}\left[\frac{k\,\texttt{Binomial[n, k]}}{n\,2^{n-1}}, k, n\right]$

Teil 1

```
Out[28]=
```
$$\frac{k-1}{2\,(k-n-1)}$$

```
In[29]:= WZCertificate[Binomial[n, k]^2/Binomial[2n, n], k, n]
Teil 2a
Out[29]=
```
$$\frac{k^2\,(2\,k-3\,n-3)}{2\,(k-n-1)^2\,(2\,n+1)}$$

```
In[30]:= WZCertificate[HyperTerm[{-n, a}, {b}, 1, k]/(Pochhammer[b-a,n]/Pochhammer[b,n]), k, n]
Teil 2a
Out[30]=
```
$$\frac{k\,(b+k-1)}{(k-n-1)\,(-a+b+n)}$$

Die WZ-Methode funktioniert immer dann, wenn der Zeilberger-Algorithmus eine Rekursion erster Ordnung findet. □

11.6 Ergänzende Bemerkungen

11.6

Die Fasenmyer-Methode [Fas1945] zur bestimmten Summation stammt bereits aus dem Jahre 1945, wurde allerdings lange Zeit ignoriert. Erst mit dem Aufkommen von Computeralgebrasystemen wurden derartige algorithmische Methoden wieder relevant. Zunächst Gosper [Gos1978] mit seinem Algorithmus zur unbestimmten Summation und schließlich Zeilberger [Zei1990a] haben dieses Thema wiederbelebt. Seit den 1990er Jahren ist dies allerdings ein sehr reges Forschungsgebiet. Die vereinfachte Darstellung des Gosper-Algorithmus aus Abschnitt 11.3 stammt aus der Diplomarbeit von Harald Böing [Böi1998].

Inzwischen gibt es exakte a-priori-Kriterien für den Erfolg des Zeilberger-Algorithmus [Abr2003]. Ferner kann auch die Ordnung der Zeilberger-Rekursion bereits im voraus ermittelt werden [MM2005].

Es gibt außerdem analoge Algorithmen zur Integration hyperexponentieller Funktionen [AZ1991]. Dies wird ausführlich in [Koe1998] dargestellt. Die hier zugrundeliegende Normalform besteht wiederum aus einer holonomen Differentialgleichung. Auch für mehrfache Summen und Integrale existieren Algorithmen ([WZ1992], [Weg1997], [Spr2004], [Tef1999], [Tef2002]), die sich wieder mehr an die Fasenmyer-Methode anlehnen.

Ferner gibt es auch eine Summationstheorie in Differenzenkörpererweiterungen, die also ein diskretes Analogon des Risch-Algorithmus darstellen (vgl. nächstes Kapitel) und die auf einer Arbeit von Karr [Karr1981] beruht.

11.7

11.7 Übungsaufgaben

11.1 (Americal Mathematical Monthly Problem 10473) Die Zeitschrift *Americal Mathematical Monthly* hat eine Problems Section. Als Problem Nummer 10473 erschien folgende Frage:
Prove that there are infinitely many positive integers m such that

$$s_m := \frac{1}{5 \cdot 2^m} \sum_{k=0}^{m} \binom{2m+1}{2k} 3^k$$

is an odd integer.

Beweisen Sie mit dem Fasenmyer-Algorithmus folgende Aussagen, und lösen Sie damit obiges Problem:

(a) Die Summe s_m erfüllt die Rekursionsgleichung zweiter Ordnung

$$s_{m+2} - 4\, s_{m+1} + s_m = 0\,.$$

(b) Die Summe s_m erfüllt auch die Rekursionsgleichung dritter Ordnung

$$s_{m+3} - 5\, s_{m+2} + 5\, s_{m+1} - s_m = 0\,.$$

(c) Für alle $n \in \mathbb{N}_{\geqq 0}$ sind die Zahlen $5s_{3n}$, s_{3n+1}, $5s_{3n+2}$ ungerade ganze Zahlen. Insbesondere sind s_{3n+1} ungerade. *Hinweis*: Induktion.

(d) Es gilt

$$s_m = \frac{1}{10}\Big((1+\sqrt{3})(2+\sqrt{3})^m + (1-\sqrt{3})(2-\sqrt{3})^m\Big)\,.$$

11.2 (Holonome Differentialgleichungen) Adaptieren Sie die Prozeduren `kfreieRE` und `FasenmyerRE` zur Bestimmung von holonomen Differentialgleichungen für die Summe eines Terms $F(x,k)$, welcher bzgl. der diskreten Variablen k hypergeometrisch und bzgl. der stetigen Variablen x *hyperexponentiell* ist, d. h.:

$$\frac{F(x,k+1)}{F(x,k)} \in \mathbb{K}(x,k) \qquad \text{und} \qquad \frac{F'(x,k)}{F(x,k)} \in \mathbb{K}(x,k)$$

und programmieren Sie die entsprechenden Funktionen `kfreieDE` und `FasenmyerDE`.

Finden Sie holonome Differentialgleichungen für folgende Summen:

(a) $e^x = \sum\limits_{k=0}^{\infty} \frac{1}{k!} x^k$;

(b) $e^{\frac{1+x}{1-x}} = \sum_{k=0}^{\infty} \frac{1}{k!} \left(\frac{1+x}{1-x}\right)^k$;

(c) $\sin x = \sum_{k=0}^{\infty} \frac{(-1)^k}{(2k+1)!} x^{2k+1}$;

(d) **(Besselfunktion)** $\sum_{k=0}^{\infty} \frac{1}{k!^2} x^k$;

(e) $\sum_{k=0}^{\infty} \frac{1}{k!^3} x^k$;

(f) **(Legendrepolynome)** $P_n(x) = \frac{1}{2^n} \sum_{k=0}^{n} (-1)^k \binom{n}{k} \binom{2n-2k}{n} x^{n-2k}$;

(g) **(Laguerrepolynome)** $L_n^{(\alpha)}(x) = \sum_{k=0}^{n} \frac{(-1)^k}{k!} \binom{n+\alpha}{n-k} x^k$.

Lösen Sie die resultierenden Differentialgleichungen mit `DSolve` und vergleichen Sie gegebenenfalls mit `FPS`.

11.3 (Identifikation der Legendrepolynome) Benutzen Sie `SumToHypergeometric`, `FasenmyerRE` und `FasenmyerDE` zur Identifikation der Legendrepolynome, indem Sie zeigen, daß die folgenden Reihen alle dieselbe Polynomfamilie darstellen. Führen Sie die notwendigen Anfangswertberechnungen durch.

$$\begin{aligned}
P_n(x) &= \sum_{k=0}^{n} \binom{n}{k} \binom{-n-1}{k} \left(\frac{1-x}{2}\right)^k \\
&= {}_2F_1\left(\left.\begin{matrix} -n, n+1 \\ 1 \end{matrix}\right| \frac{1-x}{2}\right) \\
&= \frac{1}{2^n} \sum_{k=0}^{n} \binom{n}{k}^2 (x-1)^{n-k} (x+1)^k \\
&= \left(\frac{1-x}{2}\right)^n {}_2F_1\left(\left.\begin{matrix} -n, -n \\ 1 \end{matrix}\right| \frac{1+x}{1-x}\right) \\
&= \frac{1}{2^n} \sum_{k=0}^{\lfloor n/2 \rfloor} (-1)^k \binom{n}{k} \binom{2n-2k}{n} x^{n-2k} \\
&= \binom{2n}{n} \left(\frac{x}{2}\right)^n {}_2F_1\left(\left.\begin{matrix} -n/2, -n/2+1/2 \\ -n+1/2 \end{matrix}\right| \frac{1}{x^2}\right) \\
&= x^n \, {}_2F_1\left(\left.\begin{matrix} -n/2, -n/2+1/2 \\ 1 \end{matrix}\right| 1-\frac{1}{x^2}\right)
\end{aligned}$$

11.4 (Diskrete Stammfunktion) Programmieren Sie eine Funktion `DiskreteStammfunktion[`a_k`,`k`]`, welche eine diskrete Stammfunktion s_k von a_k bestimmt, die ein hypergeometrischer Term ist, sofern eine solche existiert. Benutzen Sie hierfür die Unterroutinen `REtoPol` sowie `DispersionsMenge`.

Testen Sie die Funktion `DiskreteStammfunktion` an folgenden Beispielen:

(a) $a_k = (-1)^k \binom{n}{k}$;
(b) $a_k = k\,k!$;
(c) $a_k = k!$;
(d) $a_k = \frac{1}{k+1}$;
(e) $a_k = \binom{n}{k}$;
(f) $a_k = \binom{k}{n}$;
(g) $a_k = (a)_n$;
(i) $\frac{1}{k\,(k+10)}$;
(j) $(k+10)! - k!$.

Hinweis: Da die *Mathematica*-Funktion `FunctionExpand` in komplizierten Fällen nicht wie gewünscht funktioniert, können Sie die Funktion `SimplifyCombinatorial` aus dem Package `SpecialFunctions` verwenden.

11.5 (SIAM Review) In SIAM Review 36, 1994, Problem 94-2, wurde die folgende Frage gestellt:

Determine the infinite sum

$$S = \sum_{n=1}^{\infty} \frac{(-1)^{n+1}(4n+1)(2n-1)!!}{2^n(2n-1)(n+1)!} \,,$$

where $(2n-1)!! = 1 \cdot 3 \cdots (2n-1)$.

Lösen Sie das Problem mit dem Gosper-Algorithmus. Da *Mathematicas* `Limit`-Kommando den entsprechenden Grenzwert nicht bestimmen kann, benutzen Sie die *Stirlingsche Formel*

$$\lim_{n\to\infty} \frac{n!}{\sqrt{n}\,(n/e)^n} = \sqrt{2\pi}\,.$$

11.6 (Summation von Polynomen) Zeigen Sie, daß bei der Summation von Polynomen mit dem Gosper-Algorithmus immer Teil (2b) von Satz 11.25 zum Einsatz kommt.

Vergleichen Sie die Rechenzeiten und die Ergebnisse des Algorithmus aus Sitzung 11.6 mit denen des Gosper-Algorithmus mit einem dichten Polynom hohen Grades.

11.7 **(Clausensche Formel)** Verwenden Sie den Zeilberger-Algorithmus zum Nachweis der *Clausenschen Formel*

$$ {}_2F_1\left(\left.\begin{matrix} a, b \\ a+b+1/2 \end{matrix}\right| x\right)^2 = {}_3F_2\left(\left.\begin{matrix} 2a, 2b, a+b \\ 2a+2b, a+b+1/2 \end{matrix}\right| x\right), $$

welche angibt, unter welchen Voraussetzungen das Quadrat einer Gaußschen hypergeometrischen Reihe ${}_2F_1$ eine Clausensche Reihe ${}_3F_2$ ergibt. *Hinweis*: Stellen Sie die linke Seite als Cauchyprodukt dar und berechnen Sie die Rekursion der inneren Summe. Dies liefert automatisch die rechte Seite.

Verwenden Sie für dasselbe Problem den Fasenmyer-Algorithmus und vergleichen Sie die Rechenzeiten.

11.8 **(Zeilberger-Algorithmus)** Bestimmen Sie sofern möglich Darstellungen durch hypergeometrische Terme für folgende Summen. Hierbei sei $n \in \mathbb{N}_0$.

(a) $\displaystyle\sum_{k=0}^{n} \frac{1}{(k+1)(k+2)\cdots(k+10)}$;

(b) $\displaystyle\sum_{k=1}^{n} \frac{2^k\left(k^3-3\,k^2-3\,k-1\right)}{k^3\,(k+1)^3}$;

(c) $\displaystyle\sum_{k=0}^{n} \frac{(-1)^k}{\binom{m}{k}}$;

(d) $\displaystyle\sum_{k=0}^{n} \frac{\binom{j}{k}}{\binom{m}{k}}$;

(e) $\displaystyle\sum_{k=0}^{n} \binom{n}{k}^2 \binom{3n+k}{2n}$;

(f) **(Chu-Vandermonde)** $\displaystyle {}_2F_1\left(\left.\begin{matrix} a, -n \\ b \end{matrix}\right| 1\right) = \sum_{k=0}^{n} \frac{(a)_k\,(-n)_k}{(b)_k\,k!}$;

(g) **(Kummer)** $\displaystyle {}_2F_1\left(\left.\begin{matrix} a, -n \\ 1+a+n \end{matrix}\right| -1\right)$;

(h) **(Pfaff-Saalschütz)** $\displaystyle {}_3F_2\left(\left.\begin{matrix} a, b, -n \\ c, 1+a+b-c-n \end{matrix}\right| 1\right)$;

(i) **(Dixon)** $\displaystyle {}_3F_2\left(\left.\begin{matrix} a, b, -n \\ 1+a-b, 1+a-c \end{matrix}\right| 1\right)$;

(j) **(Dougall)** $\displaystyle {}_7F_6\left(\left.\begin{matrix} a, 1+a/2, b, c, d, 1+2a-b-c-d+n, -n \\ a/2, 1+a-b, 1+a-c, 1+a-d, b+c+d-a-n, 1+a+n \end{matrix}\right| 1\right)$.

11.9 (WZ-Methode) Beweisen Sie die folgenden Aussagen mit der WZ-Methode durch Angabe eines rationalen Zertifikats $R(n, k)$ und Nachweis einer rationalen Identität.

(a) $\sum_{k=0}^{m} \binom{n}{m+k}\binom{m+k}{2k} 4^k = \frac{4^m \binom{n}{m}\binom{n-1/2}{m}}{\binom{2m}{m}}$;

(b) $\sum_{k=0}^{n} \binom{m-r+s}{k}\binom{n+r-s}{n-k}\binom{r+k}{n+m} = \binom{r}{m}\binom{s}{n}$;

(c) $\sum_{k=-n}^{n} (-1)^k \binom{n+a}{n+k}\binom{a+n}{a+k} = \binom{n+a}{n}$;

(d) $\sum_{k=1}^{n} k\binom{n}{k}\binom{s}{k} = s\binom{n+s-1}{n-1}$;

(e) Chu-Vandermonde-Identität (e) aus Aufgabe 11.8;

(f) Kummer-Identität (f) aus Aufgabe 11.8;

(g) Pfaff-Saalschütz-Identität (g) aus Aufgabe 11.8;

(h) Dixon-Identität (h) aus Aufgabe 11.8.

(i) Dougall-Identität (i) aus Aufgabe 11.8.

11.10 (Chu-Vandermonde-Identität) Überprüfen Sie, welche der folgenden Identitäten vom Typus der Chu-Vandermonde-Identität

$$ {}_2F_1\left(\begin{matrix} A, -n \\ B \end{matrix} \middle| 1\right) = \frac{(B-A)_n}{(B)_n} $$

sind:

(a) $\sum_{k=0}^{n} \binom{a}{k}\binom{b}{n-k} = \binom{a+b}{n}$;

(b) $\sum_{k=0}^{n} \binom{n}{k}\binom{s}{t-k} = \binom{n+s}{t}$;

(c) $\sum_{k=0}^{n} (-1)^k \binom{n}{k}\binom{2n-k}{m-k} = \binom{n}{m}$;

(d) $\sum_{k=0}^{n} \binom{n}{k} = 2^n$;

(e) $\sum_{k=0}^{n} k\binom{n}{k} = n\,2^{n-1}$;

(f) $\sum_{k=0}^{n} \binom{n}{k}\binom{s}{t+k} = \binom{n+s}{n+t}$.

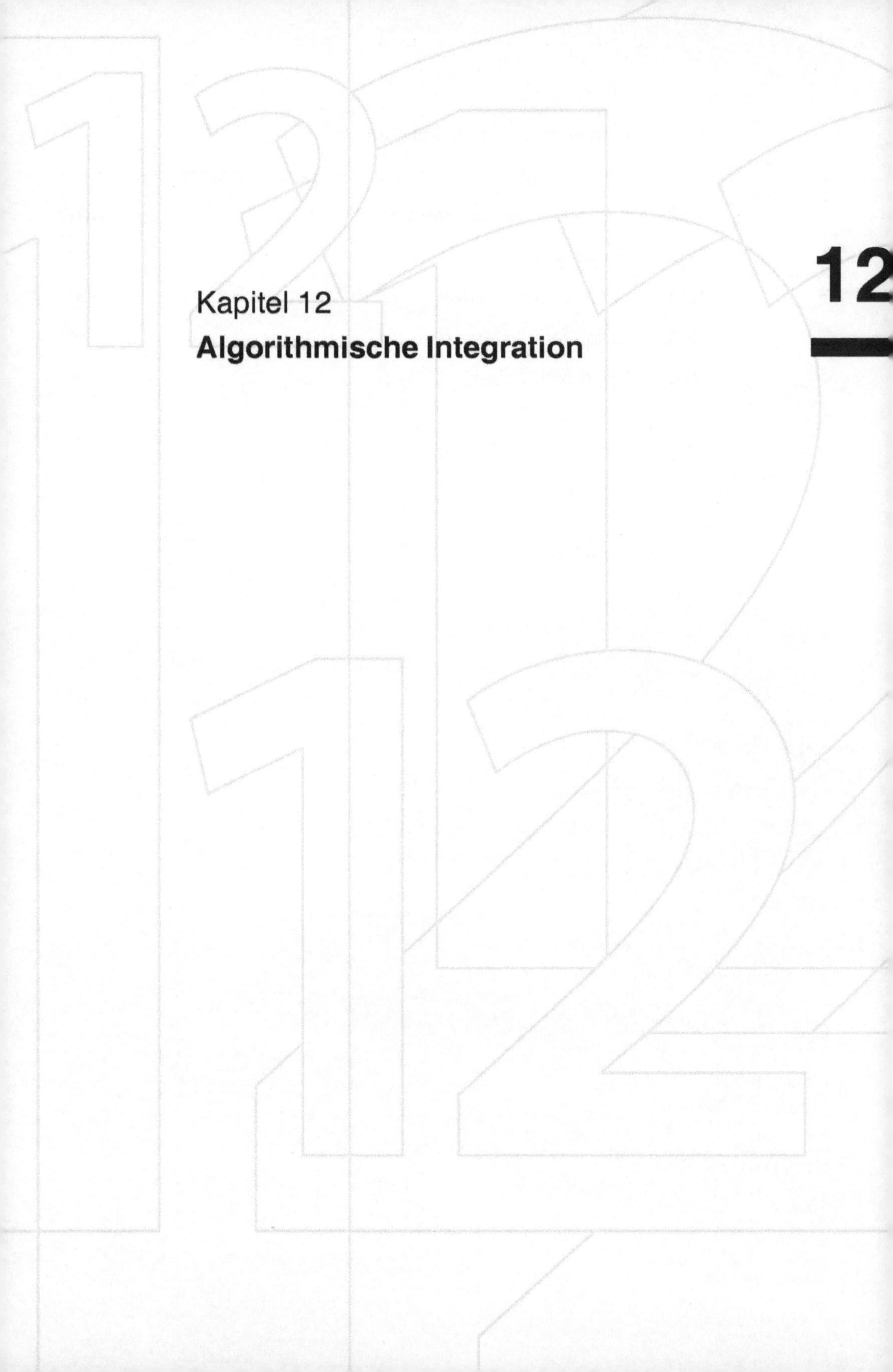

12

Kapitel 12

Algorithmische Integration

12

12 Algorithmische Integration

12.1 Der Bernoulli-Algorithmus für rationale Funktionen

12.1

Im letzten Kapitel hatten wir u. a. die algorithmische Bestimmung diskreter Stammfunktionen für den speziellen Fall behandelt, daß die diskrete Stammfunktion ein hypergeometrischer Term ist.

Wir wollen uns nun in diesem Kapitel mit der Frage der algorithmischen Integration beschäftigen. Eine völlig analoge Situation zu Gospers Algorithmus erhält man, wenn man die Berechnung von Stammfunktionen *hyperexponentieller Funktionen* $f(x)$ betrachtet, für welche $f'(x)/f(x) \in \mathbb{K}(x)$ liegt, deren Stammfunktion wieder hyperexponentiell ist. Dies wurde von Almkvist und Zeilberger betrachtet [AZ1991], siehe auch [Koe1998], Kapitel 11.

In einem allgemeineren Kontext hat Risch [Ris1969]–[Ris1970] für sogenannte *exp-log-Funktionen*, Funktionen also, die man aus rationalen Funktionen mit Hilfe endlich vieler Anwendungen der Exponential- und Logarithmusfunktion bilden kann und die dadurch Elemente geeigneter Körpererweiterungen der rationalen Funktionen sind, ebenfalls einen endlichen Algorithmus zur Bestimmung einer Stammfunktion angegeben, der ggfs. auch den Nachweis führt, daß es eine solche nicht gibt. Der *Risch-Algorithmus* wurde von vielen anderen, u. a. von Bronstein, Davenport, Rothstein und Trager vervollständigt und erweitert.

Der allgemeine Algorithmus ist allerdings recht umfangreich und vor allem algebraisch aufwendiger als im diskreten Fall, obwohl die grundlegenden Ideen denen im diskreten Fall durchaus ähnlich sind. Aufgrund eines Darstellungssatzes für die Stammfunktion, welcher bereits im 19. Jahrhundert von Liouville angegeben wurde, gelingt es – wie beim Gosper-Algorithmus – letzten Endes, einen Ansatz hinzuschreiben und durch Lösen eines linearen Gleichungssystems zum Ziel zu kommen.[1]

Die Integration transzendenter exp-log-Funktionen (ohne die Betrachtung algebraischer Integranden) liegt in Buchform vor [Bro1997]. Dort können weitere Referenzen nachgesehen werden, und die wesentlichen Ideen für den algebraischen Fall findet man in [GCL1992].

Daher betrachten wir im vorliegenden Kapitel nur den Fall der Integration rationaler Funktionen, um die wesentlichen Ideen aufzuzeigen. Man beachte, daß auch der

[1]Dies trifft bei rein logarithmischen Integranden zu. Die Fälle exponentieller und algebraischer Erweiterungen sind etwas komplizierter.

Gosper-Algorithmus in der Lage war, rationale Funktionen zu summieren, wenn diese wieder eine rationale oder hypergeometrische Stammfunktion besitzen. Auf diese Weise läßt sich allerdings nicht jede rationale Funktion summieren, wie wir an den harmonischen Zahlen $H_k = \sum_k \frac{1}{k+1}$ gesehen hatten. Dies hatten wir damals nur am Rande betrachtet. Um den allgemeinen Fall der Summation beliebiger rationaler Funktionen zu Ende zu führen, hätten wir geeignete Körpererweiterungen vornehmen müssen. Wie dies geht, werden wir nun im Fall der Integration rationaler Funktionen vorführen.

In fast allen Lehrbüchern der Analysis ist die folgende Methode zur Integration rationaler Funktionen angegeben, welche im Kern auf Leibniz zurückgeht, aber zuerst von Johann Bernoulli vollständig bewiesen wurde.

12.1 **Satz 12.1** Sei die rationale Funktion $r(x) = \frac{p(x)}{q(x)} \in \mathbb{R}(x)$, $p(x), q(x) \in \mathbb{R}[x]$ mit $\gcd(p(x), q(x)) = 1$ gegeben. Dann existiert eine irreduzible Faktorisierung

$$q(x) = c \cdot \prod_{i=1}^{m} (x - a_i)^{e_i} \cdot \prod_{j=1}^{n} (x^2 + b_j x + c_j)^{f_j}$$

des Nennerpolynoms über $\mathbb{R}$, wobei $c, a_i, b_j, c_j \in \mathbb{R}$ und $e_i, f_j \in \mathbb{N}$. Mit dieser *reellen Faktorisierung* gelingt eine *reelle Partialbruchzerlegung* der Form

$$r(x) = P(x) + \sum_{i=1}^{m} \sum_{k=1}^{e_i} \frac{A_{ik}}{(x - a_i)^k} + \sum_{j=1}^{n} \sum_{k=1}^{f_j} \frac{B_{jk} x + C_{jk}}{(x^2 + b_j x + c_j)^k} \qquad (12.1)$$

mit $P(x) \in \mathbb{R}[x]$, $A_{ik}, B_{jk}, C_{jk} \in \mathbb{R}$ für $r(x)$, welche durch elementare Integrale gliedweise integriert werden kann (s. z. B. [Bro1997], Abschnitt 2.1). □

Das Problem dieses Satzes ist aber – und Ähnliches trifft auf viele Existenzaussagen der Mathematik zu – daß die Existenz der reellen Faktorisierung zwar gesichert ist, daß es aber keinen Algorithmus zu ihrer Bestimmung gibt. In der Galoistheorie wird gezeigt, daß man die Nullstellen von Polynomen vom Grad 5 und höher i. a. nicht mehr durch Wurzeln darstellen kann. Auch die Betrachtung der Nennernullstellen als algebraische Zahlen ist nicht praktikabel, da dies die Komplexität ungebührlich erhöht und vor allem das Resultat unnötig kompliziert darstellt, auch wenn dieses wie bei

$$\int \frac{x^3}{x^4 - 1}\, dx = \frac{1}{4} \ln(x^4 - 1) \qquad (12.2)$$

gar keine algebraischen Zahlen enthält.

Aber ein gegebener Integrand enthält ja nicht alle reellen Zahlen, sondern nur endlich viele, häufig ist der Integrand sogar ein Element von $\mathbb{Q}(x)$. Dann stellt sich aber die

Frage, ob es für diesen Fall einen Algorithmus gibt, welcher eine vollständige Faktorisierung des Nennerpolynoms über $\mathbb{R}$ gar nicht benötigt.

Wir werden sehen, daß wir hierzu nicht einmal eine vollständige Faktorisierung des Nennerpolynoms über $\mathbb{Q}$ bzw. dem zugrundeliegenden Erweiterungskörper von $\mathbb{Q}$ benötigen, sondern daß eine quadratfreie Faktorisierung genügt. Im nächsten Abschnitt werden aber zunächst einige algebraische Vorbereitungen getroffen. Diese stellen eine algebraische Grundlage für die bei der gliedweisen Integration von (12.1) entstehenden logarithmischen Terme bereit.

12.2 Algebraische Vorbereitungen

12.2

Wie bei der Differentiation, welche wir in Abschnitt 2.7 programmiert haben sowie in Abschnitt 6.8 bei der quadratfreien Faktorisierung betrachteten, wollen wir die Integration als rein algebraische Prozedur ohne Benutzung des Grenzwertbegriffes erklären. Dies tun wir natürlich, indem wir die Integration als die Umkehrung der Differentiation betrachten. Da wir diesmal aber nicht ausschließlich mit Polynomen, sondern mit rationalen Funktionen arbeiten und auch die Arbeit mit transzendenten Funktionen innerhalb dieses Konzepts ermöglichen wollen, werden wir die in Abschnitt 6.8 eingeführten Begriffe in einem etwas allgemeineren Zusammenhang betrachten.

Definition 12.2 (Differentialkörper) Sei $\mathbb{K}$ ein Körper, und sei $D : \mathbb{K} \to \mathbb{K}$ eine Abbildung mit folgenden Eigenschaften 12.2

(D_1) **(Summenregel)** $D(f + g) = D(f) + D(g)$;
(D_2) **(Produktregel)** $D(f \cdot g) = D(f) \cdot g + f \cdot D(g)$.

Dann nennen wir D einen *Differentialoperator* oder eine *Ableitung* und $(\mathbb{K}, D)$ einen *Differentialkörper*.

Die Menge $\mathbb{K}_0 := \{c \in \mathbb{K} \mid D(c) = 0\}$ heißt *Konstantenkörper* von $(\mathbb{K}, D)$.[2]

Gilt für $f, g \in \mathbb{K}$ die Gleichung $D(f) = g$, dann sagen wir, f sei eine *Stammfunktion* oder ein *Integral* von g, und wir schreiben $f = \int g$.[3] △

Man beachte, daß die Bezeichnung $\int g$ (wie in der Analysis) nicht eindeutig ist, da mit f auch jede Funktion $f + c$, $c \in \mathbb{K}_0$ wieder eine Stammfunktion ist.

[2] Im folgenden Satz wird u. a. bewiesen, daß $\mathbb{K}_0$ wirklich ein Körper ist.

[3] Die dx Notation lassen wir in diesem Kapitel weg. Die Integrationsvariable ergibt sich jeweils aus dem Zusammenhang.

Aus der Definition folgt

12.3 **Satz 12.3** Jede Ableitung hat folgende wohlbekannten Eigenschaften:

(D_3) **(Konstantenregel)** $D(0) = 0$ und $D(1) = 0$;
(D_4) **($\mathbb{K}_0$-Linearität)** $D(af + bg) = a\,D(f) + b\,D(g)$ für alle $a, b \in \mathbb{K}_0$;
(D_5) **(Quotientenregel)** $D\left(\frac{f}{g}\right) = \frac{D(f)\,g - f\,D(g)}{g^2}$ für $g \neq 0$;
(D_6) **(Potenzregel)** $D(f^n) = n\,f^{n-1} \cdot D(f)$ für $n \in \mathbb{Z}$;
(D_7) **(Konstantenkörper)** Die Konstanten $\mathbb{K}_0$ bilden einen Körper;
(D_8) **(Partielle Integration)** $\int f\,D(g) = f \cdot g - \int D(f)\,g$.

Beweis: (D_3): Aus der Summenregel folgt $D(f) = D(f+0) = D(f)+D(0)$, also $D(0) = 0$. Sei $f \neq 0$. Dann folgt aus der Produktregel $D(f) = D(f \cdot 1) = D(f) \cdot 1 + f \cdot D(1)$, also $D(1) = 0$. (D_4): Seien $a, b \in \mathbb{K}_0$, d. h. $D(a) = D(b) = 0$. Dann erhalten wir mit der Produktregel

$$\begin{aligned} D(af + bg) &= D(af) + D(bg) \\ &= D(a) \cdot f + a \cdot D(f) + D(b) \cdot g + b \cdot D(g) \\ &= a \cdot D(f) + b \cdot D(g)\,. \end{aligned}$$

(D_5): Sei $g \neq 0$ gegeben. Wegen $0 = D(1) = D(g \cdot \frac{1}{g}) = D(g) \cdot \frac{1}{g} + g \cdot D(\frac{1}{g})$ ist $D(\frac{1}{g}) = -\frac{D(g)}{g^2}$. Also folgt

$$D\left(\frac{f}{g}\right) = D(f) \cdot \frac{1}{g} + f \cdot D\left(\frac{1}{g}\right) = D(f) \cdot \frac{1}{g} - f \cdot \frac{D(g)}{g^2} = \frac{D(f)\,g - f\,D(g)}{g^2}\,,$$

welches die Behauptung liefert.
(D_6): Dies wird durch Induktion bewiesen. Hierfür beweisen wir die Aussage zunächst für $n \in \mathbb{N}_{\geqq 0}$. Der Induktionsanfang für $n = 0$ ist klar. Gelte die Aussage nun für ein $n \in \mathbb{N}$. Dann folgt mit der Produktregel

$$D(f^{n+1}) = D(f \cdot f^n) = D(f) \cdot f^n + f \cdot D(f^n) = D(f) \cdot f^n + f \cdot n\,f^{n-1} \cdot D(f) = (n+1)\,f^n\,D(f)\,,$$

was zu zeigen war. Für $n = -m < 0$ folgt die Aussage aber aus der Quotientenregel:

$$D(\frac{1}{f^m}) = -\frac{D(f^m)}{f^{2m}} = -\frac{m\,f^{m-1}\,D(f)}{f^{2m}} = -m\,f^{-m-1}\,D(f)\,.$$

(D_7): Wegen (D_3) gilt $0 \in \mathbb{K}_0$ und $1 \in \mathbb{K}_0$. Aus (D_1) und (D_2) folgt weiter, daß mit $a, b \in \mathbb{K}_0$ auch $a + b \in \mathbb{K}_0$ und $a \cdot b \in \mathbb{K}_0$ liegen. Schließlich gilt wegen $0 = D(0) = D(a + (-a)) = D(a) + D(-a)$ mit $D(a) = 0$ auch $D(-a) = 0$, also impliziert $a \in \mathbb{K}_0$, daß $-a \in \mathbb{K}_0$ ist. Aus der Quotientenregel folgt schließlich, daß auch $\frac{1}{a} \in \mathbb{K}_0$ ist, falls $a \neq 0$ ist. Also ist $\mathbb{K}_0$ ein Unterkörper von $\mathbb{K}$.

(D_8): Dies folgt (wie in der Analysis) sofort aus der Produktregel. □

Wir bemerken, daß das algebraische Konzept der Ableitung und der Stammfunktion auch in nullteilerfreien Ringen R mit 1 erklärt werden kann. Bei der Quotientenregel muß g dann eine Einheit sein. Die entstehende Struktur (R, D) nennt man eine *Differentialalgebra*.

Wir bemerken weiter, daß die bewiesenen Ableitungsregeln bis auf die *Kettenregel* nun vollständig sind. Die allgemeine Kettenregel kann in dem von uns betrachteten algebraischen Rahmen allerdings nicht gelten, denn zur Betrachtung allgemeiner verketteter Funktionen sind gegebenenfalls komplizierte Körpererweiterungen notwendig. Einen Ersatz bildet die Kettenregel für die Potenzbildung (D_6).

Wir zeigen nun, daß die Ableitung in dem Körper $\mathbb{Q}(x)$ der rationalen Funktionen, welche durch die Festsetzung $D(x) = 1$ bereits eindeutig bestimmt ist, die üblichen Eigenschaften hat und damit die Ableitungsprozedur darstellt, welche uns wohlbekannt ist. Wir weisen darauf hin, daß wir in diesem Kapitel die Argumente von Polynomen der Einfachheit halber häufig weglassen.

Satz 12.4 Sei D eine Ableitung in $\mathbb{Q}(x)$ mit der Eigenschaft $D(x) = 1$. **12.4**

(a) Für $r \in \mathbb{Q}$ gilt $D(r) = 0$.

(b) Für jedes Polynom $p = \sum\limits_{k=0}^{n} a_k x^k \in \mathbb{Q}[x]$ gilt

$$D(p) = \sum_{k=1}^{n} k\, a_k\, x^{k-1} .$$

Insbesondere gilt für nichtkonstantes $p \in \mathbb{Q}[x]$ die Gradbeziehung $\deg(D(p), x) = \deg(p, x) - 1$.

(c) Der Konstantenkörper ist $\mathbb{Q}(x)_0 = \mathbb{Q}$.

(d) D ist in $\mathbb{Q}(x)$ der übliche Differentialoperator.

(e) Für jedes Polynom $p = \sum\limits_{k=0}^{n} a_k x^k \in \mathbb{Q}[x]$ gilt ferner

$$\int p = \sum_{k=0}^{n} \frac{a_k}{k+1}\, x^{k+1} \in \mathbb{Q}[x] .$$

Beweis: (a) Aus $D(0) = 0$ und der Summenregel folgt durch doppelte Induktion $D(n) = 0$ für $n \in \mathbb{Z}$. Aus der Quotientenregel erhalten wir dann für $r = \frac{m}{n} \in \mathbb{Q}$ mit $m, n \in \mathbb{Z}$, $n \neq 0$:

$$D(\frac{m}{n}) = \frac{D(m)\, n - m\, D(n)}{n^2} = 0 .$$

(b) Zunächst folgt aus $D(x) = 1$ wegen der Potenzregel die Beziehung $D(x^k) = k\, x^{k-1}$. Dann bekommen wir aber für $p = \sum\limits_{k=0}^{n} a_k x^k \in \mathbb{Q}[x]$ wegen $D(a_0) = 0$ aus Summen- und

Produktregel[4]

$$D(p) = D(a_0 + \sum_{k=1}^{n} a_k x^k) = \sum_{k=1}^{n} D(a_k x^k) = \sum_{k=1}^{n} \Big(D(a_k) x^k + a_k D(x^k) \Big) = \sum_{k=1}^{n} k\, a_k x^{k-1} .$$

(c) Wegen (a) müssen wir nur noch zeigen, daß $D(r) = 0 \;\Rightarrow\; r \in \mathbb{Q}$ gilt. Sei also $r \in \mathbb{Q}(x)$ mit $r = p/q$ gegeben, wobei $p, q \in \mathbb{Q}[x]$ mit $q \neq 0$ und $\gcd(p, q) = 1$ gelte. Aus der Quotientenregel folgt

$$D(r) = \frac{D(p)\, q - p\, D(q)}{q^2} = 0 ,$$

also gilt $D(p)\, q - p\, D(q) = 0$ bzw.

$$D(p) = \frac{p\, D(q)}{q} .$$

Da nach Voraussetzung p und q keinen gemeinsamen Teiler haben und $D(p) \in \mathbb{Q}[x]$ liegt, muß folglich q ein Teiler von $D(q)$ sein:

$$\frac{D(q)}{q} = s \in \mathbb{Q}[x] , \qquad \text{also} \qquad D(q) = s \cdot q$$

mit $\deg(s, x) \geqq 0$. Ist nun $\deg(q, x) > 0$, so folgt hieraus mit der Gradbeziehung aus (b)

$$\deg(q, x) - 1 = \deg(s, x) + \deg(q, x) .$$

Da dies unmöglich ist, muß also $\deg(q, x) = 0$ bzw. $q \in \mathbb{Q}$ sein. Dann folgt aber aus $D(r) = 0$, daß $D(p) = 0$ ist. Aus (b) folgt hieraus aber $p \in \mathbb{Q}$, wie gewünscht.

(d) Da nach (b) Polynome die übliche Ableitung besitzen, folgt dies direkt aus der Quotientenregel.

(e) folgt direkt aus der Definition des Integrals zusammen mit (b). □

Wir sehen also, daß Polynome wieder Polynome als Stammfunktionen besitzen. Es stellt sich nun die Frage – deren Antwort wir aus der Analysis bereits kennen –, ob jede Funktion $r \in \mathbb{Q}(x)$ wieder eine Stammfunktion $\int r \in \mathbb{Q}(x)$ besitzt. Daß dies nicht so ist, kann man wieder algebraisch nachweisen.

12.5 **Satz 12.5** Es gibt kein $r \in \mathbb{Q}(x)$ mit $D(r) = \frac{1}{x}$. M. a. W.: Die Funktion $\frac{1}{x}$ hat keine rationale Stammfunktion.

---

[4](b) folgt somit im wesentlichen, weil 1 und x den Polynomring $\mathbb{Q}[x]$ erzeugen. Um eine beliebige Ableitung festzulegen, genügt es also, $D(x)$ beliebig festzusetzen, s. Übungsaufgabe 12.1.

Beweis: Wir nehmen an, es gäbe $r = p/q \in \mathbb{Q}(x)$ mit $p, q \in \mathbb{Q}[x]$, $\gcd(p, q) = 1$ derart, daß $D(\frac{p}{q}) = \frac{1}{x}$ ist. Dann gilt

$$\frac{D(p)\,q - p\,D(q)}{q^2} = \frac{1}{x}$$

bzw.

$$x\Big(D(p)\,q - \,p\,D(q)\Big) = q^2\,. \tag{12.3}$$

Hieraus folgt aber, daß x ein Teiler von q^2 und daher auch ein Teiler von q ist. Es gibt also $n \in \mathbb{N}$ und $s \in \mathbb{Q}[x]$ mit $q = x^n\,s$ derart, daß $\gcd(s, x) = 1$ ist.[5] Setzt man dies in (12.3) ein, so erhält man

$$x^{n+1}\,D(p)\,s - x\,p\Big(n\,x^{n-1}\,s + x^n\,D(s)\Big) = x^{2n}\,s^2\,.$$

Nach Kürzen von x^n und Umsortieren erhalten wir

$$n\,p\,s = x\,D(p)\,s - x\,p\,D(s) - x^n\,s^2\,.$$

Dies bedeutet aber, daß nun wegen $\gcd(s, x) = 1$ das Polynom p den Teiler x hat. Dies widerspricht aber der ursprünglichen Annahme der Teilerfremdheit von p und q. Damit ist gezeigt, daß es derartige p und q nicht geben kann. □

Wir merken an, daß dieser Beweis dem üblichen Beweis für die Irrationalität von $\sqrt{2}$ ähnelt. Der Satz zeigt also, daß zur Integration rationaler Funktionen eine Körpererweiterung notwendig ist: Man muß Logarithmen einführen. Das Konzept der Logarithmen kann man algebraisch wie folgt erklären.

Definition 12.6 Sei $(\mathbb{K}, D)$ ein Differentialkörper und sei $(\mathbb{E}, D)$ mit $\mathbb{K} \neq \mathbb{E}$ ein *Differential-Erweiterungskörper* von $(\mathbb{K}, D)$, d. h. ein Erweiterungskörper von $\mathbb{K}$, welcher D nach $\mathbb{E}$ fortsetzt. Wenn es für ein gegebenes $\vartheta \in \mathbb{E} \setminus \mathbb{K}$ ein Element $u \in \mathbb{K}$ gibt, so daß **12.6**

$$D(\vartheta) = \frac{D(u)}{u}$$

gilt, dann nennen wir ϑ *logarithmisch über* $\mathbb{K}$ und schreiben $\vartheta = \ln u$. Der Körper $(\mathbb{E}, D)$ heißt dann eine *logarithmische Körpererweiterung* von $(\mathbb{K}, D)$. △

Man beachte, daß die Definition logarithmischer Terme nichts anderes als die Kettenregel für Logarithmusfunktionen definiert.

Beispiel 12.7 Wir betrachten einige Integrationen, die wir zwar im Augenblick noch nicht (algebraisch) herleiten können, welche aber leicht durch Differentiation **12.7**

---

[5] Die Zahl n ist die Ordnung der Nullstelle von q.

verifiziert werden können. Unser Ziel ist es, die nötigen Körpererweiterungen zu analysieren.

(a) Offenbar ist

$$\int \frac{1}{x} = \ln x \in \mathbb{Q}(x, \ln x)\,.$$

Der zur Darstellung des Integrals benötigte Erweiterungskörper von $\mathbb{Q}(x)$ ist also der Körper der rationalen Funktionen in x und in dem logarithmischen Element $\ln x$. Zur Darstellung der Stammfunktion reicht also die Erweiterung von $\mathbb{Q}(x)$ um ein einziges logarithmisches Element aus.

(b)

$$\int \frac{1}{x^2+x} = \int \left(\frac{1}{x} - \frac{1}{1+x}\right) = \ln x - \ln(1+x) \in \mathbb{Q}(x, \ln x, \ln(1+x))\,.$$

Zur Darstellung dieser Stammfunktion sind zwei logarithmische Elemente nötig.

(c)

$$\int \frac{1}{x-x^3} = \int \left(\frac{1}{x} + \frac{x}{1-x^2}\right) = \ln x - \frac{1}{2}\ln(1-x^2) \in \mathbb{Q}(x, \ln x, \ln(1-x^2))\,.$$

Man kann aber auch schreiben

$$\int \frac{1}{x-x^3} = \ln x - \frac{1}{2}\ln(1+x) - \frac{1}{2}\ln(1-x) \in \mathbb{Q}(x, \ln x, \ln(1+x), \ln(1-x))\,.$$

In diesem Fall kommt man also, je nach Darstellung des Integrals, mit zwei bzw. drei logarithmischen Elementen aus.

(d) Bei dem Beispiel

$$\int \frac{1}{x^2-3} = \frac{1}{2\sqrt{3}}\ln(x-\sqrt{3}) - \frac{1}{2\sqrt{3}}\ln(x+\sqrt{3}) \in \mathbb{Q}(x)(\sqrt{3})(\ln(x-\sqrt{3}), \ln(x+\sqrt{3}))$$

muß zusätzlich zu zwei logarithmischen Termen auch noch eine algebraische Erweiterung vorgenommen werden, um die Stammfunktion darstellen zu können.

(e) Schließlich betrachten wir das Beispiel

$$I = \int \frac{x^3}{x^4-1}\,.$$

Wir hatten in (12.2) bereits gesehen, daß $I = \frac{1}{4}\ln(x^4-1)$ ist. Diese Darstellung des Integrals liegt also in $\mathbb{Q}(x, \ln(x^4-1))$. Die resultierende Darstellung ist aber abhängig vom Grad der Faktorisierung des Nenners. Eine vollständige Faktorisierung des Nenners $x^4-1 = (x+1)(x-1)(x+i)(x-i)$ über $\mathbb{Q}(x)(i)$ liefert die *Partialbruchzerlegung*

$$\frac{x^3}{x^4-1} = \frac{1}{4}\frac{1}{x+1} + \frac{1}{4}\frac{1}{x-1} + \frac{1}{4}\frac{1}{x+i} + \frac{1}{4}\frac{1}{x-i}$$

und somit die Darstellung

$$I = \frac{1}{4}\ln(x+1) + \frac{1}{4}\ln(x-1) + \frac{1}{4}\ln(x+i) + \frac{1}{4}\ln(x-i)\,.$$

in $\mathbb{Q}(i)(x, \ln(x+1), \ln(x-1), \ln(x+i), \ln(x-i))$. Faßt man die beiden letzten Integrale zusammen, erhält man

$$I = \frac{1}{4}\ln(x+1) + \frac{1}{4}\ln(x-1) + \frac{1}{4}\ln(x^2+1) \in \mathbb{Q}(x, \ln(x+1), \ln(x-1), \ln(x^2+1))\,.$$

Der erforderliche Erweiterungskörper ist also keineswegs eindeutig bestimmt. △

Wir bemerken noch, daß die hier resultierenden logarithmischen Terme keine Beträge enthalten, wie dies in manchen Analysisbüchern üblich ist. Dies ist auch gar nicht sinnvoll, denn über eine Singularität der Logarithmusfunktion hinweg kann man auch in der Analysis nicht integrieren. In unserem algebraischen Zugang gibt es ferner keine Zweige der Logarithmusfunktion. Eine ganz andere Sache ist aber die Auswertung von Stammfunktionen für $x \in \mathbb{Q}$ oder $x \in \mathbb{R}$. Hierfür benötigt man wieder analytische Konzepte.

Die Integration der Partialbruchzerlegung (12.1) liefert einen rationalen und einen logarithmischen Anteil. Im nächsten Abschnitt werden wir zeigen, wie man den rationalen Teil über $\mathbb{Q}(x)$ bestimmen kann, während wir uns im übernächsten Abschnitt um den logarithmischen Teil und hierbei insbesondere um die Frage, welche Körpererweiterungen zur Darstellung des Integrals nötig sind, kümmern werden.

12.3 Rationaler Teil

12.3

Sei in der Folge $\mathbb{K}$ der Einfachheit halber ein Unterkörper von $\mathbb{C}$. Will man $r(x) = \frac{p(x)}{q(x)} \in \mathbb{K}(x)$ integrieren, so besteht der erste Schritt in einer Polynomdivision, welche den polynomialen Anteil $P(x)$ abspaltet. Der Rest ist dann wieder von der Form $\frac{p(x)}{q(x)}$, wobei nun $\deg(p(x), x) < \deg(q(x), x)$ ist. Dies werden wir nun o. B. d. A. voraussetzen.

Da wir ja algebraische Erweiterungen zulassen, macht es Sinn, sich den Bernoulli-Algorithmus unter diesem Gesichtspunkt noch einmal genauer anzusehen. Die reelle Partialbruchzerlegung (12.1) kann offenbar über einem geeigneten algebraischen Erweiterungskörper durch Faktorisierung der quadratischen Nennerterme weiter zerlegt werden und erhält dann die Form

$$r(x) = \sum_{i=1}^{M}\sum_{k=1}^{e_i} \frac{A_{ik}}{(x-a_i)^k} \tag{12.4}$$

mit $A_{ik}, a_i \in \mathbb{C}$, wobei a_i, $(i = 1, \ldots, M)$ die komplexen Nullstellen des Nennerpolynoms sind und e_i die jeweilige Nullstellenordnung ist. Integration der Summanden mit $k > 1$ liefert hierbei rationale Funktionen, während die Summanden mit $k = 1$ jeweils logarithmische Terme ergeben. Es resultiert also eine Zerlegung der Form

$$\int r(x) = \sum_{i=1}^{M} \frac{p_i(x)}{(x - a_i)^{e_i - 1}} + \int \sum_{i=1}^{M} \frac{A_{i1}}{x - a_i} \tag{12.5}$$

mit $\deg(p_i(x), x) < e_i - 1$.

Zusammenfassend erhalten wir also

$$\int r(x) = \frac{a(x)}{b(x)} + \int \frac{c(x)}{d(x)}, \tag{12.6}$$

wobei $\deg(a(x), x) < \deg(b(x), x)$ und $\deg(c(x), x) < \deg(d(x), x)$ ist sowie

$$b(x) = \gcd(q(x), q'(x)) \in \mathbb{K}[x] \tag{12.7}$$

(s. Abschnitt 6.8 über quadratfreie Faktorisierung) und

$$d(x) = \frac{q(x)}{b(x)} \in \mathbb{K}[x] \tag{12.8}$$

der *quadratfreie Teil* des Nenners $q(x)$ ist.

Wir werden zeigen, daß auch die Polynome $a(x), c(x) \in \mathbb{K}[x]$ sind. Gleichung (12.6) liefert also eine Zerlegung des Integrals $\int r(x)$ in einen *rationalen Teil* $\frac{a(x)}{b(x)}$ und einen *transzendenten* bzw. *logarithmischen Teil* $\int \frac{c(x)}{d(x)}$, bei welchem der Nenner $d(x)$ *quadratfrei* ist. Wie man den transzendenten Teil bestimmt, werden wir im nächsten Abschnitt behandeln.

Zunächst führen wir einmal an einem Beispiel vor, wie das bisher zusammengetragene Wissen zu einem Algorithmus zur Berechnung der Darstellung (12.6) wird.

Sitzung 12.8 Wir betrachten

```
In[1]:= r =
    (3 x^16 - 19 x^15 + 43 x^14 - 20 x^13 - 91 x^12 + 183 x^11 - 81 x^10 -
        166 x^9 + 271 x^8 - 101 x^7 - 127 x^6 + 168 x^5 - 53 x^4 - 31 x^3 +
        41 x^2 - 2 x - 2) /
     (4 x^14 - 20 x^13 + 28 x^12 + 24 x^11 - 108 x^10 + 84 x^9 + 76 x^8 -
        176 x^7 + 76 x^6 + 84 x^5 - 108 x^4 + 24 x^3 + 28 x^2 - 20 x + 4)
```

Out[1]= $\left(3x^{16}-19x^{15}+43x^{14}-20x^{13}-91x^{12}+183x^{11}-81x^{10}-166x^9+271x^8-101x^7-127x^6+168x^5-53x^4-31x^3+41x^2-2x-2\right)/\left(4x^{14}-20x^{13}+28x^{12}+24x^{11}-108x^{10}+84x^9+76x^8-176x^7+76x^6+84x^5-108x^4+24x^3+28x^2-20x+4\right)$

Natürlich kann *Mathematica* $r(x)$ integrieren:

In[2]:= **int = ∫ r dx**

Out[2]= $$\frac{1}{4}\left(x^3-2x^2+2x-\frac{4\tan^{-1}\left(\frac{2x-1}{\sqrt{3}}\right)}{9\sqrt{3}}-\log(x-1)-\frac{1}{3}\log(x+1)+\frac{2}{3}\log((x-1)^2+x)-\frac{13}{32(x-1)}+\frac{53}{288(x+1)}-\frac{71}{128(x-1)^2}+\frac{13}{384(x+1)^2}+\frac{35}{48(x-1)^3}+\frac{1}{288(x+1)^3}-\frac{15}{32(x-1)^4}+\frac{1}{10(x-1)^5}+\frac{1}{8(x-1)^6}-\frac{1}{7(x-1)^7}\right)$$

Der rationale Teil des Integrals ist also gegeben durch

In[3]:= **rat = int/.{ArcTan[_] → 0, Log[_] → 0}**

Out[3]= $$\frac{1}{4}\left(x^3-2x^2+2x-\frac{13}{32(x-1)}+\frac{53}{288(x+1)}-\frac{71}{128(x-1)^2}+\frac{13}{384(x+1)^2}+\frac{35}{48(x-1)^3}+\frac{1}{288(x+1)^3}-\frac{15}{32(x-1)^4}+\frac{1}{10(x-1)^5}+\frac{1}{8(x-1)^6}-\frac{1}{7(x-1)^7}\right)$$

Nun berechnen wir diese Darstellung selbst. Die Eingabefunktion $r(x)$ hat den Zähler

In[4]:= **p = Numerator[r]**

Out[4]= $3x^{16}-19x^{15}+43x^{14}-20x^{13}-91x^{12}+183x^{11}-81x^{10}-166x^9+271x^8-101x^7-127x^6+168x^5-53x^4-31x^3+41x^2-2x-2$

und den Nenner

In[5]:= **q = Denominator[r]**

Out[5]= $4x^{14}-20x^{13}+28x^{12}+24x^{11}-108x^{10}+84x^9+76x^8-176x^7+76x^6+84x^5-108x^4+24x^3+28x^2-20x+4$

Der polynomiale Anteil $P(x)$ ist gegeben durch

In[6]:= **Pol = PolynomialQuotient[p, q, x]**

Out[6]= $\frac{3x^2}{4}-x+\frac{1}{2}$

und wir erhalten den reduzierten Zähler

```
In[7]:= p = PolynomialRemainder[p, q, x]
```
Out[7]= $4x^4 + 4x^2 + 12x - 4$

Aus dem Nenner $q(x)$ können wir gemäß (12.7) und (12.8) die Nenner $b(x)$ und $d(x)$ der Zerlegung (12.6) berechnen:

```
In[8]:= b = PolynomialGCD[q, D[q, x]]
```
Out[8]= $4x^{10} - 16x^9 + 12x^8 + 32x^7 - 56x^6 + 56x^4 - 32x^3 - 12x^2 + 16x - 4$

In[9]:= **d = Together**$\left[\frac{q}{b}\right]$

Out[9]= $x^4 - x^3 + x - 1$

Man beachte, daß diese nun nicht in faktorisierter Form vorliegen. Dies ist auch gar nicht nötig, und vor allem ist es nicht wünschenswert, unnötige Faktorisierungen durchzuführen.

Wir machen nun einen Ansatz für die Zählerpolynome $a(x)$ und $c(x)$, für die wir ja jeweils eine Gradschranke besitzen:

In[10]:= **a =** $\sum_{k=0}^{\text{Exponent[b,x]}-1} \alpha_k x^k$

Out[10]= $\alpha_9 x^9 + \alpha_8 x^8 + \alpha_7 x^7 + \alpha_6 x^6 + \alpha_5 x^5 + \alpha_4 x^4 + \alpha_3 x^3 + \alpha_2 x^2 + \alpha_1 x + \alpha_0$

In[11]:= **c =** $\sum_{k=0}^{\text{Exponent[d,x]}-1} \beta_k x^k$

Out[11]= $\beta_3 x^3 + \beta_2 x^2 + \beta_1 x + \beta_0$

Gleichung (12.6) ist gleichwertig zu der Identität

$$p(x) - q(x)\left(\left(\frac{a(x)}{b(x)}\right)' + \frac{c(x)}{d(x)}\right) = 0\,.$$

Man beachte, daß dies nach Kürzen wegen (12.7) und (12.8) eine Polynomidentität ist, welche im vorliegenden Fall 91 Summanden besitzt:

In[12]:= **s = Together**$\left[p - q\left(D\left[\frac{a}{b}, x\right] + \frac{c}{d}\right)\right]$;

```
In[13]:= Length[s]
```
Out[13]= 91

Wir führen nun einen Koeffizientenvergleich durch und lösen nach den Unbestimmten α_k und β_k auf:

```
In[14]:= sol = Solve[CoefficientList[s, x] == 0,
           Join[Table[αk, {k, 0, Exponent[b, x] - 1}],
             Table[βk, {k, 0, Exponent[d, x] - 1}]]]
```

Out[14]= $\left\{\left\{\alpha_0 \to \frac{67}{70}, \alpha_1 \to -\frac{16}{315}, \alpha_2 \to -\frac{4631}{630}, \alpha_3 \to \frac{872}{315}, \alpha_4 \to \frac{392}{45}, \alpha_5 \to -\frac{268}{45}, \alpha_6 \to -\frac{26}{9}, \alpha_7 \to \frac{28}{9}, \alpha_8 \to -\frac{2}{9}, \alpha_9 \to -\frac{2}{9}, \beta_0 \to \frac{1}{18}, \beta_1 \to -\frac{1}{2}, \beta_2 \to -\frac{1}{18}, \beta_3 \to 0\right\}\right\}$

Dies liefert also den rationalen Teil $\frac{a(x)}{b(x)}$

In[15]:= **Together**$\left[\frac{\mathbf{a}}{\mathbf{b}}\right.$**/.sol[[1]]**$\left.\right]$

Out[15]= $(-140\,x^9 - 140\,x^8 + 1960\,x^7 - 1820\,x^6 - 3752\,x^5 + 5488\,x^4 + 1744\,x^3 - 4631\,x^2 - 32\,x + 603)/(2520\,(x-1)^7\,(x+1)^3)$

welcher natürlich mit dem von *Mathematica* berechneten übereinstimmt:

In[16]:= **Together**$\left[\mathbf{rat} - \int \mathbf{Pol}\, d\mathbf{x}\right]$

Out[16]= $(-140\,x^9 - 140\,x^8 + 1960\,x^7 - 1820\,x^6 - 3752\,x^5 + 5488\,x^4 + 1744\,x^3 - 4631\,x^2 - 32\,x + 603)/(2520\,(x-1)^7\,(x+1)^3)$

sowie den transzendenten Teil $\frac{c(x)}{d(x)}$

In[17]:= **trans = Together**$\left[\frac{\mathbf{c}}{\mathbf{d}}\right.$**/.sol[[1]]**$\left.\right]$

Out[17]= $\frac{-x^2 - 9\,x + 1}{18\,(x^4 - x^3 + x - 1)}$

welcher integriert

In[18]:= $\int \mathbf{trans}\, d\mathbf{x}$

Out[18]= $\frac{1}{18}\left(-\frac{2\tan^{-1}\left(\frac{2x-1}{\sqrt{3}}\right)}{\sqrt{3}} - \frac{9}{2}\log(x-1) - \frac{3}{2}\log(x+1) + 3\log\left(x^2 - x + 1\right)\right)$

den rein logarithmischen Teil liefert. Dieser enthält in *Mathematicas* Ausgabe auch einen Arkustangensterm, welcher – bei einer geeigneten algebraischen Erweiterung – auch durch komplexe Logarithmen dargestellt werden kann.

Wir wollen an dieser Stelle darauf hinweisen, daß der Algorithmus, den wir angewandt haben, unter anderem zeigt, daß die beiden gesuchten Polynome $a(x)$ und $c(x)$ wieder Koeffizienten im Körper $\mathbb{K}$ haben, d. h. $a(x), c(x) \in \mathbb{K}[x]$, denn das lineare Gleichungssystem, welches zu lösen war, hatte Koeffizienten aus diesem Körper. In unserem speziellen Fall war das Eingabepolynom ein Element von $\mathbb{Q}(x)$, und somit sind $a(x), b(x), c(x), d(x) \in \mathbb{Q}[x]$.

Wir können nun den gesamten Ablauf des vorliegenden Algorithmus programmieren:

```
In[19]:= Clear[RationaleZerlegung]
         RationaleZerlegung[r_, x_] :=
          Module[{p, q, Pol, a, b, c, d, s, sol, k, α, β},
           p = Numerator[r];
           q = Denominator[r];
           Pol = PolynomialQuotient[p, q, x];
           p = PolynomialRemainder[p, q, x];
           b = PolynomialGCD[q, D[q, x]];
           d = Together[q/b];
           a = Sum[α[k] x^k, {k, 0, Exponent[b, x] - 1}];
           c = Sum[β[k] x^k, {k, 0, Exponent[d, x] - 1}];
           s = Together[p - q * (D[a/b, x] + c/d)];
           sol = Solve[CoefficientList[s, x] == 0,
              Join[Table[α[k], {k, 0, Exponent[b, x] - 1}],
               Table[β[k], {k, 0, Exponent[d, x] - 1}]]];
           a = a/.sol[[1]];
           c = c/.sol[[1]];
           {Integrate[Pol, x] + Together[a/b], Together[c/d]}
          ]
```

Die Funktion `RationaleZerlegung` berechnet die rationale Zerlegung für beliebiges $r(x) \in \mathbb{Q}(x)$ und gibt eine Liste aus, deren erstes Element der rationale Teil $\int P(x) + \frac{a(x)}{b(x)}$ und deren zweites Element der Integrand des logarithmischen Teils $\frac{c(x)}{d(x)}$ ist. Für obiges Beispiel erhalten wir wie gehabt

```
In[20]:= RationaleZerlegung[r, x]
```

Out[20]= $$\left\{\frac{x^3}{4} - \frac{x^2}{2} + \frac{x}{2} + (-140\,x^9 - 140\,x^8 + 1960\,x^7 - 1820\,x^6 - 3752\,x^5 + 5488\,x^4 + 1744\,x^3 - 4631\,x^2 - 32\,x + 603)/(2520\,(x-1)^7\,(x+1)^3),\ \frac{-x^2 - 9\,x + 1}{18\,(x^4 - x^3 + x - 1)}\right\}$$

Es folgen zwei weitere Beispiele:

In[21]:= `RationaleZerlegung`$\left[\frac{1}{x}, x\right]$

Out[21]= $\left\{0, \frac{1}{x}\right\}$

In[22]:= `RationaleZerlegung`$\left[\frac{x^2}{(1+x^2)^2}, x\right]$

Out[22]= $\left\{-\frac{x}{2\,(x^2+1)}, \frac{1}{2\,(x^2+1)}\right\}$

Im ersten Fall ist der rationale Anteil gleich 0. □

Wir wollen nun zeigen, daß dieser Algorithmus, welcher zuerst von Ostrogradsky [Ost1845] gefunden wurde und der damit also schon über 150 Jahre alt ist, immer zum Ziel führt.

Satz 12.9 (Rationale Zerlegung) Sei $r(x) = \frac{p(x)}{q(x)} \in \mathbb{K}(x)$ eine rationale Funktion mit $p(x), q(x) \in \mathbb{K}[x]$ und $\gcd(p(x), q(x)) = 1$. Seien ferner $b(x)$ und $d(x)$ gemäß (12.7) bzw. (12.8), also durch **12.9**

$$b(x) = \gcd(q(x), q'(x)) \qquad \text{und} \qquad d(x) = \frac{q(x)}{b(x)}$$

gegeben. Dann gibt es eindeutig bestimmte Polynome $P(x), a(x), c(x) \in \mathbb{K}[x]$ vom Grad $\deg(a(x), x) < \deg(b(x), x)$ sowie $\deg(c(x), x) < \deg(d(x), x)$ mit

$$\int r(x) = \frac{a(x)}{b(x)} + \int P(x) + \int \frac{c(x)}{d(x)} \,.$$

Das Polynom $P(x)$ erhält man durch Polynomdivision. Für $\deg(p(x), x) < \deg(q(x), x)$, also $P(x) = 0$, ist obige Gleichung gleichwertig zu der Polynomgleichung

$$p(x) - q(x)\left(\left(\frac{a(x)}{b(x)}\right)' + \frac{c(x)}{d(x)}\right) = 0 \,. \tag{12.9}$$

Die Koeffizienten der Polynome $a(x)$ und $c(x)$ erhält man durch Ansatz mit unbestimmten Koeffizienten durch Koeffizientenvergleich aus Gleichung (12.9).

Beweis: Im ersten Schritt wird der polynomiale Anteil $P(x)$ von $r(x)$ durch Polynomdivision abgespalten. Es verbleibt ein Zählerpolynom, dessen Grad kleiner als $\deg(q(x), x)$ ist. Wir können also in der Folge annehmen, daß $r(x) = \frac{p(x)}{q(x)} \in \mathbb{K}(x)$ mit $\deg(p(x), x) < \deg(q(x), x)$.

Seien nun $b(x) = \gcd(q(x), q'(x))$ und $d(x) = \frac{q(x)}{b(x)}$. Diese liegen offenbar in $\mathbb{K}[x]$. Wir müssen nun zeigen, daß (12.9) eine Polynomgleichung ist. Wegen $q(x) = b(x)\, d(x)$ ist

$$q(x)\frac{c(x)}{d(x)} = b(x) \cdot c(x) \in \mathbb{K}[x] \,.$$

Etwas schwieriger ist es nachzuweisen, daß $q(x)\left(\frac{a(x)}{b(x)}\right)' \in \mathbb{K}[x]$ liegt. Wegen $q(x) = b(x)\, d(x)$ erhalten wir mit der Quotientenregel

$$q(x)\left(\frac{a(x)}{b(x)}\right)' = b(x) \cdot d(x)\left(\frac{a'(x)\, b(x) - a(x)\, b'(x)}{b(x)^2}\right) = d(x)\, a'(x) - a(x)\,\frac{d(x)\, b'(x)}{b(x)} \in \mathbb{K}[x] \,,$$

falls $\frac{d(x)\, b'(x)}{b(x)} \in \mathbb{K}[x]$ liegt. In einem geeigneten algebraischen Erweiterungskörper zerfällt $q(x)$ in Linarfaktoren $q(x) = c \prod\limits_{i=1}^{M} (x - a_i)^{e_i}$. Dann folgt aber $b(x) = \gcd(q(x), q'(x)) = \prod\limits_{i=1}^{M} (x - a_i)^{e_i - 1}$

(vgl. Abschnitt 6.8) und $d(x) = \frac{q(x)}{b(x)} = c \prod_{i=1}^{M} (x - a_i)$. Ableiten von $b(x)$ liefert weiter $\prod_{i=1}^{M} (x - a_i)^{e_i - 2} \mid b'(x)$.[6] Hieraus folgt schließlich $\frac{d(x)\,b'(x)}{b(x)} \in \mathbb{K}[x]$.

Da nach dem Bernoullischen Satz 12.1 bzw. nach seiner komplexen Variante (12.5) genau eine Darstellung der Form (12.6) existiert, wird diese durch Lösen des resultierenden linearen Gleichungssystems auch gefunden. □

12.4

12.4 Logarithmischer Teil

Um den logarithmischen Teil zu bestimmen, können wir nun also davon ausgehen, daß $r(x) = \frac{c(x)}{d(x)}$ mit $c(x), d(x) \in \mathbb{K}[x]$, wobei $d(x)$ quadratfrei und $\deg(c(x), x) < \deg(d(x), x)$ ist. Wir nehmen ferner o. B. d. A. an, daß $d(x)$ normiert ist.

Wir wissen natürlich, wie wir das Ergebnis für $\mathbb{K} = \mathbb{C}$ bzw. im kleinsten Zerfällungskörper $\mathbb{K}_{d(x)}$ von $d(x)$ über $\mathbb{K}$ erhalten: In diesem Fall hat $d(x)$ eine vollständige Faktorisierung in Linearfaktoren $d(x) = \prod_{k=1}^{m} (x - a_k)$, aus welcher dann eine Partialbruchzerlegung der Form

$$\frac{c(x)}{d(x)} = \sum_{k=1}^{m} \frac{\gamma_k}{x - a_k} \qquad (\gamma_k \in \mathbb{K}_{d(x)}) \tag{12.10}$$

folgt. Da $d(x)$ quadratfrei ist, sind die Nullstellen a_k $(k = 1, \ldots, m)$ paarweise verschieden, und wir erhalten daher die Darstellung des Integrals

$$\int \frac{c(x)}{d(x)} = \sum_{k=1}^{m} \gamma_k \ln(x - a_k) \tag{12.11}$$

Diese Darstellung des Integrals liegt also in dem Erweiterungskörper $\mathbb{K}_{d(x)}(x, \ln(x - a_1), \ldots, \ln(x - a_m))$ von $\mathbb{K}(x)$.

Bei dem Beispiel

$$\int \frac{1}{x^3 + x} = \ln x - \frac{1}{2} \ln(x + i) - \frac{1}{2} \ln(x - i)$$

ist aber die Erweiterung von $\mathbb{Q}$ um die algebraische Zahl i beispielsweise gar nicht nötig. Da die Koeffizienten der beiden logarithmischen Terme $\ln(x \pm i)$ beide übereinstimmen, können wir nämlich das Resultat mit Hilfe der Umformungsregeln für

[6] Für $e_i = 1$ gilt sogar $(x - a_i)^{e_i - 1} \mid b'(x)$.

Logarithmen vereinfachen:[7]

$$-\frac{1}{2}\ln(x+i) - \frac{1}{2}\ln(x-i) = -\frac{1}{2}\ln\Big((x+i)(x-i)\Big) = -\frac{1}{2}\ln(x^2+1)\,,$$

so daß schließlich

$$\int \frac{1}{x^3+x} = \ln x - \frac{1}{2}\ln(x^2+1)\,.$$

In dieser Form ist die algebraische Körpererweiterung um i nicht mehr nötig. Offensichtlich lassen sich auftretende Logarithmen immer dann derart zusammenfassen, wenn sie *identische* Koeffizienten haben. Also müssen wir, um unnötige Körpererweiterungen zu vermeiden, nach den *verschiedenen* Lösungen γ_k der Gleichung (12.10) suchen.

Wie werden diese Koeffizienten bestimmt? Wir wollen zeigen, daß für γ_k aus (12.10) die Formel $\gamma_k = \frac{c(a_k)}{d'(a_k)}$ gilt. Hierzu verwenden wir einige Argumente aus der Funktionentheorie.

Sei a eine der Nullstellen von $d(x)$. Wegen der Quadratfreiheit von $d(x)$ sind alle Nullstellen einfach und $\frac{c(x)}{d(x)}$ hat an der Stelle a eine Laurententwicklung der Form

$$\frac{c(x)}{d(x)} = \frac{\gamma}{x-a} + p(x)\,, \tag{12.12}$$

wobei $p(x)$ eine Potenzreihe ist.[8] Ableiten der Identität

$$(x-a)\,c(x) = \gamma\, d(x) + (x-a)\,d(x)\,p(x)$$

erzeugt[9]

$$c(x) + (x-a)\,c'(x) = \gamma\, d'(x) + d(x)\,p(x) + (x-a)\Big(d'(x)\,p(x) + d(x)\,p'(x)\Big)\,,$$

und Einsetzen von $x = a$ liefert wegen $d(a) = 0$ also die Formel

$$\gamma = \frac{c(a)}{d'(a)}$$

[7] Wir wenden diese Umformungsregeln einfach formal an, obwohl deren Gültigkeit – insbesondere im Komplexen – nicht gesichert ist. Beim konkreten Beispiel kann man das erzielte Ergebnis dennoch durch Differentiation verifizieren. Wir werden die momentanen Vorbetrachtungen beim Beweis des folgenden Satzes aber nicht benutzen.

[8] Integration von (12.12) zeigt, daß die gesuchten Werte γ_k genau die *Residuen* von $\frac{c(x)}{d(x)}$ an den Nullstellen a_k von $d(x)$ sind.

[9] Wir benutzen hierbei die Kenntnis aus der Funktionentheorie, daß die Potenzreihe $p(x)$ eine Ableitung besitzt. Man kann aber auch – ähnlich wie für Polynome – algebraisch Ableitungen von Potenzreihen erklären.

zur Berechnung von γ. Gleichung (12.11) kann also schließlich in der Form

$$\int \frac{c(x)}{d(x)} = \sum_{\{a \mid d(a)=0\}} \frac{c(a)}{d'(a)} \ln(x-a) \tag{12.13}$$

geschrieben werden.

Sitzung 12.10 In komplizierten Fällen gibt *Mathematica* Integrale in eben dieser Form aus:

In[1]:= $\int \frac{\mathbf{x}}{\mathbf{1+x+x^7}} \, d\mathbf{x}$

Out[1]= $\text{RootSum}\left[\#1^7 + \#1 + 1\&, \frac{\log(x-\#1)\,\#1}{7\,\#1^6+1}\&\right]$

Zur Darstellung derartiger Summen wird also die Funktion `RootSum` verwendet.

Manchmal gelingt es *Mathematica*, die Summe weiter zu zerlegen:

In[2]:= $\int \frac{\mathbf{x}}{\mathbf{1+x+x^5}} \, d\mathbf{x}$

Out[2]= $-\frac{\tan^{-1}\left(\frac{2x+1}{\sqrt{3}}\right)}{7\sqrt{3}} + \frac{3}{14}\log(x^2+x+1) - \frac{1}{7}\text{RootSum}\left[\#1^3 - \#1^2 + 1\&, \frac{3\log(x-\#1)\,\#1^2 - 5\log(x-\#1)\,\#1 + \log(x-\#1)}{3\,\#1^2 - 2\,\#1}\&\right]$

Diese Zerlegung beruht auf der Faktorisierung des Nenners

In[3]:= **Factor[1 + x + x^5]**

Out[3]= $(x^2+x+1)(x^3-x^2+1)$

bzw. der resultierenden Partialbruchzerlegung

In[4]:= **term = Apart**$\left[\frac{\mathbf{x}}{\mathbf{1+x+x^5}}, \mathbf{x}\right]$

Out[4]= $\frac{3x+1}{7(x^2+x+1)} + \frac{-3x^2+5x-1}{7(x^3-x^2+1)}$

deren erster Summand die beiden einzelnen Summanden des Integrals liefert

In[5]:= $\int$ **term[[1]]** $d\mathbf{x}$

Out[5]= $\frac{1}{7}\left(\frac{3}{2}\log(x^2+x+1) - \frac{\tan^{-1}\left(\frac{2x+1}{\sqrt{3}}\right)}{\sqrt{3}}\right)$

während der zweite Summand eine Stammfunktion hat, welche wieder durch `RootSum` dargestellt wird. □

Die bisherige Methode erfordert aber immer die Berechnung aller Nullstellen a_k des Nenners $d(x)$. Wir wollen dies weitestgehend vermeiden. Unser Ziel muß es nun also sein, die *verschiedenen* Lösungen γ der Gleichung

$$0 = c(a) - \gamma\, d'(a)$$

zu bestimmen, wobei a die Nullstellen von $d(x)$ durchläuft, möglichst ohne explizite Berechnung der Menge $\{a \mid d(a) = 0\}$. In Abschnitt 7.5, Satz 7.38, hatten wir aber gesehen, daß dies genau die verschiedenen Nullstellen des Polynoms

$$R(z) := \operatorname{res}(c(x) - z\, d'(x), d(x)) \in \mathbb{K}[z]\,,$$

nämlich die *gemeinsamen* Nullstellen von $c(x) - z\, d'(x)$ und $d(x)$, sind. Auf der anderen Seite bewirkt jede *mehrfache* Nullstelle von $R(z)$, daß logarithmische Terme zusammengefaßt werden können. Wir erhalten also schließlich

$$\int \frac{c(x)}{d(x)} = \sum_{k=1}^{n} z_k \ln v_k(x)\,,$$

wobei z_k die verschiedenen Nullstellen von $R(z)$ und die Polynome $v_k(x)$ normiert, quadratfrei und paarweise teilerfremd sind.

Sitzung 12.11 Wir benutzen diese Methode zur erneuten Berechnung von $\int \frac{1}{x^3+x}$:

```
In[1]:= c = 1; d = x^3 + x;
```

```
In[2]:= res = Resultant[c - z D[d, x], d, x]
Out[2]= -4 z^3 + 3 z + 1
```

Diese Resultante stellt die Koeffizienten der Partialbruchzerlegung bereit. Ihre Faktorisierung

```
In[3]:= Factor[res]
Out[3]= -(z - 1) (2 z + 1)^2
```

zeigt, daß diese Koeffizienten $\gamma_1 = 1$ sowie $\gamma_2 = -\frac{1}{2}$ sind, wobei γ_2 eine doppelte Nullstelle ist, welche also zwei logarithmische Terme zusammenfaßt.

Im nächsten Satz wird angegeben, wie sich hieraus auch die zugehörigen Funktionen $v_k(x)$ bestimmen lassen: Die Rechnung

```
In[4]:= PolynomialGCD[c - z D[d, x] /. z → 1, d]
Out[4]= x
```

liefert $v_1(x) = x$ und die Rechnung

```
In[5]:= PolynomialGCD[c - z D[d, x] /. z → -1/2, d]
Out[5]= x^2/2 + 1/2
```

zeigt $v_2(x) = x^2 + 1$, wenn wir $v_k(x)$ normiert wählen. □

Im folgenden Satz, welcher auf Rothstein [Rot1976] und Trager [Tra1976] zurückgeht, wird gezeigt, daß diese Methode immer eine Darstellung des gesuchten Integrals liefert und daß alle verschiedenenen Nullstellen von $R(z)$ auch wirklich nötig sind. Ferner liefert er einen Algorithmus zur Bestimmung der Polynome $v_k(x)$.

12.12 **Satz 12.12** Sei $\mathbb{E}(x)$ ein Differentialkörper über einem Konstantenkörper $\mathbb{E}$ und seien $c(x), d(x) \in \mathbb{E}[x]$ gegeben mit $\gcd(c(x), d(x)) = 1$, $d(x)$ normiert und quadratfrei sowie $\deg(c(x), x) < \deg(d(x), x)$. Gelte ferner

$$\int \frac{c(x)}{d(x)} = \sum_{k=1}^{n} z_k \ln v_k(x)\,, \tag{12.14}$$

wobei $z_k \in \mathbb{E} \setminus \{0\}$ $(k = 1, \ldots, n)$ untereinander verschiedene Konstanten und $v_k(x) \in \mathbb{E}[x]$ $(k = 1, \ldots, n)$ normierte und quadratfreie, paarweise teilerfremde Polynome mit positivem Grad seien.

Dann sind die Zahlen z_k die verschiedenen Lösungen der Polynomgleichung

$$R(z) = \operatorname{res}(c(x) - z\,d'(x), d(x)) = 0$$

und $v_k(x)$ sind die Polynome

$$v_k(x) = \gcd(c(x) - z_k\,d'(x), d(x)) \in \mathbb{E}[x]\,.$$

Beweis: Wir differenzieren die Gleichung (12.14) und erhalten

$$\frac{c(x)}{d(x)} = \sum_{k=1}^{n} z_k \frac{v_k'(x)}{v_k(x)}\,.$$

Setzt man

$$u_k(x) := \frac{\prod_{j=1}^{n} v_j(x)}{v_k(x)} = \prod_{\substack{j=1 \\ j \neq k}}^{n} v_j(x) \in \mathbb{E}(x)\,, \tag{12.15}$$

so liefert dies nach Multiplikation mit $d(x) \cdot \prod_{j=1}^{n} v_j(x)$

$$c(x) \prod_{j=1}^{n} v_j(x) = d(x) \sum_{k=1}^{n} z_k\, v_k'(x)\, u_k(x)\,. \tag{12.16}$$

Wir behaupten nun zunächst, daß $d(x) = \prod_{j=1}^{n} v_j(x)$ ist. Wegen $\gcd(c(x), d(x)) = 1$ folgt aus (12.16), daß $d(x) \mid \prod_{j=1}^{n} v_j(x)$. Um die umgekehrte Teilbarkeitsrelation zu beweisen, stellen wir zunächst fest, daß (12.16) für jedes $j = 1, \ldots, n$ die Beziehung

$$v_j(x) \mid d(x) \sum_{k=1}^{n} z_k\, v_k'(x)\, u_k(x)$$

impliziert. Da $v_j(x)$ für $k \neq j$ aber ein Faktor von $u_k(x)$ ist, folgt hieraus für den Summanden mit $k = j$

$$v_j(x) \mid d(x)\, v_j'(x)\, u_j(x)\,.$$

Nun ist aber weiter $\gcd(v_j(x), v_j'(x)) = 1$, da $v_j(x)$ quadratfrei ist, und ferner ist $\gcd(v_j(x), u_j(x)) = 1$, da die Polynome $v_j(x)$ als paarweise teilerfremd vorausgesetzt waren. Daher bleibt für alle $j = 1, \ldots, n$ die Konklusion $v_j(x) \mid d(x)$, also wieder aufgrund der Teilerfremdheit schließlich $\prod\limits_{j=1}^{n} v_j(x) \mid d(x)$. Da alle beteiligten Polynome normiert sind, ist hiermit gezeigt, daß

$$d(x) = \prod_{k=1}^{n} v_k(x) \tag{12.17}$$

gilt. Also folgt aus (12.16) weiter die Beziehung

$$c(x) = \sum_{k=1}^{n} z_k\, v_k'(x)\, u_k(x)\,.$$

Differentiation von (12.17) liefert

$$d'(x) = \sum_{k=1}^{n} v_k'(x)\, u_k(x)\,,$$

also erhalten wir

$$c(x) - z_j\, d'(x) = \sum_{k=1}^{n} z_k\, v_k'(x)\, u_k(x) - z_j \sum_{k=1}^{n} v_k'(x)\, u_k(x) = \sum_{k=1}^{n} (z_k - z_j)\, v_k'(x)\, u_k(x)\,. \tag{12.18}$$

Wegen (12.15) ist in dieser Summe für $j \neq k$ der Faktor $v_j(x) \mid u_k(x)$. Da ferner für $j = k$ der Summand verschwindet, gilt also für alle $j = 1, \ldots, n$

$$v_j(x) \mid c(x) - z_j\, d'(x)\,. \tag{12.19}$$

Aus (12.17) und (12.19) folgt nun, daß $v_j(x)$ ein *gemeinsamer* Teiler von $d(x)$ und von $c(x) - z_j\, d'(x)$ ist. Wir wollen schließlich zeigen, daß $v_j(x)$ der *größte* gemeinsame Teiler dieser beiden Polynome ist. Hierfür genügt es wegen (12.17) zu zeigen, daß für $j \neq i$ die Beziehung $\gcd(c(x) - z_j\, d'(x), v_i(x)) = 1$ gültig ist.

Wir erhalten

$$\begin{aligned}
\gcd(c(x) - z_j\, d'(x), v_i(x)) &= \gcd\left(\sum_{k=1}^{n} (z_k - z_j)\, v_k'(x)\, u_k(x), v_i(x) \right) \\
&= \gcd((z_i - z_j)\, v_i'(x)\, u_i(x), v_i(x))\,,
\end{aligned}$$

wobei die letzte Gleichheit folgt, da $v_i(x)$ für jedes $j \neq i$ ein Faktor von $u_j(x)$ ist. Für $j \neq i$ ist der letzte Term aber gleich 1 wegen $z_i \neq z_j$ (z_k sind paarweise verschieden), $\gcd(v_i'(x), v_i(x)) = 1$ (v_k sind quadratfrei) und $\gcd(u_i(x), v_i(x)) = 1$ (v_k sind paarweise verschieden). Also haben wir bewiesen, daß

$$v_j(x) = \gcd(c(x) - z_j\, d'(x), d(x)) \qquad \text{für alle } j = 1, \ldots, n\,.$$

Demnach haben $c(x) - z_j\, d'(x)$ und $d(x)$ einen nichttrivialen gemeinsamen Faktor, und folglich ist

$$\operatorname{res}(c(x) - z_j\, d'(x), d(x)) = 0\,.$$

Damit haben wir zwar die Gleichungen des Satzes gezeigt, es fehlt aber noch der Nachweis, daß wirklich alle Nullstellen von $R(z)$ in (12.14) benötigt werden.

Sei also z eine beliebige Nullstelle von $R(z)$.[10] Dann ist $\operatorname{res}(c(x) - z\, d'(x), d(x)) = 0$ und daher

$$\gcd(c(x) - z\, d'(x), d(x)) = g(x)$$

mit $\deg(g(x), x) > 0$. Insbesondere ist $z \neq 0$, da $c(x)$ und $d(x)$ relativ prim sind.

Ist nun $h(x)$ ein irreduzibler Faktor von $g(x)$, dann ist also $h(x) \mid d(x)$, und wegen (12.17) gibt es genau ein $j = 1, \ldots, n$ mit $h(x) \mid v_j(x)$. Weiter ist $h(x) \mid c(x) - z\, d'(x)$, also wegen (12.18)

$$h(x) \mid \sum_{k=1}^{n} (z_k - z)\, v_k'(x)\, u_k(x)\,.$$

Weil $h(x) \mid v_j(x) \mid u_k(x)$ für jedes $j \neq k$ ist, folgt also

$$h(x) \mid (z_j - z)\, v_j'(x)\, u_j(x)\,.$$

Da $h(x)$ als Teiler von $v_j(x)$ weder ein Teiler von $v_j'(x)$ noch von $u_j(x)$ sein kann, muß also $z = z_j$ sein. Daher haben wir gezeigt, daß die willkürlich gewählte Nullstelle z von $R(z)$ eine der gegebenen Zahlen $z_j \in \mathbb{E}$ sein muß. Dies zeigt aber auch, daß die gegebenen Zahlen z_j ($j = 1, \ldots, n$) genau die verschiedenen Nullstellen von $R(z)$ sind. □

Der Nachteil von Satz 12.12 ist natürlich, daß wir a priori eine Integraldarstellung der gewünschten Form gefordert hatten. Diese steht aber i. a. nur in einem geeigneten algebraischen Erweiterungskörper zur Verfügung. Daher hatten wir den Differentialkörper in Satz 12.12 mit $\mathbb{E}$ bezeichnet. Wir wollen in der Folge zeigen, daß der Algorithmus von Rothstein und Trager die *kleinstmögliche* algebraische Erweiterung erfordert. Bevor wir dies tun, betrachten wir allerdings einige Beispiele mit *Mathematica*.

[10] Im allgemeinen könnte $z \in \mathbb{E}_R$ im Zerfällungskörper bzgl. $R(z)$ liegen. Wir werden aber sehen, daß $z = z_k$ gelten muß, und da wir $z_k \in \mathbb{E}$ angenommen hatten, spielen sich doch alle Rechnungen in $\mathbb{E}$ ab.

Sitzung 12.13 Wir betrachten nochmals unser Beispiel $\int \frac{1}{x^3+x}$ und vervollständigen die Rechnungen aus Sitzung 12.11. Nach Eingabe von Zähler und Nenner

```
In[1]:= c = 1; d = x^3 + x;
```

berechnen wir die Resultante $R(z)$

```
In[2]:= res = Resultant[c - z D[d, x], d, x]
```

Out[2]= $-4z^3 + 3z + 1$

und suchen ihre Nullstellen mit `Solve`:

```
In[3]:= sol = Solve[res == 0, z]
```

Out[3]= $\{\{z \to -\frac{1}{2}\}, \{z \to -\frac{1}{2}\}, \{z \to 1\}\}$

Da eine der Nullstellen *mehrfach* auftritt, wir aber nur an den *verschiedenen* Nullstellen interessiert sind, entfernen wir doppelte Nullstellen mit `Union`:

```
In[4]:= sol = Union[Solve[res == 0, z]]
```

Out[4]= $\{\{z \to -\frac{1}{2}\}, \{z \to 1\}\}$

Dies liefert die Liste der Werte z_k

```
In[5]:= zlist = z/.sol
```

Out[5]= $\{-\frac{1}{2}, 1\}$

als auch die Liste der Polynome $v_k(x)$:[11]

```
In[6]:= vlist = PolynomialGCD[c - z D[d, x]/.sol, d]
```

Out[6]= $\{\frac{x^2}{2} + \frac{1}{2}, x\}$

Mathematica gibt diese nicht normiert aus, daher normieren wir sie mit der Hilfsfunktion[12]

```
In[7]:= makemonic[p_, x_] := Module[{n},
            n = Exponent[p, x];
            Expand[p/Coefficient[p, x, n]]
        ]
```

```
In[8]:= makemonic[vlist, x]
```

Out[8]= $\{x^2 + 1, x\}$

Das gesuchte Integral erhalten wir schließlich durch ein *Skalarprodukt* $\sum_{k=1}^{n} z_k \ln v_k(x) = \mathbf{z} \cdot \ln \mathbf{v}(x)$:

[11]In den folgenden Befehlen wird ausgenutzt, daß viele *Mathematica*-Funktionen das Attribut `Listable` haben – betrachte beispielsweise `??PolynomialGCD` – und sich daher (auch ohne `Map`) auf Listen anwenden lassen.

[12]Dies ist nicht unbedingt erforderlich, ohne diesen Schritt erhalten wir lediglich eine andere Integrationskonstante. Wir wollen aber die Ausgabe standardisieren.

```
In[9]:= zlist . Log[makemonic[vlist, x]]
```
Out[9]= $\log(x) - \frac{1}{2}\log\left(x^2+1\right)$

Wir betrachten ein komplizierteres Beispiel, welches wir aus einer gewünschten Integraldarstellung konstruieren. Das Integral sei gegeben durch

In[10]:= `int =` $\frac{1}{2}$ `Log[x^3 + x - 1] -` $\frac{2}{3}$ `Log[x^5 + 2x^2 - 3]`

Out[10]= $\frac{1}{2}\log\left(x^3+x-1\right) - \frac{2}{3}\log\left(x^5+2x^2-3\right)$

Dies liefert also die rationale Eingabefunktion

```
In[11]:= r = Together[D[int, x]]
```
Out[11]= $\frac{-11x^7-17x^5+22x^4-37x^2+16x-9}{6\,(x^3+x-1)\,(x^5+2x^2-3)}$

Wir berechnen Zähler und Nennerpolynom:

In[12]:= `c =` $\frac{\texttt{Numerator[r]}}{6}$`; d =` $\frac{\texttt{Denominator[r]}}{6}$`;`

unter Beachtung, daß $d(x)$ normiert ist. Die Resultante ergibt sich zu

```
In[13]:= res = Resultant[c - z D[d, x], d, x]
```
Out[13]= $-\frac{499499001}{8}\left(8z^3-12z^2+6z-1\right)\left(243z^5+810z^4+1080z^3+720z^2+240z+32\right)$

mit den verschiedenen Nullstellen

```
In[14]:= sol = Union[Solve[res == 0, z]]
```
Out[14]= $\left\{\left\{z\to -\frac{2}{3}\right\},\left\{z\to \frac{1}{2}\right\}\right\}$

Also haben wir die Koeffizienten

```
In[15]:= zlist = z/.sol
```
Out[15]= $\left\{-\frac{2}{3},\frac{1}{2}\right\}$

und die Logarithmenargumente

```
In[16]:= vlist = PolynomialGCD[c - z D[d, x] /.sol, d]
```
Out[16]= $\left\{\frac{1}{6}\,(x^5+2x^2-3),\ \frac{x^3}{6}+\frac{x}{6}-\frac{1}{6}\right\}$

```
In[17]:= makemonic[vlist, x]
```
Out[17]= $\left\{x^5+2x^2-3,\ x^3+x-1\right\}$

und somit das Lösungsintegral

```
In[18]:= zlist . Log[makemonic[vlist, x]]
```
Out[18]= $\frac{1}{2}\log\left(x^3+x-1\right) - \frac{2}{3}\log\left(x^5+2x^2-3\right)$

Mathematicas `Integrate`-Kommado liefert dieselbe Lösung in geringfügig anderer Darstellung:

In[19]:= $\int$ `r dx`

Out[19]= $\frac{1}{6}\left(3\log\left(x^3+x-1\right)-4\log\left(x^5+2x^2-3\right)\right)$

Natürlich ist diese Methode nur dann besser als die in Sitzung 12.10 dargestellte, falls das Polynom $R(z)$ sich in vernünftiger Weise faktorisieren läßt. Bei dem dortigen Beispiel

```
In[20]:= c = x; d = 1 + x + x^7
```

erhalten wir für die Resultante

```
In[21]:= res = Resultant[c - z D[d, x], d, x]
```

Out[21]= $-870199z^7+37044z^5-9604z^4-z-1$

welche sich nicht über $\mathbb{Q}$ faktorisieren läßt:

```
In[22]:= Factor[res]
```

Out[22]= $-870199z^7+37044z^5-9604z^4-z-1$

In diesem Fall ist die Darstellung (12.13) dem Rothstein-Trager-Algorithmus vorzuziehen, denn dieser liefert ebenfalls eine Summe über die (unbekannten) Nullstellen eines Polynoms.

Wir können nun die betrachteten Rechenschritte des Rothstein-Trager-Algorithmus in folgender *Mathematica*-Funktion zusammenfassen:

```
In[23]:= Clear[RothsteinTrager]
         RothsteinTrager[r_, x_] :=
           Module[{c, d, dmonic, z, res, sol, zlist, vlist},
             c = Numerator[r];
             d = Denominator[r];
             dmonic = makemonic[d, x];
             c = Together[c * dmonic/d];
             d = dmonic;
             res = Resultant[c - z * D[d, x], d, x];
             sol = Union[Solve[res == 0, z]];
             zlist = z/.sol;
             vlist = PolynomialGCD[c - z * D[d, x]/.sol,
                 d, Extension -> Automatic];
             zlist . Log[makemonic[vlist, x]]
           ]
```

Die eben betrachteten Beispiele können nun in einem Schritt berechnet werden:

```
In[24]:= RothsteinTrager[1/(x^3 + x), x]
```

Out[24]= $\log(x)-\frac{1}{2}\log\left(x^2+1\right)$

```
In[25]:= RothsteinTrager[r, x]
```

Out[25]= $\frac{1}{2}\log\left(x^3+x-1\right)-\frac{2}{3}\log\left(x^5+2x^2-3\right)$

Bei dem Beispiel

In[26]:= **RothsteinTrager**$\left[\frac{1}{x^2-2}, x\right]$

Out[26]= $\frac{\log\left(x-\sqrt{2}\right)}{2\sqrt{2}} - \frac{\log\left(x+\sqrt{2}\right)}{2\sqrt{2}}$

ist $R(z)$ nicht über $\mathbb{Q}$ faktorisierbar und liefert somit automatisch die nötige algebraische Körpererweiterung um $\sqrt{2}$. Die korrekte Berechnung des größten gemeinsamen Teilers in $\mathbb{Q}(\sqrt{2})[x]$ wurde in der Implementierung durch die Option `Extension→Automatic` bewirkt.

Man beachte, daß *Mathematica* (vor Version 5) dieses Integral durch eine hyperbolische Arkustangensfunktion darstellte:

In[27]:= $\int \frac{1}{x^2-2}\,dx$

Out[27]= $-\frac{\tanh^{-1}\left(\frac{x}{\sqrt{2}}\right)}{\sqrt{2}}$

für welche allerdings dieselbe algebraische Erweiterung nötig ist.

Wir wollen nun das Beispiel aus Sitzung 12.8 auf S. 450 fortführen. Dort hatte sich als logarithmischer Teil die Funktion

$$\frac{c(x)}{d(x)} = \frac{-x^2-9x+1}{18(x^4-x^3+x-1)}$$

ergeben. Wir erhalten nun

In[28]:= **RT = RothsteinTrager**$\left[\frac{-x^2-9x+1}{18(x^4-x^3+x-1)}, x\right]$

Out[28]= $-\frac{1}{4}\log(x-1) - \frac{1}{12}\log(x+1)+$

$$\frac{1}{54}\left(9+i\sqrt{3}\right)\log\left(x-\frac{i\sqrt{3}}{2}-\frac{1}{2}\right) + \frac{1}{54}\left(9-i\sqrt{3}\right)\log\left(x+\frac{i\sqrt{3}}{2}-\frac{1}{2}\right)$$

eine Darstellung in $\mathbb{Q}(x)(\sqrt{3}, i)(\ln(x-1), \ln(x+1), \ln(x-\frac{i\sqrt{3}}{2}-\frac{1}{2}), \ln(x+\frac{i\sqrt{3}}{2}-\frac{1}{2}))$, welche insbesondere *komplex* ist, obwohl es auch eine *reelle* Darstellung des Integrals gibt:

In[29]:= **int =** $\int \frac{-x^2-9x+1}{18(x^4-x^3+x-1)}\,dx$

Out[29]= $\frac{1}{18}\left(-\frac{2\tan^{-1}\left(\frac{2x-1}{\sqrt{3}}\right)}{\sqrt{3}} - \frac{9}{2}\log(x-1) - \frac{3}{2}\log(x+1) + 3\log\left(x^2-x+1\right)\right)$

Wir kommen bald darauf zurück, wie man diese erhält. Wir wollen nun testen, wie sich die beiden verschiedenen Stammfunktionen unterscheiden. Es folgt eine graphische Darstellung der von *Mathematica* gegebenen reellen Lösung

```
In[30]:= Plot[int, {x, 1, 3}]
```

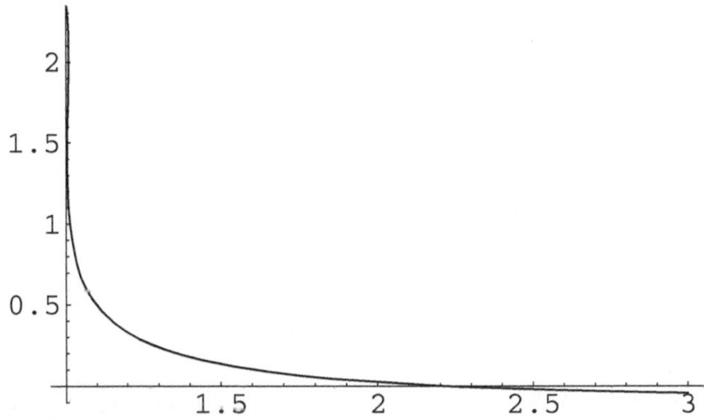

Out[30]= -Graphics-

Diese unterscheidet sich um eine Integrationskonstante (der Größe 0.100767) von der Rothstein-Trager-Lösung:

```
In[31]:= Plot[RT - int, {x, 1, 3}]
```

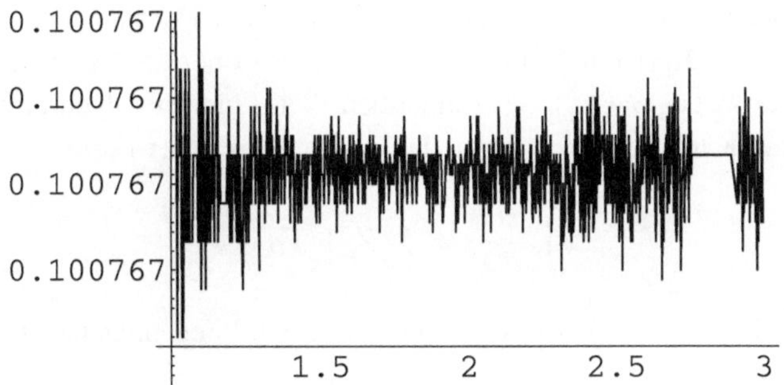

Out[31]= -Graphics-

Das Zittern bei der letzten Graphik beruht auf der numerischen Rechenungenauigkeit.[13] Wir wollen diese Differenz nun berechnen. Zunächst überprüfen wir, daß tatächlich die Differenz der beiden Integrale konstant ist:

```
In[32]:= D[RT - int, x] //Together
Out[32]= 0
```

Die Differenz kann also beispielsweise durch Einsetzen von $x = 0$ bestimmt werden:

[13] Die man natürlich bei Verwendung der Option `PlotRange→{0,1}` nicht mehr sieht.

```
In[33]:= const = RT - int/.x → 0
```

$$\mathrm{Out}[33]= -\frac{i\pi}{4}+\frac{1}{18}\left(\frac{9\,i\,\pi}{2}-\frac{\pi}{3\sqrt{3}}\right)+ \frac{1}{54}\,(9+i\sqrt{3})\,\log\left(-\frac{1}{2}-\frac{i\sqrt{3}}{2}\right)+\frac{1}{54}\,(9-i\sqrt{3})\,\log\left(-\frac{1}{2}+\frac{i\sqrt{3}}{2}\right)$$

Zur Vereinfachung verwenden wir `ComplexExpand`:

```
In[34]:= const = ComplexExpand[const]
```

$$\mathrm{Out}[34]= \frac{\pi}{18\sqrt{3}}$$

```
In[35]:= N[const]
Out[35]= 0.100767
```

Mathematica ist nicht perfekt beim Vereinfachen komplexer Funktionen, und es gehört einiges Geschick dazu, die bestmögliche Vereinfachung zu finden. Es ist uns beispielsweise nicht gelungen, die Differenz `RT-int` direkt zu vereinfachen. □

Wir zeigen nun, daß der Rothstein-Trager-Algorithmus die kleinstmögliche algebraische Erweiterung erzeugt.

12.14 **Satz 12.14** Sei $\mathbb{K}(x)$ ein Differentialkörper über einem Konstantenkörper $\mathbb{K}$. Seien weiter $c(x), d(x) \in \mathbb{K}[x]$ mit $\gcd(c(x), d(x)) = 1$, $d(x)$ normiert und quadratfrei sowie $\deg(c(x), x) < \deg(d(x), x)$. Sei schließlich $\mathbb{E}$ der kleinste algebraische Erweiterungskörper von $\mathbb{K}$ mit der Eigenschaft, daß das Integral in der Form

$$\int \frac{c(x)}{d(x)} = \sum_{k=1}^{N} Z_k \ln V_k(x)$$

dargestellt werden kann, wobei $Z_k \in \mathbb{E}$ und $V_k(x) \in \mathbb{E}[x]$ liegen. Dann ist

$$\mathbb{E} = \mathbb{K}(z_1, \ldots, z_n)\,,$$

wobei $z_1, \ldots, z_n$ die verschiedenen Nullstellen des Polynoms

$$R(z) = \mathrm{res}(c(x) - z\,d'(x), d(x)) \in \mathbb{K}[z]$$

sind, d. h., $\mathbb{E}$ ist der kleinste Zerfällungskörper von $\mathbb{K}$ bzgl. $R(z)$. Es gilt dann wieder

$$\int \frac{c(x)}{d(x)} = \sum_{k=1}^{n} z_k \ln v_k(x) \tag{12.20}$$

und

$$v_k(x) = \gcd(c(x) - z_k\,d'(x), d(x)) \in \mathbb{E}[x]\,.$$

Beweis: Falls die Polynome $V_k(x)$ nicht die Voraussetzungen aus Satz 12.12 erfüllen (normiert, quadratfrei, paarweise verschieden, teilerfremd, positiver Grad), kann dies durch Umarrangieren mit den Logarithmengesetzen erreicht werden (s. [GCL1992], Theorem 11.8). Nach dieser Umformung liegt eine Darstellung derselben Form vor, die die Voraussetzungen von Satz 12.12 erfüllt und welche durch (12.19) (oder (12.20)) gegeben sei.

Satz 12.12 kann dann angewendet werden und besagt, daß die Werte z_k $(k = 1, \ldots, n)$ die verschiedenen Nullstellen des Resultantenpolynoms $R(z)$ sind. Da $R(z)$ per Definition in $\mathbb{K}[z]$ liegt, ist also $\mathbb{E}$ der Zerfällungskörper von $R(z)$. Da im Beweis von Satz 12.12 gezeigt worden war, daß alle Nullstellen von $R(z)$ für die Darstellung (12.19) benötigt werden, ist $\mathbb{E}$ der kleinstmögliche algebraische Erweiterungskörper. □

Zum Abschluß wollen wir zeigen, wie man (im Falle reeller Integranden) auf komplexe logarithmische Darstellungen verzichten kann. Hierzu werden die auftretenden Logarithmen in Arkustangensfunktionen konvertiert. Eine Konversion in hyperbolische Funktionen, welche *Mathematica* in einzelnen Fällen durchführt, wie wir gesehen haben, werden wir hingegen nicht betrachten.

Zunächst erklären wir in naheliegender Weise, wie Arkustangensterme algebraisch gegeben sind.

Definition 12.15 Sei $(\mathbb{K}, D)$ ein Differentialkörper und sei $(\mathbb{E}, D)$ ein Differential-Erweiterungskörper von $(\mathbb{K}, D)$. Wenn es für ein gegebenes $\varphi \in \mathbb{E} \setminus \mathbb{K}$ ein Element $u \in \mathbb{K}$ gibt, so daß 12.15

$$D(\varphi) = \frac{D(u)}{1 + u^2}$$

gilt, dann nennen wir φ *einen Arkustangens über* $\mathbb{K}$ und schreiben $\varphi = \arctan u$. △

Wieder haben wir auf diese Weise also die Kettenregel erklärt, diesmal für die Arkustangensfunktion.

Falls das Nennerpolynom $d(x) \in \mathbb{R}[x]$ komplexe Nullstellen besitzt, treten diese bekanntlich immer als Paare konjugiert komplexer Zahlen auf, s. Übungsaufgabe 12.2. Also treten beim Integrieren von $\frac{c(x)}{d(x)}$ immer Logarithmenpaare mit komplexen Argumenten auf, und man sieht leicht ein, daß die zugehörigen Koeffizienten ebenfalls konjugiert zueinander sind. Die Logarithmen mit reellen Koeffizienten lassen sich sofort mit Hilfe der Gleichung

$$c\,\ln(a + i\,b) + c\,\ln(a - i\,b) = c\,\ln\Big((a + i\,b)(a - i\,b)\Big) = c\,\ln(a^2 + b^2)$$

durch reelle Logarithmen ausdrücken. Wir untersuchen nun, wie wir die Logarithmen mit rein komplexen Koeffizienten zu reellen Arkustangenstermen zusammenfassen können.

Sei allgemein $u(x) \in \mathbb{K}(x)$ mit $u(x)^2 \not\equiv -1$. Dann gilt[14]

$$i\,D\Big(\ln(u(x)+i) - \ln(u(x)-i)\Big) = 2\,D \arctan u(x)\,. \tag{12.21}$$

Dies folgt aus der Rechnung

$$\begin{aligned} i\,D\Big(\ln(u(x)+i) - \ln(u(x)-i)\Big) &= i\left(\frac{u'(x)}{u(x)+i} - \frac{u'(x)}{u(x)-i}\right) \\ &= 2\frac{u'(x)}{u(x)^2+1} = 2\,D\arctan u(x)\,. \end{aligned}$$

Sitzung 12.16 Man beachte, daß die beiden Funktionen $i\Big(\ln(u(x)+i) - \ln(u(x)-i)\Big)$ und $2\arctan u(x)$ zwar dieselbe Ableitung besitzen, sich aber um eine Konstante unterscheiden. Für $u \in \mathbb{R}$ ist die Differenz gleich π bei *Mathematicas* Wahl der Zweige für die Logarithmus- und Arkustangensfunktion. Für $u(x) = x$ haben wir beispielsweise

```
In[1]:= Plot[{ⅈ (Log[x + ⅈ] - Log[x - ⅈ]), 2 ArcTan[x]}, {x, -2, 2}]
```

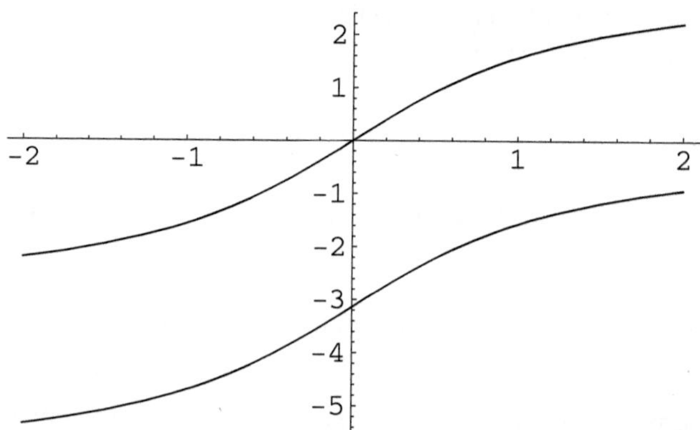


```
Out[1]= -Graphics-
```

Falls $u(x)$ reelle Pole hat, hat $\arctan u(x)$ Sprungstellen:

```
In[2]:= Plot[Evaluate[{ⅈ (Log[u + ⅈ] - Log[u - ⅈ]), 2 ArcTan[u]} /.
            u → (x^3 - 2x)/(x^2 - 1)], {x, -2, 2}]
```

[14] D bezeichne die Ableitung nach der Variablen x.

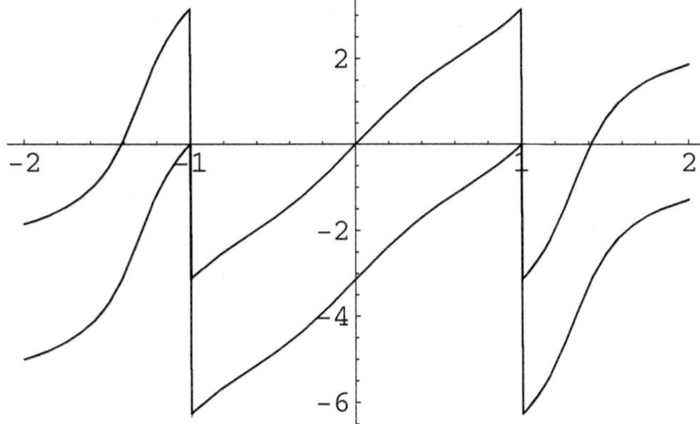

Out[2]= -Graphics-

Wir berechnen die Differenz $2\arctan z - i\left(\ln(z+i) - \ln(z-i)\right)$:

```
In[3]:= simp = ComplexExpand[2 ArcTan[z] - i (Log[z + i] - Log[z - i])]
```

Out[3]= $-\mathrm{Arg}(1 - i\,z) + \mathrm{Arg}(i\,z + 1) - \mathrm{Arg}(z - i) + \mathrm{Arg}(z + i) +$
$i\,(\log(|1 - i\,z|) - \log(|i\,z + 1|) + \log(|z - i|) - \log(|z + i|))$

```
In[4]:= simp = FullSimplify[simp, z > -1&&z < 1]
```

Out[4]= $-\mathrm{Arg}(1 - i\,z) + \mathrm{Arg}(i\,z + 1) - \mathrm{Arg}(z - i) + \mathrm{Arg}(z + i)$

```
In[5]:= FullSimplify[Table[simp, {z, -3, 3}]]
```

Out[5]= $\{\pi, \pi, \pi, \pi, \pi, \pi, \pi\}$

Leider erkennt *Mathematica* nicht, daß dies konstant ist. □

Da wir nur an Integralen interessiert sind, kommt es auf die verschiedenen Integrationskonstanten aber nicht an. Allerdings müssen wir damit rechnen, daß in verschiedenen Intervallen verschiedene Integrationskonstanten gelten. Dies werden wir gleich betrachten.

Mit der Konversion (12.21) lassen sich alle Logarithmen mit rein imaginären Koeffizienten umformen, welche paarweise konjugiert zueinander auftreten:

$$\begin{aligned} c\,i\,\ln(a + i\,b) - c\,i\,\ln(a - i\,b) &= c\,i\,\ln\left(\frac{a + i\,b}{a - i\,b}\right) \\ &= c\,i\,\ln\left(\frac{\frac{a}{b} + i}{\frac{a}{b} - i}\right) = c\,i\,\ln(\frac{a}{b} + i) - c\,i\,\ln(\frac{a}{b} - i) \\ &\equiv 2c\,\arctan\frac{a}{b}\,, \end{aligned} \tag{12.22}$$

wobei wir mit $\equiv$ die Gleichheit modulo einer geeigneten Integrationskonstanten bezeichnen. Man beachte, daß bei der Anwendung der Logarithmenregel $\ln x - \ln y = \ln\frac{x}{y}$ wieder ein Wechsel des Zweiges der Logarithmusfunktion auftreten kann. Die Gleichung (12.22) gilt also ohnehin nur modulo π.

Sitzung 12.17 Als Beispiel berechnen wir

$$\int \frac{x^4 - 3x^2 + 6}{x^6 - 5x^4 + 5x^2 + 4} \, .$$

Hierzu laden wir zunächst die Funktion `RothsteinTrager` aus Sitzung 12.13 und berechnen

In[1]:= $\mathbf{r = \frac{x^4 - 3x^2 + 6}{x^6 - 5x^4 + 5x^2 + 4}}$

Out[1]= $\frac{x^4 - 3\,x^2 + 6}{x^6 - 5\,x^4 + 5\,x^2 + 4}$

In[2]:= **RT = RothsteinTrager[r, x]**

Out[2]= $\frac{1}{2}\,i\,\log(x^3 + i\,x^2 - 3\,x - 2\,i) - \frac{1}{2}\,i\,\log(x^3 - i\,x^2 - 3\,x + 2\,i)$

Wir stellen das resultierende Integral zunächst einmal graphisch dar:

In[3]:= **Plot[RT, {x, -3, 3}]**

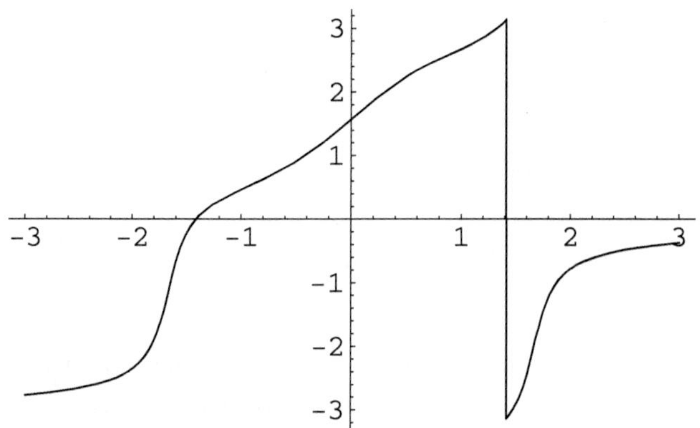

Out[3]= -Graphics-

Die gemäß (12.22) konvertierte Funktion

In[4]:= $\mathbf{int = ArcTan\left[\frac{ComplexExpand[Re[x^3 + i\,x^2 - 3\,x - 2\,i]]}{ComplexExpand[Im[x^3 + i\,x^2 - 3\,x - 2\,i]]}\right]}$

Out[4]= $\tan^{-1}\left(\frac{x^3 - 3\,x}{x^2 - 2}\right)$

hat wieder einen anderen Graphen. Wir stellen die Differenz graphisch dar:

In[5]:= **Plot[int - RT, {x, -3, 3}]**

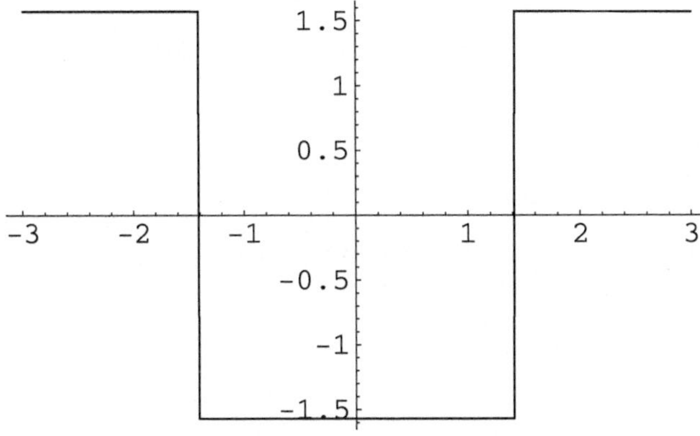

Out[5]= -Graphics-

Beide Graphen stimmen also modulo π überein, aber nur in geeigneten Teilintervallen, welche durch die beiden Nullstellen $x = \pm\sqrt{2}$ des Nenners $x^2 - 2$ gegeben sind, und beide Integralfunktionen haben eine höchst unangenehme Eigenschaft: Sie sind *unstetig*, obwohl es auch eine stetige Stammfunktion gibt.[15] Dies hat folgende Konsequenz: Wendet man den Hauptsatz der Differential- und Integralrechnung an, um das bestimmte Integral

$$\int_1^2 \frac{x^4 - 3x^2 + 6}{x^6 - 5x^4 + 5x^2 + 4}$$

zu bestimmen, welches aufgrund der Positivität des Integranden

In[6]:= **Plot[r, {x, 1, 2}]**

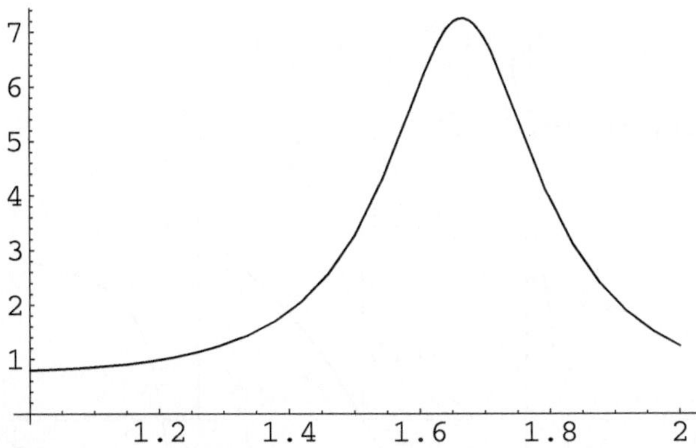

Out[6]= -Graphics-

positiv ist, so erhalten wir mit der Rothstein-Trager-Lösung

In[7]:= **bestimmt = (RT/.x → 2) - (RT/.x → 1)**

[15]Man beachte allerdings, daß die Rothstein-Trager-Lösung am zweiten Pol $x = -\sqrt{2}$ *keinen* Sprung hat.

Out[7]= $-\frac{1}{2}\, i \log(-2-i) + \frac{1}{2}\, i \log(-2+i) - \frac{1}{2}\, i \log(2-2\,i) + \frac{1}{2}\, i \log(2+2\,i)$

In[8]:= **N[bestimmt]**

Out[8]= $-3.46334 + 0.\, i$

und mit der Arkustangens-Lösung

In[9]:= **bestimmt = (int/.x → 2) - (int/.x → 1)**

Out[9]= $\frac{\pi}{4} - \tan^{-1}(2)$

In[10]:= **N[bestimmt]**

Out[10]= -0.321751

in beiden Fällen also negative Werte, welche natürlich modulo π mit dem korrekten Integralwert übereinstimmen. Wegen der unstetigen Stammfunktion ist also eine Anwendung des Hauptsatzes unzulässig!

Welchen Wert liefert *Mathematicas* Integrationsprozedur? *Mathematica* berechnet[16]

In[11]:= **bestimmt =** $\int_1^2$ **r dx**

Out[11]= $\frac{5\pi}{4} - \tan^{-1}(2)$

In[12]:= **N[bestimmt]**

Out[12]= 2.81984

offenbar den richtigen Wert, obwohl die zugehörige Stammfunktion

In[13]:= **int =** $\int$ **r dx**

Out[13]= $\frac{1}{2}\tan^{-1}\left(\frac{x\,(x^2-3)}{x^2-2}\right) - \frac{1}{2}\tan^{-1}\left(\frac{x\,(x^2-3)}{2-x^2}\right)$

In[14]:= **Plot[int, {x, -3, 3}]**

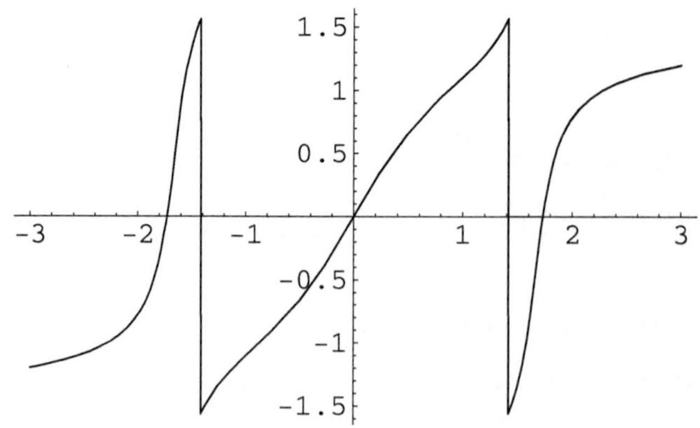

[16] *Mathematica*-Version 5.0 liefert stattdessen komplizierte `RootSum`-Ausdrücke.

```
Out[14]= -Graphics-

In[15]:= bestimmt = (int/.x → 2) - (int/.x → 1)
Out[15]= π/4 - tan^-1(2)

In[16]:= N[bestimmt]
Out[16]= -0.321751
```

wieder unstetig und hierfür nicht geeignet ist. □

Da man bestimmte Integrale eigentlich nicht nur modulo π bestimmen möchte, ist es also hilfreich, *stetige* Stammfunktionen zu finden, damit die Anwendung des Hauptsatzes der Differential- und Integralrechnung zulässig ist. Man sieht nun leicht ein, daß die Unstetigkeiten davon herrühren, daß die Argumente der Arkustangensfunktionen rationale Funktionen sind. An den Polen dieser rationalen Funktionen findet dann gegebenenfalls ein Zweigwechsel statt. Dies kann man vermeiden, wenn man die resultierende Stammfunktion als Summe von Arkustangensfunktionen schreibt, deren Argumente Polynome sind. Eine derartige Summe ist dann automatisch stetig. Dies wird mit dem folgenden Algorithmus von Rioboo [Rio1991] erreicht.

Satz 12.18 Sei $\mathbb{K}$ ein Körper mit $i \notin \mathbb{K}$. Seien weiter $a(x), b(x) \in \mathbb{K}[x]$ von 0 verschiedene Polynome. Seien schließlich $c(x), d(x) \in \mathbb{K}[x]$, $c(x) \neq 0$, derart, daß $b(x)\,d(x) - a(x)\,c(x) = g(x) = \gcd(a(x), b(x))$ sei, d. h., $g(x), c(x)$ und $d(x)$ findet man mit dem erweiterten Euklidischen Algorithmus. **12.18**

Dann gelten die Gleichungen

$$\begin{aligned} D\,i\ln\frac{a(x)+ib(x)}{a(x)-ib(x)} &= D\,i\ln\frac{-b(x)+ia(x)}{-b(x)-ia(x)} \\ &= 2D\arctan\frac{a(x)d(x)+b(x)c(x)}{g(x)} + D\,i\ln\frac{d(x)+ic(x)}{d(x)-ic(x)}\,. \end{aligned} \tag{12.23}$$

Diese Gleichungen liefern einen rekursiven Algorithmus zur Darstellung von $i\ln(a(x)+ib(x)) - i\ln(a(x)-ib(x)) = i\ln\frac{a(x)+ib(x)}{a(x)-ib(x)}$ durch eine Summe von Arkustangenstermen mit polynomialen Argumenten.

Beweis: Die erste Gleichung folgt aus der Rechnung

```
In[1]:= Together[
          D[Log[(a[x] + I b[x])/(a[x] - I b[x])]-
             Log[(-b[x] + I a[x])/(-b[x] - I a[x])],
           x]]
Out[1]= 0
```

Sei nun also $g(x) := \gcd(a(x), b(x)) \in \mathbb{K}[x]$. Dann bestimmt man mit dem erweiterten Euklidischen Algorithmus $c(x), d(x) \in \mathbb{K}[x]$ mit $b(x)\, d(x) - a(x)\, c(x) = g(x)$. Wir schreiben in der Folge $p(x) := \frac{a(x)\, d(x) + b(x)\, c(x)}{g(x)}$. Da $g(x)$ sowohl $a(x)$ als auch $b(x)$ teilt, ist $p(x) \in \mathbb{K}[x]$. Wegen

$$\begin{aligned}
\frac{a(x) + i\, b(x)}{a(x) - i\, b(x)} &= \left(\frac{d(x) - i\, c(x)}{d(x) + i\, c(x)} \cdot \frac{a(x) + i\, b(x)}{a(x) - i\, b(x)}\right) \cdot \frac{d(x) + i\, c(x)}{d(x) - i\, c(x)} \\
&= \left(\frac{a(x)\, d(x) + b(x)\, c(x) + i(b(x)\, d(x) - a(x)\, c(x))}{a(x)\, d(x) + b(x)\, c(x) - i(b(x)\, d(x) - a(x)\, c(x))}\right) \cdot \frac{d(x) + i\, c(x)}{d(x) - i\, c(x)} \\
&= \left(\frac{a(x)\, d(x) + b(x)\, c(x) + i\, g(x)}{a(x)\, d(x) + b(x)\, c(x) - i\, g(x)}\right) \cdot \frac{d(x) + i\, c(x)}{d(x) - i\, c(x)} \\
&= \frac{p(x) + i}{p(x) - i} \cdot \frac{d(x) + i\, c(x)}{d(x) - i\, c(x)}
\end{aligned}$$

und mit (12.21) gilt

$$D\, i \ln \frac{a(x) + i\, b(x)}{a(x) - i\, b(x)} = 2D \arctan p(x) + D\, i \ln \frac{d(x) + i\, c(x)}{d(x) - i\, c(x)} ,$$

also die zweite Gleichung von (12.23).

Der rekursive Algorithmus zur Bestimmung einer stetigen Stammfunktion funktioniert nun wie folgt.

Falls $\deg(a(x), x) < \deg(b(x), x)$ ist, kann man mit der ersten Gleichung aus (12.23) die Rolle von $a(x)$ und $b(x)$ vertauschen. Wir können also o. B. d. A. annehmen, daß $\deg(b(x), x) \leqq \deg(a(x), x)$ ist.

Ist nun $b(x) \mid a(x)$, so verwenden wir die Transformation (12.22)

$$D\, i \ln \frac{a(x) + i\, b(x)}{a(x) - i\, b(x)} = 2D \arctan \frac{a(x)}{b(x)} . \tag{12.24}$$

Dies ist bereits eine Darstellung durch einen Arkustangensterm mit Polynomargument.

Wir nehmen nun in der Folge an, daß $b(x)$ kein Teiler von $a(x)$ ist. Mit dem erweiterten Euklidischen Algorithmus bestimmen wir dann den größten gemeinsamen Teiler $g(x) = \gcd(a(x), b(x))$ sowie $c(x), d(x) \in \mathbb{K}[x]$ derart, daß $b(x)\, d(x) - a(x)\, c(x) = g(x)$ gilt. Hierbei ist $\deg(d(x), x) < \deg(a(x), x)$, s. Übungsaufgabe 8.9. Die zweite Gleichung in (12.23) liefert dann also die rekursive Vorschrift

$$D\, i \ln \frac{a(x) + ib(x)}{a(x) - ib(x)} = 2D \arctan p(x) + D\, i \frac{d(x) + ic(x)}{d(x) - ic(x)}$$

mit einem (weiteren) Arkustangenssummanden mit Polynomargument. Wegen $\deg(d(x), x) < \deg(a(x), x)$ ist sichergestellt, daß die Rekursion terminiert. □

Sitzung 12.19 Für den erweiterten Euklidischen Algorithmus laden wir

```
In[1]:= Needs["Algebra`PolynomialExtendedGCD`"]
```

und programmieren den Rioboo-Algorithmus wie folgt:

```
In[2]:= Clear[LogToArcTan]

        LogToArcTan[a_, b_, x_] :=
          LogToArcTan[-b, a, x] /; Exponent[a, x] < Exponent[b, x]

        LogToArcTan[a_, b_, x_] :=
          2 ArcTan[a/b] /; PolynomialQ[Together[a/b], x]

        LogToArcTan[a_, b_, x_] := Module[{g, c, d},
            {g, {d, c}} = PolynomialExtendedGCD[b, -a];
            2 ArcTan[Together[(a * d + b * c)/g]] + LogToArcTan[d, c, x]
          ]
```

Für unsere Beispielfunktion aus Sitzung 12.17 erhalten wir

In[3]:= **rioboo = LogToArcTan[x³ - 3x, x² - 2, x]**

Out[3]= $2\tan^{-1}(x) + 2\tan^{-1}(x^3) + 2\tan^{-1}\left(\frac{1}{2}\left(x^5 - 3x^3 + x\right)\right)$

welches eine stetige Darstellung als Summe von Arkustangenstermen mit polynomialen Argumenten ist:

In[4]:= **Plot[rioboo/2, {x, -3, 3}]**

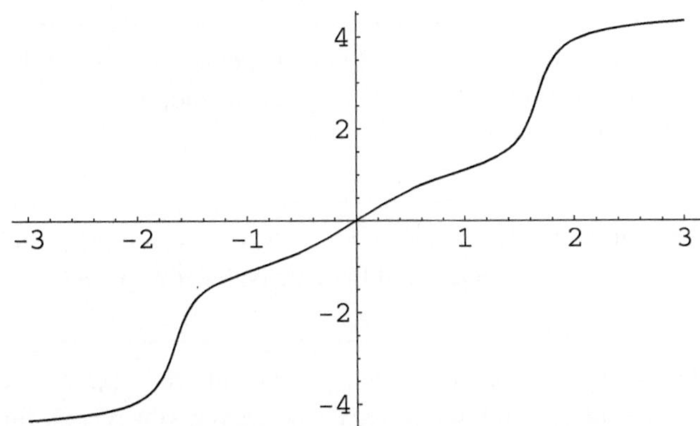

Out[4]= -Graphics-

Man sieht, daß sich nun auch automatisch eine weitere wünschenswerte Eigenschaft der Stammfunktion ergeben hat: Die zu integrierende Funktion $\frac{x^4-3x^2+6}{x^6-5x^4+5x^2+4}$ ist eine gerade Funktion, also gibt es eine ungerade Stammfunktion. Der Rioboo-Algorithmus liefert diese. □

12.5
12.5 Ergänzende Bemerkungen

Die Kombination der betrachteten Algorithmen liefert einen vollständigen Algorithmus zur rationalen Integration. Bis auf einige effizienzsteigernde Adaptionen ist dies der augenblickliche Stand der Dinge auf diesem Gebiet, und wir haben gesehen, daß dieser Algorithmus beispielsweise in *Mathematica* bislang nicht vollständig eingebaut ist.[17]

Beim Risch-Algorithmus zur Integration elementarer Funktionen sind algebraische, logarithmische und exponentielle Differential-Körpererweiterungen für Eingabe und Ausgabe erlaubt. Wie im rationalen Fall liefert ein Strukturtheorem eine Aussage darüber, wie eine mögliche Stammfunktion aussehen kann: Zur Bildung der Stammfunktion sind nur logarithmische Körpererweiterungen nötig. Allerdings treten kompliziertere Türme von Körpererweiterungen auf und die Theorie wird algebraisch anspruchsvoller. Letzten Endes kann man die Stammfunktion wieder durch eine Art Koeffizientenvergleich bestimmen. Wesentliches Hilfmittel ist hierbei ein rekursives Verfahren, die Hermite-Reduktion, s. Übungsaufgabe 12.3. Als Literatur zu diesem Thema sind die Bücher [GCL1992] und [Bro1997] zu empfehlen.

12.6
12.6 Übungsaufgaben

12.1 Zeigen Sie, daß alle möglichen Differentialoperatoren in $\mathbb{Q}(x)$ durch die beiden Bedingungen $D(1) = 0$ und $D(x) = F(x)$ gegeben sind, wobei $F(x) \in \mathbb{Q}(x)$ eine beliebige rationale Funktion ist.

12.2 Man zeige: Hat ein reelles Polynom $a(x) \in \mathbb{R}[x]$ eine komplexe Nullstelle $z_0 \in \mathbb{C}$, so ist auch die konjugiert komplexe Zahl $\overline{z_0}$ eine Nullstelle von $a(x)$.

12.3 **(Hermite-Reduktion)** Sei $r(x) = \frac{p(x)}{q(x)} \in \mathbb{K}(x)$ mit $\deg(p(x), x) < \deg(q(x), x)$. Ein alternativer Algorithmus, um die rationale Zerlegung von $r(x)$ zu finden, ist die sogenannte Hermite-Reduktion. Diese funktioniert wie folgt:

(a) Zunächst wird die quadratfreie Faktorisierung von $q(x) = \prod_{k=1}^{m} q_k(x)^k$ bestimmt, wobei die $q_k(x)$ paarweise teilerfremd, normiert und quadratfrei sind. Hierfür kann man `FactorSquareFree` oder auch `FactorSquareFreeList` verwenden.

---

[17]Diese Bemerkung gilt (mindestens) bis *Mathematica* Version 5.2

(b) Dann berechnet man eine Partialbruchzerlegung

$$r(x) = \sum_{k=1}^{m} \sum_{j=1}^{k} \frac{r_{jk}}{q_k(x)^j}$$

von $r(x)$ bzgl. dieser Faktorisierung von $q(x)$. Hierzu kann man leider nicht `Apart` verwenden, da diese Funktion den Nenner automatisch vollständig faktorisiert! Man kann die Partialbruchzerlegung aber durch Lösen eines linearen Gleichungssystems bestimmen.

(c) Die resultierende Darstellung ist eine Summe, die man nun termweise weiter vereinfacht. Die Summanden haben die Form $\frac{r_{jk}}{q_k(x)^j}$ mit $j \geqq 1$. Ist $j = 1$, so liefert dies einen Term für den logarithmischen Teil. Andernfalls geht es weiter bei (e).

(d) Wir reduzieren nun den Exponenten j des Nenners rekursiv. Nach Anwendung des erweiterten euklidischen Algorithmus (z. B. mit `PolynomialExtendedGCD` in `Algebra'PolynomialExtendedGCD'`) erhalten wir wegen $\gcd(q_k, q_k') = 1$ eine Darstellung der Form

$$s \cdot q_k + t \cdot q_k' = r_{jk}$$

mit $s, t \in \mathbb{K}[x]$.

(e) Mit Hilfe der Identität

$$\int \frac{r_{jk}}{q_k(x)^j} = \int \frac{s(x)}{q_k(x)^{j-1}} + \int \frac{t(x)\, q_k'(x)}{q_k(x)^j} = -\frac{t(x)}{(j-1)\, q_k(x)^{j-1}} + \int \frac{s(x) + \frac{t'(x)}{j-1}}{q_k(x)^{j-1}}$$

(Beweis!) wird schließlich j um mindestens 1 reduziert. Dies bricht entweder ab und liefert einen rationalen Teil oder endet bei $j = 1$ und liefert einen logarithmischen Teil.

Wenden Sie die Hermite-Reduktion schrittweise auf die Eingabefunktion

$$r(x) = \frac{36x^6 + 126x^5 + 183x^4 + \frac{13807}{6}x^3 - 407x^2 - \frac{3242}{5}x + \frac{3044}{15}}{x^7 + \frac{17x^6}{15} - \frac{263x^5}{900} - \frac{1349x^4}{2250} + \frac{2x^3}{1125} + \frac{124x^2}{1125} + \frac{4x}{1125} - \frac{8}{1125}}$$

an und vergleichen Sie das Ergebnis mit dem von `RationaleZerlegung`.

12.4 Vergleichen Sie die Resultate für $\int \frac{1}{x^4+4}$

(a) von *Mathematica*;

(b) des Rothstein-Trager-Algorithmus;

(c) durch Anwendung einer rationalen Partialbruchzerlegung des Integranden.

12.5 Geben Sie zwei weitere – möglichst einfache – Beispiele für den Rioboo-Algorithmus.

12.6 In der Analysis-Vorlesung wird häufig die $\tan \frac{x}{2}$-Substitution vorgestellt, mit welcher man jede trigonometrische rationale Funktion $R(x) \in \mathbb{R}(\sin x, \cos x)$ integrieren kann, da die Substitution auf einen rationalen Integranden führt. Zeigen Sie an einem Beispiel, daß diese Substitution im allgemeinen ebenfalls zu unstetigen Stammfunktionen führt.

Literaturverzeichnis

[Abr2003] Abramov, S. A.: When does Zeilberger's algorithm succeed? *Advances in Applied Mathematics* **30**, 2003, 424–441.

[AKS2004] Agarwal, M., Kayal, N., Saxena, N.: Primes is in *P*. *Annals of Mathematics* **160**, 2004, 781–793.

[AGP1994] Alford, W. R., Granville, A., Pomerance, C.: There are infinitely many Carmichael numbers. *J. Ann. Math. II. Ser.* **139**, 1994, 703–722.

[AZ1991] Almkvist, G., Zeilberger, D.: The method of differentiating under the integral sign. *J. Symbolic Computation* **10**, 1990, 571–591.

[Bai1935] Bailey, W. N.: *Generalized Hypergeometric Series*. Cambridge University Press, England, 1935. Nachdruck 1964 durch Stechert-Hafner Service Agency, New York/London.

[BDG1988] Balcázar, J. L., Díaz, J., Gabarró, J.: *Structural Complexity*. Springer, Heidelberg, 1988.

[BHKS2005] Belabas, K., van Hoeij, M., Klüners, J., Steel, A.: *Factoring polynomials over global fields*, `http://www.mathematik.uni-kassel.de/~klueners/factor.pdf`.

[Ber1967] Berlekamp, E. R.: Factoring polynomials over finite fields. *Bell System Technical Journal* **46**, 1967, 1853–1859.

[BFKWZ1998] Betten, A., Fripertinger, H., Kerber, A., Wassermann, A., Zimmermann, K.-H.: *Codierungstheorie*. Springer, Berlin–Heidelberg, 1998.

[Beu2005] Beutelspacher, A.: *Kryptologie*. Vieweg, Braunschweig/Wiesbaden, 7. Auflage, 2005. Erstauflage 1987.

[Böi1998] Böing, H.: *Theorie und Anwendungen zur q-hypergeometrischen Summation*. Diplomarbeit, 1998, Freie Universität Berlin.

[BW1963] Boveri, Th., Wasserrab, Th.: *Das Fischer-Lexikon Technik 4*, Fischer-Taschenbuch-Verlag, 1963.

[Bro1997] Bronstein, M.: *Symbolic Integration I*. Springer, Berlin, 1997.

[Buc1999] Buchmann, J.: *Einführung in die Kryptographie*. Springer, Berlin–Heidelberg, 1999.

[BCS1997] Bürgisser, P., Clausen, M., Shokrollahi, M. A.: *Algebraic Complexity Theory*. Grundlehren der mathematischen Wissenschaften 315. Springer, Berlin–Heidelberg–New York, 1997.

[Chi2000] Childs, L.: *A Concrete Introduction to Higher Algebra*. Springer, New York, 2. Auflage, 2000. Erstauflage 1979.

[CC1986] Chudnovski, D. V., Chudnovski, G. V.: On expansion of algebraic functions in power and Puiseux series I. *Journal of Complexity* **2**, 1986, 271–294.

[CC1987] Chudnovski, D. V., Chudnovski, G. V.: On expansion of algebraic functions in power and Puiseux series II. *Journal of Complexity* **3**, 1987, 1–25.

[CLO1997] Cox, D., Little, J., O'Shea, D.: *Ideals, Varieties and Algorithms*. Springer, New York, 1997.

[DeB1984] De Branges, L.: A proof of the Bieberbach conjecture. *Acta Math.* **154**, 1985, 137–152.

[DH1976] Diffie, W., Hellman, M. E.: New directions in Cryptography. *IEEE Transactions on Information Theory* **6**, 1976, 644–654.

[Eng1995] Engel, A.: Kann man mit DERIVE geometrische Sätze beweisen? In: Koepf, W. (Hg.): *Der Mathematik-Unterricht* 41, Heft 4, Juli 1995: *DERIVE-Projekte im Mathematikunterricht*, 38–47.

[Erm1982] Ermolaev, H.: *Mikhail Sholokhov and his Art*. Princeton University Press, 1982.

[Fas1945] Fasenmyer, M. C.: *Some Generalized Hypergeometric Polynomials*. Ph. D. Dissertation, University of Michigan, 1945.

[For1996] Forster, O.: *Algorithmische Zahlentheorie*. Vieweg, Braunschweig/ Wiesbaden, 1996.

[GG1999] von zur Gathen, J., Gerhard, J.: *Modern Computer Algebra*. Cambridge University Press, Cambridge, 1999.

[GCL1992] Geddes, K. O., Czapor, S. R., Labahn, G.: *Algorithms for Computer Algebra*. Kluwer, Boston/Dordrecht/ London, 1992.

[Gos1978] Gosper Jr., R. W.: Decision procedure for indefinite hypergeometric summation. *Proc. Natl. Acad. Sci. USA* **75**, 1978, 40–42.

[GKP1994] Graham, R. L., Knuth, D. E., Patashnik, O.: *Concrete Mathematics. A Foundation for Computer Science*. Addison-Wesley, Reading, Massachussets, 2. Auflage, 1994. Erstauflage 1988.

[Henn2003] Henn, H.-W.: *Elementare Geometrie und Algebra*. Vieweg, Braunschweig/Wiesbaden, 2003.

[Her1975] Herstein, I. N.: *Topics in Algebra*. Wiley, New York, 1975.

[Hoe2002] van Hoeij, M.: Factoring polynomials and the knapsack problem. *Journal of Number Theory* **95**, 2002, 167–189.

[JS1992] Jenks, R. D., Sutor, R. S.: *AXIOM – The Scientific Computation System*. Springer, New York und NAG, Ltd., Oxford, 1992.

[Jun1995] Jungnickel, D.: *Codierungs-theorie*. Spektrum Akademischer Verlag, Heidelberg, 1995.

[Kap2004] Kaplan, W.: *Computeralgebra*. Springer, Berlin–Heidelberg–New York, 2004.

[Kar1962] Karatsuba, A.: Multiplication of multidigit numbers on automata. *Soviet Physics Doklady* **7**, Englische Ausgabe 1967, 595–596.

[Karr1981] Karr, M.: Summation in finite terms. *J. of the ACM* **28**, 1981, 305–350.

[Klü2005] Klüners, J.: Neuere Entwicklungen bei der Faktorisierung von Polynomen. *Rundbrief der Fachgruppe Computeralgebra* **37**, Oktober 2005, 16–20.

[Kob2001] Koblitz, N.: Cryptography. In: Engquist, B., Schmid, W. (Hg.): *Mathematics Unlimited – 2001 and Beyond*, Springer, Berlin–Heidelberg–New York, 2001, 749–769.

[Koe1992] Koepf, W.: Power series in computer algebra. *J. Symbolic Computation* **13**, 1992, 581–603.

[Koe1993a] Koepf, W.: *Mathematik mit DERIVE*. Vieweg, Braunschweig/ Wiesbaden, 1993.

[Koe1993b] Koepf, W.: Eine Vorstellung von Mathematica und Bemerkungen zur Technik des Differenzierens. *Didaktik der Mathematik* **21**, 1993, 125–139.

[Koe1994] Koepf, W.: *Höhere Analysis mit DERIVE*. Vieweg, Braunschweig/ Wiesbaden, 1994.

[Koe1996] Koepf, W.: Closed form Laurent-Puiseux series of algebraic functions. *Applicable Algebra in Engineering, Communication and Computing* **7**, 1996, 21–26.

[Koe1998] Koepf, W.: *Hypergeometric Summation*. Vieweg, Braunschweig/ Wiesbaden, 1998.

[KBM1995] Koepf, W., Bernig, A., Melenk, H.: Trigsimp, a REDUCE Package for the Simplification and Factorization of Trigonometric and Hyperbolic Functions. In: Koepf, W. (Hg.): *REDUCE Packages on Power Series, Z-Transformation, Residues and Trigonometric Simplification*. Konrad-Zuse-Zentrum Berlin (ZIB), Technical Report TR 95–3, 1995.

[Kro1882] Kronecker, L.: Grundzüge einer arithmetischen Theorie der algebraischen Grössen. *J. Reine Angew. Math.* **92**, 1–122.

[Kro1883] Kronecker, L.: Die Zerlegung der ganzen Grössen eines natürlichen Rationalitäts-Bereichs in ihre irreduciblen Factoren. *J. Reine Angew. Math.* **94**, 344–348.

[Lam1844] Lamé, G.: Note sur la limite du nombre des divisions dans la recherche du plus grand commun diviseur entre deux nobres entiers. *Comptes Rendues Acad. Sci. Paris* **19**, 1944, 867–870.

[LLL1982] Lenstra, A. K., Lenstra, H. W., Jr., Lovász, L.: Factoring polynomials with rational coefficients, *Math. Ann.* **261**, 1982, 515–534.

[Lint2000] van Lint, J. H.: Die Mathematik der Compact Disc. In: Aigner, M., Behrends, E. (Hg.): *Alles Mathematik*, Vieweg, Braunschweig/Wiesbaden, 2000, 11–19.

[Mae1997] Maeder, R. E.: *Programming in Mathematica*. Addison Wesley, Reading, Massachussets, 3. Auflage, 1997. Erstauflage 1990.

[Mig1992] Mignotte, M.: *Mathematics for Computer Algebra*. Springer, New York, 1992.

[MM2005] Mohammed, M., Zeilberger, D.: Sharp upper bounds for the orders of the recurrences outputted by the Zeilberger and q-Zeilberger algorithms. *J. Symbolic Computation* **39**, 2005, 201–207.

[MM2001] Mulholland, J., Monagan, M.: Algorithms for trigonometric polynomials. *Proc. of ISSAC 2001*, ACM Press, New York, 2001, 245–252.

[Nor1975] A. C. Norman: Computing with formal power series. *Transactions on Mathematical Software* **1**, ACM Press, New York, 1975, 346–356.

[Ost1845] Ostrogradsky, M. W.: De l'intégration des fractions rationelles. Bulletin de la Classe Physico-Mathématiques de l'Académie Impériale des Sciences de St. Pétersbourg **IV**, 145–167, 286–300.

[PS1995] Paule, P., Schorn, M.: A Mathematica version of Zeilberger's algorithm for proving binomial coefficient identities. *J. Symbolic Computation* **20**, 1995, 673–698.

[PS1993] Petkovšek, M., Salvy, B.: Finding all hypergeometric solutions of linear differential equations. *Proc. of ISSAC 1993*, ACM Press, New York, 1993, 27–33.

[PGP] PGP Homepage: `http://www.pgpi.org`.

[Ric1968] Richardson, D.: Some unsolvable problems involving elementary functions of a real variable. *J. Symbolic Logic* **33**, 1968, 511–520.

[Rie1994] Riesel, Hans: *Prime Numbers and Computer Methods for Factorization.* Progress in Mathematics, Birkhäuser, Boston, 2. Auflage, 1994. Erstauflage 1985.

[Rio1991] Rioboo, R.: *Quelques aspects du calcul exact avec des nombres réels.* Thèse de Doctorat de l'Université de Paris 6, Informatiques.

[Ris1969] Risch, R.: The problem of integration in finite terms. *Trans. Amer. Math. Soc.* **139**, 1969, 167–189.

[Ris1970] Risch, R.: The solution of the problem of integration in finite terms. *Bull. Amer. Math. Soc.* **76**, 1970, 605–608.

[RSA1978] Rivest, R., Shamir, A. Adleman, L.: A method for obtaining digital signatures and public key cryptosystems. *Comm. ACM* **21**, 1978, 120–126.

[Rob1936] Robertson, M. S.: A remark on the odd schlicht functions. *Bull. Amer. Math. Soc.* **42**, 1936, 366–370.

[Rob1978] Robertson, M. S.: Complex powers of p-valent functions and subordination. Complex Anal., Proc. S.U.N.Y. Conf., Brockport 1976, Lect. Notes Math. **36**, 1978, 1–33.

[Rob1989] Robertson, M. S.: A subordination problem and a related class of polynomials. In: Srivastava, H. M., Owa, Sh. (Hg.): *Univalent Functions, Fractional Calculus, and Their Applications.* Ellis Horwood Limited, Chichester, 1989, 245–266.

[Rot1976] Rothstein, M.: *Aspects of Symbolic Integration and Simplification of Exponential and Primitive Functions.* Dissertation, Univ. of Wiscinson, Madison, 1976.

[Sal1990] Salomaa, A.: *Public-Key Cryptography.* Springer, Berlin, 1990.

[SK2000] Schmersau, D., Koepf, W.: *Die reellen Zahlen als Fundament und Baustein der Analysis.* Oldenbourg, München, 2000.

[SS1971] Schönhage, V., Strassen, A.: Schnelle Multiplikation großer Zahlen. *Computing*, 1971, 281–292.

[Sch2003] Schulz, R. H.: *Codierungstheorie.* Vieweg, Braunschweig/Wiesbaden, 2. Auflage, 2003. Erstauflage 1991.

[Spr2004] Sprenger, T.: Algorithmen für mehrfache Summen. Diplomarbeit, 2004, Universität Kassel.

[Tef1999] Tefera, A.: A multiple integral evaluation inspired by the multi-WZ method. *Electronic J. Combinatorics* **6(1)**, 1999, 1–7.

[Tef2002] Tefera, A.: MultInt, a MAPLE package for multiple integration by the WZ method. *J. Symbolic Computation* **34**, 2002, 329-353.

[Tra1976] Trager, B.: Algebraic factoring and rational function integration. *Proc. SYMSAC 1976*, ACM Press, New York, 1976, 219–226.

[Tro2004a] Trott, M.: *The Mathematica Guidebook for Graphics*. Springer, New York, 2004.

[Tro2004b] Trott, M.: *The Mathematica Guidebook for Programming*. Springer, New York, 2004.

[Tro2005] Trott, M.: *The Mathematica GuideBook for Symbolics*. Springer, New York, 2005.

[Ver1976] Verbaeten, P.: *Rekursiebetrekkingen voor lineaire hypergeometrische funkties*. Proefschrift voor het doctoraat in de toegepaste wetenschapen. Katholieke Universiteit te Leuven, Heverlee, Belgien, 1976.

[Wal2000] Walter, W.: Gewöhnliche Differentialgleichungen. Springer, Berlin/Heidelberg, 7. Auflage, 2000. Erstauflage 1972.

[Wan1978] Wang, P. S.: An improved multivariate polynomial factorization algorithm. *Math. Comp.* **32**, 1978, 1215–1231.

[Weg1997] Wegschaider, K.: *Computer Generated Proofs of Binomial Multi-Sum Identities*. Diplomarbeit, RISC Linz, 1997.

[Wei2005a] Weisstein, E. W.: RSA Number. *MathWorld–A Wolfram Web Resource*. `http://mathworld.wolfram.com/RSANumber.html`.

[Wei2005b] Weisstein, E. W.: RSA-200 Factored. *MathWorld–A Wolfram Web Resource*. `http://mathworld.wolfram.com/news/2005-05-10/rsa-200`.

[Wei2005c] Weisstein, E. W.: RSA-640 Factored. *MathWorld–A Wolfram Web Resource*. `http://mathworld.wolfram.com/news/2005-11-08/rsa-640`.

[Wes1999] Wester, M. (Hg.): *Computer Algebra Systems*. Wiley, Chichester, 1999.

[WZ1992] Wilf, H. S., Zeilberger, D.: An algorithmic proof theory for hypergeometric (ordinary and "q") multisum/integral identities. *Invent. Math.* **108**, 1992, 575–633.

[Wie1999] Wiesenbauer, J.: Public-Key-Kryptosysteme in Theorie und Programmierung. *Schriftenreihe zur Didaktik der ÖMG* **30**, 1999, 144–159.

[Wie2000] Wiesenbauer, J.: Using DERIVE to explore the Mathematics behind the RSA cryptosystem. In: Etchells, T., Leinbach, C., Pountney, D. (Hg.): Proceedings of the 4th International DERIVE & TI-89/92 Conference *Computer Algebra in Mathematics Education* (Liverpool 2000), CD-ROM, bk-teachware, 2000.

[Wol2003] Wolfram, St.: *The Mathematica Book*. Wolfram Media, 5. Auflage, 2003. Erstauflage 1988.

[Zas1969] Zassenhaus, H. On Hensel factorization I. *J. Number Theory* **1**, 1969, 291–311.

[Zei1990a] Zeilberger, D.: A fast algorithm for proving terminating hypergeometric identities. *Discrete Math.* **80**, 1990, 207–211.

[Zei1990b] Zeilberger, D.: A holonomic systems approach to special functions identities. *J. Comput. Appl. Math.* **32**, 1990, 321–368.

[Zip1993] Zippel, R.: *Effective Polynomial Computation*. Kluwer, Boston/Dordrecht/London, 1993.

Symbolverzeichnis

Mathematica Stichwortverzeichnis

Stichwortverzeichnis